住房和城乡建设部"十四五"规划教材

高等学校土木工程专业应用型人才培养系列教材

混凝土结构与
砌体结构设计

（第二版）

邹　昀　朱方之　李庆涛　主　编

王　瑶　张三柱　副主编

邵永健　主　审

中国建筑工业出版社

图书在版编目（CIP）数据

混凝土结构与砌体结构设计/邹昀，朱方之，李庆涛主编；王瑶，张三柱副主编. —2版. —北京：中国建筑工业出版社，2023.3

住房和城乡建设部"十四五"规划教材　高等学校土木工程专业应用型人才培养系列教材

ISBN 978-7-112-28375-0

Ⅰ.①混…　Ⅱ.①邹…②朱…③李…④王…⑤张…　Ⅲ.①混凝土结构-结构设计-高等学校-教材②砌块结构-结构设计-高等学校-教材　Ⅳ.①TU370.4②TU360.4

中国国家版本馆 CIP 数据核字（2023）第 031595 号

本书根据《高等学校土木工程本科指导性专业规范》对混凝土结构与砌体结构设计课程的要求，结合应用型本科人才培养的特点，参照《混凝土结构通用规范》GB 55008—2021、《工程结构通用规范》GB 55001—2021、《砌体结构通用规范》GB 55007—2021 等进行修订编写。本书内容主要包括：绪论、梁板结构、单层厂房结构、多层框架结构、砌体结构。为便于教学和学生自学，每章都有本章要点及学习目标和本章小结，章末附有思考与练习题，部分章节还附有设计应用实例。

本书可作为高等学校土木工程专业教材，也可供从事混凝土结构与砌体结构设计、施工、科研、工程管理的工程技术人员参考。

为了更好地支持教学，我社向采用本书作为教材的教师提供课件，有需要者可与出版社联系，索取方式如下：建工书院 http://edu.cabplink.com，邮箱 jckj@cabp.com.cn，电话（010）58337285。

* * *

责任编辑：仕　帅　吉万旺　王　跃
责任校对：赵　菲

住房和城乡建设部"十四五"规划教材
高等学校土木工程专业应用型人才培养系列教材
混凝土结构与砌体结构设计
（第二版）
邹　昀　朱方之　李庆涛　主　编
王　瑶　张三柱　副主编
邵永健　主　审

*

中国建筑工业出版社出版、发行（北京海淀三里河路 9 号）
各地新华书店、建筑书店经销
霸州市顺浩图文科技发展有限公司制版
北京同文印刷有限责任公司印刷

*

开本：787 毫米×1092 毫米　1/16　印张：26　字数：644 千字
2023 年 4 月第二版　　2023 年 4 月第一次印刷
定价：**78.00** 元（赠教师课件）
ISBN 978-7-112-28375-0
（40266）

出 版 说 明

党和国家高度重视教材建设。2016 年，中办国办印发了《关于加强和改进新形势下大中小学教材建设的意见》，提出要健全国家教材制度。2019 年 12 月，教育部牵头制定了《普通高等学校教材管理办法》和《职业院校教材管理办法》，旨在全面加强党的领导，切实提高教材建设的科学化水平，打造精品教材。住房和城乡建设部历来重视土建类学科专业教材建设，从"九五"开始组织部级规划教材立项工作，经过近 30 年的不断建设，规划教材提升了住房和城乡建设行业教材质量和认可度，出版了一系列精品教材，有效促进了行业部门引导专业教育，推动了行业高质量发展。

为进一步加强高等教育、职业教育住房和城乡建设领域学科专业教材建设工作，提高住房和城乡建设行业人才培养质量，2020 年 12 月，住房和城乡建设部办公厅印发《关于申报高等教育职业教育住房和城乡建设领域学科专业"十四五"规划教材的通知》（建办人函〔2020〕656 号），开展了住房和城乡建设部"十四五"规划教材选题的申报工作。经过专家评审和部人事司审核，512 项选题列入住房和城乡建设领域学科专业"十四五"规划教材（简称规划教材）。2021 年 9 月，住房和城乡建设部印发了《高等教育职业教育住房和城乡建设领域学科专业"十四五"规划教材选题的通知》（建人函〔2021〕36 号）。为做好"十四五"规划教材的编写、审核、出版等工作，《通知》要求：（1）规划教材的编著者应依据《住房和城乡建设领域学科专业"十四五"规划教材申请书》（简称《申请书》）中的立项目标、申报依据、工作安排及进度，按时编写出高质量的教材；（2）规划教材编著者所在单位应履行《申请书》中的学校保证计划实施的主要条件，支持编著者按计划完成书稿编写工作；（3）高等学校土建类专业课程教材与教学资源专家委员会、全国住房和城乡建设职业教育教学指导委员会、住房和城乡建设部中等职业教育专业指导委员会应做好规划教材的指导、协调和审稿等工作，保证编写质量；（4）规划教材出版单位应积极配合，做好编辑、出版、发行等工作；（5）规划教材封面和书脊应标注"住房和城乡建设部'十四五'规划教材"字样和统一标识；（6）规划教材应在"十四五"期间完成出版，逾期不能完成的，不再作为《住房和城乡建设领域学科专业"十四五"规划教材》。

住房和城乡建设领域学科专业"十四五"规划教材的特点：一是重点以修订教育部、住房和城乡建设部"十二五""十三五"规划教材为主；二是严格按照专业标准规范要求编写，体现新发展理念；三是系列教材具有明显特点，满足不同层次和类型的学校专业教学要求；四是配备了数字资源，适应现代化教学的要求。规划教材的出版凝聚了作者、主审及编辑的心血，得到了有关院校、出版单位的大力支持，教材建设管理过程有严格保障。希望广大院校及各专业师生在选用、使用过程中，对规划教材的编写、出版质量进行反馈，以促进规划教材建设质量不断提高。

住房和城乡建设部"十四五"规划教材办公室
2021 年 11 月

第二版前言

"混凝土结构与砌体结构设计"是土木工程专业重要的专业课，主要讲述梁板结构、单层厂房结构、多层框架结构和砌体结构等内容。为适应大多数高校培养应用型高技术人才的要求，提高学生的工程能力及创新能力，本书既注重基本概念和基本理论的传授，也注重学生综合运用理论知识与工程实际相结合的能力。

编写本教材时，注意了以教学为主，少而精；力求突出重点、讲清难点，在讲述基本原理和概念的基础上，结合现行规范和实际工程；结合本课程知识体系的特点和认知规律，以及作者多年的教学经验，在内容及章节顺序安排等方面作了一些改革尝试；吸收了国内外一些先进教学的理念；配备了一定数量的例题，帮助学生学习理解、掌握和应用；此外每章还配备了相应的思考与练习题，供学生课后复习使用。

本教材的编写人员长期从事混凝土结构与砌体结构设计的教学工作，具有丰富的教学经验。江南大学的邹昀编写了第 1 章绪论；金陵科技学院的王瑶编写了第 2 章梁板结构；江苏海洋大学的张三柱编写了第 3 章单层厂房结构；江南大学的邹昀、中国矿业大学的李庆涛合作编写了第 4 章多层框架结构；宿迁学院的朱方之编写了第 5 章砌体结构。全书由邹昀、朱方之和李庆涛修改定稿。

由于作者水平有限，书中不妥之处在所难免，敬请读者不吝赐教，提出宝贵意见。

编　者
2022 年 9 月

第一版前言

"混凝土结构与砌体结构设计"是土木工程专业重要的专业课，主要讲述梁板结构、单层厂房结构、多层框架结构、砌体结构等内容。为适应大多数高校培养应用型高技术人才的要求，提高学生的工程能力及创新能力，"混凝土结构与砌体结构设计"课程的教学既要注重基本概念和基本理论的讲授，又要努力提高学生综合运用知识与理论的能力，注重实际能力的培养。

本教材以教学为主，少而精；突出重点、讲清难点，在讲述基本原理和概念的基础上，结合规范和实际工程，结合混凝土结构与砌体结构知识体系的特点和认知规律，以及作者多年的教学经验，在内容及章节顺序安排等方面作了一些改革尝试，吸收了国内外一些先进教材的理念；配备了一定数量的例题，帮助学生学习理解；此外每章还配备了相应的思考与练习题，供学生课后复习使用。

本教材的编写人员长期从事"混凝土结构与砌体结构设计"的教学工作，具有丰富的教学经验。江南大学的王城泉编写了第1章绪论；金陵科技学院的王瑶编写了第2章梁板结构；江苏海洋大学的张三柱编写了第3章单层厂房结构；江南大学的邹昀、李天祺合作编写了第4章多层框架结构；宿迁学院的朱方之编写了第5章砌体结构。全书由朱方之修改定稿，由苏州科技大学邵永健教授主审。

本书在编写过程中参考了大量国内外文献，引用了一些学者的资料，在本书的参考文献中已予以列出。

由于作者水平有限，书中不妥之处在所难免，敬请读者不吝赐教，提出宝贵意见。

编 者
2017 年 6 月

目　　录

第1章 绪 论

本章要点及学习目标

本章要点：
(1) 建筑结构常用形式及分类；
(2) 混凝土结构设计阶段及内容；
(3) 建筑结构的分析方法。

学习目标：
(1) 掌握混凝土结构的定义和分类；
(2) 了解混凝土结构设计的阶段和主要内容；
(3) 掌握混凝土结构的选型与布置原则；
(4) 了解混凝土结构的分析方法。

1.1 结构定义

结构是指建筑物、构筑物的基本承力骨架。混凝土结构是指以混凝土为主要材料制成的结构。

结构在其工作年限内，要承受各种永久荷载和可变荷载，有些结构还要承受偶然荷载。除此之外，结构还将受到温度、收缩、徐变、地基不均匀沉降等影响。在地震区，结构还可能承受地震的作用。因此，在上述各种因素的作用下，结构应具有足够的承载能力，不发生整体或局部的破坏失稳；应具有足够的刚度，不产生过大的挠度或侧移。对于混凝土结构而言，还应具有足够的抗裂性，满足裂缝控制要求。除此之外，结构还应具有足够的耐久性，在其工作年限内，保证钢材不出现严重锈蚀，混凝土等材料不发生严重劈裂、腐蚀、风化、剥落等现象。合理的结构设计，是建筑物和构筑物安全、适用和耐久的保证。

1.2 混凝土结构的分类

混凝土结构有很多种分类方法。

按所含钢筋及类型可分为：素混凝土结构、钢筋混凝土结构、预应力混凝土结构、钢管混凝土结构、钢-混凝土组合结构。

(1) 素混凝土结构：由无筋或不配置受力钢筋的混凝土制成的结构。

(2) 钢筋混凝土结构：由配置受力的普通钢筋、钢筋网或钢筋骨架的混凝土制成的结构。

（3）预应力混凝土结构：由配置受力的预应力钢筋通过张拉或其他方法建立预加应力的混凝土制成的结构。

（4）钢管混凝土结构：由圆钢管或矩形钢管为骨架周边或中部填充混凝土制成的结构。

（5）钢-混凝土组合结构：由型钢为骨架填充混凝土制成的结构。

按承重方式又可分为：水平承重结构、竖向承重结构、底部承重结构。

（1）水平承重结构：如房屋中的楼盖结构和屋盖结构。

（2）竖向承重结构：如房屋中的框架、排架、剪力墙、筒体结构等。

（3）底部承重结构：如房屋中的地基和基础。

以上三类承重结构的荷载传递关系如图 1-1 所示，即水平承重结构将作用在楼盖或屋盖上的荷载传递给竖向结构，竖向承重结构再将自身承受的荷载以及水平承重结构传来的荷载一同传递给基础和地基。

图 1-1 结构的荷载传递关系

按承重方式，混凝土结构还可进一步分类，如图 1-2 所示。

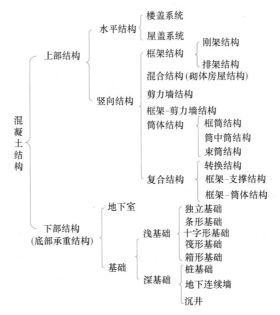

图 1-2 结构的组成和分类

1.3 建筑结构设计的阶段和内容

1.3.1 建筑工程的设计阶段

大型建筑工程设计可分为三个阶段进行，即初步设计阶段、技术设计阶段和施工图设计阶段。对一般的建筑工程，可按初步设计和施工图设计两阶段进行。

1. 初步设计阶段

初步设计阶段主要是确定工程的基本规模、重要工艺和设备以及概算总投资等原则问题，提出工程项目的方案设计。该阶段需完成的设计文件有设计说明书、必要的设计图纸、主要设备和材料清单、投资估算以及效果透视图等，应在调查研究和设计基础资料的基础上分专业编制。结构设计负责编制结构设计说明、结构体系、施工方案、结构平面布置等内容；结构设计说明包括设计依据、设计要点和需要说明的问题等，提出具体的地基处理方案，选定主要结构材料和构建标准图等；设计依据应阐述建筑所在地域、地界、有关自然条件、抗震设防烈度、工程地质概况等；结构设计要点包括上部结构选型、基础选型、人防结构及抗震设计初步方案等；需要说明的其他问题是指对工艺的特殊要求、与相邻建筑物的关系、基坑特征及防护等；结构平面布置应标出柱网、剪力墙、结构缝等。

2. 技术设计阶段

技术设计阶段是针对技术上复杂或有特殊要求而又缺乏设计经验的建设项目而增设的一个设计阶段，其目的是用以进一步解决初步设计阶段一时无法解决的一些重大问题，是在初步设计基础上方案设计的具体化，对初步设计方案所做的调整和深化。设计依据为已批准的初步设计文件，主要解决工艺技术标准、主要设备类型、结构形式和控制尺寸以及工程概算修正等主要技术关键问题，协调解决各专业之间存在的矛盾。

3. 施工图设计阶段

施工图设计阶段是项目施工前最重要的一个设计阶段，要求以图纸和文字的形式解决工程建设中预期的全部技术问题，并编制相应的对施工过程起指导作用的施工预算。施工图按专业内容可分为建筑、结构、水、暖、电等部分。

对一般单项建筑工程项目，首先由建筑专业提出较成熟的初步建筑设计方案，结构专业根据建筑方案进行结构选型和结构布置，并确定有关结构尺寸，对建筑方案提出必要的修正；其次，建筑专业根据修改后的建筑方案进行建筑施工图设计，结构专业根据修改后的建筑方案和结构方案进行结构内力分析、荷载效应组合和构件截面设计，并绘制结构施工图。

施工图交付施工，并不意味着设计已经完成。在施工过程中，根据新的情况，还需对设计做必要的修改；建筑物交付使用后，做出工程总结，设计工作才算最后完成。

1.3.2 结构设计的基本内容

结构设计的基本内容，主要包括结构方案设计、结构分析、作用或荷载效应组合、构件及其连接构造的设计和绘制施工图等。

1. 结构方案设计

结构方案设计主要是配合建筑设计的功能和造型要求，结合所选结构材料的特性，从结构受力、安全、经济以及地基基础和抗震等条件出发，综合确定合理的结构形式。结构方案应在满足适用性的条件下，符合受力合理、技术可行和尽可能经济的原则。无论是初步设计阶段，还是技术设计阶段，结构方案都是结构设计中的一项重要工作，也是结构设计成败的关键。初步设计阶段和技术设计阶段的结构方案，所考虑的问题是相同的，只不过是随着设计阶段的深入结构方案的深度不同而已。

结构方案对建筑物的安全有重要影响，其设计主要包括结构选型、结构布置和主要构件的截面尺寸估算等内容。

1）结构选型

根据建筑的用途及功能、建筑高度、荷载情况、抗震等级和所具备的物质与施工技术条件等因素选用合理的结构体系，主要包括确定结构体系（上部主要承重结构、楼盖结构、基础的形式）和施工方案。在初步设计阶段，一般须提出两种以上不同的结构方案，然后进行方案比较，综合考虑，选择较优的方案。

2）结构布置

在结构选型的基础上，选用构件形式和布置，确定各结构构件之间的相互关系和传力路径，主要包括定位轴线、构建布置和结构缝的设置等。结构的平、立面布置宜规则，各部分的质量和刚度宜均匀、连续；结构的传力路径应简捷、明确，竖向构件宜连贯、对齐；宜采用超静定结构，重要构件和关键传力部位应增加冗余约束或有多余传力路径。结构设计时应通过设置结构缝将结构分割为若干相对独立的单元，结构缝包括伸缩缝、沉降缝、防震缝、构造缝、防连续倒塌的分割缝等，应根据结构受力特点及建筑尺寸、形状、使用功能等要求，合理确定结构缝的位置和构造形式；宜控制结构缝的数量，应采取有效措施减少设缝对建筑功能、结构传力、构造做法和施工可行性等造成的影响，遵循"一缝多能"的设计原则，采取有效的构造措施；除永久性的结构缝以外，还应考虑设置施工接槎、后浇带、控制缝等临时性的缝以消除某些暂时性的不利影响。

3）构件截面尺寸的估算

水平构件的截面尺寸一般根据刚度和稳定条件，凭经验确定；竖向构件的截面尺寸一般根据侧移（或侧移刚度）和轴压比的限值来估算。

2. 结构分析

确定结构上的作用（包括直接作用和间接作用）是进行结构分析的前提。根据目前结构理论发展水平以及工程实际，一般只需要计算直接作用在结构上的荷载和地震作用，其他的间接作用，在一般结构分析中很少涉及。我国《建筑结构荷载规范》GB 50009—2012将结构上的荷载分为永久荷载、可变荷载和偶然荷载三类；永久荷载主要是指结构自重、土压力、预应力等；可变荷载主要有楼面或荷载、屋面或荷载和积灰荷载、吊车荷载、风荷载、雪荷载等；偶然荷载主要指爆炸力、撞击力等。荷载计算就是根据建筑结构的实际受力情况计算上述各种荷载的大小、方向、作用类型、作用时间等，作为结构分析的重要依据。

结构分析是指结构在各种作用（荷载）下的内力和变形等作用效应计算，其核心问题是确定结构计算模型，包括确定结构力学模型、计算简图和采用的计算方法。计算简图是进行结构分析时用以代表实际结构的经过简化的模型，是结构受力分析的基础。计算简图的选择应分清主次，抓住本质和主流，略去不重要的细节，使得所选取的计算简图既能反映结构的实际工作性能，又便于计算。计算简图确定后，应采取适当的构造措施使实际结构尽量符合计算简图的特点。计算简图的选取受较多因素的影响，一般来说，结构越重要，选取的计算简图应越精确；施工图设计阶段的计算简图应比初步设计阶段精确；静力计算可选择较复杂的计算简图，动力和稳定计算可选用较简略的计算简图。

3. 荷载效应组合

荷载效应组合是指按结构可靠度理论把各种荷载效应按一定规律加以组合，以求得在各种可能同时出现的荷载作用下结构构件控制截面的最不利内力。通常，在各种单项荷载作用下分别进行结构分析，得到结构构件控制截面的内力和变形后，根据在使用过程中结构上各种荷载同时出现的可能性，按承载能力极限状态和正常使用极限状态用分项系数和组合系数加以组合，并选取各自的最不利组合值作为结构构件和基础设计的依据。

4. 结构构件及其连接构造的设计

根据结构荷载效应组合结果，选取对配筋起控制作用的截面不利组合内力设计值，按承载能力极限状态和正常使用极限状态分别进行截面的配筋计算和裂缝宽度、变形验算，计算结果尚应满足相应的构造要求。构件之间的连接构造设计就是保证连接点处被连接构件之间的传力性能符合设计要求，保证不同材料结构构件之间的良好结合，选择可靠的连接方式以及保证可靠传力所采取可靠的措施等。

5. 施工图绘制

施工图是全部设计工作的最后成果，是进行施工的主要依据，是设计意图最准确、最完整的体现，是保证工程质量的重要环节。结构施工图编号前一般冠以"结施"字样，其绘制应遵守一般的制图规定和要求，并应注意以下事项：

（1）图纸应按以下内容和顺序编号：结构设计总说明、基础平面图及剖面图、楼盖平面图、屋盖平面图、梁和柱等构件详图、楼梯平剖面图等。

（2）结构设计总说明一般包括工程概况、设计标准、设计依据、图纸说明、建筑分类等级、荷载取值、设计计算程序、主要结构材料、基础及地下室工程、上部结构说明、检测（观测）要求、施工需要特别注意的问题等。

（3）楼盖、屋盖结构平面图应分层绘制，应准确标明各构件关系及定位轴线或柱网尺寸、孔洞及埋件的位置及尺寸；应准确标注梁、柱、剪力墙、楼梯等和纵横定位轴线的位置关系以及板的规格、数量和布置方法，同时应表示出墙厚及圈梁的位置和构造做法；构件代号一般应以构件名称的汉语拼音的第一个大写字母作为标志；如选用标准构件，其构件代号应与标准图一致，并注明标准图集的编号和页码。

（4）基础平面图的内容和要求基本同楼盖平面图，尚应绘制基础剖面大样及注明基底标高，钢筋混凝土基础应画出模板图及配筋图。

（5）梁、板、柱、剪力墙等构件施工详图应分类集中绘制，对各构件应把钢筋规格、形状、位置、数量表示清楚，钢筋编号不能重复，用料规格应用文字说明，对标高尺寸应逐个构件标明，对预制构件应标明数量、所选用标准图集的编号；复杂外形的构件应绘出模板图，并标注预埋件、预留洞等；大样图可索引标准图集。

（6）绘图的依据是计算结果和构造规定，同时，应充分发挥设计者的创造性，力求简明清楚，图纸数量少，但不能与计算结果和构造规定相抵触。

1.4 结构的选型和布置原则

1.4.1 结构选型原则

结构一般是由水平承重结构、竖向承重结构和基础结构组成，水平、竖向和基础承重结构都有许多结构形式。水平承重结构包括有梁楼盖体系和无梁楼盖体系，屋盖结构包括有檩屋架的屋面大梁体系和无檩屋架的屋面大梁体系。竖向承重结构包括框架、排架、刚架、剪力墙、框架-剪力墙、筒体等多种体系。基础承重结构包括独立基础、条形基础、筏板基础、桩基础、箱形基础、桩筏基础、桩箱基础等许多基础形式。地基包括天然地基和人工地基等。

进行结构设计时，首先要选择合理的水平、竖向和基础承重结构的形式。结构选型是否合理，不但关系到是否满足使用要求和结构受力是否可靠，而且也关系到是否经济和是否方便施工等问题。结构选型的基本原则是：①满足使用要求；②满足建筑美观要求；③受力性能好；④施工简便；⑤经济合理。

1.4.2　结构布置原则

结构形式选定以后，要进行结构布置，即确定哪里设梁、哪里设柱、哪里设墙等问题。结构布置得是否合理，不但影响到使用，而且影响到受力、施工、造价等。结构布置的基本原则是：①在满足使用要求的前提下，沿结构的平面和竖向应尽可能地简单、规则、均匀、对称，避免发生突变；②荷载传递路线要明确、简捷，结构计算简图简单并易于确定；③结构的整体性好，受力可靠；④施工简便；⑤经济合理。

此外，在平面尺寸较大的建筑中，要考虑是否设置温度伸缩缝的问题。当设置温度伸缩缝时，温度伸缩缝的最大间距要满足设计规范中的有关要求。在地基不均匀，或不同部位的高度或荷载相差较大的房屋中，要考虑沉降缝的设置问题。在地震区，当房屋相距很近，或房屋中设有温度伸缩缝或沉降缝时，为了防止地震时房屋与房屋或同一房屋中不同结构单元之间相互碰撞和不同震动造成房屋毁坏，应考虑设置防震缝问题。温度伸缩缝、沉降缝和防震缝统称为变形缝。当房屋中需要设置伸缩缝、沉降缝和防震缝时，应尽可能将三者设置在同一位置处。

1.5　结构的分析方法

结构分析时，应根据结构类型、材料性能和受力特点选择下列分析方法。

1. 弹性分析方法

结构的弹性分析方法可用于正常使用极限状态和承载能力极限状态作用效应的分析。结构构件的刚度可按下列原则确定：

（1）混凝土的弹性模量可按《混凝土结构设计规范》GB 50010—2010（2015 年版）表 4.1.5 采用；

（2）截面惯性矩可按匀质的混凝土全截面计算；

（3）端部加腋的杆件，应考虑其截面变化对结构分析的影响；

（4）不同受力状态下构件的截面刚度，宜考虑混凝土开裂、徐变等因素的影响予以折减。

混凝土弹性结构分析宜采用结构力学或弹性力学等分析方法。体型规则的结构，可根据作用的种类和特性，采用适当的简化分析方法。

当结构的二阶效应可能使作用效应显著增大时，在结构分析中应考虑二阶效应的不利影响。

混凝土结构的重力二阶效应可采用有限元分析方法计算，也可采用《混凝土结构设计规范》GB 50010—2010（2015 年版）附录 B 的简化方法。当采用有限元分析方法时，宜考虑混凝土构件开裂对构件刚度的影响。

当边界支承位移对双向板的内力及变形有较大影响时，在分析中宜考虑边界支承竖向变形及扭转等影响。

结构按承载能力极限状态计算时，其荷载和材料性能指标可取为设计值；按正常使用极限状态计算时，其荷载和材料性能指标可取为标准值。

2. 塑性内力重分布分析方法

房屋建筑中的钢筋混凝土连续梁和连续单向板，可采用塑性内力重分布分析方法进行分析，其内力值可由弯矩调幅法确定。

重力荷载作用下的框架、框架-剪力墙结构中的现浇梁以及双向板等，经弹性分析求得内力后，可对支座或节点弯矩进行适度调幅，并确定相应的跨中弯矩。

对于直接承受动力荷载的构件，以及要求不出现裂缝或处于侵蚀环境等情况下的结构，不应采用考虑塑性内力重分布的分析方法。

按考虑塑性内力重分布的分析方法设计的结构和构件，应选用符合《混凝土结构设计规范》GB 50010—2010（2015 年版）第 4.2.4 条规定的钢筋，并应满足正常使用极限状态要求且采取有效的构造措施。

对于直接承受动力荷载的构件，以及要求不出现裂缝或处于三 a、三 b 类环境下的结构，不应采用考虑塑性内力重分布的分析方法。

钢筋混凝土梁支座或节点边缘截面的负弯矩调幅幅度不宜大于 25%；弯矩调整后的梁端截面相对受压区高度不应超过 0.35，且不宜小于 0.10。

钢筋混凝土板的负弯矩调幅幅度不宜大于 20%。

预应力钢筋梁的弯矩调幅幅度应符合《混凝土结构设计规范》GB 50010—2010（2015 年版）第 10.1.8 条的规定。

对属于协调扭转的混凝土结构构件，受相邻构件约束的支承梁的扭矩宜考虑内力重分布的影响。考虑内力重分布后的支承梁，应按弯剪扭构件进行承载力计算（当有充分依据时，也可采用其他设计方法）。

3. 弹塑性分析方法

重要或受力复杂的结构，宜采用弹塑性分析方法对结构的整体或局部进行验算。结构的弹塑性分析宜遵循下列原则：

（1）应预先设定结构的形状、尺寸、边界条件、材料性能和配筋等；

（2）材料的性能指标宜取平均值，并宜通过试验分析确定，也可按《混凝土结构设计规范》GB 50010—2010（2015 年版）附录 C 的规定确定；

（3）宜考虑结构几何非线性的不利影响；

（4）分析结果用于承载力设计时，宜考虑抗力模型不定性系数对结构的抗力进行适当的调整。

混凝土结构的弹塑性分析，可根据实际情况采用静力或动力分析方法。结构的基本构件计算模型宜按下列原则确定：

（1）梁、柱、杆等杆系构件可简化为一维单元，宜采用纤维束模型或塑性铰模型；

（2）墙、板等构件可简化为二维单元，宜采用膜单元、板单元或壳单元；

（3）复杂的混凝土结构、大体积混凝土结构、结构的节点或局部区域需作精细分析时，宜采用三维单元。

构件、截面或各种计算单元的受力-变形本构关系宜符合实际受力情况。对某些变形较大的构件或节点进行局部精细分析时，宜考虑钢筋与混凝土间的粘结-滑移本构关系。

钢筋、混凝土材料的本构关系宜通过试验分析确定，也可按《混凝土结构设计规范》GB 50010—2010（2015 年版）采用。

4. 塑性极限分析方法

对不承受多次重复荷载作用的混凝土结构，当有足够的塑性变形能力时，可采用塑性极限分析方法进行结构的承载力计算，同时应满足正常使用的要求。

整体结构的塑性极限分析计算应符合下列规定：

（1）对可预测结构破坏机制的情况，结构的极限承载力可采用静力或动力弹塑性分析方法确定；

（2）对难以预测结构破坏机制的情况，结构的极限承载力可采用静力或动力弹塑性分析方法确定；

（3）对直接承受偶然作用的结构构件或部分，应根据偶然作用的动力特征考虑其动力效应的影响。

承受均布荷载的周边支承的双向矩形板，可采用塑性绞线法或条带法等塑性极限分析方法进行承载能力极限状态的分析与设计，同时应满足正常使用极限状态的要求。承受均布荷载的板柱体系，根据结构布置和荷载的特点，可采用弯矩系数法或等代框架法计算承载能力极限状态的内力设计值。

5. 间接作用分析方法

当混凝土的收缩、徐变以及温度等变化间接作用在结构中产生的作用效应可能危及结构的安全或正常使用时，宜进行间接作用效应的分析，并应采取相应的构造措施和施工措施。

混凝土结构进行间接作用效应的分析可采用《混凝土结构设计规范》GB 50010—2010（2015 年版）第 5.5 节的弹塑性分析方法；也可考虑裂缝和徐变对构件刚度的影响，按弹性方法进行近似分析。

6. 试验分析方法

对体型复杂或受力状况特殊的结构或其部分，可采用试验分析方法对结构的正常使用极限状态和承载能力极限状态进行分析或复核。

当结构所处环境的温度和湿度发生变化，以及混凝土的收缩和徐变等因素在结构中产生的作用效应可能危及结构的安全和正常使用时，应进行专门的结构试验分析。

本章小结

（1）结构是指建筑物、构筑物的基本承力骨架。结构在其工作年限内，结构应具有足够的承载能力、刚度和耐久性。

（2）混凝土结构按所含钢筋及类型可分为素混凝土结构、钢筋混凝土结构、预应力混凝土结构、钢管混凝土结构、钢-混凝土组合结构。

（3）结构设计的基本内容，主要包括结构方案设计、结构分析、作用或荷载效应组合、构件及其连接构造的设计和绘制施工图等。结构分析时，应根据结构类型、材料性能和受力特点选择弹性分析方法、塑性内力重分布分析方法、弹塑性分析方法、塑性极限分析方法、间接作用分析方法或者试验分析方法等。

思考与练习题

（1）结构的分类有哪些？

（2）建筑结构设计的阶段分别是什么？

（3）结构设计的基本内容有哪些？

（4）建筑结构的分析方法有哪些？

第 2 章　梁 板 结 构

本章要点及学习目标

本章要点：
(1) 钢筋混凝土楼盖的常见类型及结构特点；
(2) 单向板和双向板的概念及各自的受力变形特点；
(3) 单向梁板结构按弹性理论及考虑塑性内力重分布的内力分析方法；
(4) 双向梁板结构按弹性理论的内力分析方法；
(5) 现浇单向板、双向板楼盖的配筋构造要求；
(6) 现浇梁式楼梯和板式楼梯的结构特点、内力分析、构造要求。

学习目标：
(1) 掌握现浇单向梁板结构的内力按弹性及考虑塑性内力重分布的计算方法；深刻理解折算荷载、塑性铰、内力重分布、弯矩调幅等概念；熟悉单向板楼盖配筋构造要求，能够熟练进行现浇单向板楼盖的设计计算；
(2) 掌握现浇双向梁板结构的内力按弹性理论的设计计算方法；了解双向板按极限平衡法的设计计算方法；熟悉双向板楼盖的配筋构造要求，能够熟练进行现浇双向板楼盖的设计计算；
(3) 掌握梁式楼梯和板式楼梯的受力特点、内力计算；熟悉这两类楼梯的配筋构造要求，能够熟练进行现浇楼梯的设计计算；
(4) 掌握板式雨篷各构件的受力特点、设计计算方法；理解其整体倾覆验算的要求，能够熟练进行板式雨篷结构的设计计算。

2.1　概述

由单跨或连续多跨的钢筋混凝土梁、板组成的结构称为梁板结构。

梁板结构是土木工程中常见的结构形式，如工业与民用建筑中的楼盖、屋盖、楼梯、阳台、雨篷、楼梯等；此外，还应用于基础结构（如梁板式基础）、水工结构（如挡土墙）、桥梁结构（如桥面）等，如图 2-1 所示。建筑工程中的楼（屋）盖是最典型的梁板结构，楼面、屋面上的使用荷载从板传至梁，再传至墙或柱，最后传至基础、地基。

2.1.1　钢筋混凝土楼盖的类型

楼盖是建筑结构中的水平结构体系，是房屋结构中的重要组成部分，通常采用钢筋混凝土结构。它与竖向抗侧力结构一起组成建筑结构的整体空间结构体系。混凝土楼盖的造

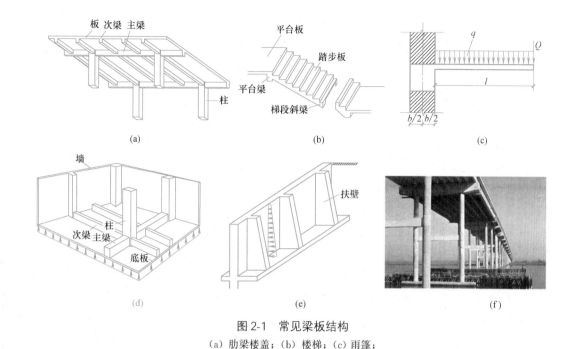

图 2-1　常见梁板结构
（a）肋梁楼盖；（b）楼梯；（c）雨篷；
（d）筏板式基础；（e）挡土墙；（f）桥面

价占到整个土建总造价的近 30％，其自重约占到总重量的一半。因此，选择合适的楼盖设计方案，并采用合理的方法设计计算，对整个房屋的使用和技术经济指标具有重要影响。

根据不同的分类方法，可将楼盖分为不同的类别。

1. 按其受力特点和结构组成不同

常见的有：单向板肋梁楼盖、双向板肋梁楼盖、井式楼盖、密肋楼盖、无梁楼盖（也称板柱结构）。随着近年来建筑技术的发展以及新材料、新工艺的广泛运用，在传统楼盖体系的基础上又涌现了一些新的楼盖结构体系，如扁梁楼盖、现浇空心板无梁楼盖等，见图 2-2。

肋梁楼盖每一区格板的四边均有梁或墙支承，形成四边支撑的连续或单块板。垂直荷载通过板传递给支承梁。肋梁楼盖中的主梁可以是连续梁，也可以是与柱子构成框架的框架梁。根据梁格尺寸和支承情况的不同，其传力途径有所不同，可分为单向板肋梁楼盖（图 2-2a）和双向板肋梁楼盖（图 2-2b）两种类型，定义见 2.1.2。肋梁楼盖是现浇楼盖中使用最普遍的，其特点是：用钢量低，板上开洞方便，但支模较复杂。

无梁楼盖是板柱结构体系，板直接支承于柱或承重墙上，见图 2-2（c）。当柱网较大、荷载较大时，柱顶应设柱帽。其特点是：净空大、支模简单，但用钢量较大，常用于仓库、商店等柱网布置接近方形的建筑。当柱网较小时（3～4m），柱顶可不设柱帽；当柱网较大（6～8m）且荷载较大时，柱顶应设柱帽以提高板的抗冲切能力。

密肋楼盖又分为单向和双向密肋楼盖，见图 2-2（d）。由于梁肋的间距小（约 0.5～1.0m），板厚很小（30～50mm），梁高也较肋梁楼盖小，结构自重较轻，楼面刚度比井式大，变形比井式小。密肋楼盖可视为在实心板中挖凹槽，省去了受拉区混凝土，没有挖空部分就是小梁或称为肋，而柱顶区域一般保持为实心，起到柱帽的作用，也有柱间板带都为实心的，这样在柱网轴线上就形成了暗梁。双向密肋楼盖近年来采用预制塑料模壳克服了支模复杂的缺点而应用增多。

井式楼盖是肋梁楼盖的一种，见图 2-2（e），结构采用方形或近似方形（也有采用三角形或六边形）的板格，两个方向的梁的截面相同，不分主次梁。由于两个方向受力，梁的高度比肋梁楼盖小。梁间距一般可取 3.0~5.0m。其特点是：造型美观，可少设或不设内柱而跨越较大的空间，具有较强的装饰性，宜用于跨度较大且柱网呈方形的结构，如公共建筑的门厅或大厅，但楼面刚度弱，变形大，用钢量和造价较高。

扁梁楼盖，见图 2-2（f），是为了降低构件的高度、增加建筑的净高或提高建筑的空间利用率，将楼板的水平支承梁做成宽扁的形式。

现浇钢筋混凝土空心板无梁楼盖是无梁楼盖的一种新形式，它是一种由采用高强复合薄壁管间隔排列现浇成孔的空心楼板和暗梁组成的楼盖，或者采用蜂窝球状模壳形成空心楼板。空心板发挥了预制空心板和现浇实心板无梁楼盖的优点，使结构受力更为合理。它减轻了结构自重，增加了建筑的净高，通风、电器、水道管道的布置也很方便，具有较好的综合效益。

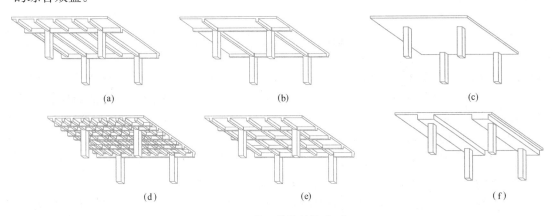

图 2-2　常见楼盖结构类型

（a）单向板肋梁楼盖；（b）双向板肋梁楼盖；（c）无梁楼盖；
（d）密肋楼盖；（e）井式楼盖；（f）扁梁楼盖

2. 按施工方法不同

可分为：现浇式、装配式和装配整体式。

现浇混凝土楼盖中板与梁的钢筋交织在一起，整浇混凝土。其优点是：整体性好，抗震性好，防水性能好，灵活性大，能满足各种平面形状、设备和管道、各类荷载及施工条件等特殊要求。缺点是：需要耗费模板多，现场的工作量大，施工工期长，受季节影响较大。近年来由于商品混凝土、混凝土泵送和工具模板的广泛应用，钢筋混凝土结构包括楼盖在内，大多采用现浇。楼、屋盖起着将水平力分配传递给竖向结构体系的作用，因此其自身刚度必须足够，在高层建筑中通常假定楼、屋盖在自身平面内刚度无穷大，因此我国《高层建筑混凝土结构技术规程》JGJ 3—2010 规定高层建筑中楼盖宜现浇。

装配式楼盖是由一系列预制板、梁在现场拼装连接而成。其优点是：便于设计标准化、生产工厂化、施工机械化，施工进度快，节省模板，工期短。其缺点是：结构整体性和刚性较差，防水性较差，多用于结构简单、规则的工业建筑或者多层砌体房屋，不宜用于高层建筑及有抗震设防要求的建筑。

装配整体式楼盖是将预制构件或构件的预制部分在现场就位后再使之形成整体结构。常用的整体连接方法主要有：板面做配筋现浇层（不小于 40mm）、叠合梁以及施加预应力等。装配整体式楼盖兼有整体式和装配式两类楼盖的优点，但缺点是增加了现场焊接工作量和二次浇筑混凝土，现场焊接须保证质量，施工较复杂。这种楼盖仅适用于荷载较大的多层工业厂房、高层民用建筑及有抗震设防要求的建筑。

3. 按预加应力情况

可分为：钢筋混凝土楼盖和预应力混凝土楼盖。

预应力混凝土楼盖具有减轻自重、降低层高、增大楼板的跨度、改善结构的使用功能、节约材料等优点。它成为适应有大开间、大柱网、大空间要求的多、高层及超高层建筑的主要楼盖结构体系之一。预应力混凝土楼盖用得最普遍的是无粘结预应力混凝土平板楼盖，当柱网尺寸较大时，它可有效减小板厚，降低建筑层高。

综上所述，确定合理的楼盖结构方案时，首先应满足建筑物的使用要求，并根据平面尺寸、荷载大小、材料来源、施工条件以及技术经济等因素综合考虑，以确定合理的结构材料、结构体系和布置以及结构的施工方法。建筑物的用途和要求、结构的平面尺寸（柱网布置）是确定楼盖结构体系的主要依据。一般来说，常规建筑多选用肋梁楼盖结构体系；对空间利用率要求较高的建筑，可采用无梁楼盖结构体系；大空间建筑可选用井式楼盖、密肋楼盖、预应力楼盖等。本教材着重介绍常见的单向板、双向板肋梁楼盖的设计计算。

2.1.2　单向板与双向板

一般将四周由梁支承的板称为一个板区格。根据板的支承形式及长、短边长度的比值，板可以分为单向板和双向板两个类型。在荷载作用下，只在一个方向弯曲或者主要在一个方向弯曲的板，称为单向板；在两个方向弯曲，且不能忽略任一方向弯曲的板，称为双向板。

对于单边嵌固的悬臂板和对边支承的板，只能沿一个方向将荷载传递至支座，因此只能沿一个方向弯曲，因此与长短边比值无关，都是单向板。对于两邻边、三边或四边支承的板，荷载朝两个方向同时传递，理论上都是双向板，但弹性理论的分析结果表明，当矩形板的长、短边长的比值较大时，板上荷载主要沿短边方向传递，沿长边方向传递的很少。

如图 2-3 所示，为整体式梁板结构中的四边支承矩形板。在均布荷载作用下，在板的中央部位取出两个单位宽度的正交板带，若不考虑平行板带间的相互影响，则各向板所受荷载可根据静力平衡条件和变形协调条件进行分配：

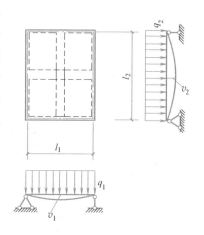

图 2-3　四边支承板均布荷载作用下的受力状态

$$q_1 + q_2 = q \qquad (2\text{-}1)$$

$$v_1 = v_2 \tag{2-2}$$

其中：

$$v_1 = \frac{\alpha_1 q_1 l_1^4}{EI} ; \quad v_2 = \frac{\alpha_2 q_2 l_2^4}{EI} \tag{2-3}$$

故：

$$\frac{q_1}{q_2} = \left(\frac{l_1}{l_2}\right)^4 \cdot \left(\frac{\alpha_1}{\alpha_2}\right) \tag{2-4}$$

则有：

$$q_1 = \frac{\alpha_2 l_2^4}{\alpha_1 l_1^4 + \alpha_2 l_2^4} ; \quad q_2 = \frac{\alpha_1 l_1^4}{\alpha_1 l_1^4 + \alpha_2 l_2^4} \tag{2-5}$$

式中　q——四边支承板上的均布荷载；

　q_1、q_2——短向和长向板带上分配的荷载；

　l_1、l_2——短向和长向板带的计算跨度；

　v_1、v_2——短向和长向板带的跨中位移；

　α_1、α_2——支承条件对位移的影响系数；

　EI——板带截面的抗弯刚度。

若板带支承条件和板厚相同，则 $\alpha_1 = \alpha_2$；两个方向板带所分配的荷载 q_1、q_2 仅与其跨度比或线刚度比 i_1/i_2（$i_1 = EI/l_1$，$i_2 = EI/l_2$）有关。若板厚相同，根据不同跨度比 l_2/l_1，可得到两个方向板各自承担荷载的比例，见表2-1。两个方向板带跨中承担的最大弯矩见图2-4。

不同边长比的四边支承板在两个方向各自承担荷载的比例　　　　　　　　表2-1

l_2/l_1	1.0	1.5	2.0	2.5	3.0
q_1/q	0.5	0.835	0.941	0.975	0.988
q_2/q	0.5	0.165	0.059	0.025	0.012

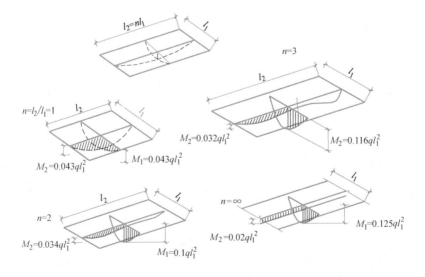

图2-4　不同边长比的四边支承板的长、短向的跨中弯矩

由此可见，按弹性方法对整体式肋梁楼板进行结构分析时，可近似认为：$l_2/l_1 \geq 3$ 时，作用于板上的荷载主要由短向板带承受，长向板带分配的荷载可忽略不计，此板可近似看为单向板，由单向板组成的梁板结构称为单向板梁板结构，其传力途径为板-次梁-主梁-柱或墙-基础-地基；反之，长向板带分配的荷载不能忽略不计，称此板为双向板，由双向板组成的梁板结构称为双向板梁板结构，其荷载通过板同时传递给两个方向的梁，再传给柱（墙）、基础。图2-5为单向板和双向板的受力变形和荷载分配示意图。

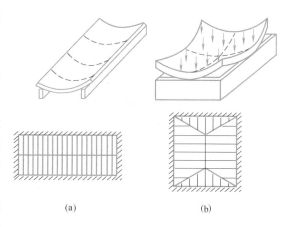

图 2-5　单向板、双向板受力变形和荷载分配示意图
(a) 单向板；(b) 双向板

为结构设计方便，《混凝土结构设计规范》GB 50010—2010（2015 年版）规定：

1）两对边支承的板和悬臂板，按单向板计算；

2）四边支承的板（或邻边支承或三边支承），应按下列规定计算：

（1）当长边与短边长度之比大于或等于 3 时，可按沿短边方向受力的单向板计算；

（2）当长边与短边长度之比小于或等于 2 时，应按双向板计算；

（3）当长边与短边长度之比介于 2 和 3 之间时，宜按双向板计算；若按沿短边方向受力的单向板计算时，则沿长边方向布置足够数量的构造钢筋。

2.2　钢筋混凝土单向板肋梁楼盖

现浇单向板肋梁楼盖的设计步骤为：①结构平面布置，并初估结构构件（板和主、次梁）的截面尺寸；②确定计算单元和计算简图，建立结构或各构件（梁、板）的力学模型；③分析内力和变形，对各力学模型分别采用合适的理论方法进行内力和变形分析；④构件配筋及构造设计，根据控制截面的最不利内力进行结构内各构件（板、次梁、主梁）的截面配筋，并满足构造措施；⑤绘制施工图。其实无论简单结构还是复杂结构，其设计也都是遵循这样的步骤。

那么，单向板肋形楼盖中通常包含哪些结构构件？各构件应如何布置，受力关系如何？如何确定楼盖的结构计算简图？如何用弹性理论分析和塑性理论分析各构件中的内力，两种分析方法分别有何优缺点，适用范围是什么？如何确定用来设计配筋的控制截面的最不利内力？除计算外还需要考虑哪些构造要求？单向板楼盖各构件施工图及断面详图如何表示？

2.2.1　结构布置及梁板基本尺寸确定

1. 结构布置

单向板肋梁楼盖是由板、次梁和主梁所组成的水平支承结构，其竖向支承结构由柱或墙组成。水平结构的支承关系及荷载的传递路线是由结构的线刚度决定的，从结构整体考虑，一般弱线刚度支承于强线刚度结构上，结构荷载一般由弱线刚度结构向强线刚度结构方向传递。因此，可以认为单向板以次梁为支座；次梁以主梁为支座；主梁以墙或柱为支座。

次梁间距决定了板的跨度，主梁间距决定了次梁的跨度，主梁的跨度由柱网决定。一般单向板的经济跨度取为 $1.7\sim2.5$m，不宜超过 3m；次梁的经济跨度为 $4\sim6$m；主梁的经济跨度为 $5\sim8$m。

单向板肋梁楼盖的平面布置应该综合考虑到建筑效果、使用功能及结构原理等多方面的因素。楼盖的主梁一般应布置在结构刚度较弱的方向，这样可以提高承受水平作用力的侧向刚度。

常见的单向板肋梁楼盖的结构平面布置方案通常有以下三种：

1) 主梁横向布置，次梁纵向布置，如图 2-6（a）所示。主梁和柱可形成横向框架，提高了房屋的横向抗侧移刚度，而各榀横向框架间由纵向的次梁联系，故房屋的整体性能较好。此外，由于外纵墙处仅布置次梁，窗户高度可开得大些，这样有利于房屋室内的采光和通风。

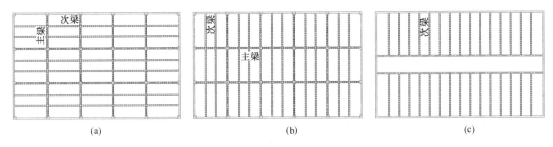

图 2-6 单向板肋梁楼盖结构布置

(a) 主梁沿横向布置；(b) 主梁沿纵向布置；(c) 仅布置次梁

2) 主梁纵向布置，次梁横向布置，如图 2-6（b）所示。这种布置方案适用于纵向柱距比横向柱距大得多的情况，这样可以减小主梁的截面高度，增加室内净高。

3) 只布置次梁，不设主梁，利用纵墙承重，如图 2-6（c）所示。它仅适用于有中间走廊的砌体墙承重的混合结构房屋。

在进行楼盖的结构平面布置时，应注意受力合理、方便施工、满足建筑要求，具体如：

(1) 梁系尽可能贯通，梁格尽可能整齐，尽可能划分为等跨度，以便于设计和施工。

(2) 主梁跨间宜为偶数，以保证主梁跨间弯矩相对均匀。

(3) 在楼、屋面上有固定设备、墙体等较大集中（线）荷载的地方，宜设次梁；楼板上开有较大尺寸（大于 800mm）的洞口时，应在洞口边设置加劲的小梁。

(4) 柱网尺寸宜尽量大，内柱尽量少设，并考虑墙、窗位置以及变化的可能性。

2. 梁、板截面尺寸初估

梁、板结构基本尺寸应根据结构承载力、刚度及裂缝控制等要求确定。初估截面尺寸时，一般按不需要刚度验算的最小截面高度确定：

单向板：$h=(1/40\sim1/30)l_1$（连续：h/l_1 不小于 $1/40$；简支：h/l_1 不小于 $1/35$

悬臂：h/l_1 不小于 $1/12$）；

　　次梁：$h=(1/18\sim1/12)l_2$；

　　主梁：$h=(1/14\sim1/8)l_3$。

　　其中，l_1、l_2、l_3 分别为次梁间距、主梁间距、柱与柱或柱与墙的间距。为保证现浇梁板结构具有足够的刚度和便于施工，板的最小厚度还应满足最小厚度要求，见表 2-2。

现浇钢筋混凝土板的最小厚度（mm）　　　　　表 2-2

板的类别		最小厚度
单向板	屋面板	60
	民用建筑楼板	60
	工业建筑楼板	70
	行车道下的楼板	80
双向板		80
密肋板	面板	50
	总厚度	250
悬臂板（根部）	悬臂长度不大于500mm	60
	悬臂长度1200mm	100
无梁楼板		150
现浇空心楼板		200

2.2.2　计算简图及荷载计算

1. 结构的计算单元和计算简图

在进行结构分析之前，首先应对实际结构受力情况进行分析，将实际结构简化为力学模型。在现浇单向板肋梁楼盖中，板、次梁、主梁、柱整浇在一起，形成了一个复杂体系。由于板的刚度最小、次梁的刚度又比主梁小很多，因此可将次梁看作板的支座，主梁看作次梁的支座，而柱或墙是主梁的支座，则整个楼盖体系通过简化可分解成板、次梁、主梁三类单独的构件，分别对其进行设计计算。其中：

（1）板结构计算单元取 1m 板宽的矩形截面板带；

（2）次梁结构计算单元取翼缘宽度为次梁间距 l_1 的 T 形截面带；

（3）主梁结构计算单元取翼缘宽度为主梁间距 l_2 的 T 形截面带。

为了简化计算，计算简图通常作如下简化和假定。

1）支座形式

假定板、次梁、主梁的支座可以自由转动，但没有竖向位移，则支承条件可简化如下：

梁、板直接搁在砖墙或砖柱上时，可按铰支考虑；板支承在次梁上或次梁支承在主梁上时，忽略次梁或主梁的弯曲变形，且不考虑支承处节点的刚性和支承宽度，看为不动铰支座，按连续板（或梁）计算，如图 2-7（a）、（b）所示；主梁支承在钢筋混凝土柱上时，若梁柱抗弯线刚度比大于 3，则主梁按铰支于柱上的连续梁计算，如图 2-7（c）所示，否则柱对梁的约束较大应按框架梁计算，如图 2-7（d）所示。

因此，图 2-7 中板为 6 跨连续板带（1m 宽），次梁为 5 跨连续梁，主梁为 2 跨连续梁。

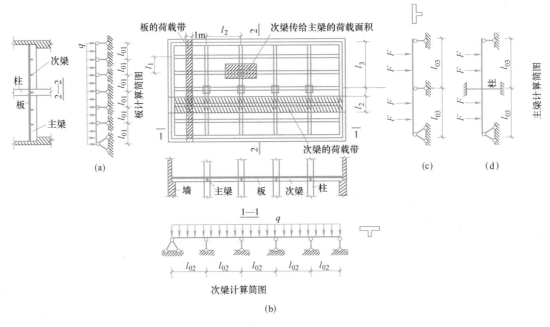

图 2-7　单向板肋梁楼盖的板和梁的计算简图

2）计算跨度

计算跨度指计算内力时所用的跨长，即反力的合力作用线间距或该跨两端支座转动点间的距离。次梁的间距就是板的跨度，主梁的间距就是次梁的跨长，但不一定等于计算跨度，这与支承长度、抗弯刚度及材料有关。

按弹性理论计算时，中间各跨可取支承中心线之间的距离；按塑性理论计算时，中间各跨可取构件净距离。边跨由于端支座情况有所差别，与中间跨的取法不同。精确计算很难，连续梁、板计算时计算跨度可按表 2-3 近似取值。

连续板、梁的计算跨度 l_0 　　　　　　　　　　　表 2-3

支承情况	按弹性理论方法		按考虑塑性内力重分布方法	
	梁	板	梁	板
两端与梁(柱)整体连接	l_c	l_c	l_n	l_n
两端搁置在墙上	$\min(1.05l_n, l_c)$	$\min(l_n+h, l_c)$	$\min(1.05l_n, l_c)$	$\min(l_n+h, l_c)$
一端与梁(柱)整体连接，另一端搁置在墙上	$\min\left(1.025l_n+\dfrac{b}{2}, l_c\right)$	$\min\left(l_n+\dfrac{b}{2}+\dfrac{h}{2}, l_c\right)$	$\min\left(1.025l_n, l_n+\dfrac{b_w}{2}\right)$	$\min\left(l_n+\dfrac{h}{2}, l_n+\dfrac{b_w}{2}\right)$

注：表中的 l_c 为支座中心线间的距离，l_n 为净跨度，h 为板厚，b 为梁或柱的支撑长度，b_w 为梁或柱的支撑长度。

3）计算跨数

对于等跨连续板、梁，当其跨度超过 5 跨时，中间各跨的内力与第三跨非常接近。因此，为简化计算工作量，当梁、板的跨数少于 5 跨时，按实际跨数计算；当实际跨数超过 5 跨时，各跨相差不超过 10%，且各跨荷载及截面相同时，除端部两跨外的中间跨内力都接近，可简化为5跨计算，即所有中间跨的内力和配筋均按第三跨的处理，如图2-8所示。

2. 荷载计算

作用在楼盖上的荷载包括永久荷载（恒载）和可变荷载（活载）。恒载如构件自重、构造层重、固定设备重等。活载如人群、堆料和临时性设备、雪荷载、积灰荷载以及施工活荷载等。活荷载的分布通常折算为等效均布荷载，板、梁上的活荷载在一跨内均按满跨布置。

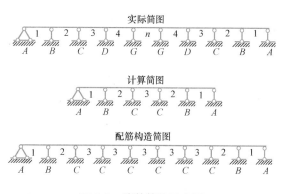

图2-8 跨数简化示意图

永久荷载、可变荷载的标准值及分项系数，详见《建筑结构荷载规范》GB 50009—2012、《工程结构通用规范》GB 55001—2021。

对于民用建筑的梁板结构，应注意楼面活荷载的折减问题。当楼面梁的从属面积较大时，活荷载满载并达到标准值的概率减小。因此，规范规定在设计楼面梁、墙、柱及基础时，楼面活荷载标准值应乘以规定的折减系数。

屋面板的设计中还需要考虑到施工和检修荷载。

整体式单向板肋梁结构的荷载及荷载计算单元分别按下述方法确定，如图2-9所示。

板：取宽为1m的板带自重及板带上的均布荷载计算。楼面上承受局部集中荷载时可将其换算成等效均布荷载。

次梁：承受自重及负荷面积上板传来的均布荷载。

主梁：承受自重及次梁传来的集中荷载。主梁自重一般相比集中荷载较小，往往也折算成集中荷载。

注意：板传递给次梁和次梁传递给主梁的荷载一般均忽略结构的连续性而按简支计算。主、次梁的截面都是T形截面，楼盖周边的主、次梁是倒L形截面。

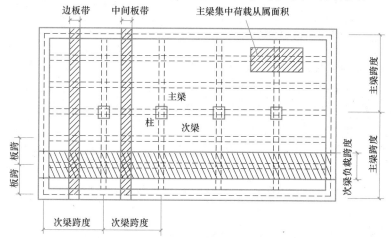

图2-9 梁、板的荷载计算范围

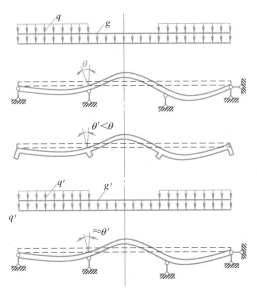

图 2-10　现浇式梁板结构的折算荷载

考虑到将上述支座简化成理想铰支座，没有竖向位移，实质上是忽略了次梁的竖向变形对板的影响、主梁的竖向变形对次梁的影响以及柱的竖向变形对主梁的影响。而实际现浇梁板结构中，板、梁、柱现浇在一起，因此，次梁的抗扭刚度将约束板的弯曲转动，使板在支承处的实际转角 θ' 比理想铰支座转角 θ 小，如图 2-10 所示。同样的情况也发生在次梁和主梁之间。

为减小采用理想铰支座引起的误差，使连续梁、板结构支座转角 θ' 与实际转角 θ 接近，可以通过采用折算荷载的方法来弥补。在活载隔跨布置时，采用增加恒载、减小活载的办法减少板、梁在支座处的转动，从而减小误差。次梁对板的约束作用较主梁对次梁的约束作用大，折算荷载分别取值如下：

板：
$$g' = g + \frac{1}{2}q, \quad q' = \frac{1}{2}q \tag{2-6}$$

次梁：
$$g' = g + \frac{1}{4}q, \quad q' = \frac{3}{4}q \tag{2-7}$$

式中　g'、q'——分别为折算后的恒载、活载设计值；

$\quad\quad g$、q——分别为实际的恒载、活载设计值。

当梁、板直接搁置在砖墙或钢梁上时，支座处所受到的约束较小，可不进行荷载调整。对于主梁，当梁与柱的抗弯线刚度比大于 3～4 时，柱对梁的约束较小，将柱看成铰支座误差较小，可不必进行荷载调整。

2.3　结构最不利荷载组合

若结构截面配筋相同，则结构截面内力最大者为控制截面。对于等截面多跨梁、板，控制截面为各跨跨中截面、各支座截面。

"最不利荷载"是针对某一个控制截面的某一种内力来说，不同截面的不同内力的最不利荷载位置是不同的。恒载的位置是不变的，关键是活荷载的布置。

图 2-11 为五跨连续梁（板）在恒载和 5 种活荷载下的变形图以及弯矩、剪力图。研究其规律，可以发现活荷载最不利布置原则如下：

（1）求某跨跨中最大正弯矩时，应在该跨布置活荷载，然后向其左右每隔一跨布置活荷载；

（2）求某跨跨中最大负弯矩时，应在该跨不布置活荷载，而在两相邻跨布置活荷载，然后每隔一跨布置；

（3）求某支座最大负弯矩时，应在该支座相邻两跨布置活荷载，然后再每隔一跨布置；

（4）求某内支座截面最大剪力时，其活荷载布置与求该跨支座最大负弯矩的布置相同；求边支座截面最大剪力时，其活荷载布置与该跨跨中最大正弯矩的布置相同。

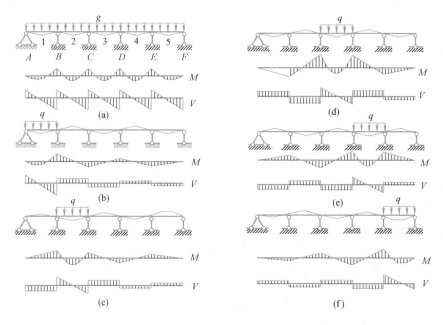

图 2-11　五跨连续梁（或板）在恒载和五种单跨活荷载下的内力图

对于 N 跨连续梁、板，通常有 $N+1$ 种最不利荷载组合。如图 2-12 所示为五跨连续梁在六种最不利荷载组合下的弯矩图和剪力图。每种荷载组合产生的不利内力如下：

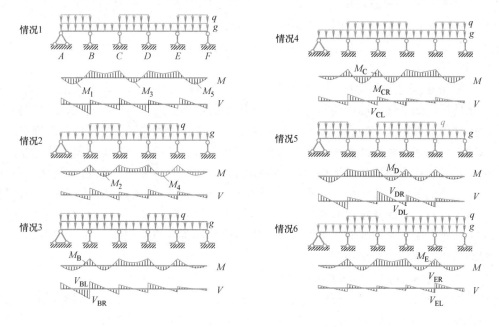

图 2-12　五跨连续梁（或板）的六种最不利荷载组合及内力图

情况1：$g+q$（1、3、5跨）——产生 M_{1max}，M_{3max}，M_{4max}，$-M_{2max}$，$-M_{4max}$，V_{Amax}，V_{Fmax}；

情况2：$g+q$（2、4跨）——产生 M_{2max}，M_{4max}，$-M_{1max}$，$-M_{3max}$，$-M_{5max}$；

情况3：$g+q$（1、2、4跨）——产生 M_{Bmax}，V_{Bmax}；

情况4：$g+q$（2、3、5跨）——产生 M_{Cmax}，V_{Cmax}；

情况5：$g+q$（1、3、4跨）——产生 M_{Dmax}，V_{Dmax}；

情况6：$g+q$（2、4、5跨）——产生 M_{Emax}，V_{Emax}。

2.3.1　单向板肋梁楼盖的弹性理论计算方法

1. 内力计算

混凝土连续梁、板按弹性理论的分析方法，是假定钢筋混凝土梁板为匀质弹性体，认为结构荷载与内力、荷载与变形、内力与变形均为线性关系，按结构力学的方法计算，可用力矩分配法或利用等跨连续梁的计算表格计算内力。注意，荷载应按折算荷载进行计算。

对等跨的连续梁可用附录1的计算表格查得有关截面的弯矩和剪力系数，按以下公式计算有关截面的弯矩和剪力：

均布荷载：

$$M=k_1 g l_0^2 + k_2 q l_0^2，\quad V=k_3 g l_0 + k_4 q l_0 \tag{2-8}$$

集中荷载：

$$M=k_5 G l_0 + k_6 Q l_0，\quad V=k_7 G + k_8 Q \tag{2-9}$$

式中　　　　g、q——单位长度上的均布恒荷载、均布活荷载设计值；

　　　　　　G、Q——集中恒荷载设计值、集中活荷载设计值；

　　　　　　　l_0——计算跨度；

k_1、k_2、k_5、k_6——附录1中相应栏中的弯矩系数。

k_3、k_4、k_7、k_8——附录1中相应栏中的剪力系数。

2. 内力包络图

构件控制截面的最不利内力即是用来截面配筋计算的设计内力值，但要确定钢筋在跨内的变化情况，如上部纵筋的切断与下部纵向钢筋的弯起位置、箍筋的变化，还需要知道每一跨内其他截面最大弯矩和最大剪力的变化情况，这就需要通过内力包络图来确定。

将同一结构在各种荷载的最不利组合作用下的内力图（弯矩图或剪力图）叠画在同一张图上，其外包线所形成的图形称为内力包络图。包络图上的每一点都反映了该点所对应截面可能出现的最大正或负内力，即最不利内力。图2-13为五跨连续梁的弯矩包络图和剪力包络图示意。五跨连续梁有6种不利荷载布置，包络图中应有6组内力图叠画于同一坐标上，示意图中未画出所有内力图（未画出的内力图都包含在已画的内力图内部），其外包线即弯矩（或剪力）包络图。

3. 支座控制截面的弯矩和剪力设计值

按弹性理论计算连续梁、板内力时，中间跨的计算跨度取支座中心线间的距离，这样求出的支座弯矩和支座剪力都是指支座中心处的，通常最大。但当梁、板与支座现浇时，支座边缘处的截面高度比支座中心处的小得多，因此实际危险截面应在支座边缘处。故内

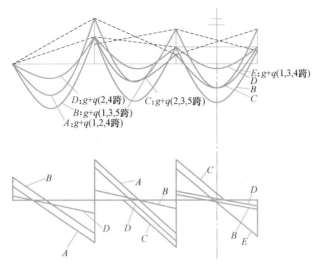

图 2-13　五跨连续梁的弯矩包络图和剪力包络图

力设计值应以支座边缘截面为控制截面，如图 2-14 所示，弯矩和剪力值分别按式（2-10）、式（2-11）取值。

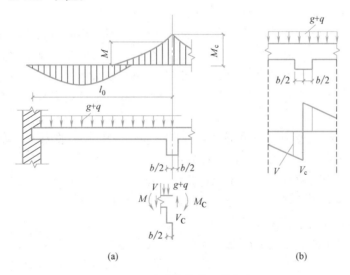

图 2-14　支座边缘截面的内力

（a）弯矩设计值；（b）剪力设计值

弯矩设计值：

$$M = M_c - V_c \frac{b}{2} \approx M_c - V_0 \frac{b}{2} \tag{2-10}$$

剪力设计值：

均布荷载：

$$V = V_c - (g+q)\frac{b}{2} \tag{2-11}$$

集中荷载：

$$V = V_c \tag{2-12}$$

式中　M_c、V_c——支座中心处的弯矩、剪力设计值；

　　　　V_0——支座中心处按简支梁计算的剪力设计值；

b——支座宽度。

当梁、板支座为墙体时，弯矩计算时取支座中心线处截面为控制截面；剪力计算时取支座边缘处截面为控制截面。

2.3.2 单向板肋梁楼盖的塑性理论计算方法

除静力平衡条件外，还需变形协调条件才能确定内力的结构是超静定结构。超静定钢筋混凝土结构在未裂阶段时，各截面内力之间的关系是由各构件弹性刚度确定的；到开裂阶段，各截面刚度发生改变，各截面内力关系也发生改变；至破坏阶段，钢筋屈服、压区混凝土压碎，出现塑性铰，结构计算简图发生变化，致使内力间的关系改变更大。这种由于超静定钢筋混凝土结构的非弹性性质而引起各截面刚度甚至结构发生变化，引起内力与荷载不再遵循线弹性关系的现象，称为内力重分布或塑性内力重分布，相对于弹性计算结果，有些截面内力变大有些截面内力变小了。注意：内力重分布不是指某个截面上应力的重分布；静定结构中不存在塑性内力重分布。

按弹性理论方法分析混凝土超静定结构的内力存在一些问题：①弹性理论认为连续梁在整个加载过程中刚度不变，结构计算简图不变，因此当荷载形式不发生变化时各截面内力分布规律不变化；②弹性理论认为某一截面的内力达到其极限值，整个结构就达到其承载力极限。实际上，钢筋混凝土是一种弹塑性的材料，加载过程中由于某些截面开裂或钢筋屈服出现塑性铰，结构还能继续承载，对于连续梁、板等超静定结构，即使是其中几个截面的内力达到其极限值时，整个结构依然能保持稳定，即钢筋混凝土超静定结构的实际承载能力一般都比按弹性方法分析的要高。因此，如果按弹性方法的内力分布规律分析，显然是不相符的。不仅如此，按弹性理论分析内力与基于塑性极限状态的截面承载力计算理论也不统一。

按塑性理论方法（考虑内力重分布）分析钢筋混凝土结构的内力，确定结构的承载力，能更准确反映实际受力状态并可充分发挥结构的承载力储备，节约材料，方便施工。同时，研究和掌握内力重分布的规律，能更好地确定结构在正常使用阶段的变形和裂缝开展值，以便更合理地评估结构使用阶段的性能。

1. 混凝土受弯构件的塑性铰

以跨中受一集中荷载作用的简支梁为例说明塑性铰的特点。图 2-15（a）、（b）分别为梁从加载到破坏的 M 图和 M-ϕ 关系曲线。图中，M_y 为受拉钢筋屈服时的截面弯矩，对应的截面曲率为 ϕ_y；M_u 为破坏时截面的极限弯矩，对应的截面曲率为 ϕ_u。在破坏阶段，由于受拉钢筋已屈服，塑性应变增大而钢筋应力维持不变。随着截面受压区高度的减小，中和轴上升，内力臂略有增大，截面的弯矩也有所增加，但弯矩的增量（$M_u - M_y$）不大，而截面的曲率增值（$\phi_u - \phi_y$）却很大，在 M-ϕ 图上基本是一条水平线。在钢筋屈服截面达到极限承载力前，截面在外弯矩增加很小的情况下产生很大转动，出现较大塑性变形，表现得犹如一个能够转动的铰，称为"塑性铰"。

$M \geqslant M_y$ 的部分是塑性铰的区域（由于钢筋与混凝土间粘结力的局部破坏，实际塑性铰区域更大），通常把这一塑性变形集中的区域理想为集中于一个截面上的塑性铰，该范围称塑性铰长度 l_p，所产生的转角称为塑性铰的转角 θ_p。

塑性铰与普通铰相比较，有三个主要区别：①塑性铰只沿弯矩作用方向发生单向有限转动（$\phi_y - \phi_u$），而理想铰可沿任意转动；②塑性铰能承受一定的弯矩（$M_y - M_u$），而理想铰不能承受任何弯矩；③塑性铰有一定长度（$h \sim 1.5h$），而理想铰集中于一点（在板中是铰线）。

塑性铰的形成主要是由于适筋梁中纵筋屈服后的塑性变形，而塑件铰的转动能力则取决于配筋率和混凝土极限压应变 ε_{cu}。当混凝土受压边缘的应变达到 ε_{cu}，截面达到其极限弯矩 M_u 时，截面曲率为 ϕ_u。对于适筋梁和大偏压构件，塑件铰形成于截面应力状态的第 II_a 阶段，转动止于 III_a 阶段，这种铰也称钢筋铰。对于超筋梁和小偏压构件，钢筋不会屈服，转动主要由混凝土的非弹性变形引起，它的转动量很小，称混凝土铰。为了保证结构有足够的延性，塑性铰应设计成转动能力大，变形能力强的钢筋铰。

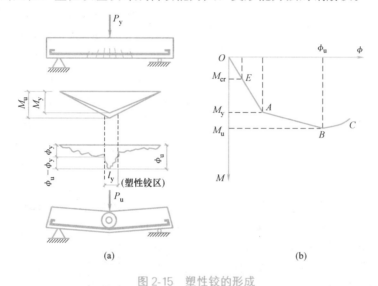

图 2-15　塑性铰的形成
（a）梁从加载到破坏的 M 图和塑性铰；（b）M-ϕ 关系曲线

2. 塑性内力重分布的过程

为了说明内力重分布的概念，现以承受集中荷载的两跨连续梁为例，研究其从开始加载直到破坏的全过程。假定支座截面和跨内截面的截面尺寸和配筋相同，即支座和跨中的抗弯承载力 M_{Bu}、M_{1u} 相同。梁的受力全过程大致可分为三个阶段，如图 2-16、图 2-17 所示。

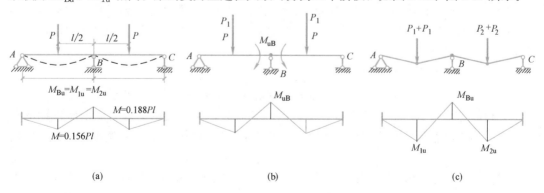

图 2-16　梁上的荷载、弯矩变化及破坏机构的形成
（a）弹性阶段；（b）支座出现塑性铰瞬间；（c）跨中出现塑性铰

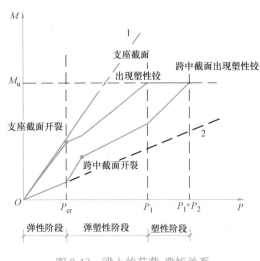

图 2-17 梁上的荷载-弯矩关系

1）弹性阶段

当集中力 P 很小时，混凝土尚未开裂，整个梁接近于弹性体系，各部分截面抗弯刚度的比值未改变，弯矩分布由弹性理论方法确定，如图 2-16（a）所示。故这个阶段弯矩的实测值与按弹性梁的计算值非常接近，图 2-17 中观察不到内力重分布的现象。

2）弹塑性阶段

当加载至 P_{cr} 时，B 支座截面受拉区混凝土先开裂，截面抗弯刚度降低，但跨内截面 1 尚未开裂。此时从图 2-17 中可观察到内力重分布，由于支座与跨内截面抗弯刚度的比值 M_B/M_1 降低，使 B 支座截面弯矩 M_B 的增长率相对弹性梁减小，而跨内弯矩 M_1 的增长率加大。继续加载，当跨内截面 1 也出现裂缝时，截面抗弯刚度的比值 M_B/M_1 有所回升，从图 2-17 中又可观察到 M_B 的增长率增加，而 M_1 的增长率减小。

3）塑性阶段

当加载至 P_1 时，B 支座截面受拉钢筋屈服，支座形成塑性铰，塑性铰能承受的弯矩为 M_{Bu}，如图 2-16（b）所示，再继续加载，一次超静定连续梁转变成了两根简支梁。此时从图 2-16 中可观察到明显的内力重分布，B 支座截面弯矩 M_B 增加缓慢，跨内弯矩 M_1 增加加快，由于跨内截面承载力尚未耗尽，因此还可继续增加荷载，此时可认为支座弯矩不再增加，按简支梁受力，直至跨内受拉钢筋屈服，即跨内截面 1 也出现塑性铰，如图 2-16（c）所示，梁成为几何可变体系而破坏。设后加的那部分荷载为 P_2，则梁承受的总荷载为 $P_1 + P_2$。这表明超静定混凝土结构从出现第一个塑性铰到破坏机构形成，其间还有相当的承载潜力可以利用。

由上述分析可知，超静定钢筋混凝土结构的塑性内力重分布主要发生在两个阶段：第一阶段发生于裂缝出现至第一个塑性铰形成之前，裂缝的形成和开展使构件截面弯曲刚度比值变化，是引起内力重分布的主要原因；第二阶段发生在第一个塑性铰形成之后直至形成机构，结构计算简图发生改变是引起内力重分布的主要原因。显然，第二阶段的内力重分布较第一阶段显著。

3. 影响塑性内力重分布的因素

钢筋混凝土梁板的塑性内力重分布有两种情况，即充分或不充分的内力重分布。

若超静定结构中各塑性铰都具有足够的转动能力，保证结构加载后能按照预期的顺序，先后形成足够数目的塑性铰，以致最后形成机动体系而破坏，这种情况称为充分的内力重分布。

但是，塑性铰的转动能力是有限的，受到截面配筋率和材料极限应变值的限制。如果完成充分的内力重分布过程所需要的转角超过了塑性铰的转动能力，则在尚未形成预期的破坏机构以前，早出现的塑性铰已经因为受压区混凝土达到极限压应变值而"过早"被压碎，这种情况属于不充分的内力重分布。又如多跨连续梁中某一跨的左右支座和跨内截面都出现了塑性铰，使该跨形成了机动体系，造成局部破坏，也属于不充分的内力重分布。除此之外，如果在形成破坏机构之前，截面发生因受剪承载力不足或钢筋锚固破坏等的脆性破坏，内力也不能被充分重分布。因此，要实现充分的内力重分布，要求：①塑性铰要有足够的转动能力；②塑性铰出现的先后顺序不会导致结构的局部破坏；③截面有足够的斜截面受剪承载力。

塑性铰的转动能力主要取决于纵向钢筋的配筋率、钢筋的品种和混凝土的极限压应变值。对受弯构件，配筋率越低，混凝土相对受压区高度 ξ 就越小，塑性铰转动能力越大；混凝土的极限压应变值 ε_{cu} 越大，ϕ_u 值越大，塑性铰转动能力也越大；混凝土强度等级高时，极限压应变值减小，转动能力降低；普通热轧钢筋有明显的屈服台阶，延伸率也较大，转动能力提高。

4. 塑性内力重分布的限制条件

需要注意的是，如果塑性铰转动幅度过大，塑性铰附近截面的裂缝开展过宽、结构的挠度过大，虽然没有影响安全性，但可能导致不能满足正常使用阶段对裂缝宽度和变形的要求，这是工程实用中应避免的。因此，在内力重分布时，应对塑性铰的允许转动量予以控制，也就是要控制内力重分布的幅度。

因此，塑性铰一方面应有足够的转动能力，另一方面转动幅度又不能过大，并且保证不过早出现斜截面破坏等脆性破坏，才能充分实现塑性内力重分布，相应有下列具体限制条件：

（1）为保证足够转动能力，结构中宜采用 HRB400 级钢筋和较低强度等级的混凝土（宜在 C25～C45 间），《混凝土结构设计规范》GB 50010—2010（2015 年版）规定截面受压区高度应满足 $0.1h_0 \leqslant x \leqslant 0.35h_0$。研究表明：提高截面高度、减小截面相对受压区高度是提高塑性铰转动能力的最有效措施。

（2）为满足刚度和裂缝宽度的要求，一般建议弯矩调整幅度小于 20%，对于 q/g 小于 1/3 的结构，控制在 15% 以内。这样可以保证结构在正常使用期间不会出现塑性铰，并可以保证塑性铰处混凝土裂缝宽度及结构变形值在允许范围之内。

（3）为保证足够受剪承载力，应按弹性和塑性计算中较大剪力进行受剪承载力计算，并在预期出现塑性铰的部位加密箍筋。这样不但能够提高结构斜截面受剪承载力，而且还能较为显著地改善混凝土的变形性能，增加塑性铰转动能力。

5. 考虑塑性内力重分布的意义和适用范围

在混凝土连续梁板的设计中，恰当考虑结构的塑性内力重分布，建立弹塑性的内力计算方法，不仅可以使结构的内力分析与截面设计相协调，而且具有以下意义：

（1）更符合实际受力状态，有利于充分发挥各截面的承载力，能更正确地估计结构承载力；

（2）能更正确估计结构使用阶段的变形和裂缝；

（3）考虑内力重分布后，通常支座弯矩降低，可改善支座处钢筋拥挤难以施工的状况，方便混凝土浇捣；且跨中与支座弯矩更接近，使钢筋布置简化；

（4）在一定条件和范围内，可以通过改变结构各截面的 M/M_u 来控制塑性铰出现的次序和位置。

但是，考虑塑性内力重分布须以出现塑性铰为前提，故结构正常使用时的变形及裂缝偏大，因此，对下列情况不适合采用塑性内力重分布的计算方法：

(1) 在使用阶段不允许出现裂缝或对裂缝开展控制较严的混凝土结构;

(2) 处于严重侵蚀性环境中的混凝土结构;

(3) 直接承受动力和重复荷载的混凝土结构;

(4) 对于处于重要部位的构件,要求有较高承载力储备;如我国《混凝土结构设计规范》GB 50010—2010(2015 年版)规定梁板结构中的板和次梁可按塑性理论进行设计,而主梁多按弹性理论进行设计;

(5) 配置延性较差的受力钢筋的混凝土结构。

6. 考虑塑性内力重分布的实用分析方法——弯矩调幅法

考虑塑性内力重分布的常用方法有塑性铰法、极限平衡法、弯矩-曲率法和弯矩调幅法等。目前多数国家的设计规范采用的都是弯矩调幅法。弯矩调幅法就是对结构按弹性理论算得的某些截面的弯矩值和剪力值进行适当的调整,以考虑结构非弹性变形所引起的内力重分布,然后按调整后的内力进行截面设计和配筋构造。我国颁布的《钢筋混凝土连续梁和框架梁考虑内力重分布设计规程》CECS 51:93 也推荐用弯矩调幅法来计算钢筋混凝土连续梁、板和框架的内力。调幅法的特点是概念清楚、方法简便,弯矩调整幅度明确,平衡条件得到满足。

截面弯矩调整的幅度用调幅系数 β 表示,即:

$$\beta = \frac{|M_\mathrm{e}| - |M_\mathrm{p}|}{|M_\mathrm{e}|} \tag{2-13}$$

式中 M_e——按弹性理论算得的弯矩值;

M_p——调幅后的弯矩值。

弯矩调幅法按以下步骤进行:

(1) 按弹性分析方法计算内力,按活载最不利分布进行内力组合得出最不利弯矩图。

(2) 对弯矩绝对值较大的截面弯矩进行调幅,通常对支座弯矩进行调幅,即 $M_\mathrm{p} = (1-\beta)M_\mathrm{e}$。

(3) 结构的跨中截面弯矩值应取弹性分析所得的最不利弯矩值和按下式计算值中的较大值:

$$M = 1.02M_0 - \frac{1}{2}(M^l + M^r) \tag{2-14}$$

式中 M_0——按简支梁计算的跨中弯矩设计值;

M^l、M^r——连续梁或连续单向板的左、右支座截面弯矩调幅后的设计值。

为了保证结构在形成机构以前达到设计要求的承载力,应使经弯矩调幅后的板、梁的任意一跨两支座弯矩的平均值与跨中弯矩之和略大于该跨的简支弯矩,故将 M_0 乘以系数 1.02。

(4) 要求调幅后的支座和跨中截面弯矩值均应不小于 $1/3M_0$。

(5) 各截面的剪力设计值按荷载最不利布置和调幅后的支座弯矩由静力平衡条件计算确定。

【例 2-1】 两跨连续梁如图 2-18 所示,梁上作用集中恒荷载设计值 $G = 30\mathrm{kN}$,集中活荷载设计值 $Q = 80\mathrm{kN}$,试求:(1) 按弹性理论计算的弯矩包络图;(2) 按考虑塑性内力重分布,中间支座弯矩调幅 20% 后的弯矩包络图。

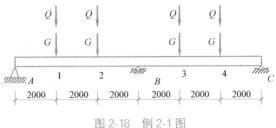

图 2-18　例 2-1 图

解： 1）按弹性理论计算的弯矩包络图，如图 2-19 所示。

（1）活荷载布置在 AB、BC 两跨

$M_{Be, max} = -0.333(G+Q)l_0 = -0.333 \times (30+80) \times 6 = -219.78 \text{kN} \cdot \text{m}$

$M_{1e} = M_{4e} = 0.222(G+Q)l_0 = 0.222 \times (30+80) \times 6 = 146.52 \text{kN} \cdot \text{m}$

$V_A = 0.667(G+Q) = 0.667 \times (30+80) = 73.37 \text{kN}$

$M_{2e} = M_{3e} = V_A \times \dfrac{2l_0}{3} - (G+Q)\dfrac{l_0}{3} = 73.37 \times 4 - (30+80) \times 2 = 73.48 \text{kN} \cdot \text{m}$

（2）活荷载布置在 AB 跨

$M_{Be} = -0.333Gl_0 - 0.167Ql_0 = -0.333 \times 30 \times 6 - 0.167 \times 80 \times 6 = -140.10 \text{kN} \cdot \text{m}$

$M_{1e, max} = 0.222Gl_0 + 0.278Ql_0 = 0.222 \times 30 \times 6 + 0.278 \times 80 \times 6 = 173.40 \text{kN} \cdot \text{m}$

$V_A = 0.667G + 0.833Q = 0.667 \times 30 + 0.833 \times 80 = 86.65 \text{kN}$

$V_C = -0.667G + 0.167Q = -0.667 \times 30 + 0.167 \times 80 = -6.65 \text{kN}（向上）$

$M_{2e} = V_A \times \dfrac{2l_0}{3} - (G+Q)\dfrac{l_0}{3} = 86.65 \times 4 - (30+80) \times 2 = 126.60 \text{kN} \cdot \text{m}$

$M_{3e} = |V_C| \times \dfrac{2l_0}{3} - G \times \dfrac{l_0}{3} = 6.65 \times 4 - 30 \times 2 = -33.40 \text{kN} \cdot \text{m}$

$M_{4e} = |V_C| \times \dfrac{l_0}{3} = 6.65 \times 2 = 13.30 \text{kN} \cdot \text{m}$

2）按考虑塑性内力重分布，中间支座弯矩调幅 20% 后的弯矩包络图，如图 2-19 所示。

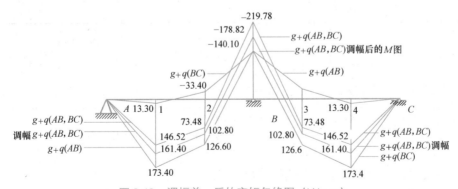

图 2-19　调幅前、后的弯矩包络图（kN·m）

$\beta_B = 0.2$，$M_B = (1-\beta_B)M_{Be, max} = (1-0.2) \times (-219.78) = -175.82 \text{kN} \cdot \text{m}$

$$V_A = \frac{(G+Q)l_0 - |M_B|}{l_0} = (30+80) - \frac{175.82}{6} = 80.70 \text{kN}$$

$$M_1 = M_4 = V_A \times \frac{l_0}{3} = 80.7 \times 2 = 161.40 \text{kN} \cdot \text{m}$$

$$M_2 = M_3 = V_A \times \frac{2l_0}{3} - (G+Q)\frac{l_0}{3} = 80.7 \times 4 - (30+80) \times 2 = 102.80 \text{kN} \cdot \text{m}$$

可见，支座截面最大弯矩和跨内截面最大弯矩并不是同时出现的，它们对应了不同的活荷载不利布置：当将最大支座弯矩调整后，如果相应的跨中弯矩（此时跨中弯矩相应地会增加）并没有超过最大的跨内弯矩，则支座截面的配筋可以减少，而跨中配筋不需要增加。由此可见，考虑塑性内力重分布设计的梁，不仅能改善支座配筋拥挤的状况，而且能获得较好的经济效果。此外，由于支座截面的弯矩调幅值可以在一定范围内任意选择，因而设计并不是唯一的，设计人员有相当大的自由度。

7. 弯矩调幅法计算等跨连续梁、板——内力系数法

依照弹性理论计算内力的公式形式，如式（2-8）、式（2-9），构造出考虑塑性内力重分布时的内力计算公式，然后采用上述弯矩调幅法，可推算出考虑内力重分布后的内力系数。

1）承受均布荷载的等跨连续梁、板

在均布荷载作用下，考虑塑性内力重分布时，各跨跨中和支座截面的弯矩设计值 M 和各支座边缘的剪力设计值 V 按下式计算：

$$M = \alpha_M (g+q) l_0^2 \tag{2-15}$$

$$V = \alpha_V (g+q) l_n \tag{2-16}$$

式中　　M、V——分别为弯矩设计值、剪力设计值；

　　α_M、α_V——分别为连续梁（板）考虑塑性内力重分布的弯矩、剪力计算系数，按表2-4、表2-5采用；

　　　　g、q——分别为沿梁单位长度上的恒荷载设计值、活荷载设计值；

　　　　l_0——按塑性理论分析的计算跨度，按表2-3采用。

连续梁和连续单向板的弯矩计算系数 α_M 　　　　　　　　　　表 2-4

支承情况		截面位置					
		端支座	边跨跨中	距端第二支座	距端第二跨中	中间支座	中间跨跨中
		A	I	B	II	C	III
梁、板搁置在墙上		0	1/11	2跨连续： −1/10 3跨以上连续： −1/11	1/16	−1/14	1/16
板	与梁整浇连接	−1/16	1/14				
梁		−1/24					
梁与柱整浇连接		−1/16	1/14				

注：1. 表中系数适用于荷载比 q/g 大于 0.3 的等跨连续梁、板；

　　2. 连续梁、板的各跨长度不等，但相邻两跨的长跨与短跨之比值小于 1.1 时，仍可用表中系数值；计算支座弯矩时取相邻两跨中的较长跨度值、计算跨中弯矩时应取本跨长度。

2）承受等间距等大小集中荷载的等跨连续梁

在间距相同、大小相等的集中荷载作用下，各跨跨中和支座截面的弯矩设计值 M 和各支座边缘的剪力设计值 V 可按下式计算：

$$M = \eta \alpha_M (G+Q) l_0 \tag{2-17}$$

$$V = \alpha_V n (G+Q) \tag{2-18}$$

连续梁的剪力计算系数 α_V　　　　　　　表 2-5

支承情况	支承情况	截面位置				
		端支座内侧 A_{in}	距端第二支座		中间支座	
			外侧 B_{ex}	内侧 B_n	外侧 C_{ex}	内侧 C_{in}
均布荷载	搁置在墙上	0.45	0.60	0.55	0.55	0.55
	与梁或柱整浇连接	0.50	0.55			
集中荷载	搁置在墙上	0.42	0.65	0.60	0.55	0.55
	与梁或柱整浇连接	0.50	0.60			

式中　η——集中荷载修正系数，按表 2-6 采用；

　　　n——跨内集中荷载的个数；

　G、Q——分别为集中恒荷载设计值、集中活荷载设计值。

集中荷载修正系数 η　　　　　　　表 2-6

荷载情况	截面位置					
	A	I	B	II	C	III
在跨中二分点处作用有一个集中荷载	1.5	2.2	1.5	2.7	1.6	2.7
在跨中三分点处作用有一个集中荷载	2.7	3.0	2.7	3.0	2.9	3.0
在跨中四分点处作用有一个集中荷载	3.8	4.1	3.8	4.5	4.0	4.8

下面举例说明，根据上述原则用弯矩调幅法如何确定表 2-4 中的弯矩计算系数。

【例 2-2】　有一承受均布荷载的五跨等跨连续梁，如图 2-20 所示，两端搁置在墙上，其活荷载与恒荷载之比 $q/g=3$，用调幅法确定各跨跨中和支座截面的弯矩设计值。

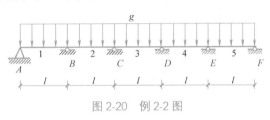

图 2-20　例 2-2 图

解：1）计算折算荷载

$$\frac{q}{g}=3, g=\frac{1}{4}(g+q)=0.25(g+q), q=\frac{3}{4}(g+q)=0.75(g+q)$$

折算恒荷载：　　　　　　$g'=g+\frac{q}{4}=0.4375(g+q)$

折算活荷载：　　　　　　$q'=\frac{3q}{4}=0.5625(g+q)$

2）计算支座 B 最大弯矩

连续梁按弹性理论计算，当支座 B 产生最大负弯矩时，活荷载应布置在 1、2、4 跨，故：

$$M_{Bmax}=-0.105g'l^2-0.119q'l^2=-0.105\times0.4375(g+q)l^2-0.119\times0.5625(g+q)l^2$$
$$=-0.1129(g+q)l^2$$

考虑弯矩调幅 20%，即 $\beta=0.2$，则：

$$M_B=(1-\beta)M_{Bmax}=0.8M_{Bmax}=0.8[-0.1129(g+q)l^2]=-0.093(g+q)l^2$$

实际取 $M_B=-\frac{1}{11}(g+q)l^2=-0.0909(g+q)l^2$，$\alpha_{MB}=-\frac{1}{11}$。

3）计算边跨跨中最大弯矩

对应于 $M_B = -\dfrac{1}{11}(g+q)l^2$，边支座 A 的反力为 $0.409(g+q)l$，调幅后边跨跨内最大弯矩在离 A 支座 $x = 0.409l$ 处，其值为：

$$M_1 = \frac{1}{2} \times 0.409(g+q)l \times 0.409l = 0.0836(g+q)l^2$$

按弹性理论计算，当活荷载布置在 1、3、5 跨时，边跨跨内出现最大弯矩，则：

$$M_{1max} = 0.078gl^2 + 0.1ql^2 = 0.0904(g+q)l^2 > M_1 = 0.0836(g+q)l^2$$

说明按 $M_{1max} = 0.0904(g+q)l^2$ 计算是安全的。为便于记忆及计算，取：

$$M_{1max} = \frac{1}{11}(g+q)l^2 = 0.0904(g+q)l^2, \quad \alpha_{M1} = \frac{1}{11}。$$

其余截面的弯矩设计值和弯矩计算系数可按类似方法求得，不赘述。

2.3.3　单向板肋梁楼盖的配筋计算及构造要求

根据连续梁、板结构分析的不利内力，对结构控制截面进行承载力计算，确定截面的纵向钢筋及箍筋的数量和位置，必要时还应进行结构的刚度及裂缝控制验算。连续梁、板的截面设计与配筋有相同之处，也各有特点。

1. 单向板的截面设计与配筋构造

1）截面设计要点

（1）单向板的厚度 h 除应满足建筑功能外，还应满足厚跨比不小于 1/40（连续板）、1/35（简支板）、1/12（悬臂板），以及表 2-2 中最小板厚要求；

（2）板伸入砖墙内不少于 120mm，应满足受力钢筋在支座内的锚固要求且一般不小于板厚；

（3）支承在次梁或砖墙上的连续板，一般可按考虑塑性内力重分布的方法计算；

（4）计算单元通常取为 1m 宽带，按单筋矩形截面进行纵筋计算，其中截面有效高度 h_0 通常取为 $h_0 = h - 20mm$；对于单向板仅计算短跨方向，而长跨方向按构造配筋；板的经济配筋率为 0.3%～0.8%；

（5）由于板的跨高比远比梁小，对于一般的工业与民用建筑楼盖，仅混凝土就足以承担剪力，设计时可不进行受剪承载力验算；对荷载很大的板，如人防顶板、筏片底板，还应进行板的受剪承载力计算；

（6）考虑板的内拱作用。

连续板受载进入极限状态时，支座截面在负弯矩作用下上部开裂，而跨内截面则由于正弯矩的作用在下部开裂，这就使板中未开裂部分形如拱状，如图 2-21（a）所示。从支座到跨中各截面的中和轴连线形成具有一定拱度的压力线。当板的周边具有限制水平位移的边梁时，在竖向荷载作用下，周边将对它产生水平推力，该推力可减少板中各计算截面的弯矩，其减少程度则视板的边长比及边界条件而异。

为考虑这种内拱作用的有利影响，可将有些截面弯矩进行折减。中间区格板四边与梁整体连接，其跨中截面及支座截面弯矩各折减 20%；对于边区格和角区格板，一边或两邻边支承在砖墙上，内拱作用不明显，边跨支座和跨中弯矩不考虑折减，弯矩折减系数见

图 2-21（b）。若边区格板两端都支承在梁上，边跨支座和跨中弯矩也可考虑折减 20%，见图 2-21（c）。

单向板肋梁楼盖中，当楼盖的四周支承在砌体上时，其端区格的单向板与中间区格的单向板的边界条件是不同的。对于边区各板，它们三边与梁浇筑在一起，角区格板仅两相邻边与梁浇筑，故弯矩一律不予折减；中间区格板的四周与梁浇筑在一起，弯矩设计值可减少 20%。

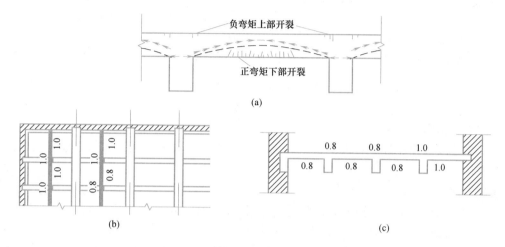

图 2-21 板的内拱作用及弯矩折减系数
（a）板的内拱作用；（b）边支座为墙的板弯矩折减系数；（c）边支座为梁的板弯矩折减系数

2）板的配筋构造

（1）板中受力钢筋

配置在板中的受力钢筋有承受正弯矩的正筋和承受负弯矩的板面负筋两种。设计过程中需要解决的内容有：选择受力纵筋的直径、间距、明确配筋方式并确定弯起钢筋的数量，以及钢筋的弯起和截断位置。

板中的受力钢筋可用 HPB300、HRB400 级钢筋，发达地区现多用 HRB400 级，已不推荐使用 HPB300 直径常用 6～12mm。为施工不易被踩下，负筋一般不小于 8mm。

钢筋间距不宜小于 70mm；当板厚 $h \leqslant 150$mm 时，间距不应大于 200mm；当板厚 $h > 150$mm 时，间距不宜大于 $1.5h$，且不宜大于 250mm。伸入支座的正钢筋不少于跨中的 1/3，间距不大于 400mm。简支板或连续板下部纵向受力钢筋伸入支座的锚固长度不应小于 $5d$。

为了施工方便，选择板内正、负钢筋时，一般应使它们的间距相同而直径不同，直径不宜多于两种。若采用 HPB300 筋，为了保证锚固可靠，板内伸入支座的下部正钢筋采用半圆弯钩；对于上部负钢筋，为了保证施工时钢筋的设计位置，宜做成直抵模板的直钩或在下面设马凳筋。

配筋方式有分离式配筋，跨中正弯矩钢筋宜全部伸入支座锚固；而在支座处另配负弯矩钢筋，其范围应能覆盖负弯矩区域并满足锚固要求，如图 2-22 所示。分离式配筋的特点是配筋构造简单，但其锚固能力较差，整体性不如弯起式配筋，耗钢量也较多，但由于设计和施工方便，已成为工程中主要采用的配筋方式。当板厚大于 120mm 且所受动荷载

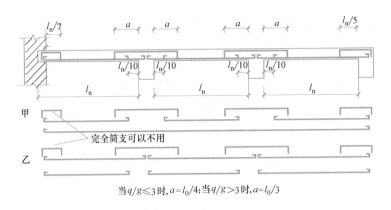

当 $q/g \leqslant 3$ 时，$a=l_0/4$；当 $q/g>3$ 时，$a=l_0/3$

图 2-22 单向板分离式的配筋方式

较大时不宜采用。

如果连续板相邻跨度差超过 20%，或各跨荷载相差较大，则钢筋的弯起和切断点应按弯矩包络图确定。

（2）构造钢筋

连续单向板除了沿弯矩方向布置受力钢筋外，通常还应布置以下三种构造钢筋。

① 分布钢筋

分布钢筋垂直于受力钢筋，并配置在受力钢筋的内侧，单位长度上分布钢筋的截面面积不应小于单位宽度上受力钢筋截面面积的 15%，且不宜小于该方向板截面面积的 0.15%。分布钢筋间距不应大于 250mm，直径 d 不宜小于 6mm。当集中荷载较大时，板中的分布钢筋应适当增加，且间距不宜大于 200mm。板的分布钢筋应配置在受力钢筋的所有弯折处并沿受力钢筋直线段均匀布置，但在梁的范围内不必布置（图 2-23）。

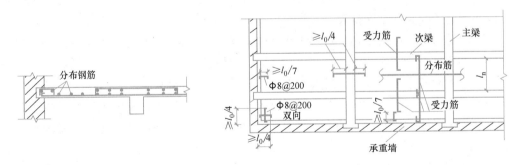

图 2-23 单向板中的分布钢筋

② 边支座的板面附加钢筋

对于嵌固在承重砌体墙内的现浇单向板，内力计算时按简支考虑，实际上由于承重墙的嵌固，板内将产生一定的负弯矩。为了避免沿墙边板面产生裂缝，在板的上部应配置间距不大于 200mm、直径不小于 8mm 的构造钢筋（包括弯起钢筋在内），其伸出墙边的长度不应小于 $l_0/7$，见图 2-23、图 2-24，l_0 为单向板的短边计算跨度。对于两边均嵌固在墙内的板角部分，为防止出现垂直于板的对角线的板面裂缝，在板上部离板角点 $l_0/4$ 范

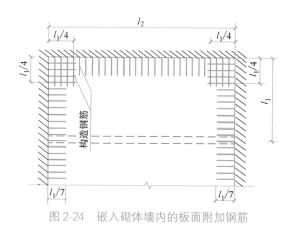

图 2-24 嵌入砌体墙内的板面附加钢筋

围内应双向配置上述构造钢筋，其伸出墙边的长度不应小于 $l_0/4$。

若板的边支座是与钢筋混凝土墙或钢筋混凝土梁整浇，板钢筋伸出墙边的长度则不宜小于 $l_0/4$。

③ 垂直于主梁的板面构造钢筋

现浇楼盖的单向板，实际上是周边支承板，主梁也将对板起支承作用。靠近主梁梁肋附近的板面荷载将直接传递给主梁，因而主梁梁肋附近的板面产生了一定的负弯矩，这样将使板与梁相接的上板面产生裂缝，有时甚至开展较宽。因此《混凝土结构设计规范》GB 50010—2010（2015 年版）规定，在板面沿主梁方向每米长度内配置不少于 $5\phi8$ 的构造钢筋，其单位长度内的总截面面积，应不小于板跨中单位长度内受力钢筋截面面积的 $1/3$，伸出主梁梁边的长度不小于 $l_0/4$（图 2-25）。

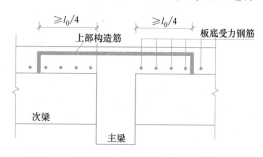

图 2-25 垂直于主梁的板面附加钢筋

2. 次梁的截面设计与配筋构造

1）截面设计要点

（1）次梁跨度一般为 4～6m。截面尺寸满足高跨比为 $1/18\sim1/12$ 和宽高比为 $1/3\sim1/2$ 的要求时，不必作使用阶段的挠度和裂缝宽度验算。

（2）次梁通常考虑塑性变形内力重分布计算内力，不考虑推力的影响。

（3）现浇肋梁楼盖中，板可作为次梁的翼缘。在板跨内的正弯矩区段截面，板位于受压区，应按照 T 形截面进行计算，其翼缘计算宽度 b_f' 可按《混凝土结构设计规范》GB 50010—2010（2015 年版）中受弯构件有关规定确定；支座附近的负弯矩区段，板处于受拉区，次梁应按矩形截面计算。

（4）次梁在砌体墙上的支承长度一般应不小于 240mm。

2）配筋构造

（1）次梁的一般构造要求，如受力钢筋的直径、间距、根数等可按《混凝土结构设计规范》GB 50010—2010（2015 年版）中受弯构件的有关规定执行。

（2）当次梁相邻跨度相差不超过 20%，且均布恒荷载与均布活荷载设计值之比

$q/g \leq 3$ 时，其纵向受力钢筋的弯起和截断可按图 2-26 进行，否则应按弯矩包络图确定。

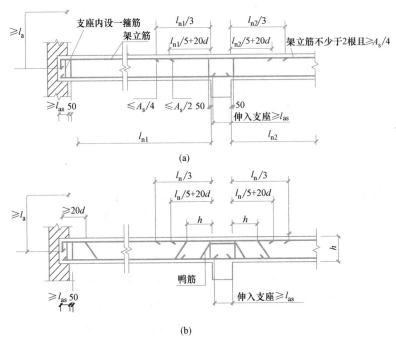

图 2-26　等跨连续次梁的钢筋布置和构造要求

(a) 无弯起钢筋；(b) 有弯起钢筋

3. 主梁的截面设计与配筋构造

1）截面设计要点

（1）主梁跨度一般在 5～8m 为宜，截面尺寸满足高跨比为 1/14～1/8 和宽高比为 1/3～1/2 的要求时，一般不必作使用阶段挠度和裂缝宽度验算。主梁伸入墙内的长度不应小于 370mm。主梁除承受自重和直接作用在主梁上的荷载外，主要承受由次梁传来的集中荷载。为简化计算，主梁自重可折算为集中荷载，并假定与次梁的荷载共同作用在次梁支承处（图 2-27）。

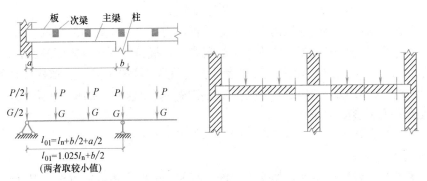

图 2-27　主梁的计算简图

（2）主梁内力一般按弹性方法计算，梁支座处控制截面应取支座边缘处，见图 2-14，内力取法按式（2-10）、式（2-12）。

（3）正截面承载力计算时，跨中按 T 形截面计算，支座按矩形截面计算。当跨中出现负弯矩时，跨中也按矩形截面计算。

（4）由于支座处板、次梁和主梁的钢筋重叠交错，纵向受力钢筋的布置方法是：板的负筋在最上面，次梁负筋设在中间，而主梁负筋在最下面，因此，故梁截面有效高度在支座处有所减少。主、次梁截面有效高度取值详见图 2-28。

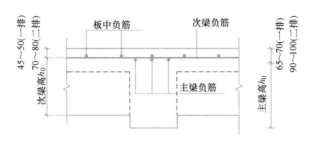

图 2-28 主梁支座处受力钢筋的布置及截面有效高度的取值

2）构造要求

（1）主梁的一般构造要求与次梁相同，但主梁纵向受力钢筋的弯起和截断应使其抗弯承载力图形覆盖弯矩包络图，并应满足有关构造要求。

（2）主梁钢筋的组成及布置可参考图 2-29。主梁伸入砌体墙内的长度一般应不小于 370mm。

（3）主梁主要承受集中荷载，剪力图呈矩形。如果在斜截面抗剪承载力计算中，要利用弯起钢筋抵抗部分剪力，则应考虑跨中有足够的钢筋可供弯起，以使抗剪承载力图形完全覆盖剪力包络图。若跨中钢筋可供弯起的根数不多，则应在支座处设置专门的抗剪鸭筋（图 2-30）。

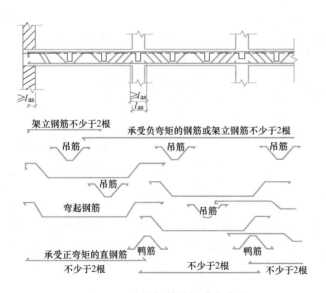

图 2-29 主梁钢筋的组成及布置

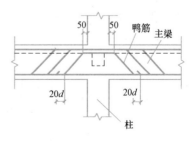

图 2-30 支座处专门的抗剪鸭筋

（4）附加横向钢筋

次梁与主梁相交处，在主梁高度范围内受到次梁传来的集中荷载的作用，其腹部的局部将引起法向应力和剪应力，产生的主拉应力可能导致斜裂缝出现而引起局部破坏（图2-31）。因此《混凝土结构设计规范》GB 50010—2010（2015年版）规定，位于梁下部或梁截面高度范围内的集中荷载，应设置附加横向钢筋来承担，以便将全部集中荷载传至梁上部。附加横向钢筋有箍筋和吊筋两种，应优先采用箍筋。附加横向钢筋应布置在长度为 $2h_1+3b$ 的范围内（图2-31）。第一道附加箍筋离次梁边50mm。

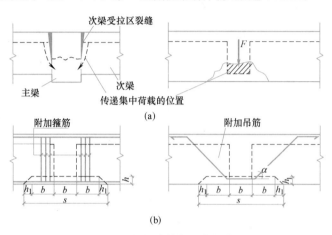

图2-31 附加箍筋与吊筋的布置

附加箍筋和吊筋的总截面面积按下式计算：

$$F \leqslant 2f_y A_{sb}\sin\alpha + mnA_{sv1}f_{yv}\qquad(2-19)$$

式中 F——作用在梁的下部或梁截面高度范围内的集中荷载设计值；

A_{sb}、A_{sv1}——吊筋的截面面积与附加箍筋的单肢截面面积；

m、n——在 s 范围内附加箍筋的排数和箍筋的肢数；

f_y、f_{yv}——吊筋、附加箍筋的抗拉强度设计值；

α——附加吊筋弯起部分与梁轴线间的夹角，一般取45°；如梁高 $h>800$mm，取60°。

2.3.4 现浇单向板肋梁楼盖设计例题

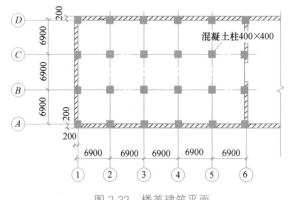

图2-32 楼盖建筑平面

1. 设计资料

某多层厂房的建筑平面如图2-32所示，环境类别为一类，楼梯设置在旁边的附属房屋内。楼面均布活荷载标准值为6kN/m²，楼盖拟采用现浇钢筋混凝土单向板肋梁楼盖。试进行设计，其中板、次梁按考虑塑性内力重分布设计，主梁按弹性理论设计。

（1）楼面做法：水磨石面层；钢

筋混凝土现浇板；20mm 石灰砂浆抹底。

（2）材料：混凝土梁、板的强度等级 C30；钢筋采用 HRB400。

2. 楼盖的结构平面布置

主梁沿横向布置，次梁沿纵向布置。主梁的跨度为 6.9m、次梁的跨度为 6.9m，主梁每跨内布置两根次梁，板的跨度为 2.3m，$l_{02}/l_{01}=6.9/2.3=3$，按规范要求可以按单向板设计。

按跨高比条件，要求板厚 $h \geqslant 2300/40=57.5mm$，对工业建筑的楼盖板，要求 $h \geqslant 70mm$，取板厚 $h=80mm$。

次梁截面高度应满足 $h=l_0/18 \sim l_0/12=6900/18 \sim 6900/12=383 \sim 575mm$。考虑到楼面活荷载比较大，取 $h=500mm$。截面宽度取为 $b=200mm$。

主梁的截面高度应满足 $h=l_0/12 \sim l_0/8=6900/12 \sim 6900/8=575 \sim 862mm$，取 $h=650mm$，截面宽度取为 $b=300mm$。

楼盖结构平面布置图见图 2-33。

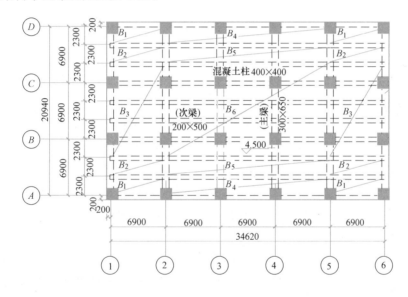

图 2-33 楼盖结构平面布置图

3. 板的设计

1）荷载

板的恒荷载标准值：

水磨石面层	$0.65kN/m^2$
80mm 钢筋混凝土板	$0.08 \times 25=2kN/m^2$
20mm 石灰砂浆	$0.02 \times 17=0.34kN/m^2$

小计 $2.99kN/m^2$

板的活荷载标准值：$6kN/m^2$。

恒荷载分项系数取 1.3；活荷载分项系数应取 1.5。于是板的荷载如下：

恒荷载设计值：$g=2.99 \times 1.3=3.887kN/m^2$

活荷载设计值：$q=6×1.5=9\text{kN/m}^2$

荷载总设计值：$g+q=12.887\text{kN/m}^2$

2）计算简图

次梁截面为 $200\text{mm}×500\text{mm}$。按内力重分布设计，板的计算跨度（表2-3）：边跨 $l_{01}=l_n=2300-200/2=2200\text{mm}$，中间跨 $l_{02}=l_n=2300-200=2100\text{mm}$。

因跨度差小于10%，可按等跨连续板计算。取1m宽板带作为计算单元，计算简图如图 2-34 所示。

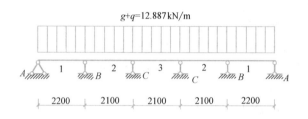

图 2-34　板的计算简图

3）弯矩设计值

由表 2-4 可查得，板的弯矩系数 α_M 分别为：边支座 $-1/16$，边跨中 $1/14$；离端第二支座 $-1/11$；中跨中 $1/16$；中间支座 $-1/14$。故：

$M_A=-(g+q)l_{01}^2/16=-12.887×2.2^2/16=-3.90\text{kN·m}$

$M_1=(g+q)l_{01}^2/14=12.887×2.2^2/14=4.46\text{kN·m}$

$M_B=-(g+q)l_{01}^2/11=-12.887×2.2^2/11=-5.67\text{kN·m}$

$M_2=M_3=(g+q)l_0^2/16=12.887×2.1^2/16=3.55\text{kN·m}$

$M_C=-(g+q)l_0^2/14=-12.887×2.1^2/14=-4.06\text{kN·m}$

4）截面受弯承载力计算

板厚 $h=80\text{mm}$，$h_0=80-20=60\text{mm}$；板宽 $b=1000\text{mm}$。C25 混凝土，$\alpha_1=1.0$，$f_c=11.9\text{kN/mm}^2$；HRB400 钢筋，$f_y=360\text{kN/mm}^2$。板配筋计算的过程列于表 2-7。

板的配筋计算　　　　　　　　　　　　　　　表 2-7

截　面		A	1	B	2	C
弯矩设计值（kN·m）		-3.90	4.46	-5.67	3.55	-4.06
$\alpha_s=M/\alpha_1 f_c b h_0^2$		0.076	0.087	0.110	0.069	0.079
ξ		$0.079<0.35$	0.091	$0.117<0.35$	0.072	$0.082<0.35$
边区板带 ①～② ⑤～⑥ 轴线间	计算配筋（mm²），$A_s=\xi b h_0 f_c/f_y$	188	217	279	172	195
	实际配筋（mm²）	⏀ 8@200 $A_s=251$	⏀ 8@200 $A_s=251$	⏀ 8@180 $A_s=279$	⏀ 8@200 $A_s=251$	⏀ 8@200 $A_s=251$
中间区板带 ②～⑤ 轴线间	计算配筋（mm²），$A_s=\xi b h_0 f_c/f_y$	188	217	279	$0.8×172=138$	$0.8×195=156$

续表

截　　面		A	1	B	2	C
中间区板带 ②~⑤ 轴线间	实际配筋 （mm²）	Φ 8@200 A_s=251	Φ 8@200 A_s=251	Φ 8@180 A_s=279	Φ 8@200 A_s=251	Φ 8@200 A_s=251

注：对轴线②~⑤间的板带，其跨内截面 2、3 和支座截面的弯矩设计值都可折减 20%。为了方便，近似对钢筋
面积乘 0.8。配筋时考虑钢筋直径种类和间距有差别，且类型不要过多，在相差不多时采用了相同的配筋。

如图 2-35 所示为板的配筋图。

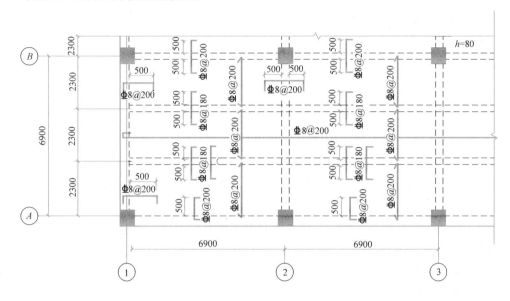

图 2-35　板的配筋图

4. 次梁配筋设计

按考虑内力重分布设计。根据本车间楼盖的实际使用情况，楼盖的次梁和主梁的活荷
载不考虑梁从属面积的荷载折减。

1）荷载设计值

恒荷载设计值

板传来恒荷载		3.887×2.3=8.94kN/m
次梁自重	0.2×(0.5-0.08)×25×1.3=2.73kN/m	
次梁粉刷	0.02×(0.5-0.08)×2×17×1.3=0.37kN/m	

小计　　　　　　　　　　　　　　　　　　　　　g=12.04kN/m

活荷载设计值

$$q=9×2.3=20.7kN/m$$

荷载总设计值

$$g+q=32.74kN/m$$

2）计算简图

主梁截面尺寸为 300mm×650mm。按塑性内力重分布设计，次梁的计算跨度：边跨
$l_{01}=l_n=(6900-100-300/2)=6650$mm，中间跨 $l_0=l_n=6900-300=6600$mm。

因跨度相差小于 10%，可按等跨连续梁计算。次梁的计算简图见图 2-36。

$g+q=32.74\text{kN/m}$

6650　6600　6600　6600　6650

图 2-36　次梁计算简图

3）内力计算

由表 2-4、表 2-5 可分别查得弯矩系数和剪力系数。

弯矩设计值：

$$M_A=-(g+q)l_{01}^2/24=-32.74\times6.65^2/24=-60.33\text{kN}\cdot\text{m}$$

$$M_1=(g+q)l_{01}^2/14=32.74\times6.65^2/14=103.42\text{kN}\cdot\text{m}$$

$$M_B=-(g+q)l_{01}^2/11=-32.74\times6.65^2/11=-131.62\text{kN}\cdot\text{m}$$

$$M_2=M_3=(g+q)l_{02}^2/16=32.74\times6.6^2/16=89.13\text{kN}\cdot\text{m}$$

$$M_C=-(g+q)l_{02}^2/14=-32.74\times6.6^2/14=-101.87\text{kN}\cdot\text{m}$$

剪力设计值：

$$V_A=0.5(g+q)l_{n1}=0.5\times32.74\times6.65=108.86\text{kN}$$

$$V_{Bl}=0.55(g+q)l_{n1}=0.55\times32.74\times6.65=119.75\text{kN}$$

$$V_{Br}=V_C=0.55(g+q)l_{n2}=0.55\times32.74\times6.6=118.85\text{kN}$$

4）承载力计算

（1）正截面受弯承载力

正截面受弯承载力计算时，跨内按 T 形截面计算，翼缘宽度取 $b_f'=l/3=6900/3=2300\text{mm}$；又 $b_f'=b+s_n=200+2100=2300\text{mm}$，故取 $b_f'=2300\text{mm}$。纵向钢筋按一排布置时，C30 混凝土取保护层 $c=20\text{mm}$，近似取 $h_0=500-20-10-20/2=460\text{mm}$，二排纵筋 $h_0=460-20=440\text{mm}$。

C30 混凝土，$\alpha_1=1.0$，$f_c=14.3\text{N/mm}^2$，$f_t=1.43\text{N/mm}^2$；纵向钢筋、箍筋采用 HRB400 钢，$f_y=360\text{N/mm}^2$，$f_{yv}=360\text{N/mm}^2$。正截面承载力计算过程列于表 2-8。经判别跨内截面均属于第一类 T 形截面。

次梁正截面受弯承载力计算　　　　　　　　　　　表 2-8

截面	A	1	B	2	C
弯矩设计值 （kN·m）	−60.33	103.42	−131.62	89.13	−101.87
$\alpha_s=M/\alpha_1f_cbh_0^2$ 或 $\alpha_s=M/\alpha_1f_cb_f'h_0^2$	$\dfrac{60.33\times10^6}{1\times14.3\times200\times460^2}$ $=0.0997$	$\dfrac{103.42\times10^6}{1\times14.3\times2300\times460^2}$ $=0.0149$	$\dfrac{131.62\times10^6}{1\times14.3\times200\times440^2}$ $=0.2811$	$\dfrac{89.13\times10^6}{1\times14.3\times2200\times460^2}$ $=0.0128$	$\dfrac{101.87\times10^6}{1\times14.3\times200\times460^2}$ $=0.1626$
ξ	0.1224<0.35	0.0150	0.263<0.35	0.0129	0.1773<0.35
$A_s=\xi bh_0\alpha_1f_c/f_y$ 或 $A_s=\xi b_f'h_0\alpha_1f_c/f_y$	385	630	917	519	648

续表

截面	A	1	B	2	C
选配钢筋(mm²)	2 Φ 16 $A_s = 402$	2 Φ 20 $A_s = 628$	3 Φ 16+1 Φ 20 $A_s = 917$	3 Φ 16 $A_s = 603$	2 Φ 16+1 Φ 18 $A_s = 657$

（2）斜截面受剪承载力

计算内容包括：截面尺寸的复核、腹筋计算和最小配箍率验算。

验算截面尺寸：

$$h_w = h_0 - h'_f = 440 - 80 = 360\text{mm}，因 h_w/b = 360/200 = 1.8 < 4$$

截面尺寸按下式验算：

$$0.25\beta_c f_c b h_0 = 0.25 \times 1 \times 14.3 \times 200 \times 440 = 327.6 \times 10^3\text{N} > V_{max} = 119.75\text{kN}$$

故截面尺寸满足要求。

计算所需腹筋：

采用 Φ 6 双肢箍筋，计算支座 B 左侧截面。

由 $V_{cs} = 0.7 f_t b h_0 + f_{yv} \dfrac{A_{sv}}{s} h_0$，可得到箍筋间距：

$$s = \frac{f_{yv} A_{sv} h_0}{V_{Bl} - 0.7 f_t b h_0} = \frac{360 \times 57 \times 440}{119.75 \times 10^3 - 0.7 \times 1.43 \times 200 \times 440} = 285\text{mm}$$

调幅后受剪承载力应加强，梁局部范围内将计算的箍筋面积增加 20%。现调整箍筋间距，$s = 0.8 \times 285 = 228\text{mm}$，最后取箍筋间距 $s = 200\text{mm}$。

为方便施工，沿梁长不变。验算配箍率下限值：

弯矩调幅时要求的配箍率下限为：$0.3 \dfrac{f_t}{f_{yv}} = 0.3 \times \dfrac{1.43}{360} = 0.119\%$，实际配箍率 $\rho_{sv} = \dfrac{A_{sv}}{b\phi} = \dfrac{57}{200 \times 200} = 0.142\% > 0.105\%$，满足要求。

5）次梁配筋图（图 2-37）

次梁 B、C 支座截面上部钢筋的 3、7 号钢筋第一批切断，切断面积小于总面积的 1/2，切断点要求离支座边 $l_n/5 + 20d = 6600/5 + 20 \times 16 = 1640\text{mm}$，取 1650mm。B 支座左 5 号钢筋第二批切断，离支座边 $l_n/3$，取 2300mm。

5. 主梁设计

主梁按弹性方法设计。

1）荷载设计值

为简化计算，将主梁自重等效为集中荷载。

次梁传来恒荷载：$12.04 \times 6.9 = 76.66\text{kN}$。

主梁自重（含粉刷）：$[(0.65 - 0.08) \times 0.3 \times 2.3 \times 25 + (0.65 - 0.08) \times 0.02 \times 2 \times 2.3 \times 17] \times 1.3 = 13.94\text{kN}$

恒荷载：$G = 83.08 + 13.94 = 97.02\text{kN}$，取 $G = 97\text{kN}$。

活荷载：$Q = 20.7 \times 6.9 = 142.83\text{kN}$，取 $Q = 143\text{kN}$。

2）计算简图

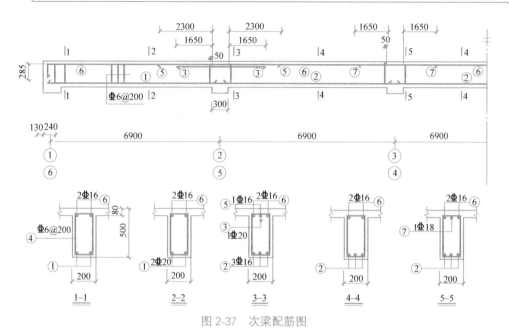

图 2-37　次梁配筋图

主梁按弹性方法计算。梁支承在 $400mm \times 400mm$ 的混凝土柱上。计算跨度取支座中心线的间距：$l_0 = l_c = 6900mm$。

主梁的计算简图见图 2-38。因跨度相差不超过 10%，故可利用附录 1 计算内力。

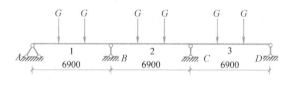

图 2-38　主梁计算简图

3）内力设计值及包络图

（1）弯矩设计值

弯矩 $M = k_1 G l_0 + k_2 Q l_0$，式中，系数 k_1、k_2 由附录 1 相应栏内查得。计算见表 2-9。

主梁的弯矩设计值计算（kN·m）　　　　　　　　　　表 2-9

项次	荷载简图	$\dfrac{k}{M_1}$	$\dfrac{k}{M_B}$	$\dfrac{k}{M_2}$	$\dfrac{k}{M_C}$	弯矩示意图
1 恒载		$\dfrac{0.244}{163.3}$	$\dfrac{-0.267}{-178.7}$	$\dfrac{0.067}{44.84}$	$\dfrac{-0.267}{-178.7}$	
2 活载		$\dfrac{0.289}{285.2}$	$\dfrac{-0.133}{-131.2}$	$\dfrac{-0.133}{-131.2}$	$\dfrac{-0.133}{-131.2}$	
3 活载		$\dfrac{-0.133/3}{-43.74}$	$\dfrac{-0.133}{-131.2}$	$\dfrac{0.200}{197.3}$	$\dfrac{-0.133}{-131.2}$	

续表

项次	荷载简图	$\dfrac{k}{M_1}$	$\dfrac{k}{M_B}$	$\dfrac{k}{M_2}$	$\dfrac{k}{M_C}$	弯矩示意图
4 活载		$\dfrac{0.229}{220.0}$	$\dfrac{-0.311}{-306.9}$	$\dfrac{0.170}{167.7}$	$\dfrac{-0.089}{-306.9}$	
5 活载		$\dfrac{-0.089/3}{-24.6}$	$\dfrac{-0.089}{-76.1}$	$\dfrac{0.170}{145.5}$	$\dfrac{-0.311}{-266.1}$	
组合项次 M_{min}(kN·m)		①+③ 119.6	①+④ -485.6	①+② -86.4	①+⑤ -485.6	
组合项次 M_{max}(kN·m)		①+② 485.6	①+⑤ -266.6	①+③ 242.1	①+④ -266.5	

（2）剪力设计值

剪力 $V = k_3 G + k_4 Q$，式中，系数 k_3、k_4 由附录1相应栏内查得。计算见表2-10。

主梁的剪力计算（kN） 表 2-10

项次	荷载简图	$\dfrac{k}{V_A}$	$\dfrac{k}{V_{Bl}}$	$\dfrac{k}{V_{Br}}$
① 恒载		$\dfrac{0.733}{71.1}$	$\dfrac{-1.267}{-122.9}$	$\dfrac{1.00}{97.0}$
② 活载		$\dfrac{0.866}{123.8}$	$\dfrac{-1.134}{-162.2}$	$\dfrac{0}{0}$
④ 活载		$\dfrac{0.689}{98.5}$	$\dfrac{-1.311}{-187.5}$	$\dfrac{1.222}{174.7}$
⑤ 活载		$\dfrac{-0.089}{-12.7}$	$\dfrac{-0.089}{-12.7}$	$\dfrac{0.778}{111.3}$
组合项次 V_{max}(kN)		①+② 194.9	①+⑤ -135.6	①+④ 271.7
组合项次 V_{min}(kN)		①+⑤ 58.0	①+④ -310.4	①+② 97.0

（3）弯矩、剪力包络图

将不同的内力组合下的弯矩图、剪力图分别叠画在同一张图上，并将外包线连接，就形成弯矩包络图和剪力包络图，见图 2-39。

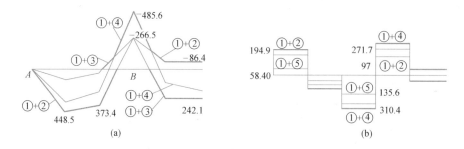

图 2-39　主梁的内力包络图

（a）弯矩包络图；（b）剪力包络图

（4）承载力计算

① 正截面受弯承载力

跨内按 T 形截面计算，$h_0 = h - a_s = 650 - 35 = 615\text{mm}$，因 $h'_f/h_0 = 80/615 = 0.13 > 0.1$，翼缘计算宽度按 $l/3 = 6.9/3 = 2.3\text{m}$ 和 $b + s_n = 6.9\text{m}$ 中较小值确定，取 $b'_f = 2.3\text{m}$。

B 支座边的弯矩设计值 $M_B = M_{B\max} - V_0 \dfrac{b}{2} = -485.6 + 271.7 \times 0.4/2 = -431.3\text{kN} \cdot \text{m}$。

纵向受力钢筋除 B 支座截面为两排外，其余均为一排。跨内截面经判别都属于第一类 T 形截面。正截面受弯承载力的计算过程列于表 2-11。

主梁正截面承载力计算　　　　　　　　　　　　表 2-11

截　面	1	B	2	
弯矩设计值 （kN·m）	448.5	−431.3	242.1	−86.4
$\alpha_s = M/\alpha_1 f_c b h_0^2$	$\dfrac{448.5 \times 10^6}{1 \times 14.3 \times 2300 \times 615^2}$ $= 0.036$	$\dfrac{431.3 \times 10^6}{1 \times 14.3 \times 300 \times 580^2}$ $= 0.299$	$\dfrac{242.1 \times 10^6}{1 \times 14.3 \times 2300 \times 615^2}$ $= 0.019$	$\dfrac{86.4 \times 10^6}{1 \times 14.3 \times 300 \times 615^2}$ $= 0.053$
γ_s	0.982	0.817	0.981	0.947
$A_s = M/\gamma_s f_y h_0$	2062.88	2528.29	1103.43	399.43
选配钢筋 （mm²）	2 Φ 25 + 3 Φ 22(弯 2)， $A_s = 2222$	2 Φ 25 + 4 Φ 22(弯)， $A_s = 2502$	3 Φ 22， $A_s = 1140$	2 Φ 22， $A_s = 760$

注：主梁纵向钢筋的弯起和切断按弯矩包络图确定。

② 斜截面受剪承载力

验算截面尺寸：

$h_w = h_0 - h'_f = 580 - 80 = 500\text{mm}$，因 $h_w/b = 500/300 = 1.67 < 4$，截面尺寸按下式验算：$0.25\beta_c f_c b h_0 = 0.25 \times 1 \times 14.3 \times 300 \times 580 = 622.1 \times 10^3\text{N} > V_{\max} = 276.6\text{kN}$，知截面尺寸满足要求。

计算所需腹筋：

采用 $\Phi 8@200$ 双肢箍筋。

$$V_{cs}=0.7f_tbh_0+f_{yv}\frac{A_{sv}}{s}h_0=0.7\times1.43\times300\times580+360\times\frac{100.6}{200}\times580=279.2\text{kN},$$

$V_{A,max}=194.9\text{kN}<V_{cs}$，$V_{Br,max}=271.7\text{kN}<V_{cs}$、$V_{Bl,max}=310.4\text{kN}>V_{cs}$，可知支座 B 截面左边尚需配置弯起钢筋，弯起钢筋所需面积（弯起角取 $\alpha_s=45°$）：

$$A_{sb}=(V_{Bl,max}-V_{cs})/0.8f_y\sin\alpha_s=\frac{(310.4-279.2)\times10^3}{0.8\times360\times0.707}=153.2\text{mm}^2$$

主梁剪力图呈矩形，在 B 截面左边的 2.3m 范围内需布置三排弯起筋才能覆盖此最大剪力区段，现分三批弯起第一跨跨中的 $\Phi 22$ 钢筋，$A_{sb}=380\text{mm}^2>153.2\text{mm}^2$。

验算最小配箍率：

$$\rho_{sv}=\frac{A_{sv}}{bs}=\frac{100.6}{300\times200}=0.168\%>0.24\frac{f_t}{f_{yv}}=0.126\%，满足要求。$$

次梁两侧附加横向钢筋的计算：

次梁传来的集中力 $F_l=90+120=210\text{kN}$，$h_1=650-500=150\text{mm}$，附加箍筋布置范围 $s=2h_1+3b=2\times150+3\times200=900\text{mm}$。取附加箍筋双肢 $\Phi 8@150$，则在长度 s 内可布置附加箍筋的排数，$m=900/150=6$ 排，次梁两侧各布置 3 排。

附加横向钢筋能够承担 $m \cdot nf_{yv}A_{sv1}=6\times2\times360\times50.3=217\text{kN}>F_l$，满足要求。

因主梁的腹板高度大于 450mm，需在梁侧设置纵向构造钢筋，每侧纵向构造钢筋的截面面积不小于腹板面积的 0.1%，且其间距不大于 200mm。现每侧配置 $2\Phi 14$，308/$(300\times570)=0.18\%>0.1\%$，满足要求。

图 2-40 是主梁的施工图。其中 4 号弯起筋只能用来承担支座的剪力，不能用来承担支座的负弯矩。

4）主梁配筋图

主梁纵向钢筋的弯起和切断按弯矩包络图和抵抗弯矩图（图 2-40）确定，这两个图须按同比例画。抵抗弯矩图需包住弯矩包络图以保证正截面抗弯承载力，且弯起点和截断点应满足不发生斜截面弯曲破坏的构造要求。

第一跨有 2、3、4 号三排弯起筋用来抗剪，应布置在 B 截面左边的 2.3m 范围内，且保证弯起筋间距小于 $s_{max}=200\text{mm}$。其中 2、3 号筋弯起同时用来抵抗支座负弯矩，弯起点应离开充分利用点大于 $h_0/2=615/2=307.5\text{mm}$，另外，由于注意 4 号筋弯起后距离支座太近几乎不能承担支座的负弯矩，因此负弯矩区段的抵抗弯矩图不考虑 4 号筋起作用。2 号筋、3 号筋、6 号筋在负弯矩区段截断的位置应同时满足：①距其充分利用点大于 $1.2l_a+1.7h_0=1.2\times(33.8\times22)+1.7\times615=1937.82\text{mm}$；②距理论截断点大于 $1.3h_0=799.5\text{mm}$ 和 $20d=440\text{mm}$。5 号筋左侧截断位置应同时满足：①距其充分利用点大于 $1.2l_a+h_0=1.2\times(33.8\times22)+615=1507.32\text{mm}$；②距理论截断点大于 $h_0=615\text{mm}$ 和 $20d=440\text{mm}$。

目前工程单位一般都采用梁平面施工图制图，图 2-37、图 2-40 的次梁和主梁配筋图是为了教学中让同学更清楚钢筋的形状和具体布置。

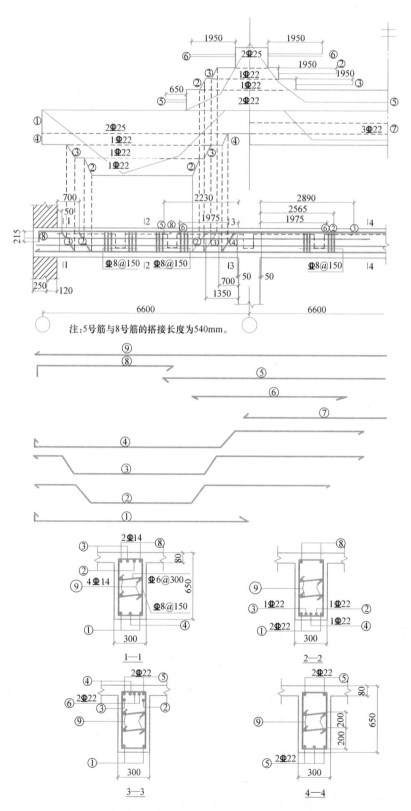

图2-40　主梁配筋、弯矩包络图及抵抗弯矩图

2.4 钢筋混凝土双向板肋形楼盖

双向板的支承形式可以是四边支承（包括四边简支、四边固定、三边简支一边固定、两边简支两边固定和三边固定一边简支）、三边支承或两邻边支承；板的平面形状可以是矩形、圆形、三角形或其他形状。在楼盖设计中，常见的是均布荷载作用下四边支承的正方形板或矩形板。

那么，双向板楼盖的破坏特征与单向板楼盖有何不同，受力有何不同？配筋有何不同？双向板肋形楼盖中板、梁简化为什么力学模型？荷载形式如何？最不利荷载如何布置？采用什么理论方法分析内力？双向板还需要考虑哪些构造要求？

2.4.1 双向板的破坏特点

四边简支的钢筋混凝土双向板（正方形板和矩形板），在均布荷载作用下的试验表明：在裂缝出现之前，板基本上处于弹性工作阶段。随着荷载的增加，对于正方形板，板底中央首先出现裂缝，之后向两个正交的对角线方向发展且裂缝宽度不断加宽，即将破坏时，板顶四角由于受到墙和梁的约束，出现垂直于对角线方向大体呈环状的裂缝，如图 2-41（a），促使对角线裂缝进一步扩展，最后由于对角线裂缝处截面受拉钢筋达到屈服点，混凝土达到抗压强度导致破坏；对于矩形板，第一批裂缝首先出现在板底中部且平行于长边方向，随着荷载的不断增加，裂缝向四角延伸，伸向四角的裂缝大体与板边成 45°即将破坏时，板顶角区也产生与方板

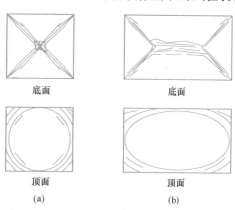

图 2-41 双向板破坏时裂缝特点
（a）正方形板；（b）矩形板

类似的环状裂缝，如图 2-41（b），最后由于跨中和 45°角方向裂缝处截面受拉钢筋达到屈服，混凝土压碎导致破坏。图 2-42（a）、（b）分别为双向板肋形楼盖中板底、板顶的裂缝分布。

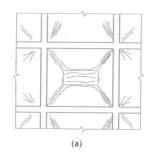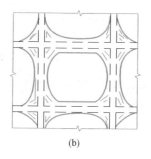

图 2-42 肋形楼盖中双向板的裂缝分布
（a）板底；（b）板顶

从上述双向板的受力特点分析可知，尽管双向板的破坏裂缝并不全部平行于板边，但由于平行于板边的配筋其板底开裂荷载较大，而板破坏时的极限荷载又与对角线方向配筋相差不大，因此为了施工方便，双向板常采用平行于四边的配筋方式。在双向板中应在板底双向配置平行于板边的钢筋以承担两个方向的跨中正弯矩；在板面两个方向的支座处配置负钢筋以承担负弯矩。

2.4.2　双向板按弹性理论的分析方法

双向板的内力分析方法有两种理论：一种视混凝土为弹性体，按弹性理论的分析方法求解板的内力和变形；另一种方法视混凝土为弹塑性材料，按塑性理论的分析方法求解板的内力与配筋。

若把双向板视为各向同性的，且板厚 h 远小于短边边长的 $1/8\sim1/5$、挠度不超过 $h/5$ 时，则双向板可按弹性薄板小挠度理论计算。这种方法内力分析比较复杂，为简化计算，通常是直接应用根据弹性薄板理论编制的弯矩系数表（附录2）进行计算。

1. 单区格双向板的内力和变形计算

单跨双向板按其四边支承情况的不同，在楼盖中常会遇到如下六种情况：四边简支（图 2-43a）；一边固定三边简支（图 2-43b）；两对边固定、两对边简支（图 2-43c）；两邻边固定、两邻边简支（图 2-43d）；三边固定、一边简支（图 2-43e）；四边固定（图 2-43f）。对于常见的荷载分布及 6 种支承条件的单区格双向板，附录 2 中已给出弯矩系数和挠度系数。单位板宽内弯矩和挠度计算方法如下：

$$M＝弯矩系数×(g+q)l_0^2 \tag{2-20}$$

$$f_c＝挠度系数×(g+q)l_0^4/B_c \tag{2-21}$$

式中　M——双向板单位宽度中央板带跨内或支座处截面最大弯矩设计值；

    f_c——双向板中央板带跨内最大挠度值；

    g、q——双向板上均布恒载、活载设计值；

    l_0——双向板计算方向的板带计算跨度，按 1.2.2 节弹性方法计算；

    B_c——板带截面受弯截面刚度，计算公式见附录 2。

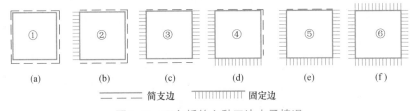

    ━━━ 简支边　 ⊤⊤⊤⊤⊤ 固定边

图 2-43　双向板的六种四边支承情况

附录 2 给出的是图 2-43 所示单跨板在泊松比 $\nu＝0$ 时均布荷载作用下的弯矩系数，而钢筋混凝土结构的泊松比 $\nu≠0$，尚应考虑双向弯曲对两个方向板带弯矩值的影响，跨内截面的弯矩值应按下式计算：

$$m_x^{(\nu)}＝m_x+\nu m_y \tag{2-22}$$

$$m_y^{(\nu)}＝m_y+\nu m_x \tag{2-23}$$

式中　$m_x^{(\nu)}$、$m_y^{(\nu)}$——考虑双向弯矩影响后的 x、y 方向单位宽度板带的跨内弯矩设计值；

m_x、m_y——按附录 4 查得的 $\nu=0$ 时 x、y 方向单位宽度板带的板跨内弯矩系数；

ν——泊松比，对于钢筋混凝土一般取 0.2。

对于支座弯矩值，由于另一个方向板带弯矩为零，故支座弯矩可不考虑两个方向板带弯矩影响。

2. 多区格双向板的内力和变形计算

多跨连续双向板按弹性理论的精确计算十分复杂，因此，当两个方向各为等跨或同一方向区格的跨度相差不超过 20% 的不等跨时，工程中通过对双向板上可变荷载的最不利布置以及支承情况等的合理简化，可采用将多区格连续板转化为单区格板进行内力分析的实用计算方法。

计算时假定：①支承梁的抗弯刚度很大，其竖向变形可忽略不计；②支承梁的抗扭刚度很小，可以自由转动；这样可将梁视为板的不动铰支座，从而使计算简化；③规定双向板沿同一方向相邻跨度的比值大于 0.75，以免计算误差过大。

和多跨连续板一样，计算多跨连续双向板的最大弯矩时，需考虑活荷载的最不利布置。

1）求跨内最大正弯矩

当求跨内最大正弯矩时，其活荷载的最不利位置为如图 2-44（a）所示的棋盘式布置。为便于利用单区格板的计算表格，可将图 2-44（a）所示 I-I 板带计算简图上的荷载（满布的恒载 g 和隔跨布置的活荷载 q）分解为满布于各跨的 g 和隔跨交替布置的 $\pm q/2$ 两部分，如图 2-44（b）、（c）所示，并按下列方法进行内力计算：

（1）当各区格满布 $g+q/2$ 时，由于区格板支座两边结构对称，且荷载对称，可将各支座视为不转动，于是各内区格板可近似地看成四边固定的双向板，并利用附录 2 求出其跨内弯矩。

（2）当所求区格作用 $+q/2$ 时，相邻区格作用 $-q/2$，其余区格板均间隔布置时，此时中间支座的弯矩为零或很小，故内区格板可近似地看为四边简支的双向板，并利用附录 2 求出其跨内弯矩。

（3）在上述两种荷载情况下的边区格板，其外边界的支座应按实际情况考虑，而内边界的支座则按上述荷载情况相应考虑为固定或简支。若外边界支撑在抗扭刚度较大的梁或剪力墙上，可看作是固定边；若支撑在砌体墙、钢梁或抗扭刚度较小的混凝土梁上，一般看作简支边。

（4）最后，将所求区格在这两种荷载作用下的跨内弯矩叠加，即求得该区格的跨内最大正弯矩。

2）求支座最大负弯矩

求各区格板支座截面最大弯矩时，可近似将永久荷载和可变荷载都满布连续双向板所有区格。与前述对称荷载作用下的多区格板一样，可认为中间支座均视为固定支座，则内区格板均可按四边固定的双向板计算其支座弯矩。对于边、角区格，外边界条件应按实际情况考虑。

当相邻区格板跨度或边界条件不同时，同一支座上分别求出的负弯矩不相等，此时可取绝对值较大者作为该支座的最大负弯矩。

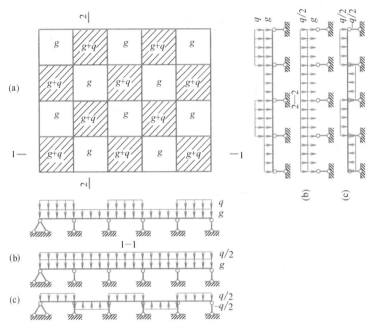

图 2-44　双向板活荷载的不利布置

（a）活载棋盘式分布；（b）满布荷载 $g+q/2$；（c）间隔布置荷载 $\pm q/2$

2.4.3　双向板按塑性理论的分析方法

混凝土为弹塑性材料，双向板是超静定结构，在受力过程中将产生塑性内力重分布，因此考虑混凝土的塑性性能求解双向板问题，更能符合双向板的实际受力状态。对于给定的双向板，当荷载形式确定后，板所能承受的极限荷载即板的真实承载能力是唯一的。双向板是高次超静定结构，可以借助于非线性有限元程序分析计算其受力过程并确定出极限荷载，但这一过程是复杂的，且仍难以给出理论上准确的极限荷载值。工程设计中，常利用近似方法求出板承载能力的上限值和下限值。塑性铰线法是最常用的方法之一，塑性铰线法又称极限平衡法。

塑性铰与塑性铰线两者的概念是相仿的。前者出现在杆系结构中，后者出现在板式结构中，两者都是因受拉钢筋屈服所致。塑性铰线又称为屈服线。一般将裂缝出现在板底的称为正塑性铰线；裂缝出现在板面的称为负塑性铰线。按塑性铰线法设计双向板可分两个步骤：首先假定双向板在给定荷载作用下的破坏图式，即判定塑性铰线的位置，由这些塑性铰线把板分割成由若干个刚性板所构成的破坏机构；然后利用虚功原理，建立外荷载与作用在塑性铰线上的弯矩之间的关系，从而求出各塑性铰线上的弯矩，以此作为各截面的弯矩设计值进行配筋设计。从理论上讲，塑性铰线法得到的是一个上限解，即板的承载力小于等于该解，偏于不安全。但实际上由于内拱作用等有利因素，试验得到的板的破坏荷载都超过按塑性铰线算得的值。

1. 塑性铰线法的基本假定

采用塑性铰线法遵循以下基本假定：

1）双向板达到承载力极限状态时，在荷载作用下的最大弯矩处形成塑性铰线，整块板被若干条塑性铰线划分为若干个板块，形成几何可变体系即破坏机构。

2）双向板在均布荷载下塑性铰线是直线，沿塑性铰线单位长度上的弯矩为常数，等于相应板配筋的极限弯矩。

3）板内的弹性变形远小于沿塑性铰线处的弯曲变形，故可将各板块视为刚性板，变形集中于塑性铰线上。

4）整块板仅考虑塑性铰线上的弯曲转动变形，而忽略塑性铰线上的剪切变形及扭转形变。

2. 塑性铰线的确定

确定板的破坏机构，就是要确定塑性铰线的位置。板中的塑性铰线的分布形式与诸多因素有关，如板的形状、支承条件、纵横向跨中及支座截面的配筋数量、荷载类型等。塑性铰线的分布通常按下列几条原则进行：

1）对称结构具有对称的塑性铰线分布，如图 2-45（a）中的四边简支正方形板在两个方向都对称，因而塑性铰线也应该在两个方向对称。

 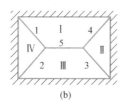 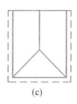

(a)　　　　　　　(b)　　　　　　　(c)　　　　　　　(d)

图 2-45　双向板的破坏机构

（a）四边简支正方形板；（b）四边固定矩形板；（c）三边简支矩形板；（d）两边简支三角形板

2）塑性铰线发生在弯矩最大处，正弯矩部位出现正塑性铰线，负塑性铰线则应出现在负弯矩区域。固定支座边一定出现负塑性铰线，如图 2-45（b）中四边固定的支座边。

3）塑性铰线应满足转动要求。各板块围绕相应的支座旋转轴转动，固定边和简支边一般为转动轴，如果板支承载在柱上，则旋转轴一定通过该柱。两相邻板块之间的塑性铰线必须通过它们转动轴的交点。在图 2-45（b）中，板块Ⅰ和Ⅱ、Ⅱ和Ⅲ、Ⅲ和Ⅳ，以及Ⅳ和Ⅰ的转动轴交点分别在四角，因而塑性铰线 1、2、3、4 需通过这些点，塑性铰线 5 与长向支承边（即板块Ⅰ、Ⅲ的转动轴）平行，意味着它们在无穷远处相交。

4）塑性铰线的数量应使整块板成为一个几何可变体系。理论上整板达极限状态时存在不止一个破坏机构，需研究各种破坏机构，找出极限承载力最小的，即最危险的塑性铰线分布。

3. 塑性铰线法（极限平衡法）的基本原理

塑性理论认为板上可出现一条或多条塑性铰线，直到塑性铰线将板分成许多板块，形成破坏机制，最后顶部混凝土受压破坏，双向板才达到它的极限承载力。按塑性理论计算双向板极限承载力的基本原理为：外力所做的功（竖向荷载与竖向位移的乘积）与内力所做的功（塑性铰线上的极限弯矩与板块的转角的乘积）相等即虚功原理。只要板的尺寸和配筋已知，就可求出双向板的极限承载力。该方法须事先根据试验结果假定出破坏图形。破坏时形成几条交线，最后与破坏线相交的钢筋屈服，混凝土塑性变形，形成塑性铰线。

进入极限状态后，塑性铰线上作用一定的极限弯矩，根据每块被分割的板块（假定为刚体）的平衡可求得极限弯矩。

4. 均布荷载下双向板按塑性铰线法的内力计算

以四边固定受均布荷载下的双向板为例，其常见的破坏形式为倒角锥形，如图 2-46（a）所示。其中，固定边处产生负塑性铰线，跨内产生正塑性铰线。为简化，跨中正塑性铰线与板边的夹角可近似地取为 45°。一般双向板的破坏图式不仅与其平面形状、尺寸、边界条件、荷载形式有关，而且与配筋方式和数量有关。

假设板内按分离式配筋，且沿两个方向均等间距通长布置，达到承载力极限状态时，沿塑性铰线单位长度上的极限弯矩为常数。板跨内承受正弯矩的钢筋沿长跨和短跨方向单位板宽的跨中极限弯矩分别为 m_x 和 m_y，板支座上承受负弯矩的钢筋沿长跨和短跨方向单位板宽的支座极限弯矩分别为 m'_x 和 m''_x，m'_y 和 m''_y，计算公式如下：

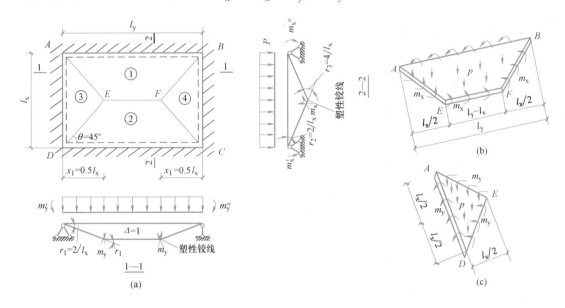

图 2-46　均布荷载下双向板极限平衡法的计算模式

$$m_x = A_{sx} f_y \gamma_s h_{0x} \tag{2-24}$$

$$m_y = A_{sy} f_y \gamma_s h_{0y} \tag{2-25}$$

$$m'_x = m''_x = A'_{sx} f_y \gamma_s h'_{0x} = A''_{sx} f_y \gamma_s h''_{0x} \tag{2-26}$$

$$m'_y = m''_y = A'_{sy} f_y \gamma_s h'_{0y} = A''_{sy} f_y \gamma_s h''_{0y} \tag{2-27}$$

式中　A_{sx}、A_{sy}、$\gamma_s h_{0x}$、$g_s h_{0y}$——分别为板跨内截面沿 x、y 方向单位宽度板带的纵向受力钢筋截面面积及其内力偶臂；

A'_{sx}、A'_{sx}、A'_{sy}、A_{sy} 及 $\gamma_s h'_{0x}$、$\gamma_s h''_{0x}$、$\gamma_s h'_{0y}$、$\gamma_s h''_{0y}$——分别为板支座截面沿 x、y 方向单位宽度板带的纵向受力钢筋截面面积及其内力偶臂。

设跨内正塑性铰线沿 l_x 和 l_y 方向的总极限弯矩分别为 M_x 和 M_y，支座负塑性铰线沿 l_x 和 l_y 方向的总极限弯矩分别为 M'_x、M''_x 和 M'_y、M''_y，则有 $M_x = l_{0y} m_x$、$M_y =$

$l_{0x}m_y$、$M'_x = l_{0y}m'_x$、$M''_x = l_{0y}m''_x$、$M'_y = l_{0x}m'_y$、$M''_y = l_{0x}m''_y$

由塑性铰线分割而成的四个板块，每个板块都应满足各自的内外力平衡条件。取梯形 $ABFE$ 为脱离体，对板支座塑性铰线 AB 取矩：

$$l_{0y}m_x + l_{0y}m'_x = p\left(l_{0y} - l_{0x}\right)\frac{l_{0x}}{2} \times \frac{l_{0x}}{4} + p \times 2 \times \frac{1}{2}\left(\frac{l_{0x}}{2}\right)^2 \times \frac{1}{3} \times \frac{l_{0x}}{2} = pl_{0x}^2\left(\frac{l_{0y}}{8} - \frac{l_{0x}}{12}\right)$$

即：

$$M_x + M'_x = pl_{0x}^2\left(\frac{l_{0y}}{8} - \frac{l_{0x}}{12}\right) \tag{2-28}$$

同理，对于 $CDEF$ 板块，对板支座塑性铰线 CD 取矩：

$$M_x + M''_x = pl_{0x}^2\left(\frac{l_{0y}}{8} - \frac{l_{0x}}{12}\right) \tag{2-29}$$

取三角形 ADE 板块为脱离体，其受力状态如图 2-46（c）所示，根据脱离体力矩平衡条件，得：

$$l_{0x}m_y + l_{0x}m'_y = p \times \frac{1}{2} \times \frac{l_{0x}}{2}l_{0x} \times \frac{1}{3} \times \frac{l_{0x}}{2} = p\frac{l_{0x}^3}{24}$$

即：

$$M_y + M'_y = p\frac{l_{0x}^3}{24} \tag{2-30}$$

同理，对于 BCF 板：

$$M_y + M''_y = p\frac{l_{0x}^3}{24} \tag{2-31}$$

将以上四式相加即得四边固定支承时均布荷载作用下双向板总弯矩极限平衡方程，为：

$$2M_x + 2M_y + M'_x + M''_x + M'_y + M''_y = \frac{pl_{0x}^2}{12}(3l_{0y} - l_{0x}) \tag{2-32}$$

若为四边简支双向板时，由于支座处塑性铰线弯矩值等于零，即 $M'_x = M''_x = M'_y = M''_y = 0$，则四边简支双向板总弯矩极限平衡方程为：

$$M_x + M_y = \frac{pl_{0x}^2}{24}(3l_{0y} - l_{0x}) \tag{2-33}$$

上述两式表明了双向板塑性铰线上截面总极限弯矩与极限荷载 p 之间的关系。双向板计算时塑性铰线的位置与结构达承载力状态时实际的塑性铰线位置越接近，极限荷载 p 值的计算精度越高。

设计时，令：$n = \dfrac{l_{0y}}{l_{0x}}$，$\alpha = \dfrac{m_y}{m_x}$，$\beta = \dfrac{m'_x}{m_x} = \dfrac{m''_x}{m_x} = \dfrac{m'_y}{m_y} = \dfrac{m''_y}{m_y}$，则：

$$M_x = l_{0y}m_x$$
$$M_y = l_{0x}m_y = \alpha l_{0x}m_x$$
$$M'_x = M''_x = l_{0y}m'_x = \beta l_{0y}m_x$$
$$M'_y = M''_y = l_{0x}m'_y = \beta l_{0x}m_y = \beta \alpha l_{0x}m_x$$

代入式（2-32），可得：

$$m_x = \frac{pl_{0x}^2}{8} \cdot \frac{n - \dfrac{1}{3}}{n\beta + \alpha\beta + n + \alpha} \tag{2-34}$$

取值时考虑和弹性方法求出的 α 相似，宜取 $\alpha=1/n^2$。为节约钢材和配筋方便，以及避免出现倒锥台形或局部锥形破坏机构，宜取 $\beta=1.5\sim2.5$，通常取 $\beta=2$，则：

$$m_x = \frac{3n-1}{72\left(n+\frac{1}{n^2}\right)} pl_{0x}^2 \tag{2-35}$$

为了合理利用钢筋，采用弯起式配筋，可将两个方向的跨中钢筋均在距支座 $l_{01}/4$ 处弯起 50%。这时，距支座 $l_{01}/4$ 以内的跨中塑性铰线上单位板宽的极限弯矩分别为 $m_1/2$ 与 $m_2/2$，则式（2-34）变为：

$$m_x = \frac{pl_{0x}^2}{8} \cdot \frac{n-\frac{1}{3}}{n\beta+\alpha\beta+\left(n-\frac{1}{4}\right)+\frac{3\alpha}{4}} \tag{2-36}$$

因此，只要知道板的支承条件、荷载和板的几何尺寸，便可由式（2-34）或式（2-36）求出 m_x，进而相继求出 m'_x、m''_x、m_y、m'_y 和 m''_y，然后根据式（2-24）~式（2-27）进行截面配筋计算。

对连续多区格双向板，近似认为可变荷载满布，首先从中间区格板开始，按四边固定的单区格板进行计算。中间区格计算完毕后，将计算出的支座弯矩值作为计算相邻区格板支座的已知弯矩值。这样依次由内向外可一一解出各区格的内力。对边、角区格板，按实际边界支承情况进行计算。

用塑性铰线方法计算双向板相对弹性理论，合理调整了钢筋布置，克服了支座处钢筋的拥挤现象，且可节省钢筋 20%~30%。但塑性理论方法是以形成塑性铰或塑性铰线为前提的，因此，并不是在任何情况下都能适用。按塑性理论方法计算的适用范围同单向板。

2.4.4 双向板的截面设计与构造要求

1. 双向板截面设计要点

1）双向板的板厚

双向板板厚一般为 80~160mm。为满足双向板的刚度要求，要求板厚不小于 $1/40 l_{0y}$。通常简支板厚应不小于 $1/45 l_{0x}$，连续板厚不小于 $1/50 l_{0x}$，其中 l_{0x} 为短边的计算跨度。当双向板平面尺寸较大时，尚应进行刚度、裂缝控制验算。

2）板的截面有效高度

由于双向板短向板带弯矩值通常比长向板带大，故应将短向钢筋放在长向钢筋的外侧。短跨方向跨中截面的有效高度取 $h_0=h-20$mm，则长跨方向截面的有效高度 $h_0=h-30$mm。求双向板截面配筋时，内力臂系数可近似取 $\gamma_s=0.90\sim0.95$。

3）板的内拱作用

与多跨单向板一样，对于四边与梁整体连接的双向板，应考虑周边支承梁对板产生水平推力的有利影响，因此，设计时应将计算所得弯矩值根据下列情况予以减少。对中间跨的跨中截面及中间支座截面减少 20%；对边跨的跨中截面及楼板边缘算起的第二支座截面：当 $l_b/l<1.5$ 时，减少 20%；当 $1.5\leqslant l_b/l\leqslant2.0$ 时，减少 10%；对于楼板的角区格不应减少。其中 l 为垂直于楼板边缘方向板的计算跨度；l_b 为沿楼板边缘方向板的计算跨度。

2. 配筋构造要求

双向板跨中两个方向的受力钢筋应根据相应方向跨中最大弯矩计算，沿短跨方向的跨中钢筋放在外侧，沿长跨方向的跨中钢筋放在内侧。

当采用弹性理论方法计算时，按跨中弯矩所求得的钢筋数量为板宽中部所需的量，而靠近板的两边，其弯矩已减少，所以配筋也应减少。为施工方便，可将整块板按纵横两个方向划分成各两个宽为 $1/4l_{0x}$（l_{0x} 为短跨计算长度）的边缘板带和各一个中间板带。边缘板带的配筋量为相应中间板带的数量之半（图 2-47），但每米不得少于 3 根。多区格连续板支座上的配筋则按支座最大负弯矩求得，沿整个支座均匀布置，不在边带中减少。当 $l_{0x}<2.5\text{m}$ 时，则不分板带，全部按计算配筋。

按塑性理论计算时，板的跨内及支座截面钢筋通常均匀设置。

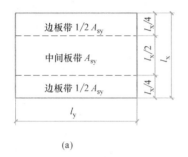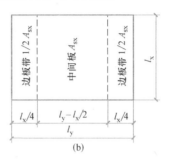

图 2-47 按弹性理论计算的双向板正弯矩钢筋配筋板带的划分
（a）平行于 l_{0y} 方向的配筋；（b）平行于 l_{0x} 方向的配筋

双向板配筋有分离式和弯起式，其中分布筋、构造筋、钢筋的弯起点、切断点的位置、沿墙边（角）处的构造钢筋，均可参照单向板肋梁楼盖。

2.4.5 双向板支承梁的设计

双向板与单向板梁板结构主要不同在于板传递给支承梁的荷载形式，单向板传递给次梁的荷载是均布的，而双向板传递给梁的荷载较为复杂。作用在双向板支承梁上的荷载，理论上应为板的支座反力，按此法求作用在支承梁上的荷载比较复杂。通常按就近向板的各支承梁传递的原则，采用沙堆法或塑性铰线法近似确定：从每一区格板的四角作 45°分角线与平行于长边的中线相交，将每一区格板分为四块，每块小板上的荷载就近传递至其支承梁上。因此，除梁自重（均布荷载）和直接作用在梁上的荷载（均布或集中荷载）外，沿板区格长边方向的支承梁上的荷载为梯形分布，短边方向支承梁上的荷载为三角形分布。多跨连续双向板传给周边支承梁的荷载如图 2-48 所示。

支承梁承受三角形或梯形荷载，其内力可采用等效均布荷载的方法计算。其方法是：首先按支座弯矩相等的条件把它们换算成等效均布荷载 q_e，等效公式见图 2-49。在求得连续梁的支座弯矩后，再按实际的荷载分布（三角形或梯形），以支

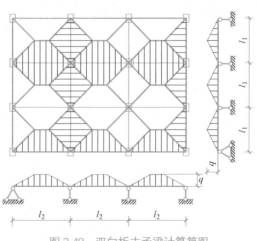

图 2-48 双向板支承梁计算简图

座弯矩作为梁端弯矩，按单跨简支梁求出各跨跨中弯矩和支座剪力。

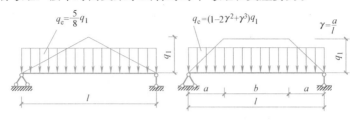

图 2-49　三角形及梯形荷载换算为等效均布荷载

计算支承梁时对于活荷载还应考虑活荷载的不利布置。按塑性理论计算支承梁时，可在弹性理论计算所得支座截面弯矩的基础上，应用调幅法确定支座截面塑性弯矩值，再按支承梁实际荷载求得跨内截面弯矩值。

支承梁的纵向钢筋配筋方案，按连续梁的内络图及材料图确定纵筋弯起和切断，构造要求与单向板支承梁相同。

2.4.6　现浇双向板肋梁楼盖设计例题

某厂房的楼盖结构平面布置见图 2-50，拟采用双向板肋梁楼盖。柱子截面尺寸为 $400mm \times 400mm$，楼板厚度为 $100mm$，纵、横向支承梁截面为 $200mm \times 500mm$。楼面活荷载 $q_k = 6kN/m^2$，楼面恒载（包括板自重、面层、粉刷层等）$g_k = 3.06kN/m^2$；采用 C30 混凝土，板中钢筋采用 HRB400 钢。要求按弹性理论计算内力并配置钢筋。

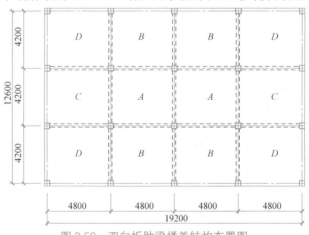

图 2-50　双向板肋梁楼盖结构布置图

1. 双向板上的荷载设计值

$q = 1.5 \times 6 = 9kN/m^2$；$g = 1.3 \times 3.06 = 3.98kN/m^2$

折算荷载：

$$g' = g + \frac{q}{2} = 3.98 + \frac{9}{2} = 8.48kN/m^2$$

$$q' = \frac{q}{2} = 9/2 = 4.5kN/m^2$$

$$g' + q' = 8.48 + 4.5 = 12.98kN/m^2$$

2. 计算跨度

两端都搁在梁上，计算跨度 $l_0=l_c$，l_c 为轴线间距离。

3. 弯矩计算

根据不同的支承情况，整个楼盖可以分为 A、B、C、D 四种区格板。

对中区格板：

跨中最大弯矩 $m=g'$ 作用下按内支座固定时的单区格板跨中弯矩值和 q' 作用下按内支座铰支时的单区格板跨中弯矩值之和。本题计算时混凝土的泊松比取 0.2。

支座最大负弯矩 $m'=g'+q'$ 作用下按内支座固定时的单区格板支座弯矩。

如 A 区格板，$l_{01}/l_{02}=0.875$，查表得：

$$m_1=(0.0234+0.2\times0.0161)(g+q/2)l_{01}^2+(0.0481+0.2\times0.0351)q/2l_{01}^2$$
$$=3.982+4.379=8.361\text{kN}\cdot\text{m}$$
$$m_2=(0.0161+0.2\times0.0234)(g+q/2)l_{01}^2+(0.0351+0.2\times0.0481)q/2l_{01}^2$$
$$=3.108+3.566=6.674\text{kN}\cdot\text{m}$$
$$m_1'=m_1''=-0.0607(g'+q')l_{01}^2=-13.898\text{kN}\cdot\text{m}$$
$$m_2'=m_2''=-0.0546(g'+q')l_{01}^2=-12.506\text{kN}\cdot\text{m}$$

边区格和角区格的边支座与梁整浇，可以看成固定边。各区格板分别算得的弯矩值，列于表 2-12，注意查表时下标 x、y 和 1、2 的对应关系不是固定的。

按弹性理论计算的弯矩值（kN·m）   表 2-12

区格项目		A	B	C	D
l_{01}(m)		4.2	4.2	4.2	4.2
l_{02}(m)		4.8	4.8	4.8	4.8
l_{01}/l_{02}		0.875	0.875	0.875	0.875
跨内	计算简图	g' + q'	g' + q'	g' + q'	g' + q'
	m_1	$(0.0234+0.2\times0.0161)\times$ $8.48\times4.2^2+(0.0481+$ $0.2\times0.0351)\times4.5\times$ $4.2^2=8.361$	$(0.0234+0.2\times0.0161)\times$ $8.48\times4.2^2+(0.0415+$ $0.2\times0.0218)\times4.5\times$ $4.2^2=7.622$	$(0.0234+0.2\times0.0161)\times$ $8.48\times4.2^2+(0.0354+$ $0.2\times0.0347)\times4.5\times$ $4.2^2=7.343$	$(0.0234+0.2\times0.0161)\times$ $8.48\times4.2^2+(0.0313+$ $0.2\times0.0234)\times4.5\times$ $4.2^2=6.838$
	m_2	$(0.0161+0.2\times0.0234)\times$ $8.48\times4.2^2+(0.0351+$ $0.2\times0.0481)\times4.5\times$ $4.2^2=6.674$	$(0.0161+0.2\times0.0234)\times$ $8.48\times4.2^2+(0.0218+$ $0.2\times0.0415)\times4.5\times$ $4.2^2=5.498$	$(0.0161+0.2\times0.0234)\times$ $8.48\times4.2^2+(0.0347+$ $0.2\times0.0354)\times4.5\times$ $4.2^2=6.425$	$(0.0161+0.2\times0.0234)\times$ $8.48\times4.2^2+(0.0234+$ $0.2\times0.0313)\times4.5\times$ $4.2^2=5.463$
支座	计算简图	$g+q$	$g+q$	$g+q$	$g+q$
	m_1'	$-0.0607\times12.98\times4.2^2$ $=-13.898$	$-0.0607\times12.98\times4.2^2$ $=-13.898$	$-0.0607\times12.98\times4.2^2$ $=-13.898$	$-0.0607\times12.98\times4.2^2$ $=-13.898$
	m_1''	-13.898	-13.898	-13.898	-13.898
	m_2'	$-0.0546\times12.98\times4.2^2$ $=-12.502$	$-0.0546\times12.98\times4.2^2$ $=-12.502$	$-0.0546\times12.98\times4.2^2$ $=-12.502$	$-0.0546\times12.98\times4.2^2$ $=-12.502$
	m_2''	-12.502	-12.502	-12.502	-12.502

4. 截面设计

截面有效高度：假定保护层厚度为 15mm，选用 ϕ 8 钢筋，则 l_{01} 方向跨中截面的

$h_{01}=100-15-8/2=81\text{mm}$；$l_{02}$ 方向跨中截面的 $h_{02}=81-8=73\text{mm}$；支座截面 l_{01} 方向 $h_{01}=81\text{mm}$；l_{02} 方向 $h_{02}=73\text{mm}$。

截面设计弯矩：楼盖周边均与梁整浇，故所有区格跨中弯矩及支座弯矩可减少 20%。

为了便于计算，近似取 $\gamma_s=0.95$，$A_s=\dfrac{m}{0.95f_yh_0}$。截面配筋计算结果及实际配筋列于表 2-13。双向板楼盖的板配筋图见图 2-51。

按弹性理论设计的截面配筋   表 2-13

截面项目			h_0(mm)	m(kN·m)	A_s(mm²)	配筋	实际 A_s(mm²)
跨中	A 区格	l_{01} 方向	81	$8.361\times0.8=6.689$	241.46	Φ8@200	251
		l_{02} 方向	73	$6.674\times0.8=5.339$	213.86	Φ8@200	251
	B 区格	l_{01} 方向	81	$7.622\times0.8=6.098$	220.11	Φ8@200	251
		l_{02} 方向	73	$5.498\times0.8=4.398$	176.18	Φ8@200	251
	C 区格	l_{01} 方向	81	$7.343\times0.8=6.187$	223.35	Φ8@200	251
		l_{02} 方向	73	$6.425\times0.8=5.140$	205.88	Φ8@200	251
	D 区格	l_{01} 方向	81	$6.838\times0.8=5.470$	197.47	Φ8@200	251
		l_{02} 方向	73	$5.463\times0.8=4.370$	175.05	Φ8@200	251
支座	A-A		73	$-12.502\times0.8=-10.002$	400.62	Φ10@200	393
	A-B		81	$-13.898\times0.8=-11.118$	401.34	Φ10@200	393
	A-C		73	$-12.502\times0.8=-10.002$	400.62	Φ10@200	393
	C-D		81	$-13.898\times0.8=-11.118$	401.34	Φ10@200	393
	B-B		73	$-12.502\times0.8=-10.002$	400.62	Φ10@200	393
	B-D		73	$-12.502\times0.8=-10.002$	400.62	Φ10@200	393

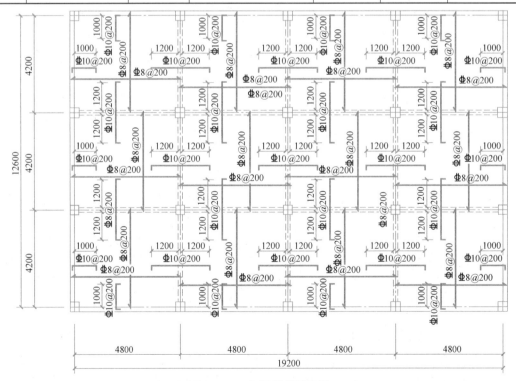

图 2-51 双向板楼盖配筋图

2.5 装配式与装配整体式钢筋混凝土楼盖

2.5.1 概述

在现浇钢筋混凝土建筑结构中，楼（屋）盖有时会采用装配整体式或装配式，但结构转换层、平面复杂或开洞较大的楼层、作为上部结构嵌固部位的地下室楼层则应采用全现浇楼盖。

装配整体式结构的楼、屋盖可采用叠合楼板或压型钢板组合楼板，宜优先选用叠合楼板，图 2-52 为常见装配整体式预制板。

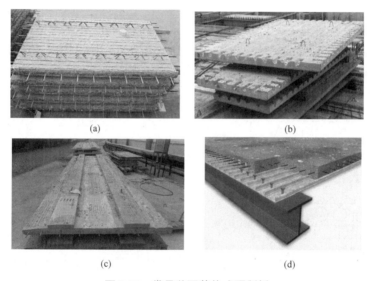

图 2-52 常见装配整体式预制板

(a) 预制钢筋桁架混凝土叠合板；(b) 预制"不出筋"混凝土叠合板；(c) 预制预应力带肋板；(d) 压型钢板组合楼板

装配式楼盖分为半装配式楼盖和全装配式楼盖，所谓半装配式楼盖就是楼面梁现浇，楼面板预制；全装配式楼盖的楼面梁、楼面板均预制。一般民用建筑大多采用半装配式楼盖，预制板为预应力空心板；钢筋混凝土工业厂房常采用全装配式楼盖，预制板为预应力槽形板。

装配式楼盖主要有铺板式、密肋式和无梁式，其中铺板式应用最为广泛。铺板式楼盖是将预制板铺设在预制梁或承重墙体上而构成。铺板式楼盖设计主要解决两个问题：①合理进行楼盖结构布置和预制板的选型；②处理好预制板之间、预制板和梁（墙）之间以及梁和墙之间的连接。

我国各省市一般都有自编的梁、板标准图供设计时采用，选用时首先要满足建筑使用的功能要求，同时梁板还要满足施工和使用阶段的承载力、刚度及裂缝控制的要求，另外还要考虑制作、运输和安装等施工能力等。力求受力明确，构造简单，施工方便，尽量减少构件型号，并处理好预制构件间的连接以及预制构件与墙（柱）的连接。

本小节只介绍这种铺板式装配式楼盖，随着新材料-新结构-新技术的出现，不断涌现新型楼板，这里仅以常见的预制板为例，说明装配式楼盖的设计要点。铺板式楼盖的一般设计步骤如下：

（1）根据房屋平面尺寸和墙体、柱的支承情况，确定楼盖结构平面布置方案，排放预制梁、板；

（2）按标准图集说明的要求，选样预测梁、板的型号，并对个别非标准构件进行单独设计或采用局部现浇处理；

（3）进行构件吊装验算和构件间的连接设计；

（4）绘制施工图。

2.5.2   预制板、梁的类型

1. 预制板的类型

常用的预制板类型主要有实心板、空心板、槽形板，此外还有 T 形板、夹心板、预制大楼板等，如图 2-53 所示，其中以空心板的应用最为广泛。按支承条件又可分为单向板和双向板，但大多数是简支单向布置。为提高构件的抗裂度和刚度，节省材料，应尽量采用预应力的预制板。

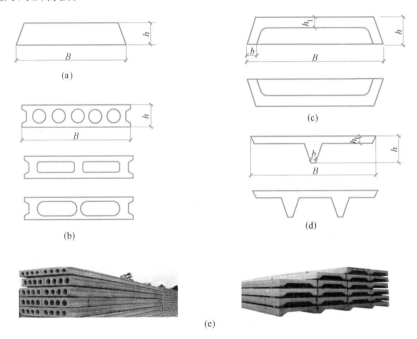

图 2-53   常见预制板的类型

（a）实心板；（b）空心板；（c）槽形板；（d）T 形板；（e）预制楼板堆放图

实心板表面平整、构造简单、施工方便，但自重大，刚度小。板长 l 一般为 $1.2 \sim 2.4\text{m}$，板宽（标志尺寸）b 一般为 $500 \sim 1000\text{mm}$，板厚 $h \geqslant l/30$，常用板厚 $60 \sim 80\text{mm}$。实心平板的尺寸较小，对吊装设备的要求不高，但楼板隔声效果差，板的刚度也较小。实心平板一般适用于荷载不大、跨度较小的过道、楼梯平台、架空隔板、管道盖板等处。实心板示例如图 2-53（a）所示。

当实心板的跨度加大时，为减轻构件自重，可将截面受拉区和中部的部分混凝土去掉，这样就形成了空心板和槽形板。空心板和正（倒）槽形板在正截面受弯承载力设计时，可分别按折算的工字形截面和 T 形（例 T 形）截面计算。板的截面高度往往是由挠度要求控制。

空心板刚度大、自重轻、受力性能好、隔声隔热效果好、施工简便，已广泛用于楼盖、屋盖中，在一般民用建筑的楼（屋）盖中最为常用，但制作稍复杂，耐火极限较小，且板面不能任意开洞。空心板的孔洞有单孔、双孔和多孔三种。其孔洞形状有圆形孔、方形孔、矩形孔和椭圆形孔等，为便于制作，多采用圆孔。空心板的规格尺寸各地不统一。空心板的长度常为 2.7m、3.0m、3.3m……5.7m、6.0m，一般按 0.3m 累进，其中非预应力空心板长度在 4.8m 以内，预应力空心板长度可达 7.5m。空心板的宽度常用 500mm、600mm、900mm、1200mm，应根据制作、运输、吊装条件确定。空心板的厚度可取为跨度的 $1/25 \sim 1/20$（普通钢筋混凝土板）和 $1/35 \sim 1/30$（预应力混凝土板），常有 120mm、180mm、240mm 等几种。空心板示例如图 2-53（b）所示。

槽形板是一种梁板结合的构件，分肋向下的正槽板和肋向上的倒槽板两种，如图 2-53（c）所示。正槽板可以较充分利用板面混凝土抗压，受力性能好，但不能直接形成平整的天棚；反槽板受力性能差，但可提供平整天棚，肋间可填充轻质材料。为了加强槽形板的刚度，使两个肋能很好地协同上作，避免肋在施工中因受扭产生裂缝，应加设小的横肋。槽形板由于开洞自由，承载力较大，故在工业建筑中采用较多。此外，也可用于对天花板要求不高的民用建筑楼（屋）面的厨房、卫生间楼板。板跨一般为 $3 \sim 6m$（非顶应力槽形板跨度一般在 4m 以内，预应力槽形板跨度可达 6m 以上），板宽为 $600 \sim 1500mm$，板厚为 $30 \sim 50mm$，肋高为 $150 \sim 300mm$。

T 形板有单 T 形板和双 T 形板，是板梁合一的构件，如图 2-53（d）所示。其形式简单，便于施工，具有良好的受力性能，能跨越较大空间，可用屋面板或墙板。其缺点是板之间的连接比较薄弱。

此外，还有夹心板、预制大楼板。夹心板往往做成自防水保温屋面板，它在两层混凝土中间填充泡沫混凝土等保温材料，将承重、保温、防水三者结合起来。预制大楼板可做成一个房间一块，通常为双向板，可以做成沿板的短跨施加预应力的实心平板。板的平面尺寸根据建筑模数，开间从 2.7m 至 3.9m，按 0.3m 累进；进深为 4.8m 和 5.1m。实心大楼板板厚仅 110mm（包括面层），用钢量较少，室内无板缝，建筑效果较好。但因构件尺寸较大，使运输、吊装较困难。

2. 预制梁的类型

装配式楼盖中的梁往往是简支梁或伸臂的简支梁，有时也采用连续梁，可为预制或现浇，视梁的尺寸和吊装能力而定。

梁的截面形式有矩形、T 形、倒 T 形、十字形或花篮形等（图 2-54）。矩形梁外形简单，施工方便，应用最为广泛。T 形、I 形截面相对自重较轻，十字形、花篮梁可将板搭在梁腰上，板面和梁面平齐，增加了房屋的净高。花篮梁可以是全部预制的，也可采用叠合梁工艺，使板梁整体性提高，节点刚度加大。梁的跨高比一般为 $1/14 \sim 1/8$。梁的截面尺寸和配筋，可根据计算和构造要求确定。

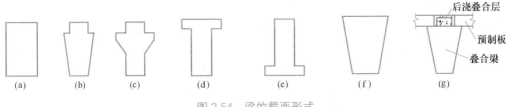

图 2-54　梁的截面形式

(a) 矩形；(b) 花篮形；(c) 挑耳花篮形；(d) T形；(e) 倒 T形；(f) 梯形；(g) 叠合梁

2.5.3　预制梁、板的结构布置

装配式梁板结构的结构布置主要根据建筑平面、竖向结构承重方案，以及结构经济性和施工条件等因素，进行综合评价后确定。混合结构房屋的结构布置方案主要有板铺设在横墙、纵墙和梁上三种布置方案。可以根据房间开间、纵横墙的多少选择不同的方案。确定布置方案时，应根据房间平面的净尺寸以及当地的施工吊装能力，尽可能选择较宽的板，且型号不宜过多。

布置预制板时，经常会遇到下列一些情况。

1) 铺板布置时一般选用一种基本型号，再以其他型号的板补充，应力求使布板成为整块数。板缝正常宽度为 5～10mm，如确有困难，可采取调整板缝宽度（但不超过30mm），设非标准尺寸的调缝板（板宽 400mm）现浇板带、墙上挑砖等措施解决。当排板后的剩余宽度小于 120mm 时，可采用沿墙挑砖的办法处理，如图 2-55（b）所示；若剩余宽度较大，则可处理成现浇板带，如图 2-55（c）所示。此外，布板时还应注意避免预制板三边支承，即避免将板的长边嵌入墙内，如图 2-55（a）所示，这是为了防止板边被墙体压坏或因楼板变形致墙体出现裂缝，且不改变预制板设计时的受力状态。

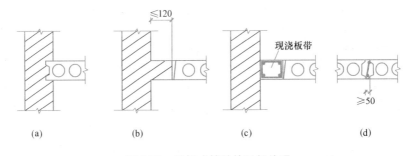

图 2-55　铺板式楼盖的局部处理

2) 当遇有较大直径竖管穿越楼面时，可局部改用槽形板，这样板面凿洞比较方便，如凿洞过多，可将有洞范围内的部分楼板改为现浇；如沿墙有暖气立管时，往往在铺板与非支承墙间预留 60～80mm 的现浇混凝土带，以便施工时穿越立管。

3) 当楼盖水平面内需敷设较粗的动力、照明管道时，可降低该房间的楼盖结构标高。加厚板面混凝土找平层以便将管道埋设在找平层中，也可采用加宽预制板间隔的办法，待管道敷设后再灌以混凝土，如图 2-55（d）所示。

4) 当楼盖结构上设置非承重隔墙，且隔墙垂直于板跨度方向布置时，应根据结构内力按板的承载力选用预制板的型号，隔墙下应设置构造钢筋；如隔墙平行于板跨度方向布置，当荷载或板的跨度较大，板的受弯或受剪承载力不足时，可在隔墙下设置预制或现浇梁。采用轻质隔墙时，也可于隔墙下设置现浇板带，并对现浇板带进行承载力计算，以及变形和裂缝宽度验算。

2.5.4 预制构件的设计计算特点

装配式梁、板预制构件一般均为简支梁、板，其设计按使用和施工两个阶段进行计算和构造设计，包括使用阶段的计算、施工阶段的验算和吊环的计算。

1. 使用阶段的计算

使用阶段预制梁、板的设计与整体式梁板结构相同，应按承载力、刚度及裂缝控制等确定结构截面形式、截面高度、截面配筋数量及配筋形式等，并满足一定的构造要求。

2. 施工阶段的验算

与整体式梁板结构不同，装配式梁板结构还要考虑制作、运输和吊装等施工阶段的承载力、刚度和抗裂度验算。其中运输和堆放主要是采用构造措施防止开裂和破坏，吊装则须进行验算以保证其安全。

进行施工吊装验算的要点如下：

(1) 按实际运输、堆放及吊装时吊点的位置确定计算简图，然后计算内力；

(2) 考虑运输和吊装时的振动作用，构件自重应乘以动力系数 1.5；

(3) 进行吊装以及其他施工阶段的安全等级，可较其使用阶段的安全等级降低一级，但不得低于三级，即结构构件的重要性系数不得低于 0.9。

3. 吊环的计算

预制构件的吊环应采用 HPB300 级钢筋制作，严禁使用冷加工钢筋以防脆断。吊环埋入构件深度不应小于 $30d$，并应焊接或绑扎在钢筋骨架上。每个吊环考虑两个截面同时受力，在构件的自重标准值作用下，吊环应力不应大于 50N/mm^2（构件自重的动力系数已考虑在内）。吊环面积计算公式可按下式计算：

$$\sigma_s = \frac{G}{2nA_s} \leqslant 50 \text{N/mm}^2 \tag{2-37}$$

式中　G——构件自重标准值；

　　A_s——每根吊环钢筋的截面面积；

　　n——受力吊环的数目，当一个构件上设有 4 个或 4 个以上吊环时，计算中仅考虑 3 个同时发挥作用。

2.5.5 铺板式楼盖的连接构造

装配式结构的连接是结构设计与施工中的重要构造问题。结构设计中不但要使预制梁、板有足够的承载力和刚度，并将混凝土裂缝宽度控制在限值内；而且还要保证预制板与板之间、预制板与预制梁之间以及预制梁与竖向承重结构之间的可靠的连接，用以保证楼盖本身的整体性，保证楼盖与其竖向结构的共同工作，使整体房屋结构具有良好的静力工作性能和空间刚度。结构各构件之间具有可靠的连接，对于有较大水平荷载作用的结构具有更加重要的意义。

不论对于混合结构或钢筋混凝土多层结构房屋，在水平荷载作用下楼盖会在自身平面内弯曲，从而产生弯曲正应力和剪应力。因此，预制板缝间的连接应能承担这些应力以保证装配式楼盖水平方向的整体性。对于多层混合结构，在水平荷载作用下，楼盖作为纵墙的支点，起着将水平荷载传递给横墙的作用，故楼盖和纵、横缝间都应可靠的连接才能保证水平反力的传递。

对于竖向荷载，特别是在局部的竖向荷载作用下，增强各预制板间的连接，对于改善单个铺板的工作也是有利的。

装配式楼盖的连接包括板与板、板与墙（梁）以及梁与墙的连接。

1. 板与板的连接

板与板之间的连接常采用灌板缝的方法解决（图 2-56）。板的实际宽度比板宽标准尺寸小 10mm，铺板后板与板之间下部就留有 10～20mm 的空隙，上部板缝稍大，一般当板缝宽大于 20mm 时，宜用不低于 C15 的细石混凝土灌筑；当缝宽小于或等于 20mm 时，宜用强度不低于 $15N/mm^2$ 的水泥砂浆灌筑。如板缝宽大于或等于 50mm 时，则应按板缝上作用有楼面荷载的现浇板带计算配筋，并用比构件混凝土强度等级提高二级的细石混凝土灌筑。

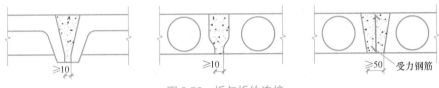

图 2-56　板与板的连接

当楼面有振动荷载作用，对板缝开裂和楼盖整体性有较高要求时，可在板缝内加短钢筋后，再用细石混凝土灌筑。当对楼面整体性要求更高时，可在预制板面设置厚度为 40～50mm 的 C20 细石混凝土整浇层，并于整浇层内配置 $\phi 8@250$ 的双向钢筋网。

2. 板与墙、板与梁的连接

板与支承墙或支承梁的连接一般采用支承处坐浆和一定的支承长度来保证。一般情况下，在板端支承处的墙或梁上，用 10～20mm 厚水泥砂浆找平坐浆后，预制板即可直接搁置在墙或梁上，预制板在墙上的支承长度不宜小于 100mm，预制板在梁上的支承长度不宜小于 80mm（图 2-57）。当空心板端头上部要砌筑砖墙时，为防端部被压坏，需将空心板端头孔洞用堵头堵实，且房屋的高度及层数要有一定限制。为防止墙体对板的嵌固作用过大，空心板的支承长度也不宜大于 120mm。

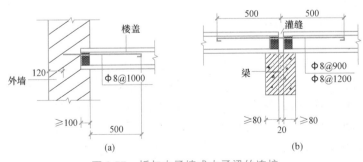

图 2-57　板与支承墙或支承梁的连接

(a) 板支承于墙体上；(b) 板支承于梁上

为加强预制板与墙、梁的连接，保证传力及承受负弯矩作用，在预制板支承处板的上部布置构造钢筋。

板与非支承墙的连接一般采用细石混凝土灌缝，如图 2-58（a）所示。当沿墙有混凝土现浇带时更有利于加强板与墙体的连接。当横墙上有圈梁时，可将灌缝部分与圈梁连成整体，如图 2-58（b）所示。板与非支承墙的连接不仅起着将水平荷载传递给横梁的作用，而且起着保证横墙稳定的作用。因此，当预制板的跨度大于 4.8m 时，往往在板的跨中附近配置铺拉筋，以加强其与横墙的连接，如图 2-58（c）、（d）所示。

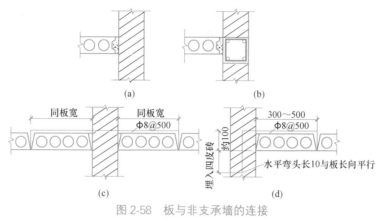

图 2-58　板与非支承墙的连接

3. 梁与墙的连接

梁搁置在砖墙上时，其支承端底部应用 20mm 水泥砂浆坐浆找平，梁端支承长度应不小于 180mm。当砌体墙局部受压承载力不足时，应按计算设置梁垫。在对楼盖整体性要求较高的情况下，在预制梁端应设置与墙体的拉结筋。

2.6　现浇整体式楼梯和雨篷

楼梯、雨篷、阳台和挑檐等也属于梁板结构。楼梯是斜向结构，雨篷、阳台、挑檐是悬挑结构，因此各结构形式和受力状态有所不同，其计算与构造也各具特点。本节主要研究现浇整体式楼梯和雨篷的设计计算与构造。

2.6.1　现浇整体式楼梯的设计

楼梯是多层及高层房屋建筑的重要组成部分。其平面布置、踏步尺寸、栏杆形式等由建筑设计确定。由于钢筋混凝土的耐火、耐久性能均比其他材料制作的楼梯好，故在一般建筑中以采用钢筋混凝土楼梯最为广泛。其按结构受力状态可分为板式、梁式、螺旋式和悬挑式楼梯，如图 2-59 所示，前两种属于平面受力体系，后两种则为空间受力体系。

板式楼梯一般由梯段斜板、平台板及平台梁组成，梯段斜板两端分别支承在楼层平台梁和休息平台梁上，最下端的梯段可支承在地垄墙上。在框架结构中还常常设有梯柱（构造柱）将休息平台梁上的荷载传给到楼层平台梁，板式楼梯荷载的传递途径如图 2-60（a）所示。板式楼梯的特点是下表面平整，施工支模方便，当梯段跨度在 4m 以内时，较为经济合理，但其斜板较厚，当跨度较大时，材料用量较多。为节约材料，可采用梁式楼梯。

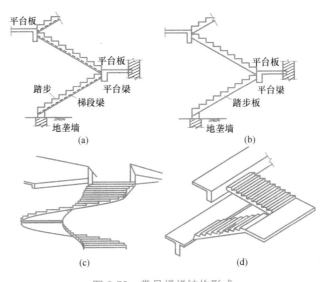

图 2-59　常见楼梯结构形式

（a）梁式；（b）板式；（c）螺旋式；（d）悬挑式

图 2-60　楼梯传力途径示意图

（a）板式楼梯；（b）梁式楼梯

在楼梯踏步板下设置斜梁，即构成梁式楼梯（图 2-60b）。通常斜梁设在踏步板两侧，称为双梁式楼梯；当楼梯宽度较小时，可将斜梁设在踏步板中间，即为单梁式楼梯。梁式楼梯由踏步板、梯段斜梁、平台板和平台梁组成，有时也设构造柱。梁式楼梯的踏步板支承在斜梁及墙上，也可在靠墙处加设斜梁，斜梁再支承于平台梁或楼层梁上。踏步板直接支承于楼梯间墙上时，砌墙时需预留槽口，施工不便，且对墙身截面也有削弱，在地震区不宜采用。平台板支承于平台梁和墙体上，但为保证墙体安全，中间休息平台板不宜支承于两侧墙体上。梁式楼梯荷载的传递途径如图 2-60（b）所示。梁式楼梯的特点是受力性能好，当梯段较长时较为经济，但其施工不便。

螺旋式及悬挑式楼梯（图 2-59c、d）均属于特种楼梯。其优点是外形轻巧、美观。但其受力复杂，尤其是螺旋楼梯，施工也比较困难，材料用量多，造价较高。

楼梯的结构设计包括以下内容：

（1）根据使用要求和施工条件，确定楼梯的结构形式和结构布置；

（2）根据建筑类别，按《建筑结构荷载规范》GB 50009—2012 和《工程结构通用规范》GB 55001—2021 确定楼梯的活荷载标准值；

（3）根据楼梯的组成和传力路线，进行楼梯各部件的内力计算和截面设计；

（4）处理好连接部位的配筋构造，绘制施工图。

1. 板式楼梯的计算与构造

板式楼梯设计包括梯段板、平台板和平台梁的计算与构造。

1）梯段板

梯段板由斜板和踏步组成。为保证梯段板具有一定刚度，梯段板的厚度一般可取 $(1/30\sim1/25)\ l_0$（l_0 为梯段板水平方向的跨度），常取 80～150mm。梯段斜板和平台板为一个整体结构，实际上是一个多跨连续板，为简化计算，常常将梯段斜板和平台板分开计算，但在计算及构造上要考虑相互间的整体作用。

计算梯段板时，可取 1m 宽斜向板带或以整个梯段板作为计算单元。

梯段板（图 2-61a）支承于平台梁上，进行内力计算时，可简化为两端简支的斜板（图 2-61b）。

梯段板上的荷载包括活荷载、斜板及抹灰层自重、栏杆自重等。其中活荷载及栏杆自重是沿水平方向分布的，而斜板及抹灰层自重 g' 则是沿板的倾斜方向分布的，为了使计算方便一般应将其换算成沿斜板的水平投影长度上的均布荷载 g 后再行计算，其中 $g = g'/\cos\alpha$。

如图 2-61（b）所示的简支斜板可进一步简化为如图 2-61（c）所示的水平板，计算跨度按斜板的水平投影长度取值。

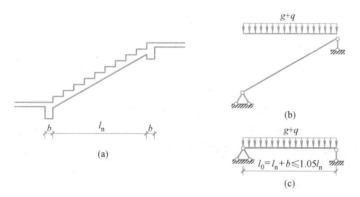

图 2-61 梯段斜板的受力计算简图

在荷载及水平跨度都相同时，简支斜梁（板）在竖向均布荷载下（沿水平投影长度）的最大弯矩与相应的简支水平梁的最大弯矩是相等的。考虑到斜板与平台梁是整浇在一起的，并非铰接，平台梁对斜板的转动变形有一定的约束作用，从而减少了斜板的跨中弯矩，故梯段板的跨中弯矩可近似取：

$$M_{max} = \frac{1}{10}(g+q)l_0^2 \tag{2-38}$$

式中 g、q——作用于梯段板上的沿水平投影方向的永久荷载及可变荷载设计值；

l_0——梯段板的计算跨度及净跨的水平投影长度。

斜板正截面受弯承载力计算时，按矩形截面计算，截面计算高度应取垂直于斜板的最小高度。斜板受力钢筋数量按跨中截面弯矩值确定。考虑梯段板与平台梁的嵌固作用产生负弯矩，斜板两端 $l_n/4$ 范围内应按构造设置负钢筋，可取跨中截面配筋量的 $\frac{1}{2}$，伸入梁内或板内满足锚固长度。l_n 为斜板沿水平方向的净跨度。在垂直于受力钢筋方向按构造设置分布钢筋，每个踏步下放置 $1\phi8$。

对于板式楼梯，斜板由于跨高比较大，即 $M/M_u > V/V_u$，故不必要进行受剪承载力计算。对竖向荷载在梯段板内引起的轴向力，设计时不予考虑。

梯段斜板的配筋方案可采用弯起式和分离式，一般采用分离式，如图 2-62 所示。

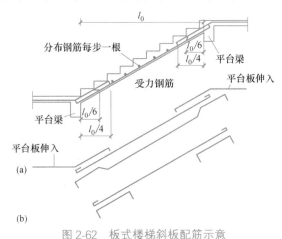

图 2-62　板式楼梯斜板配筋示意

(a) 弯起式配筋方案；(b) 分离式配筋方案

当楼梯下净高不够时，可将楼层梁向内移动，如图 2-63 所示。这样板式楼梯的梯段板成为折线形，计算简图如图 2-64 所示。此时，设计应注意两个问题：①梯段板中的水平段，其板厚应与梯段斜板相同，不能和平台板同厚；②折角处的下部受拉钢筋不允许沿板底弯折，如图 2-65 (a)，以免产生向外的合力，将该处的混凝土崩脱。应将此处纵筋断开，各自延伸至上面再行锚固，如图 2-65 (b)。若板的弯折位置靠近楼层梁，板内可能出现负弯矩，则板上面还应配置承担负弯矩的短钢筋，如图 2-65 (c) 所示。

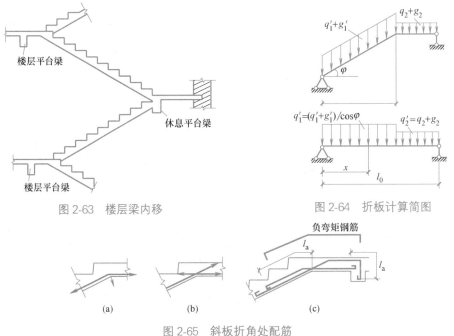

图 2-63　楼层梁内移　　　　　　　图 2-64　折板计算简图

图 2-65　斜板折角处配筋

2) 平台板

平台板一般均为单向板，厚度 h 常取为 $60\sim80\text{mm}$；取 1m 宽板带作为计算单元。

平台板支承在平台梁和外墙上或钢筋混凝土过梁上。当平台板的一边与梁整体连接而另一边支承在墙上时（图 2-66a），板的跨中弯矩应按下式计算：

$$M_{\max}=\frac{1}{8}(g+q)l_0^2 \tag{2-39}$$

当平台板的两边均与梁整体连接时，考虑梁对板的弹性约束（图 2-66b），板的跨中弯矩应按下式计算：

$$M_{\max}=\frac{1}{10}(g+q)l_0^2 \tag{2-40}$$

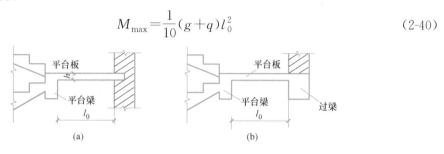

图 2-66　平台板的支撑情况
（a）一边与梁整体连接；（b）两边均与梁整体连接

考虑到板支座的转动会受到平台梁或过梁的约束，一般应将板下部钢筋在支座附近弯起一半，上弯终点距支座 $l_n/10$，且不小于 300mm 或在板面支座处另配短钢筋，伸出支承边缘长度为 $l_n/4$，如图 2-67 所示。当平台板的跨度远比梯段板的水平跨度小时，平台板中可能出现负弯矩的情况，此时板中负弯矩钢筋应通跨布置。

3) 平台梁

平台梁一般均支承在楼梯间两侧的横墙上，其计算简图如图 2-68 所示。平台梁截面高度一般取 $h\geqslant l_0/12$（l_0 为平台梁的计算跨度）。平台梁内力计算时，可忽略上下梯段斜板之间的空隙，按荷载满布于全跨的简支梁计算。平台梁与平台板为整体现浇，配筋计算时按倒 L 形截面

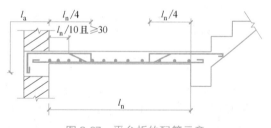

图 2-67　平台板的配筋示意

计算，截面翼缘仅考虑平台板，不考虑梯段斜板参加工作。平台梁的构造要求同一般简支受弯构件，但如果平台梁两侧荷载（梯段斜板传来）不一致而引起扭矩，应酌量增加其配箍量。

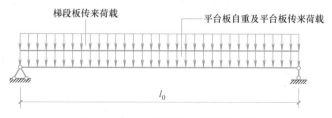

图 2-68　板式楼梯平台梁计算简图

【例2-3】 某公共建筑标准层层高为3.6m，采用现浇板式楼梯，其平面布置如图2-69所示。采用C30混凝土（$f_c = 14.3\text{N/mm}^2$），受力筋选取HRB400钢筋（$f_y = 360\text{N/mm}^2$）。楼梯活荷载标准值为$q_k = 2.5\text{kN/m}^2$，踏步面层采用30mm厚水磨石面层（自重为0.65kN/m²），底面为20mm厚混合砂浆（自重为17kN/m³）抹灰。楼梯踏步详图见图2-70，试设计此板式楼梯。

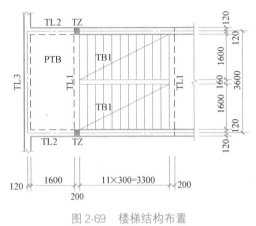

图2-69 楼梯结构布置   图2-70 楼梯踏步详图

解：1）梯段斜板TB1

（1）荷载计算

估算斜板厚$h = l_0/30 = 3500/30 = 117\text{mm}$，取120mm。板倾斜为$\tan\alpha = 150/300 = 0.5$。

取1m宽板带进行计算。

恒荷载标准值：

水磨石面层： $(0.3 + 0.15) \times 0.65 \times 1/0.3 = 0.98\text{kN/m}$

三角形踏步： $\dfrac{1}{2} \times 0.3 \times 0.15 \times 25 \times 1/0.3 = 1.88\text{kN/m}$

混凝土斜板： $0.12 \times 25 \times 1/0.894 = 3.36\text{kN/m}$

板底抹灰： $0.02 \times 17 \times 1/0.894 = 0.38\text{kN/m}$

恒荷载标准值： $g_k = 6.60\text{kN/m}$

恒荷载设计值： $g = 1.3 \times 6.60 = 8.58\text{kN/m}$

活荷载设计值： $q = 1.5 \times 2.5 = 3.75\text{kN/m}$

合计： $p = g + q = 12.33\text{kN/m}$

（2）内力计算

水平投影计算跨度为：$l_0 = l_n + b = 3.3 + 0.2 = 3.5\text{m} \geqslant 1.05 l_n = 3.465\text{m}$

弯矩设计值：$M = \dfrac{1}{10}(g+q)l_0^2 = \dfrac{1}{10} \times 12.33 \times 3.5^2 = 15.10\text{kN} \cdot \text{m}$

（3）配筋计算

取$h_0 = h - 20 = 120 - 20 = 100\text{mm}$。

$\alpha_s = \dfrac{M}{\alpha_1 f_c b h_0^2} = \dfrac{15.10 \times 10^6}{1.0 \times 14.3 \times 1000 \times 100^2} = 0.106$，则$\gamma_s = 0.944$。

$$A_s = \frac{M}{f_y \gamma_s h_0} = \frac{15.10 \times 10^6}{360 \times 0.948 \times 100} = 444.3 \text{mm}^2$$

选配$\Phi 8@120$受力钢筋，沿斜向布置，$A_s = 418.9 \text{mm}^2$，梯段板的配筋见图2-71。

在支座处板的上部设置一定数量构造负筋，以承受实际存在的负弯矩和防止产生过宽的裂缝。取$\Phi 8@200$，长度为$l_n/4 = 3300/4 = 825 \text{mm}$，取850mm。

在垂直于受力钢筋方向按构造配置分布钢筋，取每踏步$1\Phi 8$，放置在受力钢筋的内侧。

2）平台板TB2

平台板厚取$h = 70 \text{mm}$，取1m宽为计算单元。

（1）荷载计算

恒荷载标准值：

水磨石面层：　　　0.65kN/m

平台板自重：　　　$1.0 \times 0.07 \times 25 = 1.75 \text{kN/m}$

板底抹灰：　　　　$1.0 \times 0.02 \times 17 = 0.34 \text{kN/m}$

恒荷载标准值：　　$g_k = 2.74 \text{kN/m}$

恒荷载设计值：　　$g = 1.3 \times 2.74 = 3.562 \text{kN/m}$

活荷载设计值：　　$q = 1.5 \times 2.5 = 3.75 \text{kN/m}$

合计：　　　　　　$p = g + q = 7.31 \text{kN/m}$（由恒载控制的效应组合值比较小，未考虑）

（2）内力计算

计算跨度为：$l_0 = l_n + \frac{h}{2} + \frac{b}{2} = 1.6 + \frac{0.07}{2} + \frac{0.2}{2} = 1.74 \text{m}$

弯矩设计值：$M = \frac{1}{8}(g+q)l_0^2 = \frac{1}{8} \times 7.31 \times 1.74^2 = 2.77 \text{kN} \cdot \text{m}$

（3）配筋计算

$h_0 = h - 20 = 70 - 20 = 50 \text{mm}$

$$\alpha_s = \frac{M}{\alpha_1 f_c b h_0^2} = \frac{2.77 \times 10^6}{1.0 \times 14.3 \times 1000 \times 50^2} = 0.0775, \text{则} \gamma_s = 0.960。$$

$$A_s = \frac{M}{f_y \gamma_s h_0} = \frac{2.77 \times 10^6}{360 \times 0.960 \times 50} = 160.3 \text{mm}^2$$

选配$\Phi 8@250$，$A_s = 201 \text{mm}^2$，平台板的配筋见图2-70。

3）平台梁TL1

选定平台梁截面尺寸为200mm×350mm。

（1）荷载计算

梯段板传来：　　　$12.33 \times 3.3/2 = 20.34 \text{kN/m}$

平台板传来：　　　$(1.6/2 + 0.2) \times 7.31 = 7.31 \text{kN/m}$

平台梁自重：　　　$1.3 \times 0.2 \times (0.34 - 0.07) \times 25 = 1.76 \text{kN/m}$

梁侧抹灰：　　　　$1.3 \times 0.02 \times (0.34 - 0.07) \times 17 \times 2 = 0.24 \text{kN/m}$

合计：　　　　　　$p = g + q = 29.65 \text{kN/m}$

（2）内力计算

计算跨度：

$l_0 = 1.05l_n = 1.05 \times (3.6 - 0.24) = 3.53\text{m} < l_n + a = 3.36 + 0.24 = 3.6\text{m}$，故取 $l_0 = 3.53\text{m}$。

跨中最大弯矩设计值：$M = \dfrac{1}{8}(g+q)l_0^2 = \dfrac{1}{8} \times 29.65 \times 3.53^2 = 46.18\text{kN} \cdot \text{m}$

支座剪力设计值：$V = \dfrac{1}{2}(g+q)l_n = \dfrac{1}{2} \times 29.65 \times 3.36 = 49.81\text{kN}$

（3）配筋计算

① 正截面承载力计算

TL1 与 PTB 现浇在一起，故应按倒 L 形截面计算。

按倒 L 形截面计算：$b'_f = 1/6 l_0 = 1/6 \times 3530 = 588\text{mm} < b + s_n/2 = 200 + 1600/2 = 1000\text{mm}$，故取受压翼缘计算宽度 $b'_f = 588\text{mm}$。

平台梁有效高度：$h_0 = h - 35 = 350 - 35 = 315\text{mm}$

$\alpha_1 f_c b'_f h'_f \left(h_0 - \dfrac{h'_f}{2}\right) = 1.0 \times 14.3 \times 588 \times 70 \times \left(315 - \dfrac{70}{2}\right)/10^6 = 164.8\text{kN} \cdot \text{m} > M = 46.18\text{kN} \cdot \text{m}$，所以属于第一类 T 形截面。

$$\alpha_s = \frac{M}{\alpha_1 f_c b_f h_0^2} = \frac{46.18 \times 10^6}{1.0 \times 14.3 \times 588 \times 315^2} = 0.0554，则 \gamma_s = 0.971$$

$A_s = \dfrac{M}{f_y \gamma_s h_0} = \dfrac{46.18 \times 10^6}{360 \times 0.971 \times 315} = 419.39\text{mm}^2 > 0.002bh = 0.002 \times 200 \times 350 = 140\text{mm}^2$

选配 3 Φ 14，$A_s = 461\text{mm}^2$。

② 斜截面承载力计算

$0.25\beta_c f_c bh_0 = 0.25 \times 1.0 \times 14.3 \times 200 \times 315/10^3 = 225.2\text{kN} > V = 46.27\text{kN}$，故截面尺寸满足要求。

$0.7f_t bh_0 = 0.7 \times 1.43 \times 200 \times 315/10^3 = 63.1\text{kN} > V = 46.27\text{kN}$，故仅需按构造要求配置箍筋，选配双肢 Φ 8@200。

楼梯配筋图如图 2-71 所示。

2. 梁式楼梯的计算与构造

梁式楼梯设计包括踏步板、斜梁、平台板和平台梁的计算与构造。

1）踏步板

梁式楼梯的踏步板由三角形踏步和其下的斜板组成，板厚 d 一般不小于 30～40mm。踏步板为梯形截面，计算其正截面受弯承载力时，常可近似地按宽度为 b，高度为 h 的矩形截面计算。截面计算高度可近似取平均高度 $h = (h_1 + h_2)/2$，如图 2-72 所示。

踏步板为一单向板，每个踏步的受力情况相同，计算时可取一个踏步作为计算单元。当踏步板一端与斜边梁整体连接，另一端支承在墙上时，可按简支板计算跨中弯矩 $M = pl_0^2/8$；当踏步板两端均与斜边梁整体连接时，考虑到斜边梁对踏步板的部分嵌固作用，其跨中弯矩取为 $M = pl_0^2/10$。每一踏步需配置不少于 2ϕ8 的受力钢筋，沿斜向布置直径不小于 Φ8@250 的分布筋，如图 2-71 所示。

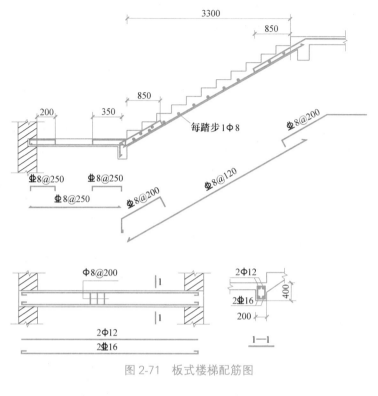

图 2-71 板式楼梯配筋图

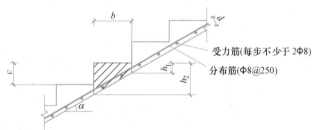

图 2-72 梁式楼梯的踏步板截面及配筋示意

2）梯段斜梁

梁式楼梯段斜梁两端支承在平台梁上，荷载包括斜梁自重以及踏步板传来的自重和活载。其中踏步板传来的自重和活载是沿水平方向分布的，斜梁及抹灰层自重 g' 是沿板的倾斜方向分布的，与前述板式楼梯斜板类似，一般应将其换算成沿水平投影长度上的均布荷载 g 后再计算，其中 $g = g'/\cos\alpha$。

由于斜梁的抗弯线刚度远大于平台梁的抗扭线刚度，故斜梁的计算中不考虑平台梁的约束作用，按简支斜梁进行内力分析。即斜梁的跨中弯矩可近似取：

$$M_{max} = \frac{1}{8}(g+q)l_0^2 \tag{2-41}$$

而简支斜梁在竖向均布荷载作用下的最大剪力为：

$$V_{max} = \frac{1}{2}(g+q)l_n\cos\alpha \tag{2-42}$$

式中　g、q——作用于梯段板上的沿水平投影方向的永久荷载及可变荷载设计值；

　　　l_0、l_n——梯段斜梁的计算跨度及净跨的水平投影长度；

　　　　α——梯段斜梁与水平方向的夹角。

在截面设计时，斜梁截面的高度取垂直于斜梁轴线的垂直高度，一般取 $h \geqslant (1/14 \sim 1/10)l_0$。踏步板可能位于斜梁截面高度的上部，也可能位于下部，位于上部时，斜梁实为倒 L 形截面，位于下部时，为 L 形截面。计算时可近似取为矩形截面。斜梁的构造要求同一般简支受弯构件。注意斜梁的纵筋在平台梁中应有足够的锚固长度。如图 2-73 所示为梁式楼梯斜梁的配筋示意图。

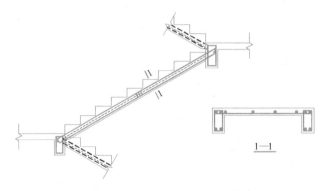

图 2-73　梁式楼梯斜梁的配筋示意图

3）平台板

梁式楼梯的平台板与前述的板式楼梯平台板的计算及构造相同。

4）平台梁

梁式楼梯的平台梁除承受平台板传来的均布荷载和平台梁自重外，还承受斜梁传来的集中荷载。一般按简支梁计算。平台梁的截面高度一般应大于其跨度的 1/12。其计算简图如图 2-74 所示。平台梁的计算截面可按倒 L 形截面计算。

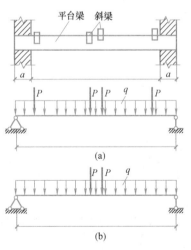

图 2-74　梁式楼梯平台梁的计算简图
（a）有双边梁时；（b）有单边梁时

平台梁横截面两侧荷载不同，因此平台梁受一定的扭矩作用，但一般不需计算，只需适当增加箍量。此外，因平台梁受有斜梁的集中荷载，所以在平台梁中位于斜梁支座两侧处，应设置附加横向钢筋。平台梁的高度应保证斜梁的主筋能放在平台梁的主筋上，即平台梁与斜梁的相交处，平台梁底面应低于斜梁的底面，或与斜梁底面齐平。

【例 2-4】　某现浇梁式楼梯，混凝土强度等级 C30，受力钢筋用 HRB400 级，楼梯活荷载标准值 2.5kN/m²，楼梯面层为地砖 0.65kN/m²，底面为 20mm 厚水泥砂浆抹灰，金属栏杆 0.1kN/m，楼梯结构布置见图 2-75。试设计此楼梯。

解：1）踏步板计算

取一个踏步板为计算单元，踏步尺寸 290mm×160mm，斜板厚度取 $t = 40$mm。

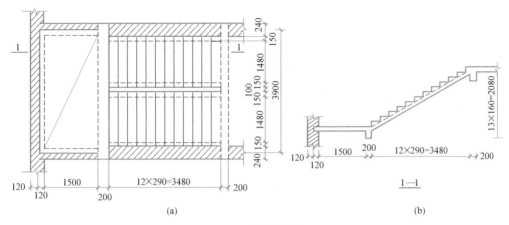

图 2-75 楼梯布置图

$\sqrt{290^2+160^2}=331\text{mm}$，$\cos\psi=\dfrac{290}{331}=0.876$。截面平均高度为 $h=\dfrac{160}{2}+\dfrac{40}{0.876}=126\text{mm}$。

（1）荷载计算

踏步板自重：　　　　　　$1.3\times0.126\times0.29\times25=1.2\text{kN/m}$

踏步板面层：　　　　　　$1.3\times(0.29+0.16)\times0.65=0.38\text{kN/m}$

底面抹灰：　　　　　　　$1.3\times0.331\times0.02\times17=0.15\text{kN/m}$

恒载设计值：　　　　　　1.73kN/m

活载设计值：　　　　　　$1.5\times2.5\times0.29=1.09\text{kN/m}$

合　计：　　　　　　　　$g+q=2.82\text{kN/m}$（由恒载控制的效应组合值比较小，未考虑）

（2）内力计算

梯段梁截面尺寸 $b\times h=150\text{mm}\times300\text{mm}$，$l_n=1480\text{mm}$，则踏步板计算跨度为

$l_0=l_n+b=1480+150=1630\text{mm}$。

踏步板跨中弯矩为：

$$M=\frac{1}{8}(g+q)l_0^2=\frac{1}{8}\times2.82\times1.63^2=0.94\text{kN}\cdot\text{m}$$

（3）正截面承载力计算

$$h_0=h-a_s=126-25=101\text{mm}$$

$$\alpha_s=\frac{M}{\alpha_1 bh_0^2 f_c}=\frac{0.94\times10^6}{1\times290\times101^2\times14.3}=0.022<\alpha_{sb}=0.3836$$

$$\xi=1-\sqrt{1-2\alpha_s}=0.022<\xi_b=0.5176$$

$$A_s=\xi bh_0\frac{\alpha_1 f_c}{f_y}=\frac{0.022\times290\times101\times14.3}{360}=25.6\text{mm}^2<\rho_{min}bh=0.002\times290\times126=73\text{mm}^2$$

按最小配筋率要求采用 $2\oplus8$，$A_s=100.6\text{mm}^2$，分布筋采用 $\Phi8@250$，配筋如图 2-76 所示。

2）楼梯斜梁计算 TL2

（1）荷载计算

踏步板传来：　　　　　　$1/2\times2.82\times(1.48+0.15\times2)/0.29=8.65\text{kN/m}$

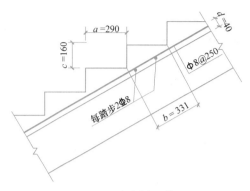

图 2-76　踏步板配筋图

斜梁自重：　　　　　　　　$1.3 \times (0.3 - 0.04) \times 0.15 \times 25 \times \dfrac{1}{0.876} = 0.45 \text{kN/m}$

斜梁侧抹灰：　　　　　　　$1.3 \times (0.3 - 0.04) \times 0.02 \times 2 \times 17 \times \dfrac{1}{0.876} = 0.26 \text{kN/m}$

楼梯栏杆重：　　　　　　　$1.3 \times 0.1 = 0.13 \text{kN/m}$

合　计：　　　　　　　　　$g + q = 10.49 \text{kN/m}$

（2）内力计算

取平台梁截面尺寸：$b \times h = 200 \text{mm} \times 400 \text{mm}$，斜梁水平投影长度为 $l_0 = l_n + b = 3.48 + 0.2 = 3.68 \text{m} > 1.05 l_n = 1.05 \times 3.48 = 3.65 \text{m}$，故取 $l_0 = 3.65 \text{m}$。

则斜梁跨中弯矩及支座剪力为：

$$M = \frac{1}{8}(g + q) l_0^2 = \frac{1}{8} \times 10.49 \times 3.65^2 = 17.47 \text{kN} \cdot \text{m}$$

$$V = \frac{1}{2}(g + q) l_n \cos\alpha = \frac{1}{2} \times 10.49 \times 3.65 \times 0.876 = 16.77 \text{kN}$$

（3）截面承载力计算

斜梁按 T 形截面进行配筋计算，取 $h_0 = h - a_s = 300 - 40 = 260 \text{mm}$。

翼缘有效宽度 b'_f 按倒 T 形截面计算：

按梁的跨度考虑：　　　　$b'_f = l/6 = 3680/6 = 613 \text{mm}$

按翼缘宽度考虑：　　　　$b'_f = b + s_0/2 = 150 + 1480/2 = 890 \text{mm}$

按翼缘高度考虑：　　　　$h'_f/h_0 = 40/260 = 0.133 > 0.10$

取最小值：　　　　　　　$b'_f = 613 \text{mm}$

判别 T 形截面类型：

$M_f = \alpha_1 f_c b'_f h'_f (h_0 - h_f/2) = 14.3 \times 613 \times 40 \times (260 - 20) = 84.15 \times 10^6 \text{N} \cdot \text{mm} > M = 17.47 \times 10^6 \text{N} \cdot \text{mm}$，故按第一类 T 形截面计算。

$$\alpha_s = \frac{M}{\alpha_1 f_c b h_0^2} = \frac{17.47 \times 10^6}{1 \times 14.3 \times 613 \times 260^2} = 0.029$$

$$\xi = 1 - \sqrt{1 - 2\alpha_s} = 0.029 \leqslant \frac{h'_f}{h_0} = \frac{40}{260} = 0.15$$

$$A_s = \xi b'_f h_0 \frac{\alpha_1 f_c}{f_y} = 0.029 \times 613 \times 260 \times \frac{14.3}{360} = 183.6 \text{mm}^2 > \rho_{\min} bh = 0.002 \times 150 \times 300 = 90 \text{mm}^2$$

选用 $2 \Phi 12$ ($A_s = 226\text{mm}^2$)。

$0.7f_t bh_0 = 0.7 \times 150 \times 260 \times 1.43 = 39.04\text{kN} > 15.52\text{kN}$，故箍筋可按构造配置，选用双肢箍 $\Phi 8@200$，配筋如图 2-77 所示。

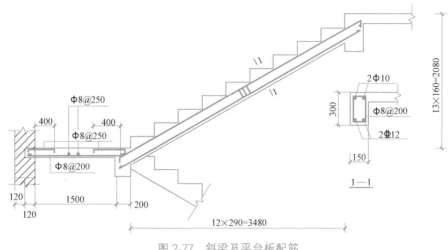

图 2-77 斜梁及平台板配筋

3）平台板计算 TB1

平台板厚度 $h = 60\text{mm}$，取 1m 板宽为计算单元。经计算选用 $\Phi 8@200$，$A_s = 251\text{mm}^2$，配筋见图 2-77。

4）平台梁计算 TL1

平台梁截面尺寸 $b \times h = 200\text{mm} \times 400\text{mm}$。

（1）荷载计算

平台板传来：	$6.99 \times (1.5/2 + 0.2) = 6.64\text{kN/m}$
梁自重：	$1.3 \times 0.2 \times (0.4 - 0.06) \times 25 = 2.21\text{kN/m}$
梁侧抹灰：	$1.3 \times 0.2 \times (0.4 - 0.06) \times 2 \times 17 = 0.30\text{kN/m}$
合 计：	$g + q = 9.15\text{kN/m}$
斜梁传来的集中力：	$F = 10.49 \times 3.48/2 = 18.25\text{kN}$

（2）内力计算

计算跨度 $l_0 = (3.9 - 0.24) + 0.24 = 3.9\text{m} > 1.05 l_n = 1.05 \times 3.66 = 3.84\text{m}$，取 $l = 3.84\text{m}$。

如图 2-78 所示，忽略支座边缘边梁对平台梁的弯矩影响，则跨中弯矩为：

$$M = Fa + \frac{1}{2}ql^2 = 18.25 \times 1.795 + \frac{1}{2} \times 9.15 \times 3.84^2 = 49.62\text{kN} \cdot \text{m}$$

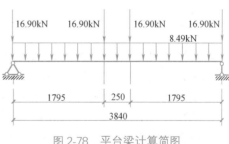

图 2-78 平台梁计算简图

支座剪力为：$V = F + ql = 18.25 + 9.15 \times 3.84/2 = 35.82\text{kN}$

（3）截面承载力计算

翼缘计算宽度确定，翼缘有效宽度 b_f' 按倒 T 形截面计算：

按梁的跨度考虑： $b'_f = l/6 = 3840/6 = 640\text{mm}$

按翼缘宽度考虑： $b'_f = b + s_0/2 = 200 + 1500/2 = 950\text{mm}$

按翼缘高度考虑： $h'_f/h_0 = 60/360 = 0.167 > 0.10$

取最小值： $b'_f = 640\text{mm}$

判别 T 形截面类型：

$$M_f = \alpha_1 f_c b'_f h'_f (h_0 - h'_f/2) = 14.3 \times 640 \times 60 \times (360 - 30) = 181.2 \times 10^6 \text{N} \cdot \text{mm}$$

$> M = 45.62 \times 10^6 \text{N} \cdot \text{mm}$，故按第一类 T 形截面计算。

$$\alpha_s = \frac{M}{\alpha_1 f_c b'_f h_0^2} = \frac{45.62 \times 10^6}{1 \times 14.3 \times 640 \times 360^2} = 0.042$$

$$\xi = 1 - \sqrt{1 - 2\alpha_s} = 0.043 \leqslant \frac{h'_f}{h_0} = \frac{40}{360} = 0.11$$

$$A_s = \xi b'_f h_0 \frac{\alpha_1 f_c}{f_y} = 0.043 \times 640 \times 360 \times \frac{14.3}{360} = 394\text{mm}^2 > \rho_{\min} bh = 0.002 \times 200 \times 400 = 160\text{mm}^2$$

选用 2 Φ 16（$A_s = 461\text{mm}^2$）。

$0.7 f_t bh_0 = 0.7 \times 1.43 \times 200 \times 360 = 72.07 \times 10^3 = 72.07\text{kN} > 35.82\text{kN}$，箍筋可按构造配置，选用双肢箍 Φ 8@200，配筋如图 2-79 所示。

（4）附加横向钢筋计算

斜梁传给平台梁的集中荷载 $F = 18.25$，若附加箍筋采用双肢 Φ 8，则附加箍筋总数为：$m = \dfrac{F}{n f_y A_s} = \dfrac{18.25 \times 10^3}{2 \times 300 \times 28.3} = 1.19$，取 $m = 2$，即斜梁每侧放置 2 根 Φ 8 的附加箍筋。平台梁配筋如图 2-79 所示。

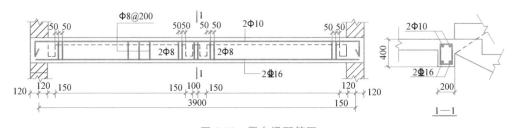

图 2-79 平台梁配筋图

2.6.2 整体式雨篷的设计

雨篷、阳台、挑檐是建筑工程中最常见的悬挑构件。根据悬挑长度的大小，可分为梁板结构和板式结构布置方案。如雨篷悬挑较长时，在雨篷板两侧布置悬挑边梁支承雨篷板，形成梁板结构，则可按前述梁板结构进行设计；当悬挑较小时，则布置雨篷梁来支承悬挑的雨篷板，即板式结构，如图 2-80 所示。雨篷的设计除了与一般梁板结构相似外，还存在倾覆翻倒的危险，因此，还应进行抗倾覆验算。本节以板式雨篷为例，讲述其设计计算特点。

板式雨篷一般由雨篷和雨篷梁组成，如图 2-80 所示。雨篷梁除支承雨篷板外，雨篷梁还可兼作门窗过梁，承受上部墙体的重量和楼面梁板或楼梯平台传来的荷载。

根据板式雨篷可能出现的破坏，设计计算包括三个方面内容：①雨篷板的正截面受弯承载力计算；②雨篷梁在弯矩、剪力和扭矩共同作用下的承载力计算；③雨篷抗倾覆验算。

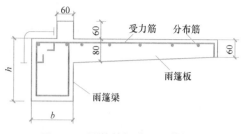

图 2-80 雨篷的组成及配筋构造

1. 雨篷板的计算与构造

雨篷板的受力特点和一般悬臂板相同，通常取 1m 宽悬挑受弯构件进行内力分析和配筋计算。计算截面取在梁截面外边缘，即雨篷板根部截面。板根部厚度可取（$1/12\sim 1/8$）l_0，端部厚度不小于 60mm。

雨篷板上的荷载有恒荷载（包括自重、粉刷等）、雪荷载、均布活荷载以及施工和检修集中荷载。以上荷载中，雨篷均布活荷载与雪荷载不同时考虑，取两者中较大值；施工和检修集中荷载按作用于板悬臂端考虑。每一施工集中荷载值为 1.0kN，进行承载力计算时，沿板宽每隔 1m 考虑一个集中荷载，进行抗倾覆验算时，沿板宽每隔 $2\sim 3$m 考虑一个。施工集中荷载与均布活荷载不同时考虑，应按恒荷载与均布活荷载组合和恒荷载与集中荷载组合分别计算内力，取较大的弯矩值进行正截面受弯承载力计算。

一般雨篷板的挑出长度为 $0.6\sim 1.2$m 或更长，视建筑要求而定。根据雨篷板为悬臂板的受力特点，可设计成变厚度板，一般根部板厚取挑出长度的 1/10，但不小于 70mm，端部板厚不小于 50mm。雨篷板周围往往设置凸沿以便能有组织排水。雨篷板受力按悬臂板计算确定，受力钢筋最小不得少于 $\phi 8@200$，必须伸入雨篷梁，并与梁中箍筋连接。此外，还必须按构造要求配置分布钢筋，一般也不少于 $\phi 8@200$。

2. 雨篷梁的计算与构造

雨篷梁宽 b 一般与墙同厚。梁高 h 取（$1/12\sim 1/8$）l_0，通常取砖的皮数。为防止渗水入墙，可在梁顶设 60mm 的凸块。雨篷梁伸入墙内的支承长度应大于 370mm。

雨篷梁所承受的荷载有雨篷梁自重、雨篷板传来的荷载、梁上砌体重，以及可能计入的楼盖传来的荷载。由于雨篷板荷载的作用面不在雨篷梁的竖向对称平面内，故这些荷载对梁产生扭矩，故雨篷梁应按弯、剪、扭的构件计算所需纵向钢筋和箍筋的截面面积，并满足构造要求。

当雨篷板上作用有均布荷载 $g+q$ 时，雨篷板传给梁的内力有沿板宽方向每米的线扭矩 $m_T=(g+q) l_0(l_0+b)/2$，其中 l_0 为雨篷板计算跨度，b 为雨篷梁宽度，如图 2-81（a）所示。

雨篷梁是弯剪扭构件。在平面内竖向荷载作用下时，一般简化为简支梁计算弯矩和剪力；而在雨篷板传过来的荷载作用下，可将其简化为两端固定的单跨梁，计算雨篷梁上的扭矩，如图 2-81（b）所示。

3. 雨篷抗倾覆验算

雨篷除进行各组成构件的计算外，还要考虑结构整体作为刚体丧失稳定（如倾覆或过大位移等）的问题。雨篷结构在雨篷板上的荷载下将使雨篷整体绕雨篷梁底的计算倾覆点 O 发生转动，《砌体结构设计规范》GB 50003—2011 取计算倾覆点 O 位于墙外边缘的内侧，其距离为 $x_0=0.13b$，如图 2-82（a）所示。雨篷板上荷载对 O 点产生倾覆力矩 M_{ov}；而梁上自重、梁上砌体墙重及梁板传来的荷载等荷载将产生绕 O 点的抗倾覆力矩 M_r，要

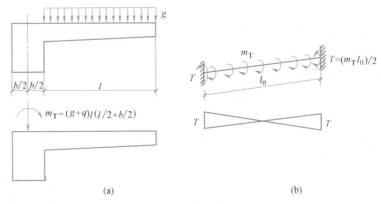

图 2-81　雨篷梁上的扭矩

(a) 雨篷板传给雨篷梁的线扭矩 m_T；(b) 雨篷梁上的扭矩分布

求满足下式：

$$M_r \geqslant M_{ov} \tag{2-43}$$

$$M_r = 0.8 G_r (l_2 - x_0) \tag{2-44}$$

式中　M_{ov}——雨篷板按最不利荷载组合计算的结构对计算倾覆点产生的倾覆力矩设计值；

　　　　M_r——雨篷的抗倾覆力矩设计值；

　　　　G_r——雨篷的抗倾覆荷载，按图 2-82 (b) 中阴影所示范围内的砌体墙与楼、屋面恒载标准值之和计算；注意不考虑非永久性的"恒荷载"，如楼面上的非承重隔墙，以及屋面上保湿和防水层等荷载，因为在装修和维修时可能不存在这些荷载；

　　　　l_2——G_r 作用点至墙外边缘的距离。

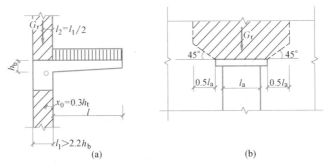

图 2-82　雨篷抗倾覆计算简图

(a) 雨篷倾覆点；(b) 抗倾覆荷载 G_r 的计算范围

当式 (2-43) 不满足时，可适当增加雨篷梁两端埋入砌体的支承长度，以增大抗倾覆荷载，或者采用其他拉结措施。

本章小结

(1) 结构设计的一般步骤是：①结构方案设计，包括结构选型、结构布置及构件截面尺寸初估；②结构分析，包括确定计算单元、计算简图、荷载分析计算、内力分析、内力不利组合；③构件设计，包括各构件的截面配筋计算、构造设计等；④绘制结构施工图，包括结构布置图、配筋图。上述步骤不仅适用于楼盖、屋盖、楼梯等梁板结构，而且适用所有常见结构设计。

（2）熟悉各种楼盖结构，如现浇单向板肋形楼盖、双向板肋形楼盖、双重井式楼盖、无梁楼盖、装配式楼盖等结构的受力特点及其结构适用范围，以便根据不同的建筑要求和使用条件选择合理的结构类型。

（3）单向板梁板结构的内力分析可按弹性理论和考虑塑性内力重分布的计算方法。弹性方法设计偏安全，而考虑塑性内力重分布的分析方法更符合实际受力状态、更经济，但对裂缝控制等级较高、直接承受动力荷载的结构等情况不能采用后种方法，应根据结构的使用要求和结构的重要性恰当选定计算方法。《混凝土结构设计规范》GB 50010—2010（2015 年版）要求主梁按弹性理论设计。

（4）按弹性理论计时，必须熟练掌握活荷载的不利布置，绘制梁的弯矩和剪力包络图，根据内力包络图中的最不利内力确定纵向钢筋及腹筋数量，再根据抵抗弯矩图确定钢筋弯起和截断位置。

（5）对于超静定结构中的连续板（梁），由于构件截面的刚度改变以及塑性铰转动引起内力重分布，达到承载能力极限的标志不是某一截面的"屈服"或形成塑性铰，而是结构形成破坏机构。

（6）考虑钢筋混凝土超静定结构塑性内力重分布的计算方法很多，工程界多采用弯矩调幅法，即先按弹性理论求出结构的截面弯矩值，再根据需要将结构中某些截面的最大弯矩（按绝对值）加以调幅。确定调幅值时应满足三个方面的条件：力的平衡条件、塑性铰有足够的转动能力（$\xi \leq 0.35$）、满足使用需求（调幅不超过 25%）。

（7）双向板梁板结构的内力也有弹性理论和塑性理论两种计算方法，相应的配筋构造有所不同。目前多采用弹性理论计算，将多区格双向板的荷载进行分解再利用单区格板进行分析。

（8）现浇钢筋混凝土楼梯按受力方式的不同分为：梁式楼梯和板式楼梯。梁式楼梯和板式楼梯的主要区别，在于楼梯梯段是采用梁承重还是板承重。前者受力较合理，用材较省，但施工较繁且欠美观，适用于梯段较长的楼梯，后者反之。

（9）梁式楼梯的斜梁和板式楼梯的梯段板均是斜向结构，其内力可简化为跨度为水平投影长的水平结构进行计算，由此计算所得弯矩为其实际弯矩，但剪力应乘以倾斜角度的余弦。

（10）雨篷、阳台等悬臂结构除控制截面承载力计算外，尚应作整体抗倾覆的验算。

思考与练习题

2-1　钢筋混凝土梁板结构设计的一般步骤是什么？

2-2　钢筋混凝土楼盖有哪几种类型？说明它们各自的受力特点和适用范围。

2-3　单向板肋梁楼盖的柱网和梁格的布置原则是什么？板、次梁和主梁的经济跨度是多少？

2-4　什么是活荷载的最不利布置？活荷载最不利布置的规律是怎样的？

2-5　单向板、次梁的计算跨度如何确定？按弹性理论方法计算和按塑性内力重分布方法计算时有何不同？

2-6　试比较钢筋混凝土塑性铰与结构力学中的理想铰有何异同。

2-7　试比较内力重分布和应力重分布。

2-8　计算连续梁和连续板的内力时，为什么要采用折算荷载？连续次梁和连续板的折算荷载如何确定？

2-9　绘制内力包络图和正截面受弯承载力图（抵抗弯矩图）的作用是什么？

2-10　什么是弯矩调幅？考虑塑性内力重分布计算钢筋混凝土连续梁的内力时，为什么要控制弯矩调幅？

2-11　考虑塑性内力重分布计算钢筋混凝土连续梁时，为什么要限制截面受压区的高度？

2-12　现浇单向板肋形楼盖中，板、次梁和主梁的配筋计算和构造有哪些要点？

2-13　利用单跨双向板弹性弯矩系数计算连续双向板跨中最大弯矩和最小负弯矩时，采用了一些什么假定？

2-14　装配式铺板结构中，板与板、板与承重横墙、板与纵墙的连接有何重要性？

2-15　常用楼梯有哪几种类型？它们的优缺点及适用范围有何不同？如何确定楼梯各组成构件的计算简图？

2-16　雨篷板和雨篷梁有哪些计算要点和构造要求？

图2-83　习题2-17图

2-17　如图2-83所示，为一端固定另一端铰支梁，跨中作用一集中荷载 P（略去梁的自重），设梁跨中及支座截面的极限弯矩均为 $M=120\text{kN}\cdot\text{m}$。试计算：（1）支座出现塑性铰时，梁所承受的极限荷载 P 值；（2）梁破坏时的极限荷载 P_u 值；（3）与承受相同荷载 P_u 的弹性分析相比，支座弯矩调幅系数是多少？

2-18　某内框架结构的多层工业建筑楼盖平面如图2-84所示。采用钢筋混凝土现浇单向板肋梁楼盖，楼面活荷载标准值 6.0kN/m^2，楼面面层自重 0.65kN/m^2，楼板底面

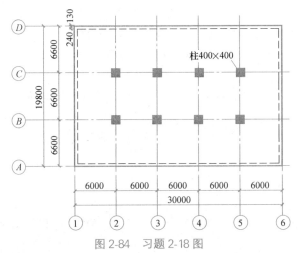

图2-84　习题2-18图

石灰砂浆抹灰 15mm。试设计此楼盖。

2-19 四边固定双向板如图 2-85 所示，承受均布荷载。跨中截面和支座截面单位长度能够承受的弯矩设计值分别为 $m_x=3.46$kN·m/m，$m'_x=m''_x=7.42$kN·m/m，$m_y=5.15$kN·m/m，$m'_y=m''_y=11.34$kN·m/m。试求该四边固定双向板能够承受的均布荷载设计值。

提示：有关公式为 $M_x+M_y+\dfrac{1}{2}(M'_x+M''_x+M'_y+M''_y)=\dfrac{1}{24}pl_y^2(3l_x-l_y)$

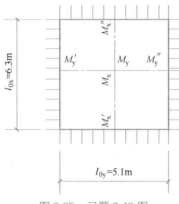

图 2-85 习题 2-19 图

第 3 章　单层厂房结构

本章要点及学习目标

本章要点：

(1) 单层工业厂房的结构形式、结构组成和结构布置的基本原则；

(2) 单层厂房各类受力构件的选型和作用；

(3) 钢筋混凝土排架结构的计算简图的确定、各类荷载的计算方法；

(4) 排架在各类荷载作用下的内力计算方法；

(5) 排架柱、牛腿的配筋计算及构造；

(6) 柱下独立基础设计与构造。

学习目标：

(1) 了解单层工业厂房的结构形式，掌握单层厂房排架结构的结构组成，熟悉结构布置的基本原则；

(2) 掌握排架在各类荷载作用下的内力计算方法；

(3) 掌握排架柱、牛腿的配筋计算及构造；

(4) 掌握柱下独立基础设计与构造；

(5) 掌握结构施工图的绘制和要求。

3.1　单层厂房的结构形式、结构组成与结构布置

3.1.1　单层厂房的结构形式

1. 单层厂房的特点

用于工业生产的厂房内需要解决水平及垂直运输问题，要求起吊运输吨位较大，如采用桥式、梁式或壁行吊车等。对于大型机械设备如锻锤、各类车床等，不但自重大而且振动大，适于放在建筑物的底层地面、单独设置大型设备基础。有些大型机械设备的生产，如汽车、飞机、轮船的生产和维修等需要厂房具有较大空间。这些厂房采用单层厂房的形式容易解决这些问题。

单层厂房可利用其屋盖设置天然采光和自然通风设施，扩建和改建比较方便，以适应生产发展的需要。生产过程需有各种技术管网，如水道、热力管等及电缆敷设，设计时应考虑各种管道的敷设和相应的荷载。单层厂房便于定型设计，使构配件标准化、系列化、通用化，现场施工机械化的程度高，可提高工效。单层厂房占地面积多，设计时应充分

论证。

因此，单层厂房能较好地适应各种类型的工业生产，因而其应用范围广。一般冶金、矿山、机械制造、纺织、交通运输和建筑材料等工业部门车间均适宜采用单层厂房。

2. 单层厂房结构分类

1）按承重结构的材料分类

单层厂房按承重结构的材料可分为混合结构、钢结构和混凝土结构。

（1）混合结构

混合结构是指采用砖柱、钢筋混凝土屋架或木屋架或轻钢屋架等所组成的承重体系，适用于无吊车或吊车吨位不超过 5t、跨度在 15m 以内、柱顶标高在 8m 以下，无特殊工艺要求的小型厂房。

（2）钢结构

钢结构是指采用钢柱、钢屋架或预应力混凝土屋架及大型屋面板所组成的承重体系，适用吊车吨位在 250t（A4、A5 工作级别）以上，或跨度大于 36m，或有特殊工艺要求的厂房（如设有 10t 以上锻锤的车间以及高温车间的特殊部位等）。

（3）混凝土结构

混凝土结构是指采用钢筋混凝土柱、普通混凝土屋架、预应力混凝土屋架或屋面梁，或采用钢筋混凝土柱、钢屋架及大型屋面板所组成的承重结构，适用于厂房跨度 18～30m，吊车吨位在 250t（A4、A5 工作级别）以下的大部分厂房结构。这时应优先采用装配式和预应力混凝土结构。

2）按结构类型分类

单层厂房按结构类型分类主要有排架结构和刚架结构两种。

（1）排架结构

排架结构由屋架（或屋面梁）、柱和基础组成，柱与屋架铰接，柱与基础刚接。

根据生产工艺和使用要求的不同，排架结构可做成等高（图 3-1）、不等高（图 3-2a）和锯齿形（图 3-2b）等多种形式。排架结构做成锯齿形者通常用于单向采光的纺织厂。排架结构是目前单层厂房结构的基本形式，其跨度可超过 30m，高度可达 20～30m 或更高，吊车吨位可达 150t 甚至更大。

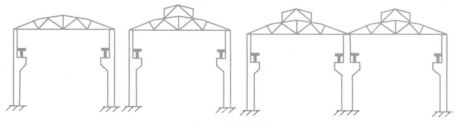

图 3-1　等高排架

（2）刚架结构

刚架结构是装配式钢筋混凝土门式刚架（以下简称门架）。门架的特点是柱和横梁刚接成一个构件，柱与基础通常为铰接或刚接。刚架顶节点、基础做成铰接的，称为三铰门式刚架（图 3-3a）；基础做成铰接、顶点做成刚接的，称为两铰门式刚架（图 3-3b）；前

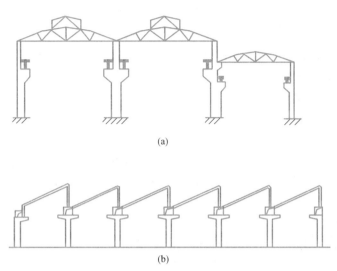

图 3-2　不等高排架类型

（a）不等高排架；（b）锯齿形排架

者是静定结构，后者是超静定结构。基础和顶点均做成刚接的，称为无铰门式刚架（图3-3c）。为便于施工吊装，门架通常做成三段，在横梁中弯矩为零（或很小）的截面处设置接头，用焊接或螺栓连接成整体（图 3-3c）。刚架横梁的形式一般为人字形，也有做成弧形的。门架立柱和横梁的截面高度都是随内力（主要是弯矩）的增减，而沿轴线方向做成变高的以节约材料。构件截面一般为矩形，但当跨度和高度均较大时，为减轻自重也有做成工字形或空腹的。门架的优点是梁柱合一，构件种类少，制作较简单，且结构轻巧，当跨度和高度均较小时，其经济指标稍优于排架结构。门架的缺点是刚度较差，承载后会产生跨变，梁柱转角处易产生早期裂缝。所以，在有较大吨位吊车的厂房中，门架的应用受到了一定的限制。此外，由于门架构件形式复杂，使构件的翻身、起吊和对中就位等都比较困难。门式刚架结构一般适用于屋盖较轻的无吊车或吊车吨位不超过 10t、跨度不超过 18m，檐口高度不超过 10m 的中、小型单层厂房或仓库等。

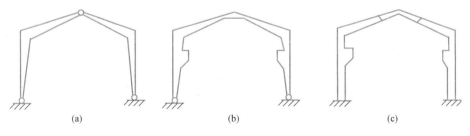

图 3-3　门式刚架的形式

（a）三铰门式刚架；（b）两铰门式刚架；（c）无铰门式刚架

本章主要讲述单层厂房装配式钢筋混凝土排架结构设计中的主要问题。

3.1.2　单层厂房结构组成与传力路线

1. 单层厂房的结构组成

问题：排架结构的单层厂房有哪些结构构件？这些结构构件有何作用？如何形成完整的结构体系？

单层厂房结构通常由下列结构构件组成（图3-4）。

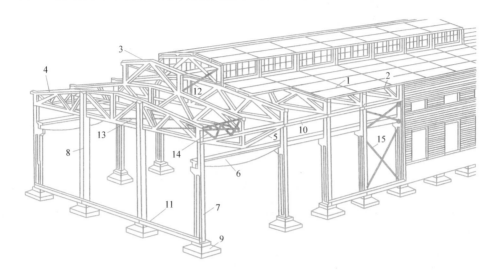

图3-4 单层厂房结构组成

1—屋面板；2—天沟板；3—天窗架；4—屋架；5—托架；6—吊车梁；7—排架柱；
8—抗风柱；9—基础；10—连系梁；11—基础梁；12—天窗架垂直支撑；
13—屋架下弦横向水平支撑；14—屋架端部垂直支撑；15—柱间支撑

1）屋盖结构

屋盖结构由屋面板（包括天沟板）、屋架或屋面梁（包括屋盖支撑）组成，有时还设有天窗架和托架等。屋盖结构分无檩和有檩两种屋盖体系：当大型屋面板直接支承（保证三点焊接）在屋架或屋面梁上时，称为无檩屋盖体系，其屋面刚度较大；当小型屋面板（或瓦材）支承在檩条上，檩条支承在屋架上时，称为有檩屋盖体系。屋架或屋面梁承受屋面结构自重和屋面活荷载（包括雪荷载和其他荷载如积灰荷载、悬吊荷载等），并将这些荷载传至排架柱，故称为屋面承重结构。天窗架是供通风、采光用的天窗，也是一种屋面承重结构。

2）横向平面排架

横向平面排架由横梁（屋架或屋面梁）、横向柱列及基础组成，如图3-1、3-2（a）所示，是厂房的基本承重结构。

厂房结构承受的竖向荷载及横向水平荷载主要是通过横向平面排架传至基础和地基。

竖向荷载包括结构及非结构构件自重、屋面活荷载、雪荷载、积灰荷载和吊车竖向荷载等。横向水平荷载包括横向风荷载、吊车横向水平制动力和横向水平地震作用等。

3）纵向平面排架

纵向平面排架由纵向柱列、基础、连系梁、吊车梁和柱间支撑等组成。其作用是保证厂房结构的纵向稳定性和刚性，承受作用在山墙和天窗端壁并通过屋盖结构传来的纵向风荷载、吊车纵向水平制动力、纵向水平地震作用及温度应力等，如图3-5所示。

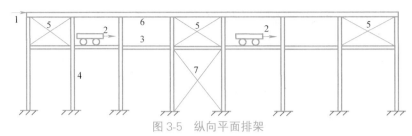

图 3-5   纵向平面排架

1—风荷载；2—吊车纵向制动力；3—吊车梁；4—柱；5—柱间支撑；6—连系梁；7—下部柱间支撑

4）吊车梁

吊车梁一般简支在柱牛腿上，主要承受吊车竖向荷载、横向或纵向水平制动力，并将它们分别传至横向或纵向平面排架，保证厂房的纵向刚度。

5）柱

柱是单层厂房的主要受力构件。柱和屋面结构一起形成横向和纵向平面排架，承受单层厂房的所有荷载，并把荷载传给基础和地基。

6）支撑

支撑包括屋盖和柱间支撑。其作用是加强厂房结构的空间刚度，并保证结构构件在安装和使用阶段的整体稳定和安全；把风荷载、吊车水平荷载或水平地震作用等传递到主要承重构件上去。

7）梁

梁包括屋面梁、支承维护结构的墙梁、门窗洞口的过梁、排架的纵向连梁和基础梁等。其作用是承受屋面板及墙体传来的荷载，形成横向及纵向排架，与支撑体系共同作用保证结构的整体性和稳定性。

8）基础

基础是单层厂房最下部的结构构件，承受柱和基础梁传来的厂房全部荷载并将它们传至地基。

9）围护结构

围护结构包括纵向围护墙和横向围护墙（山墙），还包括连系梁、抗风柱（有时还有抗风梁或抗风桁架）和基础梁等。这些构件所承受的荷载，主要是围护结构的自重以及作用在墙面上的风荷载。

2. 单层厂房的传力路线

1）荷载种类

单层厂房受到的荷载，按荷载作用的性质分为永久荷载、可变荷载和偶然荷载；按荷载作用方向分为竖向荷载和水平荷载。

永久荷载：包括各结构构件和维护结构自重，以及各类管线和固定设备的自重，如屋面板、屋架、天窗架、维护墙、柱、吊车梁、围护墙、门窗等自重。

可变荷载：包括屋面活荷载、屋面雪荷载、屋面积灰荷载（如炼钢厂、水泥生产厂）、风荷载，吊车竖向荷载、吊车横向水平荷载、吊车纵向水平荷载。应考虑可变荷载作用的位置和方向对结构的不利影响。

偶然荷载：包括地震作用、爆炸作用等。对偶然荷载本章不做介绍。

竖向荷载：包括上述永久荷载、屋面上的各类活荷载，吊车竖向荷载等。

水平荷载：包括横向水平荷载（横向风荷载、横向吊车水平荷载），纵向水平荷载（纵向风荷载、纵向吊车水平荷载、温度应力）。

2）荷载传递路线

竖向荷载和横向水平荷载主要通过横向平面排架传至地基；纵向水平荷载主要通过纵向平面排架传至地基（图3-6）。

3.1.3 单层厂房的结构布置与结构选型

1. 柱网布置与变形缝

1）柱网布置与定位轴线

承重柱的定位轴线，在平面上排列所形成的网格称为柱网。柱网布置就是确定纵向定位轴线之间（跨度）和横向定位轴线之间（柱距）的尺寸。柱网布置既是确定柱的位置，也是确定屋面板、屋架和吊车梁等构件跨度的依据，并涉及结构构件的布置。柱网布置恰当与否，将直接影响厂房结构的经济性、合理性和先进性，对生产使用也有密切关系。

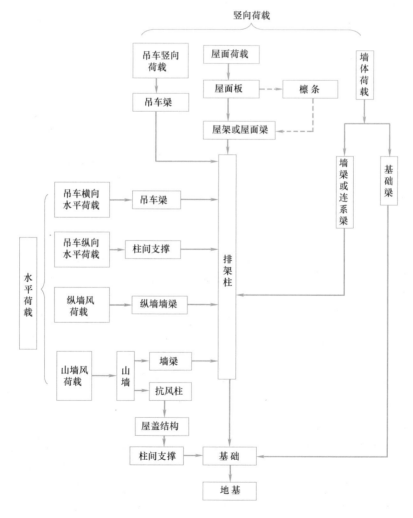

图 3-6 单层厂房荷载传递路线

柱网布置的原则一般为：符合生产和使用要求；建筑平面和结构方案经济合理；厂房结构形式和施工方法上具有先进性和合理性；符合《厂房建筑模数协调标准》GB/T 50006—2010 的有关规定；适应生产发展、技术革新的要求和结构构件定型化的要求。

厂房跨度在 18m 及以下时，应采用扩大模数 30M 数列，即 9m、12m、15m 和 18m；在 18m 以上时，应采用扩大模数 60M 数列，即 24m、30m、36m 等，如图 3-7 所示。当跨度在 18m 以上，工艺布置有明显优越性时，也可采用扩大模数 60M 数列，即 21m、27m 和 33m 等跨度。

厂房的柱距应采用扩大模数 60M 数列，如图 3-7 所示。

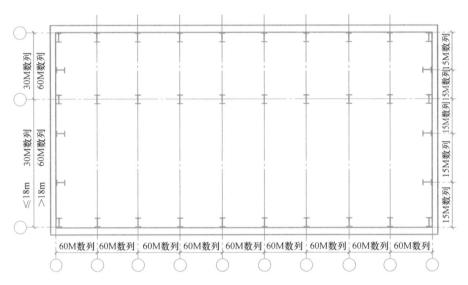

图 3-7　柱网与定位轴线示意图

目前，从经济指标、材料用量和施工条件等方面来衡量，采用 6m 柱距比 12m 柱距优越。但从现代化工业发展趋势来看，扩大柱距对增加厂房有效面积、提高设备布置和工艺布置的灵活性，机械化施工中减少结构构件的数量和加快施工进度等都是有利的。当然，由于构件尺寸增大也给制作、运输和吊装带来不便。12m 柱距是 6m 柱距的扩大模数，在大小车间相结合时两者可配合使用。此外，12m 柱距设置托架可以利用现有设备做成 6m 屋面板系统。所以，在选择 12m 柱距和 9m 柱距时应优先采用前者。

纵向和横向定位轴线设置要求，详见"房屋建筑学"课程中单层厂房的相关内容。

2）变形缝设置

变形缝包括伸缩缝、沉降缝和防震缝。

（1）伸缩缝

如果厂房长度和宽度过大，当气温变化时，将使结构内部产生很大的温度应力，严重时可使墙面、屋面和构件等开裂，影响使用。为减小厂房结构中的温度应力，可设置伸缩缝将厂房结构分成若干区段。伸缩缝应从基础顶面开始，将两个温度区段的上部结构构件完全分开，并留出一定宽度的缝隙，使上部结构在气温变化时，水平方向可以较自由地发生变形，不致引起房屋开裂。温度区段的形状应力求简单，并应使伸缩缝的数量最少。

温度区段的长度（伸缩缝之间的距离），取决于结构类型和温度变化情况。《混凝土结构设计规范》GB 50010—2010（2015 年版）规定，排架结构伸缩缝的最大间距：室内或土中 100m；露天 70m。当厂房的伸缩缝间距超过规定值时，参照规范进行充分论证。

（2）沉降缝

在有些情况下，为避免厂房因基础不均匀沉降而引起开裂、损坏，需在适当部位用沉降缝将厂房划分成若干刚度较好的单元。在一般单层厂房中可不设沉降缝，只有在特殊情况下才考虑设置：如厂房相邻两部分高度相差很大（如 10m 以上）、两跨间吊车起重量相差悬殊、地基承载力或下卧层土质有巨大差别或厂房各部分的施工时间先后相差很长等情况。沉降缝应将建筑物从屋顶到基础全部分开。沉降缝可兼作伸缩缝。

（3）防震缝

防震缝是为了减轻厂房震害而采取的措施之一。当厂房平、立面布置复杂或结构高度或刚度相差很大，以及在厂房侧边贴建生活间、变电所、锅炉间等房屋时，应设置防震缝将相邻部分分开。地震区的伸缩缝和沉降缝均应符合防震缝的要求。

2. 支撑作用和布置原则

1）支撑作用

厂房支撑分屋盖支撑和柱间支撑两类。就整体而言支撑的主要作用是：保证结构构件的稳定与正常工作，增强厂房的整体稳定性和空间刚度；把有些水平荷载（如纵向风荷载、吊车纵向水平荷载及水平地震作用等）传递到主要承重构件上。此外，在施工安装阶段，应根据具体情况设置某些临时支撑以保证结构构件的稳定。

在装配式钢筋混凝土单层厂房结构中，支撑虽然不是主要的承重构件，但却是联系各种主要结构构件并把它们构成整体的重要组成部分。工程实践表明，如果支撑布置不当，不仅会影响厂房的正常使用，而且可能引起工程事故，故应给予足够的重视。

（1）屋盖支撑

如图 3-4 所示，屋盖支撑包括上弦横向水平支撑、下弦横向水平支撑、下弦纵向水平支撑、垂直支撑、系杆及天窗架支撑等。

① 上弦横向水平支撑作用。上弦横向水平支撑是由交叉角钢和屋架上弦组成的水平桁架，布置在温度区段的两端。其作用是加强屋盖结构纵向水平面内的刚性，减少屋架上弦或屋面梁上翼缘在平面外的计算长度，提高结构构件的稳定性，还可将山墙抗风柱所承受的纵向水平力传到纵向柱列。

② 下弦横向水平支撑作用。下弦横向水平支撑承受垂直支撑传来的荷载，当抗风柱与屋架下弦连接时，可以将山墙风荷载传至两旁柱列上，和屋架下弦纵向水平支撑一起提高屋盖下弦平面内的水平刚度。

③ 下弦纵向水平支撑作用。下弦纵向水平支撑一般是由交叉角钢等钢杆件和屋架下弦第一节间组成的水平桁架，其作用是加强屋盖结构在横向水平面内的刚性；在屋盖设有托架时，还可以保证托架上弦的侧向稳定，并将托架区域内的横向水平风力有效地传到相邻柱子上去。下弦纵向水平支撑能提高厂房的空间刚度，增强厂房的空间作用，保证横向水平力的纵向分布，提高结构的整体性。

④ 垂直支撑作用。屋架垂直支撑是在垂直平面内连接两个屋架的支撑体系。垂直支撑可以保证屋盖系统空间刚度和屋架安装时的结构安全性，并将屋架上弦平面内的水平荷载传递到屋架下弦平面内。

⑤ 系杆作用。在有檩屋盖体系中，在没有设置屋架上弦水平支撑的屋架上，上弦纵向水平系杆则是用来保证屋架上弦或屋面梁受压翼缘的侧向稳定，减少上弦杆的计算长度，加强各屋架的连接。系杆分刚性系杆和柔性系杆两种，刚性系杆以承受压力为主也可承受拉力，通常用钢筋混凝土或钢结构制作。柔性系杆只承受拉力，通常用钢结构制作，柔性系杆的截面一般比刚性系杆小得多。

⑥ 天窗架支撑作用。天窗架支撑，包括天窗架上弦横向水平支撑、垂直支撑和屋架上弦系杆。天窗架上弦横向水平支撑的作用是保证天窗架弦杆平面外的稳定，提高天窗架的整体刚度，保证天窗架的整体稳定性。天窗架垂直支撑的作用是保证天窗架安装时的稳定性，将天窗端壁上的风荷载传至屋架上弦水平支撑。

（2）柱间支撑作用

柱间支撑一般包括上部柱间支撑和下部柱间支撑；当柱高较大时，还有中部柱间支撑，如图 3-5 所示。

柱间支撑的作用是保证厂房结构的纵向刚度和稳定，抵抗纵向温度应力作用，并将纵向水平荷载传至基础。纵向水平荷载包括天窗端壁和厂房山墙上的风荷载、吊车纵向水平制动力以及作用于厂房纵向的水平地震作用。

2）屋盖支撑的布置原则

屋盖支撑一般采用什么形式？屋盖各类支撑布置的一般原则是什么？

屋盖上下弦平面内的水平支撑一般采用十字交叉形式，支撑节间的划分应与屋架节间相适应。交叉杆的倾角一般为 30°～60°，如图 3-8 所示，图中的虚线代表屋架的上下弦。

屋架垂直支撑的形式，如图 3-9 所示。

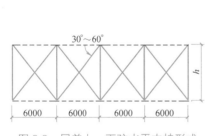

图 3-8　屋盖上、下弦水平支持形式

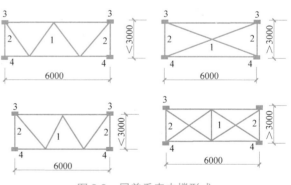

图 3-9　屋盖垂直支撑形式

1—屋架垂直支撑；2—屋架垂直弦杆；3—屋架上弦；4—屋架下弦

（1）屋盖上弦横向水平支撑布置情况（图 3-10）

① 跨度较大的无檩体系屋盖，当屋面板与屋架连接点的焊接质量不能保证，且山墙抗风柱与屋架上弦连接时。

② 厂房设有天窗，当天窗遇到厂房端部的第二柱间或通过伸缩缝时，由于天窗区段内没有屋面板，屋盖纵向水平刚度不足，屋架上弦侧向稳定性较差，应在第一或第二柱间的天窗范围内设置上弦水平支撑，并在天窗范围内沿纵向设置一至三道受压的纵向水平系杆。

③ 在钢屋架屋盖系统中，上弦横向水平支撑的间距以不超过 60m 为宜。

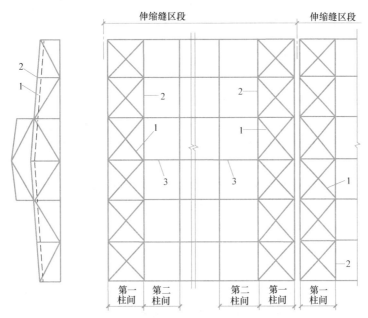

图 3-10　屋架上弦横向水平支撑

1—上弦横向支撑；2—屋架上弦；3—刚性系杆

（2）屋盖下弦横向水平支撑布置情况（图 3-11）

① 当抗风柱与屋架下弦连接，纵向水平力通过屋架下弦传递时。

② 厂房内有较大的振动源，如设有硬钩桥式吊车或 5t 及以上的锻锤时。

③ 有纵向运行的悬挂吊车（或捯链），且吊点设置在屋架下弦时，这时可在悬挂吊车的轨道尽端柱间设置下弦横向水平支撑。

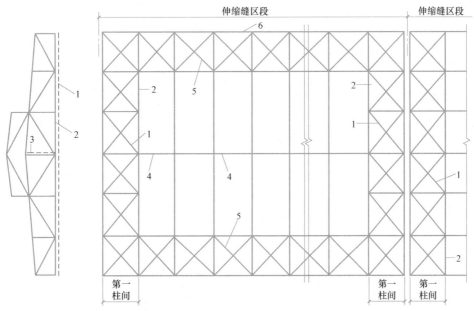

图 3-11　屋架下弦横向与纵向水平支撑

1—下弦横向水平支撑；2—屋架下弦；3—垂直支撑；4—水平系杆；5—下弦纵向水平支撑；6—托架

④ 钢结构屋盖在一般情况下都应设置下弦横向水平支撑；只有当厂房跨度较小（如小于或等于 18m），且没有悬挂吊车，厂房无较大振动源时，可以不设。

（3）屋盖下弦纵向水平支撑布置情况（图 3-11）

① 厂房内设有托架时。该支撑布置在托架所在的柱间，并向两端各延伸一个柱间。

② 厂房内设有软钩桥式吊车，但厂房高大，吊车吨位较重时（如单跨厂房柱高 15～18m 以上，中级工作制吊车 30t 以上时）。等高多跨厂房一般可沿边列柱的屋架下弦端部各布置一道通长的纵向支撑；跨度较小的单跨厂房可沿下弦中部布置一道通长的纵向支撑。

③ 当厂房内设有硬钩桥式吊车或 5t 及以上的锻锤时，可沿边柱列设置纵向水平支撑。当吊车吨位较大或对厂房刚度有特殊要求时，可沿中间柱列适当增设纵向水平支撑。

④ 当厂房已设有下弦横向水平支撑时，则纵向水平支撑应尽可能与横向水平支撑连接，以形成封闭的水平支撑系统。

（4）屋架垂直支撑布置情况

① 对于梯形屋架，为了使屋面传来的纵向水平力能可靠地传到柱顶，以及施工时保证屋架的平面外稳定，应在屋架两端各设一道垂直支撑（图 3-12）。

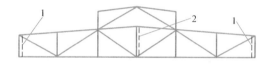

图 3-12 屋架垂直支撑

1—支座垂直支撑；2—跨中垂直支撑

② 对于拱形屋架及屋面梁，在支座处高度不大，该处可不设置垂直支撑，但需对梁支座进行抗倾覆验算，如稳定性不能满足要求时，应采取措施（表 3-1）。

屋架垂直支撑布置 　　　　表 3-1

厂房跨度 L （m）	$L=12\sim18$	$18<L\leqslant24$	$24<L\leqslant30$		$30<L\leqslant36$	
			不设端部 垂直支撑	设端部 垂直支撑	不设端部 垂直支撑	设端部 垂直支撑
屋架跨中垂直 支撑设置要求	不设	一道	两道	一道	三道	两道

注：布置两道时，宜在跨度三分之一附近或天窗架侧柱处设置；布置三道时，宜在跨度四分之一附近和跨度中间处设置。

③ 屋架跨中的垂直支撑，可按表 3-1 的规定设置（图 3-13）。垂直支撑应在每一伸缩缝区段端部第一或第二柱间设置，当厂房伸缩缝区段的长度大于 90m 时，还应在柱间支撑柱距内增设一道垂直支撑。

④ 当设有下弦横向水平支撑时，垂直支撑应与屋架下弦横向水平支撑布置在同一柱间内。

（5）天窗架支撑的布置情况

天窗架支撑有天窗架上弦水平支撑和天窗架垂直支撑两种（图 3-14）。

天窗架上弦水平支撑布置原则：当屋盖为有檩体系或虽为无檩体系，但大型屋面板与屋架的连接不能起整体作用时，应将上弦水平支撑布置在天窗端部的第一柱距内。

天窗架垂直支撑布置原则：天窗架垂直支撑应与屋架上弦水平支撑布置在同一柱距

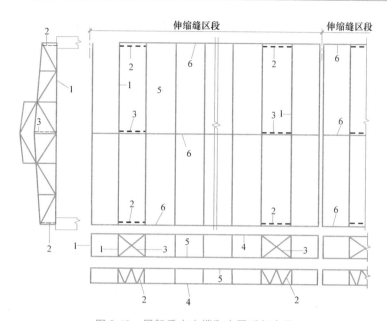

图 3-13　屋架垂直支撑和水平系杆布置

1—屋架；2—端部垂直支撑；3—跨中垂直支撑；4—刚性系杆；5—柔性系杆；6—系杆

内，或在天窗端部第一柱距内，一般在天窗架两侧设置，当天窗架宽度大于 12m 时，还应在中央设置一道，见图 3-15（a）。为了不妨碍天窗开启，也可设置在天窗斜杆平面内，见图 3-15（b）。通风天窗设置挡风板时，在天窗端部的第一柱距内应设置挡风板柱的垂直支撑。

（6）系杆的布置情况

系杆的作用是充当屋架上下弦的侧向支承点。系杆一般通长设置，一端最终连接于垂直支撑或上下弦横向水平支撑的节点上，如图 3-13 所示。

在屋架上弦平面内，大型屋面板的肋可以起到刚性系杆的作用；当采用檩条时，檩条也可以起到系杆的作用，但应对檩条进行稳定和承载力验算。在进行屋盖结构安装时，屋面板就位以前，在屋脊及屋架两端设置系杆，能保证屋架上弦有较好的平面外刚度。在有天窗时，由于在天窗范围内没有屋面板或檩条，在屋脊节点处设置系杆对于保证屋架的稳定有重要作用。

系杆可布置原则如下：

① 当设置屋架跨度中部的垂直支撑时，一般沿每一垂直支撑的垂直平面内设置通长的上下弦系杆，屋脊和上弦结点处需设置上弦受压系杆，下弦节点处可设受拉系杆；当设置屋架端部垂直支撑时，一般在该支撑沿垂直面内设置通长的刚性系杆。

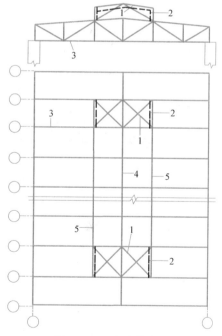

图 3-14　天窗支撑布置

1—天窗上弦水平支撑；2—天窗端部垂直支撑；
3—屋架；4—刚性系杆；5—柔性系杆

② 当设置下弦横向水平支撑或纵向水平支撑时，均应设置相应的下弦受压系杆，以形成水平桁架。

③ 天窗侧柱处应设置柔性系杆。

④ 当屋架横向水平支撑设置在端部第二柱间时，第一柱间所有系杆均应该是刚性系杆。

⑤ 在屋架下弦平面内，由于没有屋面板或檩条，一般应在跨中或跨中附近设置柔性系杆。此外，还要在两端设置刚性系杆。

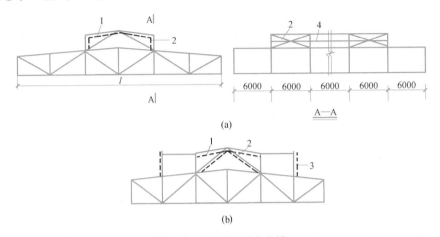

图 3-15　天窗架垂直支撑

1—天窗架上弦水平支撑；2—天窗架端部垂直支撑；3—挡风板立柱垂直支撑；4—系杆

3）柱间支撑布置原则

柱间支撑的形式一般分为六类，如图 3-16 所示。通常宜采用十字交叉形支撑，它具有构造简单、传力直接和刚度较大等特点。交叉杆件的倾角为 $35°\sim55°$ 之间。在特殊情况下，如因生产工艺的要求及结构空间的限制，可以用其他形式的支撑。当 $l/h>2$ 时采用人字形支撑，$l/h>2.5$ 时采用八字形支撑，l 为柱距，h 为垂直支撑的竖向分隔高度，如

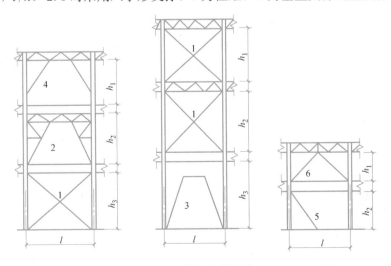

图 3-16　柱间支撑形式

1—十字交叉形支撑；2—空腹门形支撑；3—实空腹门形支撑；
4—八字形支撑；5—斜柱型支撑；6—人字形支撑

图 3-15 所示。当柱距为 12m，且 h_2 较小时，采用斜柱式支撑比较合理。

柱间支撑布置原则如下：

（1）设有重级工作制吊车，或中、轻工作制吊车起重量在 10t 及上时；

（2）厂房跨度在 18m 及以上，或柱高大于 8m 时；

（3）纵向柱的总数每排在 7 根以下时；

（4）设有 3t 及 3t 以上的悬挂吊车时；

（5）露天吊车栈桥的柱列。

柱间支撑的设置方式，如图 3-5 所示。柱间支撑应布置在伸缩缝区段的中央或临近中央，上部柱间支撑在厂房两端第一个柱距内也应同时设置，这样有利于在温度变化或混凝土收缩时，厂房可有一定的自由变形而不致产生较大的温度或收缩应力。在柱顶设置通长刚性连系杆来传递水平荷载。当屋架端部设有下弦连系杆时，柱顶连系杆也可不设。

当钢筋混凝土矩形或工形柱的截面高度 $h \geqslant 600mm$ 时，其下部柱间支撑应设计成双片，且其间距应等于柱高减去 200mm（图 3-17a）；双肢柱的下部柱间支撑应设在吊车梁的垂直面内，而边柱列有墙架时，可仅在吊车梁垂直面内设置一道柱间支撑（图 3-17b）。当上段柱截面高度大于 1000mm 或设有入孔及刚度求较高时，柱间支撑一般宜设计成双片形式。

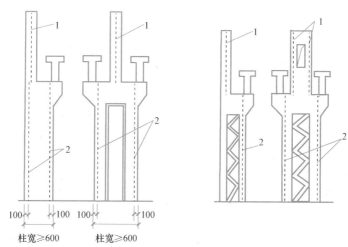

图 3-17 矩形、工字形及双肢柱的支撑布置

1—上部柱间支撑；2—下部柱间支撑

柱间支撑一般采用钢结构，杆件承载力和稳定性验算均应符合《钢结构设计标准》GB 50017—2017 的有关规定。当厂房设有中级或轻级工作制吊车时，柱间支撑亦可采用钢筋混凝土结构。

3. 围护结构

厂房的围护结构包括：屋面板、墙体、抗风柱、圈梁、连系梁、过梁、基础梁等构件。其作用是承受维护结构受到的各种荷载（包括维护结构自重、屋面各种活荷载、风荷载等），并把这些荷载传给主体结构。

1）抗风柱

单层厂房的山墙受风荷载面积较大，一般需设置抗风柱将山墙分成若干区段，使墙面受到的风荷载一部分（靠近纵向柱列的区格）直接传至纵向柱列，另一部分则经抗风柱下端直接传至基础，上端通过屋盖系统传至纵向柱列（图3-18）。

当厂房跨度和高度均不大（如跨度不大于12m，柱顶标高8m以下）时，可在山墙设置砖壁柱作为抗风柱；当跨度和高度均较大时，一般都设置钢筋混凝土抗风柱，柱外侧再贴砌山墙。在很高的厂房中，为不使抗风柱的截面尺寸过大，加设水平抗风梁或钢抗风桁架（图3-18）作为抗风柱的中间铰支点。

抗风柱的柱脚一般采用插入基础杯口的固接方式。如厂房端部需扩建时，则柱脚与基础的连接、构造宜考虑抗风柱拆迁的可能性。抗风柱上端与屋架（屋面梁）上弦铰接，根据具体情况也可与下弦铰接或同时与上、下弦铰接。抗风柱与屋架的连接必须满足两个要求：一是在水平方向必须与屋架有可靠的连接，以保证有效地传递风荷载；二是在竖向脱开，且两者之间能允许一定的相对位移，以防止厂房与抗风柱沉降不均匀时产生不利影响。因此，抗风柱与屋架一般采用竖向可以移动、水平向又有较大刚度的弹簧板连接（图3-19a）；如不均匀沉降可能较大时，则宜采用螺栓连接方案（图3-19b）。

图3-18　抗风柱

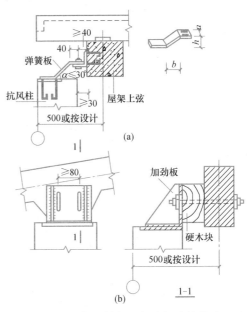

图3-19　抗风柱与屋架弦杆连接构造

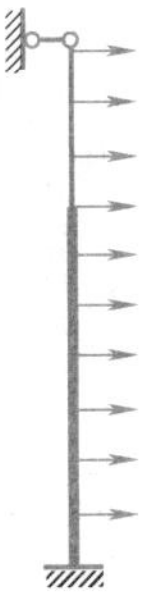

抗风柱的上柱宜采用矩形截面，其截面尺寸$b \times h$不宜小于350mm×300mm，下柱宜采用工形或矩形截面，当柱较高时也可采用双肢柱。

抗风柱主要承受山墙风荷载，一般情况下其竖向荷载只有柱自重，故设计时可近似地按受弯构件计算，计算简图如图3-20所示，并应考虑正、反两个方向的弯矩。当抗风柱还承受由承重墙梁、墙板及平台板等传来的竖向荷载时，应按偏心受压构件设计。

2）圈梁、过梁、连系梁、基础梁

当用砖砌体作为厂房的围护结构时，一般要设置圈梁或连系梁、过梁及基础梁。

图3-20　抗风
柱计算简图

(1) 圈梁的作用和布置

圈梁将墙体与厂房柱箍在一起，其作用是增强房屋的整体刚度，防止由于地基的不均匀沉降或较大振动荷载等对厂房的不利影响。圈梁置于墙体内，和柱连接，仅起拉结作用。圈梁不承受墙体重量，柱上不需设置支承圈梁的牛腿。

圈梁的布置与墙体高度、对厂房刚度的要求以及地基情况有关。对于一般单层厂房可参照下列原则设置：对无桥式吊车的厂房，当墙厚不大于 240mm、檐口标高为 5～8m 时，应在檐口附近布置一道；当檐口高度大于 8m 时，宜增设一道。对有桥式吊车或较大振动设备的厂房，除在檐口或窗顶布置圈梁外，宜在吊车梁标高处或其他适当位置增设一道；外墙高度大于 15m 时，还应适当增设。

圈梁宜连续地设在同一水平面上，并形成封闭状；当圈梁被门窗洞口截断时，应在洞口上部增设相同截面的附加圈梁。附加圈梁与圈梁的搭接长度不应小于其垂直距离的二倍，且不得小于 1.0m（图 3-21）。

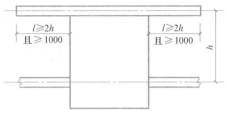

图 3-21 附加圈梁的搭接长度

圈梁的截面宽度宜与墙厚相同，当墙厚不小于 240mm 时，圈梁的宽度不宜小于墙厚的 2/3。圈梁高度应为砌体每皮厚度的倍数，且不小于 120mm。圈梁的纵向钢筋不宜小于 4 ϕ 10，绑扎接头的搭接长度按受拉钢筋考虑，箍筋间距不应大于 300mm。当圈梁兼作过梁时，过梁部分配筋应增加按过梁计算确定的钢筋数量。

圈梁可采用现浇或预制装配现浇接头方式。混凝土强度等级不宜低于 C25。

(2) 连系梁的作用和布置

连系梁的作用是连系纵向柱列，以增强厂房的纵向刚度并传递风荷载到纵向柱列；此外，连系梁还承受其上部的墙体的重量。连系梁通常是预制的，两端搁置在柱牛腿上，其连接可采用螺栓连接或焊接连接。

(3) 过梁的作用和布置

过梁的作用是承托门窗洞口上的墙体重量。

在进行厂房结构布置时，应尽可能将圈梁、连系梁和过梁结合起来，使一个构件起到两个或三个构件的作用，以节约材料，简化施工。

(4) 基础梁的作用和布置

在排架结构厂房中，通常用基础梁来承托围护墙体的重量，而不另设墙基础。基础梁底距地基土表面应预留 100mm 的孔隙，使梁可随柱基础一起沉降。当基础下有冻胀性土时，应在梁下铺设一层干砂、碎砖或矿渣等松散材料并留 50～150mm 的空隙。这可防止土壤冻结膨胀时将梁顶裂。基础梁与柱一般可不连接（一级抗震等级的基础梁顶面应增设预埋件与柱焊接），将基础梁直接搁置在柱基础杯口上，或当基础埋置较深时，放置在基础上面的混凝土垫块上（图 3-22）。施工时，基础梁支承处应坐浆。

当厂房高度不大，且地基比较好，柱基础又埋得较浅时，也可不设基础梁而做砖石或混凝土的墙基础。基础梁应优先采用矩形截面，必要时才采用梯形截面。

连系梁、过梁及基础梁均有全国通用图集，设计时可直接选用。

图 3-22　基础梁的布置

3.1.4　单层厂房构件选型

单层厂房结构的构件种类较多，在构件选型时，应全面考虑厂房的空间刚度、生产使用和建筑工业化标准化要求，结合施工条件、材料供应和经济指标综合分析后确定。构件可分成两大类：①标准构件，屋面板、天窗架、屋架、支撑、吊车梁、墙板、连系梁等，可按标准图集选用；②设计构件，排架柱、基础，应进行结构设计。

常用的供应厂房结构构件标准图集有三类：经国家建设部门批准的全国通用标准图集，适用于全国各地；经省、市建设部门批准的通用图集，适用于该地区所属设计单位；经某设计院审定批准的定型图集，适用于该设计院所设计的工程。

当所设计的构件全部符合图集中规定的各项要求时，可直接从图集中选用某个型号的构件。当设计的构件不符合图集中规定的要求时，必须对构件进行承载力验算，必要时进行裂缝宽度和变形验算，以满足设计要求。

1. 屋盖结构构件

1）屋面板

无檩体系屋盖常采用预应力混凝土大型屋面板，它适用于保温或不保温卷材防水屋面，屋面坡度不应大于 1/5。目前国内常用的是 1.5m（宽）×6m（长）×0.24m（高）的大型屋面板，由板面、横肋和纵肋组成，如图 3-23（a）所示。在纵肋两端底部预埋钢板与屋架上弦预埋钢板三点焊接，如图 3-23（b）所示，形成刚度较大的屋盖结构。

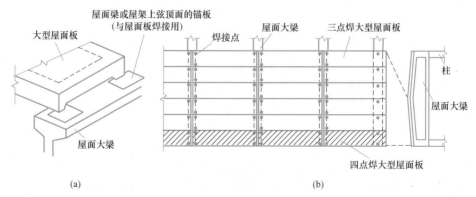

(a)　　　　　　　　　　　　　　　(b)

图 3-23　大型屋面板与屋架的连接

无檩体系屋盖也可采用预应力 F 形屋面板，用于自防水非卷材屋面（图 3-24a），以及预应力自防水保温屋面板（图 3-24b）、钢筋加气混凝土板（图 3-24c）。

有檩体系屋盖常采用预应力混凝土槽瓦（图 3-24d）、波形大瓦（图 3-24e）等小型屋面板。

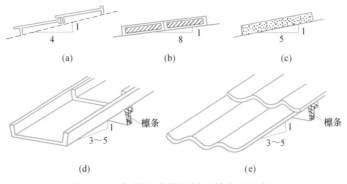

图 3-24 各种形式屋面板（数字为比例）

2）檩条

檩条搁置在屋架或屋面梁上，起着支承小型屋面板并将屋面荷载传给屋架的作用。它与屋架间用预埋钢板焊接，并与屋盖支撑一起保证屋盖结构的整体刚度和稳定性。目前应用较多的是钢筋混凝土和预应力混凝土 Γ 形截面檩条，跨度一般为 4m 或 6m。檩条与屋架或屋面梁的连接方式有斜放和正放两种，如图 3-25 所示。屋架上弦要做水平支托，檩条为单向受弯构件（图 3-25a）；斜放时，屋架上弦要加焊短钢板防止檩条倾倒，檩条为双向受弯构件（图 3-25b）。

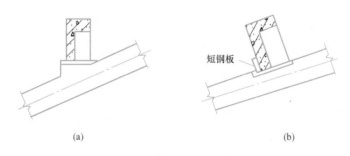

图 3-25 Γ 形截面檩条与屋架的连接

3）屋架和屋面梁

屋架或屋面梁是屋盖结构的主要承重构件，直接承受屋面荷载，有时还承受悬挂吊车、管道等吊重。它作为横向排架结构的水平横梁传递水平力，并和屋盖支撑、屋面板、檩条等一起形成整体空间结构，保证屋盖水平和竖直方向的刚度和稳定。对于端部的屋架或屋面梁，还起到传递抗风柱受到的风荷载。因此，它在单层厂房的结构体系中起到重要作用。

（1）屋架

屋架包括两铰或三铰拱屋架、桁架式屋架。

① 两铰或三铰拱屋架

两铰拱的支座节点为铰接，顶节点为刚接；三铰拱的支座节点和顶节点均为铰接，如图 3-26 所示。两铰拱的上弦为钢筋混凝土构件，三铰拱的上弦可用钢筋混凝土或预应力混凝土构件。

两铰或三铰拱屋架结构轻巧，构造简单，适用于跨度为 9～15m 的中、小型厂房。下

图 3-26　两铰和三铰拱屋架

(a) 两铰拱；(b) 三铰拱

弦用钢材制作时，屋架的刚度较差，不宜用于重型和有较大振动的厂房。

② 桁架式屋架

当厂房跨度较大时，采用桁架式屋架较经济，它在单层厂房中应用非常普遍。其外形有三角形、拱形、梯形、折线形等几种。屋架外形对其杆件内力影响很大，一般取高跨比为 1/8～1/6 较为合理。图 3-27 绘出了在同样的屋面均布荷载作用下，具有相同高跨比（$f/l = 1/6$）的四种不同外形屋架的轴力大小及正负号（"＋"表示受拉，"－"表示受压）。

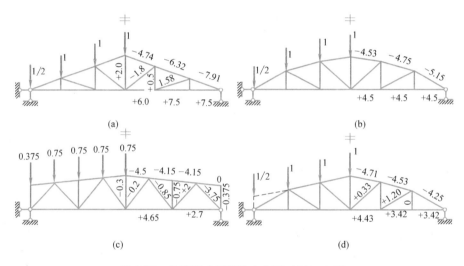

图 3-27　各种形式屋架的内力图（$f/l = 1/6$）

(a) 三角形屋架；(b) 拱形屋架；(c) 梯形屋架；(d) 折线形屋架

三角形屋架（图 3-27a）中各杆件内力分布很不均匀，弦杆内力两端大而中部小，腹杆内力则两端小而中部大。由于其杆件内力大而不均匀、矢高大、腹杆长，因而自重大，材料用量大。但这种屋架坡度较大，构造简单，适用于有檩体系的中、小型厂房。

拱形屋架（图 3-27b）的上弦呈二次抛物线形，其受力合理，弦杆内力均匀而腹杆内力为零。由于曲线形构件制作不方便，上弦可改做成多边形，但上弦节点仍应落在此抛物线上。拱形屋架具有受力合理、自重轻、材料省、构造简单等优点。但其端部坡度较陡，高温时卷材屋面油膏易流淌，施工及维修均不安全。特别是采用各种槽板及屋面瓦结构的自防水屋面，上弦转折太多，板间不能密合，易漏雨，目前已很少采用。

梯形屋架（图 3-27c）中各杆件内力分布也不均匀，弦杆内力中部大而两端小，腹杆内力恰好相反。这种屋架刚度好，构造简单，但自重较大。由于屋面坡度小，对高温车间和炎热地区的厂房，可避免出现屋面沥青、油膏流淌现象，屋面施工、检修、清扫和排水处理较方便，适用于跨度为18～30m的大、中型厂房。

折线形屋架（图3-27d）的上弦由几段折线杆件组成（图中虚线不参与桁架内力分析，仅保持屋面为一斜面，便于铺设屋面板，端部竖直虚线为屋架端部的钢筋混凝土小立柱），它具有拱形屋架的优点，弦杆受力较小，又改善了拱形屋架端部陡的缺点。其外形较合理，屋面坡度较合适，自重较轻，且制作方便，适用于跨度为18～30m的大、中型厂房。

（2）屋面梁

屋面梁，其外形有单坡和双坡两种，如图3-28所示，一般为工字形变截面预应力薄腹梁。单坡屋面梁（图3-28a），一般适用于跨度不超过12m的小型厂房，跨度为6m时可采用T形截面。双坡屋面梁（图3-28b），一般适用于跨度不超过18m的中小型厂房。

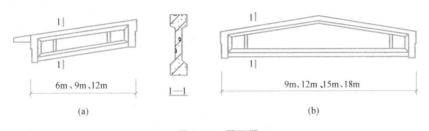

图3-28　屋面梁

（a）单坡屋面梁；（b）双坡屋面梁

屋面梁的优点：高度小、重心低、侧向刚度好，便于制作和安装，施工方便。屋面梁的缺点：自重大，经济指标较差。其适用于有较大振动和腐蚀性介质的厂房。

4）天窗架和托架

（1）天窗架

天窗架的作用是形成天窗，以便厂房采光和通风，同时承受屋面板传来的竖向荷载和作用在天窗上的风荷载，并将它们传给屋架。目前常用的天窗架的形式如图3-29所示，用钢筋混凝土或钢材制作，跨度一般为6m或9m。

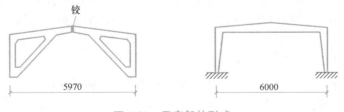

图3-29　天窗架的形式

（2）托架

托架是当柱距大于屋架间距时，用以支承屋架的构件。当厂房局部柱距为12m，而屋架间距仍为6m时，需在柱顶设置托架，用以支承中间屋架。托架一般为12m跨的预应力三角形或折线形构件，如图3-30所示。

2. 吊车梁

吊车梁直接承受吊车荷载，同时还起到传递厂房纵向荷载、保证厂房纵向刚度等

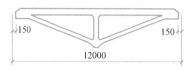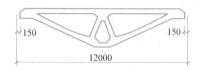

图 3-30　托架的形式

作用。

目前常用的吊车梁类型有：钢筋混凝土等截面实腹吊车梁（图 3-31a）、钢筋混凝土和钢组合式吊车梁（图 3-31b）、预应力混凝土等截面实腹吊车梁（图 3-31c）和预应力混凝土变截面实腹吊车梁（图 3-31d）。

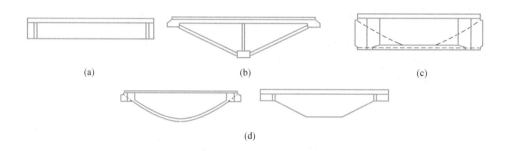

图 3-31　吊车梁的类型

(a) 钢筋混凝土等截面实腹吊车梁；(b) 钢筋混凝土和钢组合式吊车梁；
(c) 预应力混凝土等截面实腹吊车梁；(d) 预应力混凝土变截面实腹吊车梁

吊车梁类型选择：跨度为 6m，起重量为 50～100kN 的吊车梁，多采用钢筋混凝土等截面构件。跨度为 6m，起重量为 150/30～300/50kN 的吊车梁，采用钢筋混凝土或预应力混凝土等截面构件。跨度为 6m，起重量为 300/50kN 以上的吊车梁及 12m 跨度吊车梁，宜采用预应力混凝土变截面构件。

变截面吊车梁因其外形接近于弯矩包络图形，故各正截面受弯承载力接近等强。由于受拉边的部分区段又是倾斜的，故受拉主筋的竖向分力可抵消部分剪力，从而可减小腹板厚度和降低箍筋用量，取得较好经济效果。其缺点是施工不方便，用机械方法张拉曲线钢筋（束）时，预应力摩擦损失值也较大；且当端部截面底部非预应力构造钢筋配置较少时，可能在支承垫板处产生斜裂缝。

组合式吊车梁的下弦为钢材（竖杆也有用钢材的），如图 3-31（b）所示，由于焊缝的疲劳性能不易保证，一般用于起重量不大于 50kN 的轻级、中级工作制吊车，且无腐蚀性气体的小型厂房。对于外露钢材应作防腐处理，并应注意维护。

3. 柱

单层厂房中的柱主要有排架柱和抗风柱两类。

1）排架柱

单层厂房排架柱一般由上柱、下柱和牛腿组成。排架柱的形式很多，目前常用的有矩形柱、工字形柱、双肢柱等（图 3-32）。

矩形柱（图 3-32a）的外形简单，施工方便，但混凝土用量多，经济指标较差。工字形柱（图3-32b）的材料利用比较合理，目前在单层厂房中应用广泛，但其混凝土用量比双肢柱多，特别是当截面尺寸较大（如截面高度 $h>1600\text{mm}$）时更甚，同时自重大，施工吊装也较困难，因此使用范围也受到一定限制。

双肢柱有平腹杆（图3-32c）和斜腹杆（图3-32d）两种。前者构造较简单，制作也较方便，在一般情况下受力合理，而且腹部整齐的矩形孔洞便于布置工艺管道。当承受较大水平荷载时，宜采用具有桁架受力特点的斜腹杆双肢柱。但其施工制作较复杂，若采用预制腹杆则制作条件将得到改善。双肢柱与工字形柱相比较，混凝土用量少，自重较轻，柱高大时尤为显著，但其整体刚度差些，钢筋构造也较复杂，用钢量稍多。

管柱有圆管和方管，可做成单肢、双肢或四肢柱，目前应用较多的是双肢管柱（图3-32e）。管柱的优点是采用高速离心法生产，机械化程度高，混凝土质量好，混凝土用量少，自重轻，可减少施工现场工作量，节约模板，符合建筑工业化方向。但受到制管机的限制，其节点构造复杂，若设计不当，耗钢量增多，地震中管柱破坏较多，故应用受到限制。

选择柱子形式时，应力求受力合理、模板简单、维护简便，要考虑有无吊车及吊车规格、柱高、柱距、厂房跨度等因素；同时要因地制宜，考虑制作、运输、吊装及材料供应等条件；在同一工程中，柱型、规格不易过多，为施工工厂化、机械化创造条件。

根据工程经验，目前对预制柱可按截面高度 h 确定截面形式：

（1）当 $h\leqslant600\text{mm}$ 时，宜采用矩形截面；

（2）当 $h=600\sim800\text{mm}$ 时，采用工字形或矩形；

（3）当 $h=900\sim1400\text{mm}$ 时，宜采用工字形；

（4）当 $h>1400\text{mm}$ 时，宜采用双肢柱。

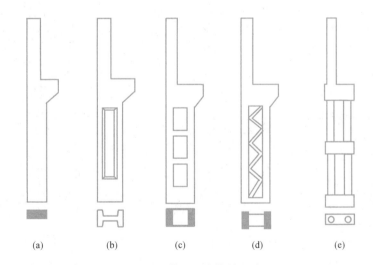

图3-32 单层厂房柱的形式

（a）矩形柱；（b）工字形柱；（c）平腹杆双肢柱；（d）斜腹杆双肢柱；（e）双肢管柱

对设有悬臂吊车的柱宜采用矩形柱；对易受撞击及设有壁行吊车的柱宜采用矩形柱或腹板厚度不小于120mm、翼缘高度不小于150mm的工字形柱，当采用双肢柱时，则在安装壁行吊车的局部区段宜做成实腹柱。

实践表明，矩形柱、工字形柱和斜腹杆双肢柱的侧移刚度和受剪承载力都较大，因此《建筑抗震设计规范》GB 50011—2010 规定：当抗震设防烈度为 8 度和 9 度时，厂房宜采用矩形柱、工字形柱和斜腹杆双肢柱；不宜采用薄壁工字形柱、腹板开孔柱、预制腹板的工字形柱和管柱；柱底至室内地坪以上 500mm 范围内和阶形柱的上柱宜采用矩形截面。

2）抗风柱

抗风柱一般由上柱和下柱组成，无牛腿，上柱一般为矩形截面，下柱一般为工字形截面（图 3-17）。

4．基础

柱下基础是单层厂房中的重要受力构件，上部结构传来的荷载都是通过基础传至地基的。

按施工方法，可分为预制基础和现浇基础两种。

单层厂房柱下独立基础的常用形式是扩展基础。这种基础有阶梯形和锥形两类（图 3-33a）。因与预制柱连接的部分做成杯口，故又称为杯形基础。当受地质条件限制或附近有较深的设备基础或有地坑必须把基础埋得较深时，为了不使预制柱过长，可做成带短柱的扩展基础。它由杯口、短柱和底板组成，因为杯口位置较高，故亦称高杯口基础（图 3-33b）。当短柱很高时，为节约材料也可做成空腹的，即用四根预制柱代替，而在其上浇筑杯底和杯口（图 3-33c）。

为减少现场浇筑混凝土工程量，节约模板加快施工进度，亦可采用半装配式的板肋式基础，即将杯口和肋板预制，在现场与底板浇筑成整体（图 3-33d）。

在实际工程中，还有采用图 3-33（e）、（f）所示壳体基础的。它适用于偏心距较小的柱下基础，也常用于烟囱、水塔和料仓等构筑物的基础。

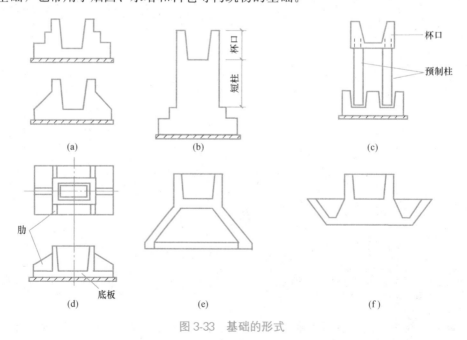

图 3-33　基础的形式

当上部结构荷载大、地基条件差时，对不均匀沉降要求严格的厂房，一般采用桩基础。

3.2 排架计算

整个厂房实际上是一个复杂的空间结构，若按空间结构计算，则非常复杂。在实际工程中，为了简化计算，将复杂的空间受力结构简化为平面结构来分析，而不考虑相邻排架的影响。在横向（跨度方向）按横向平面排架计算，在纵向（柱距方向）按纵向平面排架计算，并且近似地认为，各个横向平面排架之间以及各个纵向平面排架之间都是互不影响，各自独立工作。

纵向平面排架是由柱列、基础、连系梁、吊车梁和柱间支撑等组成。由于纵向平面排架的柱较多，抗侧刚度较大，每根柱承受的水平力不大，因此往往不必计算，仅当抗侧刚度较差、柱较少、需要考虑纵向水平地震作用或温度应力时才进行计算。所以本节介绍的排架计算是指横向排架而言。以下除说明的以外，一般简称排架。

单层厂房的排架结构设计包括结构选型与结构布置、确定结构计算简图、结构荷载计算、结构内力分析、排架柱控制截面内力组合、排架柱的配筋计算（包括施工吊装验算）、柱下基础的设计、绘结构施工图。排架计算是为排架柱和基础的设计提供数据。

3.2.1 计算简图

如何把实际工程结构转化为力学模型？力学模型中的支座及构件连接形式与实际结构如何协调？力学模型中的荷载有哪些？如何计算荷载？

1. 计算单元的选取

厂房的柱距一般沿纵向是相等的，可通过相邻柱距的中线截出一个典型区段，如图 3-34（a）中斜线部分所示。此部分所选取的排架，如图 3-34（b）所示，除吊车等移动荷载外，这一部分的面积就是排架的负荷范围，或称荷载从属面积。以此作为排架的计算单元。

2. 排架计算的简化假定

（1）柱下端固接于基础顶面，上端与屋面梁或屋架铰接；

（2）屋面梁或屋架没有轴向变形。

由于柱插入基础杯口有一定深度，并用细石混凝土与基础紧密地浇捣成一体，而且地基变形是有限制的，基础转动一般较小，因此假定（1）通常是符合实际的。但有些情况，例如地基土质较差、变形较大或有大面积堆载等比较大的地面荷载时，则应考虑基础位移和转动对排架内力和变形的影响。

由假定（2）知，横梁或屋架两端的水平位移相等。假定（2）对于屋面梁或大多数下弦杆刚度较大的屋架是适用的。对于组合式屋架或两铰、三铰拱架，则应考虑其轴向变形对排架内力和变形的影响，这种情况称为"跨变"。

3. 排架计算简图

根据上述的计算单元和计算假定，排架的计算简图如图 3-34（c）所示。

计算简图中，柱的计算轴线取上部和下部柱截面重心的连线，屋面梁或屋架用一根没有轴向变形的刚杆表示。图 3-34 中：柱总高 H 为基础顶至柱顶的距离；上部柱高 H_u 为牛腿顶面至柱顶的距离；上、下部柱的截面弯曲刚度分别为 $E_c I_u$、$E_c I_l$，由混凝土强度

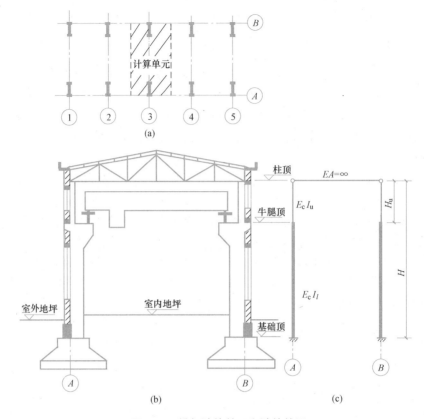

图 3-34　排架计算单元和计算简图

（a）排架计算单元；（b）排架实际结构；（c）排架计算简图

等级以及预先假定的柱截面形状和尺寸确定。这里 I_u、I_l 分别为上、下柱的截面排架方向的惯性矩。

3.2.2　排架上荷载计算

根据排架的计算单元，计算作用在排架上的各种荷载并绘制荷载分布图，这是结构设计中的关键环节。

图 3-35 显示了图 3-34（b）所示的排架所受荷载情况，图 3-36 为该排架结构计算简图上的荷载总图。

1. 永久荷载

永久荷载包括：屋面恒荷载（G_1），上柱自重（G_2），吊车梁及轨道等自重（G_3），下柱自重（G_4），连系梁、基础梁及其上墙体自重（G_5、G_6）。

1）屋面恒荷载 G_1

屋面恒荷载 G_1 包括各构造层（如保温层、隔热层、防水层、隔离层、找平层等）、屋面板、天沟板（或檐口板）、屋架、天窗架及其支撑等自重，可按屋面构造详图、屋面构件标准图以及荷载规范等进行计算。当屋面坡度较陡时，其负荷范围应按斜面面积计算。屋面恒荷载是通过屋架或屋面梁的端部以竖向集中力（G_1）的形式传至柱顶。

屋面恒荷载的作用点位于屋架端部杆件几何中心线的交点（图 3-37），当为屋面梁

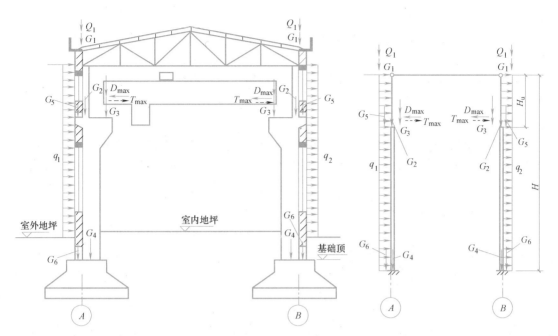

图 3-35   排架实际所受荷载示意图   图 3-36   排架计算简图上的荷载总图

时，G_1 通过梁端支承垫板的中心线作用于柱顶，通常在厂房纵向定位轴线内侧 150mm 处。对于边柱顶，上柱截面高度为 h_u，对于图 3-37（a）的情况，G_1 对上柱中心线的偏心距为：$e_1 = h_u/2 - 150$。

对于中柱顶，当两侧屋架传来荷载相同且作用点对称时，G_1 对中柱的偏心距为零（图 3-37b）。需注意：当两侧跨度不同或屋面构造不同时，两侧屋架（或屋面梁）传来的荷载不同，则合力偏心距不为零。

2）上柱自重 G_2

对于边柱，上柱自重 G_2 按上柱截面尺寸和上柱高计算，作用在上柱底中心线处（图 3-38）。上柱自重 G_2 对下柱中心线的偏心距：$e_2 = (h_l - h_u)/2$，式中 h_l、h_u 分别为下柱、上柱的截面高度。对于中柱，上、下柱截面中心线重合，取 $e_2 = 0$。

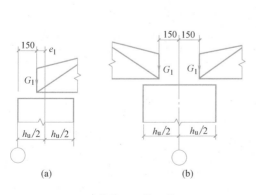

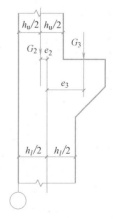

图 3-37   各柱 G_1 作用位置   图 3-38 G_2、G_3 作用的位置

3）吊车梁及轨道等自重 G_3

吊车梁及轨道等自重 G_3 可按吊车梁及轨道连接构造的标准图采用。G_3 沿吊车梁中心线作用于牛腿顶面标高处。一般情况下，吊车梁中心线到柱纵向轴线的距离为 750mm，故对于图 3-38 的情况，G_3 对下柱中心线的偏心距：对于边柱，$e_3 = 750 - h_l/2$；对于中柱，$e_3 = 750$mm。

4）下柱自重 G_4

下柱自重 G_4 按下柱截面尺寸和下柱高计算，对于工字形截面柱，考虑到沿截面柱高方向部分为矩形截面（如柱的下端及牛腿部分），可乘以 1.1～1.2 的增大系数。G_4 沿下柱中心线作用于基础顶面标高处，如图 3-35、图 3-36 所示。

5）连系梁、基础梁及其上墙体自重 G_5、G_6

连系梁、基础梁自重可根据构件编号由定型图查得，也可按梁的几何尺寸计算。墙体自重按墙体构造、尺寸（包括窗户）等进行计算。连系梁及上墙体自重 G_5 沿墙体中心线作用于支承连系梁的柱牛腿顶面标高处。基础梁及上墙体自重 G_6 作用于基础顶面，如图 3-35、图 3-36 所示。

G_5（G_6）对下柱的偏心距为：$e_5(e_6) = 0.5h_b + 0.5h_l$，$h_b$ 为围护墙的厚度。

根据永久荷载作用点的位置，可以把永久荷载换算成对于截面形心位置的竖向力和偏心力矩。在竖向力作用下对排架结构只产生轴力，不需要对排架进行内力分析（只把轴力叠加即可），而在力矩作用下需要对排架进行内力分析。

注意：柱顶的偏心压力除了对柱顶存在偏心力矩外，由于边柱上下柱截面形心不重合，因此对下柱顶也产生偏心力矩。

现把图 3-35、图 3-36 所示的排架结构在永久荷载作用下的计算简图介绍如下，对于其他竖向荷载也采用相同的分析方法。

图 3-39（a）显示永久荷载 G_1～G_6 的实际位置，图 3-39（b）显示出等效后的计算简图。图 3-39 中的 M_1、M_2 分别为：$M_1 = G_1 e_1$，$M_2 = G_1 e_2 + G_2 e_2 - G_3 e_3 + G_5 e_5$。下柱自重 G_4 作用在下柱底截面形心处，只对下柱底产生轴力。基础梁及其上墙体自重 G_6 产生的偏心力矩在基础设计时考虑。

求解图 3-39（b），即可求出在永久荷载作用下排架结构的内力。

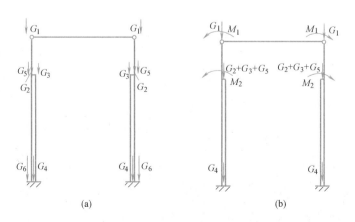

(a)   (b)

图 3-39　永久荷载作用下结构计算简图

应当说明，柱、吊车梁及轨道等构件吊装就位后，屋架尚未安装，此时还不能形成排架结构，所以柱在柱、吊车梁及轨道等自重作用下，应按竖向悬臂柱进行内力分析，但考虑到此种受力状态比较短暂，且这部分内力值较小，不会对柱控制截面内力产生较大影响。因此通常仍按排架结构进行内力分析。

2. 屋面活荷载

屋面活荷载有屋面均布活荷载、雪荷载以及积灰荷载三种，均按屋面水平投影面积计算。

1）屋面均布活荷载

屋面水平投影面上的均布活荷载标准值，按下列情况确定：不上人屋面为 0.5kN/m^2；上人屋面为 2.0kN/m^2。不上人的屋面均布活荷载，主要是考虑房屋在使用阶段，屋面维修时人和工具等的荷载。详见《建筑结构荷载规范》GB 50009—2012《工程结构通用规范》GB 55001—2021 的规定。

2）屋面雪荷载

建筑物或构筑物顶面上由于积雪对结构所产生的压力，称为屋面雪荷载。屋面水平投影面上的雪荷载标准值按下式计算：

$$S_k = \mu_r S_0 \tag{3-1}$$

式中　S_k——水平投影面上雪荷载标准值（kN/m^2）；

　　　μ_r——屋面积雪分布系数，应根据不同的屋面形式，按《建筑结构荷载规范》GB 50009—2012 查取；排架计算时，可按积雪全跨均匀分布考虑；

　　　S_0——基本雪压（kN/m^2），以当地一般空旷平坦地面上统计所得 50 年一遇最大积雪的自重确定；各地的基本雪压应按《建筑结构荷载规范》GB 50009—2012 中的 50 年重现期所对应的雪压确定，或按全国基本雪压分布图确定。

3）屋面积灰荷载

设计生产中有大量排灰的厂房及其邻近建筑物时，应考虑积灰荷载。对于具有一定除尘设施和保证清灰制度的机械、冶金、水泥厂的厂房屋面，其水平投影面上的屋面积灰荷载，按《建筑结构荷载规范》GB 50009—2012 中的相关规定采用。对于屋面上易形成灰堆处，在设计屋面板、檩条时，积灰荷载标准乘以下列规定的增大系数：

（1）在高低跨处两倍于屋面高差但不大于 6m 的分布宽度内取 2.0；

（2）在天沟处不大于 3m 的分布宽度内取 1.4。

考虑到上述屋面荷载同时出现的可能性，《建筑结构荷载规范》GB 50009—2012 规定：屋面均布活荷载不与雪荷载同时考虑，取两者中的较大值；当有屋面积灰荷载时，积灰荷载应与雪荷载或不上人屋面均布活荷载两者中的较大值同时考虑。

屋面活载标准值确定后，即可按计算单元中的负荷面积计算柱顶集中力 Q_1。它们的作用位置与屋面恒荷载相同。对于多跨排架结构应考虑活荷载作用在不同跨上对结构的不利影响。对于两跨排架，在屋面活荷载作用下的计算简图，如图 3-40 所示。

3. 风荷载

1）建筑物表面风荷载确定

风对建筑物表面所产生的压力或吸力，称为风荷载。垂直于建筑物表面任意高度处的风荷载标准值按下式计算：

$$w_k = \beta_z \mu_s \mu_z w_0 \tag{3-2}$$

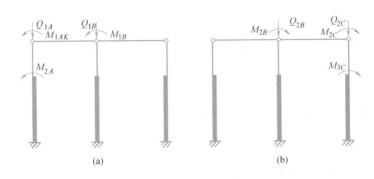

图 3-40   活荷载作用下双跨排架的计算简图

（a）活荷载作用在左跨；（b）活荷载作用在右跨

式中 w_k——风荷载标准值（kN/m²）；

   w_0——基本风压（kN/m²），是以当地比较空旷平坦地面上离地 10m 高统计所得 50 年一遇 10min 平均最大风速 v_0（m/s）为标准确定的风压值，参考《建筑结构荷载规范》GB 50009—2012 确定，但不得小于 0.3kN/m²；

   μ_s——风荷载体型系数，指风作用在建筑物表面所引起的实际压力（或吸力）与基本风压的比值，主要与建筑物的体型和尺寸有关，由附录 3 及附表 3-1 确定，其中"＋"号表示压力，"－"号表示吸力；

   μ_z——z 高度处的风压高度变化系数，风压高度变化系数应根据地面粗糙度类别确定，附表 3-2 给出了风压高度变化系数 μ_z 的取值；

   β_z——z 高度处的风振系数，对单层厂房 β_z＝1.0。

2）排架计算简图上风荷载计算

（1）柱顶以下风荷载计算

排架计算时，作用在柱顶以下墙面上的风荷载近似按均布考虑，其风压高度变化系数可按柱顶至室外地面高度确定。对于图 3-41 所示的排架结构，柱顶以下墙面上的风荷载可按公式（3-3）计算。q_{1k} 为迎风面风荷载标准值（压力），q_{2k} 为背风面风荷载标准值

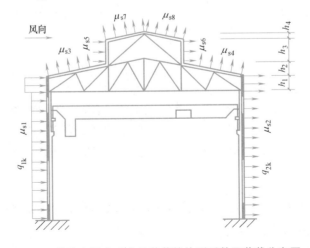

图 3-41   单跨有天窗厂房风荷载的体型系数及荷载分布图

（吸力），如图 3-43 所示。

$$q_{1k}=\mu_{s1}\mu_z w_0 B \atop q_{2k}=\mu_{s2}\mu_z w_0 B \biggr\} \tag{3-3}$$

式中 μ_{s1}、μ_{s2}——分别为单层厂房迎风面和背风面的风荷载体型系数；

        B——计算单元的宽度，一般单层厂房 $B=6\text{m}$；

        μ_z——风压高度变化系数，应根据柱顶至室外地面高度确定。

（2）柱顶以上风荷载计算

柱顶至屋脊间屋盖（包括天窗）部分的风荷载，仍取为垂直于屋面的均布荷载，如图 3-41 所示，其对排架的作用，则按作用在柱顶的水平集中力 F_{WK} 考虑，如图 3-43 所示。屋面斜面上的风荷载只考虑在水平投影方向的分力（图 3-42），其方向与风向一致时取正值，否则取负值。

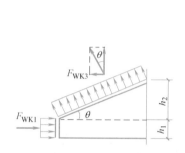

图 3-42 柱顶以上局部风荷载分布图

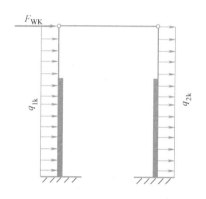

图 3-43 风荷载作用下单跨排架计算简图

为简化计算，风压高度变化系数可按下述情况确定：有矩形天窗时，按天窗檐口至室外地面高度确定；无矩形天窗时，按厂房檐口至室外地面高度确定。对于图 3-41 所示的排架结构，作用在柱顶的水平集中风荷载标准值 F_{WK} 计算如下：

$$F_{WK}=\sum_{i=1}^n w_{ki}l_i\sin\theta_i B=\sum_{i=1}^n \mu_s\mu_z w_0 h_i B=\left(\sum_{i=1}^n \mu_s h_i\right)\mu_z w_0 B$$

$$=[(\mu_{s1}+\mu_{s2})h_1+(-\mu_{s3}+\mu_{s4})h_2+(\mu_{s5}+\mu_{s6})h_3+(-\mu_{s7}+\mu_{s8})h_4]\mu_z w_0 B \tag{3-4}$$

式中 l_i——第 i 段风荷载作用面的长度；

        θ_i——第 i 段风荷载作用面与水平面的夹角；

        h_i——第 i 段风荷载作用面的垂直高度。

屋面部分风荷载的体型系数可根据屋面的形式按附表 3-1 确定。

应该说明，风荷载沿厂房柱全高（从柱顶到基顶）均匀分布，是一种偏于安全的近似计算。风荷载对结构产生的影响应考虑左风和右风两种情况。

风荷载的组合值系数、准永久值系数取值见表 3-6。

【例 3-1】

某金属装配车间双跨排架结构等高厂房剖面如图 3-44（a）所示，排架计算简图如图 3-44（a）所示，风载体型系数参照附表 3-1，如图 3-44（c）所示。本地区基本风压

$w_0 = 0.45 \text{kN/m}^2$。柱顶标高为 $+10.4\text{m}$，室外天然地坪标高为 -0.15m，柱顶至檐口高度为 1.4m，檐口至天窗底为 1.3m，图 3-44 中 $a = 18\text{m}$，$h = 2.6\text{m}$，地面粗糙度为 B 类，排架计算单元宽度（风载负荷宽度）$B = 6\text{m}$。求：作用在排架上风荷载标准值。

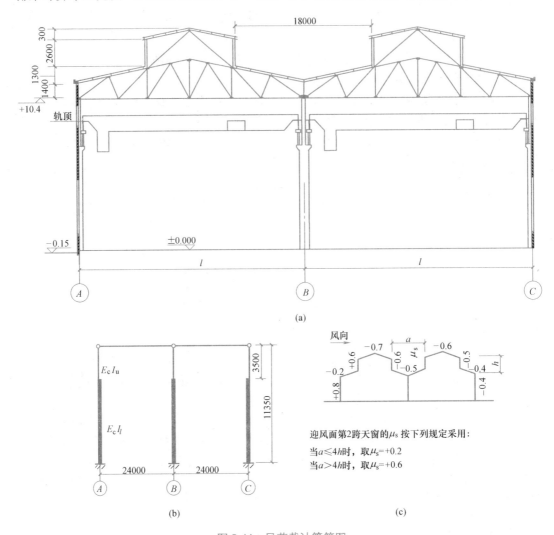

图 3-44　风荷载计算简图

(a) 单层厂房剖面示意图；(b) 排架计算简图；(c) 风荷载体型系数分布图

解： 在左风情况下，天窗处的 μ_s 根据图 3-44 确定，$a = 18\text{m}$，$h = 2.6\text{m}$，因此 $a > 4h$，所以 $\mu_s = +0.6$，风荷载体型系数如图 3-44 (c) 所示。

柱顶至室外地面的高度为：$z = 10.4 + 0.15 = 10.55\text{m}$

天窗檐口至室外地面的高度为：$z = 10.55 + 1.4 + 1.3 + 2.6 = 15.85\text{m}$

由附表 3-1 按线性内插法确定 μ_z：

柱顶：$\mu_z = 1.0 + \dfrac{(10.55 - 10)(1.14 - 1.0)}{15 - 10} = 1.02$

天窗檐口处：$\mu_z = 1.0 + \dfrac{(15.85 - 10)(1.14 - 1.0)}{15 - 10} = 1.16$

左风情况下风荷载的标准值（图 3-45a）：

$$q_{1k}=\mu_{s1}\mu_z w_0 B=0.8\times1.02\times0.45\times6=2.20\text{kN/m}$$

$$q_{2k}=\mu_{s1}\mu_z w_0 B=0.4\times1.02\times0.45\times6=1.10\text{kN/m}$$

柱顶以上的风荷载可转化为一个水平集中力计算，其风压高度变化系数统一按天窗檐口处 $\mu_z=1.16$ 取值。其标准值为：

$$\begin{aligned}F_{WK}&=\sum\mu_s\mu_z w_0 Bh_i=\mu_z w_0 B\sum\mu_s h_i\\&=1.16\times0.45\times6\times[(0.8+0.4)\times1.4+(0.4-0.2+0.5-0.5)\times1.3+\\&\quad(0.6+0.6+0.6+0.5)\times2.6+(0.7-0.4+0.6-0.6)\times0.3]=24.81\text{kN}\end{aligned}$$

右风和左风情况反对称，方向相反（图 3-45b）。

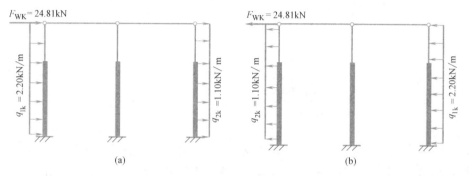

图 3-45　风荷载作用下双跨排架的计算简图

（a）左风；（b）右风

4. 吊车荷载

单层厂房中常用的吊车有悬挂吊车、手动吊车、捯链以及桥式吊车等。其中，悬挂吊车的水平荷载可不列入排架计算，而由有关支撑系统承受；手动吊车和捯链可不考虑水平荷载。这里讲的吊车荷载是指桥式吊车产生的荷载。

在厂房结构设计时，是按吊车的工作级别确定吊车荷载的计算参数。

国家标准《起重机设计规范》GB/T 3811—2008 根据吊车在使用期内要求的使用等级和载荷状态级别，来确定吊车的工作级别，共分为 A1～A8 8 个工作级别（附表 4-3）作为吊车的设计依据。

使用等级是根据吊车在使用期内要求的总工作循环次数，分为 10 个利用等级（附表 4-1）；载荷状态级别是指在该起重机的设计预期寿命期限内，它的各个有代表性的起升载荷值的大小及各相对应的起吊次数，与起重机的额定起升载荷值的大小及总的起吊次数的比值情况（附表 4-2）。

吊车的工作级别体现了吊车达到其额定起重量的频繁程度，与过去使用的工作制等级相对应：轻级（A1～A3）、中级（A4、A5）、重级（A6、A7）和特重级（A8）四种荷载状态。

一般满载机会少，运行速度低以及不需要紧张而繁重工作的场所，如水电站、机械检修站等的吊车属于 A1～A3 工作级别，机械加工车间和装配车间的吊车属于 A4～A5 工作级别，冶炼车间和直接参加连续生产的吊车属于 A6～A7 工作级别或 A8 工作级别。

桥式吊车对排架的作用有竖向荷载和水平荷载两种。

1）吊车对排架产生的竖向荷载

桥式吊车由大车（桥架）和小车组成，大车在吊车梁的轨道上沿厂房纵向行驶，小车在大车桥架的轨道上沿横向行驶。带有吊钩的起重卷扬机安装在小车上。如图 3-46 所示，当小车额定起重量开到大车某一极限位置时，在这一侧的每个大车轮压称为吊车的最大轮压标准值 $p_{\max,k}$，在另一侧的轮压称为最小轮压标准值 $p_{\min,k}$，$p_{\max,k}$ 与 $p_{\min,k}$ 同时发生。

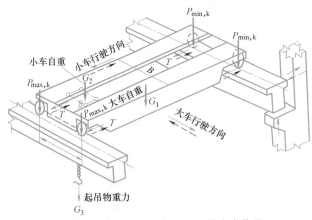

图 3-46　产生 $p_{\max,k}$ 与 $p_{\min,k}$ 的小车位置

$p_{\max,k}$ 与 $p_{\min,k}$ 及吊车宽度 B、轮距 K 通常按照吊车制造厂的产品说明书得到，对于常用规格吊车，附表 5-1 列出了其基本参数和主要尺寸。对于一般的四轮吊车：

$$p_{\min,k}=\frac{G_{1,k}+G_{2,k}+Q}{2}-p_{\max,k} \tag{3-5}$$

式中　$G_{1,k}$、$G_{2,k}$——分别为大车、小车的自重标准值（kN）；

　　　Q——吊车额定起重量（kN）。

吊车是移动的，因此吊车对排架产生的竖向荷载可根据吊车每个轮子的轮压（最大轮压或最小轮压）、吊车宽度和轮距，利用反力影响线计算，如图 3-47 所示。由 $p_{\max,k}$ 在吊车梁支座产生的反力标准值 $D_{\max,k}$；同时，在另一侧排架柱上由 $p_{\min,k}$ 在吊车梁支座产生的反力标准值 $D_{\min,k}$。$D_{\max,k}$、$D_{\min,k}$ 就是作用在排架上的吊车竖向荷载标准值。

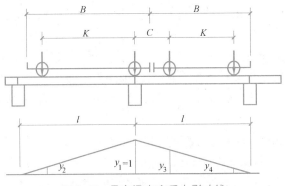

图 3-47　吊车梁支座反力影响线

当两台吊车不同时，有：

$$\left.\begin{aligned}D_{\max,k}&=\beta[p_{1\max,k}(y_1+y_2)+p_{2\max,k}(y_3+y_4)]\\D_{\min,k}&=\beta[p_{1\min,k}(y_1+y_2)+p_{2\min,k}(y_3+y_4)]\end{aligned}\right\} \tag{3-6}$$

式中 $p_{1max,k}$、$p_{2max,k}$——吊车1和吊车2最大轮压标准值，且 $p_{1max,k} > p_{2max,k}$；

$\quad\quad p_{1min,k}$、$p_{2min,k}$——吊车1和吊车2最小轮压标准值，且 $p_{1min,k} > p_{2min,k}$；

$\quad\quad y_1$、y_2 和 y_3、y_4——与吊车1和吊车2的轮子相应的支座反力影响线上的竖标，可按图3-47的几何关求得；

$\quad\quad \beta$——多台吊车荷载折减系数，见表3-3。

吊车的竖向荷载 D_{max}、D_{min} 作用在吊车梁支座垫板中心处（同 G_3 作用点的位置），对下柱都是偏心压力（图3-38）。其内力分析的方法同永久荷载作用，即把吊车的竖向荷载等效成对下柱的轴心压力和对下柱柱顶的力矩。

考虑到 D_{max} 既可以发生在左柱又可以发生在右柱，因此在吊车竖向荷载作用下，对于单跨厂房应考虑两种情况（图3-48）。

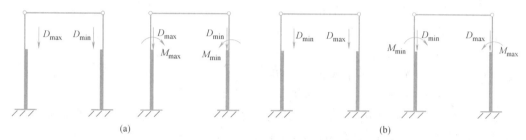

图3-48 D_{max}、D_{min} 作用下单跨排架的计算简图

(a) D_{max} 作用在左柱；(b) D_{max} 作用在右柱

2）吊车对排架产生的水平荷载

吊车对排架产生的水平荷载分为横向水平荷载和纵向水平荷载两种。

（1）吊车对排架产生的横向水平荷载

吊车对排架产生的横向水平荷载是当小车吊有重物时刹车所引起的横向水平惯性力，它通过小车刹车轮与桥架轨道之间的摩擦力传给大车，再通过大车轮由吊车轨顶传给吊车梁，而后由吊车梁顶与柱的连接钢板传给排架柱。因此对排架来说，吊车横向水平荷载作用在吊车梁顶面的水平处（图3-49）。

吊车对排架产生的横向水平荷载标准值，应按小车重力标准值与额定起重量标准值之

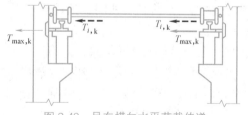

图3-49 吊车横向水平荷载传递

和乘以横向制动力系数 α。因此，总的吊车对排架产生的横向水平荷载标准值 $\sum T_{i,k}$ 可以表示为：

$$\sum T_{i,k} = \alpha(G_{2,k} + Q) \tag{3-7}$$

式中 α——吊车横向制动力系数系数，按《建筑结构荷载规范》GB 50009—2012 的规定，对于硬钩吊车 $\alpha=0.2$，对于软钩吊车，按表3-2确定。

软钩吊车横向制动力系数　　　　　　　　　　　　表3-2

$Q(t)$	$\leqslant 10$	$16 \sim 50$	$\geqslant 75$
α	0.12	0.10	0.08

软钩吊车是指吊重通过钢丝绳传给小车，硬钩吊车是指吊重通过刚性结构（如夹钳、料耙等）传给小车的特种吊车，且硬钩吊车工作频繁，运行速度高，小车附设的刚性悬臂结构使吊重不能自由摆动，以致刹车时产生的横向水平惯性力较大。另外硬钩吊车的卡轨现象也较严重，因此硬钩吊车的横向水平荷载系数取值较高。

吊车横向水平荷载应等分于桥架的两端，分别由轨道上的车轮平均传至轨道，其方向与轨道垂直。通常桥式吊车其大车总轮数为 4，即每一侧的轮数为 2，因此通过一个大车轮子传递的吊车横向水平荷载标准值 $T_{i,k}$，按下式计算：

$$T_{i,k} = \frac{1}{4}\alpha(G_{2,k} + Q) \tag{3-8}$$

吊车对排架产生的最大横向水平荷载标准值 $T_{max,k}$ 时的吊车位置，与产生吊车竖向荷载 $D_{max,k}$、$D_{min,k}$ 时吊车运行的位置相同。因此，也可用图 3-47 所示的影响线计算。

当两台吊车不同时，吊车对排架产生的水平荷载标准值：

$$T_{max,k} = \beta[T_{1,k}(y_1 + y_2) + T_{2,k}(y_3 + y_4)] \tag{3-9}$$

式中　$T_{i,k}$——每个轮子水平制动力标准值。

（2）吊车对排架产生的纵向水平荷载

吊车对排架产生的纵向水平荷载，是由大车的运行机构在刹车时引起的纵向水平制动力。吊车的纵向水平荷载标准值，应按作用在一侧轨道上所有刹车轮的最大轮压之和的 10% 采用。

$$T_k = 0.1mnp_{max,k} \tag{3-10}$$

式中　m——起重量相同的吊车台数；

　　　n——一台吊车每侧制动轮数，对于一般的四轮吊车，$n=1$；

　　　$p_{max,k}$——吊车最大轮压标准值。

吊车纵向水平荷载作用于刹车轮与轨道的接触点，方向与轨道一致。当厂房有柱间支撑时，纵向水平荷载由柱间支撑承受；当厂房无柱间支撑时，纵向水平荷载由纵向柱列承受。

3）多台吊车的荷载折减

计算排架考虑多台吊车竖向荷载时，对单层吊车，单跨厂房的每个排架，参与组合的吊车台数不宜多于两台，对于多跨厂房每个排架不宜多于 4 台吊车；对于多层吊车按《建筑结构荷载规范》GB 50009—2012 采用。

计算排架考虑多台吊车的水平荷载时，对单跨或多跨厂房的每个排架，参与组合的吊车台数不应多于 2 台。

计算排架时，对于多台吊车的竖向荷载和水平荷载，其折减系数按表 3-3 采用。

多台吊车的荷载折减系数　　　　　　　　　　　　　　表 3-3

参与组合的吊车台数	吊车工作级别	
	A1～A5	A6～A8
2	0.9	0.95
3	0.85	0.8
4	0.8	0.85

【例 3-2】 已知某双跨厂房，跨度为 24m，柱距 6m，柱网布置如图 3-50 （a）所示，计算简图如图 3-50 （b）所示。厂房每跨内设两台吊车，A4 级工作级别，吊车的有关参数见表 3-4。各跨吊车水平荷载 $T_{max,k}$ 作用在吊车梁顶面，距牛腿顶面 0.9m 处，边柱牛腿处吊车梁中心距下柱中心距离 $e_3 = 0.25m$，中柱牛腿处吊车梁中心距下柱中心距离 $e_3 = 0.75m$。试计算吊车对排架产生的竖向及水平荷载的标准值，并画出结构计算简图。

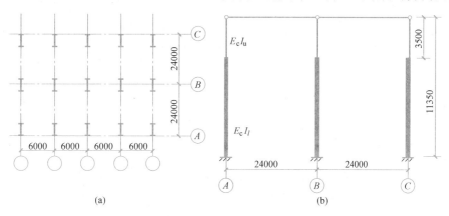

(a)　　　　(b)

图 3-50　结构计算简图

（a）柱网布置图；（b）排架计算简图

吊车的有关参数表　　　　表 3-4

吊车位置	起重量 (kN)	桥跨 L_K(m)	小车重 g (kN)	最大轮压 $P_{max,k}$(kN)	大车轮距 K (m)	大车宽 B(m)	车高 H (m)	吊车总重 (kN)
左跨（AB 跨）	300/50	22.5	118	290	4.8	6.15	2.6	420
右跨（BC 跨）	500/50	22.5	145	425	4.8	6.35	2.7	520

解：AB 跨吊车为两台 300/50 吊车，BC 跨吊车为两台 500/50 吊车，均为 A4 工作级别。

最小轮压计算：

$$AB\ 跨：p_{min,k} = \frac{G_{1,k} + G_{2,k+Q}}{2} - p_{max,k} = \frac{420 + 300}{2} - 290 = 70.0kN$$

$$BC\ 跨：p_{min,k} = \frac{G_{1,k} + G_{2,k+Q}}{2} - p_{max,k} = \frac{520 + 500}{2} - 425 = 85.0kN$$

1）吊车对排架产生的竖向荷载 $D_{max,k}$、$D_{min,k}$ 的计算

吊车竖向荷载 $D_{max,k}$、$D_{min,k}$ 的计算，按每跨 2 台吊车同时工作且达到最大起重量考虑。按表 3-3 确定吊车荷载的折减系数为 $\beta = 0.9$。

AB 跨吊车对排架产生的竖向荷载 $D_{max,k}$、$D_{min,k}$ 的计算（图 3-51）：

$$D_{max,k} = \beta p_{max,k} \sum y_i = 0.9 \times 290 \times \left(1 + \frac{1.2}{6} + \frac{4.65}{6}\right) = 515.48kN$$

$$D_{min,k} = \frac{p_{min,k}}{p_{max,k}} D_{max,k} = \frac{70.0}{290.0} \times 515.48 = 124.43kN$$

BC 跨吊车对排架产生的竖向荷载 $D_{max,k}$、$D_{min,k}$ 的计算（图 3-52）：

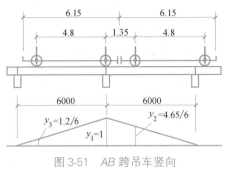

图 3-51　AB 跨吊车竖向
荷载 $D_{\max,k}$、$D_{\min,k}$ 的计算

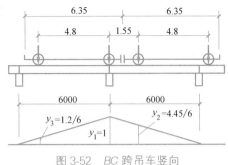

图 3-52　BC 跨吊车竖向
荷载 $D_{\max,k}$、$D_{\min,k}$ 的计算

$$D_{\max,k}=\beta p_{\max,k}\sum y_i=0.9\times425\times\left(1+\frac{1.2}{6}+\frac{4.45}{6}\right)=742.69\text{kN}$$

$$D_{\min,k}=\frac{p_{\min,k}}{p_{\max,k}}D_{\max,k}=\frac{85.0}{425.0}\times742.69=148.54\text{kN}$$

2）吊车对排架产生的水平荷载 $T_{\max,k}$ 的计算

吊车水平荷载 $T_{\max,k}$ 的计算，按每跨 2 台吊车同时工作且达到最大起重量考虑。吊车荷载的折减系数为 $\beta=0.9$，吊车水平力系数 $\alpha=0.1$。吊车水平荷载的计算也可利用吊车竖向荷载计算时吊车梁支座反力影响线求得。

AB 跨吊车水平荷载 $T_{\max,k}$（图 3-51）：

每个车轮传递的水平力的标准值：$T_{i,k}=\dfrac{1}{4}\alpha(G_{2,k}+Q)=\dfrac{1}{4}\times0.1\times(118+300)=10.45\text{kN}$

AB 跨吊车传给排架的水平荷载标准值：$T_{\max,k}=\dfrac{T_{i,k}}{p_{\max,k}}D_{\max,k}=\dfrac{10.45}{290}\times515.48=18.58\text{kN}$

BC 跨吊车水平荷载 $T_{\max,k}$（图 3-52）：

每个车轮传递的水平力的标准值：$T_{i,k}=\dfrac{1}{4}\alpha(G_{2,k}+Q)=\dfrac{1}{4}\times0.1\times(145+500)=16.13\text{kN}$

则 BC 跨吊车传给排架的水平荷载标准值：$T_{\max,k}=\dfrac{T_{i,k}}{p_{\max,k}}D_{\max,k}=\dfrac{16.13}{425}\times742.69=28.19\text{kN}$

各跨吊车水平荷载 $T_{\max,k}$ 作用在吊车梁顶面，即作用在距吊车梁顶 0.9m 处。

3）吊车荷载作用下排架结构计算简图的确定

吊车竖向荷载 $D_{\max,k}$、$D_{\min,k}$ 的作用位置对下柱中心的偏心距：边柱 $e_3=0.25\text{m}$，中柱 $e_3=0.75\text{m}$。吊车竖向荷载作用下对于双跨厂房，当两跨均有吊车时，应考虑四种情况（图 3-53）。

AB 跨吊车荷载对排架柱产生的偏心弯矩计算如下：

A 柱右：$\begin{cases}M_{\max,k}=D_{\max,k}e_3=515.48\times0.25=128.87\text{kN}\cdot\text{m}\\ M_{\min,k}=D_{\min,k}e_3=124.43\times0.25=31.11\text{kN}\cdot\text{m}\end{cases}$

B 柱左：$\begin{cases}M_{\max,k}=D_{\max,k}e_3=515.48\times0.75=386.61\text{kN}\cdot\text{m}\\ M_{\min,k}=D_{\min,k}e_3=124.43\times0.75=93.32\text{kN}\cdot\text{m}\end{cases}$

BC 跨吊车荷载对排架柱产生的偏心弯矩计算如下：

C 柱左：$\begin{cases} M_{\max,k} = D_{\max,k}\, e_3 = 742.69 \times 0.25 = 185.67 \text{kN} \cdot \text{m} \\ M_{\min,k} = D_{\min,k}\, e_3 = 148.54 \times 0.25 = 37.14 \text{kN} \cdot \text{m} \end{cases}$

B 柱右：$\begin{cases} M_{\max,k} = D_{\max,k}\, e_3 = 742.69 \times 0.75 = 557.02 \text{kN} \cdot \text{m} \\ M_{\min,k} = D_{\min,k}\, e_3 = 148.54 \times 0.75 = 111.41 \text{kN} \cdot \text{m} \end{cases}$

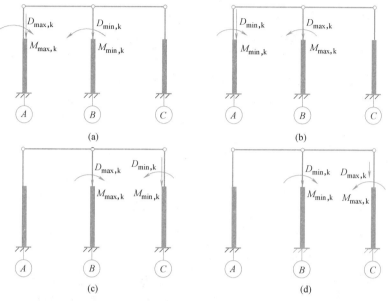

图 3-53　$D_{\max,k}$、$D_{\min,k}$ 作用下双跨排架的计算简图

(a) AB 跨有吊车 $D_{\max,k}$ 在 A 柱右；(b) AB 跨有吊车 $D_{\max,k}$ 在 B 柱左；

(c) BC 跨有吊车 $D_{\max,k}$ 在 B 柱右；(d) BC 跨有吊车 $D_{\max,k}$ 在 C 柱左

　　在吊车水平荷载作用下，按两台吊车单独作用不同的跨内，考虑到 $T_{\max,k}$ 即可以向左又可以向右，在吊车水平荷载作用下双跨排架的计算简图应考虑 4 种情况（图 3-54）。吊车水平荷载作用在吊车梁的顶面，即牛腿上 0.9m 处的位置。

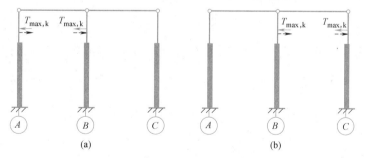

图 3-54　$T_{\max,k}$ 作用下双跨排架计算的计算简图

(a) AB 跨有吊车 $T_{\max,k}$ 向左、右；(b) BC 跨有吊车 $T_{\max,k}$ 向左、右

3.2.3　用剪力分配法计算等高排架

　　从排架的计算观点来看，柱顶水平位移相等的排架，称为等高排架。等高排架有柱顶标高相同的和柱顶标高虽不同但由倾斜横梁贯通相连接的两种情况，如图 3-55（a）、（b）所示。

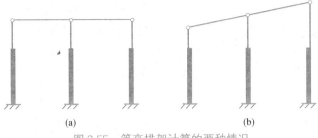

图 3-55　等高排架计算的两种情况

柱顶位移不等的不等高排架，可以用结构力学中"力法"求解。这里只介绍计算等高排架的一种简便方法——剪力分配法。

1. 单阶悬臂柱侧移刚度

由结构力学知，当单位水平力作用在单阶柱柱顶时（图 3-56），柱顶的水平位移为：

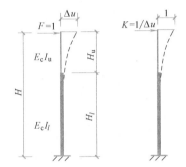

$$\Delta u = \frac{H^3}{C_0 E_c I_l} \tag{3-11}$$

$$C_0 = \frac{3}{1 + \lambda^3 \left(\frac{1}{n} - 1 \right)} \tag{3-12}$$

$$\lambda = H_u / H; n = I_u / I_l \tag{3-13}$$

式中　Δu——柱顶有水平单位力时柱顶产生的位移；

H_u、H——分别为上部柱高和柱的总高；

I_u、I_l——分别为上、下柱的惯性矩。

图 3-56　单阶悬臂柱的侧移刚度

柱的侧移刚度：单阶悬臂柱的柱顶产生单位水平位移时，在柱顶所施加的水平力称为单阶悬臂柱侧移刚度 K（图 3-56），计算如下：

$$K = \frac{1}{\Delta u} = \frac{C_0 E_c I_l}{H^3} \tag{3-14}$$

2. 等高排架在柱顶集中力作用下的内力分析

当柱顶有水平集中力作用时（图 3-57a）设有 n 根柱，各柱顶的水平位移为 u，任意一根柱的侧移刚度为 $K_i = \dfrac{1}{\Delta u_i}$，则其分配的柱顶剪力 V_i 可由力的平衡条件和变形协调条件求得。按侧移刚度的定义，有 $V_i = K_i u$。

故 $\sum V_i = \sum K_i u = \sum \dfrac{1}{\Delta u_i} u = u \sum K_i$；而 $\sum V_i = F$，则 $u = \dfrac{F}{\sum K_i}$。

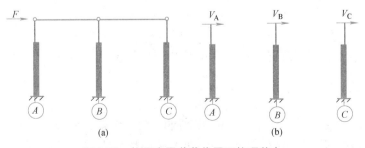

图 3-57　柱顶水平荷载作用下柱顶剪力

所以：
$$V_i = \frac{K_i}{\sum K_i} F = \eta_i F, \quad \eta_i = \frac{K_i}{\sum K_i} \tag{3-15}$$

式中 η_i——第 i 根柱的剪力分配系数，$\eta_A = \dfrac{K_A}{K}$，$\eta_B = \dfrac{K_B}{K}$，$\eta_A = \dfrac{K_C}{K}$；

  K_i——第 i 根柱的侧移刚度，按式（3-14）确定。

  K——各柱的侧移刚度之和，$K = K_A + K_B + K_C$。

各柱的剪力分配系数应满足：$\sum \eta_i = 1.0$。

柱顶剪力：$V_A = \eta_A F$；$V_B = \eta_B F$；$V_C = \eta_C F$。

求出柱顶剪力后，即可按悬臂柱绘出柱的内力图。

3. 等高排架在任意荷载作用下的内力分析

当排架上有任意荷载作用时（如吊车的水平荷载），如图 3-58 所示，为了能利用上述剪力分配系数进行计算，可以把计算过程分为四个步骤：

（1）先在排架柱顶附加不动铰支座以阻止柱顶水平位移，并求出不动铰支座的水平反力 R，如图 3-58（b）所示；

（2）撤销附加的不动铰支座，在此排架柱顶加上反向作用的 $R = R_A + R_B$，如图 3-58（c）所示；

（3）叠加上述两个步骤求出各柱顶剪力；

（4）求出柱顶剪力后，按悬臂柱求得排架柱其他截面内力，绘出内力图。

规定不动铰支座反力、柱顶剪力和水平荷载自左向右为正，反之为负。

各种荷载作用下单阶柱柱顶不动铰支座反力 R，按附表 6-1 计算。

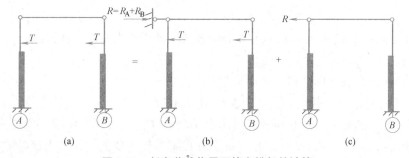

图 3-58 任意荷载作用下等高排架的计算

【例 3-3】 用剪力分配法计算【例 3-2】所示的排架在吊车水平荷载作用下的内力（标准值）。排架柱截面的几何特征见表 3-5，高度尺寸见图 3-50（b）。

各柱的截面几何特征   表 3-5

柱号	截面面积 A（mm²）	截面沿排架方向惯性矩 I_x（mm⁴）	截面沿垂直于排架方向惯性矩 I_y（mm⁴）	截面沿排架方向回转半径 i_x（mm）	截面沿垂直于排架方向回转半径 i_y（mm）	单位长度柱自重 G（kN/m）
A、C 上柱	160.0×10^3	21.33×10^8	21.33×10^8	115.50	115.50	4.00
A、C 下柱	209.6×10^3	259.97×10^8	18.05×10^8	352.18	92.80	5.24
B 上柱	240.0×10^3	72×10^8	32×10^8	173.2	115.50	6.00
B 下柱	233.6×10^3	416.99×10^8	18.33×10^8	422.5	88.58	5.83

解： 1）计算有关参数

A、C 柱：$\lambda = H_u / H = 3.5/11.35 = 0.308$；$n = I_u / I_l = 21.33 \times 10^8 / 259.97 \times 10^8 =$ 0.082；$C_0 = \dfrac{3}{1 + \lambda^3 \left(\dfrac{1}{n} - 1 \right)} = \dfrac{3}{1 + 0.308^3 \times \left(\dfrac{1}{0.082} - 1 \right)} = 2.261$。

B 柱：$\lambda = H_u / H = 3.5/11.35 = 0.308$；$n = I_u / I_l = 72.00 \times 10^8 / 416.99 \times 10^8 =$ 0.173；$C_0 = \dfrac{3}{1 + \lambda^3 \left(\dfrac{1}{n} - 1 \right)} = \dfrac{3}{1 + 0.308^3 \times \left(\dfrac{1}{0.173} - 1 \right)} = 2.263$。

单位力作用下悬臂柱的柱顶位移：

A、C 柱：$\Delta_{uA} = \Delta_{uc} = \dfrac{H^3}{C_0 E_c I_l} = \dfrac{11350^3}{2.261 \times E_c \times 259.97 \times 10^8} = \dfrac{24.87}{E_c}$

B 柱：$\Delta_{uB} = \dfrac{H^3}{C_0 E_c I_l} = \dfrac{11350^3}{2.263 \times E_c \times 416.99 \times 10^8} = \dfrac{13.32}{E_c}$

令 $K_i = \dfrac{1}{\Delta_{ui}}$，则：$K_A = K_C = 0.040 E_c$；$K_B = 0.075 E_c$。

$K = K_A + K_B + K_C = \dfrac{1}{\Delta_{uA}} + \dfrac{1}{\Delta_{uB}} + \dfrac{1}{\Delta_{uC}} = 0.156 E_c$

各柱的剪力分配系数为：

$\eta_A = \dfrac{K_A}{K} = 0.26$；$\eta_B = \dfrac{K_B}{K} = 0.48$；$\eta_C = \dfrac{K_C}{K} = 0.26$

验算：$\eta_A + \eta_B + \eta_C = 1.0$，计算无误。

当柱顶有水平荷载 F 时，根据剪力分配系数，即可求出各柱顶剪力：

$V_A = \eta_A F$；$V_B = \eta_B F$；$V_C = \eta_C F$

2）吊车水平荷载（标准值）作用下排架内力分析

（1）AB 跨有吊车荷载，$T_{max,k}$ 向左作用在 AB 柱

其计算简图如图 3-54（a）所示。吊车水平荷载 $T_{max,k}$ 的作用点距柱顶的距离：$y = 3.5 - 0.9 = 2.6\text{m}$；$\alpha = y / H_u = 0.743$。排架柱顶不动铰支座的支座反力系数 C_5，由附表 6-1 确定。

A、C 柱：$\lambda = H_u / H = 3.5/11.35 = 0.308$；$n = I_u / I_l = 21.33 \times 10^8 / 259.97 \times 10^8 = 0.082$。

$$C_5 = \dfrac{2 - 3\alpha\lambda + \lambda^3 \left[\dfrac{(2+\alpha)(1-\alpha)^2}{n} - (2 - 3\alpha) \right]}{2 \left[1 + \lambda^3 \left(\dfrac{1}{n} - 1 \right) \right]}$$

$$= \dfrac{2 - 3 \times 0.743 \times 0.308 + 0.308^3 \times \left[\dfrac{(2 + 0.743) \times (1 - 0.743)^2}{0.082} - (2 - 3 \times 0.743) \right]}{2 \left[1 + 0.308^3 \times \left(\dfrac{1}{0.082} - 1 \right) \right]} = 0.522$$

B 柱：$\lambda = H_u / H = 0.308$；$n = I_u / I_l = 0.173$。

$$C_5 = \frac{2-3\alpha\lambda+\lambda^3\left[\dfrac{(2+\alpha)(1-\alpha)^2}{n}-(2-3\alpha)\right]}{2\left[1+\lambda^3\left(\dfrac{1}{n}-1\right)\right]}$$

$$= \frac{2-3\times0.743\times0.308+0.308^3\times\left[\dfrac{(2+0.743)\times(1-0.743)^2}{0.173}-(2-3\times0.743)\right]}{2\left[1+0.308^3\times\left(\dfrac{1}{0.173}-1\right)\right]}=0.592$$

柱顶不动铰支座反力的计算：

A 柱：$R_A = C_5 T_{max} = 0.522\times18.58 = 9.70\text{kN}(\rightarrow)$；

B 柱：$R_B = C_5 T_{max} = 0.592\times18.58 = 11.0\text{kN}(\rightarrow)$；

C 柱：$R_C = 0$。

柱顶不动铰支座的支座反力之和：$R = R_A + R_B + R_C = 20.70\text{kN}(\rightarrow)$。

各柱顶的实际剪力为：

$V_A = R_A - \eta_A R = 9.7 - 0.26\times20.7 = 4.32\text{kN}(\rightarrow)$；

$V_B = R_B - \eta_B R = 11.0 - 0.48\times20.7 = 1.06\text{kN}(\rightarrow)$；

$V_C = R_C - \eta_C R = 0 - 0.26\times20.7 = -5.38\text{kN}(\leftarrow)$。

验算：$\sum V_i = V_A + V_B + V_C = 4.32 + 1.06 - 5.38 = 0$，计算无误。

A 轴柱弯矩及柱底剪力计算：

上柱顶弯矩：$M = 0$；

吊车水平荷载作用点处弯矩：$M = 4.32\times(3.5-0.9) = 11.23\text{kN}\cdot\text{m}$；

上柱底弯矩：$M = 4.32\times3.5 - 18.58\times0.9 = -1.60\text{kN}\cdot\text{m}$；

下柱底弯矩：$M = 4.32\times11.35 - 18.58\times(11.35-2.6) = -113.54\text{kN}\cdot\text{m}$；

柱底剪力：$V = 4.32 - 18.58 = -14.26\text{kN}(\rightarrow)$。

B、C 轴柱弯矩及柱底剪力计算从略。

排架的弯矩图、柱底剪力（向左为正）如图 3-59 所示，柱的轴力为零。

（2）AB 跨有吊车荷载，$T_{max,k}$ 向右作用在 A、B 柱

由于荷载方向相反数值相等，因此，其内力与（1）中情况相反，数值相等。排架的内力图如图 3-60 所示。

（3）BC 跨有吊车荷载，$T_{max,k}$ 向左、右作用在 B、C 柱

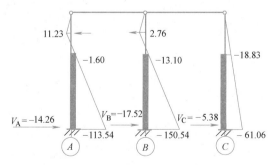

图 3-59 AB 跨有吊车 $T_{max,k}$ 向左排架的弯矩图和柱底剪力

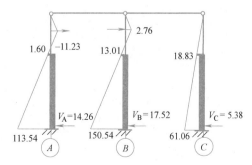

图 3-60 AB 跨有吊车 $T_{max,k}$ 向右排架的弯矩图和柱底剪力

其计算简图如图 3-54（b）所示。同理可求得排架的内力，见图 3-61、图 3-62。

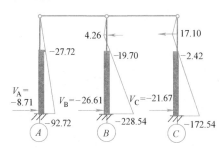

图 3-61 BC 跨有吊车 $T_{max,k}$ 向左排架的弯矩图（kN·m）和柱底剪力（kN）

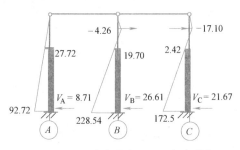

图 3-62 BC 跨有吊车 $T_{max,k}$ 向右排架的弯矩图（kN·m）和柱底剪力（kN）

【例 3-4】 用剪力分配法计算【例 3-1】所示的排架在风荷载作用下的内力（标准值）。排架柱截面的几何特征见表 3-9，各柱剪力分配系数见【例 3-3】。

解：1）左风情况

其计算简图见【例 3-1】，图 3-45（a）所示。

在均布风荷载作用下，各柱顶不动铰支座反力（附表 6-1）计算如下：

A、C 柱：$\lambda=H_u/H=0.308$；$n=I_u/I_l=0.082$。

$$C_9=\frac{3\left[1+\lambda^4\left(\frac{1}{n}-1\right)\right]}{8\left[1+\lambda^3\left(\frac{1}{n}-1\right)\right]}=\frac{3\times\left[1+0.308^4\times\left(\frac{1}{0.082}-1\right)\right]}{8\times\left[1+0.308^3\times\left(\frac{1}{0.082}-1\right)\right]}=0.311$$

$R_A=-C_9qH=-0.311\times2.20\times11.35=-7.77(\leftarrow)$

$R_C=-C_9qH=-0.311\times1.10\times11.35=-11.65(\leftarrow)$

柱顶不动铰支座的支座反力之和：$R=R_A+R_B+R_C=-11.65kN(\leftarrow)$。

所以，各柱顶的实际剪力为：

$V_A=R_A-\eta_AR+\eta_AF_w=-7.77+0.26\times11.65+0.26\times24.81=1.71kN(\rightarrow)$

$V_B=R_B-\eta_BR+\eta_BF_w=0+0.48\times11.65+0.48\times24.81=17.51kN(\rightarrow)$

$V_C=R_C-\eta_CR+\eta_CF_w=-3.88+0.26\times11.65+0.26\times24.81=5.60kN(\rightarrow)$

$\sum V_i=1.71+17.50+5.60=24.81kN\cong F_w=24.81kN$

A 轴柱弯矩及柱底剪力计算：

上柱底弯矩：$M=1.71\times3.5+\frac{1}{2}\times2.2\times3.5^2=19.46kN\cdot m$；

下柱底弯矩：$M=1.71\times11.35+\frac{1}{2}\times2.2\times11.35^2=161.66kN\cdot m$；

柱底剪力：$V=1.71+2.2\times11.35=26.68kN$。

B、C 轴柱弯矩及柱底剪力计算从略。

排架的弯矩图、柱底剪力如图 3-63 所示。柱轴力为零。

2）右风情况

其计算简图见例题 3-1，3-45（b）所示，由于对称性，右风作用时的内力如图 3-64 所示。

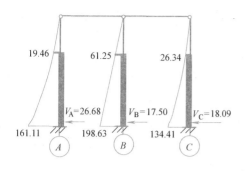

图 3-63 左风情况排架的弯矩图 (kN·m)
和柱底剪力 (kN)

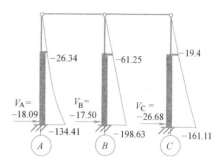

图 3-64 右风情况排架的弯矩图 (kN·m)
和柱底剪力 (kN)

3.2.4 排架柱的控制截面与荷载效应组合

1. 排架柱的控制截面

在图 3-65 所示的一般单阶排架柱中，通常上柱各截面配筋是相同的，而在上柱中牛腿顶面（即上柱底截面）Ⅰ-Ⅰ的内力最大，因此截面Ⅰ-Ⅰ为上柱的控制截面。在下柱中，通常各截面配筋也是相同的，而牛腿顶截面Ⅱ-Ⅱ和柱底截面Ⅲ-Ⅲ的内力较大，因此取截面Ⅱ-Ⅱ和Ⅲ-Ⅲ截面为下柱的控制截面。另外，截面Ⅲ-Ⅲ的内力值也是设计柱下基础的依据。截面Ⅰ-Ⅰ与Ⅱ-Ⅱ虽在一处，分别代表上、下柱截面，在设计截面Ⅱ-Ⅱ时，不计牛腿对其截面承载力的影响。

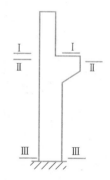

图 3-65 单阶柱
的控制截面

2. 荷载效应组合规则

排架结构所考虑的荷载有：恒荷载、屋面活荷载（积灰荷载+雪荷载与屋面活荷载中较大值）、吊车荷载（吊车竖向荷载、吊车水平荷载）、风荷载（左风和右风）。排架柱控制截面内力组合是在各单项荷载作用下的内力，按照一定的组合方式进行组合，目的是求出控制截面最不利内力，以此作为柱配筋和基础设计的依据。

设计排架结构时，应根据使用过程中可能同时产生的荷载效应，对承载力和正常使用两种极限状态分别进行荷载效应（内力）组合，并分别取其最不利的情况进行设计。根据规范要求，在结构设计时针对这两种极限状态，采用不同的荷载组合项目。

1) 荷载效应的基本组合

对于排架柱的配筋计算、基础高度和基础配筋计算，应采用荷载效应的基本组合，进行承载力极限状态设计。根据《建筑结构可靠性设计统一标准》GB 50068—2018《工程结构通用规范》GB 55001—2021 规定，按式（3-13）计算。

$$s_d = \sum_{j=1}^{m} \gamma_{Gj} S_{GjK} + \gamma_{Q1} \gamma_{L1} S_{Q1K} + \sum_{i=2}^{n} \gamma_{Qi} \gamma_{Li} \psi_{ci} S_{QiK} \tag{3-16}$$

式中 γ_{Gj}——第 j 个永久荷载分项系数；当其效应对结构不利时取 1.3，当其效应对结构有利时取不大于 1.0；

       γ_{Qi}——第 i 个可变荷载的分项系数；一般情况，应取 1.5；对标准值大于 $4kN/m^2$ 的工业房屋楼面结构的活荷载，应取 1.3（注：此项规定为《建筑结构荷载规范》GB 50009—2012 第 3.2.4 条规定，新规范修订时此值如有变化，以变化后的数值为准）；

γ_{Li}——第 i 个可变荷载考虑设计使用年限的调整系数；当结构设计使用年限为 5 年、50 年、100 年，分别取 0.9、1.0、1.1；

S_{GjK}——按永久荷载标准值 G_{jK} 计算的荷载效应值；

S_{QiK}——按可变荷载标准值 Q_{iK} 计算的荷载效应值，其中 S_{Q1K} 为诸可变荷载效应中起控制作用者；当对 S_{Q1K} 无法明显判断时，应轮次以各可变荷载效应为 S_{Q1K}，选其中最不利的荷载效应组合；

ψ_{ci}——可变荷载 Q_i 的组合值系数，见表 3-6；

m——参与组合的永久荷载数；

n——参与组合的可变荷载数。

单层厂房活荷载的组合值系数 ψ_c、准永久值系数 ψ_q　　　　表 3-6

序号	活荷载种类	组合值系数 ψ_c	准永久值系数 ψ_q
1	屋面活荷载	$\psi_c=0.7$	不上人屋面取 $\psi_q=0.0$； 上人屋面取 $\psi_q=0.4$
2	屋面雪荷载	$\psi_c=0.7$	按雪荷载分区Ⅰ、Ⅱ、Ⅲ的不同 ψ_q 分别取 0.5、0.2、0
3	屋面积灰荷载	一般取 $\psi_c=0.9$；在高炉附近的单层厂房屋面： $\psi_c=1.0$	一般取 $\psi_q=0.8$；在高炉附近的单层厂房屋面：$\psi_q=1.0$
4	风荷载	$\psi_c=0.6$	$\psi_q=0$
5	吊车荷载	软钩吊车：$\psi_c=0.7$；硬钩吊车及 A8 级工作制吊车：$\psi_c=0.95$	排架设计时取 $\psi_q=0.0$； 吊车梁设计时： 软钩吊车： A1~A3 级工作制吊车：$\psi_q=0.5$； A4、A5 级工作制吊车：$\psi_q=0.6$； A6、A7 级工作制吊车：$\psi_q=0.7$； 硬钩吊车及 A8 级工作制吊车：$\psi_q=0.95$

2）荷载效应的标准组合

对于排架结构的地基承载力验算，应采用荷载效应的标准组合：

$$s_d = \sum_{j=1}^{m} S_{GjK} + S_{Q1K} + \sum_{i=2}^{n} \psi_{ci} S_{QiK} \tag{3-17}$$

各符号意义同前。

3）荷载效应的准永久组合

对于排架柱的裂缝宽度验算、地基的变形验算，应取荷载作用效应的准永久组合：

$$s_d = \sum_{j=1}^{m} S_{GjK} + \sum_{i=1}^{n} \psi_{qi} S_{QiK} \tag{3-18}$$

式中　ψ_{qi}——可变荷载 Q_i 的准永久值系数，见表 3-6；

其余符号意义同前。

3. 最不利内力组合

排架柱控制截面的内力种类有轴向力 N、弯矩 M 和水平剪力 V。对同一个控制截面，这三种内力应该怎样组合，其截面的承载力才是最不利的？这就需要对内力组合作出判断。

排架柱是偏心受压构件，其纵向受力钢筋的计算取决于轴向力 N 和弯矩 M，而 N 和 M 对承载力的影响存在相关性，一般可考虑以下四种最不利内力组合：

1）$+M_{max}$ 及相应的 N 和 V；

2）$-M_{max}$ 及相应的 N 和 V；

3）N_{max} 及相应的 M 和 V；

4）N_{min} 及相应的 M 和 V。

通常，按上述四种内力组合已能满足设计要求。但在某些情况下，它们可能都不是最不利的，例如，对大偏心受压的柱截面，偏心距 $e_0 = M/N$ 越大（即 M 越大，N 越小）时，配筋往往越多。因此，有时 M 虽然不是最大值而比最大值略小，而它所对应的 N 减小很多，那么这组内力所要求的配筋量反而会更大些。

内力组合应注意的问题：

1）每次组合都必须包括恒荷载产生的内力。

2）每次组合以一种内力为目标来决定荷载项的取舍，例如，当考虑第 1）种内力组合时，必须以得到 $+M_{max}$ 为目标，然后得到与它对应的 N、V 值。

3）当取 N_{max} 或 N_{min} 为组合目标时，应使相应的 M 绝对值尽可能的大，因此对于不产生轴向力而产生弯矩的荷载项（风荷载及吊车水平荷载）中的弯矩值也应组合进去。以 N_{min} 为组合目标时，对可变荷载效应控制的组合项目中，永久荷载作用效应的分项系数取 1.0。

4）风荷载项中有左风和右风两种，每次组合只能取其中的一种。

5）对于吊车荷载项要注意三点：

（1）注意 D_{max}（或 D_{min}）与 T_{max} 之间的关系。由于吊车横向水平荷载不可能脱离其竖向荷载而单独存在，因此当取用 T_{max} 所产生的内力时，就应把同跨内 D_{max}（或 D_{min}）产生的内力组合进去，即"有 T，必有 D"。另一方面，吊车竖向荷载却是可以脱离吊车横向水平荷载而单独存在的，考虑到 T_{max} 既可向左又可向右作用的特性，如果取用了 D_{max}（或 D_{min}）产生的内力，总是要同时取用 T_{max} 才能得 M 较大的不利内力。因此在吊车荷载的内力组合时，要遵守"有 T 必有 D，有 D 也要有 T"的规则。

（2）由于多台吊车同时满载的可能性较小，当多台吊车参与组合时，其内力应乘以相应的荷载折减系数（表 3-3）。

（3）在一个组合项目中：吊车横向水平荷载 T_{max} 作用在同一跨内的两个柱上，向左或向右，只能选择一项；在吊车竖向荷载中，D_{max}（或 D_{min}）作用在同一跨内左柱或右柱上，两者只能选择一种参与组合。

6）由于柱底水平剪力对基础底面将产生弯矩，故在组合截面Ⅲ-Ⅲ的内力时，要把相应的水平剪力值求出。

7）对于 $e_0 > 0.55h_0$ 的截面，应验算裂缝宽度及需要验算地基的变形时，要进行荷载效应的准永久组合。

8）对于排架柱的承载力设计、基础高度验算和基础配筋计算，应采用荷载效应的基本组合；地基的承载力验算，对于Ⅲ-Ⅲ截面还应做荷载作用效应的标准组合。

3.2.5　单层厂房排架结构考虑空间作用的计算

问题：什么是单层厂房排架的空间作用？影响空间作用的因素有哪些？吊车荷载作用下考虑厂房整体空间作用时，排架内力如何计算？

1. 单层厂房排架的空间作用概念

单层厂房排架结构实际上是一个空间结构，为了说明问题，图 3-66 示出了单跨厂房在柱顶水平荷载作用下，由于结构或荷载情况的不同所产生的四种柱顶水平位移示意图。在图 3-66（a）中，各排架水平位移相同，互不牵制，因此它实际上与没有纵向构件连系着的排架相同，都属于平面排架；在图 3-66（b）中，由于两端有山墙，其侧移刚度很大，水平位移很小，对其他排架有不同程度的约束作用，故柱顶水平位移呈曲线，$u_b <u_a$；在图 3-66（c）中，没有直接承载的排架因受到直接承载排架的牵动也将产生水平位移；在图 3-66（d）中，由于有山墙，各排架的水平位移都比情况 3-66（c）的小，$u_d <u_c$。可见，在后三种情况中，各个排架或山墙都不能单独变形，而是互相制约成一整体。这种排架与排架、排架与山墙之间相互关联的整体作用称为厂房的整体空间作用。

产生单层厂房整体空间作用的条件有两个：一是各横向排架（山墙可理解为广义的横向排架）之间必须有纵向构件将它们联系起来；二是各横向排架彼此的情况不同，或者是结构不同或者是承受的荷载不同。由此可以理解到，无檩屋盖比有檩屋盖、局部荷载比均布荷载，厂房的整体空间作用要大些。由于山墙的侧向刚度大，对与它相邻的一些排架水平位移的约束亦大，故在厂房整体空间作用中起着相当大的作用。

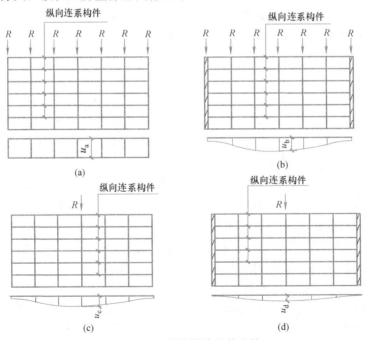

图 3-66　柱顶水平位移的比较

2. 吊车荷载作用下厂房整体空间作用的计算方法

对于一般单层厂房，在恒载、屋面活载、雪荷载以及风荷载作用下，可按平面排架进行结构内力计算，可不考虑厂房的整体空间作用。而吊车荷载仅作用在几榀排架上，属于局部荷载，因此，吊车荷载作用下按平面排架进行结构内力计算时，可考虑厂房的整体空间作用。

1）单个荷载作用下的厂房整体空间作用分配系数 m

由于单层厂房的整体空间作用，排架受单个水平荷载时，如图 3-66 (c) 或 (d) 所示，当某榀排架柱顶作用一水平集中力 R 时，由于厂房的空间作用，水平集中力 R 不仅由直接受荷排架承受，而且 R 的一部分，将通过屋盖等纵向联系构件传给相邻其他排架，使得该排架承受的水平集中力减小，其值为 R'，则 $R' < R$。把 R' 与 R 之比，称为单个荷载作用下空间作用分配系数，以 m 表示，即：

$$m = \frac{R'}{R} \leqslant 1 \tag{3-19}$$

对于弹性结构，力与水平位移成正比，所以空间作用分配系数也可以表示为：

$$m = \frac{u'}{u} \leqslant 1 \tag{3-20}$$

其中，u' 为考虑空间作用时，直接受荷排架的柱顶位移，图 3-66 (c) 中 $u' = u_c$，图 3-66 (d) 中 $u' = u_d$。u 为按平面排架计算时的柱顶位移。

空间作用分配系数 m 反映了厂房空间工作程度，m 值越小，厂房的空间作用越大，反之亦然。

2）吊车荷载作用下的厂房整体空间作用分配系数 m

厂房在吊车荷载作用下不仅所计算排架承受吊车荷载，而且相邻排架也承受吊车荷载，并不只是单个荷载作用，而是同时受多个荷载作用。因此，在确定多个荷载作用下的 m 值时，需要考虑各排架之间的影响，如图 3-67 所示。

清华大学根据实测和理论分析，分别对无檩和有檩屋盖体系提出了计算方法。表 3-7 中给出了建议的单跨厂房整体空间作用分配系数 m 用值。为了慎重起见，对于大吨位吊车的厂房（大型屋面板体系在 75t 以上，轻型有檩屋盖体系在 30t 以上），建议暂不考虑厂房空间作用。

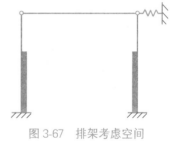

图 3-67 排架考虑空间作用的计算简图

单跨厂房整体空间作用分配系数 m 表 3-7

厂房情况		吊车吨位 (t)	厂房长度（m）	
			≤60	>60
有檩屋盖	两端无山墙及一端有山墙	≤30	0.90	0.85
	两端有山墙	≤30	0.85	
无檩屋盖			跨度（m）			
	两端无山墙及一端有山墙	≤75	12～27	>27	12～27	>27
			0.90	0.85	0.85	0.80
	两端有山墙	≤75	0.80			

注：1. 厂房砖墙应为实心砖墙，如有开洞，洞口对山墙水平截面面积的削弱应不超过 50%，否则应视为无山墙情况。

    2. 当厂房设有伸缩缝时，厂房长度应按一个伸缩缝区段的长度计，且伸缩缝处应视为无山墙。

属于下列情况之一者，不考虑厂房的空间作用：

情况 1：当厂房一端有山墙或两端均无山墙，且厂房的长度小于 36m 时；

情况 2：天窗跨度大于厂房跨度的二分之一，或天窗布置使厂房屋盖沿纵向不连续时；

情况 3：厂房柱距大于 12m（包括一般柱距小于 12m，但个别柱距不等，且最大柱距超过 12m 的情况）；

情况 4：当屋架下弦为柔性拉杆时。

以上是对单跨厂房讲的，对于多跨厂房，其空间刚度一般比单跨的大，但目前还缺少充分的实测资料和理论分析。根据实践经验，对于两端有山墙的两跨或两跨以上的等高厂房、无檩屋盖体系、吊车吨位不大于 30t 时，在实用上柱顶可按水平不动铰支座计算。

3）吊车荷载作用下考虑厂房整体空间作用时排架内力计算方法

考虑厂房整体空间作用的排架内力计算，其柱顶为弹性支承的铰接排架（图 3-68a），该支座的刚度用空间作用分配系数 m 描述。

当水平集中力作用于排架柱顶时（图 3-67a），由于空间作用的影响，柱顶的水平位移为 ηu，不考虑空间作用时为 u，其差值为 $u-mu=(1-m)u$。

设 x 为弹性支座反力，根据力与位移成正比的关系，可求出 x。由 $u:(1-m)u=R:x$ 可求得：$x=(1-m)R$。

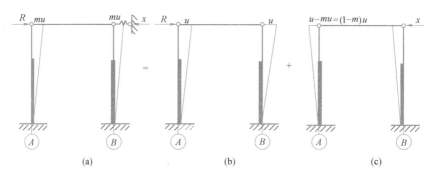

图 3-68　厂房空间作用排架的计算方法

因此，吊车荷载作用下考虑厂房整体空间作用时排架内力计算步骤如下（图 3-69）：

（1）在柱顶施加水平不动铰支座，求出在吊车水平荷载 T 作用下的柱顶支座反力 R（$R=R_A+R_B$）以及相应的柱顶剪力（图 3-69b）；

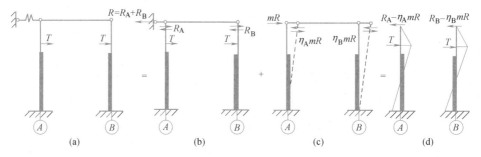

图 3-69　考虑厂房空间作用排架的计算

（2）将反力 R 反向作用于排架顶端，并与柱顶支座反力 $(1-m)R$ 进行叠加，及相当于在排架柱顶反向作用 $R-(1-m)R=mR$，按剪力分配法求出各柱顶剪力 $\eta_A mR$、$\eta_B mR$（图 3-69c）；

（3）将上述两项计算求得的柱顶剪力叠加，即为考虑整体空间作用的柱顶剪力，根据柱顶剪力及柱上的荷载，按悬臂柱可求得各柱弯矩（图 3-69d）。

由图 3-69（d）可见，考虑厂房整体空间作用时，柱顶剪力为 $V'_i=R_i-\eta_i mR$。

不考虑厂房整体空间作用时（$m=1.0$），柱顶剪力为 $V_i=R_i-\eta_i R$。

由于 $m<1.0$，所以 $V'_i>V_i$。考虑整体空间工作后，上柱内力将增大，配筋量增加；又因为 V'_i 与 T 的方向相反，所以下柱内力将减小，配筋量减少。由于下柱配筋量一般较多，因此，考虑厂房整体空间作用后，柱总的钢筋用量有所降低。

3.3　单层厂房柱的设计

柱的设计内容一般包括确定柱外形和截面尺寸；根据各控制截面最不利的内力进行截面承载力设计；施工吊装运输阶段的承载力和裂缝宽度验算；与屋架、吊车梁等构件的连接构造和绘制施工图等；当有吊车时还需进行牛腿设计。关于柱的形式在 3.1 节中已介绍，本节叙述矩形、工字形截面柱设计中的其他问题。

3.3.1　柱的截面尺寸

柱的截面尺寸除应保证柱具有一定的承载力外，还必须使柱具有足够的刚度，以免造成厂房横向和纵向变形过大，发生吊车轮和轨道的过早磨损，影响吊车正常运行或导致墙和屋盖产生裂缝，影响厂房的正常使用。

柱的截面形式和尺寸取决于柱高和吊车起重量，根据刚度要求，对于 6m 柱距的厂房柱和露天栈桥柱的最小截面尺寸，可按表 3-8 确定。

6m 柱距单层厂房矩形、工字形截面柱截面尺寸限值　　　　　　　　　表 3-8

项目	简图	分项		截面高度 h	截面宽度 b
无吊车厂房		单跨		$\geqslant H/18$	$\geqslant H/30$，并$\geqslant 300$；管柱 $r \geqslant H/105$ $D \geqslant 300\text{mm}$
		多跨		$\geqslant H/20$	
有吊车厂房		$Q \leqslant 10\text{t}$		$\geqslant H_K/14$	$\geqslant H_l/20$，并$\geqslant 400$；管柱 $r \geqslant H_l/85$ $D \geqslant 400\text{mm}$
		$Q=15\sim20\text{t}$	$H_K \leqslant 10\text{m}$	$\geqslant H_K/11$	
			$10\text{m}<H_K \leqslant 12\text{m}$	$\geqslant H_K/12$	
		$Q=30\text{t}$	$H_K \leqslant 10\text{m}$	$\geqslant H_K/9$	
			$H_K>12\text{m}$	$\geqslant H_K/10$	
		$Q=50\text{t}$	$H_K \leqslant 11\text{m}$	$\geqslant H_K/9$	
			$H_K>13\text{m}$	$\geqslant H_K/11$	
		$Q=75\sim100\text{t}$	$H_K \leqslant 12\text{m}$	$\geqslant H_K/9$	
			$H_K>14\text{m}$	$\geqslant H_K/8$	

续表

项目	简图	分项		截面高度 h	截面宽度 b
露天栈桥	H_K H_l	$Q \leqslant 10t$		$\geqslant H_K/10$	$\geqslant H_l/20$，并 $\geqslant 400$；管柱 $r \geqslant H_l/85$ $D \geqslant 400mm$
		$Q = 15 \sim 30t$	$H_K \leqslant 12m$	$\geqslant H_K/9$	
		$Q = 50t$	$H_K \leqslant 12m$	$\geqslant H_K/8$	

注：1. 表中的 Q 为吊车起重量，H 为基础顶至柱顶的总高度，H_l 为基础顶至吊车梁底的高度，H_K 为基础顶至吊车梁顶的高度，r 为管柱的单管回转半径，D 为管柱的单管外径；

2. 当采用平腹杆双肢柱时，h 应乘以 1.1；采用斜腹杆双肢柱时，h 应乘以 1.05；

3. 表中有吊车厂房的柱截面高度系按重级和特重级荷载状态考虑的，如为中、轻级荷载状态，应乘以系数 0.95；

4. 当厂房柱距为 12m 时，柱的截面尺寸宜乘以系数 1.1。

工字形柱的翼缘厚度不宜小于 120mm，腹板厚度不宜小于 100mm。当有高温或侵蚀性介质时，翼缘和腹板尺寸均应适当增大。工形柱的腹板开孔洞时，宜在孔洞周边每边设置 2～3 根直径不小于 8mm 的补强钢筋，每个方向的补强钢筋的截面面积不宜小于该方向被截断钢筋的截面面积。当孔的横向尺寸小于柱截面高度的一半、孔的竖向尺寸小于相邻两孔之间的净距时，柱的刚度可按实腹工形柱计算，但在计算承载力时应扣除孔洞的削弱部分。当开孔尺寸超过上述规定时，柱的刚度和承载力应按双肢柱计算。

工字形柱外形尺寸与构造见图 3-70。

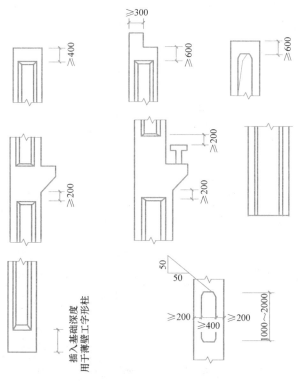

图 3-70　工字形柱外形尺寸与构造

3.3.2 柱的计算长度

在排架柱配筋计算之前，需要确定柱的计算长度。采用刚性屋盖的单层工业厂房柱和露天吊车栈桥柱的计算长度 l_0 可按表 3-9 采用。

采用刚性屋盖的单层工业厂房柱和露天吊车栈桥柱的计算长度 l_0 表 3-9

柱的类型		排架方向	垂直排架方向	
			有柱间支撑	无柱间支撑
无吊车厂房柱	单跨	1.5H	1.0H	1.2H
	两跨及多跨	1.25H	1.0H	1.2H
有吊车厂房柱	上柱	$2.0H_u$	$1.25H_u$	$1.5H_u$
	下柱	$1.0H_l$	$0.8H_l$	$1.0H_l$
露天吊车柱和栈桥柱		$2.0H_l$	$1.0H_l$	—

注：1. 表中 H 为从基础顶面算起的柱子全高；H_l 为从基础顶面至装配式吊车梁底面或现浇式吊车梁顶面的柱子下部高度；H_u 为从装配式吊车梁底面或现浇式吊车梁顶面算起的柱子上部高度；

    2. 表中有吊车厂房排架柱的计算长度，当计算中不考虑吊车荷载时，可按无吊车厂房采用，但上柱的计算长度仍按有吊车厂房采用；

    3. 表中有吊车排架柱的上柱在排架方向的计算长度，仅适用于 $H_u/H_l \geqslant 0.3$ 的情况；当 $H_u/H_l < 0.3$ 时，宜采用 $2.5H_u$。

3.3.3 排架柱配筋计算

排架柱各控制截面的不利内力组合值（M、N、V）是配筋计算的依据。由于柱截面上同时作用弯矩和轴力，且弯矩有正负两种情况，因此在弯矩作用平面内按对称配筋，进行偏心受压承载力计算；在弯矩作用平面外，还应按轴心受压进行承载力验算；一般按构造要求配置箍筋，在轴力和剪力作用下，应按偏心受压构件进行斜截面受剪承载力验算，当剪力较小时，不必进行受剪承载力验算。

1. 排架柱偏心受压承载力

柱一般情况下排架方向按偏心受压构件计算，计算出的纵向钢筋对称配置于弯矩作用方向的两边。偏心受压构件的计算方法详见"混凝土结构设计原理"课程。但是，考虑二阶效应的弯矩设计值按下述规定计算：

$$M = \eta_s M_0 \tag{3-21}$$

$$\eta_s = 1 + \frac{1}{1500 \dfrac{e_i}{h_0}} \left(\frac{l_0}{h} \right)^2 \zeta_c \tag{3-22}$$

$$\zeta_c = \frac{0.5 f_c A}{N} \tag{3-23}$$

$$e_i = e_0 + e_a \tag{3-24}$$

式中 M_0——一阶弹性分析柱端弯矩设计值；

      e_i——初始偏心距；

      ζ_c——截面曲率修正系数，当 $\zeta_c > 1.0$ 时，取 $\zeta_c = 1.0$；

e_0——轴向压力对截面重心偏心距，$e_0 = \dfrac{M_0}{N}$；

e_a——附加偏心距，取 20mm 和偏心方向截面最大尺寸的 1/30 两者中的较大值；

l_0——排架柱计算长度，见表 3-9；

h、h_0——分别为所考虑弯矩方向柱的截面高度和截面有效高度；

A——柱截面面积，对工字形截面取 $A = bh + 2(b_f - b)h_f'$。

2. 排架柱轴心受压承载力

垂直于排架方向按轴心受压构件验算承载力。轴心受压构件的稳定系数 φ，可根据垂直于排架方向的长细比 l_0/i（下柱工字型截面）或 l_0/b（上柱矩形截面）确定，参见"混凝土结构原理"课程。

3. 裂缝宽度验算

在荷载效应准永久组合下，当 $e_0 > 0.55h_0$ 时，应验算柱裂缝宽度，即 $\omega_{max} \leqslant \omega_{lim}$。

3.3.4 构造要求

1. 材料

混凝土强度等级不应低于 C25。混凝土强度等级对受压柱承载力影响较大，故宜采用较高强度等级的混凝土。

柱纵向受力钢筋应采用 HRB400、HRB500、HRBF400、HRBF500 钢筋。构造钢筋可用 HPB300 级钢筋，也可采用与受力钢筋相同等级的钢筋。

柱箍筋宜采用 HRB400、HRBF400、HPB300 级钢筋。

2. 纵向钢筋

（1）柱纵向受力钢筋直径不宜小于 12mm，全部纵向钢筋的配筋率不宜大于 5%。

（2）柱内纵向钢筋的净距不应小于 50mm，且不宜大于 300mm；对水平浇筑的预制柱，其最小净距不应小于 25mm 和纵向钢筋的直径。

（3）当柱的截面高度 $h > 600$mm 时，在侧面应设置直径不小于 10mm 的纵向构造钢筋，并相应地设置复合箍筋或拉结筋。

（4）在偏心受压柱中，垂直于弯矩作用平面的侧面上纵向受力钢筋，以及轴心受压柱中各边的纵向受力钢筋，其中距不宜大于 300mm。

（5）受压柱纵向受力钢筋的最小配筋率 ρ_{min}。一侧纵向钢筋的最小配筋率 ρ_{min} 为 0.20%。

全部纵向钢筋最小配筋率 ρ_{min}：对于 C60 及以下强度等级混凝土、钢筋强度等级 300MPa 时为 0.60%，钢筋强度等级 400MPa 时为 0.55%，钢筋强度等级 500MPa 时为 0.50%；当采用 C60 以上强度等级的混凝土时，按上述规定增加 0.10%。

3. 箍筋

（1）箍筋直径不应小于 $d/4$，且不应小于 6mm，此处，d 为纵向钢筋的最大直径。

（2）箍筋间距不应大于 400mm，不应大于构件截面的短边尺寸，且不应大于 15d，d 为纵向钢筋的最小直径。

（3）当柱中全部纵向钢筋的配筋率大于 3% 时，箍筋直径不应小于 8mm，其间距不应大于 10d（d 为纵向受力钢筋的最小直径），且不应大于 200mm。箍筋末端做成 135° 的弯钩，且弯钩末端平直段长度不应小于 10 倍箍筋直径。

（4）当柱截面短边尺寸大于 400mm 且各边纵筋根数多于 3 根时，或当柱的短边不大于 400mm 但纵向钢筋多于 4 根时，应设置复合箍筋。

（5）箍筋应做成封闭形式，不允许做成内折角。工字形、L 形柱截面的箍筋构造形式如图 3-71 所示。

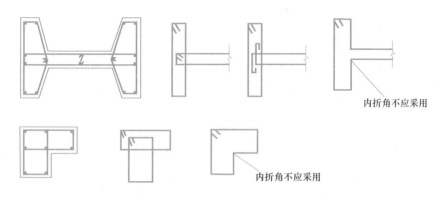

图 3-71 工字形截面箍筋构造

4. 混凝土保护层厚度

钢筋混凝土保护层厚度的选取，应根据构件的工作环境类别确定，详见《混凝土结构设计规范》GB 50010—2010（2015 年版）规定。对于一类环境类别，设计使用年限为 50 年的混凝土结构，最外层钢筋保护层厚度为 20mm，且受力钢筋的保护层厚度不应小于钢筋的公称直径。

3.3.5 柱的吊装验算

单层厂房排架柱一般采用预制钢筋混凝土柱。预制柱应根据运输、吊装时混凝土的实际强度进行吊装验算。一般考虑翻身起吊（图 3-72a）或平吊（图 3-72b），其最不利位置及相应的计算简图，如图 3-72（c）所示。图 3-72 中，g_1 为上柱自重、g_2 为牛腿部分柱自重、g_3 为下柱工字形截面自重。按图 3-72（c）中的 1-1、2-2 和 3-3 截面，分别进行承载力和裂缝宽度验算。验算时应注意下列问题：

（1）在进行承载力验算时，柱自重荷载分项系数取 1.3，柱自重动力系数取 1.5。内力分析时，柱自重对某截面有利时可均取 1.0。

（2）因吊装验算系临时性的，故构件安全等级可较其使用阶段的安全等级降低一级，结构重要性系数 γ_0 可取 0.9。

（3）柱的混凝土强度一般按设计强度的 70% 考虑。当吊装验算要求高于设计强度的 70% 时，方可吊装，应在施工图上注明。

（4）一般宜采用单点绑扎起吊，吊点设在变阶处。当需用多点起吊时，吊装方法应与施工单位共同商定并进行相应的验算。

（5）当柱变阶处截面吊装验算配筋不足时，可在该局部区段加配短钢筋。

（6）当采用翻身起吊时，下柱截面按工字形截面验算（图 3-72d）。当采用平吊时，下柱截面按矩形截面验算（图 3-72f），此时，矩形截面的宽度为 $2h_f$，受力钢筋只考虑上下边缘处的钢筋（图 3-72e、f）。

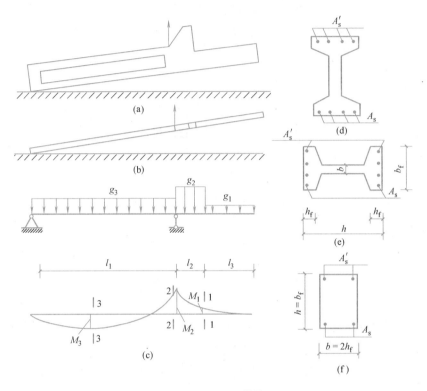

图 3-72　柱吊装验算简图

3.3.6　牛腿设计

在单层厂房中，常采用柱侧伸出的牛腿来支承吊车梁、屋架（屋面梁）和托架等构件。尽管牛腿比较小，但负荷较大或有动力作用，所以它是一个比较重要的结构构件。在设计时必须重视牛腿的设计。

根据牛腿竖向力 F_v 的作用点至下柱边缘的水平距离 a 的大小，一般把牛腿分成两类：当 $a \leqslant h_0$ 时为短牛腿（图 3-73），当 $a > h_0$ 时为长牛腿（图 3-74）。此处 h_0 为牛腿与

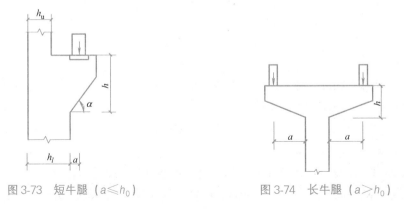

图 3-73　短牛腿（$a \leqslant h_0$）　　　　　　图 3-74　长牛腿（$a > h_0$）

下柱交接处牛腿垂直截面的有效高度。长牛腿的受力特点与悬臂梁相似，可按悬臂梁设计。支承吊车梁等构件的牛腿均为短牛腿（以下简称牛腿），它实质上是一变截面深梁，其受力性能与普通悬臂梁不同。

1. 试验研究

1）弹性阶段的应力分布

图 3-75 为对 $a/h_0 = 0.5$ 的环氧树脂牛腿模型进行光弹性试验得到的主应力迹线。由图 3-75 可见，在牛腿上部主拉应力迹线基本上与牛腿上边缘平行且牛腿上表面的拉应力沿长度方向比较均匀。牛腿下部主压应力迹线大致与从加载点到牛腿下部转角的连线 ab 平行。牛腿中下部主拉应力迹线是倾斜的，这大致能说明为什么下面所描述的从加载板内侧开始的裂缝有向下倾斜的现象。

2）裂缝的出现与展开

对钢筋混凝土牛腿在竖向力作用下的试验表明，一般在极限荷载的 $20\% \sim 40\%$ 时出现竖向裂缝，但其展开很小，对牛腿的受力性能影响不大。随着荷载继续增加，约在极限荷载的 $40\% \sim 60\%$ 时，在加载板内侧附近出现第一条斜裂缝① （图 3-76）。此后，随着荷载的增加，除这条斜裂缝不断发展外，几乎不再出现第二条斜裂缝。直到接近破坏时（约为极限荷载的 80%），突然出现第二条斜裂缝②，这预示牛腿即将破坏。在牛腿使用过程中，所谓允不允许出现斜裂缝均指裂缝①而言的。它是控制牛腿截面尺寸的主要依据。

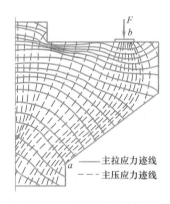

图 3-75　牛腿光弹性试验

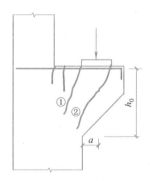

图 3-76　牛腿裂缝示意图

试验表明，a/h_0 是影响斜裂缝出现迟早的主要参数。随 a/h_0 的增加，出现斜裂缝的荷载不断减小。这是因为 a/h_0 值增加，水平方向的应力也增加，而竖直方向的应力减小，因此主拉应力增大，斜裂缝提早出现。

3）牛腿破坏形态

牛腿的破坏形态主要取决于 a/h_0 值，有以下三种主要破坏形态（图 3-77）：

（1）弯曲破坏：当 $a/h_0 > 0.75$ 和纵向受力钢筋配筋率较低时，一般发生弯曲破坏。其特征是当出现裂缝①后，随荷载增加，该裂缝不断向受压区延伸，水平纵向钢筋应力也随之增大并逐渐达到屈服强度，这时裂缝①外侧部分绕牛腿下部与柱的交接点转动，致使受压区混凝土压碎而引起破坏，见图 3-77 （a）。

（2）剪切破坏：又分纯剪破坏、斜压破坏和斜拉破坏三种。

纯剪破坏（图 3-77b）是当 a/h_0 值很小（<0.1）或 a/h_0 值虽较大但边缘高度 h_1 较

小时，可能发生沿加载板内侧接近竖直截面的剪切破坏。其特征是在牛腿与下柱交接面上出现一系列短斜裂缝，最后牛腿沿此裂缝从柱上切下而遭破坏。这时牛腿内纵向钢筋应力较低。

斜压破坏（图 3-77c）是当 $0.1 \leqslant a/h_0 \leqslant 0.75$，且水平箍筋较多时，随着荷载增加，在斜裂缝①外侧出现较细斜裂缝②，这些斜裂缝逐渐发展，当斜裂缝间混凝土主压应力超过其抗压强度，混凝土剥落崩出，牛腿破坏。

斜拉破坏（图 3-77d）是当 $0.1 \leqslant a/h_0 \leqslant 0.75$，且水平箍筋较少时，不出现裂缝②，而是在加载垫板下突然出现一条通长斜裂缝③而破坏。

（3）局压破坏：当加载板过小或混凝土强度过低，由于很大的局部压应力而导致加载板下混凝土局部压碎破坏，见图 3-77（e）。

此外，当牛腿纵向受力钢筋锚固不足时，还会发生钢筋被拔出等破坏现象。

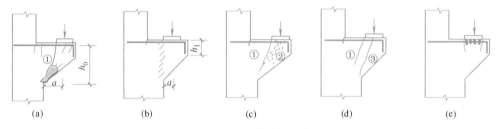

图 3-77　牛腿的破坏形态

（a）弯曲破坏；（b）纯剪破坏；（c）斜压破坏；（d）斜拉破坏；（e）局压破坏

4）牛腿在竖向力和水平拉力同时作用下的受力情况

对同时作用有竖向力 F_v 和水平拉力 F_h 的牛腿的试验结果表明，由于水平拉力的作用，牛腿截面出现斜裂缝的荷载比仅有竖向力作用的牛腿有不同程度的降低。当 $F_v/F_h = 0.2 \sim 0.5$ 时，开裂荷载下降 36% ~ 47%，可见影响较大，同时，牛腿的承载力亦降低。试验还表明，有水平拉力作用的牛腿与没有水平拉力作用的牛腿，两者的破坏规律相似。

2. 牛腿的承载力计算与构造

1）确定牛腿的几何尺寸

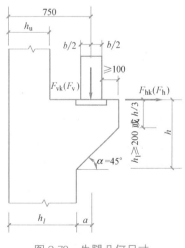

图 3-78　牛腿几何尺寸

柱牛腿的几何尺寸（包括牛腿的宽度、顶面的长度、外缘高度和底面倾斜角度等）可参照图 3-78 的构造要求确定。

（1）根据吊车梁宽度 b 和吊车梁外缘到牛腿外边缘的距离（100mm 左右）确定牛腿顶面的长度，牛腿的宽度与柱宽相等。

（2）根据牛腿外缘高度 $h_1 \geqslant h/3$ 且 $h_1 \geqslant 200mm$ 的构造要求，并取 $\alpha = 45°$，即可确定牛腿的总高 h。

（3）按式（3-25）验算牛腿截面总高 h 是否满足抗裂要求：

$$F_{vk} \leqslant \beta \left(1 - 0.5 \frac{F_{hk}}{F_{vk}}\right) \frac{f_{tk} b h_0}{0.5 + \dfrac{a}{h_0}} \qquad (3-25)$$

式中　F_{vk}——作用于牛腿顶部按荷载效应标准组合计算的竖向力值，对于吊车梁下的牛腿，$F_{vk}=D_{max,k}+G_{3k}$；

　　　F_{hk}——作用于牛腿顶部按荷载效应标准组合计算的水平拉力值；对于吊车梁下的牛腿，$F_{hk}=T_{max,k}$；当吊车梁顶有预埋钢板和上柱相连时，$F_{hk}=0$；

　　　G_{3k}——由吊车梁和轨道自重在牛腿顶面产生的压力标准值；

　　　　β——裂缝控制系数；对于支承吊车梁牛腿，取 0.65；对其他牛腿，取 0.8；

　　　　b——牛腿宽度，取柱宽；

　　　h_0——牛腿与下柱交接处垂直截面的有效高度；$h_0=h_1-a_s+c\cdot\tan\alpha$，当 $\alpha>45°$ 取 $\alpha=45°$；

　　　　c——下柱边缘到牛腿外边缘的水平长度；

　　　　a——竖向力作用点至下柱边缘的水平距离，此时应考虑安装偏差 20mm，当考虑 20mm 安装偏差后的竖向力作用点仍在下柱截面以内时，取 $a=0$。

2）按计算和构造配置纵向受力钢筋

（1）计算简图

试验结果表明：在荷载作用下，牛腿顶面的纵向钢筋受拉。在斜裂缝出现后，钢筋应力急剧增加，破坏时钢筋的应力沿牛腿顶面全长均匀分布，钢筋如同桁架中的水平拉杆，在配筋率不大时可达到屈服。在斜裂缝外侧的一个不很宽的范围内混凝土受压，且斜压应力比较均匀，如同桁架中的斜压杆。破坏时混凝土的压应力可达到其抗压强度，如图 3-79（a）所示。

根据上述分析牛腿的受力特点，计算时可将牛腿简化为一个三角形桁架：钢筋为水平拉杆，混凝土为斜压杆。当竖向力和水平力共同作用时，其计算简图如图 3-79（b）所示。

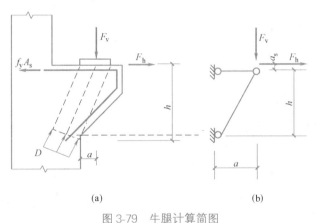

(a)　　　　　　　　　　　　　　(b)

图 3-79　牛腿计算简图

（2）纵向受拉钢筋的计算

取力矩平衡条件，可得：

$$f_yA_sZ=F_va+F_h(Z+a_s) \tag{3-26}$$

若近似取 $z=0.85h_0$，可得：

$$A_s=\frac{F_va}{0.85f_yh_0}+\left(1+\frac{a_s}{0.85h_0}\right)\frac{F_h}{f_y} \tag{3-27}$$

式 (3-27) 中，若近似取 $\dfrac{a_s}{0.85h_0}=0.2$，则由承受竖向力和承受水平拉力的纵向受拉钢筋的总面积按下式计算：

$$A_s=\frac{F_v a}{0.85f_y h_0}+1.2\frac{F_h}{f_y} \tag{3-28}$$

式中　F_v——作用在牛腿顶部的竖向力设计值；

　　　　F_h——作用在牛腿顶部的水平拉力设计值；

　　　　a——竖向力 F_v 作用点至下柱边缘的水平距离，当 $a<0.3h_0$ 时，取 $a=0.3h_0$。

（3）纵向受拉钢筋的构造

沿牛腿顶部配置的纵向受力钢筋，宜采用 HRB400 级或 HRB500 级热轧钢筋。全部纵向钢筋及弯起钢筋宜沿牛腿外边缘向下伸入下柱内 150mm 后截断（图 3-80）。纵向受力钢筋及弯起钢筋深入上柱内的锚固长度：当采用直线锚固时，不应小于 l_a；当上柱尺寸不足时，可向下弯折，其包含弯弧段在内的水平段不少于 $0.4l_a$，竖直段不少于 $15d$，总长度不少于 l_a。

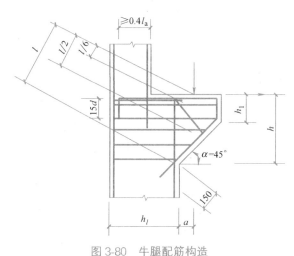

图 3-80　牛腿配筋构造

按式 (3-28) 计算的承受竖向力牛腿纵向受拉钢筋，其配筋率按牛腿有效截面计算不应小于 0.2% 及 $0.45f_t/f_y$，也不宜大于 0.6%，且根数不宜少于 4 根，直径不宜小于 12mm。承受水平拉力的水平锚筋应焊在预埋件上，且不少于 2 根。

当牛腿设于上柱柱顶时，宜将牛腿对边的柱外侧纵向受力钢筋沿柱顶水平弯入牛腿，作为牛腿纵向受拉钢筋使用。当牛腿顶面纵向受拉钢筋与牛腿对边的柱外侧纵向钢筋分开配置时，牛腿顶面纵向受拉钢筋应弯入柱外侧，并符合钢筋搭接的规定。

3）按构造要求配置水平箍筋和弯起钢筋

牛腿的水平箍筋直径取 6～12mm、间距为 100～150mm，且在上部 $2h_0/3$ 范围内的水平箍筋的总截面面积不宜小于承受竖向力的纵向受拉钢筋截面面积的 1/2。当牛腿的剪跨比 $a/h_0\geqslant0.3$ 时，宜设置弯起钢筋，可以提高牛腿的承载力。弯起钢筋宜采用 HRB400 级或 HRB500 级热轧带肋钢筋，配置在牛腿上部 $l/6\sim l/2$ 之间的范围内（图 3-80）。其截面面积不宜小于承受竖向力纵向受拉钢筋截面面积 1/2，根数不宜少于 2 根，直径不宜小于

12mm。纵向受拉钢筋不得兼作弯起钢筋。

4) 验算垫板下局部受压承载力验算

垫板下局部承压承载力应满足下式要求：

$$\sigma = \frac{F_{vk}}{A} \leqslant 0.75 f_c \tag{3-29}$$

式中　A——局部承压面积，$A=ab$，其中 a、b 分别为局部承压的长和宽；

　　　f_c——混凝土抗压强度设计值。

当局部承压不满足要求时，应采取必要措施，如加大局部承压面积，提高混凝土强度等级。

3. 吊车梁上翼缘与上柱内侧的连接设计

吊车梁上翼缘需要与上柱内侧连接，以传递吊车的水平荷载。因此需要在上柱内侧设置，如图 3-81 所示的预埋件。预埋件的锚筋与端部的钢板焊接，锚筋的根数和直径应满足式（3-30）要求。

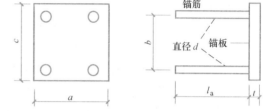

图 3-81　吊车梁上翼缘与上柱内侧的连接

$$0.8\alpha_b f_y A_s \geqslant T_{max} \tag{3-30}$$

式中　α_b——锚板弯曲变形折减系数，$\alpha_b = 0.6 + 0.25 t/d$；当采取措施防止锚板弯曲变形的措施时，$\alpha_b = 1.0$；

　　　T_{max}——吊车水平荷载设计值；

　　　f_y——锚筋的抗拉强度设计值；

　　　A_s——锚筋的面积；

　　　t——锚板厚度；

　　　d——锚筋直径。

锚板宜采用 Q235、Q345 级钢，锚板厚度应根据受力情况计算确定，且不小于锚筋直径 60%，受拉和受弯预埋件的锚板厚度尚宜大于 $b/8$，b 为锚筋间距。

受力预埋件应采用 HRB400 或 HPB300 级钢筋，不应采用冷加工钢筋。锚筋预埋的长度应满足受拉钢筋锚固长度要求。当锚筋采用 HPB300 级钢筋时，其端部应做弯钩。当无法满足锚固长度要求时，应采取其他有效的锚固措施。预埋件受力直锚筋直径不宜小于 8mm，且不宜大于 25mm。直锚筋数量不宜少于 4 根，且不宜多于 4 排。锚筋的间距和锚筋至构件边缘距离，均不应小于 $3d$ 和 45mm。

锚筋与锚板应采用 T 形焊接。焊缝高度应根据计算确定。当锚筋直径不大于 20mm 时，宜采用压力埋弧焊；当锚筋直径大于 20mm 时，宜采用穿孔塞焊。当采用手工焊时，焊缝高度不宜小于 6mm，且对 300MPa 级钢筋不宜小于 $0.5d$，对其他钢筋不宜小于 $0.6d$，d 为锚筋直径。

预埋件锚筋中心至锚板边缘距离不应小于 $2d$ 和 20mm。预埋件的位置应使锚筋位于构件的外层主筋内侧。

3.4　柱下独立基础设计

3.4.1　地基基础设计要求

地基与基础设计内容包括：基础形式的选择、基础埋深的确定、基础底面外形尺寸的确定、基础高度的确定、基础底板的配筋计算和基础的构造要求。

1. 基础埋深的确定

基础埋深是指基础底面至天然地面的距离。选择基础埋深也即选择合适的地基持力层。基础埋深的大小对于建筑物的安全和正常使用、基础施工技术措施、施工工期和工程造价等影响很大。因此，合理确定基础埋深是基础设计工作中的重要环节。设计时必须综合考虑建筑物自身条件（如使用条件、结构形式、荷载的大小和性质等）以及所处的地质条件、气候条件、邻近建筑的影响等。从实际出发，抓住决定性因素，经综合分析后加以确定。

2. 基础底面外形尺寸的确定

基底的外形尺寸应满足地基承载力和地基变形要求，按荷载效应的标准组合设计值进行设计。对于设有基础梁的情况，尚应考虑出基础梁传来的轴向力和相应的偏心矩。

3. 基础高度的确定

基础高度应使基础满足抗冲切和抗剪承载力的要求。确定了基础底面尺寸后，先按构造要求估计基础高度，再按抗冲切和抗剪承载力的要求验算基础高度尺寸。基础高度的验算用柱底按荷载的基本组合设计值进行设计。

4. 基础底板的配筋计算

基础底板配筋计算的目的是使基础满足受弯承载力的要求。基础底板在地基净反力作用下，沿两个方向产生向上的弯曲，因此，需要基础底板在两个方向都配置受力钢筋。

基础底板的配筋计算用柱底按荷载的基本组合所求出的内力设计值进行设计。

5. 基础的构造要求

基础的构造要求包括：基础材料选择、基础尺寸、基础配筋等构造。

下面就轴心受压和偏心受压这两种基础的受力特点，分别介绍基础底面面积、基础高度和基础底板配筋的设计计算方法，并介绍基础的构造要求。

3.4.2　轴心受压柱下独立基础的计算

1. 基础底面面积的确定

轴心受压时，假定基础底面的压力为均匀分布（图 3-82），设计时应满足下式要求：

$$P_K \geq f_a \tag{3-31}$$

$$P_K = \frac{N_K + G_K}{A} \tag{3-32}$$

$$G_K = \gamma_G dA = \gamma_G dab \tag{3-33}$$

式中　N_K——基础顶面相应于荷载标准组合时轴向力标准值；

f_a——经基础宽度和埋深修正后的地基承载力特征值，根据《建筑地基基础设计规范》GB 50007—2011 的要求确定；

G_K——基础及基础上回填土的自重标准值；

γ_G——基础和回填土的平均重度，一般取 20kN/m²，地下水位以下取 10kN/m²；

d——基础埋深；

a、b——分别为基底的长边和短边尺寸。

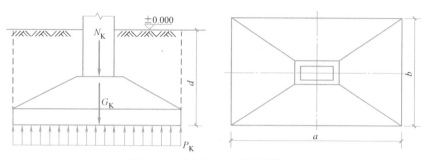

图 3-82　轴心受压基础计算简图

把式（3-33）代入到式（3-32），经整理后得：

$$A = a \times b \geqslant \frac{N_K}{f_a - \gamma_G d} \tag{3-34}$$

设计时先按上式求得 A，再确定两个边长。一般轴心受压基础底面采用正方形较为合理，即 $b = a = \sqrt{A}$。也可采用矩形，先选定基础底面的一个边长 b，即可求得另一边长 $a = A/b$。

对于地基基础设计等级为甲级、乙级和特殊情况下的丙级建筑物，除应按上述地基承载力确定底面尺寸外，还需进行地基的变形验算。当地基存在软弱下卧层时，还应验算软弱下卧层的承载力。

2. 基础高度确定

1）基础受冲切承载力验算

基础高度除应满足构造要求外，还应根据柱与基础交接处混凝土抗冲切承载力要求确定（对于阶梯形基础还应按相同原则对变阶处的高度进行验算）。

试验结果表明，当基础高度（或变阶处高度）不够时，柱传给基础的荷载将使基础发生如图 3-83（a）所示的冲切破坏，即沿柱边大致呈 45°方向的截面被拉开而形成图 3-83（b）

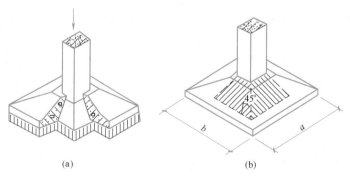

(a)　　　　　　　　　(b)

图 3-83　基础冲切破坏简图

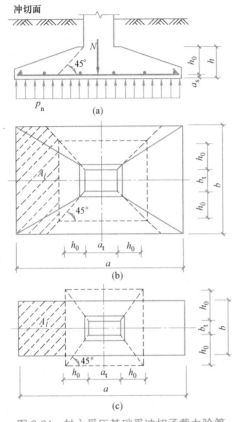

图 3-84 轴心受压基础受冲切承载力验算

所示的角锥体（阴影部分）破坏。为了防止冲切破坏，必须使冲切面外的地基反力所产生的冲切力 F_l 小于或等于冲切面处混凝土的抗冲切承载力。

验算的位置取柱与基础交接处和基础变阶处。对于矩形基础，基础短边一侧冲切破坏较长边一侧危险，所以，一般只需根据基础短边一侧冲切破坏条件来确定基础底板厚度，如图 3-84（a）所示。基础的抗冲切承载力，应满足式（3-35）要求。

$$F_l \leqslant 0.7\beta_{hp}f_t b_m h_0 \tag{3-35}$$

$$F_l = p_n A_l \tag{3-36}$$

$$b_m = \frac{b_t + b_b}{2} \tag{3-37}$$

当 $b \geqslant b_t + 2h_0$ 时，见图 3-82（b）：

$$A_l = \left(\frac{a}{2} - \frac{a_t}{2} - h_0\right)b - \left(\frac{b}{2} - \frac{b_t}{2} - h_0\right)^2 \tag{3-38}$$

当 $b < b_t + 2h_0$ 时，见图 3-82（c）：

$$A_l = \left(\frac{a}{2} - \frac{a_t}{2} - h_0\right)b \tag{3-39}$$

式中 　β_{hp}——受冲切承载力截面高度影响系数；当 $h \leqslant 800mm$ 时，$\beta_{hp} = 1.0$；当 $h \geqslant 2000mm$ 时，$\beta_{hp} = 0.9$；h 在中间值时，β_{hp} 按线性内插法取用；

　　　　f_t——混凝土抗拉强度设计值；

　　　　b_m——冲切破坏锥体截面的上边长 b_t 与下边长 b_b 的平均值；

　　　　b_t——冲切破坏锥体斜截面的上边长；当计算柱与基础交接处的冲切承载力时，取柱宽；当计算基础变阶处的冲切承载力时，取上阶宽；

　　　　b_b——冲切破坏锥体斜截面的下边长；当冲切破坏锥体的底面落在基础底面以内，如图 3-81（b）所示，即 $b \geqslant b_t + 2h_0$ 时，取冲切破坏锥体斜截面的上边长加两倍该处基础有效高度，$b_b = b_t + 2h_0$；当冲切破坏锥体的底面在 b 方向落在基础底面以外，如图 3-81（c）所示，即 $b < b_t + 2h_0$ 时，取 $b_b = b$；

　　　　h_0——基础冲切破坏锥体的有效高度；柱与基础交接处取该处基础底板的有效高度 h_{0I}，变阶处取下阶处基础底板的有效高度 h_{0II}；

　　　　A_l——计算冲切荷载时取用的面积，见图 3-82（b）、（c）中的阴影部分的面积；

　　　　p_n——扣除基础及回填土的自重，在荷载基本组合下基础底面单位面积上土的净反力，$p_n = N/A$；

　　　　N——在荷载基本组合下，基础顶面轴力设计值。

当冲切破坏锥体的底面位于基础底面以外时，可不进行抗冲切承载力计算。当抗冲切承载力计算不满足要求时，则要调整基础的高度直至满足要求。

2) 基础受剪承载力验算

根据《建筑地基基础设计规范》GB 50007—2011 的规定，当基础底面短边尺寸小于或等于柱宽加两倍基础有效高度时，应按下式验算柱与基础交接处、变阶处截面受剪承载力（图 3-85）：

$$V_s \leqslant 0.7\beta_{hs}f_t A_0 \tag{3-40}$$

$$\beta_{hs} = \left(\frac{800}{h_0}\right)^{1/4} \tag{3-41}$$

式中 V_s——柱与基础交接处或变阶处剪力设计值（kN），图 3-85 中阴影面积乘以基底阴影部分的平均净反力；

β_{hs}——受剪承载力截面高度影响系数；当 $h_0 < 800\text{mm}$ 时，取 $h_0 = 800\text{mm}$；当 $h_0 > 2000\text{mm}$ 时，取 $h_0 = 2000\text{mm}$；

f_t——混凝土抗拉强度设计值（N/mm^2）；

A_0——验算截面处基础的有效截面面积（m^2），$A_0 = b_0 h_0$；当验算截面为阶形或锥形时，可将其截面折算成矩形截面，截面的折算宽度 b_0 和截面的有效高度 h_0 按下述规定计算。

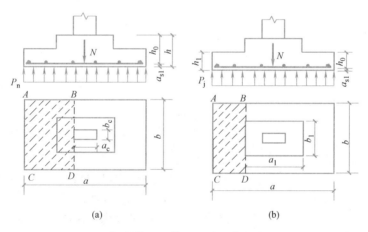

图 3-85 验算阶形基础受剪承载力示意图
(a) 柱与基础交接处；(b) 基础变阶处

阶梯形及锥形柱下独立基础，斜截面受剪计算及最小配筋率验算时，截面计算宽度及有效高度如下。

（1）阶形基础（图 3-86）。计算变阶处截面 A_1-A_1、B_1-B_1 时，截面有效高度均为 h_{01}，截面计算宽度分别为 b_{y1} 和 b_{x1}。

计算柱边截面 A_2-A_2、B_2-B_2 时，截面有效高度均为 $h_{01} + h_{02}$，截面计算宽度按下式计算：

对于截面 A_2-A_2：
$$b_{y0} = \frac{b_{y1}h_{01} + b_{y2}h_{02}}{h_{01} + h_{02}} \tag{3-42}$$

对于截面 B_2-B_2：
$$b_{x0} = \frac{b_{x1}h_{01} + b_{x2}h_{02}}{h_{01} + h_{02}} \tag{3-43}$$

（2）锥形基础（图 3-87）。计算柱边截面 A-A、B-B 时，截面有效高度均为 h_0，截面计算宽度按下式计算：

对于截面 A-A：
$$b_{y0} = \left[1 - 0.5\frac{h_1}{h_0}\left(1 - \frac{b_{y2}}{b_{y1}}\right)\right]b_{y1} \qquad (3\text{-}44)$$

对于截面 B-B：
$$b_{x0} = \left[1 - 0.5\frac{h_1}{h_0}\left(1 - \frac{b_{x2}}{b_{x1}}\right)\right]b_{x1} \qquad (3\text{-}45)$$

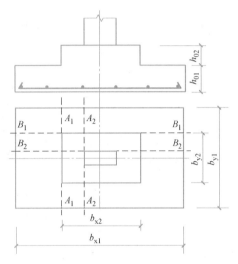

图 3-86　阶形基础截面计算宽度及有效高度

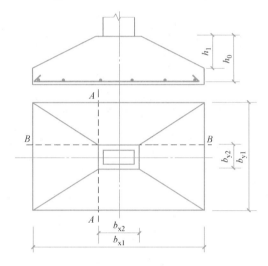

图 3-87　锥形基础截面计算宽度及有效高度

3. 基础底板配筋计算

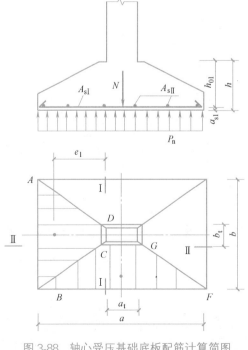

图 3-88　轴心受压基础底板配筋计算简图

基础底板配筋计算的控制截面取在柱与基础交接处或变阶处（对阶形基础），计算两个方向弯矩时，把基础视作固定在柱周边或变阶处（对阶形基础）的四面挑出的悬臂板，见图 3-88。

1）沿基础的长边方向柱边缘处的受力钢筋

对轴心受压基础，沿长边方向的截面 Ⅰ-Ⅰ 处的弯矩 M_{I}，等于作用在梯形面积 $ABCD$ 上的地基净反力 p_{n} 的合力与该面积形心到柱边截面的距离相乘之积：

$$M_{\mathrm{I}} = \frac{1}{24}p_{\mathrm{n}}(a - a_{\mathrm{t}})^2(2b + b_{\mathrm{t}})$$

$$(3\text{-}46)$$

沿长边方向的受拉钢筋 A_{sI}，可近似按下式计算：

$$A_{\mathrm{sI}} = \frac{M_{\mathrm{I}}}{0.9 f_{\mathrm{y}} h_{0\mathrm{I}}} \qquad (3\text{-}47)$$

式中 $h_{0\mathrm{I}}$——I-I截面处的有效高度；当有垫层时，$h_{0\mathrm{I}}=h-45$；当无垫层时，$h_{0\mathrm{I}}=h-75$。

2）沿基础短边方向柱的边缘处的受力钢筋

对轴心受压基础，沿短边方向的截面Ⅱ-Ⅱ处的弯矩 M_{II}，等于作用在梯形面积 $BCGF$ 上的地基净反力 p_{n} 的合力与该面积形心到柱边截面的距离相乘之积：

$$M_{\mathrm{II}}=\frac{1}{24}p_{\mathrm{n}}(b-b_{\mathrm{t}})^{2}(2a+a_{\mathrm{t}}) \tag{3-48}$$

沿短边方向的钢筋一般置于沿长边钢筋的上面，如果两个方向的钢筋直径均为 d，则截面Ⅱ-Ⅱ的有效高度为 $h_{0\mathrm{II}}=h_{0\mathrm{I}}-d$，于是，沿短边方向的钢筋截面面积 $A_{s\mathrm{II}}$ 为：

$$A_{s\mathrm{II}}=\frac{M_{\mathrm{II}}}{0.9f_{y}h_{0\mathrm{II}}} \tag{3-49}$$

在基础底板的钢筋确定好后，即可选择合适的钢筋直径和间距。

3）基础底板最小配筋率验算

按照《建筑地基基础设计规范》GB 50007—2011 的规定，基础底板受力钢筋最小配筋率不应小于 0.15%。计算最小配筋率时，对于阶形或锥形基础截面，可将其折算成矩形截面，截面的折算宽度和截面的有效高度按 3.4.2 节计算。基础底板最小配筋率验算时应注意：沿基础长边方向配筋和短边方向配筋均需进行验算，验算截面取柱与基础交接处和变阶处。

$$A_{s}\geqslant0.15\%b_{0}h_{0} \tag{3-50}$$

式中 A_{s}——按受弯承载力计算的钢筋面积（mm^{2}）；

b_{0}——截面的折算宽度（mm）见 3.4.2 节；

h_{0}——截面的有效高度（mm）见 3.4.2 节。

3.4.3 偏心受压柱下独立基础的计算

1. 基础底面尺寸的确定

当柱为偏心受压时，假定基础底面的压力为线性分布，先把基础顶面的内力转化到基础底面，然后确定基础底面的最大和最小压应力，如图 3-89 所示。在荷载标准组合下，基础底面：$N_{\mathrm{K}}=N_{\mathrm{CK}}+G_{\mathrm{K}}$；$M_{\mathrm{K}}=M_{\mathrm{CK}}+V_{\mathrm{CK}}h$。

在偏心荷载作用下（图 3-89a），$P_{\mathrm{K,max}}$、$P_{\mathrm{K,min}}$ 可按下式计算：

$$\left.\begin{array}{c}P_{\mathrm{K,max}}\\P_{\mathrm{K,min}}\end{array}\right\}=\frac{N_{\mathrm{CK}}+G_{\mathrm{K}}}{A}\pm\frac{M_{\mathrm{K}}}{W}=\frac{N_{\mathrm{CK}}+G_{\mathrm{K}}}{a\cdot b}\left(1\pm\frac{6e_{\mathrm{K}}}{a}\right) \tag{3-51}$$

$$e_{\mathrm{K}}=\frac{M_{\mathrm{K}}}{N_{\mathrm{CK}}+G_{\mathrm{K}}} \tag{3-52}$$

$$G_{\mathrm{K}}=A\gamma_{\mathrm{G}}d \tag{3-53}$$

由式（3-51）可知，当 $e_{\mathrm{K}}<a/6$ 时，$P_{\mathrm{K,min}}>0$，这时地基反力图形为梯形（图 3-89a）；当 $e_{\mathrm{K}}=a/6$

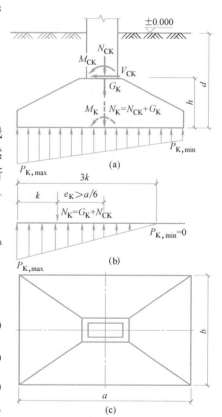

图 3-89 偏心受压基础计算简图

时，$P_{K,min}=0$，地基反力为三角形；当 $e_K>a/6$ 时，$P_{K,min}<0$，（图 3-89b）。这说明基础底面积的一部分将产生拉应力，但由于基础与地基的接触不可能受拉，因此这部分基础底面与地基之间是脱离的，亦即这时承受地基反力的基础底面积不是 ba 而是 $3kb$。因此，此时的 $P_{K,max}$ 不能按式（3-51）计算，根据力的平衡条件按下式计算（图 3-89b）：

由 $N_{CK}+G_K=\dfrac{1}{2}P_{K,max}\cdot 3k\cdot b$，得：

$$P_{K,max}=\frac{2(N_{CK}+G_K)}{3bk} \tag{3-54}$$

式中 k——偏心荷载作用点至最大压力 $P_{K,max}$ 作用边缘的距离，$k=\dfrac{a}{2}-e_K$；

W——基础底面的抵抗矩，$W=\dfrac{1}{6}ba^2$。

根据《建筑地基基础设计规范》GB 50007—2011 的要求，在偏心荷载作用下，地基承载力应符合式（3-55）、式（3-56）要求：

$$P_K=\frac{N_{CK}+G_K}{A}\leqslant f_a \tag{3-55}$$

$$P_{K,max}\leqslant 1.2f_a \tag{3-56}$$

式中 P_K——相应于荷载效应标准组合时，基础底面处的平均压应力值；

$P_{K,max}$——相应于荷载效应标准组合时，基础底面边缘处的最大压应力值；

$P_{K,min}$——相应于荷载效应标准组合时，基础底面边缘处的最小压应力值；

f_a——经基础宽度和埋深修正后的地基承载力特征值；根据《建筑地基基础设计规范》GB 50007—2011 的要求确定。

式（3-56）中将地基承载力特征值提高 20% 的原因，是因为 $P_{K,max}$ 只在基础边缘的局部范围内出现，而且 $P_{K,max}$ 中的大部分是由活荷载产生的。

说明：确定偏心受压基础底面尺寸一般采用试算法，先按轴心受压基础所需的底面积增大 10%～30%，$A=a\times b=\dfrac{(1.1\sim 1.4)N_K}{f_a-\gamma_G d}$。偏心受压基础的底面形状一般采用矩形（沿弯矩作用方向取长边），基础长边与短边尺寸之比 β 不应超过 3.0，一般对于边柱基础 $\beta=a/b=1.2\sim 2.0$，对于中柱基础 $\beta=a/b=1.0\sim 1.5$。根据计算的 A 值，可假定 b 值，利用 $a=\beta\times b$ 来确定 a 值。若不合适则重新调整，直到满意为止。

初步选定长、短边尺寸，然后计算出偏心荷载作用下的 $P_{K,max}$ 及 $P_{K,min}$ 应满足式（3-55）的要求。若太大或太小，可调整基础底面的长度或宽度再验算，反复一、二次，便能确定出合适的基础底面尺寸。当 $P_{K,max}$、$P_{K,min}$ 相差过大时，容易引起基础的倾斜。一般认为，在高、中压缩性地基土上的基础，或有吊车的厂房柱基础，偏心距 e_K 不宜大于 $a/6$（相当于 $P_{K,min}\geqslant 0$）；对于低压缩性地基土上的基础，当考虑荷载作用效应的标准组合时，对偏心距 e_K 的要求可适当放宽，但也应控制在 $a/4$ 以内。若上述条件不能满足时，则应调整基础底面尺寸，或做成梯形底面形状的基础，使基础底面形心与荷载重心尽量重合。

2. 基础高度确定

偏心受压基础底板厚度及配筋计算仍按荷载效应基本组合，先把基础顶面的内力转化到基础底面，然后确定基础底面的最大和最小地基净反力，不考虑基础与回填土自重，如图3-90所示。

在荷载基本组合下，基础底面：$N=N_C$；$M=M_C+V_Ch$，$e_n=M/N$。地基净反力按下式计算：

当 $e_n \leqslant a/6$（图3-90a）时：

$$\left.\begin{array}{c} P_{n,max} \\ P_{n,min} \end{array}\right\} = \frac{N}{a \cdot b}\left(1 \pm \frac{6e_n}{a}\right) \qquad (3-57)$$

当 $e_n > a/6$（图3-90b）时：

$$\left.\begin{array}{c} P_{n,max} = \dfrac{2N}{3bk} \\ P_{n,min} = 0 \end{array}\right\} \qquad (3-58)$$

式中　k——偏心荷载作用点至最大压力 $P_{n,max}$

作用边缘的距离，$k=\dfrac{a}{2}-e_n$。

1）基础受冲切承载力验算

偏心受压基础受冲切承载力的验算方法与轴心受压基础相同，仍采用式（3-35）验算。但在用式（3-36）计算冲切力时，只是在荷载

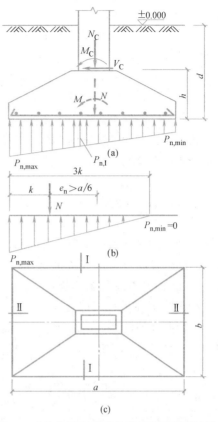

图3-90　偏心受压基础底板厚度及配筋计算

基本组合下地基的净反力 P_n 的取值不同，偏心受压基础取 $P_{n,max}$，见式（3-57）或式（3-58）。

当冲切破坏锥体的底面位于基础底面以外时，也可不进行抗冲切承载力计算。当抗冲切承载力不满足要求时，则要调整基础的高度直至满足要求。

2）基础受剪承载力验算

偏心受压基础受冲剪承载力验算方法与轴心受压基础相同，仍采用式（3-40）验算。由于在偏心荷载下基底的净反力分布为梯形或三角形，如图3-90所示，因此在计算剪力设计值 V_s 时，用图3-85中阴影面积乘以基底阴影部分的平均净反力。

3. 基础底板的配筋计算

偏心受压基础底板的配筋计算公式仍可采用轴心受压基础的计算公式，见式（3-46）～式（3-49），但在计算 M_I 和 M_{II} 时，分别用 $(P_{n,max}+P_{nI})/2$ 和 $(P_{n,max}+P_{n,min})/2$ 代替 P_n，P_{nI} 为偏心受压时柱边处（或变截面处）基底净反力。

基础最小配筋率的验算方法同轴心受压基础。

3.4.4　柱下独立基础的构造要求

单层厂房的柱一般是预制柱，柱下基础是带杯口的。预制柱和现浇柱下基础的选型、基础顶面内力、基础埋深、基底尺寸、基础高度以及基底配筋的计算方法完全一样，只是基础构造要求有所差别。

1. 一般构造要求

锥形基础的边缘高度不宜小于 200mm，且两个方向的坡度不宜大于 1：3；阶形基础的每阶高度宜为 300～500mm。

基础混凝土强度等级不应低于 C20。基础下通常要做素混凝土垫层，垫层混凝土强度等级不宜低于 C10。垫层厚度不宜小于 70mm，一般采用 100mm，垫层面积比基础底面积大，通常每端伸出基础边 100mm。

底板受力钢筋一般采用 HPB300 级钢筋，基础受力钢筋应满足最小配筋率 0.15％的要求。底板受力钢筋最小直径不应小于 10mm，间距不应大于 200mm，也不应小于 100mm。当有垫层时，受力钢筋的保护层厚度不小于 40mm，无垫层时不小于 70mm。

基础底板的边长大于 2.5m 时，底板受力钢筋长度可取边长的 0.9 倍，但应交错布置。

对于现浇柱基础，如与柱不同时浇灌，其插筋的根数与直径应与柱内纵向受力钢筋相同。插筋的锚固及与柱的纵向受力钢筋的搭接长度，应符合《混凝土结构设计规范》GB 50010—2010（2015 年版）规定。

2. 预制基础的杯口形式和柱的插入深度

当预制柱的截面为矩形及工字形时，柱基础采用单杯口形式；当为双肢柱时，可采取双杯口，也可采用单杯口形式。杯口的构造见图 3-91。

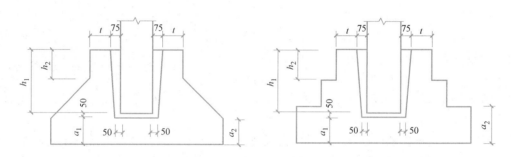

$a_2 \geqslant 200$ 且 $a_2 \geqslant a_1$

图 3-91　预制柱的杯口构造

预制柱插入基础杯口应有足够的深度，使柱可靠地嵌固在基础中，插入深度 h_1 应满足表 3-10 的要求，同时 h_1 还应满足柱纵向受力钢筋锚固长度和柱吊装时稳定性的要求，即应使 $h_1 > 0.05$ 倍柱长（指吊装时的柱长）。

基础的杯底厚度 a_1 和杯壁厚度 t 可按表 3-11 选用。

柱的插入深度 h_1				表 3-10
矩形或工字形柱				双肢柱
$h < 500mm$	$500mm \leqslant h < 800mm$	$800mm \leqslant h \leqslant 1000mm$	$h > 1000mm$	
$h \sim 1.2h$	h	$0.9h$ 且 $\geqslant 800mm$	$0.8h$ 且 $\geqslant 1000mm$	$(1/2 \sim 1/3)h_a$ $(1.5 \sim 1.8)h_b$

注：1. h 为柱截面长边尺寸，h_a 为双肢柱整个截面长边尺寸，h_b 为双肢柱整个截面短边尺寸；

　　2. 柱轴心受压或小偏心受压时，h_1 可适当减少，偏心距大于 $2h$ 时，h_1 可适当增大。

基础的杯底厚度和杯壁厚度 表 3-11

柱截面长边尺寸 h(mm)	杯底厚度 a_1(mm)	杯壁厚度 t(mm)
$H < 500$	≥ 150	$150 \sim 200$
$500 \leq h < 800$	≥ 200	≥ 200
$800 \leq h < 1000$	≥ 200	≥ 300
$1000 \leq h < 1500$	≥ 250	≥ 350
$1500 \leq h < 2000$	≥ 300	≥ 400

注：1. 双肢柱的杯底厚度值，可适当增大；
　　2. 当有基础梁时，基础梁下的杯壁厚度，应满足其支承宽度要求；
　　3. 柱子插入杯口部分的表面应凿毛，柱子与杯口之间的空隙，应用比基础混凝土强度等级高一级的细石混凝土充填密实，当达到材料强度设计值的 70% 以上时，方能进行上部结构的吊装。

3. 无短柱基础杯口的配筋构造

当柱为轴心或小偏心受压且 $t/h_2 \geq 0.65$ 时，或大偏心受压且 $t/h_2 \geq 0.75$ 时，杯壁可不配筋；当柱为轴心或小偏心受压且 $0.5 \leq t/h_2 < 0.65$ 时，杯壁可按表 3-12 的要求构造配筋，钢筋置于杯口顶部，每边两个见图 3-92（a）；其他情况下，应按计算配筋。

当双杯口基础的中间隔板宽度小于 400mm 时，应在隔板内配置 φ12@200 的纵向钢筋和 φ8@300 的横向钢筋，见图 3-92（b）。

杯壁配筋构造 表 3-12

柱截面长边尺寸 h(mm)	$H < 1000$	$1000 \leq h < 1500$	$1500 \leq h < 2000$
钢筋直径(mm)	$8 \sim 10$	$10 \sim 12$	$12 \sim 16$

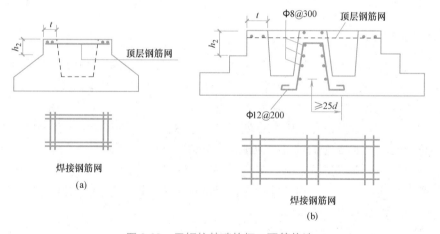

图 3-92　无短柱基础的杯口配筋构造

3.5　钢筋混凝土屋架与吊车梁设计要点

3.5.1　钢筋混凝土屋架设计要点

屋架是单层厂房的重要构件，承受屋盖荷载并将其传给排架柱，同时还作为排架结构中的横梁，连接两侧柱使他们能在各种荷载作用下共同工作。屋架设计主要内容包括：屋架高度和杆件截面尺寸确定、荷载及荷载组合、内力分析、杆件截面设计及配筋构造要求、屋架的扶直和吊装验算等。

1. 一般要求

应根据工艺、建筑、材料及施工等因素选择合适的屋架类型。柱距 6m、跨度 15～30m 时，一般应优先选用预应力混凝土折线形屋架；跨度 9～15m 时，可采用钢筋混凝土屋架。预应力结构施工困难的地区，跨度为 15～18m 时，可选用钢筋混凝土折线形屋架；屋面积灰的厂房可采用梯形屋架；屋面材料为石棉瓦时可选用三角形屋架。

钢筋混凝土屋架应设计成整体的。预应力混凝土屋架一般宜设计成整体的（图 3-93a），有必要时也可采用两块体（图 3-93b）或多块体（图 3-93c）的组合屋架。两块体或多块体组合屋架的腹杆，除图 3-93 中 1 号（端竖杆）、2 号（端斜压杆）及 3 号（拼接处竖杆）杆件外，均宜采用预制的。

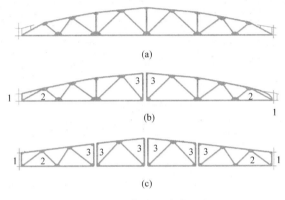

图 3-93　整体及块体组合

预应力混凝土屋架中轴向力较大（例如 $N>150kN$）的预制受拉腹杆宜采用预应力芯棒。设有 1t 以上锻锤的锻造车间的屋架，应采用预应力混凝土整体式屋架。

天窗架和挡风板支架等构件在屋架上弦的支承点，大型管道和悬挂吊车（或电葫芦）在屋架上的吊点，应尽量设在上弦节点处。对上述支承点和吊点，在构造上应力求使其合力作用点位于或尽可能接近于屋架的轴线，以避免或减少屋架受扭。

当有电力母线挂于屋架下弦时，应使其位于屋架的节点处，并通过支撑系统，解决拉紧母线时所产生的水平力向两端柱顶传递，以避免屋架平面外弯曲。如不能位于节点时应采取措施，使上述水平力能传至节点。

2. 屋架高度和杆件截面尺寸确定

屋架的外形应与厂房的使用要求、跨度大小及屋面构造相适应，同时应尽可能接近简支梁弯矩图，使杆件内力均匀些。屋架的高跨比一般采用 $1/10～1/6$。双坡折线形屋架的上弦坡度可采用 $1/5$（端部）和 $1/15$（中部）。单坡折线形屋架的上弦坡度可采用 $1/7.5$，这既适用于卷材防水屋面，也适用于非卷材防水屋面。梯形屋架的上弦坡度可采用 $1/7.5$，用于非卷材防水屋面，或 $1/10$ 用于卷材防水屋面。

屋架节间长度要有利于改善杆件受力条件和便于布置屋面板、天窗架及支撑。上弦节间长度一般采用 3m，个别节间可用 1.5m 或 4.5m（当设置 9m 天窗架时）。下弦节间长度一般采用 4.5m 和 6m，个别可用 3m。第一节间长度宜采用 4.5m。

　　屋架上、下弦杆及端斜压杆，应采用相同的截面宽度，以便于施工制作。上弦截面宽度，应满足支承屋面板及天窗架的构造要求，一般不应小于 200mm，高度不应小于 160mm（9m 屋架）或 180mm（12～30m 屋架）。钢筋混凝土屋架的下弦杆的截面宽度一般不小于 200mm，高度不小于 140mm；预应力屋架下弦杆截面尺寸，尚应满足预应力筋孔道的构造要求。腹杆的截面宽度（指屋架平面外方向截面尺寸），一般宜比弦杆窄，截面高度（指屋架平面内方向截面尺寸）应小于或等于截面宽度；最小截面尺寸一般不小于 120mm×100mm，组合屋架块体拼接处的双竖杆，各杆截面尺寸可为 120mm×80mm，当腹杆长度及内力均很小时，亦可采用 100mm×100mm；此外，腹杆长度（中心线距离）与其截面短边之比，不应大于 40（对拉杆）或 35（对压杆）。

　　当屋架的高跨比符合上述要求时，一般可不验算挠度。

　　屋架跨中起供值，混凝土屋架可采用 $l/700 \sim l/600$，预应力屋架可取 $l/1000 \sim l/900$，l 为屋架跨度。

　　3. 荷载及荷载组合

　　作用在屋架上的荷载包括：屋面板传来的全部荷载；屋架自重；有天窗时还有天窗架立柱传来的集中荷载；有时还有悬挂吊车或其他悬挂设备荷载；风荷载对屋架产生吸力或压力，与屋面坡度有关，对于石棉瓦等屋盖的轻型屋架需要计算风荷载产生的不利内力，对于一般钢筋混凝土屋盖的屋架可不考虑风荷载产生的内力。

　　屋架自重可近似按（2.5～3.0）L 估算，此处 L 为厂房跨度，跨度大时用较小值。支撑自重可近似按 $0.05 kN/m^2$（采用钢系杆时）或 $0.25 kN/m^2$（采用钢筋混凝土系杆时）估算。计算屋架下弦时，尚应考虑排架传来的水平拉力（由排架计算确定），如系压力，则不予考虑。

　　荷载组合时，屋面积灰荷载与雪荷载或不上人屋面活荷载的较大值同时考虑。对于屋面活荷载（包括施工荷载），它们既可以作用于全跨，也有可能作用于半跨；而半跨荷载作用时可能使屋架腹杆内力最大，甚至使内力符号发生改变。因此，设计屋架时应考虑以下三种荷载组合（图 3-94）：

　　（1）全跨恒荷载＋全跨活荷载；

　　（2）全跨恒荷载＋半跨活荷载；

　　（3）屋架（包括屋盖支撑）自重＋半跨屋面板自重＋半跨屋面安装活荷载 $0.5 kN/m^2$。

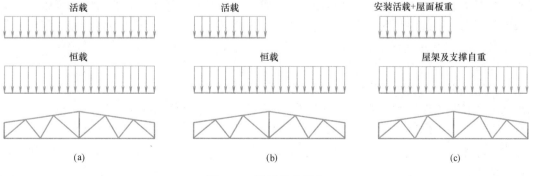

图 3-94　屋架荷载组合

4. 内力分析

钢筋混凝土（包括预应力）屋架由于节点浇筑成整体，实际上为多次超静定刚接桁架，图 3-95（a）为折线形屋架，图 3-95（b）为其计算简图。图 3-95 中 $P_1 \sim P_8$ 为屋面板（天沟板）传来的集中荷载，g 为上弦杆自重，G_1、G_2、G_3 为腹杆、下弦杆和支撑自重（已转化为节点荷载）。作用于上弦的既有节点荷载，又有节间荷载，故屋架上弦杆将产生弯矩，一般处偏心受压状态。屋架的腹杆及下弦杆（忽略自重影响）则为轴心受力杆件。简化计算时，可按下述方法计算内力：

（1）上弦弯矩可假定为不动铰支座的折线形连续梁（图 3-95c），用弯矩分配法计算。当各节间长度相差不大于 10% 时，可近似按等跨连续梁，利用内力系数表计算。

（2）按铰接桁架计算各杆件轴力（图 3-95d），可用图解法或数解法计算，也可借助已知的系数表计算。这时，桁架的节点荷载 $R_1 \sim R_5$ 为上弦连续梁相应的支座反力。对于下弦，一般可不计其自重产生的弯矩，当有节间荷载时，可如上弦一样计算弯矩。

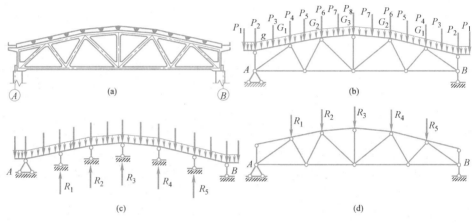

图 3-95　屋架计算简图

按上述方法求得的屋架内力反映了屋架主要受力特点，称为主内力（主弯矩或主轴力）。实际上杆件混凝土屋架的节点具有一定刚性，并非理想铰接，在按连续梁计算上弦弯矩时，假定支座为不动铰支座（图 3-95c），而实际上屋架节点是有位移的。

屋架承载后，因节点刚性作用产生的内力及因节点位移产生的内力，称为次内力（次弯矩）。次内力的大小主要取决于屋架的整体刚度和杆件线刚度，屋架的整体刚度小，节间的相对变形就大，次弯矩也大；由于杆件线刚度与杆端弯矩成正比，故线刚度越大，次弯矩也越大。但是由于混凝土是弹塑性材料，随着荷载的增加，屋架各杆的相对刚度关系发生变化，次弯矩会重新分布；另外，混凝土徐变等因素对次内力也有一定影响。因此，钢筋混凝土屋架次内力计算是一个比较复杂的问题。

对钢筋混凝土屋架，当取影响系数为 1.15（相当于取结构重要性系数 $\gamma_0 = 1.15$）以提高上弦及端斜压杆的承载力，并验算下弦及受拉腹杆的裂缝宽度后，可不再做次弯矩计算；对于预应力混凝土屋架，当验算下弦杆的抗力裂度、受拉腹杆的裂缝宽度后，亦可不再做次弯矩计算。对于钢筋混凝土组合屋架，因其上弦的次弯矩较大，故必须按刚接桁架进行内力计算。

5. 杆件截面设计及配筋构造要求

屋架的混凝土强度等级一般采用 C30～C50；预应力钢筋采用中强度预应力钢丝、钢绞线、消除应力钢丝等；非预应力钢筋采用 HRB400 级或 HRB500 级热轧钢筋。

当屋架有节间荷载时，上弦同时受到轴向压力和弯矩，应选取内力的不利组合按偏心受压构件进行配筋计算，一般按对称配筋设计。在屋架平面内计算上弦的跨中截面时应考虑纵向弯曲的影响，这时其计算长度 l_0 取该节间长度；计算节点处截面时可不考虑纵向弯曲的影响；上弦杆平面外的承载力可按轴心受压构件验算，这时其计算长度 l_0 取：当屋面板宽度不大于 3m，且每块板与屋架保证三点焊接时，取 3m；当为有檩体系时，可取横向支撑与屋架上弦连接点之间的距离，且连接点应有檩条贯通。

下弦当不考虑其自重产生的弯矩时，按轴心受拉构件设计。

腹杆在不同荷载效应组合下，可能受拉也可能受压，故应按轴心受拉或轴心受压构件设计。腹杆在屋架平面内的计算长度 l_0 可取 $0.8l$，但梯形屋架端斜杆应取 $l_0=l$；在屋架平面外的计算长度可取 $l_0=l$。此处 l 为腹杆长度，按轴心线交点之间的距离计算。

屋架各杆配筋构造：上弦杆纵向钢筋和预应力下弦杆的非预应力钢筋一般不少于 4 φ 12；腹杆纵向钢筋不少于 4 φ 10；箍筋均采用封闭式，直径不小于 4mm，间距在上、下弦中不大于 200mm。在腹杆中不大于 250mm。

6. 屋架的扶直和吊装验算

屋架一般为平卧制作，施工时先扶直后吊装，其受力状态与使用阶段不同，故需进行施工阶段的验算。

扶直是将屋架绕下弦转起，使下弦各节点不离地面，上弦以起吊点为支点，如图 3-96 所示。此时上弦杆在屋架平面外受力最不利，可近似将上弦视作连续梁计算其平面外的弯矩和剪力，其荷载为：上弦自重 q 及腹杆重量的一半传给上弦节点 P_1～P_4，动力系数一般取 1.5，并按此验算上弦杆的承载力和抗裂度。对于腹杆，由于其自身自重引起的弯矩很小，一般不必验算。

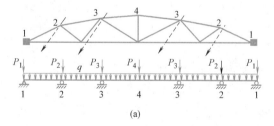
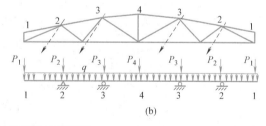

(a)　　　　　　　　　　　　　　　　　　(b)

图 3-96　屋架翻身扶直时的计算简图

屋架吊装时，其吊点设在上弦节点处，如图 3-97 所示。一般假定屋架重力荷载作用于下弦节点，动力系数取 1.5。此时，屋架上弦受拉，故需对上弦杆进行轴心受拉承载力和抗裂验算；屋架下弦受压，故需对下弦进行屋架平面外轴心受压承载力和稳定验算。由于正常工作时，屋架下弦受拉，截面尺寸较小，吊装验

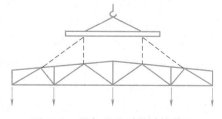

图 3-97　屋架吊装时的计算简图

算时下弦在屋架平面外的稳定不易满足要求，需采取临时固定措施，保证屋架下弦的稳定性。

3.5.2 钢筋混凝土吊车梁设计要点

吊车梁直接承受吊车荷载，是单层厂房中主要承重构件之一，对吊车的正常运行和保证厂房的纵向刚度等都起着重要的作用。本小节介绍吊车梁的设计要点，包括：受力特点，内力计算，截面验算和构造要求等。

1. 吊车梁的受力特点

装配式吊车梁是支承在柱上的简支梁，其受力特点取决于吊车荷载的特性，主要有以下四点。

1）吊车荷载是移动荷载

吊车荷载是两组移动的集中荷载，一组是移动的竖向荷载 P，另一组是移动的横向水平荷载 T（露天条件下的吊车梁，还应考虑与吊车横向水平荷载同时作用的水平风荷载）。这里的"一组"是指可能作用在吊车梁上的吊车轮子。所以既要考虑自重和 P 作用下的竖向弯曲，也要考虑自重、P 和 T 联合作用下的双向弯曲。因为是移动荷载，故要用影响线法来求出各计算截面上的最大内力或作包络图。

由结构力学知，绝对最大弯矩可按下述方法求得：设移动荷载的合力为 R，若梁的中心线平分合力 R 与其相邻的一个集中荷载的间距为 a 时，则此集中荷载所在截面就可能产生绝对最大弯矩，因为与相邻的集中荷载有左、右两个，故需作比较，其中弯矩大的就是绝对最大弯矩。在两台吊车作用时，弯矩包络图一般呈"鸡心形"，即绝对最大弯矩不在跨度中央，从绝对最大弯矩截面至支座的那段弯矩包络图可近似地取为二次抛物线。支座和跨中截面间的剪力包络图形，可近似地按直线取用，如图 3-98 所示。

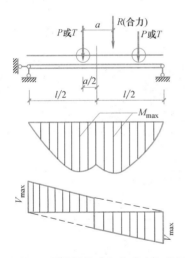

图 3-98　吊车梁的弯矩和剪力包络图

2）吊车荷载是重复荷载

实际调查表明，如果车间使用期为 50 年，则在这期间 A6、A7 工作级别吊车荷载的重复次数可达到 $(4\sim6)\times10^6$ 次，A4、A5 工作级别吊车荷载的重复次数一般可达到 2×10^6 次。直接承受这种重复荷载的结构或构件，材料会因疲劳而降低强度，所以对直接承受吊车的构件，除静力计算外，还要进行疲劳强度验算。疲劳强度验算中，荷载取用标准值，对吊车荷载要考虑动力系数，对跨度不大于 12m 的吊车梁，可取用一台最大吊车荷载。

3）吊车荷载具有动力特性

吊车荷载具有冲击和振动作用，因此在计算吊车梁及其连接的强度时，要考虑吊车荷载的动力特性，对吊车竖向荷载应乘以动力系数 μ。对悬挂吊车（包括捯链）及工作级别 A1～A5 的软钩吊车，动力系数 μ 可取为 1.05；对工作级别 A6～A8 的软钩吊车、硬钩吊车和其他特种吊车，动力系数 μ 可取为 1.1。

4）吊车荷载是偏心荷载

吊车竖向荷载 μP_{max} 和横向水平荷载 T 对吊车梁横截面的弯曲中心是偏心的，如图 3-99 所示。每个吊车轮产生的扭矩按两种情况计算：

静力计算时，考虑两台吊车：

$$m_t = (\mu P_{max} e_1 + T e_2) \times 0.7 \quad (3\text{-}59)$$

疲劳强度验算时，只考虑一台吊车，且不考虑吊车横向水平荷载的影响：

$$m_t^f = 0.8 \mu P_{max} e_1 \quad (3\text{-}60)$$

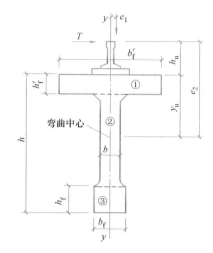

图 3-99　吊车荷载偏心示意图

式中　m_t、m_t^f——静力计算和疲劳强度验算时，由一个吊车轮产生的扭矩值，上角标 f 表示"疲劳"；

　0.7、0.8——扭矩和剪力共同作用的组合系数；

　e_1——吊车轨道对吊车梁横截面弯曲中心的偏心距，一般取 $e_1 = 20mm$；

　e_2——吊车轨顶至吊车梁模截面弯曲中心的距离，$e_2 = h_a + y_a$；

　h_a——吊车轨顶至吊车梁顶面的距离，一般可取 $h_a = 200mm$；

　y_a——吊车梁横截面弯曲中心至梁顶面的距离，按式（3-61）、式（3-62）计算。

对 T 形截面：

$$y_a = \frac{h_f'}{2} + \frac{\dfrac{h}{2}(h - h_f')b^3}{h_f' b_f'^3 + (h - h_f')b^3} \quad (3\text{-}61)$$

对工字形截面：

$$y_a = \frac{\sum(I_{yi} y_i)}{\sum I_{yi}} \quad (3\text{-}62)$$

式中　h、b 和 h_f'、b_f'——截面高度、肋宽度和翼缘的盖度和宽度；

　I_{yi}——每一分块截面①、②、③（图 3-99）对 $y\text{-}y$ 轴的惯性矩，均不考虑预留孔道、钢筋换算等因素；

　$\sum I_{yi}$——整个截面对 $y\text{-}y$ 轴的惯性矩，$\sum I_{yi} = I_{y1} + I_{y2} + I_{y3}$；

　y_i——每一分块截面的形心至梁顶面的距离。

求出 m_t、m_t^f 后，按影响线法求出总扭矩 M_t、M_t^f。

由于截面影响线与剪力影响线相同，故吊车梁的绝对最大扭矩发生在靠近支座截面处，可由剪力影响线求得总扭矩 M_t、M_t^f：

$$M_t = \sum m_{ti} y_i \quad (3\text{-}63)$$

$$M_t^f = \sum m_{ti}^f y_i \quad (3\text{-}64)$$

式中　y_i——各 m_{ti}、m_{ti}^f 对应剪力影响线的坐标值。

2. 吊车梁的截面验算

　　吊车梁是一种受力复杂的双向弯、剪、扭构件，且在使用阶段对其承载力、刚度和抗裂性要求较高，故需要按表 3-13 所示的内容进行验算。具体计算方法可参阅有关资料，此处从略。

吊车梁的截面验算项目　　　　　　　　　　　　　　　　　表 3-13

序号	验算项目			恒载	吊车		备注
					台数	荷载	
1	受弯	承载力	竖向荷载下正截面受弯	g	2	μP_{max}	注①
2			横向水平荷载下正截面受弯	—	2	T	
3		正截面抗裂	使用阶段	g	2	μP_{max}	
4			施工阶段　制作	—	—	—	注②
5			施工阶段　运输	g	—	—	动力系数取 1.5
6	受弯剪扭	承载力	斜截面	g	2	μP_{max}	
7			扭曲截面	—	2	μP_{max}	
8		斜截面抗裂		g	2	μP_{max}	
9	疲劳验算	正截面		g	1	μP_{max}	
10		斜截面		g	1	μP_{max}	
11	裂缝宽度验算			g	2	P_{max}	
12	挠度验算			g	2	P_{max}	

　　注：① g 为恒荷载，包括吊车梁及轨道连接件的重力荷载；P_{max} 为吊车最大轮压；T 为吊车横向水平自动力；μ 为吊车动力系数。
　　　　② 当为预应力混凝土吊车梁时，要进行构件制作时相应验算。

　　3. 吊车梁的构造要点
　　1）材料
　　混凝土强度等级可采用 C30～C50，顶应力混凝土吊车梁一般宜采用 C40，必要时用 C50。
　　吊车梁中的预应力钢筋可采用预应力钢丝、钢绞线或预应力螺纹钢筋；非预应力钢筋应采用 HRB400 或 HRB500 级钢筋。
　　2）截面尺寸
　　吊车梁的截面一般设计成工字形或 T 形，以减轻自重，也便于布置受力钢筋。梁截面高度与吊车起重量有关，梁高可取跨度的 1/12～1/5，一般有 600mm、900mm、1200mm 和 1500mm 四种；腹板厚度由抗剪和配筋构造要求确定，取腹板高度的 1/7～1/4，一般有 $b=$ 140mm、160mm、180mm，在梁端部分逐渐加厚至 200mm、250mm、300mm。预应力混凝土工字形等截面吊车梁的最小腹板厚度，先张法可为 120mm（竖捣）、100mm（卧捣）。后张法当考虑预应力钢筋（束）在腹板中通过时可为 140mm，在梁端头均应加厚腹板面渐变成 T 形截面。吊车梁上翼缘承受横向制动力产生的水平弯矩，上翼缘宽度可取跨度的 1/15～1/10，不小于 400mm，一般用 400mm、500mm、600mm。工字形截面的下翼缘宜小于上翼缘，由布置预应力筋的构造决定。
　　3）连接构造
　　轨道与吊车梁的连接以及吊车梁与柱的连接构造可详见有关标准图集，图 3-100 为其一般做法。其中，上翼缘与柱相连的连接角钢或连接钢板承受用车横向水平荷载的作用，按压杆计算。所有连接焊缝高度尺寸也应按计算确定，且不小于 8mm。

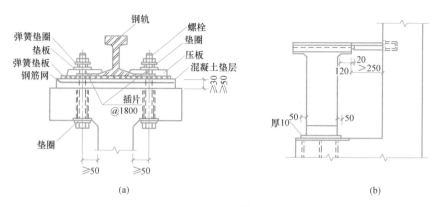

图 3-100　吊车梁的连接构造

(a) 轨道与吊车梁的连接；(b) 吊车梁与柱的连接

4）配筋构造

参照图 3-101 吊车梁配筋示意图。

纵向钢筋：因为是直接承受重复荷载的，因此纵向受力钢筋不得采用绑扎接头，也不宜采用焊接接头，并不得焊有任何附件（端头锚固除外），先张法预应力混凝土吊车梁中，除有专门锚固措施外，不应采用光面碳素钢丝；在预应力吊车梁中，上、下部预应力钢筋均应对称放置，为防止由于施加预应力而产生预拉区的裂缝和减少支座附近区段的主拉应力，宜在靠近支座附近将一部分预应力钢筋弯起，上部预应力钢筋截面面积 A_p' 应根据计算确定，一般宜为下部预应力钢筋截面面积的 1/8～1/4。

在薄腹的钢筋混凝土吊车梁中，为了防止腹中裂缝开展过宽过高，应沿肋部两侧的一定高度内设置通长的腰筋，应在下部 1/2 梁高的腹板内沿两侧配置直径 8～14mm 的腰筋，间距为 100～150mm，可以将主筋分散布置以便部分地代替这种腰筋，分散纵筋宜上疏下密，直径上小下大，并使截面有效高度 h_0 基本控制在（0.85～0.9）h 之间，如图 3-101（a）所示。在上部 1/2 梁高的腹板内沿两侧配置与梁下部相同直径的腰筋，其间距不宜大于 200mm。

箍筋：不得采用开口箍筋；箍筋直径：截面高度大于 800mm 梁，不宜小于 8mm；截面高度不大于 800mm 梁，不宜小于 6mm；梁中配有计算需要的纵向受压钢筋时，箍筋直径尚不应小于 $d/4$，d 为受压钢筋最大直径。箍筋间距应满足受剪扭承载力要求，并符合构造规定；在梁中部一般为 200～250mm，在梁端部 $l_a+1.5h$ 范围内，箍筋面积应比跨中增加 20%～25%，间距一般为 150～200mm，此处，h 为梁的跨中截面高度，l_a 为主筋锚固长度。上翼缘内的箍筋一般按构造配置，间距为 200mm 或与腹板中的箍筋间距相同。

端部构造钢筋：为了防止预应力混凝土吊车梁端部截面在放张或施加预应力时产生水平裂缝，宜将一部分预应力钢筋靠近支座区段弯起，并使预应力钢筋尽可能沿构件端部均匀布置；如预应力钢筋在构件端部不能均匀布置而需要集中布置时，应在梁端设置附加竖向钢筋网、封闭式箍筋或其他形式的构造钢筋。

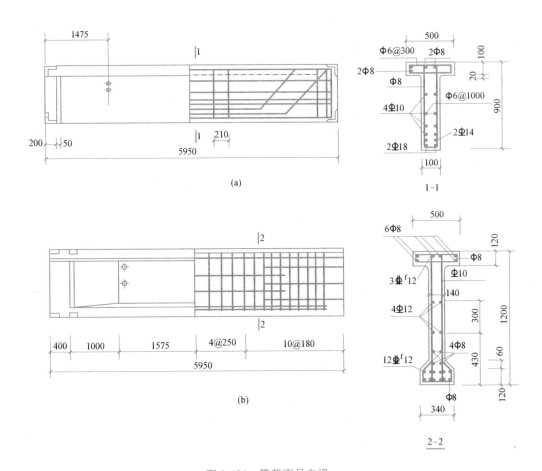

图 3-101　等截面吊车梁

（a）钢筋混凝土 T 形等截面吊车梁；（b）先张法预应力混凝土 I 形等截面吊车梁

3.6　单层厂房设计例题

3.6.1　设计题目

某金属装配车间双跨等高厂房。

3.6.2　设计内容

（1）计算排架所受的各项荷载；

（2）计算各种荷载作用下的排架内力，对于吊车荷载不考虑厂房的空间作用；

（3）柱及牛腿设计，柱下单独基础设计；

（4）绘施工图：柱模板图和配筋图，基础模板图和配筋图。

3.6.3　设计资料

1）金属结构车间为两跨厂房，跨度均为 24m，厂房总长 54m 柱距为 6m，轨顶标高

8.0m。厂房剖面如图 3-102 所示。

2）厂房每跨内设两台吊车，A4 级工作制，吊车的有关参数见表 3-14。

表 3-14

吊车的有关参数表

吊车位置	起重量 （kN）	桥跨 L_K（m）	小车重 g（kN）	最大轮压 $P_{max,k}$（kN）	大车轮距 K（m）	大车宽 B（m）	车高 H（m）	吊车总重 （kN）
左跨（AB 跨）	300/50	22.5	118	290	4.8	6.15	2.6	420
右跨（BC 跨）	200/50	22.5	78	215	4.4	5.55	2.3	320

3）建设地点为东北某城市，基本雪压 $0.35kN/m^2$，雪荷载准永久值系数分区为 I 区。基本风压 $0.55kN/m^2$，标准冻深 1.8m。厂区自然地坪下 0.8m 为回填土，回填土的下层 8m 为均匀黏性土，地基承载力特征值 $f_a=240kPa$，土的天然重度为 $17.5kN/m^3$，土质分布均匀。下层为粗砂土，地基承载力特征值 $f_a=350kPa$，地下水位 -5.5m。

4）厂房标准构件选用及荷载标准值：

（1）屋架采用跨度为 24m 梯形钢屋架，按《建筑结构荷载规范》GB 50009—2012，屋架自重标准值（包括支撑）：$0.12+0.011L$（L 为跨度，以"m"计），单位为 kN/m^2。

（2）吊车梁选用钢筋混凝土等截面吊车梁，梁高 900mm，梁宽 300mm，自重标准值 39kN/根，轨道及零件自重 0.8kN/m，轨道及垫层构造高度 200mm。

（3）天窗采用矩形纵向天窗，每榀天窗架每侧传给屋架的竖向荷载为 34kN（包括自重，侧板，窗扇支撑等自重）。

（4）天沟板自重标准值为 2.02kN/m。

（5）围护墙采用 240mm 厚面粉刷墙，自重 $5.24kN/m^2$；钢窗：自重 $0.45kN/m^2$，窗宽 4.0m，窗高见厂房剖面图（图 3-102）。维护墙直接支承于基础梁上，基础梁截面为 240mm×450mm。基础梁自重 2.7kN/m。

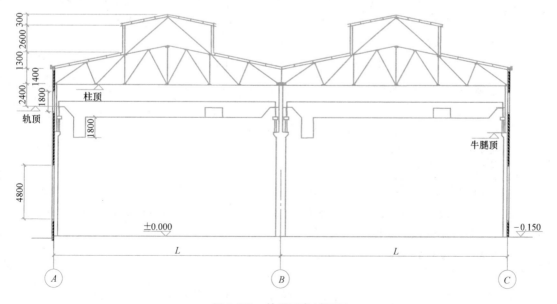

图 3-102 单层厂房剖面图

3.6.4　结构计算简图及尺寸确定

本装配车间工艺无特殊要求，荷载分布均匀。故选取具有代表性的排架进行结构设计。排架的负荷范围如图 3-103（a）所示。结构计算简图如图 3-103（b）所示。下面确定结构计算简图中的几何尺寸。

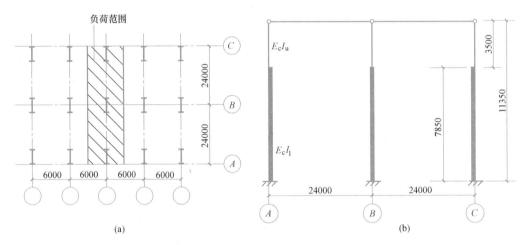

图 3-103　结构计算简图确定

1. 排架柱的高度

1）基础的埋置深度及基础高度的确定

考虑冻结深度及回填土层，选取基础底面至室外地面为 1.8m。初步估计基础的高度为 1.0m，则基础顶面标高为 −0.95m。

2）牛腿顶面标高确定

轨顶标高为 +8.0m，吊车梁高 0.9m，轨道及垫层高度为 0.2m。因此，牛腿顶标高为：8.0−0.9−0.2=6.9m。符合 300 的模数（允许有 ±200mm 的偏差）。

3）上柱顶标高的确定

如图 3-102 所示，上柱顶距轨顶 2.4m，则上柱顶的标高为 10.4m。

4）计算简图中上柱和下柱的高度尺寸确定

上柱高：H_u=10.4−6.9=3.5m；

下柱高：H_l=6.9+0.95=7.85m；

柱的总高度：H=3.5+7.85=11.35m。

2. 柱截面尺寸确定

上柱选矩形截面，下柱选工字形截面：由表 3-12 确定柱的截面尺寸，并考虑构造要求。

对于下柱截面高度 h：由于下柱高 H_l=7.85m，吊车梁及轨道构造高度为 1.1m，因此，基础顶至吊车梁顶的高度 H_k=7.85+1.1=8.95m。

下柱截面高度：$h \geqslant H_k/9$=(8.95/9)m=0.994m。

下柱截面宽度：$B \geqslant H_l/20$=(7.85/20)m=0.3925m，并且 $B \geqslant 400$mm。

对于上柱截面主要考虑构造要求，一般截面尺寸不小于 400mm×400mm。

对于本设计边柱，即 A、C 轴柱（图 3-104a）：

上柱取 $b \times h = 400\text{mm} \times 400\text{mm}$；

下柱取 $b_f \times h \times b = 400\text{mm} \times 1000\text{mm} \times 120\text{mm}$。

对于本设计中柱，即 B 轴柱（图 3-104b）：

上柱取 $b \times h = 400\text{mm} \times 600\text{mm}$；

下柱取 $b_f \times h \times b = 400\text{mm} \times 1200\text{mm} \times 120\text{mm}$。

均满足上述要求。

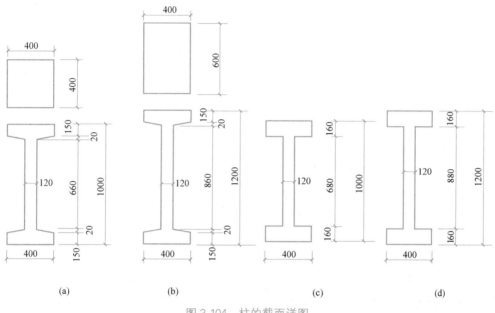

图 3-104　柱的截面详图

（a）A、C 轴柱详图；（b）B 轴柱详图；（c）A、C 轴下柱计算简图；（d）B 轴下柱计算简图

3. 截面几何特征和柱的自重计算

截面几何特征包括：截面面积 A，排架方向惯性矩 I_x 和回转半径 i_x，垂直于排架方向惯性矩 I_y 和回转半径 i_y，单位长度柱的自重用 G 表示，下柱工字形截面的翼缘取平均厚度计算。

1）A、C 轴柱截面几何特征

上柱（图 3-104a）：

$A = 400\text{mm} \times 400\text{mm} = 160 \times 10^3 \text{mm}^2$；$G = 25 \times 0.16\text{kN/m} = 4.0\text{kN/m}$；

$I_x = I_y = (1/12) \times 400 \times 400^3 \text{mm}^4 = 21.33 \times 10^8 \text{mm}^4$；$i_x = i_y = (I_x/A)^{1/2} = 115.5\text{mm}$。

下柱（图 3-104c）：

$A = 400 \times 160 \times 2 + 120 \times 680 = 209.6 \times 10^3 \text{mm}^2$；$G = 25 \times 0.2096 = 5.24\text{kN/m}$；

$I_x = [(1/12) \times 400 \times 1000^3 - (1/12) \times (400-120) \times 680^3]\text{mm}^4 = 259.97 \times 10^8 \text{mm}^4$；

$I_y = [2 \times (1/12) \times 160 \times 400^3 + (1/12) \times 680 \times 120^3]\text{mm}^4 = 18.05 \times 10^8 \text{mm}^4$；

$i_x = (I_x/A)^{1/2} = 352.18\text{mm}$；$i_y = (I_y/A)^{1/2} = 92.80\text{mm}$。

2）中柱 B 轴柱截面几何特征

计算从略。

各柱的截面几何特征列于表 3-15。

各柱的截面几何特征 表 3-15

柱号	截面面积 $A(mm^2)$	截面沿排架方向惯性矩 $I_x(mm^4)$	截面沿垂直于排架方向惯性矩 $I_y(mm^4)$	截面沿排架方向回转半径 $i_x(mm)$	截面沿垂直于排架方向回转半径 $i_y(mm)$	单位长度柱自重 $G(kN/m)$
A、C 上柱	$160.0×10^3$	$21.33×10^8$	$21.33×10^8$	115.50	115.50	4.00
A、C 下柱	$209.6×10^3$	$259.97×10^8$	$18.05×10^8$	352.18	92.80	5.24
B 上柱	$240.0×10^3$	$72×10^8$	$32×10^8$	173.2	115.50	6.00
B 下柱	$233.6×10^3$	$416.99×10^8$	$18.33×10^8$	422.5	88.58	5.83

3.6.5 荷载计算

1. 恒荷载标准值与计算简图的确定

1）屋盖结构自重标准值（G_{1K}）

屋面均布荷载汇集：

高聚物改性沥青卷材防水层（自带保护）
与防水层配套的结合层 $\Big\}$ $0.45kN/m^2$

25mm 厚水泥砂浆找平层 $0.5kN/m^2$

100mm 厚珍珠岩制品保温层 $0.4kN/m^2$

冷底子油隔气层（荷载忽略不计）

25mm 厚水泥砂浆找平层 $0.5kN/m^2$

板缝处理：粘贴 300mm 宽高聚物改性沥青卷材
细石混凝土灌缝 $\Big\}$ $1.4kN/m^2$
1.5m×6m 预应力大型屋面板

屋架自重标准值（包括支撑）：$0.12+0.011L=0.12+0.011×24=0.384kN/m^2$

合计 $3.634kN/m^2$

屋盖结构自重由屋架传给排架柱的柱顶 G_{1K} 按负荷范围计算（图 3-105a）：

屋面结构传来 $3.634×6×24×0.5=261.65kN$

天窗架传来 $34kN$

天沟板传来 $2.02×6=12.12kN$

合计 $G_{1K}=307.77kN$

对于 A、C 轴柱：$G_{1AK}=G_{1CK}=307.77kN$，对柱顶的偏心距：

$e_{1A}=e_{1C}=200-150=50mm$，如图 3-105（a）所示。

对于中柱：

$G_{1BK}=2G'_{1BK}=2×307.77kN=615.54kN$。

对柱顶的偏心距 $e_{1B}=0$，如图 3-105（b）所示。

2）上柱自重 G_{2K}（图 3-106）

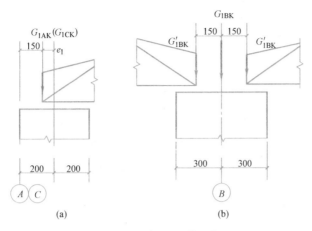

图 3-105　各柱 G_{1K} 作用位置

对于边柱（A、C 轴柱）：$G_{2AK}=G_{2CK}=4\times3.5kN=14kN$。

其偏心距：$e_{2A}=e_{2C}=500-200=300mm$。

对于中柱（B 轴柱）：$G_{2BK}=6\times3.5kN=21kN$。其偏心距 $e_{2B}=0$。

3）吊车梁、轨道与零件的自重 G_{3K}（图 3-106）

边柱牛腿处：$G_{3AK}=G_{3CK}=39kN+0.8\times6kN=43.8kN$。

其偏心距 $e_{3A}=e_{3C}=750mm-500mm=250mm$。

对于中柱牛腿处：$G_{3BK左}=G_{3BK右}=43.8kN$，其偏心距 $e_{3B左}=e_{3B右}=750mm$。

4）下柱自重 G_{4K}（图 3-106）

对于边柱：$G_{4AK}=G_{4CK}=7.85\times5.24\times1.1kN=45.25kN$，其偏心距 $e_{4A}=e_{4C}=0$。

对于中柱：$G_{4BK}=7.85\times5.83\times1.1kN=50.34kN$，其偏心距 $e_{4B}=0$。

5）连系梁、基础梁与上部墙体自重（G_{5K}、G_{6K}）（图 3-106）

由于只在基础顶设置基础梁，因此，基础梁与上部墙体自重直接传给基础，故 $G_{5K}=0$。

为了确定墙体的荷载，需要计算墙体的净高：基础顶标高为 $-0.950m$；轨顶标高 $+8.00m$；根据单层厂房剖面图，檐口标高为 $8+2.4+1.4=+11.8m$；基础梁高为 $0.45m$；因此，墙体净高为 $(11.8+0.95-0.45)m=12.3m$。窗宽 $4m$，窗高 $(4.8+1.8)m=6.6m$。

基础梁上墙体自重：$5.24\times[12.3\times6-4\times(4.8+1.8)]kN+0.45\times4\times(4.8+1.8)kN=260.3kN$。

基础梁自重：$2.7\times6=16.2kN$。

基础梁与上部墙体自总重：$G_{6AK}=G_{6CK}=260.3kN+16.2kN=276.5kN$。

这项荷载直接作用在基础顶面，对下柱中心线的偏心距为：

$e_{6A}=e_{6C}=120mm+500mm=620mm$。中柱列没有维护墙，$G_{6BK}=0$。

各永久荷载的大小和作用位置如图 3-106 所示。

6）恒荷载计算简图的确定

柱顶的偏心压力除了对柱顶存在偏心力矩外，由于边柱上下柱截面形心不重合，因此对下柱顶也存在偏心力矩。现把图 3-106 所示的排架结构，在永久荷载作用下的计算简图

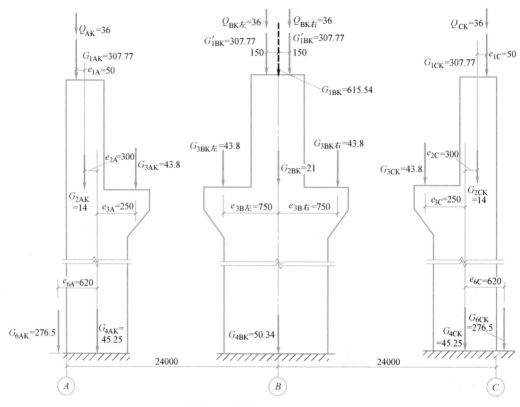

图 3-106　各永久荷载、活荷载的大小（kN）和作用位置（mm）

介绍如下，对于其他的竖向荷载也采用相同的分析方法。

$G'_{1AK} = G_{1AK} = 307.77\text{kN} = G'_{1CK}$；

$G'_{2AK} = G_{2AK} + G_{3AK} = 14\text{kN} + 43.8\text{kN} = 57.8\text{kN} = G'_{2CK}$；

$G'_{1BK} = G_{1BK} = 615.54\text{kN}$；

$G'_{2BK} = G_{2BK} + G_{3BK左} + G_{3BK右} = 21.0\text{kN} + 43.8 \times 2\text{kN} = 108.6\text{kN}$；

$G'_{4AK} = G_{4AK} = 45.25\text{kN} = G'_{4CK}$；

$G'_{4BK} = G_{4BK} = 50.34\text{kN}$。

A、C 轴柱（边柱）各截面弯矩计算：

柱顶：$M_{1AK} = M_{1CK} = 307.77 \times 0.05 = 15.39\text{kN} \cdot \text{m}$

牛腿顶面：$M_{2AK} = M_{2CK} = [(307.77 + 14) \times 0.3 - 43.8 \times 0.25] = 85.58\text{kN} \cdot \text{m}$

对于中柱，由于结构对称荷载对称，因此中柱不存在弯矩作用。

排架结构在永久荷载作用下的计算简图如图 3-107 所示。

2. 屋面活荷载计算简图的确定

按《建筑结构荷载规范》GB 50009—2012，屋面活荷载标准值：0.5kN/m²，屋面雪荷载：0.35kN/m²，不考虑积灰荷载，故仅按屋面活荷载计算。

由屋架传给排架柱的屋面活荷载标准值，按图 3-103（a）所示的负荷范围计算：

$$Q_{AK} = Q_{BK左} = Q_{BK右} = Q_{CK}$$
$$= 0.5 \times 6 \times 24 \times 0.5\text{kN} = 36\text{kN}$$

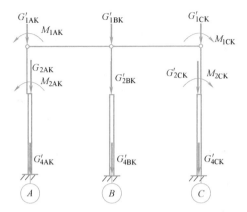

图 3-107　永久荷载作用下双跨排架的计算简图

各 Q_K 的作用位置与相应柱顶各恒荷载的位置相同，如图 3-106 所示。

屋面活荷载作用下排架结构计算简图的确定（图 3-108）：

对于双跨单层厂房，应考虑各跨分别有屋面活荷载对结构所产生的影响。各柱顶、牛腿顶面弯矩计算方法与永久荷载相同。

1）AB 跨有活荷载时

柱顶：$Q'_{AK}=Q_{AK}=36.0\text{kN}$；$Q'_{BK}=Q_{BK左}=36.0\text{kN}$；

$M_{1AK}=36\times0.05\text{kN}\cdot\text{m}=1.8\text{kN}\cdot\text{m}$；$M_{1BK}=36\times0.15\text{kN}\cdot\text{m}=5.4\text{kN}\cdot\text{m}$。

牛腿顶面：$M_{2AK}=36\times0.3=10.8\text{kN}\cdot\text{m}$；$M_{2BK}=0$。

2）BC 跨有活荷载时

柱顶：$Q'_{CK}=Q_{CK}=36\text{kN}$；$Q'_{BK}=Q_{BK右}=36\text{kN}$；

$M_{1CK}=36\times0.05\text{kN}\cdot\text{m}=1.8\text{kN}\cdot\text{m}$；$M_{1BK}=36\times0.15\text{kN}\cdot\text{m}=5.4\text{kN}\cdot\text{m}$。

牛腿顶面：$M_{2CK}=36\times0.3\text{kN}\cdot\text{m}=10.8\text{kN}\cdot\text{m}$；$M_{2BK}=0$。

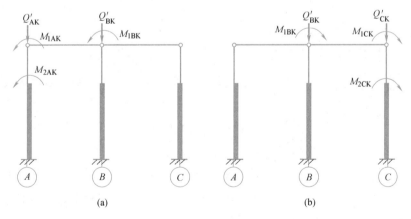

图 3-108　活荷载作用下双跨排架的计算简图
（a）AB 跨有活荷载作用；（b）BC 跨有活荷载作用

3. 吊车荷载标准值计算与计算简图的确定

AB 跨吊车为两台 300/50 吊车，BC 跨吊车为两台 200/50 吊车，均为 A4 工作级别，计算参数见表 3-14。

最小轮压计算：

AB 跨：$p_{\min,k}=\dfrac{G_{1,k}+G_{2,k+Q}}{2}-p_{\max,k}=\left(\dfrac{420+300}{2}-290\right)kN=70.0kN$

BC 跨：$p_{\min,k}=\dfrac{G_{1,k}+G_{2,k+Q}}{2}-p_{\max,k}=\left(\dfrac{320+200}{2}-215\right)kN=45.0kN$

1）吊车对排架产生的竖向荷载 $D_{\max,k}$、$D_{\min,k}$ 的计算

吊车竖向荷载 $D_{\max,k}$、$D_{\min,k}$ 的计算，按每跨 2 台吊车同时工作且达到最大起重量考虑。按表 3-3 确定吊车荷载的折减系数为 $\beta=0.9$。

AB 跨吊车对排架产生的竖向荷载 $D_{\max,k}$、$D_{\min,k}$ 的计算（图 3-109a）：

$$D_{\max,k}=\beta p_{\max,k}\sum y_i=0.9\times290\times\left(1+\dfrac{1.2}{6}+\dfrac{4.65}{6}\right)kN=515.48kN$$

$$D_{\min,k}=\dfrac{p_{\min,k}}{p_{\max,k}}D_{\max,k}=\dfrac{70.0}{290.0}\times515.48kN=124.43kN$$

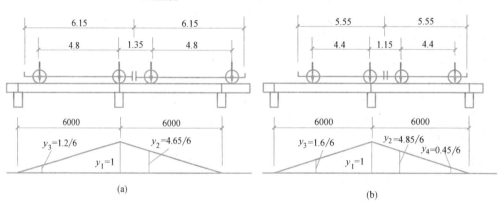

(a)   (b)

图 3-109   吊车荷载的计算

（a）AB 跨吊车；（b）BC 跨吊车

BC 跨吊车对排架产生的竖向荷载 $D_{\max,k}$、$D_{\min,k}$ 的计算（图 3-109b）：

$$D_{\max,k}=\beta_{p\max,k}\sum y_i=0.9\times215\times\left(1+\dfrac{1.6}{6}+\dfrac{4.85}{6}+\dfrac{0.45}{6}\right)kN=416.03kN$$

$$D_{\min,k}=\dfrac{p_{\min,k}}{p_{\max,k}}D_{\max,k}=\dfrac{45.0}{215.0}\times416.03kN=87.08kN$$

2）吊车对排架产生的水平荷载 $T_{\max,k}$ 的计算

吊车水平荷载 $T_{\max,k}$ 的计算，按每跨 2 台吊车同时工作且达到最大起重量考虑。吊车荷载的折减系数为 $\beta=0.9$，吊车水平力系数 $\alpha=0.1$。吊车水平荷载的计算也可利用吊车竖向荷载计算时吊车梁支座反力影响线求得。

（1）AB 跨吊车水平荷载 $T_{\max,k}$（图 3-109a）

每个车轮传递的水平力的标准值：

$$T_{i,k}=\dfrac{1}{4}\alpha(G_{2,k}+Q)=\dfrac{1}{4}\times0.1\times(118+300)kN=10.45kN$$

AB 跨吊车传给排架的水平荷载标准值：

$$T_{\max,\mathrm{k}} = \frac{T_{i,\mathrm{k}}}{p_{\max,\mathrm{k}}} D_{\max,\mathrm{k}} = \frac{10.45}{290} \times 515.48\mathrm{kN} = 18.58\mathrm{kN}$$

（2）BC 跨吊车水平荷载 $T_{\max,\mathrm{k}}$（图 3-109b）

每个车轮传递的水平力的标准值：

$$T_{i,\mathrm{k}} = \frac{1}{4}\alpha(G_{2,\mathrm{k}}+Q) = \frac{1}{4} \times 0.1 \times (78+200)\mathrm{kN} = 6.95\mathrm{kN}$$

则 BC 跨吊车传给排架的水平荷载标准值：

$$T_{\max,\mathrm{k}} = \frac{T_{i,\mathrm{k}}}{p_{\max,\mathrm{k}}} D_{\max,\mathrm{k}} = \frac{6.95}{215} \times 416.03\mathrm{kN} = 13.45\mathrm{kN}$$

各跨吊车水平荷载 $T_{\max,\mathrm{k}}$ 作用在吊车梁顶面，即作用在距吊车梁顶 0.9m 处。

3）吊车荷载作用下排架结构计算简图的确定

吊车竖向荷载 $D_{\max,\mathrm{k}}$、$D_{\min,\mathrm{k}}$ 的作用位置对下柱中心的偏心距：边柱为 $e_3 = 0.25\mathrm{m}$，中柱为 $e_3 = 0.75\mathrm{m}$。吊车竖向荷载作用下对于双跨厂房，当两跨均有吊车时，应考虑四种情况（图 3-110）。

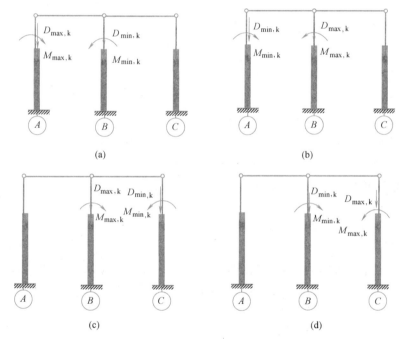

图 3-110 $D_{\max,\mathrm{k}}$、$D_{\min,\mathrm{k}}$ 作用下双跨排架的计算简图

(a) AB 跨有吊车 $D_{\max,\mathrm{k}}$ 在 A 柱右；(b) AB 跨有吊车 $D_{\max,\mathrm{k}}$ 在 B 柱左；
(c) BC 跨有吊车 $D_{\max,\mathrm{k}}$ 在 B 柱右；(d) BC 跨有吊车 $D_{\max,\mathrm{k}}$ 在 C 柱左

AB 跨吊车荷载对排架柱产生的偏心弯矩计算如下：

A 柱右：$\begin{cases} M_{\max,\mathrm{k}} = D_{\max,\mathrm{k}}e_3 = 515.48 \times 0.25\mathrm{kN} \cdot \mathrm{m} = 128.87\mathrm{kN} \cdot \mathrm{m} \\ M_{\min,\mathrm{k}} = D_{\min,\mathrm{k}}e_3 = 124.43 \times 0.25\mathrm{kN} \cdot \mathrm{m} = 31.11\mathrm{kN} \cdot \mathrm{m} \end{cases}$

B 柱左：$\begin{cases} M_{\max,\mathrm{k}} = D_{\max,\mathrm{k}}e_3 = 515.48 \times 0.75\mathrm{kN} \cdot \mathrm{m} = 386.61\mathrm{kN} \cdot \mathrm{m} \\ M_{\min,\mathrm{k}} = D_{\min,\mathrm{k}}e_3 = 124.43 \times 0.75\mathrm{kN} \cdot \mathrm{m} = 93.32\mathrm{kN} \cdot \mathrm{m} \end{cases}$

BC 跨吊车荷载对排架柱产生的偏心弯矩计算如下：

C 柱左：$\begin{cases} M_{\max,k}=D_{\max,k}e_3=416.03\times0.25\text{kN}\cdot\text{m}=104.01\text{kN}\cdot\text{m} \\ M_{\min,k}=D_{\min,k}e_3=87.08\times0.25\text{kN}\cdot\text{m}=21.77\text{kN}\cdot\text{m} \end{cases}$

B 柱右：$\begin{cases} M_{\max,k}=D_{\max,k}e_3=416.03\times0.75\text{kN}\cdot\text{m}=312.02\text{kN}\cdot\text{m} \\ M_{\min,k}=D_{\min,k}e_3=87.08\times0.75\text{kN}\cdot\text{m}=65.31\text{kN}\cdot\text{m} \end{cases}$

在吊车水平荷载作用下，按两台吊车单独作用不同的跨内，考虑到 $T_{\max,k}$ 即可以向左又可以向右，在吊车水平荷载作用下双跨排架的计算简图应考虑四种情况（图 3-111）。吊车水平荷载作用在吊车梁的顶面，即牛腿上 0.9m 处的位置。

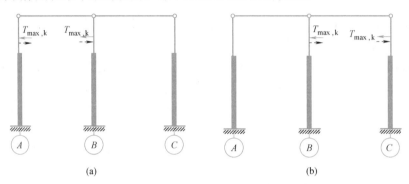

图 3-111　$T_{\max,k}$ 作用下双跨排架计算的计算简图

（a）AB 跨有吊车 $T_{\max,k}$ 向左、右；（b）BC 跨有吊车 $T_{\max,k}$ 向左、右

4. 风荷载标准值计算与计算简图确定

风荷载体型系数参见附表 3-1，如图 3-112 所示。本地区基本风压 $w_0=0.55\text{kN/m}^2$。

柱顶标高为 $+10.4\text{m}$，室外天然地坪标高为 -0.15m，柱顶至檐口高度为 1.4m，檐口至天窗底为 1.3m，图 3-112 中 $a=18\text{m}$，$h=2.6\text{m}$，地面粗糙度为 B 类，排架计算单元宽度 $B=6\text{m}$。

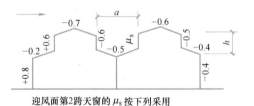

迎风面第2跨天窗的 μ_s 按下列采用
当 $a\leqslant4h$ 时，取 $\mu_s=+0.2$
当 $a>4h$ 时，取 $\mu_s=+0.6$

图 3-112　风荷载体型系数的确定

在左风情况下，天窗处的 μ_s 根据图 3-112 确定：$a=18\text{m}$，$h=2.6\text{m}$，因此 $a>4h$，所以 $\mu_s=+0.6$。

风压高度变化系数 μ_Z 的确定：

柱顶至室外地面的高度为：

$Z=(10.4+0.15)\text{m}=10.55\text{m}$

天窗檐口至室外地面的高度为：$Z=(10.55+1.4+1.3+2.6)\text{m}=15.85\text{m}$

由附表 3-2 按线性内插法确定 μ_z：

柱顶：$\mu_z=1.0+\dfrac{(10.55-10)\times(1.14-1.0)}{15-10}=1.02$

天窗檐口处：$\mu_z=1.0+\dfrac{(15.85-10)\times(1.14-1.0)}{15-10}=1.16$

左风情况下风荷载的标准值（图 3-113a）：

$q_{1k}=\mu_{s1}\mu_z w_0 B=0.8\times1.02\times0.55\times6\text{kN/m}=2.69\text{kN/m}$

$q_{1k}=\mu_{s1}\mu_z w_0 B=0.4\times1.02\times0.55\times6\text{kN/m}=1.35\text{kN/m}$

柱顶以上的风荷载可转化为一个水平集中力计算（图 3-113a），其风压高度变化系数统一按天窗檐口处 $\mu_z=1.16$ 取值。其标准值为：

$$F_{wk}=\sum\mu_s\mu_z w_0 B h_i=\mu_z w_0 B\sum\mu_s h_i$$
$$=1.16\times0.55\times6\times[(0.8+0.4)\times1.4+(0.4-0.2+0.5-0.5)\times1.3+$$
$$(0.6+0.6+0.6+0.5)\times2.6+(0.7-0.4+0.6-0.6)\times0.3]\text{kN}=30.32\text{kN}$$

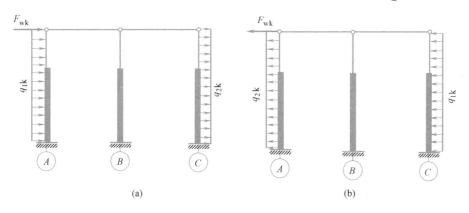

图 3-113 风荷载作用下双跨排架的计算简图

(a) 左风；(b) 右风

右风情况荷载大小不变，方向相反（图 3-113b）。

3.6.6 排架结构内力分析及内力组合

本厂房为两跨等高排架结构，可用剪力分配法进行内力计算，不考虑厂房的空间作用。这里规定柱顶不动铰支座反力 R、柱顶剪力 V 和水平荷载自左向右为正，截面弯矩以柱左侧受拉为正，柱的轴力以受压为正。

1. 各柱剪力分配系数的确定

各柱的截面几何特征见表 3-15。各柱剪力分配系数的确定参见【例 3-3】。

各柱的剪力分配系数为：$\eta_A=0.26$；$\eta_B=0.48$；$\eta_C=0.26$。

2. 永久荷载（标准值）作用下排架的内力分析

计算简图如图 3-107 所示。只对弯矩 M 作用进行排架分析，对图 3-107 中的竖向荷载所产生的轴力直接累加。

各柱顶不动铰支座的支座反力计算：

A 柱：$\lambda=H_u/H=3.5/11.35=0.308$；$n=I_u/I_l=21.33\times10^8/259.97\times10^8=0.082$。

柱顶不动铰支座的反力系数参见附表 6-1。

$$C_1=1.5\frac{1-\lambda^2\left(1-\dfrac{1}{n}\right)}{1+\lambda^3\left(\dfrac{1}{n}-1\right)}=1.5\times\frac{1-0.308^2\times\left(1-\dfrac{1}{0.082}\right)}{1+0.308^3\times\left(\dfrac{1}{0.082}-1\right)}=2.331$$

$$C_3 = 1.5 \frac{1-\lambda^2}{1+\lambda^3\left(\dfrac{1}{n}-1\right)} = 1.5 \times \frac{1-0.308^2}{1+0.308^3 \times \left(\dfrac{1}{0.082}-1\right)} = 1.02$$

$$R_A = \frac{M_{1AK}}{H}C_1 + \frac{M_{2AK}}{H}C_3 = \frac{15.39}{11.35} \times 2.331 + \frac{85.58}{11.35} \times 1.02\,\text{kN} = 10.85\,\text{kN} \ (\rightarrow)$$

B 柱：$R_B = 0$。

C 柱：$R_C = -R_A = -10.85\,\text{kN}\ (\leftarrow)$

所以，排架柱顶不动铰支座反力之和 $R = R_A + R_B + R_C = 0$。

各柱顶的实际剪力为：$V_A = R_A = 10.85\,\text{kN}\ (\rightarrow)$；$V_B = 0$；$V_C = -10.85\,\text{kN}\ (\leftarrow)$。

各柱顶的实际剪力求出后，即可按悬臂柱进行内力计算。

A 轴柱弯矩及柱底剪力计算：

柱顶弯矩为其偏心力矩：$M = -15.39\,\text{kN} \cdot \text{m}$；

上柱底弯矩：$M = -15.39 + 10.85 \times 3.5 = 22.58\,\text{kN} \cdot \text{m}$；

下柱顶弯矩：$M = 22.58 - 85.58 = -63.0\,\text{kN} \cdot \text{m}$；

下柱底弯矩：$M = (10.85 \times 11.35 - 15.39 - 85.58) = 22.18\,\text{kN} \cdot \text{m}$；

柱底剪力与柱顶相等方向向左（$\leftarrow$）。

A 柱弯矩图如图 3-114 所示。C 柱各截面弯矩计算方法同 A 柱，只是符号相反，不再详述。B 柱无弯矩和剪力。

各柱的轴力计算过程如下：

A、C 轴柱：

柱顶：$N = 307.77\,\text{kN}$；上柱底：$N = (307.77 + 14)\,\text{kN} = 321.77\,\text{kN}$；

下柱顶：$N = (321.77 + 43.8)\,\text{kN} = 365.57\,\text{kN}$；下柱底：$N = (365.57 + 45.25)\,\text{kN} = 410.82\,\text{kN}$。

B 轴柱：

柱顶：$N = 615.54\,\text{kN}$；上柱底：$N = (615.54 + 21)\,\text{kN} = 636.54\,\text{kN}$；

下柱顶：$N = (636.54 + 43.8 \times 2)\,\text{kN} = 724.14\,\text{kN}$；下柱底：$N = (724.14 + 50.34)\,\text{kN} = 774.48\,\text{kN}$。

排架的弯矩图、柱底剪力（向左为正）和轴力图如图 3-114 所示。

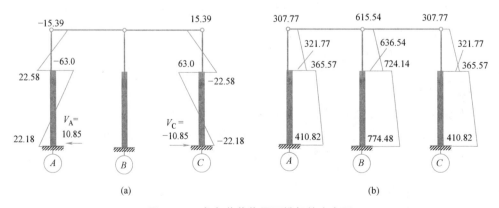

图 3-114　永久荷载作用下排架的内力图

(a) 弯矩（kN·m）图和柱底剪力（kN）；(b) 轴力（kN）图

3. 屋面活荷载（标准值）作用下排架内力分析

1）AB 跨有活荷载（图 3-108a）

各柱顶不动铰支座的支座反力计算：

A 柱：$C_1 = 2.331$；$C_3 = 1.02$。则：

$$R_A = \frac{M_{1AK}}{H}C_1 + \frac{M_{2AK}}{H}C_3 = 1.341\text{kN}(\rightarrow)$$

B 柱（不动铰支座的反力系数见附表 6-1）：$\lambda = H_u/H = 0.308$；$n = I_u/I_l = 0.173$。

$$C_1 = 1.5\frac{1-\lambda^2\left(1-\dfrac{1}{n}\right)}{1+\lambda^3\left(\dfrac{1}{n}-1\right)} = 1.5\times\frac{1-0.308^2\times\left(1-\dfrac{1}{0.173}\right)}{1+0.308^3\times\left(\dfrac{1}{0.173}-1\right)} = 1.912$$

$$R_B = \frac{M_{1bK}}{H}C_1 = \frac{5.4}{11.35}\times1.912 = 0.910\text{kN}(\rightarrow)$$

C 柱：$R_C = 0$。

所以，排架柱顶不动铰支座的支座反力之和 $R = R_A + R_B + R_C = 2.251\text{kN}$（→）。

各柱顶的实际剪力为：

$$V_A = R_A - \eta_A R = (1.341 - 0.26\times2.251)\text{kN} = 0.756\text{kN}(\rightarrow)$$
$$V_B = R_B - \eta_B R = (0.91 - 0.48\times2.251)\text{kN} = -0.170\text{kN}(\leftarrow)$$
$$V_C = R_C - \eta_C R = (0 - 0.26\times2.251)\text{kN} = -0.585\text{kN}(\leftarrow)$$

验算：$\sum V_i = V_A + V_B + V_C = (0.756 - 0.170 - 0.585)\text{kN} = 0.001\text{kN} \approx 0$ 计算无误。

求出各柱顶剪力，即可计算各柱弯矩，其原理与永久荷载下柱弯矩计算一致，在此不再介绍。

排架的弯矩图、柱底剪力（向左为正）和轴力图如图 3-115 所示。

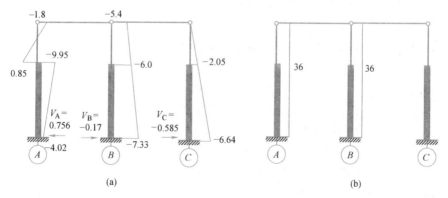

图 3-115　AB 跨有屋面活荷载时排架的内力图

(a) 弯矩（kN·m）图和柱底剪力（kN）；(b) 轴力（kN）图

2）BC 跨有活荷载（图 3-108b）

由于结构对称，BC 跨与 AB 跨上荷载相同，故只需对图 3-115 中内力图调整即可，内力图如图 3-116 所示。

4. 吊车竖向荷载（标准值）作用下排架内力分析

吊车竖向荷载作用下结构计算简图参见图 3-110。

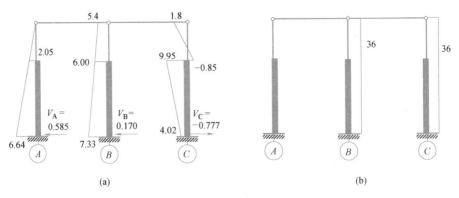

图 3-116　BC 跨有屋面活荷载时排架的内力图

(a) 弯矩（kN·m）图和柱底剪力（kN）；(b) 轴力（kN）图

1）AB 跨有吊车荷载，$D_{\max,k}$ 作用在 A 柱右，$D_{\min,k}$ 作用在 B 柱左时排架内力分析其计算简图如图 3-110（a）所示。

各柱顶不动铰支座的支座反力：

A 柱：$C_3 = 1.02$；$R_A = \dfrac{M_{\max,k}}{H} C_3 = \dfrac{128.87}{11.35} \times 1.02 = -11.58 \text{kN}(\leftarrow)$。

B 柱：柱顶不动铰支座的反力系数，参见附表 6-1。

$\lambda = H_u / H = 0.308$；$n = I_u / I_l = 0.173$

$$C_3 = 1.5 \frac{1-\lambda^2}{1+\lambda^3\left(\dfrac{1}{n}-1\right)} = 1.5 \times \frac{1-0.308^2}{1+0.308^3 \times \left(\dfrac{1}{0.173}-1\right)} = 1.191$$

$$R_B = \frac{M_{\min,k}}{H} C_3 = \frac{93.32}{11.35} \times 1.191 = 9.79 \text{kN}(\rightarrow)$$

C 柱：$R_C = 0$。

所以，排架柱顶不动铰支座反力之和 $R = R_A + R_B + R_C = -1.79 \text{kN}(\leftarrow)$。

各柱顶的实际剪力为：

$V_A = R_A - \eta_A R = (-11.58 + 0.26 \times 1.79) \text{kN} = -11.11 \text{kN}(\leftarrow)$

$V_B = R_B - \eta_B R = (9.79 + 0.48 \times 1.79) \text{kN} = 10.65 \text{kN}(\rightarrow)$

$V_C = R_C - \eta_C R = (0 + 0.26 \times 1.79) \text{kN} = 0.47 \text{kN}(\rightarrow)$

验算：$\sum V_i = V_A + V_B + V_C = -11.11 + 10.65 + 0.47 = 0.01 \approx 0$，计算无误。

各柱顶的实际剪力求出后，即可按悬臂柱进行内力计算。

A 轴柱弯矩及柱底剪力计算：

上柱顶弯矩：$M = 0$；

上柱底弯矩：$M = -11.11 \times 3.5 \text{kN·m} = -38.89 \text{kN·m}$；

下柱顶弯矩：$M = (-38.89 + 128.87) \text{kN·m} = 89.98 \text{kN·m}$；

下柱底弯矩：$M = (-11.11 \times 11.35 + 128.87) \text{kN·m} = -2.77 \text{kN·m}$。

柱底剪力与柱顶相等，方向向右（$\rightarrow$）。下柱轴力为吊车竖向荷载。

B、C 轴柱弯矩及柱底剪力计算从略。

排架的弯矩图、柱底剪力和轴力图如图 3-117 所示。

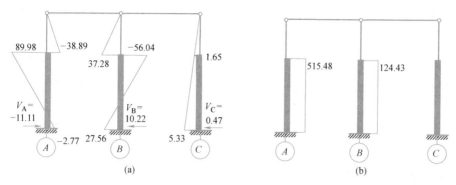

图 3-117 *AB* 跨有吊车 $D_{max,k}$ 在 *A* 柱时排架的内力图

(a) 弯矩（kN·m）图和柱底剪力（kN）图；(b) 轴力（kN）图

2）*AB* 跨有吊车荷载 $D_{max,k}$ 作用在 *B* 柱左，$D_{min,k}$ 作用在 *A* 柱右时排架内力分析其计算简图如图 3-110（b）所示。

各柱顶不动铰支座的支座反力：

A 柱：$C_3=1.02$；$R_A=\dfrac{M_{min,k}}{H}C_3=\dfrac{31.11}{11.35}\times1.02kN=-2.80kN(\leftarrow)$；

B 柱：$C_3=1.191$；$R_B=\dfrac{M_{max,k}}{H}C_3=\dfrac{386.61}{11.35}\times1.191kN=40.57kN(\rightarrow)$；

C 柱：$R_C=0$。

所以，排架柱顶不动铰支座反力之和 $R=R_A+R_B+R_C=3.77kN(\rightarrow)$。

各柱顶的实际剪力为：

$V_A=R_A-\eta_AR=(-2.80-0.26\times37.77)kN=-12.62kN(\leftarrow)$；

$V_B=R_B-\eta_BR=(40.57-0.48\times37.77)kN=22.44kN(\rightarrow)$；

$V_C=R_C-\eta_CR=(0-0.26\times37.77)kN=-9.82kN(\leftarrow)$；

验算：$\sum V_i=V_A+V_B+V_C=(-12.62+22.44-9.82)kN=0$，计算无误。

各柱弯矩、柱底剪力及柱轴力计算从略。

排架的弯矩图、柱底剪力（向左为正）和轴力图如图 3-118 所示。

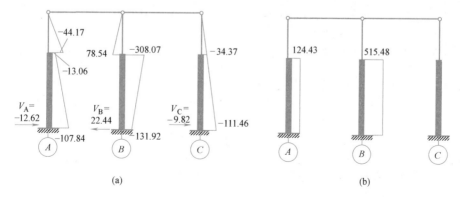

图 3-118 *AB* 跨有吊车 $D_{max,k}$ 在 *B* 柱时排架的内力图

(a) 弯矩（kN·m）图和柱底剪力（kN）；(b) 轴力（kN）图

3）BC 跨有吊车荷载，$D_{\max,k}$ 作用在 B 柱右，$D_{\min,k}$ 作用在 C 柱左时排架内力分析其计算简图如图 3-110（c）所示。

各柱顶不动铰支座的支座反力：

B 柱：$C_3=1.191$；$R_B=\dfrac{M_{\max,k}}{H}C_3=\dfrac{312.02}{11.35}\times1.191\text{kN}=-32.74\text{kN}(\leftarrow)$；

C 柱：$C_3=1.02$；$R_C=\dfrac{M_{\min,k}}{H}C_3=\dfrac{21.77}{11.35}\times1.02\text{kN}=1.96\text{kN}(\rightarrow)$；

A 柱：$R_A=0$。

所以，排架柱顶不动铰支座的支座反力之和 $R=R_A+R_B+R_C=-30.78\text{kN}(\leftarrow)$。

各柱顶的实际剪力为：

$V_A=R_A-\eta_A R=(0+0.26\times30.78)\text{kN}=8.0\text{kN}(\rightarrow)$；

$V_B=R_B-\eta_B R=(-32.74+0.48\times30.78)\text{kN}=-17.97\text{kN}(\leftarrow)$；

$V_C=R_C-\eta_C R=(1.96+0.26\times30.78)\text{kN}=9.96\text{kN}(\rightarrow)$；

验算：$\sum V_i=V_A+V_B+V_C=(8.0-17.97+9.96)\text{kN}=-0.01\text{kN}\approx0$，计算无误。

排架的弯矩图、柱底剪力（向左为正）和轴力图如图 3-119 所示。

各柱弯矩、柱底剪力及柱轴力计算从略。

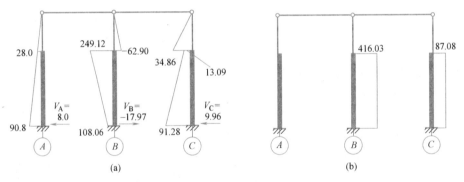

图 3-119　BC 跨有吊车 $D_{\max,k}$ 在 B 柱时排架的内力图

（a）弯矩（kN·m）图和柱底剪力（kN）；（b）轴力（kN）图

4）BC 跨有吊车荷载，$D_{\max,k}$ 作用在 C 柱左，$D_{\min,k}$ 作用在 B 柱右时排架内力分析其计算简图如图 3-110（d）所示。

各柱顶不动铰支座的支座反力：

B 柱：$C_3=1.191$；$R_B=\dfrac{M_{\min,k}}{H}C_3=\dfrac{65.31}{11.35}\times1.191\text{kN}=-6.85\text{kN}(\leftarrow)$；

C 柱：$C_3=1.02$；$R_C=\dfrac{M_{\max,k}}{H}C_3=\dfrac{104.01}{11.35}\times1.02\text{kN}=9.35\text{kN}(\rightarrow)$；

A 柱：$R_A=0$。

所以，排架柱顶不动铰支座的支座反力之和 $R=R_A+R_B+R_C=2.50\text{kN}(\rightarrow)$。

各柱顶的实际剪力为：

$V_A=R_A-\eta_A R=(0-0.26\times2.50)\text{kN}=-0.65\text{kN}(\leftarrow)$；

$V_B=R_B-\eta_B R=(-6.85+0.48\times2.50)\text{kN}=-8.05\text{kN}(\leftarrow)$；

$V_C=R_C-\eta_C R=(9.35-0.26\times 2.50)\text{kN}=8.70\text{kN}(\rightarrow)$；

验算：$\sum V_i=V_A+V_B+V_C=(-0.65-8.05+8.70)\text{kN}=0$，计算无误。

排架的弯矩图、柱底剪力（向左为正）和轴力图如图 3-120 所示。

各柱弯矩、柱底剪力及柱轴力计算从略。

排架的弯矩图、柱底剪力（向左为正）和轴力图如图 3-120 所示。

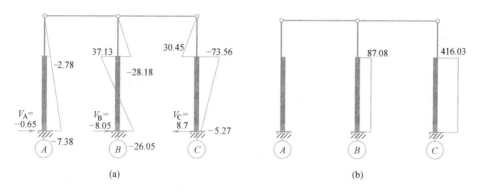

图 3-120　BC 跨有吊车 $D_{\text{max,k}}$ 在 C 柱时排架的内力图

（a）弯矩（kN·m）图和柱底剪力（kN）；（b）轴力（kN）图

5. 吊车水平荷载（标准值）作用下排架内力分析

1）AB 跨有吊车荷载，$T_{\text{max,k}}$ 向左作用在 A、B 柱

其计算简图如图 3-111（a）所示，计算过程可参见【例 3-3】。

吊车水平荷载 $T_{\text{max,k}}$ 的作用点距柱顶的距离：$y=3.5-0.9=2.6\text{m}$；$\alpha=y/H_u=0.743$。排架柱顶不动铰支座的支座反力系数 C_5，由附表 6-1 确定。

A、C 柱：$\lambda=H_u/H=3.5/11.35=0.308$；$n=I_u/I_l=21.33\times 10^8/259.97\times 10^8=0.082$。

$$C_5=\frac{2-3\alpha\lambda+\lambda^3\left[\dfrac{(2+\alpha)(1-\alpha)^2}{n}-(2-3\alpha)\right]}{2\left[1+\lambda^3\left(\dfrac{1}{n}-1\right)\right]}=0.522$$

同理 B 柱：$\lambda=H_u/H=0.308$；$n=I_u/I_l=0.173$；求得 $C_5=0.592$。

柱顶不动铰支座反力的计算：

A 柱：$R_A=C_5 T_{\text{max}}=0.522\times 18.58\text{kN}=9.70\text{kN}(\rightarrow)$；

B 柱：$R_B=C_5 T_{\text{max}}=0.592\times 18.58\text{kN}=11.0\text{kN}(\rightarrow)$；

C 柱：$R_C=0$。

所以，柱顶不动铰支座的支座反力之和 $R=R_A+R_B+R_C=20.70\text{kN}(\rightarrow)$

各柱顶的实际剪力为：

$V_A=R_A-\eta_A R=(9.7-0.26\times 20.7)\text{kN}=4.32\text{kN}(\rightarrow)$

$V_B=R_B-\eta_B R=(11.0-0.48\times 20.7)\text{kN}=1.06\text{kN}(\rightarrow)$

$V_C=R_C-\eta_C R=(0-0.26\times 20.7)\text{kN}=-5.38\text{kN}(\leftarrow)$

验算：$\sum V_i=V_A+V_B+V_C=(4.32+1.06-5.38)\text{kN}=0$，计算无误。

A 轴柱弯矩及柱底剪力计算：

上柱顶弯矩：$M=0$；

吊车水平荷载作用点处弯矩：$M=4.32 \times (3.5-0.9) \text{kN} \cdot \text{m} = 11.23 \text{kN} \cdot \text{m}$；

上柱底弯矩：$M=(4.32 \times 3.5-18.58 \times 0.9) \text{kN} \cdot \text{m} = -1.60 \text{kN} \cdot \text{m}$；

下柱底弯矩：$M=4.32 \times 11.35-18.58 \times (11.35-2.6) \text{kN} \cdot \text{m} = -113.54 \text{kN} \cdot \text{m}$；

柱底剪力：$V=(4.32-18.58) \text{kN} = -14.26 \text{kN}(\rightarrow)$。

B、C 轴柱弯矩及柱底剪力计算从略。

排架的弯矩图、柱底剪力（向左为正）如图 3-121 所示，柱的轴力为零。

2）AB 跨有吊车荷载，$T_{\max,k}$ 向右作用在 A、B 柱（图 3-111a）

由于荷载与情况 1）相反，因此，其弯矩、柱底剪力与情况 1）相反，数值相等。内力如图 3-122 所示。

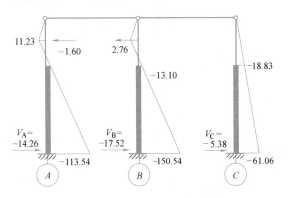

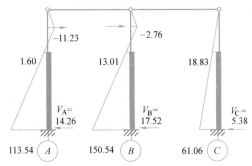

图 3-121　AB 跨有吊车 $T_{\max,k}$ 向左排架的内力图

图 3-122　AB 跨有吊车 $T_{\max,k}$ 向右排架的内力图

3）BC 跨有吊车荷载，$T_{\max,k}$ 向左作用在 B、C 柱

其计算简图如图 3-111（b）所示。

柱顶不动铰支座反力的计算：

B 柱：$C_5=0.592$；则 $R_B=C_5 T_{\max,k}=0.592 \times 13.45 \text{kN}=7.96 \text{kN}(\rightarrow)$；

C 柱：$C_5=0.522$；则 $R_B=C_5 T_{\max,k}=0.522 \times 13.45 \text{kN}=7.02 \text{kN}(\rightarrow)$；

A 柱：$R_A=0$。

所以，柱顶不动铰支座的支座反力之和 $R=R_A+R_B+R_C=14.98 \text{kN}(\rightarrow)$。

各柱顶的实际剪力为：

$V_A=R_A-\eta_A R=(0-0.26 \times 14.98) \text{kN}=-3.89 \text{kN}(\leftarrow)$

$V_B=R_B-\eta_B R=(7.96-0.48 \times 14.98) \text{kN}=0.78 \text{kN}(\rightarrow)$

$V_C=R_C-\eta_C R=(7.02-0.26 \times 14.98) \text{kN}=3.13 \text{kN}(\rightarrow)$

验算：$\sum V_i=V_A+V_B+V_C=(-3.89+0.78+3.13) \text{kN}=0.02 \approx 0$，计算无误。

各柱弯矩、柱底剪力及柱轴力计算参从略。

排架的弯矩图、柱底剪力（向左为正）和轴力图如图 3-123 所示，柱的轴力为零。

4）BC 跨有吊车荷载 $T_{\max,k}$ 向右作用在 B、C 柱

其计算简图如图 3-111（b）所示，由于荷载情况与情况 3）相反，因此其弯矩、柱底剪力与情况 3）相反，数值相等。内力如图 3-124 所示。

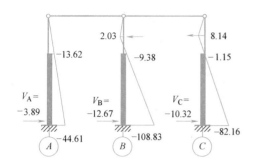

图 3-123 BC 跨有吊车 $T_{\max,k}$ 向左排架内力

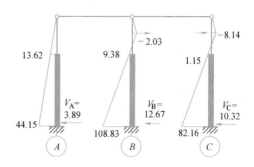

图 3-124 BC 跨有吊车 $T_{\max,k}$ 向右排架内力图

6. 风荷载（标准值）作用下排架结构内力分析

1）左风情况

其计算简图如图 3-113（a）所示。在均布风荷载作用下，各柱顶不动铰支座的计算如下。

排架柱顶不动铰支座的支座反力系数 C_9 由附表 6-1 确定。

A、C 柱：$\lambda = H_u/H = 0.308$；$n = I_u/I_l = 0.082$。

$$C_9 = \frac{3\left[1+\lambda^4\left(\frac{1}{n}-1\right)\right]}{8\left[1+\lambda^3\left(\frac{1}{n}-1\right)\right]} = \frac{3\left[1+0.308^4\times\left(\frac{1}{0.082}-1\right)\right]}{8\left[1+0.308^3\times\left(\frac{1}{0.082}-1\right)\right]} = 0.311$$

$R_A = -C_9 qH = -0.311\times2.69\times11.35\text{kN} = -9.50\text{kN}(\leftarrow)$

$R_C = -C_9 qH = -0.311\times1.35\times11.35\text{kN} = -4.77\text{kN}(\leftarrow)$

所以，柱顶不动铰支座的支座反力之和 $R = R_A + R_B + R_C = -14.27\text{kN}(\leftarrow)$。

各柱顶的实际剪力为：

$V_A = R_A - \eta_A R + \eta_A F_w = (-9.50 + 0.26\times14.27 + 0.26\times30.32)\text{kN} = 2.09\text{kN}(\rightarrow)$

$V_B = R_B - \eta_B R + \eta_B F_w = (0 + 0.48\times14.27 + 0.48\times30.32)\text{kN} = 21.40\text{kN}(\rightarrow)$

$V_C = R_C - \eta_C R + \eta_C F_w = (-4.77 + 0.26\times14.27 + 0.26\times30.32)\text{kN} = 6.82\text{kN}(\rightarrow)$

验算：$\sum V_i = (2.09 + 21.40 + 6.82)\text{kN} = 30.31\text{kN} \cong F_w = 30.32\text{kN}$，计算无误。

A 轴柱弯矩及柱底剪力计算：

上柱底弯矩：$M = \left(2.09\times3.5 + \frac{1}{2}\times2.69\times3.5^2\right)\text{kN} = 23.79\text{kN}\cdot\text{m}$；

下柱底弯矩：$M = \left(2.09\times11.35 + \frac{1}{2}\times2.69\times11.35^2\right)\text{kN} = 196.99\text{kN}\cdot\text{m}$；

柱底剪力：$V = (2.09 + 2.69\times11.35)\text{kN} = 32.62\text{kN}$。

B、C 轴柱弯矩及柱底剪力计算从略。

排架的弯矩图、柱底剪力（向左为正）如图 3-125（a）所示，柱的轴力为零。

2）右风情况

其计算简图如图 3-113（b）所示。由于对称性，右风作用时的内力图如图 3-125（b）所示。

7. A 柱内力组合

1）柱控制截面

上柱底Ⅰ-Ⅰ、下柱顶Ⅱ-Ⅱ、下柱底Ⅲ-Ⅲ。每一个控制截面均进行基本组合、标准组

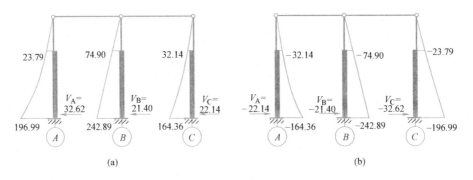

图 3-125　右风情况排架的弯矩（kN·m）图和柱底剪力（kN）

(a) 左风内力；(b) 右风内力

合及准永久组合。基本组合用于柱配筋计算和基础设计；标准组合用于地基承载力设计；准永久组合用于柱的裂缝宽度验算。

2）排架柱最不利内力组合

排架柱最不利内力考虑四种情况：①$+M_{max}$ 及相应的 N、V；②$-M_{max}$ 及相应的 N、V；③N_{max} 及相应的 M、V；④N_{min} 及相应的 M、V。

3）荷载作用效应的基本组合

结构设计工作年限为 50 年：$\gamma_L = 1.0$。荷载作用效应的基本组合采用下面表达式：

$$s_d = 1.3(\text{或} 1.0)S_{GK} + 1.5S_{Q1K} + 1.5 \sum_{i=2}^{n} \psi_{ci} S_{QiK}$$

说明：S_{GK} 为永久荷载（恒荷载）作用效应，S_{QK} 为可变荷载（屋面活荷载、风荷载、吊车荷载）作用效应。

当永久荷载作用效应对结构有利时，其分项系数取 1.0。

S_{Q1K} 为诸可变荷载效应中起控制作用者；当对 S_{Q1K} 无法明显判断时，依次以各可变荷载效应为 S_{Q1K}，选其中最不利的荷载效应组合。

可变荷载的组合值系数 ψ_{ci}：风荷载取 0.6，其他荷载取 0.7。

4）荷载作用效应的标准组合

$$s_d = S_{GK} + S_{Q1K} + \sum_{i=2}^{n} \psi_{ci} S_{QiK}$$

5）荷载作用效应的准永久组合

$$s_d = S_{GK} + \sum_{i=1}^{n} \psi_{qi} S_{QiK}$$

对于本设计，因不上人屋面活荷载、风荷载、吊车荷载准永久值系数为零，准永久组合中可变荷载作用效应仅考虑雪荷载。各截面雪荷载产生的内力，可按雪荷载占屋面活荷载的比例确定。

6）吊车荷载作用效应

当一个组合表达式采用 4 台吊车参与组合时，吊车荷载作用效应乘以转换系数 0.8/0.9。

内力组合结果详见表 3-16。

A 柱内力组合表（单位：kN、kN·m）　　　　表 3-16

柱号及截面及方向内力	内力	(1)恒荷载 M	N	V	(2)AB跨屋面活荷载 M	N	V	(3)BC跨屋面活荷载 M	N	V	(4)AB跨吊车 D_{max} 在A柱 M	N	V	(5)AB跨吊车 D_{max} 在B柱 M	N	V	(6)AB跨吊车 T_{max}（左右） M	N	V
I-I		22.58	321.77	10.85	0.85	36		2.05	0.0		−38.89	0.00		−44.17	0.00		$\mp$1.60	0.00	
II-II		−63.00	365.57		−9.95	36		2.05	0.0		89.98	515.48		−13.06	124.43		$\mp$1.60	0.00	
III-III		22.18	410.82	10.85	−4.02	36	0.76	6.64	0.0	0.59	−2.77	515.48	$\mp$3.89	−112.13	124.43	−11.11	$\mp$113.54	0.00	$\mp$14.26

柱号及截面及方向内力	内力	(7)BC跨吊车 D_{max} 在B柱 M	N	V	(8)BC跨吊车 D_{max} 在C柱 M	N	V	(9)BC跨吊车 T_{max} 左右 M	N	V	(10)左风 M	N	V	(11)右风 M	N	V
I-I		28.00	0.00		−2.78	0.00		$\mp$13.62	0.00		23.79			−32.14	0.00	
II-II		28.00	0.00		−2.78	0.00		$\mp$13.62	0.00		23.79			−32.14	0.00	
III-III		90.80	0.00	8.00	−7.38	0.00		$\mp$44.15	0.00	−0.65	196.99		32.62	−164.36	0.00	−22.14

基本组合

截面及不利内力	组合类型	组合项目	M	N	V
I-I	+M_{max} 及 N	$1.3×(1)+1.5×(7)+1.5×\{[(2)+(3)+(9)]×0.7+(10)×0.6\}$ 注1	110.11	456.10	
	−M_{max} 及 N	$1.0×(1)+1.5×(5)×0.8/0.9+1.5×\{[(8)×0.8/0.9+(9)]×0.7+(11)×0.6\}$ 注2	−82.14	321.77	
	N_{max} 及 M	$1.3×(1)+1.5×(2)+1.5[(3)+(7)]×0.7$ 注3	62.18	472.30	
	N_{min} 及 M	$1.0×(1)+1.5×(10)+1.5[(3)+(9)]×0.7$ 注4	104.12	321.77	

标准组合

组合项目	M	N	V
$(1)+(7)+[(2)+(3)+(9)]×0.7+(10)×0.6$	76.42	346.97	
$(1)+(5)×0.8/0.9+\{[(8)×0.8/0.9+(9)]×0.7+(11)×0.6\}$	−47.23	321.77	
$(1)+[(2)+(3)]+[(7)+(9)]×0.7+(10)×0.6$	68.89	357.77	
$(1)+(10)+[(3)+(7)+(9)]×0.7$	76.94	321.77	

续表

基本组合 / 标准组合

截面及不利内力		基本组合 组合项目	M	N	V	标准组合 组合项目	M	N	V
Ⅱ-Ⅱ	+M_{max} 及 N	$1.0×(1)+1.5×(4)×0.8/0.9+$ $1.5\{[(3)+(7)×0.8/0.9+(9)]$ $×0.7+(10)×0.6\}$注5	120.97	1052.88		$(1)+(4)×0.8/0.9+\{[(3)+$ $(7)×0.8/0.9+(9)]×$ $0.7+(10)×0.6\}$	59.65	823.77	
	-M_{max} 及 N	$1.3×(1)+1.5×(11)+1.5⟨(2)+$ $[(5)+(8)]0.8/0.9$ $+(9)⟩×0.7$	-169.64	629.18		$(1)+(11)+\{(2)+[(5)+(8)]$ $0.8/0.9+(9)\}×0.7$	-121.50	468.19	
	N_{max} 及 M	$1.3×(1)+1.5×(4)+1.5\{[(2)+(6)]$ $×0.7+(10)×0.6\}$注6	65.71	1286.26		$(1)+(4)+[(2)+(6)]×0.7$ $+(10)×0.6$	35.41	906.25	
	N_{min} 及 M	$1.0×(1)+1.5×(11)+1.5[(8)+$ $(9)]×0.7$	-128.43	365.57		$(1)+(11)+[(8)+(9)]×0.7$	-106.62	365.57	
Ⅲ-Ⅲ	+M_{max} 及 N,V	$1.3×(1)+1.5×(10)+1.5\{(3)+(4)+$ $(7)]0.8/0.9+(6)\}×0.7$注7	532.67	1015.18	75.73	$(1)+(10)+\{(3)+[(4)+(7)]$ $0.8/0.9+(6)\}×0.7$	358.07	731.56	51.93
	-M_{max} 及 N,V	$1.5×(1)+1.5×(11)+1.5$ $[(2)+(5)+(6)]×0.7$注8	-465.53	579.27	-49.79	$(1)+(11)+[(2)+(5)$ $+(6)]×0.7$	-302.96	523.12	-29.57
	N_{max} 及 M,V	$1.3×(1)+1.5×(4)+1.5\{[(2)+(3)$ $+(6)]×0.7+(10)×0.6\}$注9	323.94	1345.09	43.19	$(1)+(4)+\{[(2)+(3)+(6)]$ $×0.7+(10)×0.6\}$	218.92	951.50	30.24
	N_{min} 及 M,V	$1.0×(1)+1.5×(10)+1.5$ $[(3)+(7)+(9)]×0.7$注9	466.33	410.82	72.89	$(1)+(10)+[(3)+(7)+(9)]$ $×0.7$	318.28	410.82	52.21

准永久组合

截面及不利内力		组合项目	M	N	V
Ⅰ-Ⅰ	M,N	$(1)+0.35/0.5×[(2)+(3)]×0.5$注10	23.60	334.37	
Ⅱ-Ⅱ	M,N	$(1)+0.35/0.5×(2)×0.5$	-66.48	378.17	
Ⅲ-Ⅲ	M,N,V	$(1)+0.35/0.5×(3)×0.5$	24.50	410.82	11.06

对内力组合相关项目说明：

注1：以$+M_{max}$为目标，（7）、（9）项选择是考虑"有T必有D"的原则。

注2：0.8/0.9为四台吊车的转换系数。

注3：此项组合以N_{max}为目标，M尽量取较大值。

注4：以（10）作为第一可变荷载比（7）作为第一可变荷载求出的作用效应大。

注5：此项组合中以$+M_{max}$为目标，吊车竖向荷载最多只能取两项（最多考虑4台吊车）。吊车水平荷载只能取一项（最多考虑2台吊车）。风荷载只取一项进行组合（只能考虑一个风向）。

注6：此项组合以N_{max}为目标，M尽量取较大值，因此尽管（10）的N为零，也要参与组合。风荷载只取一项；因此在（6）吊车水平荷载引起的弯矩也应取正值，同样道理风荷载的选取也只能是取第（10）项。组合中（4）是考虑"有T必有D"的原则。

注7：此项组合中以$+M_{max}$为目标，因（6）产生的$+M$大，要求与吊车竖向荷载组合，虽然（4）产生$-M$，也参与组合，这样保证$+M$最大。

注8：此项组合中以$-M_{max}$为目标，虽然（8）、（9）项也产生$-M$，但乘以转换系数0.8/0.9转换系数后，使总值变小。故不选（8）、（9）项。

注9：基本组合中，（1）其分项系数取1.0，是针对永久荷载作用效应对结构有利的情况。

注10：准永久组合中0.35/0.5是根据屋面活荷载内力求雪荷载内力所乘的转换系数，0.5为活荷载准永久值系数，活荷载项目选择以M大为原则。

3.6.7　柱截面设计

以A柱为例，柱采用对称配筋方式，即：$f_y A_s = f'_y A'_s$。

1. 确定计算参数

混凝土：采用C25强度等级混凝土，$f_c = 11.9 \text{N/mm}^2$，$f_t = 1.27 \text{N/mm}^2$；受力钢筋：采用HRB400级钢筋，$f_y = f'_y = 360 \text{N/mm}^2$，$f_y k = 400 \text{N/mm}^2$。界限相对受压区高度$\xi_b = 0.518$。

配筋计算时上柱按矩形设计（图3-126a），下柱按工字形截面设计，截面的翼缘厚度取平均厚度（图3-126b）。

混凝土保护层厚度确定：金属装配车间属于室内正常环境，环境类别按一类，由于强度等级不大于C25，按《混凝土结构设计规范》GB 50010—2010（2015年版）规定，最外层钢筋混凝土最小保护层厚度取25mm，受力钢筋保护层厚度不应小于钢筋

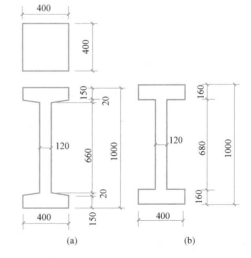

图3-126　柱的截面详图

(a) A轴柱详图；(b) A轴下柱计算简图

直径，考虑采用φ8箍筋，因此受力钢筋保护层厚度为33mm。

所选择的受力钢筋估计 20mm 左右，钢筋按一排考虑，因此受力钢筋合力点至混凝土近边距离取：$a_s=a_s'=\left(25+8+\dfrac{20}{2}\right)\text{mm}=43\text{mm}$，取 $a_s=a_s'=45\text{mm}$ 进行配筋计算。

界限破坏时的 N_b 计算：

上柱：$h_0=(400-45)\text{mm}=355\text{mm}$；

$N_b=\alpha_1 f_c b\xi_b h_0=1.0\times11.9\times400\times0.518\times355\times10^{-3}\text{kN}=875.32\text{kN}$。

下柱：$h_0=(1000-45)\text{mm}=955\text{mm}$。

下柱：$\xi_b h_0=0.518\times955\text{mm}=494.69\text{mm}>h_f'=160\text{mm}$，故界限破坏是受压区在腹板范围内。

$$N_b=\alpha_1 f_c\left[(b_f'-b)h_f'+b\xi_b h_0\right]$$
$$=1.0\times11.9\times\left[(400-120)\times160+120\times0.518\times955\right]\times10^{-3}\text{kN}=1239.54\text{kN}$$

上柱高 3.5m，下柱高 7.85m，总高 11.35m，柱截面几何特征见表 3-15，按表 3-9 确定柱的计算长度。

排架方向：

当考虑吊车荷载时：

上柱：$l_u=2.0H_u=2.0\times3.5=7.0\text{m}$

下柱：$l_l=1.0H_l=7.85\text{m}$

当不考虑吊车荷载时：

上柱：$l_u=2.0H_u=2.0\times3.5\text{m}=7.0\text{m}$

下柱：$l_l=1.25H=1.25\times11.35\text{m}=14.19\text{m}$

垂直于排架方向（按无柱间支撑）：

当考虑吊车荷载时：

上柱：$l_u=1.5H_u=1.5\times3.5\text{m}=5.25\text{m}$

下柱：$l_l=1.0H_l=7.85\text{m}$

当不考虑吊车荷载时：

上柱：$l_u=1.5H_u=1.5\times3.5\text{m}=5.25\text{m}$

下柱：$l_l=1.2H=1.2\times11.35\text{m}=13.62\text{m}$

2. 控制截面最不利内力选取

本设计采用对称配筋，选取内力时，只考虑弯矩绝对值。柱的纵向钢筋按控制截面上的 M、N 进行计算，为减少计算工作量，对内力组合确定的不利内力进行取舍。取舍原则：对大偏压，M 相等或接近时，取 N 小者；N 相等或接近时，M 取大者；对小偏压，M 相等或接近时，取 N 大者；N 相等或接近时，M 取大者；无论什么情况 N 相等或接近时，M 取大者。

对称配筋大小偏心受压的判断方法：当 $e_i>0.3h_0$ 且 $N\leqslant N_b$ 可判断为大偏心受压，其他情况可判断为小偏心受压。当 $e_i\leqslant0.3h_0$ 且 $N\leqslant N_b$ 可判断为小偏心受压，此组内力在偏心受压承载力验算时不起控制作用。初始偏心距 $e_i=e_0+e_a$，$e_0=\eta_s M_0/N$，η_s 为偏心距增大系数。附加偏心距 e_a 取 20mm 与 1/130 偏心方向截面尺寸的较大值，上柱 e_a 取 20mm，下柱 e_a 取 33.3mm。由于初步判别时偏心距增大系数 η_s（$\eta_s\geqslant1.0$）是未知的，可假设 $\eta_s=1.0$。

上柱配筋按Ⅰ-Ⅰ截面不利内力计算。下柱配筋不变，按Ⅱ-Ⅱ、Ⅲ-Ⅲ截面不利内力计算，按上述取舍原则对Ⅱ-Ⅱ、Ⅲ-Ⅲ截面内力比较发现，Ⅱ-Ⅱ截面弯矩较小，因此Ⅱ-Ⅱ内力不起控制作用（这不是绝对的，应根据具体工程情况分析对比才能确定）。因此，下柱按Ⅲ-Ⅲ截面内力配筋计算。对基本组合的不利内力取舍见表 3-17。

A 柱配筋计算最不利内力取舍表   表 3-17

截面	序号	是否有吊车荷载参与组合	M_0 (kN·m)	N (kN)	N_b (kN)	$e_0 = M_0/N$ (mm)	e_a (mm)	$e_i = e_0 + e_a$ (mm)	$0.3h_0$ (mm)	初步判别大小偏心	取舍
上柱 Ⅰ-Ⅰ	1	是	110.11	456.1	875.32	241	20.00	261	106.5	大偏心	舍
	2	是	−82.14	321.77		255		275		大偏心	舍
	3	是	62.18	472.3		132		152		大偏心	取
	4	否	104.12	321.77		324		344		大偏心	取
下柱 Ⅲ-Ⅲ	1	是	532.67	1015.18	1239.54	525	33.30	558.3	286.5	大偏心	取
	2	是	−465.53	579.27		804		837.3		大偏心	舍
	3	是	323.94	1345.09		241		274.3		小偏心	取
	4	是	466.33	410.82		1135		1168.3		大偏心	取

注：1. Ⅰ-Ⅰ截面：大偏心受压第 2、4 项 N 相等取 M 大者；第 4 项与第 1 项 M 相近取 N 小者，按轴心受压验算时选第 3 项最大轴力；
2. Ⅲ-Ⅲ截面：大心偏受压第 2、4 项对比，M 接近时，取 N 小者；按轴心受压验算时选第 3 项最大轴力。

3. 上柱配筋计算

矩形截面 $b \times h = 400\text{mm} \times 400\text{mm}$（图 3-126a），$N_b = 875.32\text{kN}$，$l_{0x} = 7.0\text{m}$，$l_{0y} = 5.25\text{m}$，$a_s = a'_s = 45\text{mm}$，$h_0 = 400 - 45 = 355\text{mm}$。

1）按第 3 组不利内力配筋计算

$M_0 = M = 62.18\text{kN·m}$，$N = 472.3\text{kN}$

$e_0 = M_0/N = (62.18/472.3)\text{m} = 0.132\text{m} = 132\text{mm}$

e_a 取 $h/30$ 和 20mm 中的大值，故取 20mm。

$e_i = e_0 + e_a = (132 + 20)\text{mm} = 152\text{mm}$

考虑挠度的二阶效应对偏心距的影响

$$\zeta_c = \frac{0.5 f_c A}{N} = \frac{0.5 \times 11.9 \times 160 \times 10^3}{472.3 \times 10^3} = 2.02 > 1，取 \zeta_c = 1。$$

$$\eta_s = 1 + \frac{1}{1500 \frac{e_i}{h_0}} \left(\frac{l_0}{h}\right)^2 \zeta_c = 1 + \frac{1}{1500 \times \frac{152}{355}} \times \left(\frac{7000}{400}\right)^2 \times 1.0 = 1.47$$

$M = \eta_s M_0 = 1.47 \times 62.18\text{kN·m} = 91.40\text{kN·m}$

$$e_i = e_0 + e_a = \frac{M}{N} + e_a = \left(\frac{91.40 \times 10^6}{472.3 \times 10^3} + 20\right)\text{mm} = 213.52\text{mm}$$

由于 $e_i = e_0 + e_a = 213.52\text{mm} > 0.3h_0 = 106.5\text{mm}$ 且 $N < N_b$，因此按大偏压计算。

$$x = \frac{N}{\alpha_1 f_c b} = \frac{472.3 \times 10^3}{1.0 \times 11.9 \times 400}\text{mm} = 99.22\text{mm}$$

由于 $x=99.22\text{mm}<\xi_\text{b}h_0=0.55\times355=195.25\text{mm}$ 且 $x>2a_\text{s}'=90\text{mm}$，故取对受拉钢筋合力点力矩，求钢筋面积。

纵向力至受压区合力点距离：

$$e=e_\text{i}+\frac{h}{2}-a_\text{s}=213.52+\frac{400}{2}-45=368.52\text{mm}$$

$$A_\text{s}=A_\text{s}'=\frac{Ne-\alpha_1 f_\text{c}bx(h_0-x/2)}{f_\text{y}'(h_0-a_\text{s}')}$$

$$=\frac{472.3\times10^3\times368.52-1.0\times11.9\times400\times99.22\times(355-99.22/2)}{360\times(355-45)}\text{mm}^2$$

$$=267.21\text{mm}^2$$

2）按第 4 组不利内力配筋计算

$M_0=M=104.12\text{kN}\cdot\text{m}$，$N=321.77\text{kN}$

$e_0=M_0/N=(104.12/321.77)\text{m}=0.324\text{m}=324\text{mm}$，$e_\text{a}$ 取 20mm。

$e_\text{i}=e_0+e_\text{a}=(324+20)\text{mm}=344\text{mm}$

考虑挠度的二阶效应对偏心距的影响：

$$\zeta_\text{c}=\frac{0.5f_\text{c}A}{N}=\frac{0.5\times11.9\times160\times10^3}{321.77\times10^3}=2.96>1，\text{取}\ \zeta_\text{c}=1。$$

$$\eta_\text{s}=1+\frac{1}{1500\dfrac{e_\text{i}}{h_0}}\left(\frac{l_0}{h}\right)^2\zeta_\text{c}=1+\frac{1}{1500\times\dfrac{344}{355}}\times\left(\frac{7000}{400}\right)^2\times1.0=1.21$$

$M=\eta_\text{s}M_0=1.21\times104.12\text{kN}\cdot\text{m}=125.99\text{kN}\cdot\text{m}$

$$e_\text{i}=e_0+e_\text{a}=\frac{M}{N}+e_\text{a}=\left(\frac{125.99\times10^6}{321.77\times10^3}+20\right)\text{mm}=411.55\text{mm}$$

由于 $e_\text{i}=e_0+e_\text{a}=411.55\text{mm}>0.3h_0=106.5\text{mm}$ 且 $N<N_\text{b}$，因此按大偏压计算。

$$x=\frac{N}{\alpha_1 f_\text{c}b}=\frac{321.77\times10^3}{1.0\times11.9\times400}\text{mm}=67.60\text{mm}<\xi_\text{b}h_0=0.55\times355\text{mm}=195.25\text{mm}$$ 且 $x<2a_\text{s}'=90\text{mm}$，故取 $x=2a_\text{s}'$ 对受压钢筋合力点力矩，求钢筋面积。

纵向力至受压钢筋合力点距离：

$$e'=e_\text{i}-\frac{h}{2}+a_\text{s}'=\left(411.55-\frac{400}{2}+45\right)\text{mm}=256.55\text{mm}$$

$$A_\text{s}=A_\text{s}'=\frac{Ne'}{f_\text{y}'(h_0-a_\text{s}')}=\frac{321.77\times10^3\times256.55}{360\times(355-45)}\text{mm}^2=739.69\text{mm}^2$$

3）选择钢筋及配筋率验算

经上述计算，上柱截面选定 A_s、A_s' 分别为 3 Φ 18，$A_\text{s}=A_\text{s}'=763\text{mm}^2$。配筋情况见图 3-127。

按一侧受力钢筋验算最小配筋率：

$$\frac{A_\text{s}}{A}=\frac{763}{160\times10^3}=0.48\%>0.2\%，\text{满足要求。}$$

按全部纵向受力钢筋验算最小配筋率：

$$\frac{\sum A_s}{A}=\frac{763\times2}{160\times10^3}=0.95\%>0.55\%,\text{ 满足要求。}$$

且全部纵向钢筋配筋率：$0.95\%<5\%$，符合要求。

4）垂直于排架方向承载力验算

按Ⅰ-Ⅰ最大轴力 $N_{\max}=472.3\text{kN}$ 验算轴心受压承载力：

$l_{0y}/b=5.25/0.4=13.13$，查轴心受压稳定系数表，按线性插入法：

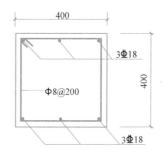

图 3-127　A 轴柱上柱配筋详图

$$\varphi=\frac{0.92-0.95}{14-12}\times(13.13-12)+0.95=0.93$$

$$\begin{aligned}N_u&=0.9\varphi(f_cA_c+f_y'A_s')\\&=0.9\times0.93\times[11.9\times(160000-763\times2)+360\times763\times2]\times10^{-3}\text{kN}\\&=22038.26\text{kN}>N_{\max}=472.3\text{kN}\end{aligned}$$

所以垂直于排架方向的承载力满足要求。

结论：上柱截面选 A_s、A_s' 分别为 3Φ18，能够满足上柱承载力和构造要求。

4. 下柱截面的配筋计算

工字形截面 $b_f'\times b\times h\times h_f'=400\text{mm}\times120\text{mm}\times1000\text{mm}\times160\text{mm}$（图 3-126b）。

$N_b=1239.54\text{kN}$；

$l_{0x}=l_{0y}=7.85\text{m}$，$a_s=a_s'=45\text{mm}$，$h_0=1000\text{mm}-45\text{mm}=955\text{mm}$。

1）按第 1 组不利内力配筋计算

$M_0=M=532.67\text{kN}\cdot\text{m}$，$N=1015.18\text{kN}$。

$e_0=M_0/N=532.67/1015.18=0.525\text{m}=525\text{mm}$

e_a 取 $h/30$ 和 20mm 中的大值，故取 $h/30=33.3\text{mm}$。

$e_i=e_0+e_a=(525+33.3)\text{mm}=558.3\text{mm}$

考虑挠度的二阶效应对偏心距的影响：

$$\zeta_c=\frac{0.5f_cA}{N}=\frac{0.5\times11.9\times209.6\times10^3}{1015.18\times10^3}=1.23>1,\text{ 取 }\zeta_c=1。$$

$$\eta_s=1+\frac{1}{1500\dfrac{e_i}{h_0}}\left(\frac{l_0}{h}\right)^2\zeta_c=1+\frac{1}{1500\times\dfrac{558.3}{955}}\times\left(\frac{7850}{1000}\right)^2\times1.0=1.07$$

$$M=\eta_sM_0=1.07\times532.67\text{kN}\cdot\text{m}=569.96\text{kN}\cdot\text{m}$$

$$e_i=e_0+e_a=\frac{M}{N}+e_a=\left(\frac{569.96\times10^6}{1015.18\times10^3}+33.3\right)\text{mm}=594.74\text{mm}$$

由于 $e_i=e_0+e_a=594.74\text{mm}>0.3h_0=286.5\text{mm}$ 且 $N<N_b=1239.54\text{kN}$，因此按大偏压计算：

$$x=\frac{N}{\alpha_1f_cb_f'}=\frac{1015.18\times10^3}{1.0\times11.9\times400}=213.27\text{mm}>h_f'=160\text{mm},\text{ 此时中和轴在腹板内，重}$$

新求 x。

$$x=\frac{N-\alpha_1f_ch_f'(b_f'-b)}{\alpha_1f_cb}=\frac{1015.18\times10^3-1.0\times11.9\times160\times(400-120)}{1.0\times11.9\times120}\quad\text{mm}$$

$=337.58\text{mm}$

$x=337.58\text{mm}<\xi_b h_0=0.55\times955\text{mm}=525.25\text{mm}$ 且 $x>2a_s'=90\text{mm}$

$$e=e_i+\frac{h}{2}-a_s=\left(594.74+\frac{1000}{2}-45\right)\text{mm}=1049.74\text{mm}$$

$$A_s=A_s'=\frac{Ne-\alpha_1 f_c\left[bx(h_0-x/2)+(b_f'-b)h_f'\left(h_0-\frac{h_f'}{2}\right)\right]}{f_y'(h_0-a_s')}$$

$$=\frac{1015.18\times10^3\times1049.74-1.0\times11.9\times\left[\begin{array}{l}120\times337.58\times(955-337.58/2)\\+(400-120)\times160\times(955-160/2)\end{array}\right]}{360\times(955-45)}\text{mm}^2$$

$$=671.86\text{mm}^2$$

2）按第3组不利内力计算

$M_0=M=323.94\text{kN}\cdot\text{m}$，$N=1345.09\text{kN}$

$e_0=M_0/N=(323.94/1345.09)\text{m}=0.241\text{m}=241\text{mm}$

$e_a=33.3\text{mm}$，$e_i=e_0+e_a=(241+33.3)\text{mm}=274.3\text{mm}$

考虑挠度的二阶效应对偏心距的影响：

$$\zeta_c=\frac{0.5f_c A}{N}=\frac{0.5\times11.9\times209.6\times10^3}{1345.09\times10^3}=0.927$$

$$\eta_s=1+\frac{1}{1500\dfrac{e_i}{h_0}}\left(\frac{l_0}{h}\right)^2\zeta_c=1+\frac{1}{1500\times\dfrac{274.3}{955}}\left(\frac{7850}{1000}\right)^2\times0.927=1.13$$

$M=\eta_s M_0=1.13\times323.94\text{kN}\cdot\text{m}=366.05\text{kN}\cdot\text{m}$

$$e_i=e_0+e_a=\frac{M}{N}+e_a=\left(\frac{366.05\times10^6}{1345.09\times10^3}+33.3\right)\text{mm}=305.44\text{mm}$$

由于 $e_i=e_0+e_a=305.44\text{mm}>0.3h_0=286.5\text{mm}$ 且 $N>N_b=1239.54\text{kN}$，因此按小偏压计算：

$$e=e_i+\frac{h}{2}-a_s=305.44+\frac{1000}{2}-45=760.44\text{mm}$$

$$\zeta=\frac{N-\alpha_1 f_c[\zeta_b bh_0+(b_f'-b)h_f']}{\dfrac{Ne-\alpha_1 f_c[0.43bh_0^2+(b_f'-b)h_f'(h_0-0.5h_f')]}{(\beta_1-\zeta_b)(h_0-a_s')}+\alpha_1 f_c bh_0}+\zeta_b$$

$$=\frac{1345.09\times10^3-1.0\times11.9\times[0.518\times120\times955+(400-120)\times160]}{\dfrac{1345.09\times10^3\times760.44-1.0\times11.9\times\left[\begin{array}{l}0.43\times120\times955^2+\\(400-120)\times160\times(955-0.5\times160)\end{array}\right]}{(0.8-0.518)(955-45)}+1.0\times11.9\times120\times955}+0.518$$

$=0.596>\zeta_b=0.518$

$\zeta=0.596<2\beta_1-\zeta_b=2\times0.8-0.518=1.082$

$x=\zeta\cdot h_0=0.596\times955\text{mm}=569.18\text{mm}<h-h_f=1000-160=840\text{mm}$

$$A_s=A_s'=\frac{Ne-\alpha_1 f_c\left[bx\left(h_0-\frac{x}{2}\right)+(b_f'-b)h_f'\left(h_0-\frac{h_f'}{2}\right)\right]}{f_y'(h_0-a_s')}$$

$$1345.09\times10^3\times760.44-1.0\times11.9\times\left[\begin{array}{c}120\times569.18\times\left(955-\dfrac{569.18}{2}\right)\\+(400-120)\times160\times\left(955-\dfrac{160}{2}\right)\end{array}\right]$$

$$=\dfrac{}{360\times(955-45)}$$

$$=35.04\mathrm{mm}^2$$

3) 按第 4 组不利内力配筋计算

$M_0=M=466.33\mathrm{kN\cdot m}$，$N=410.82\mathrm{kN}$。

$e_0=M_0/N=(466.33/410.82)\mathrm{m}=1.135\mathrm{m}=1135\mathrm{mm}$

$e_a=33.3\mathrm{mm}$，$e_i=e_0+e_a=(1135+33.3)\mathrm{mm}=1168.3\mathrm{mm}$。

考虑挠度的二阶效应对偏心距的影响：

$$\zeta_c=\dfrac{0.5f_cA}{N}=\dfrac{0.5\times11.9\times209.6\times10^3}{410.82\times10^3}=3.04>1，取\ \zeta_c=1。$$

$$\eta_s=1+\dfrac{1}{1500\dfrac{e_i}{h_0}}\left(\dfrac{l_0}{h}\right)^2\zeta_c=1+\dfrac{1}{1500\times\dfrac{1168.3}{955}}\times\left(\dfrac{7850}{1000}\right)^2\times1.0=1.03$$

$$M=\eta_sM_0=1.03\times466.33=480.32\mathrm{kN\cdot m}$$

$$e_i=e_0+e_a=\dfrac{M}{N}+e_a=\left(\dfrac{480.32\times10^6}{410.82\times10^3}+33.3\right)\mathrm{mm}=1202.47\mathrm{mm}$$

由于 $e_i=e_0+e_a=1202.47\mathrm{mm}>0.3h_0=286.5\mathrm{mm}$ 且 $N<N_b=1239.54\mathrm{kN}$，因此按大偏压计算：

$$x=\dfrac{N}{\alpha_1f_cb'_f}=\dfrac{410.82\times10^3}{1.0\times11.9\times400}=86.3<h'_f=160\mathrm{mm}，此时中和轴在翼缘内。$$

由于 $x<2a'_s=90\mathrm{mm}$ 故取 $x=2a'_s$ 对受压钢筋合力点力矩，求钢筋面积。

纵向力至受压钢筋合力点距离：

$$e'=e_i-\dfrac{h}{2}+a'_s=\left(1202.47-\dfrac{1000}{2}+45\right)\mathrm{mm}=747.47\mathrm{mm}$$

$$A_s=A'_s=\dfrac{Ne'}{f'_y(h_0-a'_s)}=\dfrac{410.82\times10^3\times747.47}{360\times(955-45)}\mathrm{mm}^2=936.98\mathrm{mm}^2$$

4) 选择钢筋及配筋率验算

经上述计算，下柱配筋选 4Φ18，$A_s=A'_s=1017\mathrm{mm}^2$。满足上述计算要求。配筋情况见图 3-128（b），构造钢筋共 10Φ12，面积 $A_1=1131\mathrm{mm}^2$。

按一侧受力钢筋验算最小配筋率：

$$\dfrac{A_s}{A}=\dfrac{1017}{209.6\times10^3}=0.485\%>0.2\%，满足要求。$$

按全部纵向受力钢筋验算最小配筋率：

$$\dfrac{\sum A_s}{A}=\dfrac{1017\times2}{209.6\times10^3}=0.97\%>0.6\%，满足要求。$$

按全部纵向钢筋验算最大配筋率：

$$\dfrac{\sum A_s}{A}=\dfrac{A_s+A'_s+A_1}{A}=\dfrac{2\times1017+1131}{209.6\times10^3}=1.51\%<5\%，满足要求。$$

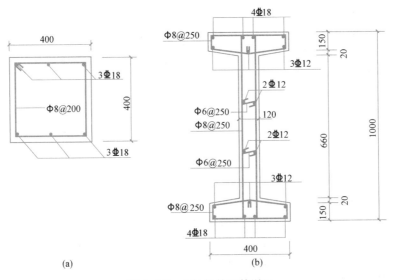

图 3-128　A 轴柱的配筋详图

(a) 上柱配筋详图；(b) 下柱配筋详图

5）垂直于排架方向承载力验算

按Ⅲ-Ⅲ截面最大轴力 $N_{max} = 1345.09$ kN 验算轴心受压承载力。

$l_{0y} = 7.85$ m，$i_y = 92.8$ mm，$\dfrac{l_{0y}}{i_y} = \dfrac{7.85 \times 10^3}{92.8} = 84.59$。

查轴心受压稳定系数，按线性插入法：

$$\varphi = \frac{0.6 - 0.65}{90 - 83} \times (84.59 - 83) + 0.65 = 0.64$$

$$N_u = 0.9 \times 0.64 \times [11.9 \times (209.6 \times 10^3 - 1017 \times 2) + 300 \times 1017 \times 2] \times 10^{-3} \text{ kN}$$
$$= 1844.5 \text{ kN} > N_{max} = 1345.09 \text{ kN}$$

满足要求。

5. 柱裂缝宽度验算

《混凝土结构设计规范》GB 50010—2010（2015 年版）规范规定，在荷载准永久组合下 $e_0 = \dfrac{M_q}{N_q} \geqslant 0.55 h_0$ 需要进行裂缝宽度验算。上柱：$0.55 h_0 = 195.25$ mm，下柱：$0.55 h_0 = 525.25$ mm。各截面偏心距为（参见表 3-16 中准永久组合）：

Ⅰ-Ⅰ截面：$e_0 = \dfrac{M_q}{N_q} = \dfrac{23.6 \text{ kN} \cdot \text{m}}{334.37 \text{ kN}} = 0.071 \text{ m} = 71 \text{ mm} < 195.25 \text{ mm}$

Ⅱ-Ⅱ截面：$e_0 = \dfrac{M_q}{N_q} = \dfrac{66.48 \text{ kN} \cdot \text{m}}{378.17 \text{ kN}} = 0.176 \text{ m} = 176 \text{ mm} < 525.25 \text{ mm}$

Ⅲ-Ⅲ截面：$e_0 = \dfrac{M_q}{N_q} = \dfrac{24.50 \text{ kN} \cdot \text{m}}{410.82 \text{ kN}} = 0.060 \text{ m} = 60 \text{ mm} < 525.25 \text{ mm}$

因此，各截面均不需进行裂缝宽度验算。

6. 柱箍筋配置

非地震地区单层厂房柱，其箍筋一般由构造要求来控制。根据构造要求，上柱及下柱矩形截面处箍筋均采用 $\phi 8@200$，下柱工字形截面处箍筋采用 $\phi 8@250$，详见图 3-136。

3.6.8 牛腿设计

1. 截面尺寸确定

按构造要求初步确定牛腿尺寸，如图 3-129 所示。

牛腿所受到的竖向力包括：吊车对排架柱产生的最大压力，及吊车梁、轨道及零件自重。

$$F_{vk} = D_{max,k} + G_{3,k} = 515.48 + 43.8 = 559.64 \text{kN}$$

吊车梁翼缘与上柱连接，吊车水平荷载直接传给上柱，所以 $F_{hk} = 0$。

根据牛腿裂缝控制要求，按式（3-21）验算：

$$F_{vk} \leqslant \beta \left(1 - 0.5 \frac{F_{hk}}{F_{vk}}\right) \frac{f_{tk}bh_0}{0.5 + \dfrac{a}{h_0}}$$

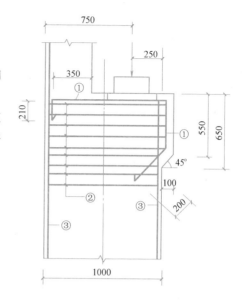

图 3-129 牛腿几何尺寸及配筋图
①—牛腿纵筋 4$\underline{\Phi}$14；②—牛腿箍筋ϕ8@100；③—柱受力筋

F_{vk} 作用点：$a = -250 + 20 = -230 \text{mm}$，位于牛腿内取 $a = 0$，故 $F_{vk} \leqslant \beta \dfrac{f_{tk}bh_0}{0.5}$。

β 为裂缝控制系数，支承吊车梁牛腿 $\beta = 0.65$。C25 混凝土 $f_{tk} = 1.78 \text{N/mm}^2$。

$$h_0 = \frac{0.5 F_{vk}}{\beta \cdot f_{tk} b} = \frac{0.5 \times 559.64 \times 10^3}{0.65 \times 1.78 \times 400} = 604.6 \text{mm}$$

牛腿顶纵筋保护层厚度取 30mm，纵筋合力点距混凝土近边距离 a_s 取 40mm。

$h = h_0 + a_s = 604.6 + 40 = 644.6 \text{mm}$，取 $h = 650 \text{mm}$。

2. 牛腿配筋计算

由于 $F_{hk} = 0$，F_{vk} 作用点位于牛腿内，故牛腿纵筋按构造配置。最小配筋率 ρ_{min} 取 0.2% 及 $0.45 f_t / f_y = 0.45 \times 1.27 / 300 = 0.19\%$ 中的较大值，因此 ρ_{min} 取 0.2%。

按最小配筋率计算的纵筋面积：$A_s \geqslant \rho_{min} bh = 0.2\% \times 400 \times 650 = 520 \text{mm}$。

取 4$\underline{\Phi}$14，$A_s = 615 \text{mm}^2$，符合要求。

按最大配筋率 $A_s \leqslant \rho_{max} bh = 0.6\% \times 400 \times 650 = 1560 \text{mm}^2$，符合要求。

纵筋锚固长度：$l_a = \alpha \dfrac{f_y}{f_t} d = 0.14 \times \dfrac{360}{1.27} \times 14 \text{mm} = 39.69 \times 14 \text{mm} = 556 \text{mm}$，上柱截面宽度为 400mm，不满足要求，可采用 90° 弯折的锚固方式，水平段长度取 350mm > $0.4 l_a = 222.4 \text{mm}$，弯折长度取 $15d = 210 \text{mm}$，总锚固长度 $l = 350 + 210 = 560 \text{mm} > l_a = 556 \text{mm}$，符合要求。牛腿配筋情况详见图 3-129。

箍筋选用 ϕ8@100。由于 $a = 0$，故不设弯筋。

3. 吊车梁下局部受压验算

垫板取 400mm×400mm，厚度 $\delta=10$，吊车梁宽 300mm，根据式（3-24）：

$$\frac{F_{vk}}{A}=\frac{559.64\times10^3}{300\times400}=4.66\text{N/mm}^2<0.75f_c=0.75\times11.9=8.925\text{N/mm}^2，满足$$

要求。

4. 吊车梁上翼缘与上柱内侧的连接设计

锚筋选择 4Φ10，如图 3-130 所示，$A_s=314\text{mm}^2$，$T_{max}=18.58\times1.5=27.87\text{kN}$。

根据式（3-25）：

$$0.8\alpha_b f_y A_s=0.8\times(0.6+0.25\times t/d)f_y A_s$$
$$=0.8\times(0.6+0.25\times14/10)\times270\times314=64.43\text{kN}>T_{max}$$

锚筋面积满足要求。

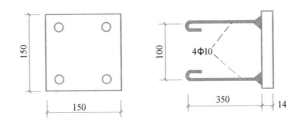

图 3-130   吊车梁上翼缘与上柱内侧连接的预埋件

锚筋预埋长度的确定：

$$l_a=\alpha\frac{f_y}{f_t}d=0.16\times\frac{270}{1.27}d=34.02d=34.02\times10=340.2\text{mm}，取 350\text{mm}，锚筋端部$$

做弯钩。

锚板采用 Q345 级钢，锚板厚度应根据受力情况确定，且不小于锚筋直径 60%，受拉和受弯预埋件的锚板厚度尚宜大于 $b/8$，b 为锚筋间距，本设计锚板厚度取 14mm，符合要求。锚筋与锚板采用 T 形焊接，焊缝高度取 8mm，还应按《钢结构设计标准》GB 50017—2017 要求进行连接承载验算，此处从略。

3.6.9   柱吊装验算

柱混凝土强度达到设计强度的 100% 起吊，采用翻身起吊，绑扎起吊点设在牛腿下部，单点起吊，计算简图如图 3-131 所示。

1. 柱的长度确定

在确定排架计算简图中，已定出柱从基础顶面至柱顶的长度为 11.35m，现要确定排架柱插入杯口的深度。

柱插入杯口的深度：按表 3-10 取 900mm；按钢筋锚固长度 $l_a=33.07\times22=727.54\text{mm}$；假定柱长 11.35+0.9=12.25m；插入杯口的深度：$h_1\geqslant0.05\times$柱长 $=0.05\times12.25=0.613\text{m}$。故柱插入杯口的长度取 900mm 均满足要求。排架柱的总长度为 12.25m。

柱高±0.00 以上 200mm 至牛腿以下 200mm 范围内做成工字形。

2. 柱吊装验算的荷载

柱吊装验算的荷载为柱自重，荷载标准值如下（图 3-131）：

上柱：$g_{1k} = 4.0 \text{kN/m}$；

牛腿部分：$g_{2k} = 0.4\text{m} \times 1.1\text{m} \times 25 \text{kN/m}^3 = 11.0 \text{kN/m}$；

下柱：$g_{3k} = 5.24 \text{kN/m}$。

本设计考虑动力系数 $\mu = 1.5$，荷载分项系数 $\gamma_G = 1.3$。当自重对结构分析有利时，动力系数及荷载分项系数均取 $\mu = 1.0$。

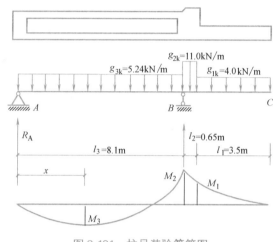

图 3-131　柱吊装验算简图

3. 标准组合内力设计值

各控制截面标准组合内力设计值计算，只考虑动力系数 $\mu = 1.5$。

1）上柱底 M_{1k}、下柱牛腿根部（吊点）M_{2k} 计算

上柱底：$M_{1k} = \dfrac{1}{2} \mu g_{1k} l_1^2 = \dfrac{1}{2} \times 1.5 \times 4.0 \times 3.5^2 = 36.75 \text{kN} \cdot \text{m}$

下柱牛腿根部（吊点）：

$$M_{2k} = \frac{1}{2} \mu g_{1k} (l_1 + l_2)^2 + \frac{1}{2} \mu (g_{2k} - g_{1k}) l_2^2$$

$$= \frac{1}{2} \times 1.5 \times 4.0 \times (3.5 + 0.65)^2 + \frac{1}{2} \times 1.5 \times (11.0 - 4.0) \times 0.65^2 = 53.89 \text{kN} \cdot \text{m}$$

2）下柱 M_{3k} 计算

上柱和牛腿部位动力系数 $\mu = 1.0$，下柱部位动力系数 $\mu = 1.5$。

由 $\sum M_B = R_A l_3 + \dfrac{M_{2k}}{\mu} - \dfrac{1}{2} \mu g_{3k} l_3^2 = 0$ 得：

$$R_A = \frac{1}{2} \mu g_{3k} l_3 - \frac{M_{2k}}{\mu l_3} = \frac{1}{2} \times 1.5 \times 5.24 \times 8.1 - \frac{53.89}{1.5 \times 8.1} = 27.40 \text{kN}$$

跨中最大弯矩 M_{3k} 所在位置：$x = \dfrac{R_A}{\mu g_{3k}} = \dfrac{27.40}{1.5 \times 5.24} = 3.49 \text{m}$。

$$M_{3k} = R_A x - \frac{1}{2} \mu g_{3k} x^2 = 27.40 \times 3.49 - \frac{1}{2} \times 1.5 \times 5.24 \times 3.49^2 = 47.76 \text{kN} \cdot \text{m}$$

4. 基本组合内力设计值

结构重要性系数 $\gamma_0 = 0.9$，动力系数 $\mu = 1.5$，荷载分项系数 $\gamma_G = 1.3$。

1）上柱底弯矩设计值

$\gamma_0 M_1 = \gamma_0 \gamma_G M_{1k} = 0.9 \times 1.3 \times 36.75 = 43.00 \text{kN} \cdot \text{m}$

2）下柱牛腿根部（吊点）弯矩设计值

$\gamma_0 M_2 = \gamma_0 \gamma_G M_{2k} = 0.9 \times 1.3 \times 53.89 = 63.06 \text{kN} \cdot \text{m}$

3）下柱弯矩 M_3

上柱和牛腿部位：动力系数 $\mu = 1.0$，荷载分项系数 $\gamma_G = 1.0$。

下柱部位：动力系数 $\mu = 1.5$，荷载分项系数 $\gamma_G = 1.3$。

$g_3 = \mu \gamma_G g_{3k} = 1.5 \times 1.3 \times 5.24 = 10.22 \text{kN/m}$

由 $\sum M_B = R_A l_3 + \dfrac{M_{2k}}{\mu} - \dfrac{1}{2} g_3 l_3^2 = 0$ 得：

$$R_A = \frac{1}{2} g_3 l_3 - \frac{M_{2k}}{\mu l_3} = \frac{1}{2} \times 10.22 \times 8.1 - \frac{53.89}{1.5 \times 8.1} = 36.96 \text{kN}$$

跨中最大弯矩 M_3 所在位置：$x = \dfrac{R_A}{g_3} = \dfrac{36.96}{10.22} = 3.62 \text{m}$。

$$M_3 = R_A x - \frac{1}{2} g_3 x^2 = 36.96 \times 3.62 - \frac{1}{2} \times 10.22 \times 3.62^2 = 66.83 \text{kN} \cdot \text{m}$$

弯矩设计值：$\gamma_0 M_3 = 0.9 \times 66.83 = 60.15 \text{kN} \cdot \text{m}$。

5. 柱起吊时受弯承载力验算

1）上柱受弯承载力验算

上柱配筋为 A_s、A_s' 分别为 3Φ18，$A_s = A_s' = 763 \text{mm}^2$，按双筋截面计算：

$M_u = f_y A_s (h_0 - a_s') = 360 \times 763 \times (355 - 45) \times 10^{-6} \text{kN} \cdot \text{m}$

$\quad = 79.66 \text{kN} \cdot \text{m} > \gamma_0 M_1 = 43.0 \text{kN} \cdot \text{m}$

上柱截面受弯承载力满足要求。

2）下柱受弯承载力验算

下柱截面配筋 A_s 及 A_s' 分别为 4Φ18，$A_s = A_s' = 1017 \text{mm}^2$，按双筋截面计算：

$M_u = f_y A_s (h_0 - a_s') = 360 \times 1017 \times (955 - 45) \times 10^{-6} \text{kN} \cdot \text{m}$

$\quad = 333.17 \text{kN} \cdot \text{m} > \gamma_0 M_2 = 63.06 \text{kN} \cdot \text{m}$

下柱截面受弯承载力满足要求。

6. 柱起吊时裂缝宽度验算

验算公式：$\omega_{max} = \alpha_{cr} \psi \dfrac{\sigma_{sq}}{E_s} \left(1.9 c_s + 0.08 \dfrac{d_{eq}}{\rho_{te}} \right) \leqslant \omega_{lim} = 0.2 \text{mm}$。

荷载准永久组合下弯矩设计值：

上柱底：$M_{1q} = M_{1k} = 36.75 \text{kN} \cdot \text{m}$；

下柱取牛腿根部：$M_{2q} = M_{2k} = 53.89 \text{kN} \cdot \text{m}$。

1）上柱裂缝宽度验算

按有效受拉混凝土截面面积计算的纵向受拉钢筋配筋率：

$$\rho_{te} = \frac{A_s}{0.5bh} = \frac{763}{0.5 \times 400 \times 400} = 0.0095，取 \rho_{te} = 0.01。$$

验算截面按准永久组合计算的钢筋应力 σ_{sq}：

$$\sigma_{sq} = \frac{M_q}{0.87h_0A_s} = \frac{36.75 \times 10^6}{0.87 \times 355 \times 763}N/mm^2 = 155.95N/mm^2$$

裂缝间纵向受拉钢筋应变不均匀系数：

$$\psi = 1.1 - 0.65\frac{f_{tk}}{\rho_{te}\sigma_{sq}} = 1.1 - 0.65 \times \frac{1.78}{0.01 \times 155.95} = 0.36 > 0.2 且小于 1.0，符合要求。$$

最外层纵向受拉钢筋外边缘至受拉区底边的距离 $C_s = 35mm$。

受拉区纵向钢筋等效直径：$d_{eq} = \frac{\sum n_i d_i^2}{\sum n_i \nu_i d_i} = \frac{3 \times 18^2}{3 \times 1.0 \times 18}mm = 18mm$。

钢筋弹性模量：$E_s = 2.0 \times 10^5 N/mm^2$。

$$\omega_{max} = \alpha_{cr}\psi\frac{\sigma_{sq}}{E_s}\left(1.9c_s + 0.08\frac{d_{eq}}{\rho_{te}}\right)$$

$$= 1.9 \times 0.36 \times \frac{155.95}{2.0 \times 10^5} \times \left(1.9 \times 35 + 0.08 \times \frac{18}{0.01}\right)mm = 0.11mm < \omega_{lim} = 0.2mm$$

上柱裂缝宽度验算符合要求。

2）下柱裂缝宽度验算

$$\rho_{te} = \frac{A_s}{0.5bh} = \frac{1017}{0.5 \times 209.6 \times 10^3} = 0.0097，取 \rho_{te} = 0.01，符合要求。$$

$$\sigma_{sq} = \frac{M_{2q}}{0.87h_0A_s} = \frac{53.89 \times 10^6}{0.87 \times 955 \times 1017}N/mm^2 = 63.86N/mm^2$$

$$\psi = 1.1 - 0.65\frac{f_{tk}}{\rho_{te}\sigma_{sq}} = 1.1 - 0.65 \times \frac{1.78}{0.01 \times 63.86} < 0.2，取 0.2。$$

$$C_s = 35mm$$

$$d_{eq} = \frac{\sum n_i d_i^2}{\sum n_i \nu_i d_i} = \frac{4 \times 18^2}{4 \times 1.0 \times 18}mm = 18mm；E_s = 2.0 \times 10^5 N/mm^2。$$

$$\omega_{max} = \alpha_{cr}\psi\frac{\sigma_{sq}}{E_s}\left(1.9c_s + 0.08\frac{d_{eq}}{\rho_{te}}\right)$$

$$= 1.9 \times 0.2 \times \frac{63.86}{2.0 \times 10^5} \times \left(1.9 \times 35 + 0.08\frac{18}{0.01}\right)mm = 0.051mm < \omega_{lim} = 0.2mm$$

下柱裂缝宽度验算符合要求。

结论：柱吊装验算符合要求。

3.6.10 柱下基础设计

以 A 柱基础为例，基础形式采用柱下独立杯形基础。

基础设计的内容包括：按地基承载力确定基础底面尺寸；按基础抗冲切和抗剪承载力要求确定基础高度；按基础的构造规定选择基础材料、尺寸、配筋等。

按基础受弯承载力要求确定基础底板配筋。根据《建筑地基基础设计规范》GB

50007—2011 规定，6m 柱距单层多跨排架结构，地基承载力特征值 200kN/m² ≤ f_{ak} < 300kN/m²、吊车起重量 30~75t 厂房跨度 l≤30m，设计等级为丙级时，可不做地基变形验算。因此本设计不进行地基变形的验算。

基础材料选用：基础混凝土用 C20，钢筋为 HPB300 级，基础下垫层用 C15 混凝土。预制柱和基础之间用 C30 细石混凝土填充。

1. 按构造要求确定基础的高度尺寸

前面确定了预制柱插入基础的深度为 h_1=900mm，柱底留 50mm 的间隙，柱子与杯口之间的空隙用 C30 细石混凝土填充。根据表 3-11 基础杯底厚度 a_1=200mm，杯壁厚度 t=400mm（满足基础梁支承宽度要求），则基础的高度为：$h=h_1+a_1+50=(900+200+50)$mm=1150mm。

与前面假定的基础高度 1000mm 略有误差，可以满足计算要求。杯壁高度 h_2 按台阶下面的基础抗冲切条件确定，应尽量使得 h_2 大一些以减少基础混凝土的用量，初步确定 h_2=500mm，t/h_2=0.8>0.75，因此杯壁可不配筋。基础底面尺寸按地基承载力条件确定。基础的构造如图 3-132 所示。

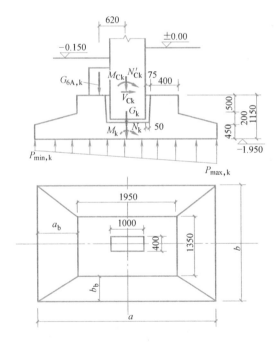

图 3-132   基础构造图

2. 确定基础顶面上的荷载

作用于基础顶面上的荷载包括柱底（Ⅲ-Ⅲ 截面）传至基础顶面的弯矩 M、轴力 N、剪力 V 及由基础梁转来的荷载。

柱传至基础顶面 M_c、N_c、V_c 由内力组合表 3-16 中的 Ⅲ-Ⅲ 截面选取，见表 3-18。内力标准组合用于确定基础底面尺寸，即地基承载力验算。内力基本组合用于基础抗冲切承载力、受剪承载力验算和基础底板配筋计算。内力正负号规定见图 3-132。

由基础梁传至基础顶面的永久荷载标准值：$G_{6A,k}$=276.5kN；对基础中心线的偏心距为：$e_6 = 620$mm（图 3-132）。

基础设计时基础顶面不利内力选择　表 3-18

内力种类	荷载效应基本组合				荷载效应标准组合			
	第1组	第2组	第3组	第4组	第1组	第2组	第3组	第4组
M_c(kN·m)	532.67	−465.53	323.94	466.33	358.07	−302.96	218.92	318.28
N_c(kN)	1015.18	579.27	1345.09	410.82	731.56	523.12	951.50	410.82
V_c(kN)	75.73	−49.79	43.19	72.89	51.93	−29.57	30.24	52.21

3. 基础底面尺寸确定

1）地基承载力特征值的确定

根据设计任务书，地基持力层承载力特征值 $f_{ak} = 240$kN/m²。按规范的要求，需要进行宽度和深度的修正。由于基础宽度较小（一般小于 3m），故仅考虑基础埋深的修正。经修正后的地基承载力特征值为：

$$f_a = f_{ak} + \eta_d \gamma_m (d - 0.5) = [240 + 1.6 \times 1.75 \times (1.8 - 0.5)] = 276.4 \text{kN/m}^2$$

$$1.2 f_a = 331.68 \text{kN/m}^2$$

2）柱传至基础顶面的内力换算到基础底面

按荷载效应标准组合并考虑基础梁转来的荷载，各组内力传到基础底面的弯矩标准值 M_k 和轴向力标准值 N_{Ck} 见表 3-19。基础底面受到的轴向力合力为：$N_k = N_{Ck} + G_k$。

按荷载效应标准组合传至基础底面的内力标准值　表 3-19

内力种类	第1组	第2组	第3组	第4组
M_{Ck}(kN·m)	358.07	−302.96	218.92	318.28
N'_{Ck}(kN)	731.56	523.12	951.5	410.82
V_{Ck}(kN)	51.93	−29.57	30.24	52.21
$N_{Ck} = N'_{Ck} + G_{6Ak}$(kN)	1008.06	799.62	1228.00	687.32
$M_k = M_{Ck} + V_{Ck}h − G_{6Ak}e_6$(kN·m)	246.36	−508.40	82.27	206.89

3）按地基承载力确定基础底面尺寸

先按第3组内力标准值计算基础底面尺寸。

基础的平均埋深：$d = 1.8 + 0.15/2 = 1.875$m。

按中心受压确定基础底面面积 A：

$$A = \frac{N_{ck}}{f_a - \gamma_G d} = \frac{1228.0}{276.4 - 20 \times 1.875} = 5.14 \text{m}^2$$

增大 25%，$1.25A = 1.25 \times 5.14 = 6.43 \text{m}^2$。

所以取 $b = 2.0$m，$a = 1.7b = 3.4$m。

基础底面面积：$A = a \times b = 3.4 \times 2 = 6.8 \text{m}^2$。

以上是初步估计的基础底面尺寸，还必须进行地基承载力验算。

基础底面的抵抗矩：$W = \dfrac{1}{6} ba^2 = \dfrac{1}{6} \times 2 \times 3.4^2 = 3.85 \text{m}^3$。

基础和回填土的平均重力：$G_k = \gamma_m dA = 20 \times 1.875 \times 6.8 = 255.0$kN。

地基承载力验算应符合下列要求：

$$P_k = \frac{N_{ck}+G_k}{A} \leqslant f_a (=276.4 \text{kN/m}^2)$$

$$P_{k,max} = \frac{N_{ck}+G_k}{A} + \frac{M_{bk}}{W_k} \leqslant 1.2f_a (=331.68 \text{kN/m}^2)$$

$$P_{k,min} = \frac{N_{ck}+G_k}{A} - \frac{M_{bk}}{W_k} > 0$$

在各组内力作用下，地基承载力验算见表 3-20。

地基承载力验算　　　　表 3-20

内力种类	第 1 组	第 2 组	第 3 组	第 4 组
N_{ck}(kN)	1008.06	799.62	1228.00	687.32
M_k(kN·m)	246.36	−508.40	82.27	206.89
$P_k = \frac{N_{ck}+G_k}{A}$(kN/m²)	185.74<f_a	155.09<f_a	218.09<f_a	138.58<f_a
$P_{k,max} = \frac{N_{ck}+G_k}{A} + \frac{M_k}{W_k}$(kN/m²)	249.73<1.2f_a	287.14<1.2f_a	239.46<1.2f_a	192.31<1.2f_a
$P_{k,min} = \frac{N_{ck}+G_k}{A} - \frac{M_k}{W_k}$(kN/m²)	121.75>0	23.04>0	196.72>0	84.84>0

经验算 2.0m×3.4m 的基础底面尺寸满足地基承载力要求。基础边缘高度取 450mm，大于 200mm，锥形基础斜面高度为 200mm，斜面水平长度 a_b=725mm，坡度为 1:3.6，小于允许坡度 1:3。短边方向杯壁至基础边缘水平长度 b_b=325mm，由于长度较小，也可不放坡（见图 3-132）。

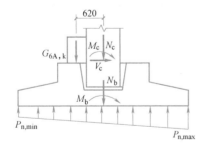

图 3-133　基础设计计算简图

4. 基础设计

1）换算到基础底面的弯矩和轴向力基本组合设计值

按荷载效应基本组合并考虑基础梁传来的荷载，见图 3-133。各组内力传到基础底面的弯矩设计值 M_b 和轴向力设计值 N_b 见表 3-21。

表 3-21 中：$N_b = N_c + 1.2G_{6A,k}$；

$M_b = M_c + V_c h - 1.0G_{6A,k}e_6$ 或 $M_b = M_c + V_c h - 1.2G_{6A,k}e_6$。

基础设计时采用地基净反力，不考虑基础及回填土自重。各组内力求出的地基净反力 p_n、$p_{n,max}$ 及 $p_{n,min}$ 见表 3-21。其计算方法如下：

$$p_{n,max} = \frac{N_b}{A} + \frac{M_b}{W}; \quad p_{n,min} = \frac{N_b}{A} - \frac{M_b}{W}; \quad p_n = \frac{p_{n,max}+p_{n,min}}{2}.$$

按荷载效应基本组合传至基础底面的内力设计值及地基净反力 表 3-21

内力种类	第 1 组	第 2 组	第 3 组	第 4 组
$M_c(kN \cdot m)$	532.67	−465.53	323.94	466.33
$N_c(kN)$	1015.18	579.27	1345.09	410.82
$V_c(kN)$	75.73	−49.79	43.19	72.89
$N_b = N_c + 1.3G_{6,Ak}(kN)$	1374.63	938.72	1704.54	770.27
$M_b = M_c + V_c h - 1.3G_{6A,k}e_6(kN \cdot m)$	396.90	−745.65	150.75	327.29
$p_{n,max} = \dfrac{N_b}{A} + \dfrac{M_b}{W}(kN/m^2)$	305.24	345.37	289.82	198.29
$p_{n,min} = \dfrac{N_b}{A} - \dfrac{M_b}{W}(kN/m^2)$	99.06	0.00	211.51	28.26
$p_n = \dfrac{p_{n,max} + p_{n,min}}{2}(kN/m^2)$	202.15	172.69	250.67	113.28

由于第 2 组内力求出的地基净反力 $p_{n,min} < 0$，$p_{n,max}$ 应重新计算（图 3-134）：

求合力偏心距：$e_n = \dfrac{M_b}{N_b} = \dfrac{745.65}{938.72} = 0.794m$。

合力到最大压力边的距离；$K = 0.5a - e_n = 0.5 \times 3.4 - 0.794 = 0.906m$。

根据力的平衡条件 $N_b = \dfrac{1}{2}P_{n,max} \cdot 3k \cdot b$，得：

$$P_{n,max} = \frac{2N_b}{3kb} = \frac{2 \times 938.72}{3 \times 0.906 \times 2} = 345.37kN/m^2; \quad p_{n,min} = 0.0。$$

$$p_n = \frac{p_{n,max} + p_{n,min}}{2} = \frac{345.37 + 0.0}{2} = 172.69kN/m^2$$

2）基础抗冲切承载力验算

冲切承载力按第 2 组荷载作用下地基最大净反力验算：$P_{n,max} = 321.83kN/m^2$。杯壁高度 $h_2 = 500mm$。因壁厚 $t = 400mm$ 加填充 75mm 共 475mm，小于杯壁高度 $h_2 = 500mm$，说明上阶底落在冲切破坏锥体以内，故仅需对台阶以下进行冲切承载力验算。

基础下设有垫层时，混凝土保护层厚度取 40mm。冲切破坏锥体的有效高度：

$h_0 = 1150 - 500 - 45 = 605mm$

冲切破坏锥体的最不利一侧上边长：

$a_t = 400 + 2 \times 475 = 1350mm$

冲切破坏锥体的最不利一侧下边长：

$a_b = 1350 + 2 \times 605 = 2560mm > 2000mm$

所以取 $a_b = 2000mm$。

$a_m = \dfrac{a_t + a_b}{2} = \dfrac{1350 + 2000}{2} = 1675mm$

考虑冲切荷载时的基础底面积近似为：

$A_l = 2.0 \times \left(\dfrac{3.4}{2} - \dfrac{1.95}{2} - 0.605\right) = 0.24m^2$

冲切力：

$F_l = P_{n,max}A_l = 345.37 \times 0.24 = 82.89kN$

抗冲切力的计算：

$h = 650\text{mm} < 800\text{mm}$；$\beta_{hp} = 1.0$。

C20 混凝土抗拉强度设计值：$f_t = 1.1\text{N/mm}^2$。

$0.7\beta_{hp}f_t a_m h_0$

$= 0.7 \times 1.0 \times 1.1 \times 1675 \times 605$

$= 780.30\text{kN} > 82.89\text{kN}$

所以抗冲切力满足要求。

3）基础受剪承载力验算

基础底面宽度 2000mm 小于柱宽加两倍基础有效高度：$400 + 2 \times 1105 = 2610\text{mm}$。因此，需要对基础进行受剪承载力验算。验算位置为柱与基础交接处（1-1）、变阶处（2-2）截面，见图 3-134、图 3-135。

第 2 组内力产生的基底净反力见图 3-134，第 1、3、4 组内力产生的基底净反力见图 3-135。

柱边、变阶处地基反力计算方法：

第 1、3、4 组基地净反力：

$$P_{n1} = P_{n,min} + \frac{2.2}{3.4}(P_{n,max} - P_{n,min});$$

$$P_{n2} = P_{n,min} + \frac{2.575}{3.4}(P_{n,max} - P_{n,min})。$$

第 2 组基地净反力：

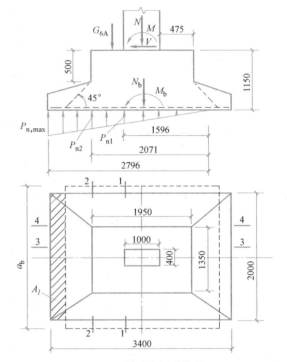

图 3-134　基础冲切计算简图

$$P_{n1} = \frac{1.596}{2.796}P_{n,max}；\quad P_{n2} = \frac{2.071}{2.796}P_{n,max}。$$

柱边、变阶处地基净反力计算结果见表 3-22。

柱边及变阶处地基净反力计算　　　　　　　　　　　　　　　　　　　　　　　表 3-22

参数	第1组	第2组	第3组	第4组
$P_{n,max}(\text{kN/m}^2)$	305.24	345.37	289.82	198.29
$P_{n,min}(\text{kN/m}^2)$	99.06	0.00	211.51	28.26
$P_{n1}(\text{kN/m}^2)$	202.15	172.69	250.67	113.28
$P_{n2}(\text{kN/m}^2)$	232.47	197.14	262.18	138.28
$\dfrac{p_{n,max} + p_{n1}}{2}(\text{kN/m}^2)$	255.21	255.82	270.82	157.03
$\dfrac{p_{n,max} + p_{n2}}{2}(\text{kN/m}^2)$	268.86	271.26	276.00	168.28
$\dfrac{p_{n,max} + p_{n,min}}{2}(\text{kN/m}^2)$	280.23	300.59	280.32	177.66

验算公式：$V_s \leqslant 0.7\beta_{hs} f_t A_0$。

1-1 截面受剪承载力验算：

截面有效高度：$h_0 = 1105mm$。

柱与基础交接处剪力设计值：

$$V_s = A\frac{P_{n,max} + P_{nl}}{2} = 2.0 \times (1.7 - 0.5) \times 270.82 = 649.97kN$$

受剪承载力截面高度影响系数：$\beta_{hs} = (800/h_0)^{1/4} = (800/1105)^{1/4} = 0.922$。

截面有效宽度：$b_{y0} = \dfrac{b_{y1}h_{01} + b_{y2}h_{02}}{h_{01} + h_{02}} = \dfrac{2000 \times 605 + 1350 \times 500}{605 + 500} = 1705.88mm$。

验算截面处基础的有效截面面积：$A_0 = b_{y0}h_0 = 1705.88 \times 1105 = 188.5 \times 10^4 mm^2$。

C20 混凝土抗拉强度设计值：$f_t = 1.1N/mm^2$。

受剪承载力验算：

$0.7\beta_{hs}f_t A_0 = 0.7 \times 0.922 \times 1.1 \times 188.5 \times 10^4 = 1338.24kN > V_s = 649.97kN$

所以，1-1 截面验算受剪承载力满足要求。

2-2 截面受剪承载力验算：

截面有效高度：$h_0 = 605mm < 800mm$，因此，在计算 β_{hs} 时取 $h_0 = 800mm$。

受剪承载力截面高度影响系数：$\beta_{hs} = (800/h_0)^{1/4} = (800/800)^{1/4} = 1.0$

变阶处剪力设计值：

$$V_s = A\frac{P_{n,max} + P_{n2}}{2} = 2.0 \times (1.7 - 0.5 \times 1.95) \times 276.00 = 400.20kN$$

截面有效宽度：

$$b_{y0} = \left[1 - 0.5\frac{h_1}{h_0}\left(1 - \frac{b_{y2}}{b_{y1}}\right)\right]b_{y1}$$

$$= \left[1 - 0.5 \times \frac{200}{605} \times \left(1 - \frac{1350}{2000}\right)\right] \times 2000 = 1892.56mm$$

验算截面处基础的有效截面面积：$A_0 = b_{y0}h_0 = 1892.56 \times 605 = 114.5 \times 10^4 mm^2$

受剪承载力验算：

$0.7\beta_{hs}f_t A_0 = 0.7 \times 1.0 \times 1.1 \times 114.5 \times 10^4 = 881.65kN > V_s = 400.20kN$

所以，2-2 截面验算受剪承载力满足要求。

结论：基础受剪承载力满足要求。

4）基础底板的配筋计算

沿基础长边方向钢筋的计算分别按柱边（1-1 截面）、变阶处（2-2 截面）两个截面计算。沿基础短边方向钢筋的计算，分别按柱边（3-3 截面）、变阶处（4-4 截面）两个截面计算（图 3-134、图 3-135）。

基础弯矩计算所用地基净反力计算，见表 3-22。

（1）基础底板沿长边方向钢筋的计算

$$M_1 = \frac{1}{24}\left(\frac{p_{n,max} + p_{nl}}{2}\right)(a - a_c)^2(2b + b_c)$$

$$= \frac{1}{24} \times 270.82 \times (3.4 - 1.0)^2 \times (2 \times$$

$$2.0 + 0.4)$$

$$= 285.99 \text{kN} \cdot \text{m}$$

$$h_{01} = 1150 - 45 = 1105 \text{mm}$$

$$A_{s1} = \frac{M_1}{0.9 f_y h_{01}} = \frac{285.99 \times 10^6}{0.9 \times 270 \times 1105}$$

$$= 1065.08 \text{mm}^2$$

$$M_2 = \frac{1}{24} \left(\frac{p_{n,max} + p_{n2}}{2} \right) (a - a_1)^2 (2b + b_1)$$

$$= \frac{1}{24} \times 276.00 \times (3.4 - 1.95)^2 \times (2 \times$$

$$2.0 + 1.35) = 129.36 \text{kN} \cdot \text{m}$$

$$h_{02} = 650 - 45 = 605 \text{mm}$$

$$A_{s2} = \frac{M_2}{0.9 f_y h_{01}} = \frac{129.36 \times 10^6}{0.9 \times 270 \times 605}$$

$$= 879.91 \text{mm}^2$$

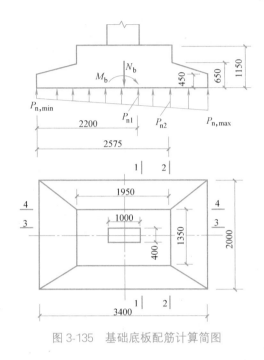

图 3-135　基础底板配筋计算简图

按最小配筋率 0.15％ 确定钢筋面积。

1-1 截面按最小配筋率 0.15％ 确定钢筋面积：$h_{01} = (650 - 45) = 605 \text{mm}$；$h_{02} = 500 \text{mm}$。

截面有效高度：$h_0 = h_{01} + h_{02} = 650 + 500 = 1105 \text{mm}$。

截面有效宽度：$b_{y0} = \frac{b_{y1} h_{01} + b_{y2} h_{02}}{h_{01} + h_{02}} = 1705.88 \text{mm}$。

最小配筋面积：$A_{s,min} = \rho_{min} b_{y0} h_0 = 0.15％ \times 1705.88 \times 1105 = 2827.5 \text{mm}^2$。

2-2 截面按最小配筋率 0.15％ 确定钢筋面积：

截面有效高度：$h_0 = 605 \text{mm}$。

截面有效宽度：$b_{y0} = \left[1 - 0.5 \frac{h_1}{h_0} \left(1 - \frac{b_{y2}}{b_{y1}} \right) \right] b_{y1} = 1892.56 \text{mm}$。

最小配筋面积：$A_{s,min} = \rho_{min} b_{y0} h_0 = 0.15％ \times 1892.56 \times 605 = 1717.5 \text{mm}^2$。

因此，基础底板沿长边方向钢筋面积应按最大值 $A_{s,max} = 2827.5 \text{mm}^2$ 确定。按规范规定：钢筋直径不小于 Φ10，钢筋间距不大于 200mm，也不小于 100mm。因此本设计钢筋直径用 Φ14，单根面积：$A_{s1} = 153.9 \text{mm}^2$。

所需钢筋根数：$n = \frac{A_{s,max}}{A_{s1}} = \frac{2827.5}{153.9} = 18.4$ 根，取 19 根。

钢筋间距：$s = \frac{2000 - 2 \times 40}{18} = 106.4 \text{mm}$，取 100mm。

基础底板沿长边方向的配筋为：Φ14@100，共 20 根，符合设计要求。由于基础的长边方向大于 2.5m，因此，该方向钢筋长度取边长的 0.9 倍，即 $0.9 \times 3.4 = 3.06 \text{m} = 3060 \text{mm}$，并交错布置，钢筋可用同一编号。

（2）基础底板沿短边方向钢筋的计算

$$M_3 = \frac{p_n}{24}(b - b_c)^2(2a + a_c)$$

$$= \frac{300.59}{24} \times (2.0 - 0.4)^2 \times (2 \times 3.4 + 1.0) = 250.09 \text{kN} \cdot \text{m}$$

$$h_{03} = h_{01} - d = 1105 - 14 = 1091 \text{mm}$$

$$A_{s3} = \frac{M_3}{0.9 f_y h_{03}} = \frac{250.09 \times 10^6}{0.9 \times 270 \times 1091} = 943.33 \text{mm}^2$$

$$M_4 = \frac{p_n}{24}(b - b_1)^2(2a + a_1)$$

$$= \frac{300.59}{24} \times (2.0 - 1.35)^2 \times (2 \times 3.4 + 1.95) = 46.30 \text{kN} \cdot \text{m}$$

$$h_{04} = h_{02} - d = 605 - 14 = 591 \text{mm}$$

$$A_{s4} = \frac{M_4}{0.9 f_y h_{04}} = \frac{46.30 \times 10^6}{0.9 \times 270 \times 591} = 322.39 \text{mm}^2$$

按最小配筋率 0.15% 确定钢筋面积。

3-3 截面按最小配筋率 0.15% 确定钢筋面积：$h_{01} = 650 - 45 - 14 = 591 \text{mm}$；$h_{02} = 500 \text{mm}$。

截面有效高度：$h_0 = h_{01} + h_{02} = 591 + 500 = 1091 \text{mm}$。

截面有效宽度：$b_{x0} = \dfrac{b_{x1} h_{01} + b_{x2} h_{02}}{h_{01} + h_{02}} = \dfrac{3400 \times 591 + 1850 \times 500}{591 + 500} = 2689.64 \text{mm}$。

最小配筋面积：$A_{s,\min} = \rho_{\min} b_{x0} h_0 = 0.15\% \times 2689.64 \times 1091 = 4401.60 \text{mm}^2$。

4-4 截面按最小配筋率 0.15% 确定钢筋面积：

截面有效高度：$h_0 = 591 \text{mm}$。

截面有效宽度：

$$b_{x0} = \left[1 - 0.5 \frac{h_1}{h_0}\left(1 - \frac{b_{x2}}{b_{x1}}\right)\right] b_{x1}$$

$$= \left[1 - 0.5 \times \frac{200}{591} \times \left(1 - \frac{1950}{3400}\right)\right] \times 3400 = 3154.65 \text{mm}$$

最小配筋面积：$A_{s,\min} = \rho_{\min} b_{x0} h_0 = 0.15\% \times 3154.65 \times 591 = 2796.59 \text{mm}^2$。

因此，基础底板沿长边方向钢筋面积应按最大值 $A_{s,\max} = 4401.60 \text{mm}^2$ 确定。用 ϕ 14 钢筋，单根面积：$A_{s1} = 153.9 \text{mm}^2$。

所需钢筋根数：$n = \dfrac{A_{s,\max}}{A_{s1}} = \dfrac{4401.60}{153.9} = 28.6$ 根，取 29 根。

钢筋间距：$s = \dfrac{3400 - 2 \times 40}{29} = 114.48 \text{mm}$，取 110mm。

基础底板沿短边方向的配筋为：ϕ 14@110，共 31 根，符合设计要求。

柱和基础的施工图见图 3-136。

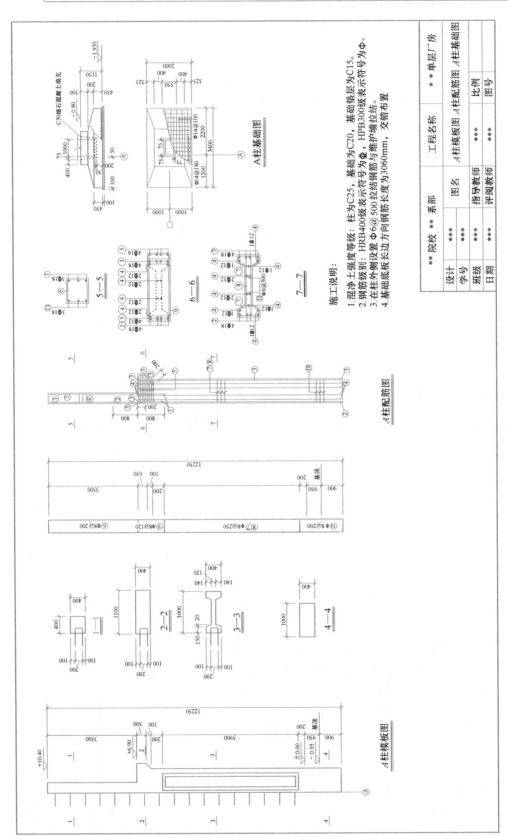

施工说明：

1. 混凝土强度等级：柱为C25，基础为C20，基础垫层为C15。
2. 钢筋级别：HRB400级表示符号为Φ，HPB300级表示符号为Φ。
3. 在柱外侧设置 Φ6@500拉结钢筋与维护墙拉结。
4. 基础底板底长方向钢筋长度为3060mm，交错布置

图 3-136　A轴柱和基础施工图

本章小结

(1) 排架结构由屋架（或屋面梁）、柱和基础组成。柱与屋架铰接，柱与基础刚接。排架结构是装配式单层工业厂房的主要结构形式。

(2) 单层厂房结构的主要组成构件为屋面板、屋架（或屋面梁）、吊车梁、柱、支撑、基础等。其中许多构件均有全国标准图集可查用，但柱和基础需进行计算和设计。

(3) 单层厂房的排架结构设计包括结构选型与结构布置、确定结构计算简图、结构荷载计算、结构内力分析、排架柱控制截面内力组合、排架柱的配筋计算（包括施工吊装验算）、柱下基础的设计、绘制结构施工图。

(4) 排架上的荷载有恒载、活载、风荷载和吊车荷载。可用剪力分配法计算水平荷载作用下等高排架的内力。排架计算是为排架柱和基础的设计提供数据。

(5) 排架柱的设计内容包括柱外形和截面尺寸确定；根据各控制截面最不利的内力进行截面承载力设计；施工吊装运输阶段的承载力和裂缝宽度验算；与屋架、吊车梁等构件的连接构造和绘制施工图等；当有吊车时还需进行牛腿设计。

(6) 单层厂房多为装配式结构，因此构件之间的连接非常重要。柱与屋架、吊车梁、外墙及圈梁等构件的连接应满足节点连接的构造要求。

思考与练习题

3-1 单层厂房结构设计有哪些内容？

3-2 单层厂房横向承重结构有哪几种结构类型？它们各自的适用范围如何？

3-3 简述横向平面排架承受的竖向荷载和水平荷载的传力途径。

3-4 单层厂房中有哪些支撑？它们的作用是什么？

3-5 根据厂房的空间作用和受荷特点在内力计算时可能遇到哪几种排架计算简图？分别在什么情况下采用？

3-6 说明单层厂房排架柱内力组合的原则和注意事项。荷载组合中什么是基本组合？什么是标准组合？什么是准永久组合？各适用于什么情况？

3-7 单层厂房排架柱的控制截面有哪些？最不利内力有哪几种？为何这样考虑？

3-8 什么是单层厂房的整体空间作用？哪些荷载作用下厂房的整体空间作用最明显？单层厂房整体空间作用的程度和哪些因素有关？

3-9 排架柱的截面尺寸和配筋是怎样确定的？牛腿的尺寸和配筋如何确定？

3-10 柱下单独基础的底面尺寸、基础高度（包括变阶处的高度）以及基底配筋是根据什么条件确定的？

3-11 为什么在确定基底尺寸时要采用地基土的全部反力？而在确定基础高度和基底配筋时又采用地基土的净反力（不考虑基础及其台阶上回填土自重）？

3-12 什么是等高排架？如何用剪力分配法计算等高排架的内力？

3-13 简述牛腿的破坏形态。牛腿的设计内容有哪些？

3-14 作用在排架上的吊车竖向荷载（D_{max}、D_{min}）和水平荷载（T_{max}）是如何计算的？

3-15　确定单层厂房排架计算简图时做了哪些假定？试分析这些假定的合理性与适用条件。

3-16　某双跨单层厂房，跨度24m，柱距6m，每跨内有两台A4级工作制吊车，吊车的有关参数见表3-23。试求排架柱受到的吊车竖向荷载 $D_{max,k}$、$D_{min,k}$ 和水平荷载 $T_{max,k}$。

吊车的有关参数表   表 3-23

吊车位置	起重量 (kN)	桥跨 L_K(m)	小车重 g(kN)	最大轮压 $p_{max,k}$(kN)	大车轮距 K(m)	大车宽 B(m)	车高 H(m)	吊车总重 (kN)
左跨(AB跨)吊车	150/50	25.5	74	195	5.25	6.4	2.15	360
右跨(BC跨)吊车	300/50	25.5	118	310	5.25	6.65	2.6	475

3-17　如图 3-137 所示的排架，在下柱顶作用有弯矩 $M_A = 130.2\text{kN} \cdot \text{m}$，$M_B = 160.4\text{kN} \cdot \text{m}$，各柱截面几何特征见表3-24。试求排架的内力并绘出结构内力图。

各柱的截面几何特征   表 3-24

柱号	$A(\times 10^3 \text{mm}^2)$	$I_x(\times 10^6 \text{mm}^4)$
A、C 上柱	180.5	2200.6
A、C 下柱	170.4	22000.1
B 上柱	250	7400.2
B 下柱	187.5	35000.3

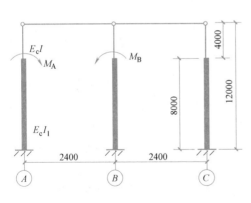

图 3-137　习题 3-17 图

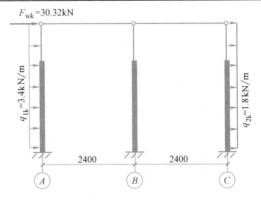

图 3-138　习题 3-18 图

3-18　如图 3-138 所示的排架，各柱截面几何特征见表3-24。试求排架在风荷载标准值作用下的内力并绘出结构内力图。

3-19　某单层厂房现浇柱下独立锥形基础，由柱传到基础顶面的内力，见表3-25。未经修正的地基承载力特征值 $f_a = 190\text{kN/m}^2$。基础埋深1.8m，地基土的重度为 16.8kN/m^3。试设计此基础并绘出基础的平面图和剖面图（包括基础的配筋图）。

基础顶面内力　　　　　　　　　　　　　　　　　　　表 3-25

组合1	按荷载效应标准组合	组合2		组合1	按荷载效应基本组合	组合2	
	$M=380.1\text{kN}\cdot\text{m}$		$M=308.3\text{kN}\cdot\text{m}$		$M=580.3\text{kN}\cdot\text{m}$		$M=420.8\text{kN}\cdot\text{m}$
	$N=800.4\text{kN}$		$N=530.44\text{kN}$		$N=1100.4\text{kN}$		$N=670.4\text{kN}$
	$V=50.4\text{kN}$		$V=25.2\text{kN}$		$V=60.4\text{kN}$		$V=33.4\text{kN}$

3-20　计算习题 3-17 所示的排架在吊车水平荷载（AB）作用下的内力，并绘出内力图。已知 $T_{\text{max,k}}=22\text{kN}$，其作用点距牛腿顶面 1m 的位置。

第 4 章 多层框架结构

本章要点及学习目标

本章要点：
(1) 多层框架结构的特点和适用范围；
(2) 多层框架结构的布置原则、方法、计算简图；
(3) 多层框架结构在水平和竖向荷载作用下的内力计算方法；
(4) 框架梁柱的配筋计算和构造要求；
(5) 多层框架房屋的基础类型和条形基础简化设计方法。
学习目标：
(1) 了解多层框架结构的特点、结构布置原则和计算简图确定方法；
(2) 掌握框架结构在水平和竖向荷载作用下的内力计算方法；
(3) 掌握框架结构的内力组合原则及框架结构内力分析的实用计算方法；
(4) 熟悉框架结构在水平荷载作用下的侧移验算方法；
(5) 熟悉梁柱的配筋计算和构造要求；
(6) 了解多层框架房屋的基础类型并掌握条形基础简化设计方法（如倒梁法）。

4.1 多层框架结构的组成和布置

4.1.1 多层框架结构的组成

　　框架结构是由横梁和立柱通过节点连接构成的结构，如图 4-1 所示。梁柱交接处的框架节点应为刚性连接，构成双向梁柱承重结构，将荷载传至基础。主体结构除个别部位外，不应采用铰接。柱底应为固定支座，框架梁宜水平拉通、对直，框架柱上下对中，梁、柱轴线宜在同一竖向平面内，框架梁、柱宜纵横对齐。

　　框架可以是等跨或不等跨，层高可以相等或不完全相等，有时因工艺要求而在某层抽柱或缺梁形成复式框架，如图 4-2 所示。

　　框架结构为高次超静定结构，既承受竖向荷载，又承受侧向作用力（风荷载或地震作用等）。在框架结构中，常因功能需要而设置非承重隔墙。隔墙位置较为固定并常采用砌体填充墙。当考虑建筑功能可能变化时，也可采用轻质分隔墙，灵活分隔。砌体填充墙是在框架施工完后砌筑的，砌体填充墙的上部与框架梁底之间必须用砌块"塞紧"。墙与框架柱有两种连接方法：一种是柱与墙之间留缝，并用钢筋柔性连接，计算时不考虑填充墙对框架抗侧刚度的影响；另一种是刚性连接，在多遇水平地震作用下，框架侧向变形时，填充墙起着斜压杆的作用，从而提高了框架的抗侧移能力，在罕遇水平地震作用下，填充墙也能对防止倒塌起积极的作用。

按施工方法不同，框架结构可分为现浇式、装配式和装配整体式三种。在地震区，多采用梁、柱、板全现浇或梁柱现浇、板预制的方案；在非地震区，有时可采用梁、柱、板均预制的方案。本章主要讨论现浇混凝土框架结构。

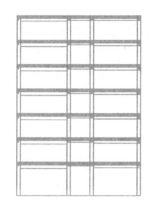

图 4-1 多层多跨框架的组成

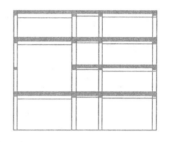

图 4-2 缺梁缺柱的框架

4.1.2 多层框架结构的布置

1. 柱网和层高

框架结构的柱网布置既要满足生产工艺、建筑功能和建筑平面布置的要求，又要受力合理，施工方便。

关于建筑柱网尺寸和层高应根据生产工艺要求确定。常用的柱网有内廊式和等跨式两种。内廊式（图 4-3a）的边跨跨度一般为 6～8m，中间跨度为 2～4m。等跨式的跨度一般为 6～12m。柱距通常为 6m，层高为 3.6～5.4m。

民用建筑柱网和层高根据建筑使用功能确定。目前，住宅、宾馆和办公楼柱网可划分为小柱网和大柱网两类。小柱网指一个开间为一个柱距（图 4-3b），柱距一般为 3.3m、3.6m、4.0m 等；大柱网指两个开间为一个柱距（图 4-3c），柱距通常为 6.0m、6.6m、7.2m、7.5m 等。常用的跨度（房屋进深）为 4.8m、5.4m、6.0m、6.6m、7.2m、7.5m 等。

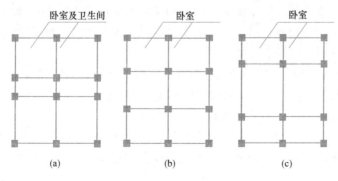

图 4-3 民用建筑柱网布置

2. 承重框架的布置

按楼面竖向荷载传递路线的不同，承重框架的布置分为横向框架承重、纵向框架承重和纵横向框架承重。

1）横向框架承重。主梁沿房屋横向布置，预制板和连系梁沿房屋纵向布置（图4-4a）。由于竖向荷载主要由横向框架承受，横梁截面高度较大，因而有利于增加房屋的横向刚度。实际结构中应用较多。

2）纵向承重框架。主梁沿房屋纵向布置，预制板和连系梁沿房屋横向布置（图4-4b）。由于楼面荷载由纵向梁传至柱子，所以横向梁刚度较小，有利于设备管线的穿行。当在房屋开间方向需要较大空间时，可获得较高的室内净高。另外，当地基土的物理力学性能在房屋纵向有明显差异时，可以利用纵向框架的刚度来调整房屋的不均匀沉降。但其横向刚度较差，实际应用较少。

3）纵横向框架承重。房屋的纵横向都布置承重框架（图4-4c）。楼盖常采用现浇双向板或井字梁楼盖。当柱网平面为正方形或接近正方形以及当楼盖上有较大活荷载时，多采用这种承重方案。

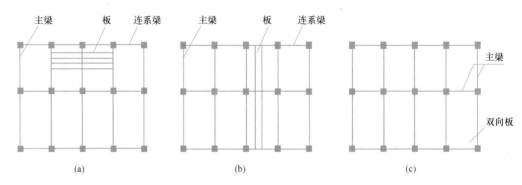

图4-4　框架结构承重方案

3. 变形缝的设置

变形缝是伸缩缝、沉降缝、防震缝的统称。在多层及高层建筑结构中，应尽量少设缝或不设缝，这可简化构造、方便施工、降低造价、增强结构整体性和空间刚度。为此，在建筑设计时，应通过调整平面形状、尺寸、体型等措施，在结构设计时，应通过选择节点连接方式、配置构造钢筋、做好保温隔热层等措施，来防止由于混凝土收缩、不均匀沉降、地震作用等因素所引起的结构或非结构构件的损坏。当建筑物平面较狭长，或形状复杂、不对称，或各部分刚度、高度、重量相差悬殊，且上述措施都无法解决时，则设置伸缩缝、沉降缝、防震缝也是必要的。

伸缩缝的设置，主要与结构的长度有关。《混凝土结构设计规范》GB 50010—2010（2015年版）对钢筋混凝土结构伸缩缝的最大间距作了规定。当结构的长度超过规范规定的容许值时，应验算温度应力并采取相应的构造措施。

沉降缝的设置，主要与基础受到的上部荷载及场地的地质条件有关。当上部荷载差异较大，或地基的物理力学指标相差较大时，则应设沉降缝。沉降缝可利用挑梁或搁置预制板、预制梁等办法做成。

伸缩缝与沉降缝的宽度一般不宜小于50mm。

防震缝的设置主要与建筑平面形状、高差、刚度、质量分布等因素有关。防震缝的设置，应使各结构单元简单、规则，刚度和质量分布均匀，以避免地震作用下的扭转效应。为避免各单元之间的结构在地震发生时互相碰撞，防震缝的宽度不得小于100mm，同时对于框架结构房屋，当高度超过15m时，6度、7度、8度和9度相应增加高度5m、4m、3m和2m，防震缝宽度宜加宽20mm。

在非地震区的沉降缝，可兼作伸缩缝；在地震区的伸缩缝或沉降缝应符合防震缝的要求。当仅需设置防震缝时，则基础可不分开，但在防震缝处基础应加强构造和连接。

4.2 框架结构内力与水平位移的近似计算方法

4.2.1 多层框架的计算简图

1. 基本假定

实际的框架结构处于空间受力状态，应采用空间框架的分析方法进行框架架构的内力计算，但当框架较规则、荷载和刚度分布较均匀时，可不考虑框架的空间工作影响，按以下两个基本假定，将框架结构划分成纵、横两个方向的平面框架进行计算。

（1）每榀框架只承受与自身平面平行的水平荷载，框架平面外刚度很小，可忽略。

（2）联系各榀框架的楼板在自身平面内刚度很大，平面外刚度很小，可以忽略。每榀框架在楼板处位移相同。

2. 计算单元的确定

在以上基本假定下，将实际的空间结构简化为若干个横向或纵向平面框架进行分析，每榀平面框架为一计算单元，计算单元宽度取相邻中线之间的距离，如图4-5所示。

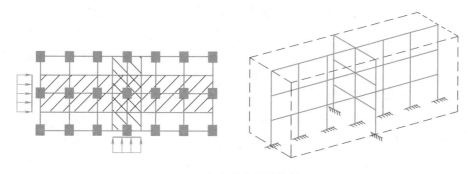

图 4-5 框架结构的计算单元

就承受竖向荷载而言，当横向（纵向）框架承重，且在截取横向（纵向）框架计算时，全部楼面荷载由横向（纵向）框架承担，不考虑纵向（横向）框架的作用。当纵、横向框架混合承重时，应根据结构的不同特点进行分析，并对楼面竖向荷载按楼盖实际支撑情况进行传递，这时楼面竖向荷载通常由纵、横向框架共同承担。实际上除楼面荷载外尚有墙体重量等重力荷载，故通常纵、横向框架都承受竖向荷载，各自取平面框架及其所承受的竖向荷载而分别进行计算。

在某一方向的水平荷载（风荷载或水平地震作用）作用下，整个框架结构体系可视为若干个平面框架，共同抵抗与平面框架平行的水平荷载，与该方向正交的结构不参与受力。一般采用刚性楼盖假定，故每榀平面框架所抵抗的水平荷载，则为按各平面框架的侧向刚度比例所分配到的水平力。当为风荷载时，为简化计算可近似取计算单元范围内的风荷载。

3. 跨度与柱高的确定

计算简图的形状、尺寸以梁柱轴线为基准，梁的跨度取柱轴线之间的距离，底层柱高取从基础顶面算起到一层板面的距离，其余各层的层高取相邻两楼盖板面到板面的距离。

4. 构件截面抗弯刚度计算

计算框架梁截面惯性矩 I 时应考虑楼板的影响，在梁端节点附近由于负弯矩作用，楼板受拉，影响较小；在梁跨中由于正弯矩作用，楼板处于梁的受压区，形成 T 形截面，对截面梁抗弯刚度影响较大。在设计计算中，一般仍假定梁截面惯性矩 I 沿轴线不变。对于现浇楼盖，当框架梁两侧均有楼板时，取 $I = 2I_0$，当框架梁一侧有楼板时，取 $I = 1.5I_0$；对于装配整体式楼盖，当框架梁两侧均有楼板时，取 $I = 1.5I_0$，当框架梁一侧有楼板时，取 $I = 2I_0$；I_0 为不考虑楼板影响时梁截面的惯性矩。

5. 荷载计算

水平荷载（风和地震作用）一般简化为作用于框架节点的水平集中力，每片平面框架分担的水平荷载与它们的抗侧刚度有关。

竖向荷载按平面框架的负荷面积分配给各片平面框架，负荷面积按梁板布置情况确定。

4.2.2　竖向荷载作用下框架结构内力计算

1. 分层法

分层法计算框架在竖向荷载作用下的内力时，可采用如下计算假定：

（1）忽略框架在竖向荷载作用下的侧移；

（2）作用在某一层梁上的竖向荷载只对本层梁以及本层梁相连的柱产生弯矩和剪力，而对其他层的梁和隔层的柱不产生弯矩和剪力。

分层法计算要点及步骤如下：

（1）依据计算假定，将一个 n 层框架分解成 n 个单层框架，每个单层框架用力矩分配法计算杆件内力。如图 4-6（a）所示框架，可分解为 4 个单层框架。根据上述假定，当各层梁上单独作用竖向荷载时，仅在图 4-6（b）所示结构的实线部分内产生内力，虚线部分中产生的内力可忽略不计。

除底层柱的下端外，其他各柱的柱端应为弹性约束。为便于计算，均将其处理为固定端。这样将使柱的弯曲变形有所减小，为消除这种影响，可把除底层以外的其他各层柱的线刚度乘以修正系数 0.9，并将传递系数取为 1/3。底层柱的传递系数仍为 1/2。

（2）计算各单层框架在竖向荷载作用下的固端弯矩，如图 4-6（c）所示。

（3）计算梁、柱的线刚度和弯矩分配系数。

（4）力矩分配后，分层计算所得的梁端弯矩为最后弯矩；因每一柱属于上、下两层，所以每一柱端的最终弯矩值需将上、下层计算所得的弯矩值相加。在上、下层柱端弯矩值相加后，将引起新的节点不平衡弯矩，如欲进一步修正，可对这些不平衡弯矩再作一次弯矩分配。

（5）在柱端弯矩求出后，可用静力平衡条件计算梁端剪力及梁跨中弯矩；由逐层叠加柱上的竖向荷载（节点集中力、柱自重）和与之相连的梁端剪力，即得柱的轴力。

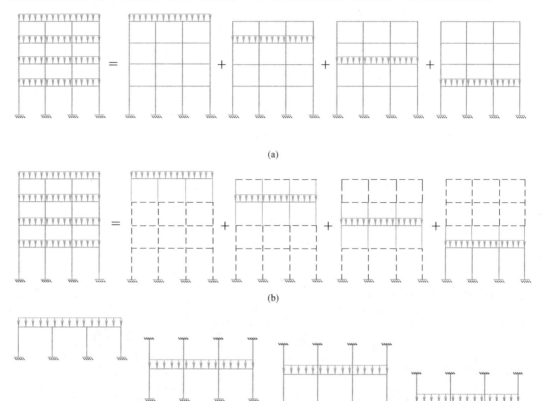

图 4-6　分层法计算简图

【例 4-1】　图 4-7 为两层框架结构，试利用分层法计算框架弯矩，并画出弯矩图（括号内数值为杆件相对线刚度）。

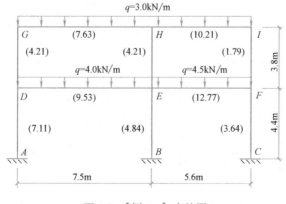

图 4-7　【例 4-1】中的图

解：（1）该框架可分为两层计算，从下到上记为一层、二层，如图4-8所示。

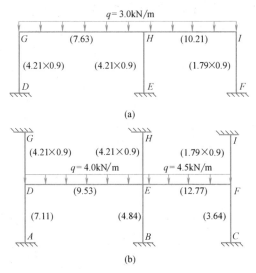

图4-8　按分层法的计算简图

（a）二层；（b）一层

各节点的梁柱弯矩分配系数计算结果见表4-1。

各层梁柱线刚度及弯矩分配系数计算　　　　　　　　　　　　　　表4-1

层次	节点	相对线刚度				分配系数			
		左梁	右梁	上柱	下柱	左梁	右梁	上柱	下柱
顶层	G	—	7.63	—	3.79	—	0.668	—	0.332
	H	7.63	10.21	—	3.79	0.353	0.472	—	0.175
	I	10.21	—	—	1.61	0.864	—	—	0.136
底层	D	—	9.53	3.79	7.11	—	0.446	0.186	0.384
	E	9.53	12.77	3.79	4.84	0.308	0.413	0.123	0.156
	F	12.77	—	1.61	3.64	0.709	—	0.089	0.202

（2）固端弯矩计算：

$$M_{GH} = -M_{HG} = -\frac{1}{12} \times 3.0 \times 7.5^2 = -14.06 \text{kN} \cdot \text{m}$$

$$M_{HI} = -M_{IH} = -\frac{1}{12} \times 3.0 \times 5.6^2 = -7.84 \text{kN} \cdot \text{m}$$

$$M_{DE} = -M_{ED} = -\frac{1}{12} \times 4.0 \times 7.5^2 = -18.75 \text{kN} \cdot \text{m}$$

$$M_{EF} = -M_{FE} = -\frac{1}{12} \times 4.5 \times 5.6^2 = -11.76 \text{kN} \cdot \text{m}$$

（3）分层法计算各节点弯矩，如图4-9所示。

（4）框架的弯矩图。把同层柱的上、下段弯矩叠加，即得该框架的弯矩图，如图

4-10 所示。若要提高精度,可把节点的不平衡弯矩再分配一次,这一步此处省略。

2. 弯矩二次分配法

弯矩二次分配法是在满足工程计算精度的条件下,对力矩分配法计算过程进行简化。框架不必分层,整体计算,所有节点同时分配力矩,又同时向远端传递,再将节点的不平衡再分配一次,即完成。这种方法适合于手算。下面说明这种方法的具体计算步骤。

(1) 根据各杆件的线刚度计算各节点的杆端弯矩分配系数,并计算竖向荷载作用下各跨梁的固端弯矩。

(2) 计算框架各节点的不平衡弯矩,并对所有节点的不平衡弯矩分别反向后进行第一次分配。

(3) 将所有杆端的分配弯矩分别向该杆的他端传递(对于刚接框架,传递系数均取 1/2)。

(4) 将各节点因传递弯矩而产生的新的不平衡弯矩反向后进行第二次分配,使各节点处于平衡状态。至此,整个弯矩分配和传递过程结束。

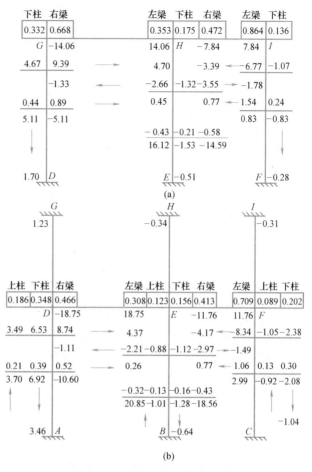

图 4-9　弯矩分配法计算过程
(a) 二层;(b) 一层

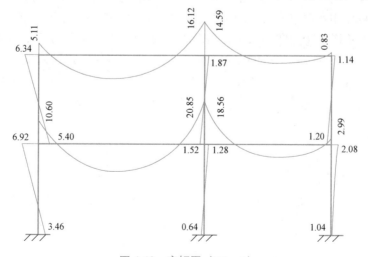

图 4-10　弯矩图 (kN·m)

（5）将各杆端的固端弯矩、分配弯矩和传递弯矩叠加，得到各杆端弯矩。

【例 4-2】 已知框架同【例 4-1】（图 4-7），试利用弯矩二次分配法计算其框架弯矩。

解：利用弯矩二次分配法计算，计算过程如图 4-11 所示。

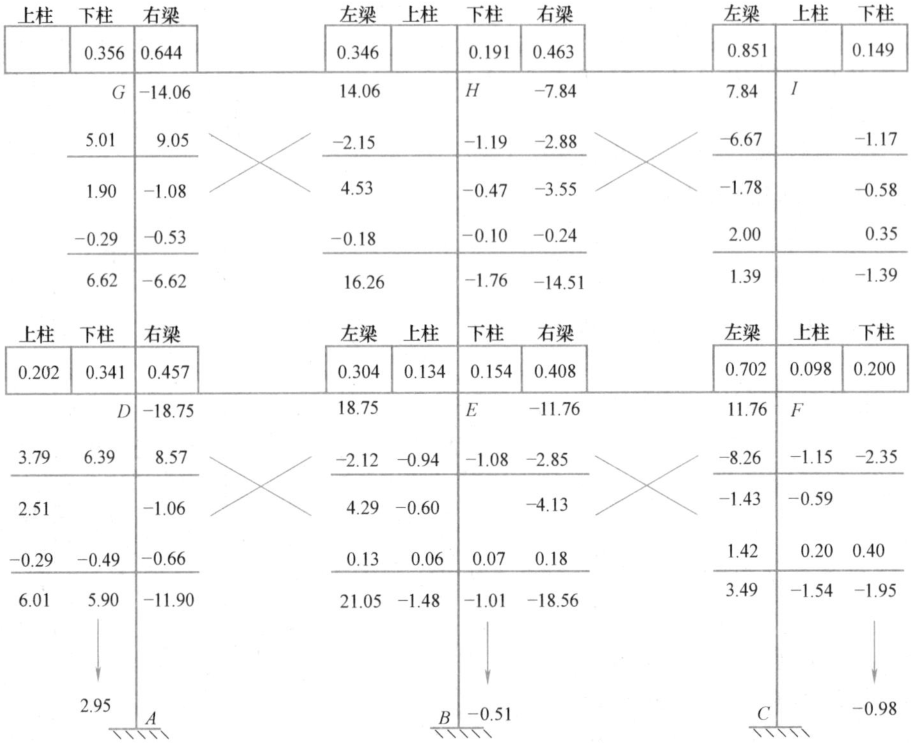

上柱 下柱 右梁
0.356 0.644
G −14.06
5.01 9.05
1.90 −1.08
−0.29 −0.53
6.62 −6.62
左梁 上柱 下柱 右梁
0.346 0.191 0.463
14.06 H −7.84
−2.15 −1.19 −2.88
4.53 −0.47 −3.55
−0.18 −0.10 −0.24
16.26 −1.76 −14.51
左梁 上柱 下柱
0.851 0.149
7.84 I
−6.67 −1.17
−1.78 −0.58
2.00 0.35
1.39 −1.39
上柱 下柱 右梁
0.202 0.341 0.457
D −18.75
3.79 6.39 8.57
2.51 −1.06
−0.29 −0.49 −0.66
6.01 5.90 −11.90
2.95
A
左梁 上柱 下柱 右梁
0.304 0.134 0.154 0.408
18.75 E −11.76
−2.12 −0.94 −1.08 −2.85
4.29 −0.60 −4.13
0.13 0.06 0.07 0.18
21.05 −1.48 −1.01 −18.56
B −0.51
左梁 上柱 下柱
0.702 0.098 0.200
11.76 F
−8.26 −1.15 −2.35
−1.43 −0.59
1.42 0.20 0.40
3.49 −1.54 −1.95
C −0.98

图 4-11　弯矩二次分配法计算过程

4.2.3　水平荷载作用下框架结构内力计算

框架结构承受的水平荷载主要是风荷载和水平地震作用。为简化计算，可将风荷载和地震作用简化成作用在框架节点上的水平集中力。在水平荷载作用下，框架将产生侧移和转角，框架的变形图和弯矩图如图 4-12、图 4-13 所示。由图 4-12 可见，底层框架柱下端无侧移和转角，上部各节点侧有侧移和转角。由图 4-13 可知，规则框架在水平荷载作用

Δ1 Δ2 Δ3 Δ4
Δ4
Δ4
Δ4
F4
F3
F2
F1

图 4-12　框架在水平力作用下的变形图

反弯点
反弯点
反弯点
F4
F3
F2
F1
h4
h3
h2
h1

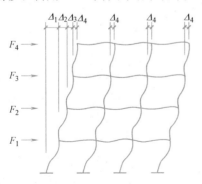

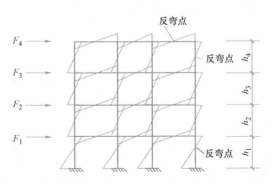

图 4-13　框架在水平力作用下的弯矩图

下，在柱中弯矩均为直线，均有一零弯矩点，称为反弯点。若求得各柱反弯点位置和剪力，则柱的弯矩就可求。多层框架结构在水平荷载作用下的近似计算，可采用反弯点法和 D 值法。

1. 反弯点法

1) 计算假定

对层数不多的框架，柱轴力较小，截面积也较小，梁的截面较大，框架梁的线刚度要比柱的线刚度大得多，框架节点的转角很小。当框架梁柱线刚度比大于 3 时，框架在水平荷载作用下梁的弯曲变形很小，可以将梁的刚度视为无穷大，框架节点转角为零。为此假定：

（1）在求各个柱子的剪力时，假定各柱子上下端都不发生角位移，即认为梁的线刚度与柱的线刚度之比为无限大；

（2）忽略横梁的轴向变形。

2) 柱反弯点位置的确定

当梁的线刚度假定为无穷大时，柱端无转角，柱两端弯矩相等，反弯点在柱的中点。对于上层各框架柱，当框架梁柱线刚度之比大于 3 时，柱端转角很小，反弯点接近中点，可假定就在柱的中点，反弯点高度 $y=h/2$ 。对于底层柱，由于底端固定而上部有转角，反弯点向上移，通常假定反弯点在距底端 2/3 高度处，底层柱反弯点高度 $y=2h/3$ 。

3) 柱剪力的确定

由假定（1），可求得任一层的层总剪力在该楼层各柱之间的分配。设框架结构共有 n 层，每层内有 m 个柱子（图 4-14a），将框架沿第 j 层各柱的反弯点处切开代以剪力和轴力（图 4-14b），则按水平力的平衡条件有：

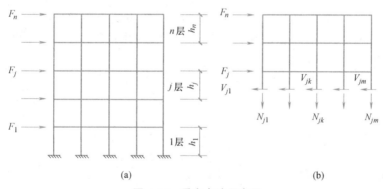

图 4-14 反弯点法示意图

$$V_j = \sum_{i=j}^{n} F_i$$

$$V_j = V_{j1} + \cdots\cdots + V_{jk} + \cdots\cdots + V_{jm} = \sum_{k=1}^{m} V_{jk} \tag{4-1}$$

式中　F_i——作用在楼层 i 的水平力；

　　V_j——框架结构在第 j 层所承受的层间总剪力；

　　V_{jk}——第 j 层第 k 柱所承受的剪力；

　　m——第 j 层内的柱子数；

　　n——楼层数。

由结构力学可知，框架柱内的剪力为：

$$V_{jk} = D'_{jk}\Delta u_j, D'_{jk} = \frac{12i_{jk}}{h_j^2} \tag{4-2}$$

式中　i_{jk}——第 j 层第 k 柱的线刚度；

　　　h_j——第 j 层柱子高度；

　　　Δu_j——框架第 j 层的层间侧向位移；

　　　D'_{jk}——第 j 层第 k 柱的侧向刚度。

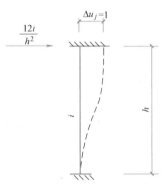

图 4-15　两端固定等
截面柱的侧向刚度

对于图 4-15 所示的柱，其侧向刚度 D'_{jk} 称为两端固定柱 k 的侧向刚度，它表示要使两端固定的等截面柱的上、下端产生单位相对水平位移（$\Delta u_j = 1$）时，需要在柱顶施加的水平力。并注意到梁的轴向变形忽略不计，则第 j 层的各柱具有相同的层间侧向位移 Δu_j，并将式（4-2）代入式（4-1），有：

$$\Delta u_j = \frac{V_j}{\sum\limits_{k=1}^m D'_{jk}} = \frac{V_j}{\sum\limits_{k=1}^m \dfrac{12i_{jk}}{h_j^2}} \tag{4-3}$$

将式（4-3）代入式（4-2），得：

$$V_{jk} = \frac{i_{jk}}{\sum\limits_{k=1}^m i_{jk}} V_j \tag{4-4}$$

上式表明，外荷载产生的层间剪力是按柱的抗侧刚度分配给该层的各个柱子的。

求得各柱所承受的剪力 V_{jk} 以后，由假定（2）便可求得各柱子的杆端弯矩，对于底层柱有：

$$\left. \begin{aligned} M_{c1k}^t &= V_{1k} \cdot \frac{h_1}{3} \\ M_{clk}^b &= V_{1k} \cdot \frac{2h_1}{3} \end{aligned} \right\} \tag{4-5a}$$

对于上部第 j 层第 k 柱，有：$M_{cjk}^t = M_{cjk}^b = V_{jk} \cdot \dfrac{h_j}{2}$ 。 $\tag{4-5b}$

上式中的上标 t、b 分别表示柱子的顶端和底端。

在求得柱端弯矩以后，由节点的弯矩平衡条件，即可求得梁端弯矩，如图 4-16 所示。

$$\left. \begin{aligned} M_b^l &= \frac{i_b^l}{i_b^l + i_b^r}(M_{cjk}^b + M_{c(j-1)k}^t) \\ M_b^r &= \frac{i_b^r}{i_b^l + i_b^r}(M_{cjk}^b + M_{c(j-1)k}^t) \end{aligned} \right\} \tag{4-6}$$

式中　M_b^l、M_b^r——节点左、右的梁端弯矩；

　M_{cjk}^b、$M_{c(j-1)k}^t$——节点上、下的柱端弯矩（即柱下端、上端的柱端弯矩）；

　　　i_b^l、i_b^r——节点左、右的梁的线刚度。

以各个梁为脱离体，将梁的左右端弯矩之和除以该梁的跨长，便得梁内剪力。再以柱子为脱离体自上而下逐层叠加节点左右的梁端剪力，即可得到柱内轴向力。

【例 4-3】 框架计算简图见图 4-16、图 4-17，用反弯点法求梁柱弯矩（括号内数值为杆件相对线刚度）。

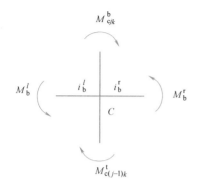

图 4-16 节点平衡条件

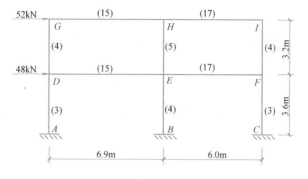

图 4-17 【例 4-3】中的图

解： 1）求各柱反弯点处的剪力值

第二层：

$$V_{DG} = V_{IF} = \frac{4}{4+5+4} \times 52 = 16 kN$$

$$V_{EH} = \frac{5}{4+5+4} \times 52 = 20 kN$$

第一层：

$$V_{AD} = V_{CF} = \frac{3}{3+4+3} \times (52+48) = 30 kN$$

$$V_{BE} = \frac{4}{3+4+3} \times (52+48) = 40 kN$$

2）求各柱柱端弯矩

第二层：

$$M_{DG} = M_{GD} = M_{IF} = M_{FI} = 16 \times \frac{3.2}{2} = 25.6 kN \cdot m$$

$$M_{EH} = M_{HE} = 20 \times \frac{3.2}{2} = 32 kN \cdot m$$

第一层：

$$M_{AD} = M_{CF} = \frac{2}{3} \times 3.6 \times 30 = 72 kN \cdot m$$

$$M_{DA} = M_{FC} = \frac{1}{3} \times 3.6 \times 30 = 36 kN \cdot m$$

$$M_{BE} = \frac{2}{3} \times 3.6 \times 40 = 96 kN \cdot m$$

$$M_{EB} = \frac{1}{3} \times 3.6 \times 40 = 48 kN \cdot m$$

3）求横梁梁端弯矩

第二层：

$$M_{GH}=M_{IH}=25.6kN \cdot m$$

$$M_{HG}=\frac{15}{15+17}\times 32=15kN \cdot m$$

$$M_{HI}=\frac{17}{17+15}\times 32=17kN \cdot m$$

第一层：

$$M_{DE}=M_{FE}=M_{DG}+M_{DA}=25.6+36=61.6kN \cdot m$$

$$M_{ED}=\frac{15}{15+17}\times(32+48)=37.5kN \cdot m$$

$$M_{EF}=\frac{17}{15+17}\times(32+48)=42.5kN \cdot m$$

2. D 值法

反弯点法首先假定梁柱之间的线刚度之比为无穷大，其次又假定柱的反弯点高度为一定值，从而使框架结构在侧向荷载作用下的内力计算大为简化。但这样做同时也带来了一定的误差，首先是当梁柱线刚度较为接近时，特别是在高层框架结构或抗震设计时，梁的线刚度可能小于柱的线刚度，框架节点对柱的约束应为弹性支承，即柱的抗侧刚度不能由图 4-13 导得。柱的抗侧刚度不但与柱的线刚度和层高有关，而且与梁的线刚度等因素有关。日本的武藤清教授在分析了上述影响因素的基础上，对反弯点法中柱的抗侧刚度和反弯点高度进行了修正。修正后，柱的抗侧刚度以 D 表示，故此法又称为"D 值法"。

1）修正后的柱抗侧刚度 D

柱的抗侧刚度是当柱上下端产生单位相对侧向位移时，柱子所承受的剪力，在考虑柱上下端节点的弹性约束作用后，柱的抗侧刚度 D 值为：

$$D=\alpha \frac{12i_c}{h^2} \tag{4-7}$$

式（4-7）中，α 是考虑柱上下端节点弹性约束的修正系数，下面以某多层多跨框架结构中第 j 层中的 k 柱 AB 为例（图 4-18a），导出 α 计算公式。

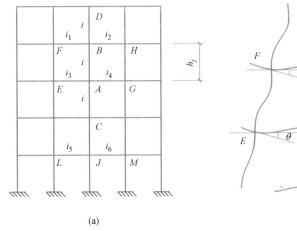 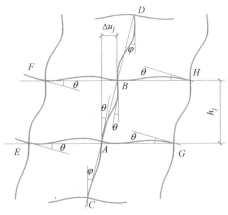

(a)	(b)

图 4-18 D 值的推导

为了简化，假定：

（1）柱 AB 及与其上下相邻的柱子的线刚度均为 i_c；

（2）柱 AB 及与其上下相邻柱的层间位移均为 Δu_j；

（3）柱 AB 两端节点及与其上下左右相邻的各个节点的转角均为 θ；

（4）与柱 AB 相交的横梁的线刚度分别为 i_1、i_2、i_3、i_4。

这样，在框架结构受力后，柱 AB 及相邻各构件的变形如图 4-18（b）所示。图 4-18

（b）中，θ 为节点转角，φ 为框架高度方向的剪切角，$\varphi = \dfrac{\Delta u_j}{h_j}$。由节点 A 和节点 B 的力矩平衡条件，分别可得：

$$4(i_3+i_4+i_c+i_c)\theta+2(i_3+i_4+i_c+i_c)\theta-6(i_c\varphi+i_c\varphi)=0$$
$$4(i_1+i_2+i_c+i_c)\theta+2(i_1+i_2+i_c+i_c)\theta-6(i_c\varphi+i_c\varphi)=0$$

将以上两式相加，化简后可得：

$$\theta=\frac{2}{2+\dfrac{\Sigma i}{2i_c}}\varphi=\frac{2\varphi}{2+K} \tag{4-8}$$

$$\Sigma i=i_1+i_2+i_3+i_4,\ K=\frac{\Sigma i}{2i_c} \tag{4-9}$$

柱 AB 所受到的剪力 V_{jk} 为：

$$V_{jk}=\frac{12i_c}{h_j}(\varphi-\theta) \tag{4-10}$$

将式（4-8）代入式（4-10），得：

$$V_{jk}=\frac{K}{2+K}\frac{12i_c}{h_j}\varphi=\frac{K}{2+K}\frac{12i_c}{h_j^2}\Delta u_j$$

令：

$$\alpha=\frac{K}{2+K} \tag{4-11}$$

则：

$$V_{jk}=\alpha\frac{12i_c}{h_j^2}\Delta u_j$$

由此可得第 j 层第 k 柱的抗侧刚度为：

$$D_{jk}=\frac{V_{jk}}{\Delta u_j}=\alpha\frac{12i_c}{h_j^2} \tag{4-12}$$

上式即为式（4-7），其中 α 值反映了梁柱线刚度比值对柱抗侧刚度的一个影响（降低）系数，按式（4-11）计算，当框架的线刚度为无穷大时，$k=\infty$，$\alpha=1$。底层柱的抗侧刚度修正系数 α 可同理导得。表 4-2 列出了各种情况下的 α 值及相应的 K 值的计算公式。

求得修正后的柱抗侧刚度 D 值以后，与反弯点法相似，由同一层内各柱的层间位移相等的条件，可把层间剪力 V_j 分配给该层的各个柱：

$$V_{jk}=\frac{D_{jk}}{\sum\limits_{k=1}^{m}D_{jk}}V_j \tag{4-13}$$

式中　　V_{jk}——第 j 层第 k 柱所分配到的剪力；

　　　　D_{jk}——第 j 层第 k 柱的抗侧刚度 D；

　　　　m——第 j 层框架柱子数；

　　　　V_j——外荷载在框架第 j 层所产生的总剪力。

柱刚度修正系数

表 4-2

楼层	简图	K	α_c
一般层		$K=\dfrac{i_1+i_2+i_3+i_4}{2i_c}$	$\alpha_c=\dfrac{K}{2+K}$
底层		$K=\dfrac{i_1+i_2}{i_c}$	$\alpha_c=\dfrac{0.5+K}{2+K}$

2）修正后的柱反弯点高度

柱的反弯点位置取决于该柱上下端转角的比值。如果柱上下端转角相同，反弯点就在柱高的中央；如果柱上下端转角不同，则反弯点偏向转角较大的一段，亦即偏向约束刚度较小的一端。影响柱两端的转角大小的因素有侧向外荷载的形式，梁柱线刚度比、结构总层数及该柱所在的层次、柱上下横梁线刚度比、上层层高的变化、下层层高的变化等因素。为分析上述因素对反弯点高度的影响，可假定框架在节点水平力作用下，同层各节点的转角相等，即假定同层各横梁的反弯点均在各横梁跨度的中央而该点又无竖向位移。这样，一个多层多跨的框架可简化成图 4-19 所示的计算简图。当上述影响因素逐一发生变化时，可分别求出柱底端至柱反弯点的距离（反弯点高度），并制成相应的表格，以供查用。

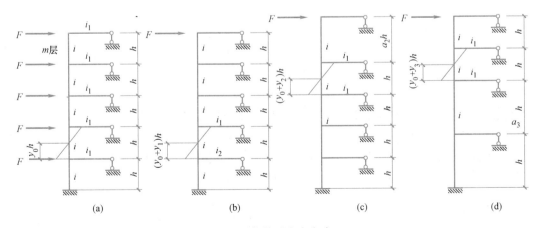

图 4-19　柱的反弯点高度

（1）梁柱线刚度比及层数、层次对反弯点高度的影响

假定框架横梁的线刚度，框架柱的线刚度和层高沿框架高度保持不变，则按图 4-19 (a) 可求出各层柱的反弯点高度 $y_0 h$；y_0 称为标准反弯点高度比，其值与结构总层数 n、该柱所在的层次 j、框架梁柱线刚度比 K 及侧向荷载的形式等因素有关，可由附表 7-1 和附表 7-2 查得。表中 K 值可按表 4-2 的公式计算。

（2）上下横梁线刚度比对反弯点高度的影响

若某层柱的上下横梁线刚度不同，则该层柱的反弯点位置将向横梁刚度较小的一侧偏移，因而必须对标准反弯点进行修正，这个修正值就是反弯点高度上移增量 $y_1 h$（图 4-19b）。y_1 可根据上下横梁的线刚度比 I 和 K 由附表 7-3 查得。当 $i_1 + i_2 < i_3 + i_4$ 时，反弯点上移，由 $I = \dfrac{i_1 + i_2}{i_3 + i_4}$ 查附表 7-3 即得 y_1 值。当 $i_1 + i_2 > i_3 + i_4$ 时，反弯点下移，查表时应取 $I = \dfrac{i_3 + i_4}{i_1 + i_2}$，查得的 y_1 应冠以负号。对于底层柱，不考虑修正值 y_1，即取 $y_1 = 0$。

（3）层高变化对反弯点的影响

若某柱所在层的层高与相邻上层或下层层高不同，则该柱的反弯点位置就不同于标准反弯点而需要修正。当上层层高发生变化时，反弯点高度的上移量为 $y_2 h$；但下层层高发生变化时，反弯点高度的上移量为 $y_3 h$。y_2 和 y_3 可由附表 7-4 查得。对于顶层柱，不考虑修正值 y_2，即取 $y_2 = 0$；对于底层柱，不考虑修正值 y_3，即取 $y_3 = 0$。

综上所述，经过各项修正值后，柱底至反弯点的高度 yh 可由下式求出：

$$yh = (y_0 + y_1 + y_2 + y_3)h \tag{4-14}$$

在按式（4-7）求得框架柱的抗侧刚度 D、按式（4-13）求得各柱的剪力、按式（4-14）求得各柱的反弯点高度 yh 后，与反弯点法一样，就可求出各柱的杆端弯矩。求得柱端弯矩后，即可根据节点平衡条件求得梁端弯矩，并进而求出各梁端的剪力和各柱的轴力。

【例 4-4】　已知框架同【例 4-3】，用 D 值法求梁柱弯矩。

解：1）计算各层柱的剪力（表 4-3、表 4-4）

第二层柱剪力的计算　　　　　　　　　　　　　　　　　　　　表 4-3

层次	系数	DG	EH	FI	ΣD
第二层 $\Sigma P = 52\text{kN}$	K	$\dfrac{15+15}{2\times4}=3.75$	$\dfrac{15\times2+17\times2}{2\times5}=6.4$	$\dfrac{17+17}{2\times4}=4.25$	10.55
	$\alpha_c = \dfrac{K}{2+K}$	$\dfrac{3.75}{2+3.75}=0.65$	$\dfrac{6.4}{2+6.4}=0.76$	$\dfrac{4.25}{2+4.25}=0.68$	
	$D_{jk} = \alpha_c \dfrac{12 i_c}{h_j^2}$	$0.65\times\dfrac{12\times4}{3.2^2}=3.05$	$0.76\times\dfrac{12\times5}{3.2^2}=4.45$	$0.68\times\dfrac{12\times4}{3.2^2}=3.19$	
	$V_{jk} = \dfrac{D_{jk}}{\sum\limits_{k=1}^{m} D_{jk}} V_j$	$\dfrac{3.05}{10.69}\times52=14.84$	$\dfrac{4.45}{10.69}\times52=21.65$	$\dfrac{3.19}{10.69}\times52=15.52$	

第一层柱剪力的计算　　　表 4-4

层次	系数	AD	BE	CF	$\sum D$
第一层 $\sum P = 100\text{kN}$	K	$K = \dfrac{15}{3} = 5$	$\dfrac{15+17}{4} = 8$	$\dfrac{17}{3} = 5.67$	7.53
	$\alpha_c = \dfrac{0.5+K}{2+K}$	$\alpha_c = \dfrac{0.5+5}{2+5} = 0.79$	$\alpha_c = \dfrac{0.5+8}{2+8} = 0.85$	$\alpha_c = \dfrac{0.5+5.67}{2+5.67} = 0.8$	
	$D_{jk} = \alpha_c \dfrac{12i_c}{h_j^2}$	$0.79 \times \dfrac{12 \times 3}{3.6^2} = 2.19$	$0.85 \times \dfrac{12 \times 4}{3.6^2} = 3.15$	$0.8 \times \dfrac{12 \times 3}{3.6^2} = 2.22$	
	$V_{jk} = \dfrac{D_{jk}}{\sum\limits_{k=1}^{m} D_{jk}} V_j$	$\dfrac{2.19}{7.56} \times 100 = 28.97$	$\dfrac{3.15}{7.56} \times 100 = 41.67$	$\dfrac{2.22}{7.56} \times 100 = 29.37$	

2）计算各层柱的反弯点高度（表 4-5）

各层柱反弯点高度的计算　　　表 4-5

层次	柱别	K	y_0	I	y_1	α_2	y_2	α_3	y_3	y	反弯点高度 yh(m)
二层 $h_2 = 3.2$m	左边柱	3.75	0.45	1	0	—	0	1.125	0	0.45	1.44
	中柱	6.4	0.45	1	0	—	0	1.125	0	0.45	1.44
	右边柱	4.25	0.45	1	0	—	0	1.125	0	0.45	1.44
一层 $h_1 = 3.6$m	左边柱	5	0.5	—	0	0.89	0	—	0	0.5	1.8
	中柱	8	0.5	—	0	0.89	0	—	0	0.5	1.8
	右边柱	5.67	0.5	—	0	0.89	0	—	0	0.5	1.8

3）计算各层柱端、梁端弯矩（表 4-6、表 4-7）

各层柱端弯矩的计算　　　表 4-6

层次	柱别	反弯点高度 yh(m)	V_{jk}(kN)	$M_{下}$(kN·m)	$M_{上}$(kN·m)
二层	DG 柱	1.44	14.84	21.37	26.12
	EH 柱	1.44	21.65	31.18	38.1
	FI 柱	1.44	15.52	22.35	27.32
一层	AD 柱	1.8	28.97	52.15	52.15
	BE 柱	1.8	41.67	74.95	74.95
	CF 柱	1.8	29.37	52.87	52.87

各层梁端弯矩的计算　　　表 4-7

层次	柱别	$M_{下}$(kN·m)	$M_{上}$(kN·m)	节点左右梁线刚度比	边跨梁端弯矩	中跨梁端弯矩 左梁	中跨梁端弯矩 右梁
二层	DG 柱	21.37	26.12	—	26.12	—	—
	EH 柱	31.18	38.1	15/17	—	$38.1 \times 15/32 = 17.86$	$38.1 \times 17/32 = 20.24$
	FI 柱	22.35	27.32	—	27.32	—	—
一层	AD 柱	52.15	52.15	—	$21.37 + 52.15 = 73.52$	—	—
	BE 柱	74.95	74.95	15/17	—	$(31.18 + 74.95) \times 15/32 = 49.75$	$(31.18 + 74.95) \times 17/32 = 56.38$
	CF 柱	52.87	52.87	—	52.87	—	—

4.2.4 框架结构侧移计算及限值

1. 水平位移的近似计算

由式（4-12）、式（4-13）可得第 j 层框架层间水平位移 Δu_j 与层间剪力 V_j 之间的关系：

$$\Delta u_j = \frac{V_j}{\sum_{k=1}^{m} D_{jk}} \tag{4-15}$$

式中　D_{jk}——第 j 层第 k 柱的侧向刚度；

　　　　m——框架第 j 层的总柱数。

这样便可逐层求得各层的层间水平位移。框架顶点的总水平位移 u 应为各层间的位移之和，即：

$$u = \sum_{j=1}^{n} \Delta u_j \tag{4-16}$$

式中　n——框架结构的总层数。

应当指出，按上述方法求得的框架结构水平位移只是由梁、柱弯曲变形所产生的变形量，而未考虑梁、柱的轴向变形和截面剪切变形所产生的结构侧移。但对一般的多层框架结构，按上式计算的框架水平位移已能满足工程设计的精度要求。

顺便指出，由式（4-15）可以看出，框架层间位移 Δu_j 与水平荷载在该层所产生的层剪力 V_j 成正比。由于框架柱的侧移刚度一般沿高度变化不大，而层间剪力 V_j 是自顶层向下逐层累加的，所以层间水平位移 Δu_j 是自顶层向下逐层递增的，框架的位移曲线如图 4-20（a）所示。这种位移曲线称为剪切型，它与均布水平荷载作用下的悬臂柱由截面内的剪力所引起的剪切变形曲线相似，见图 4-20（b）。悬臂柱由弯矩引起的变形曲线为弯曲型，如图 4-20（c）所示。

2. 弹性层间位移限值

按弹性方法计算得到的框架层间水平位移 Δu 除以层高 h，得到弹性层间位移角 θ_e 的正切。由于 θ_e 较小，故可近似地认为 $\theta_e = \Delta u/h$。框架的弹性层间位移角 θ_e 过大将导致框架中的隔墙等非承重的填充构件等开裂。我国《建筑抗震设计规范》GB 50011—2010（2016 年版）规定了框架的最大弹性层间位移 Δu 与层高之比不能超过其限值，即要求：

$$\frac{\Delta u}{h} \leqslant [\theta_e] \tag{4-17}$$

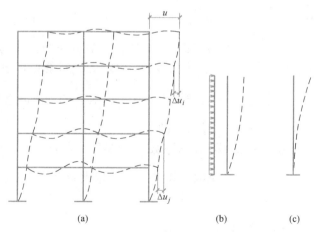

图 4-20　结构的水平位移曲线

（a）水平荷载下框架的变形（剪切型）；

（b）悬臂柱的剪切型变形；

（c）悬臂柱的弯曲型变形

式中　Δu——按弹性方法计算所得的楼层层间水平位移；

　　　　h——层高；

　　　$[\theta_e]$——弹性层间位移角限值，钢筋混凝土框架结构为 $1/550$。

3. 框架结构考虑 P-Δ 的增大系数法

框架结构在水平力作用下产生的侧向水平位移与重力荷载共同作用会在结构内产生附加内力，即所谓的 P-Δ 效应，亦称重力二阶效应或侧移二阶效应。手算框架结构的 P-Δ 效应时，可近似采用《混凝土结构设计规范》GB 50010—2010（2015 年版）建议的增大系数法，对未考虑 P-Δ 效应的一阶弹性分析所得的框架柱端弯矩、梁端弯矩和层间水平位移分别按下式予以增大：

$$M = M_{ns} + \eta_s M_s \tag{4-18}$$

$$\Delta u_j = \eta_s \Delta u_{js} \tag{4-19}$$

式中　M——考虑 P-Δ 效应后的柱端、梁端弯矩设计值；

　　M_{ns}——由不引起框架侧移的荷载按一阶弹性分析得到的柱端、梁端弯矩设计值，例如在对称竖向荷载作用下，按分层法计算得到的柱端、梁端弯矩设计值；

　　M_s——引起框架侧移的荷载或作用所产生的一阶弹性分析得到的柱端、梁端弯矩设计值，例如在水平力作用下按 D 值法得到的柱端、梁端弯矩设计值；

　　Δu_j——考虑 P-Δ 效应后楼层 j 的层间水平位移值；

　　Δu_{js}——一阶弹性分析的楼层 j 的层间水平位移值；

　　η_s——P-Δ 效应增大系数。

框架结构中 η_s 按楼层为单位进行考虑，即同一楼层中的所有柱上、下端都采用同一个 P-Δ 效应增大系数，楼层 j 的 P-Δ 效应增大系数：

$$\eta_{s,j} = \cfrac{1}{1 - \cfrac{\sum\limits_{k=1}^{m} N_{jk}}{\sum\limits_{k=1}^{m} D_{jk} h_j}} \tag{4-20}$$

式中　$\sum\limits_{k=1}^{m} D_{jk}$——楼层 j 中所有 m 个柱子的侧向刚度之和，计算结构中的弯矩增大系数 η_s 时，宜对柱、梁的截面弹性抗弯刚度 $E_c I$ 乘以折算系数：对梁，取 0.4；对柱，取 0.6；计算位移增大系数 η_s 时，不进行刚度折减；

　　$\sum\limits_{k=1}^{m} N_{jk}$——楼层 j 中所有 m 个柱子的轴向力之和；

　　　h_j——楼层 j 的层高。

梁端的 P-Δ 效应增大系数 η_s 取相应节点处上、下端 P-Δ 效应增大系数的平均值，即楼层 j 上方的框架梁端，其 P-Δ 效应增大系数 $\eta_s = \dfrac{1}{2}(\eta_{s,j} + \eta_{s,j+1})$。

4.3　多层框架内力组合

4.3.1　框架的控制截面及不利内力

1. 控制截面

对于框架柱，由于其弯矩、轴力和剪力沿柱高为线性变化，因此可取各柱的上、下端截面作为控制截面。

对于高度不大、层数不多的框架，整根柱的截面尺寸、混凝土强度、配筋等均相同，则整根柱通常可只取两个控制截面，即框架顶层的柱顶和框架底层的柱底。对于高度较大或层数较多的框架，则应把整根柱分成几段进行配筋，每一段取该段的上端和下端截面作为控制截面，每一段一般取 2～3 层。

对于框架梁，在水平荷载和竖向荷载的共同作用下，其剪力沿梁轴线呈线性变化，而弯矩则呈曲线变化（在竖向荷载作用下为抛物线，在水平荷载作用下为线性变化），因此，除取梁的两端作为控制截面外，还应在跨间取最大正弯矩的截面作为控制截面。

此外，在对梁进行截面配筋计算时，应采用构件端部截面的内力，而不是轴线处的内力，如图 4-21 所示。梁端弯矩设计值和剪力设计值应按下式计算：

当梁承受均布荷载时：

$$\left.\begin{array}{l} V'=V-(g+q)\dfrac{b}{2} \\[2mm] M'=M-V'\dfrac{b}{2} \end{array}\right\} \tag{4-21}$$

式中　V、M——内力分析求得的柱轴线处的剪力设计值和弯矩设计值；

　　　V'、M'——柱边截面的剪力设计值和弯矩设计值；

　　　g、q——作用在梁上的竖向均布恒荷载设计值和均布活荷载设计值；

　　　b——支座宽度。

当梁承受竖向集中荷载产生的内力时，取：

$$V'=V \tag{4-22}$$

2. 最不利内力组合

对于框架结构梁、柱的最不利内力组合为：

梁端截面：$+M_{max}$、$-M_{max}$、V_{max}；

梁跨中截面：$+M_{max}$；

柱端截面：$|M|_{max}$ 及相应的 N、V；

N_{max} 及相应的 M；

N_{min} 及相应的 M。

同时，在进行截面设计时，框架梁跨中截面正弯矩设计值不应小于竖向荷载作用下按简支梁计算的跨中弯矩设计值的 50%。

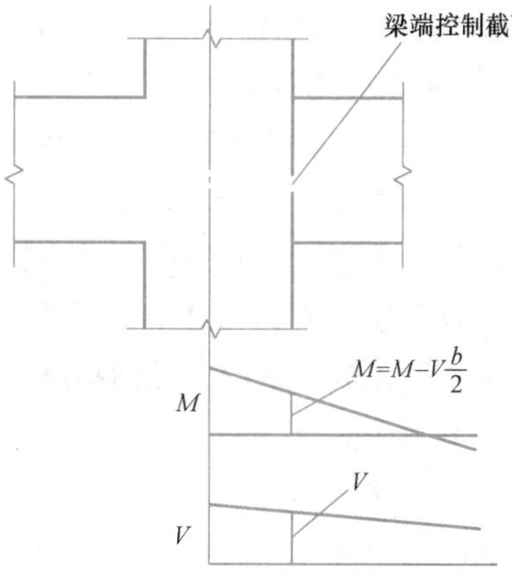

4.3.2 框架的内力组合

图 4-21　梁端控制截面弯矩及剪力

1. 竖向活荷载的最不利位置

考虑活荷载最不利布置有分跨计算组合法、最不利荷载位置法、分层组合法和满布荷载法四种方法。

1）分跨计算组合法

这个方法是将活荷载逐层逐跨单独地作用在结构上，分别计算出整个结构的内力，根据不同的构件、不同的截面、不同的内力种类，组合出最不利的内力。因此，对于一个多层多跨框架，共有（跨数×层数）种不同的活荷载布置方式，亦即需要计算（跨数×层数）次结构的内力，其计算工作量是很大的。但求得了这些内力以后，即可求得任意截面上的最大内力，其过程较为简单。在运用电脑进行内力组合时，常采用这一方法。

2）最不利荷载位置法

为求某一指定截面的最不利内力，可以根据影响线方法，直接确定产生此最不利内力的活荷载布置。以图 4-22（a）的三层四跨框架为例，欲求某跨梁 AB 的跨中 C 截面最大正弯矩 M_c 的活荷载最不利布置，代之以正向约束力，使结构沿约束力的正向产生单位虚位移 $\theta_c=1$，由此可得到整个结构的虚位移图，如图 4-22（b）所示。

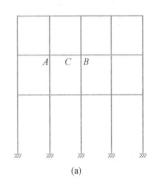
(a)

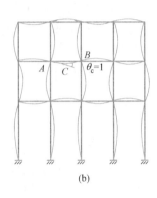
(b)

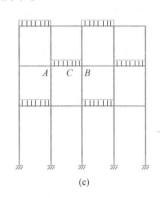
(c)

图 4-22 最不利荷载的布置

根据虚位移原理，为求梁 AB 跨中最大正弯矩，则须在图 4-22（b）中凡产生正向虚位移的跨间均布置活荷载，亦即除该跨必须布置活荷载外，其他各跨应相间布置，同时在竖向亦相间布置，形成棋盘形间隔布置，如图 4-22（c）所示。可以看出，当 AB 跨达到跨中弯矩最大时的活荷载最不利布置，也正好使其他布置活荷载跨的跨中弯矩达到最大值。因此，只要进行二次棋盘形活荷载布置，便可求得整个框架中所有梁的跨中最大正弯矩。

梁端最大负弯矩或柱端最大弯矩的活荷载最不利布置，亦可用上述方法得到。但对于各跨各层梁柱线刚度均不一致的多层多跨框架结构，要准确地作出其影响线是十分困难的。对于远离计算截面的框架节点往往难以准确地判断其虚位移（转角）的方向，好在远离计算截面处的荷载，对于计算截面的内力影响很小，在实用中往往可以忽略不计。

显然，柱最大轴向力的活荷载最不利布置，是在该柱以上的各层中，与该柱相邻的梁跨内都布满活荷载。

3）分层组合法

不论用分跨计算组合法还是用最不利荷载位置法求活荷载最不利布置时的结构内力，都是非常繁冗的。分层组合法是以分层法为依据的，比较简单，对活荷载的最不利布置作如下简化：

对于梁，只考虑本层活荷载的不利布置，而不考虑其他层活荷载的影响。因此，其布置方法和连续梁的活荷载最不利布置方法相同。

对于柱端弯矩，只考虑柱相邻上、下层的活荷载的影响，而不考虑其他层活荷载的影响。

对于柱最大轴力，则考虑在该层以上所有层中与该柱相邻的梁上满布活荷载的情况，但对于与柱不相邻的上层活荷载，仅考虑其轴向力的传递面而不考虑其弯矩的作用。

4）满布荷载法

当活荷载产生的内力远小于恒荷载及水平力所产生的内力时，可不考虑活荷载的最不利布置，而把活荷载同时作用于所有的框架梁上，这样求得的内力在支座处与按最不利荷载位置法求得的内力极为相近，可直接进行内力组合。但求得的梁跨中弯矩却比最不利荷载位置法的计算结果要小，因此对梁跨中弯矩应乘以 1.1～1.2 的系数予以增大。

2. 梁端弯矩调幅

按照框架结构的合理破坏形式，在梁端出现塑性铰是允许的，为了便于浇筑混凝土，也往往希望节点处梁的负钢筋放得少些；而对于装配式或装配整体式框架，节点并非绝对刚性，梁端实际弯矩将小于其弹性计算值。因此，在进行框架结构设计时，一般均对梁端弯矩进行调幅，即人为地减小梁端负弯矩，减少节点附近梁顶面的配筋量。

设某框架梁 AB 在竖向荷载作用下，梁端最大负弯矩分别为 M_{A0}、M_{B0}，梁跨中最大正弯矩为 M_{B0}，则调幅后梁端弯矩可取：

$$\left.\begin{array}{l} M_A=\beta M_{A0} \\ M_B=\beta M_{B0} \end{array}\right\} \tag{4-23}$$

式中，β 为弯矩调幅系数。对于现浇框架，可取 $\beta=0.8\sim0.9$；对于装配整体式框架，由于接头焊接不牢或由于节点区混凝土灌注不密实等原因，节点容易产生变形而达不到绝对刚性，框架梁端的实际弯矩比弹性计算值要小，因此，弯矩调幅系数允许取得低一些，一般取 $\beta=0.7\sim0.8$。

必须指出，弯矩调幅只对竖向荷载作用下的内力进行，即水平荷载作用下产生的弯矩不参加调幅，因此，弯矩调幅应在内力组合之前进行。

梁端弯矩调幅后，在相应荷载作用下的跨中弯矩必将增加，如图 4-23 所示。这时应校核该梁的静力平衡条件，即调幅后梁端弯矩 M_A、M_B 的平均值与跨中最大正弯矩 M_{C0} 之和应大于按简支梁计算的跨中弯矩值 M_0。

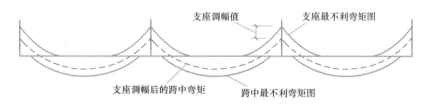

图 4-23 支座弯矩调幅

截面设计时，框架梁跨中截面正弯矩设计值不应小于竖向荷载作用下按简支梁计算的跨中弯矩设计值的 50%。

4.3.3 高层框架结构设计的特点

我国《高层建筑混凝土结构技术规程》JGJ 3—2010（后文简称《高层规程》）规定，10 层及 10 层以上或房屋高度超过 28m 的住宅建筑和房屋高度大于 24m 的其他高层民用建筑称为高层建筑。在高层框架结构建筑中，框架的基本组成也是由框架梁、框架柱及节点组成，其内力计算和截面设计与多层框架相同。在高层建筑结构中，框架常与剪力墙、筒体等组合作为抗侧力单元协同工作。由于框架结构的内力分析方法、截面的计算方法与多层框架结构相同，因此本节仅对高层建筑结构中与多层结构中的框架设计有区别的地方进行介绍。

1. 高层框架结构上的荷载与作用

作用在高层框架结构上的荷载和作用主要包括恒荷载、活荷载、地震作用等竖向作用，以及风荷载、水平地震作用等水平方向的作用。其中高层框架结构中的竖向荷载中的重力荷载及活荷载与多层结构相类似，只是竖向荷载值较大，当有侧移发生时将会引起较大的附加弯矩。与多层结构不同的是，水平方向的作用对高层框架结构产生的内力的影响已经起控制作用，虽然风荷载作用下结构内力的计算方法与前述的多层框架结构的计算方法类似，但是又有部分区别，本章对高层框架结构荷载效应计算过程中的主要区别之处进行简要说明。

1）竖向荷载

高层框架结构的自重荷载、楼（屋）面活荷载及屋面雪荷载等应按现行国家标准《建筑结构荷载规范》GB 50009—2012 和《工程结构通用规范》GB 55001—2021 的有关规定采用。

高层框架结构在进行重力荷载作用效应分析时，柱、墙、斜撑等构件的轴向变形宜考虑施工过程的影响；复杂高层建筑及房屋高度大于 150m 的其他高层建筑结构，应考虑施工过程的影响。恒荷载、楼面活荷载、屋面活荷载及雪荷载对高层建筑结构内力的影响的计算方法与多层结构相同，此处不再赘述。

2）风荷载

空气的流动形成了风，高层建筑结构的风荷载是指空气的流动对结构所产生的压力。风荷载对建筑的作用是不规则的、随机的，因此在计算风荷载的时候是将其简化为静力等效荷载的。随着高度的增加，风荷载的影响越来越大，特别是一些柔性的高层框架结构，风荷载是结构设计的控制因素。高层框架结构中风荷载的计算方法与前述的单层厂房结构、多层框架结构相类似，还有一些与之不同的特点：

（1）基本风压：应按照现行国家标准《建筑结构荷载规范》GB 50009—2012 的规定采用。对风荷载比较敏感的高层建筑，承载力设计时应按基本风压的 1.1 倍采用。

（2）风载体型系数：计算主体结构的风荷载效应时，风荷载体型系数 μ_s 由表 4-8 计算。

在需要更细致进行风荷载计算的场合，风荷载体型系数可按《建筑结构荷载规范》GB 50009—2012 附录 B 采用，或由风洞试验确定。

当多栋或群集的高层建筑相互间距较近时，宜考虑风力相互干扰的群体效应。一般可将单栋建筑的体型系数 μ_s 乘以相互干扰增大系数，该系数可参考类似条件的试验资料确定；必要时宜通过风洞试验确定。

高层框架结构主体风载体型系数　　　　　　　　　　　　　　　　表 4-8

结构体型	风载体型系数 μ_s
圆形平面建筑	0.8
正多边形及截角三角形平面建筑	$\mu_s = 0.8 + 1.2/\sqrt{n}$
V形、Y形、弧形、双十字形、井字形平面建筑	1.4
L形、槽形和高宽比 H/B 大于 4 的十字形平面建筑	1.4
高宽比 H/B 大于 4，长宽比 L/B 不大于 1.5 的矩形、鼓形平面建筑	1.4

横风向振动效应或扭转风振效应明显的高层建筑，应考虑横风向风振或扭转风振的影响。横风向风振或扭转风振的计算范围、方法以及顺风向与横风向效应的组合方法应符合现行国家标准《建筑结构荷载规范》GB 50009—2012 的有关规定。檐口、雨篷、遮阳板、

阳台等水平构件，计算局部上浮风荷载时，风荷载体型系数 μ_s 不宜小于 2.0。对于房屋高度大于 200m 或平面形状或立面形状复杂、立面开洞或连体建筑、周围地形和环境较复杂的建筑，宜进行风洞试验判断确定建筑物的风荷载。高层框架结构进行风作用效应计算时，正反两个方向的风作用效应宜按两个方向计算的较大值采用；体型复杂的高层框架结构，应考虑风向角的不利影响。

3）地震作用

高层钢筋混凝土框架结构的地震效应需根据抗震设防分类、烈度、结构类型和房屋高度采用不同的抗震等级进行抗震设计。在计算高层框架结构的地震作用时，各抗震设防类别高层建筑的地震作用根据建筑的不同类别进行区分，对于甲类建筑，应按批准的地震安全性评价结果且高于本地区抗震设防烈度的要求确定；乙、丙类建筑，应按本地区抗震设防烈度计算。

目前，计算地震作用的方法主要有底部剪力法、振型分解反应谱法和时程分析法。对于高度不超过 40m、以剪切变形为主且质量和刚度沿高度分布比较均匀的框架结构，以及近似于单质点体系的结构，可采用底部剪力法等简化方法。高层框架结构宜采用振型分解反应谱法，对质量和刚度不对称、不均匀的结构以及高度超过 100m 的高层框架结构应采用考虑扭转耦联振动影响的振型分解反应谱法。特别不规则的建筑、甲类建筑等应采用时程分析法进行多遇地震下的补充计算。计算罕遇地震下结构的变形，应采用简化的弹塑性分析方法或弹塑性时程分析法。

高层框架结构的地震作用计算时，一般情况下应至少在结构两个主轴方向分别计算水平地震作用；有斜交抗侧力构件的结构，当相交角度大于 15° 时，应分别计算各抗侧力构件方向的水平地震作用。质量与刚度分布明显不对称的结构，应计算双向水平地震作用下的扭转影响；其他情况，应计算单向水平地震作用下的扭转影响。对于高层框架中的大跨度、长悬臂结构，7 度（0.15g）、8 度抗震设计时应计入竖向地震作用，9 度抗震设计时应计算竖向地震作用。

计算地震作用时，框架结构的重力荷载代表值应取永久荷载标准值和可变荷载组合值之和。可变荷载的组合值系数应为：雪荷载取 0.5；楼面活荷载按实际情况计算时取 1.0；按等效均布活荷载计算时，藏书库、档案库、库房取 0.8，一般民用建筑取 0.5。

跨度大于 24m 的楼盖结构、跨度大于 12m 的转换结构和连体结构、悬挑长度大于 5m 的悬挑结构，结构竖向地震作用效应标准值宜采用时程分析方法或振型分解反应谱方法进行计算。时程分析计算时输入的地震加速度最大值可按规定的水平输入最大值的 65% 采用，反应谱分析时结构竖向地震影响系数最大值可按水平地震影响系数最大值的 65% 采用，但设计地震分组可按第一组采用。

高层框架结构中，大跨度结构、悬挑结构、转换结构、连体结构的连接体的竖向地震作用标准值，不宜小于结构或构件承受的重力荷载代表值与表 4-9 所规定的竖向地震作用系数的乘积。

竖向地震作用系数　　　　　　　　　　　　　　　　表 4-9

抗震设防烈度	7 度	8 度		8 度
设计基本地震加速度	0.15g	0.20g	0.30g	0.40g
竖向地震作用系数	0.08	0.10	0.15	0.20

注：g 为重力加速度。

2. 高层框架结构的设计特点

1）水平荷载成为设计的关键因素

随着框架房屋层数的增加，虽然竖向荷载对框架结构设计仍有着重要的影响，但水平荷载已成为结构设计的控制因素，由于竖向荷载在框架结构的竖向构件中主要产生轴力，其数值与结构高度的一次方成正比，而水平荷载对结构产生的倾覆力矩以及由此在竖向构件中所引起的轴力的数值与结构高度的二次方成正比。

2）水平荷载作用下的侧移是设计的控制因素

随着框架结构高度的增加，水平荷载作用下框架结构的侧移急剧增大，框架结构顶点侧移与框架结构高度的四次方成正比。高层框架结构的侧移与结构的使用功能和安全有着密切的关系，首先，过大的水平位移会使人产生不安全感；其次，过大的水平位移会使填充墙和主体结构出现裂缝或损坏，造成电梯轨道变形，影响正常使用，过大的侧移会使结构因二阶效应而产生较大的附加弯矩等内力；此外，水平荷载作用下结构侧移的控制实际上是对结构构件截面尺寸和刚度大小的控制。

3）框架柱的轴力需要考虑

随着框架结构建筑高度的大幅度增加，使高层框架建筑的框架柱产生较大的轴力累加效应明显，因此导致框架柱中产生明显的轴向变形，框架结构中两侧柱中的轴向压力和拉力差异较大时，使一侧的框架柱产生轴向压缩，另一侧的框架柱产生轴向拉伸，从而引起框架结构整体产生水平侧移。

4）考虑高宽比和高度的限制

由于高层框架结构的侧向刚度较小，水平荷载作用下侧移较大，有时会影响正常使用，如果框架结构房屋的高宽比较大，则水平荷载作用下的侧移也较大，而且引起的倾覆作用也较大。因此，设计时应控制高层框架房屋的高度和高宽比。

《高层规程》对各种高层建筑结构体系的最大适用高度做了规定，其中 A 级高度的钢筋混凝土高层框架结构，在非抗震设计时的最大适用高度为 70m，在抗震设防烈度为 6度、7 度、8 度（0.20g）、8 度（0.30g）时的最大适用高度分别为 60m、50m、40m、35m。

当高层框架结构的高宽比较大，风荷载或水平地震作用较大，地基刚度较弱时，则可能出现倾覆问题，在设计高层建筑结构时，需要控制建筑的高宽比。《高层规程》对混凝土高层框架结构适用的最大高宽比做了规定，在非抗震设计时的最大适用高宽比为 5，在抗震设防烈度为 6 度、7 度、8 度时的最大适用高宽比分别为 4、4、3。

与多层框架结构相比，高层框架结构对楼盖的水平刚度及整体性要求更高，当房屋高度不超过 50m 时，框架结构可采用装配式楼盖，但应采取必要的构造措施。当房屋高度超过 50m 时，宜采用现浇楼盖结构。

房屋高度不超过 50m 的框架结构，当采用装配时楼盖时，应符合下列要求：楼盖的预制板板缝宽度不宜小于 40mm，板缝大于 40mm 时应在板缝内配置钢筋；预制板搁置在梁上或剪力墙上的长度分别不宜小于 35mm；预制板板端宜预留胡子筋，其长度不宜小于100mm；预制板板孔堵头宜留出不小于 50mm 的空腔，并采用强度等级不低于 C20 的混凝土浇灌密实。

此外，《高层规程》规定，安全等级为一级的高层框架结构应满足抗连续倒塌概念设计要求，主体结构宜采用多跨规则的超静定结构，避免存在易导致结构连续倒塌的薄弱环节。对于高层框架结构而言，采取必要的结构连接措施，增强结构的整体性，当某根柱发生破坏失去承载力，其直接支承的梁应能跨越两个开间而不致塌落，这就要求跨越柱上梁中的钢筋贯通并具有足够的抗拉强度，通过贯通钢筋的悬链线传递机制，将梁上的荷载传递到相邻的柱。高层框架结构的周边柱及边跨框架的柱距不宜过大，在设计上和构造上应实现具有多道设防。

4.4　无抗震设防要求时框架结构构件设计

4.4.1　框架的一般构造要求

（1）钢筋混凝土框架的混凝土强度等级不低于 C25；纵向钢筋可采用 HRB400 级、HRB500 级；箍筋一般采用 HRB400 级钢筋。

（2）混凝土保护层：应根据框架所处的环境类别确定。例如，环境类别为一类时，框架梁和框架柱的纵向受力钢筋的混凝土保护层厚度不小于 20mm，如果混凝土强度等级不大于 C25，保护层厚度应不小于 25mm。

（3）框架梁柱应分别满足受弯构件和受压构件的构造要求；地震区的框架还应满足抗震设计要求。

（4）配筋形式：框架柱一般采用对称配筋，柱中全部纵向钢筋配筋率不宜大于 5%，最小配筋率为 0.6%，框架梁一般不采用弯起钢筋抗剪。

4.4.2　梁、柱节点构造要求

1. 框架梁

1）梁纵向钢筋的构造要求

梁纵向受拉钢筋的数量除按计算确定外，还必须考虑温度、收缩应力所需要的钢筋数量，以防止梁发生脆性破坏和控制裂缝宽度。纵向受拉钢筋的最小配筋率 $\rho_{\min}$（%）不应小于 0.2% 和 $0.45f_t/f_y$ 两者较大值。同时为防止超筋梁，当不考虑受压钢筋时，纵向受拉钢筋的最大配筋率不应超过 $\dfrac{\xi_b a_1 f_c}{f_y}$。

沿梁全长顶面和底面应至少各配置两根纵向钢筋，钢筋的直径不应小于 12mm。框架梁的纵向钢筋不应与箍筋、拉筋及预埋件等焊接。

2）梁箍筋的构造要求

应沿框架梁全长设置箍筋。非抗震设防中，箍筋的直径、间距及配筋率等要求与一般梁相同。

2. 框架柱

1）柱纵向钢筋的构造要求

框架柱一般为小偏心受压构件，通常采用对称配筋。非抗震设防中，柱的全部纵向钢筋配筋率应符合下列规定。中柱、边柱和角柱纵向钢筋最小配筋率不应小于 0.5%。框支柱纵向钢筋最小配筋率不应小于 0.7%。同时柱截面每一侧配筋率不小于 0.2%，柱中全部钢筋配筋率不宜大于 5%。

2）柱箍筋的构造要求

非抗震设防时，框架柱截面周边箍筋应为封闭箍筋，箍筋间距不应大于 400mm，且不应大于构件截面短边尺寸和最小纵筋直径的 15 倍；箍筋直径不应小于最大纵筋直径的 1/4，且不应小于 6mm；当柱中全部纵筋钢筋配筋率超过 3% 时，箍筋直径不应小于 8mm，箍筋间距不应大于最小纵筋直径的 10 倍且不应大于 200mm，箍筋末端应做成 135° 弯钩且弯钩末端平直段长度不应小于 10 倍纵筋直径。当柱每边纵筋多于 3 根时，应设置复合箍筋。

常见的柱配筋形式如图 4-24 所示。

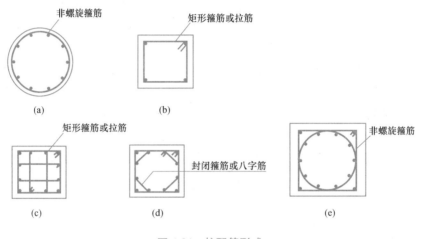

图 4-24　柱配筋形式

3. 框架节点的构造要求

构件连接节点是框架设计的一个重要组成部分，只有通过构件之间的相互连接，结构才能成为一个整体。现浇框架的梁柱连接节点都做成刚性节点。梁柱节点处于剪压复合受力状态，为了保证节点具有足够的受剪承载力，防止节点产生剪切脆性破坏，必须在节点内配置足够数量的水平箍筋。节点内的箍筋除应符合上述框架柱箍筋的构造要求外，其箍筋间距不宜大于 250mm；对四边有梁与之相连的节点，可仅沿节点周边设置矩形箍筋。

在节点处，柱的纵向钢筋应连续穿过中间层节点，梁的纵向钢筋的搭接和锚固长度应符合下列要求。

顶层中节点柱纵向钢筋和边节点柱内侧纵向钢筋应伸至柱顶；当从梁底边计算的直线锚固长度不小于 l_a 时，可不必水平弯折；否则应向柱内或梁、板内水平弯折；当充分利用纵向钢筋的抗拉强度时，其锚固段弯折前的竖向投影长度不应小于 $0.5l_{ab}$，弯折后的水平投影长度不小于 12 倍的柱纵向钢筋直径。此处，l_{ab} 为受拉钢筋基本锚固长度。

顶层端节点处，在梁宽范围以内的柱外侧纵向钢筋可与梁上部纵向钢筋搭接，搭接长度不应小于 $1.5l_a$；在梁宽范围以外的柱纵向钢筋可伸入现浇板内，其伸入长度与伸入梁内的相同。当柱外侧纵向钢筋的配筋率大于 1.2% 时，伸入梁内的柱纵向钢筋宜分批截断，其截断点之间的距离不宜小于 20 倍的柱纵向钢筋直径。

梁上部纵向钢筋伸入端节点的锚固长度，直线锚固时不应小于 l_a，且伸过柱中心线的长度不宜小于 5 倍的纵向钢筋直径；当柱截面尺寸不足时，梁上部纵向钢筋应伸至节点对边并向下弯折，锚固段弯折前的水平投影长度不应小于 $0.4l_{ab}$，弯折后竖直投影长度应取 15 倍的梁纵向钢筋直径。

当计算中不利用梁下部纵向钢筋的强度时，其伸入节点内的锚固长度应取不小于 12 倍的梁纵向钢筋直径。当计算中充分利用梁下部钢筋的抗拉强度时，梁下部纵向钢筋可采用直线方式或向上 90° 弯折方式锚固于节点内，直线锚固时的锚固长度不应小于 l_a；弯折锚固时，锚固段的水平投影长度不应小于 $0.4l_{ab}$，竖直投影长度应取 15 倍的梁纵向钢筋直径。

另外，梁支座截面上部纵向受拉钢筋应向跨中延伸至（$1/4 \sim 1/3$）l_n（l_n 为梁的净跨）处，并与跨中的架立筋（不少于 2Φ12）搭接，搭接长度可取 150mm，如图 4-25 所示。

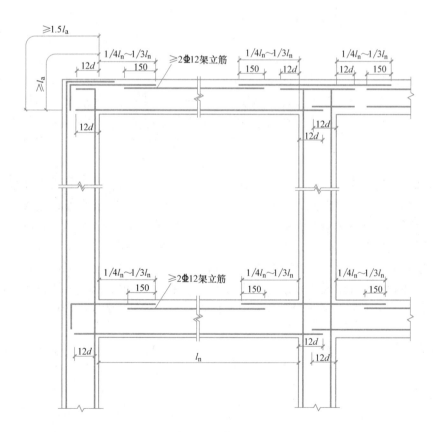

图 4-25　框架梁、柱纵向钢筋在节点区的锚固要求

4.5　多层框架结构基础

4.5.1　基础的类型

1. 基础的选型

在建筑物的设计和施工中，地基和基础占有很重要的地位，它对建筑物的安全使用和工程造价有着很大的影响，因此，正确选择地基基础的类型十分重要。在选择地基基础类型时，主要考虑两个方面的因素：一是建筑物的性质（包括建筑物的用途、重要性、结构形式、荷载性质和荷载大小等）；二是地基的工程地质性质和水文地质情况（包括岩土层的分布、岩土的性质和地下水等）。

2. 基础的分类

基础可分为浅基础和深基础。浅基础根据所用材料的不同可以分为无筋基础和钢筋混凝土基础，从结构上大致可分为单独基础、柱下条形基础、交叉条形基础、筏形基础、箱形基础等。浅基础和深基础的概述如下：

1）浅基础

单独基础：小跨度桥梁墩台下，单层工业厂房排架柱下或公共建筑框架柱下常采用单独基础。条形基础：当柱的荷载过大、地基承载力不足时，可将单独基础地面联结形成柱下条形基础承受一排柱列的总荷载，条形基础是指基础长度远远大于其宽度的一种基础形式（$l/b \geqslant 10$）。交叉基础：柱下条形基础在柱网的双向布置，相交于柱位处形成十字交叉条形基础，当地基软弱，柱网的柱荷载不均匀，需要基础具有空间刚度以调整不均匀沉降时，多采用此类型基础。筏形基础：当地基软弱而荷载很大，采用交叉条形基础也不能满足地基基础设计要求时，可采用筏形基础（或称为筏板基础），即用钢筋混凝土做成连续整片基础，也可以看出，筏形基础基底面积很大，可大大减小基地压力，同时增大了基础的整体刚性。

箱形基础：高层建筑由于建筑功能与结构受力（考虑其竖向荷载较大而地基承载力有限、横向作用下结构稳定性）等要求，可以考虑采用箱形基础。这种基础形式是由钢筋混凝土底板、顶板和足够数量的纵横交错的内外墙组成的空间结构，如同一块巨大的空心厚板，使箱形基础具有比筏板基础大得多的空间刚度。它可以用于抵抗地基或荷载分布不均匀引起的差异沉降，以避免上部结构产生过大的次应力。此外箱形基础的抗震性能好，且基础的中空部分具有补偿效应，还可以作为地下室使用。但其缺点是：钢筋、混凝土的用量大，造价高，施工技术复杂，尤其是施工时还要考虑使用基坑支护和止水防水、防浮等技术设施。

其他的浅基础形式：除了上述浅基础形式之外，还有壳体基础、折板基础、岩层锚杆基础等。

2）深基础

深基础是埋深较大，以下部坚实土层或岩层作为持力层的基础。其作用是把所承受的荷载相对集中地传递到地基的深层，而不像浅基础那样，是通过基础底面把所承受的荷载扩散分布于地基的浅层。因此，当建筑场地的浅层土质不能满足建筑物对地基承载力和变形的要求，而又不适宜采用地基处理措施时，就要考虑采用深基础方案了。深基础有桩基础、墩基础、地下连续墙、沉井和沉箱等几种类型。

4.5.2 柱下条形基础的内力计算和构造要求

1. 构造要求

（1）在基础平面允许的情况下，为了调整基地形心位置，使基地压力分布均匀，并使各柱下弯矩与跨中弯矩趋于接近以利配筋，条形基础端部宜沿纵向向两端边柱外伸一段，外伸长度宜为边跨的 1/4 跨距。若荷载不对称，两端伸出长度可不相等，以使基地形心与荷载合力作用点重合为原则，但也不宜过大，以免柱下产生较大的弯矩而不利于受力。

（2）柱下条形基础一般采用倒 T 形截面，由肋梁和翼板组成。为了具有较大的抗弯刚度以抵抗不均匀沉降，肋梁高度不宜太小，应满足受剪承载力计算的要求，一般可取为柱距的 1/8～1/4。当柱荷载较大时，可在柱两侧局部增高（加腋）。

（3）一般肋梁沿纵向取等截面，梁每侧比柱至少宽出 50mm。当柱垂直于肋梁轴线方向的截面边长大于 400mm 时，可仅在柱位处将肋部加宽。

（4）翼板厚度不宜小于 200mm。当翼板厚度为 200～250mm 时，宜用等厚度翼板；当翼板厚度大于 250mm 时，宜用变厚度翼板，其坡度应小于或等于 1:3。

（5）基础肋梁的纵向受力钢筋、箍筋和弯起钢筋应按弯矩图和剪力图配置。柱位处的纵向受力钢筋布置在肋梁底面，而跨中则布置在顶面。底面纵向受力钢筋的搭接位置宜在跨中，顶面纵向受力钢筋则宜在柱位处，其搭接长度应满足现行《混凝土结构设计规范》GB 50010—2010（2015 年版）的要求。当纵向受力钢筋直径大于 22mm 时，不宜采用非焊接的搭接接头。考虑到地基上梁内力分析往往不是很准确，而条形基础可能出现整体弯曲，故顶面的纵向受力钢筋应全部通长配置，底面通长钢筋的面积不宜少于底面受力钢筋总积的 1/3。

（6）当基础梁的腹板高度大于或等于 450mm 时，在梁的两侧面应沿高度配置纵向构造钢筋。每侧构造钢筋面积不应小于腹板截面面积的 0.1%，其间距不宜大于 200mm。梁两侧的纵向构造钢筋，宜用拉筋连接，拉筋直径与箍筋相同，间距 500～700mm，一般取箍筋间距的两倍。

（7）箍筋应采用封闭式，其直径一般为 6～12mm，对梁高大于 800mm 的梁，其箍筋直径不宜小于 8mm，箍筋间距按有关规定确定。肢距的规定：当梁宽小于或等于 350mm 时，采用双肢箍筋；当梁宽在 350～800mm 时，采用四肢箍筋；当梁宽大于 800mm 时，采用六肢箍筋。

（8）翼板的横向受力钢筋由计算确定，但直径不应小于 10mm，间距 100～200mm。非肋部分的纵向分布钢筋宜用直径 8～10mm，间距不大于 300mm。其构造要求可参照钢筋混凝土扩展基础的有关规定。

（9）柱下条形基础的混凝土强度等级不应低于 C25。

2. 内力计算

柱下钢筋混凝土条形基础由于梁长度方向比较大，而高度有限，其与扩展基础的受力有很大的不同，设计时可以把它看成地基上的受弯构件，它的挠曲特性、基底反力和截面内力相互关联，与各部分的相对刚度有直接关系。因此，应该从相互作用的观点出发，选择合适的方法进行设计。一般而言，柱下钢筋混凝土条形基础内力计算方法主要有两种：简化计算法和弹性地基梁法。

1）简化计算法

一般用于手算，若满足某种条件时，可以采取简化计算的方法，采用简化了的计算模型进行计算。这种方法均假设基底反力为线性分布，适合按这种方法计算时要求柱下钢筋混凝土条形基础具有足够的相对刚度。

根据上部结构刚度的大小，简化计算法可分为倒梁法和静定分析法（静定梁法）两种。

（1）倒梁法

基本假定：基础梁（或板）与地基土相比为绝对刚性，基础的弯曲挠度不致改变地基压力，地基压力为线性分布，其重心与作用于梁（或板）上的荷载合力重合。

倒梁法认为上部结构是刚性的，各柱之间没有沉降差，所以可以把柱脚看成是柱下钢筋混凝土条形基础的铰支座，支座之间没有不均匀沉降。这样在计算时，就可以只考虑作用于条形基础上各柱之间的局部弯曲，而不用考虑基础上的整体弯曲的影响（可以认为这种作用很小）。

适用条件：在比较均匀的地基上，上部结构的刚度较好，荷载分布和柱距分布比较均匀（如相差不超过 20%），当柱下条形基础梁的高度不小于 1/6 柱距时，基底反力可按直线分布，基础梁的内力可按倒梁法计算。

计算方法：计算时先根据柱传来的荷载，按直线分布假定求出基底净反力。然后将柱底视为不动铰支座，以地基净反力为荷载，按多跨连续梁计算梁的内力，内力计算可以采用弯矩分配法等。

按倒梁法求得的支座反力可能不会等于原来作用于基底净反力的竖向柱荷载，这时可以对基底反力进行局部调整，即将支座处的不平衡均匀分布于此支座两侧侧各 1/3 跨度范围内，再和按倒梁法计算出的内力进行叠加，反复进行 1～2 次后一般即可接近平衡。

（2）静定分析法（静定梁法）

基本假定和适用条件：上部结构的刚度很小（如单层排架），基础本身刚度较大，上部结构对基础的变形约束很小，此时仍然假定基底反力为线性分布。

计算方法：计算时先按直线分布假定求出基底净反力，然后将柱荷载直接作用于基础梁上。此时基础梁上所有的作用力都已确定，把基础梁当成一个无任何多余约束的静定梁按静力平衡条件计算出任一截面的内力。由于静定分析法假定上部结构为柔性结构，即不考虑上部结构刚度的影响，所以在荷载作用下基础梁将产生整体弯曲。与其他方法比较，这样计算所得的基础不利截面上的弯矩绝对值可能偏大。

2）弹性地基梁法

当柱下钢筋混凝土条形基础不满足简化计算的适用条件时，宜按弹性地基梁法进行基础内力的计算。弹性地基梁理论简而言之就是假定地基是弹性体，假定基础是置于这一弹性体上的梁。将基础和地基作为一个整体来研究，把它与上部结构隔断开来，上部结构仅仅作为一种荷载作用在基础上。基础底面和地基表面在受荷而变形的过程中始终是贴合的，亦即两者不仅满足静力平衡条件，而且满足变形协调条件。然后经过种种几何和物理上的简化，用数学、力学方法求解基础和地基的内力和变形。

【例 4-5】 某建筑物为 7 层框架结构，框架为三跨的横向承重框架，每跨跨度为 7.2m；边柱传至基础顶部的荷载标准值和设计值分别为：$F_k=2665kN$、$M_k=572kN \cdot m$、$V_k=146kN$，$F=3331kN$、$M=715kN \cdot m$、$V=182kN$；中柱传至基础顶部的荷载标准值和设计值分别为：$F_k=4231kN$、$M_k=481kN \cdot m$、$V_k=165kN$，$F=5289kN$、$M=601kN \cdot m$、$V=206kN$。条基的埋深 $d=1.9m$，修正后的地基承载力特征值 $f_a=191.44kPa$，现在要求用简化计算方法计算地基梁的内力。

解：1. 确定基础宽度

$$b \geqslant \frac{F_k+G_k}{l(f_a-\gamma_m d)}$$

$$=\frac{2665 \times 2+4231 \times 2+20 \times 25.64}{25.64 \times (191.44-20 \times 1.9)}=3.6363m，取 b=3.8m。$$

2. 基础梁高度的确定

取 $h=1.5m$，符合《建筑地基基础设计规范》GB 50007—2011 8.3.1 柱下条形基础梁的高度宜为柱距的 $\frac{1}{8} \sim \frac{1}{4}$ 的规定。

3. 条基端部外伸长度的确定

计算简图如图 4-26 所示。

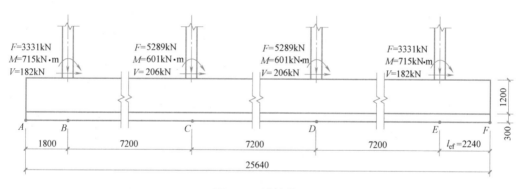

图 4-26 计算简图

据《建筑地基基础设计规范》GB 50007—2011 8.3.1 第 2 条规定外伸长度宜为第一跨的 0.25 倍，考虑到柱端存在弯矩及其方向左侧延伸 $0.25l=0.25 \times 7.2=1.8m$。为使荷载形心与基底形心重合，右端延伸长度为 l_{ef}，l_{ef} 计算过程如下：

1）确定荷载合力到 E 点的距离 x_o

$$x_o=\frac{3331 \times 3 \times 7.2+5289 \times 2 \times 7.2-715 \times 2-601 \times 2-182 \times 1.5 \times 2-206 \times 1.5 \times 2}{3331 \times 2+5289 \times 2}$$

$$=10.58m$$

2）右端延伸长度为 l_{ef}

$$l_{ef}=(1.8+2.7+7.2 \times 2-10.58) \times 2-1.8-7.2 \times 3=2.24m$$

4. 内力分析（倒梁法）

1）地基净反力 p_j 的计算

对 E 点取合力距，即 $\sum M_E=0$。

$$p_j \times 2.24 \times \frac{2.24}{2} + 3331 \times 7.2 \times 3 + 5289 \times 7.2 \times 3 - p_j(25.64 - 2.24)^2 \times 0.5 - (715 \times 2 + 601 \times 2) - (182 \times 1.5 \times 2 + 206 \times 1.5 \times 2) = 0$$

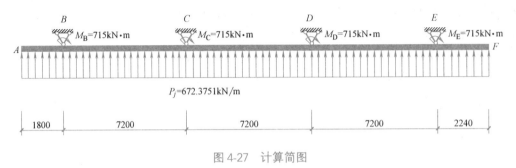

图 4-27　计算简图

即 $271.271 p_j = 182396 \Rightarrow p_j = 672.3751\text{kN/m}$

2）确定计算简图（图 4-27）

3）采用结构力学求解器计算在地基净反力 P_j 作用下基础梁的内力图（图 4-28、图 4-29）

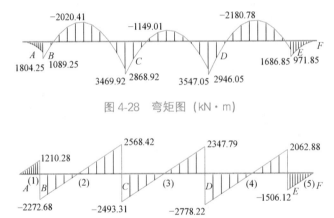

图 4-28　弯矩图（kN·m）

图 4-29　剪力图（kN）

4）计算调整荷载 Δp_i

由于支座反力与原柱端荷载不等，需进行调整，将差值 Δp_i 折算成调整荷载 Δq_i。

$\Delta p_B = 3331 - (1210.28 + 2272.68) = -151.96\text{kN}$

$\Delta p_C = 5289 - (2568.42 + 2493.31) = 227.27\text{kN}$

$\Delta p_D = 5289 - (2347.79 + 2778.22) = 162.99\text{kN}$

$\Delta p_B = 3331 - (2062.88 + 1506.12) = -238\text{kN}$

对于边跨支座 $\Delta q_1 = \dfrac{\Delta p_1}{\left(l_0 + \dfrac{1}{3}l_1\right)}$，$l_0$ 为边跨长度，l_1 为第一跨长度。

对于中间支座 $\Delta q = \dfrac{\Delta p}{\left(\dfrac{1}{3}l_{i-1} + \dfrac{1}{3}l_i\right)}$，$l_{i-1}$ 为第 $i-1$ 跨长度，l_i 为第 i 跨长度。

$$\text{故 } \Delta q_{\text{B}} = \frac{-151.96}{\left(1.8 + \frac{1}{3} \times 7.2\right)} = -36.18\text{kN/m}; \quad \Delta q_{\text{C}} = \frac{227.27}{\left(\frac{1}{3} \times 7.2 + \frac{1}{3} \times 7.2\right)} = 47.35\text{kN/m};$$

$$\Delta q_{\text{D}} = \frac{162.99}{\left(\frac{1}{3} \times 7.2 + \frac{1}{3} \times 7.2\right)} = 33.96\text{kN/m}; \quad \Delta q_{\text{E}} = \frac{-238}{\left(\frac{1}{3} \times 7.2 + 2.24\right)} = -51.93\text{kN/m}。$$

调整荷载作用下的计算简图如图 4-30 所示。

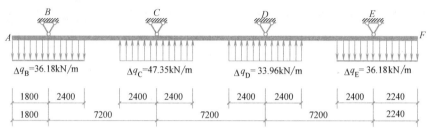

图 4-30 调整荷载作用下的计算简图

调整荷载作用下基础梁的内力图如图 4-31、图 4-32 所示。

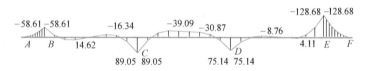

图 4-31 调整荷载作用下的弯矩图（kN·m）

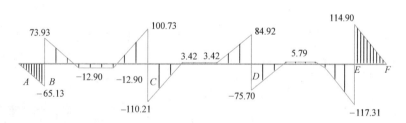

图 4-32 调整荷载作用下的剪力图（kN）

BC 跨中 $M = -0.86\text{kN} \cdot \text{m}$；$CD$ 跨中 $M = -34.98\text{kN} \cdot \text{m}$；$DE$ 跨中 $M = -2.325\text{kN} \cdot \text{m}$。

5）两次计算结果叠加，得基础梁的最终内力（表 4-10）

基础梁内力   表 4-10

类型 \ 支座 截面	B 左	B 右	C 左	C 右	D 左	D 右	E 左	E 右
弯矩(kN·m)	1030.64	1745.64	2957.97	3558.97	3021.19	3622.19	843.17	1558.17
剪力(kN)	1145.15	−2198.75	2669.15	−2603.52	2432.71	−2853.92	1945.57	−1391.22

4.6 多层框架设计例题

4.6.1 设计资料

1. 工程概况

某办公楼，共五层，层高均为 3.3m，建筑物总高度为 17.1m，屋面类型为不上人屋面，女儿墙高度设计为 0.6m，室内外高差 0.6m。结构类型为钢筋混凝土现浇框架结构，设计工作年限为 50 年，结构安全等级为二级，建筑抗震等级为三级，地面粗糙度为 C 类，基本风压值 0.30kN/m²，场地类型为Ⅱ类。

2. 材料选取

混凝土：基础、柱、梁和板选取 C35 混凝土；

钢筋：HRB400；

砌块：ALC 加气混凝土砌块 200 厚。

3. 结构选型

本设计采用框架结构，选用横向框架承重方案。本设计中楼板及屋盖均采用现浇的结构体系，本设计中基础形式选取为独立基础。

4.6.2 结构布置

1. 结构平面布置

该办公楼的结构平面布置图如图 4-33 所示。

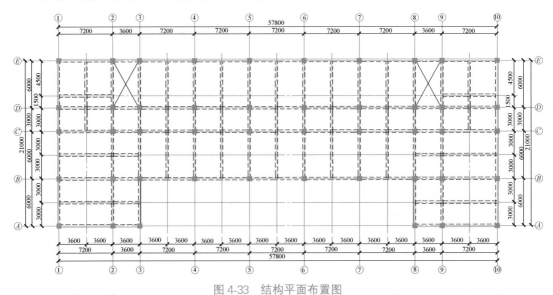

图 4-33　结构平面布置图

2. 框架梁、板和柱尺寸的确定

主梁截面高度 h 一般为 $(1/18 \sim 1/10)l$，主梁高度 b 一般为 $(1/3 \sim 1/2)h$；次梁截面高度 h 一般为 $(1/18 \sim 1/12)l$，次梁高度 b 为 $(1/3 \sim 1/2)h$。

1）梁截面尺寸估算

（1）横向主梁跨度 6000mm

$h=(1/18\sim1/10)\times6000=400\sim600$mm，取 $h=600$mm。

$b=(1/3\sim1/2)\times600=200\sim300$mm，取 $b=300$mm。

（2）纵向主梁跨度 7200mm

$h=(1/15\sim1/10)\times7200=480\sim720$mm，取 $h=600$mm。

$b=(1/3\sim1/2)\times600=200\sim300$mm，取 $b=300$mm。

（3）次梁跨度 6000mm

$h=(1/18\sim1/12)\times6000=333.3\sim500$mm，取 $h=500$mm。

$b=(1/3\sim1/2)\times500=166.7\sim250$mm，取 $b=250$mm。

（4）过道梁跨度 3000mm

主梁：$h=(1/15\sim1/10)\times3000=200\sim300$mm。

根据规范，跨高比不宜小于 4（$h=3000/4=750$），故过道梁截面取值为：$h=500$mm，$b=(1/3\sim1/2)\times500=166.7\sim250$mm，取 $b=250$mm。

（5）次梁

取次梁尺寸为 $h=500$mm，$b=250$mm。

2）框架柱尺寸确定

抗震设计时，限制柱的轴压比主要是为了满足柱的延性设计要求。柱截面面积应满足：

$$A_c\geqslant N/\mu_N f_c \qquad (4\text{-}24)$$

式中　A_c——柱的全截面面积（mm²）；

N——柱的轴压力设计值，$N=\beta Sgn$；

β——考虑地震作用组合后的柱轴压力增大系数（边柱取 1.3，中柱取 1.25）；

S——该柱承担的楼面荷载面积（mm²）；

g——各层重力荷载，可近似取 $12\sim14$kN/m²；

n——柱承受楼层层数；

μ_N——柱轴压比限值；框架结构抗震等级一级取 0.65，框架结构抗震等级二级取 0.75，框架结构抗震等级二级取 0.85；

f_c——混凝土轴心抗压强度设计值（N/mm²）。

柱负载面积 S 以中柱为最大，因此取中柱为准进行计算：

$$S=(6000/2+3000/2)\times7200=32400000\text{mm}^2$$

柱截面面积 $A_c\geqslant1.25\times3.24\times10^7\times5\times14\times10^{-3}/(0.85\times16.7)=199718.21\text{mm}^2$

取柱截面为正方形，则柱截面边长为 446.90mm，综合考虑其他因素之后选择柱截面尺寸为 500mm×500mm。

3）板厚确定

结构板的长边与短边之比为 6000∶3600≈1.67＜2，本结构中板按双向板进行分析计算。故，板厚不小于 $h=(1/50\sim1/35)\times3600=72\sim102.9$mm，取 $h=120$mm＞$1/40\times3600=90$mm，满足规范要求。

3. 框架梁、柱线刚度计算

1）梁、柱线刚度计算

计算梁截面惯性矩时，中框架为 $I=2I_0$，边框架为 $I=1.5I_0$，I_0 为框架梁按矩形截面计算的截面惯性矩。

由公式 $i=E_c I/l$ 计算如表 4-11 所示。

构件截面惯性矩计算　　　　　　　　　　　　　　表 4-11

类别	截面 （mm×mm）	E_c（kN/m²）	l（m）	$I_0\times10^{-3}$（m⁴）	$E_c I_0/l$ （kN·m）	$2E_c I_0/l$ （kN·m）
主横梁	300×600	31.5×10^6	6	5.400	28350.0	56700.0
过道梁	250×500	31.5×10^6	3	2.604	27342.8	54687.5
底层柱	500×500	31.5×10^6	4.3	5.208	38154.1	—
2～5 层柱	500×500	31.5×10^6	3.3	5.208	49715.9	—

2）柱抗侧刚度 D 值计算（表 4-12、表 4-13）

底层框架柱抗侧刚度计算表　　　　　　　　　　　表 4-12

构件	$K=\dfrac{\sum i_b}{i_c}$	$\alpha=\dfrac{0.5+K}{2+K}$	$D=\alpha\dfrac{12i_c}{h_j^2}$（kN/m）
B柱	1.49	0.57	14119.3
C柱	2.92	0.70	17212.6
D柱	2.92	0.70	17212.6
E柱	1.49	0.57	14119.3

2～5 层框架柱抗侧刚度计算　　　　　　　　　　表 4-13

构件	$K=\dfrac{\sum i_b}{2i_c}$	$\alpha=\dfrac{K}{2+K}$	$D=\alpha\dfrac{12i_c}{h_j^2}$（kN/m）
B柱	1.14	0.36	19722.01
C柱	2.24	0.53	29035.19
D柱	2.24	0.53	29035.19
E柱	1.14	0.36	19722.01

由以上计算可知各层柱抗侧刚度为：

底层柱：$D_1=62779.58$；

2～5 层柱：$D_2\sim D_5=97514.40$。

4.6.3　荷载计算

1. 竖向荷载计算

1）计算简图

本工程选取④号轴线处框架进行计算，计算简图如图 4-34 所示。

2）可变荷载标准值

可变荷载由《建筑荷载设计规范》GB 50009—2012、《工程结构通用规范》GB 55001—2021 查得，如表 4-14 所示。

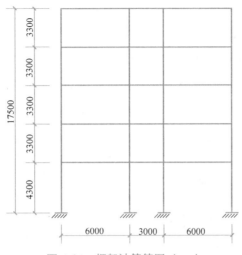

图 4-34　框架计算简图 (mm)

可变荷载标准值统计　　　　　　　　　　　　表 4-14

荷载类型	数值	荷载类型	数值
走廊活载	$3.0kN/m^2$	不上人屋面活载	$0.5kN/m^2$
卫生间活载	$2.5kN/m^2$	楼梯间活载	$3.5kN/m^2$
档案室活载	$3.0kN/m^2$	基本风压	$0.30kN/m^2$
贮藏室活载	$6.0kN/m^2$	基本雪压	$0.35kN/m^2$
其余楼面活载	$2.5kN/m^2$		

3）永久荷载

（1）屋面荷载

① 普通房间屋面荷载

05J909 卷材涂膜防水不上人屋面	
涂料粒料保护层	$0.05kN/m^2$
防水层（1.2厚三元乙丙橡胶卷材）	$0.0012×9.3=0.01kN/m^2$
20厚1:3水泥砂浆找平层	$0.02×20=0.4kN/m^2$
保温或隔热层（硬质聚氨酯泡沫塑料35厚）	$0.035×0.5=0.02kN/m^2$
最薄30厚LC5.0轻集料混凝土2%找坡层（平均厚度80）	$0.08×6=0.48kN/m^2$
钢筋混凝土屋面板	$0.12×25=3.0kN/m^2$
轻钢龙骨铝扣板吊顶	$0.15kN/m^2$
合计	$4.11kN/m^2$

② 卫生间屋面荷载

05J909 卷材涂膜防水不上人屋面	
涂料粒料保护层	$0.050kN/m^2$
防水层（1.2厚三元乙丙橡胶卷材）	$0.0012×9.3=0.010kN/m^2$

20厚1：3水泥砂浆找平层	$0.02 \times 20 = 0.400 \text{kN/m}^2$
保温或隔热层（硬质聚氨酯泡沫塑料35厚）	$0.035 \times 0.5 = 0.020 \text{kN/m}^2$
最薄30厚LC5.0轻集料混凝土2‰找坡层	$0.08 \times 6 = 0.480 \text{kN/m}^2$
钢筋混凝土屋面板	$0.12 \times 25 = 3.000 \text{kN/m}^2$
耐潮纸面石膏板吊顶	0.200kN/m^2
合计	4.160kN/m^2

（2）楼面荷载

① 普通房间、走廊楼面荷载

05J909 地砖楼面	
8～10厚铺地砖楼面，干水泥擦缝	$19.8 \times 0.008 = 0.158 \text{kN/m}^2$
20厚1：3干硬性水泥砂浆结合层，表面撒水泥粉	$20 \times 0.02 = 0.400 \text{kN/m}^2$
水泥浆一道（内掺建筑胶）	/
现浇钢筋混凝土楼板	$25 \times 0.12 = 3.00 \text{kN/m}^2$
合计	3.708kN/m^2

② 卫生间楼面荷载

05J909 地砖地面	
8～10厚铺地砖楼面，干水泥擦缝	$19.8 \times 0.008 = 0.158 \text{kN/m}^2$
20厚1：3干硬性水泥砂浆结合层，表面撒水泥粉	$20 \times 0.02 = 0.400 \text{kN/m}^2$
1.2厚聚氨酯防水层	$11 \times 0.0012 = 0.013 \text{kN/m}^2$
20厚1：3水泥砂浆找平	$20 \times 0.02 = 0.400 \text{kN/m}^2$
水泥浆一道	/
现浇钢筋混凝土楼板	$25 \times 0.12 = 3.000 \text{kN/m}^2$
合计	3.971kN/m^2

（3）墙面荷载

① 外墙面荷载

05J909 涂料墙面	
弹性外墙漆两道	/
3厚1：2.5聚合物砂浆粉面，压实赶光	$0.003 \times 20 = 0.060 \text{kN/m}^2$
耐碱玻纤网格布一层，8厚防渗抗裂砂浆压入	$0.008 \times 20 = 0.160 \text{kN/m}^2$
40厚岩棉板保温层，粘贴面各刷界面剂一道，锚钉固定	$0.04 \times 2.5 = 0.100 \text{kN/m}^2$
3厚专用胶粘剂	/
20厚1：3水泥砂浆找平层	$20 \times 0.02 = 0.400 \text{kN/m}^2$
刷界面剂处理一道	/
合计	0.720kN/m^2

② 普通房间及楼梯间内墙面荷载

05J909 水泥石灰砂浆墙面	
面浆（涂料）饰面	/
2 厚纸筋灰罩面	$0.002 \times 14 = 0.028 \text{kN/m}^2$
14 厚 1：3：9 水泥石灰膏砂浆打底分层抹平	$0.014 \times 17 = 0.238 \text{kN/m}^2$
刷素水泥浆一道	/
合计	0.266kN/m^2

③ 卫生间内墙面荷载

05J909 贴面砖防水墙面	
白水泥擦缝	/
8 厚墙面砖（粘贴前面砖充分浸湿）	$0.008 \times 19.8 = 0.159 \text{kN/m}^2$
4 厚强力胶粉泥粘结层，揉挤压实	$0.004 \times 17 = 0.068 \text{kN/m}^2$
1.5 厚聚合物水泥基复合防水涂料层	$0.0015 \times 12.5 = 0.019 \text{kN/m}^2$
9 厚 1：3 水泥砂浆分层压实抹平	$0.009 \times 20 = 0.18 \text{kN/m}^2$
刷素水泥浆一道甩毛（内掺建筑胶）	/
合计	0.426kN/m^2

（4）构件自重

① 柱自重

框架柱：500mm×500mm；$0.5 \times 0.5 \times 25 = 6.25 \text{kN/m}$。

② 梁自重

主横、纵梁：300mm×600mm；$0.3 \times (0.6-0.12) \times 25 = 3.6 \text{kN/m}$。

次梁、过道梁：250mm×500mm；$0.25 \times (0.5-0.12) \times 25 = 2.375 \text{kN/m}$。

（5）外墙体自重

① 普通房间及楼梯间外墙体自重

05J909 涂料墙面	0.720kN/m^2
ALC 加气混凝土砌块 200 厚	$7 \times 0.2 = 1.4 \text{kN/m}^2$
05J909 水泥石灰砂浆墙面	0.266kN/m^2
合计	2.386kN/m^2

② 卫生间外墙体自重

05J909 涂料墙面	0.720kN/m^2
ALC 加气混凝土砌块 200 厚	$7 \times 0.2 = 1.4 \text{kN/m}^2$
05J909 贴面砖防水墙面	0.426kN/m^2
合计	2.546kN/m^2

（6）内墙体自重

普通房间及楼梯间内墙体自重

05J909 水泥石灰砂浆墙面	0.266kN/m^2

ALC 加气混凝土砌块 200 厚	$7 \times 0.2 = 1.4 \text{kN/m}^2$
05J909 水泥石灰砂浆墙面	0.266kN/m^2
合计	1.932kN/m^2

（7）卫生间内墙体自重
① 卫生间内部隔墙自重

05J909 贴面砖防水墙面	0.426kN/m^2
ALC 加气混凝土砌块 200 厚	$7 \times 0.2 = 1.4 \text{kN/m}^2$
05J909 贴面砖防水墙面	0.426kN/m^2
合计	2.252kN/m^2

② 卫生间与普通房间隔墙自重

05J909 贴面砖防水墙面	0.426kN/m^2
ALC 加气混凝土砌块 200 厚	$7 \times 0.2 = 1.4 \text{kN/m}^2$
05J909 水泥石灰砂浆墙面	0.266kN/m^2
合计	2.092kN/m^2

（8）女儿墙自重

05J909 涂料墙面	$0.72 \times 0.6 = 0.43 \text{kN/m}$
ALC 加气混凝土砌块 200 厚 400 高	$7 \times 0.2 \times 0.4 = 0.56 \text{kN/m}$
05J909 涂料墙面	$0.72 \times 0.6 = 0.43 \text{kN/m}$
200 高钢筋混凝土压顶	$0.2 \times 0.2 \times 25 = 1 \text{kN/m}$
20 厚水泥砂浆	$0.02 \times 0.2 \times 20 = 0.08 \text{kN/m}$
合计	2.50kN/m

（9）门窗自重

铝合金门窗	0.40kN/m^2
木门	0.20kN/m^2

2. 荷载传递与简化的基本原理

1）双向板的荷载传递路径

本设计中取④轴进行计算，荷载传递路径如图 4-35 所示。

2）梁上荷载简化方法

板传递到梁上荷载呈梯形和三角形，计算起来不方便，可以按照固端弯矩等效原则简化为梁上均布荷载。

α 是双向板中的短边的一半和长边之比，p 为实际作用的均布荷载，等效均布荷载 q 简化公式如下：

$$\text{梯形荷载}: q = (1 - 2\alpha^2 + \alpha^3)p$$

$$\text{三角形荷载}: q = \frac{5}{8}p$$

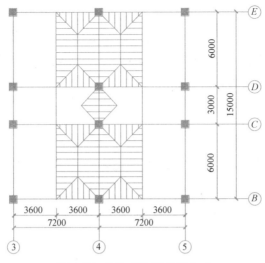

图 4-35　双向板荷载传递方式

3. 屋面横梁荷载计算

1）④轴边跨梁荷载计算

屋面梁荷载

梁自重	3.60kN/m
20 厚面层重	$0.02×(0.3+0.48×2)×17=0.43$kN/m
屋面板传递至梁上荷载	$4.11×[1-2×(1.8/6)^2+(1.8/6)^3]×1.8×2=12.53$kN/m
梁间均布荷载值	$3.6+0.43+12.53=16.56$kN/m
活荷载传至梁上荷载	$0.5×[1-2×(1.8/6)^2+(1.8/6)^3]×1.8×2=1.52$kN/m
雪荷载传至梁上荷载	$0.35×[1-2×(1.8/6)^2+(1.8/6)^3]×1.8×2=1.07$kN/m

2～5 层楼面梁荷载

梁自重	3.60kN/m
20 厚面层重	$0.02×(0.3+0.48×2)×17=0.43$kN/m
墙体自重	$1.93×(3.3-0.6)=5.21$kN/m
屋面板传递至梁上荷载	$3.71×[1-2×(1.8/6)^2+(1.8/6)^3]×1.8×2=11.31$kN/m
梁间均布荷载值	$3.6+0.43+5.21+11.31=20.55$kN/m
活荷载传至梁上荷载	$2.0×[1-2×(1.8/6)^2+(1.8/6)^3]×1.8×2=6.10$kN/m

2）⑥轴中跨梁荷载计算

屋面梁荷载

梁自重	2.375kN/m
20 厚面层重	$0.02×(0.25+0.38×2)×17=0.34$kN/m
屋面板传递至梁上荷载	$4.11×5/8×1.5×2=7.71$kN/m

梁间均布荷载值	$2.375+0.34+7.71=10.43$kN/m
活荷载传至梁上荷载	$0.5\times5/8\times1.5\times2=0.94$kN/m
雪荷载传至梁上荷载	$0.35\times5/8\times1.5\times2=0.66$kN/m

2~5层楼面梁荷载

梁自重	2.375kN/m
20厚面层重	$0.02\times(0.25+0.38\times2)\times17=0.34$kN/m
楼面板传递至梁上荷载	$3.71\times5/8\times1.5\times2=6.96$kN/m
梁间均布荷载值	$2.375+0.34+6.96=9.68$kN/m
活荷载传至梁上荷载	$2.5\times5/8\times1.5\times2=4.69$kN/m

4. 纵向梁传递至柱顶荷载计算

1) 边柱

（1）屋面

纵梁自重	$0.3\times(0.6-0.12)\times(7.2-0.5)\times25=24.12$kN
20厚面层重	$0.02\times(0.3+0.48\times2)\times17\times(7.2-0.5)=2.87$kN
女儿墙自重	$2.5\times7.2=18$kN
屋面板传至梁上荷载	$4.11\times1/2\times3.6\times1.8\times2=26.63$kN
次梁集中荷载	$\left\{2.375\times6+4.11\times\left[\frac{1}{2}\times(6+2.4)\times1.8\times2\right]\right\}\times\frac{1}{2}=38.20$kN
恒载传递至柱顶集中荷载	$24.12+2.87+18+26.63+38.20=109.82$kN
附加弯矩	$109.82\times0.1=10.98$kN·m
活载传至柱顶集中力	$0.5\times\frac{1}{2}\times3.6\times1.8\times2+0.5\times\frac{1}{2}\times(6+2.4)\times1.8\times2\times\frac{1}{2}=5.4$kN
附加弯矩	$5.4\times0.1=0.54$kN·m
雪荷载传至柱顶集中力	$0.35\times\frac{1}{2}\times3.6\times1.8\times2+0.35\times\frac{1}{2}\times(2.4+6)\times1.8\times2\times\frac{1}{2}=4.91$kN
附加弯矩	$4.91\times0.1=0.49$kN·m

（2）2~5层楼面

纵梁自重	$0.3\times(0.6-0.12)\times(7.2-0.5)\times25=24.12$kN
20厚面层重	$0.02\times(0.3+0.48\times2)\times17\times(7.2-0.5)=2.87$kN
墙体自重	$2.39\times[(7.2-0.5)\times(3.3-0.6)-2.4\times1.8\times2]=22.59$kN
窗自重	$2.4\times1.8\times0.4\times2=3.46$kN
楼板传至梁上荷载	$3.56\times1/2\times3.6\times1.8\times2=23.07$kN
次梁集中荷载	$\left\{2.375\times6+3.56\times\left[\frac{1}{2}\times8.4\times1.8\times2\right]\right\}\times\frac{1}{2}=34.04$kN
恒载传至柱顶集中力	110.14kN
附加弯矩	$110.14\times0.1=11.01$kN·m

活载传至柱顶集中力	$2.0 \times \frac{1}{2} \times 3.6 \times 1.8 \times 2 + 2.0 \times \frac{1}{2} \times (6+2.4) \times 1.8 \times 2 \times \frac{1}{2} = 28.08 \text{kN}$
附加弯矩	$28.08 \times 0.1 = 2.81 \text{kN} \cdot \text{m}$

2）中柱

（1）屋面

纵梁自重	$0.3 \times (0.6-0.12) \times (7.2-0.5) \times 25 = 24.12 \text{kN}$
20 厚面层重	$0.02 \times (0.3+0.48 \times 2) \times 17 \times (7.2-0.5) = 2.87 \text{kN}$
屋面板传至梁上荷载	$4.11 \times 1/2 \times 3.6 \times 1.8 \times 2 + 4.11 \times 1/2 \times (3.6+0.6) \times 1.5 \times 2 = 52.53 \text{kN}$
次梁集中荷载	$\left(2.375 \times 6 + 4.11 \times \frac{1}{2} \times 8.4 \times 1.8 \times 2 + 4.11 \times 3 \times 1.5 \times \frac{1}{2} \times 2 \right) \times \frac{1}{2} = 47.44 \text{kN}$
恒载传递至柱顶集中荷载	$24.12 + 2.87 + 52.52 + 49.71 = 126.96 \text{kN}$
附加弯矩	$126.96 \times 0.1 = 12.70 \text{kN} \cdot \text{m}$
活载传至柱顶集中力	$0.5 \times \frac{1}{2} \times 3.6 \times 1.8 \times 2 + 0.5 \times \frac{1}{2} \times (6+2.4) \times 1.8 \times 2 \times \frac{1}{2} +$ $0.5 \times \frac{1}{2} \times 3 \times 1.5 \times 2 + 0.5 \times \frac{1}{2} \times (0.6+3.6) \times 1.5 \times 2 = 12.42 \text{kN}$
附加弯矩	$12.42 \times 0 = 0 \text{kN} \cdot \text{m}$
雪荷载传至柱顶集中力	$0.35 \times \frac{1}{2} \times 3.6 \times 1.8 \times 2 + 0.35 \times \frac{1}{2} \times (6+2.4) \times 1.8 \times 2 \times \frac{1}{2} +$ $0.35 \times \frac{1}{2} \times 3 \times 1.5 \times 2 + 0.35 \times \frac{1}{2} \times (0.6+3.6) \times 1.5 \times 2 = 8.69 \text{kN}$
附加弯矩	$8.69 \times 0 = 0 \text{kN} \cdot \text{m}$

（2）2～5 层楼面

纵梁自重	$0.3 \times (0.6-0.12) \times (7.2-0.5) \times 25 = 24.12 \text{kN}$
20 厚面层重	$0.02 \times (0.3+0.48 \times 2) \times 17 \times (7.2-0.5) = 2.87 \text{kN}$
墙体自重	$1.93 \times (3.3-0.6) \times (7.2-0.5) = 34.91 \text{kN}$
楼板传至梁上荷载	$3.71 \times 1/2 \times 3.6 \times 1.8 \times 2 + 3.71 \times 1/2 \times (0.6+3.6) \times 1.5 \times 2 = 47.41 \text{kN}$
次梁集中荷载	$\left\{ 2.375 \times 6 + 3.71 \times \left[\frac{1}{2} \times 8.4 \times 1.8 \times 2 \right] \right\} \times \frac{1}{2} +$ $(2.375 \times 3 + 3.71 \times 3 \times 1.5) \times \frac{1}{2} = 47.08 \text{kN}$
恒载传至柱顶集中力	156.40kN
附加弯矩	$156.40 \times 0 = 0 \text{kN} \cdot \text{m}$
活载传至柱顶集中力	$2 \times \frac{1}{2} \times 3.6 \times 1.8 \times 2 + 2 \times \frac{1}{2} \times (6+2.4) \times 1.8 \times 2 \times \frac{1}{2} +$ $2.5 \times \frac{1}{2} \times 3 \times 1.5 \times 2 + 2.5 \times \frac{1}{2} \times (0.6+3.6) \times 1.5 \times 2 = 55.08 \text{kN}$
附加弯矩	$55.08 \times 0 = 0 \text{kN} \cdot \text{m}$

5. 风荷载计算

1) 风荷载统计

地面粗糙度为 C 类，基本风压值 $\omega_0 = 0.30\text{kN/m}^2$。由《建筑结构荷载规范》GB 50009—2012 表 8.3.1 查得风载体型系数 $\mu_s = 0.8$（迎风面）和 $\mu_s = -0.5$（背风面）。

对于多层建筑，可不考虑风压脉动的影响即风振系数 $\beta_z = 1.0$。

风荷载计算参数（μ_z 风压高度变化系数）如表 4-15 所示。

风荷载计算系数   表 4-15

层数	H_i(m)	μ_s	μ_z
1	3.9	1.3	0.65
2	7.2	1.3	0.65
3	10.5	1.3	0.65
4	13.8	1.3	0.65
5	17.1	1.3	0.65

由静力等效原理将风荷载换算为作用于框架节点上的集中力 F_i，换算公式如下：

$$F_i = \omega_k (h_i + h_j) B / 2$$

式中，风荷载标准值 $\omega_k = \beta_z \mu_s \mu_z \omega_0$，各层集中荷载 F_i 为受压面积乘以风荷载标准值求得，其中一榀框架各层节点的受风面积，取上层高度 h_i 的一半和下层高度 h_j 的一半之和，顶层取到女儿墙顶，底层取到该层计算高度的一半（底层的计算高度应从室外地面开始取）。迎风面宽度 $B = (7.2 + 7.2) / 2 = 7.2\text{m}$。各值计算如表 4-16 所示。

风荷载等效集中力计算   表 4-16

层数	h_i(m)	h_j(m)	B(m)	ω_0(kN/m²)	ω_k(kN/m²)	F(kN)
5	3.3	0.6	7.2	0.30	0.254	3.57
4	3.3	3.3	7.2	0.30	0.254	6.04
3	3.3	3.3	7.2	0.30	0.254	6.04
2	3.3	3.3	7.2	0.30	0.254	6.04
1	3.9	3.3	7.2	0.30	0.254	6.58

2) 风荷载作用下位移计算

水平荷载作用下的层间位移：

$$\Delta \mu_i = \frac{V_i}{\sum D_i} \tag{4-25}$$

式中 V_i——第 i 层的总剪力；

     $\sum D_i$——第 i 层柱的抗侧刚度之和；

     $\Delta \mu_i$——第 i 层的层间位移。

第④轴线框架风荷载作用下层间位移如表 4-17 所示。

风荷载作用下层间位移   表 4-17

层号	F_i(kN)	V_i(kN)	$\sum D_i$(N/mm)	$\Delta \mu_i$(mm)	μ_i(mm)	h_i(mm)	$\theta = \Delta \mu_i / h_i$
5	3.57	3.57	97514.40	0.037	0.954	3300	1.12×10^{-5}
4	6.04	9.61	97514.40	0.094	0.917	3300	2.85×10^{-5}
3	6.04	15.65	97514.40	0.160	0.823	3300	4.85×10^{-5}
2	6.04	21.69	97514.40	0.221	0.663	3300	6.70×10^{-5}
1	6.58	27.73	62779.58	0.442	0.442	3900	8.61×10^{-5}

由表 4-16 可得，层间位移角均小于其限值 1/550，满足要求。

6. 地震作用计算

1）重力荷载代表值计算

（1）顶层屋面处

屋面荷载	$4.11 \times 7.2(2 \times 6 + 3) = 443.88$kN
女儿墙自重	$2.5 \times 7.2 \times 2 = 36$kN
主梁自重 $3.6 \times (6 \times 2 - 0.5 \times 2) + 3.6 \times (7.2 - 0.5) \times 4 + 2.375 \times (3 - 0.5) = 142.02$kN	
次梁自重	$2.375 \times (6 \times 2 - 0.5 \times 2) + 2.375 \times (3 - 0.5) = 32.06$kN
下半层柱自重	$6.25 \times 3.3 \times 8 \times 1/2 = 82.5$kN
下半层墙和门窗自重	$\{2.39 \times [2.7 \times (7.2 - 0.5) - (2.4 \times 1.8) \times 2] \times 2 + 2.4 \times 1.8 \times 2 \times 0.4 \times 2 + 1.93 \times [2.7 \times (7.2 - 0.5) - (1 \times 2.5) \times 2] \times 2 + 1 \times 2.5 \times 2 \times 0.2 \times 2\} \times 1/2 = 52.31$kN
50%的雪荷载	$0.5 \times 7.2 \times (6 \times 2 + 3) \times 0.35 = 18.9$kN
合计	807.67kN

（2）3～5 层楼面处

楼面荷载	$3.71 \times 15 \times 7.2 = 400.68$kN
主梁自重	142.02kN
次梁自重	32.07kN
上半层柱自重	82.5kN
下半层柱自重	82.5kN
上半层墙和门窗自重	52.31kN
下半层墙和门窗自重	52.31kN
50%活荷载	$0.5 \times (2.0 \times 7.2 \times 6 \times 2 + 2.5 \times 7.2 \times 3) = 113.4$kN
合计	957.79kN

（3）2 层楼面处

楼面荷载	$3.56 \times 15 \times 7.2 = 384.48$kN
主梁自重	142.02kN
次梁自重	32.07kN
上半层柱自重	82.5kN
下半层柱自重	$6.25 \times 4.3/2 \times 8 = 107.5$kN
上半层墙和门窗自重	52.3kN
下半层墙和门窗自重	$\{2.39 \times [3 \times (7.2 - 0.5) - (2.4 \times 1.8) \times 2] \times 2 + 2.4 \times 1.8 \times 2 \times 0.4 \times 2 + 1.93 \times [3 \times (7.2 - 0.5) - (1 \times 2.5) \times 2] \times 2 + 1 \times 2.5 \times 2 \times 0.2 \times 2\} \times 1/2 = 60.99$kN
50%活荷载	$0.5 \times (2.0 \times 7.2 \times 6 \times 2 + 2.5 \times 7.2 \times 3) = 113.4$kN
合计	991.46kN

2）结构自振周期的确定

（1）顶点位移法计算结构自振周期

本结构为质量和刚度均匀的框架结构，可采用顶点位移法确定基本自振周期 T_1，如下式：

$$T_1 = 1.7\varphi_t \sqrt{\mu_t} \tag{4-26}$$

式中，μ_t 为顶点位移，结构考虑填充墙对结构的影响，取基本自振周期调整系数 $\varphi_t = 0.7$，依据各层的自重 G_i，框架定点位移计算如表 4-18 所示。

框架顶点位移计算   表 4-18

层号	G_i(kN)	$\sum G_i$(kN)	$\sum D$(kN/m)	$u_i - u_{i-1} = \sum G_i / \sum D$(m)	u_i(m)
5	807.67	807.68	97514.4	0.008	0.166
4	957.79	1765.47	97514.4	0.018	0.158
3	957.79	2723.26	97514.4	0.028	0.140
2	957.79	3681.05	97514.4	0.038	0.112
1	991.46	4672.51	62779.58	0.074	0.074

$$T_1 = 1.7 \times 0.7 \times \sqrt{0.166} = 0.485s$$

（2）能量法计算结构自振周期

$$T_1 = 2\pi\varphi_t \sqrt{\frac{\sum G_i u_i^2}{g \sum G_i u_i}} \tag{4-27}$$

式中，u_i 为层间位移，计算如表 4-19 所示。

能量法计算结构自振周期   表 4-19

层号	G_i(kN)	$\sum D$(kN/m)	u_i(m)	$G_i u_i$	$G_i u_i^2$
5	807.67	97514.4	0.166	134.07	22.26
4	957.79	97514.4	0.158	151.33	23.91
3	957.79	97514.4	0.140	134.09	18.77
2	957.79	97514.4	0.112	107.27	12.01
1	991.46	62779.58	0.074	73.37	5.43
合计	—	—	—	600.14	82.38

$$T_1 = 2\pi\varphi_t \sqrt{\frac{\sum G_i u_i^2}{g \sum G_i u_i}} = 2 \times 3.14 \times 0.7 \times \sqrt{\frac{82.38}{9.8 \times 600.16}} = 0.520s$$

因此，取结构自振周期为 0.485s。

3）底部剪力法计算水平地震作用

工程结构为框架结构，建筑高度 17.1m，根据《建筑抗震设计规范》GB 50011—2010（2016 年版）第 5.1.2 条规定，底部剪力法适用于本结构。本工程结构质量和刚度分布较为均匀，符合底部剪力法的要求。

故本结构可用底部剪力法计算水平地震作用。本设计二层有开洞，开洞面积小于 30%，并且没有楼板错层，属于楼板连续的结构。前面对结构的抗侧刚度进行过验算，满足要求。框架柱由顶层至基础顶面连接，不存在抗侧力构件的不连续，且无抗剪承载力突变情况。

采用底部剪力法计算水平地震作用时，将荷载集中于楼面或者屋面形成质点来进行计算，各楼层仅按一个质点进行计算。

水平地震作用计算如下：

本工程地震信息：抗震设防烈度 7 度，设计地震分组为第一组，地震加速度值为 $0.10g$，场地土类别为 II 类。查《建筑抗震设计规范》GB 50011—2010（2016 年版）表 5.1.4-1 和表 5.1.4-2 可得：水平地震影响系数最大值 $\alpha_{\max}=0.08$，特征周期 $T_g=0.35s$。

由于 $T_g < T_1 < 4T_g$，因此地震影响系数为 α_1：

$$\alpha_1 = \left(\frac{T_g}{T_1}\right)^{\gamma} \eta_2 \alpha_{\max} \tag{4-28}$$

式中　γ——衰减系数，取 0.9；

　　　η_2——阻尼调整系数，取 1.0。

故，$\alpha_1 = \left(\dfrac{T_g}{T_1}\right)^{\gamma} \eta_2 \alpha_{\max} = \left(\dfrac{0.35}{0.485}\right)^{0.9} \times 1.0 \times 0.08 = 0.060s$。

$T_1 = 0.485s < 1.4T_g = 0.49s$，所以不需要考虑顶部附加地震作用。

多质点体系结构底部水平地震作用标准值 F_{EK}：

$$F_{EK} = \alpha_1 G_{eq} = 0.060 \times 4672.51 = 280.35kN$$

式中，G_{eq} 为结构等效总重力荷载。

楼层地震剪力 F_i 计算公式如下：

$$F_i = \frac{G_i H_i}{\sum G_i H_i} F_{EK} \tag{4-29}$$

计算结果如表 4-20 所示。

地震剪力计算结果　　　　　　　　　　　　　表 4-20

层号	G_i(kN)	H_i(m)	$G_i H_i$	$\sum G_i H_i$	F_i(kN)	V_i(kN)	$\sum D$	Δu_i(mm)
5	807.67	17.5	14134.23	49717.24	59.23	59.23	97514.4	0.61
4	957.79	14.2	13600.62	49717.24	57.00	116.23	97514.4	1.19
3	957.79	10.9	10439.91	49717.24	43.75	159.98	97514.4	1.64
2	957.79	7.6	7279.20	49717.24	30.50	190.48	97514.4	1.95
1	991.46	4.3	4263.28	49717.24	17.87	208.35	62779.58	3.32

楼层最大位移与层高之比：

$\dfrac{\Delta u_i}{h} = \dfrac{0.00332}{4.3} = 0.77 \times 10^{-3} < \dfrac{1}{550}$，满足要求。

根据《建筑抗震设计规范》GB 50011—2010（2016 年版）第 5.5.2 条规定，本工程可不进行罕遇地震下层间弹塑性位移校核。

4）刚重比和剪重比验算

根据《建筑抗震设计规范》GB 50011—2010（2016 年版）第 3.6.3 和第 5.2.5 条及《高层规程》第 5.4.1 条规定，需对结构进行刚重比和剪重比的验算，验算见表 4-21。

刚重比、剪重比验算 表 4-21

层号	H_i (m)	D_i (kN/m)	$D_i H_i$ (kN)	V_{EKi} (kN)	$\sum_{j=i}^{n} G_j$ (kN)	$\dfrac{D_i h_i}{\sum_{j=i}^{n} G_j}$	$\dfrac{V_{EKi}}{\sum_{j=i}^{n} G_j}$
5	3.3	97514.4	321797.5	59.23	807.68	398.42	0.073
4	3.3	97514.4	321797.5	116.23	1765.47	182.27	0.066
3	3.3	97514.4	321797.5	159.98	2723.26	118.17	0.059
2	3.3	97514.4	321797.5	190.48	3681.05	87.42	0.052
1	4.3	62779.58	269952.2	208.35	4672.51	57.77	0.045

由表 4-20 计算结果可知，各层刚重比均大于 20，不必考虑重力二阶效应；各层的剪重比均大于 0.016，满足剪重比要求。

4.6.4　竖向荷载作用下的内力计算

1. 竖向荷载作用下内力计算

1）内力计算

框架在荷载作用下计算简图如图 4-36 和图 4-37 所示。

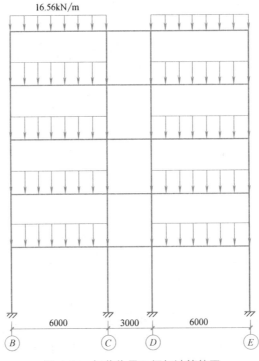

图 4-36　恒载作用下框架计算简图

2）弯矩二次分配

荷载作用下各梁端弯矩值见表 4-22 和表 4-23。

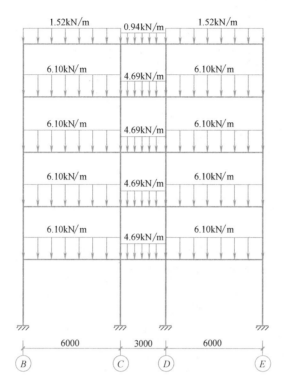

图 4-37　活载作用下框架计算简图

恒载作用下梁端弯矩值（kN·m）　　　　　　表 4-22

梁段/柱号	柱 E	梁 ED		柱 D	梁 DC		柱 C	梁 CB		柱 B
层号	附加弯矩	左端	右端	附加弯矩	左端	右端	附加弯矩	左端	右端	附加弯矩
5	10.98	−49.68	49.68	0	−7.82	7.82	0	−49.68	49.68	−10.98
4	11.01	−61.65	61.65	0	−7.26	7.26	0	−61.65	61.65	−11.01
3	11.01	−61.65	61.65	0	−7.26	7.26	0	−61.65	61.65	−11.01
2	11.01	−61.65	61.65	0	−7.26	7.26	0	−61.65	61.65	−11.01
1	11.01	−61.65	61.65	0	−7.26	7.26	0	−61.65	61.65	−11.01

注：表中负数代表弯矩为逆时针方向，正值为顺时针方向。

活载作用下梁端弯矩值（kN·m）　　　　　　表 4-23

梁段/柱号	柱 E	梁 ED		柱 D	梁 DC		柱 C	梁 CB		柱 B
层号	附加弯矩	左端	右端	附加弯矩	左端	右端	附加弯矩	左端	右端	附加弯矩
5	0.54	−4.56	4.56	0	−2.82	2.82	0	−4.56	4.56	0.54
4	2.81	−18.3	18.30	0	−14.07	14.07	0	−18.3	18.30	2.81
3	2.81	−18.3	18.30	0	−14.07	14.07	0	−18.3	18.30	2.81
2	2.81	−18.3	18.30	0	−14.07	14.07	0	−18.3	18.30	2.81
1	2.81	−18.3	18.30	0	−14.07	14.07	0	−18.3	18.30	2.81

注：表中负数代表弯矩为逆时针方向，正值为顺时针方向。

弯矩二次分配过程如表 4-24 和表 4-25 所示。

表 4-24

恒载作用下的最后杆端弯矩（kN·m）

	上柱	下柱	右梁	左梁	下柱	上柱	右梁	右梁	下柱	上柱	左梁	左梁	下柱	上柱
分配系数		0.467	0.533	0.352	0.309		0.339	0.339	0.309		0.352	0.533	0.467	
固端弯矩	10.98		−49.68	49.68			−7.82	7.82				−49.68	49.68	−10.98
		18.07	20.63	−14.73	−12.93	−12.93	14.19	14.19	12.93	12.93	14.73	−20.63	−18.07	
		8.05	−7.37	10.31	−6.42	−6.42	−7.10	−7.10	6.42	6.42	−10.31	7.37	−8.05	
		−0.32	−0.36	−3.87	−3.40	−3.40	3.73	3.73	3.40	3.40	3.87	0.36	0.32	
最后弯矩		25.81	−36.79	41.39	−22.75	−22.75	18.64	18.64	22.75	22.75	−41.39	36.79	−25.81	
分配系数	0.318	0.318	0.363	0.269	0.236	0.236	0.259	0.259	0.236	0.236	0.269	0.363	0.318	0.318
固端弯矩	11.01	16.10	−61.65	61.65	12.84	12.84	−7.26	7.26	12.84	12.84	−61.65	61.65	16.10	−11.01
	16.10	16.10	18.38	−14.63	−12.84	−12.84	14.09	14.09	12.84	12.84	14.63	−18.38	−16.10	−16.10
	9.04	8.05	−7.32	9.19	−6.42	6.47	−7.04	−7.04	6.42	6.47	−9.19	7.32	−8.05	−9.04
	−3.11	−3.11	−3.55	−0.90	−0.79	−0.79	0.87	0.87	0.79	0.79	0.90	3.55	3.11	3.11
最后弯矩	22.03	21.05	−54.13	55.31	−20.04	20.09	15.17	15.17	20.04	20.09	−55.31	54.13	−21.05	−22.03
分配系数	0.318	0.318	0.363	0.269	0.236	0.236	0.259	0.259	0.236	0.236	0.269	0.363	0.318	0.318
固端弯矩	11.01	16.10	−61.65	61.65	12.84	12.84	−7.26	7.26	12.84	12.84	−61.65	61.65	16.10	−11.01
	16.10	16.10	18.38	−14.63	−12.84	−12.84	14.09	14.09	12.84	12.84	14.63	−18.38	−16.10	−16.10
	8.05	8.05	−7.32	9.19	−6.42	−6.42	−7.04	−7.04	6.42	6.42	−9.19	7.32	−8.05	−8.05
	−2.79	−2.79	−3.19	−0.91	−0.80	−0.80	0.88	0.88	0.80	0.80	0.91	3.19	2.79	2.79
最后弯矩	21.36	21.36	−53.77	55.30	−20.06	20.06	15.18	15.18	20.06	20.06	−55.30	53.77	−21.36	−21.36
分配系数	0.318	0.318	0.363	0.269	0.236	0.236	0.259	0.259	0.236	0.236	0.269	0.363	0.318	0.318
固端弯矩	11.01	16.10	−61.65	61.65	12.84	12.84	−7.26	7.26	12.84	12.84	−61.65	61.65	16.10	−11.01
	16.10	16.10	18.38	−14.63	−12.84	−12.84	14.09	14.09	12.84	12.84	14.63	−18.38	−16.10	−16.10
	8.05	8.71	−7.32	9.19	−6.80	−6.42	−7.04	−7.04	6.42	6.80	−9.19	7.32	−8.71	−8.05
	−3.00	−3.00	−3.43	−0.81	−0.71	−0.71	0.78	0.78	0.71	0.71	0.81	3.43	3.00	3.00
最后弯矩	21.15	21.81	−54.01	55.40	−20.35	19.97	15.09	15.09	20.35	19.97	−55.40	54.01	−21.81	−21.15
分配系数	0.344	0.264	0.392	0.285	0.191	0.25	0.274	0.274	0.191	0.25	0.285	0.392	0.264	0.344
固端弯矩	11.01	13.37	−61.65	61.65	10.39	13.60	−7.26	7.26	10.39	13.60	−61.65	61.65	13.37	−11.01
	17.42	0.00	−19.85	15.50	0.00	6.42	14.90	14.90	0.00	6.42	−15.50	19.85	0.00	−17.42
	−8.05	0.08	7.75	−9.93	2.09	2.74	−7.45	−7.45	2.09	2.74	9.93	−7.75	−0.08	−8.05
	0.10	−13.29	−0.12	3.12	−12.48	−22.76	3.00	3.00	−12.48	−22.76	−3.12	0.12	13.29	−0.10
最后弯矩	25.37	13.29	−49.67	52.95	−12.48	22.76	17.71	17.71	12.48	22.76	−52.95	49.67	−13.29	−25.37
		−6.64			−6.24				6.24				6.64	

活载作用下的最后杆端弯矩 (kN·m)

表 4-25

	上柱	下柱	右梁	左梁	上柱	下柱	右梁	左梁	上柱	下柱	右梁	左梁	下柱	上柱
分配系数	—	0.467	0.533	0.352	—	0.309	0.339	0.339	—	0.309	0.352	0.533	0.467	—
固端弯矩			-4.56	4.56			-2.82	2.82			-4.56	4.56		
最后弯矩	1.05	2.98	-4.03	4.63	0.00	-1.26	-3.36	3.36	0.00	1.26	-4.63	4.03	-2.98	-1.05
分配系数	0.318	0.318	0.363	0.269	0.236	0.236	0.259	0.259	0.236	0.236	0.269	0.363	0.318	0.318
固端弯矩			-18.30	18.30			-14.07	14.07			-18.30	18.30		
最后弯矩	4.51	5.93	-10.44	19.15	-1.99	-2.00	-15.16	15.16	2.00	1.99	-19.15	10.44	-5.93	-4.51
分配系数	0.318	0.318	0.363	0.269	0.236	0.236	0.259	0.259	0.236	0.236	0.269	0.363	0.318	0.318
固端弯矩			-18.30	18.30			-14.07	14.07			-18.30	18.30		
最后弯矩	5.48	5.60	-11.08	19.16	-2.02	-1.99	-15.16	15.16	1.99	2.02	-19.16	11.08	-5.60	-5.48
分配系数	0.318	0.318	0.363	0.269	0.236	0.236	0.259	0.259	0.236	0.236	0.269	0.363	0.318	0.318
固端弯矩			-18.30	18.30			-14.07	14.07			-18.30	18.30		
最后弯矩	5.42	5.48	-10.90	19.16	-1.99	-2.02	-15.16	15.16	2.02	1.99	-19.16	10.90	-5.48	-5.42
分配系数	0.344	0.264	0.392	0.285	0.191	0.25	0.274	0.274	0.25	0.191	0.285	0.392	0.264	0.344
固端弯矩			-18.30	18.30			-14.07	14.07			-18.30	18.30		
最后弯矩	6.52	3.29	-9.81	19.05	-1.35	-2.27	-15.43	15.43	2.27	1.35	-19.05	9.81	-3.29	-6.52
基础底端弯矩		1.64				-0.68				-0.68			1.64	

2. 竖向荷载作用下的内力汇总

1）竖向荷载作用下的剪力计算

计算过程如表 4-26～表 4-33 所示。

恒载作用下的梁端弯矩（kN·m）　　表 4-26

层号\梁段	ED		DC		CB	
	左端	右端	左端	右端	左端	右端
5	−36.79	41.39	−18.64	18.64	−41.39	36.79
4	−54.13	55.31	−15.17	15.17	−55.31	54.13
3	−53.77	55.30	−15.18	15.18	−55.30	53.77
2	−54.01	55.40	−15.09	15.09	−55.40	54.01
1	−49.67	52.95	−17.71	17.71	−52.95	49.67

恒载作用下的梁端剪力计算（kN）　　表 4-27

层号\梁段	ED		DC		CB	
	左端	右端	左端	右端	左端	右端
5	48.91	50.45	15.65	15.65	50.45	48.91
4	61.45	61.85	14.52	14.52	61.85	61.45
3	61.40	61.90	14.52	14.52	61.90	61.40
2	61.42	61.88	14.52	14.52	61.88	61.42
1	61.10	62.20	14.52	14.52	62.20	61.10

活载作用下的梁端弯矩（kN·m）　　表 4-28

层号\梁段	ED		DC		CB	
	左端	右端	左端	右端	左端	右端
5	−4.03	4.63	−3.36	3.36	−4.63	4.03
4	−14.66	19.09	−15.22	15.22	−19.09	14.66
3	−15.17	19.15	−15.16	15.16	−19.15	15.17
2	−15.24	19.16	−15.16	15.16	−19.16	15.24
1	−14.02	19.05	−15.43	15.43	−19.05	14.02

活载作用下的梁端剪力计算（kN）　　表 4-29

层号\梁段	ED		DC		CB	
	左端	右端	左端	右端	左端	右端
5	4.46	4.66	1.41	1.41	4.66	4.46
4	17.56	19.04	7.04	7.04	19.04	17.56
3	17.64	18.96	7.04	7.04	18.96	17.64
2	17.65	18.95	7.04	7.04	18.95	17.65
1	17.46	19.14	7.04	7.04	19.14	17.46

恒载作用下的柱端弯矩（kN·m） 表 4-30

层号\柱号	E 上端	E 下端	D 上端	D 下端	C 上端	C 下端	B 上端	B 下端
5	25.81	22.03	−22.75	−20.09	22.75	20.09	−25.81	−22.03
4	21.05	21.36	−20.04	−20.06	−20.06	20.06	−21.05	−21.36
3	21.36	21.15	−20.06	−19.97	20.06	19.97	−21.36	−21.15
2	21.81	25.37	−20.35	−22.76	20.35	22.76	−21.81	−25.37
1	13.29	6.64	−12.48	−6.24	12.48	6.24	−13.29	−6.64

恒载作用下的柱端剪力计算（kN） 表 4-31

层号\柱号	E 上端	E 下端	D 上端	D 下端	C 上端	C 下端	B 上端	B 下端
5	−14.50	−14.50	12.98	12.98	−12.98	−12.98	14.50	14.50
4	−12.85	−12.85	12.15	12.15	−12.15	−12.15	12.85	12.85
3	−12.88	−12.88	12.13	12.13	−12.13	−12.13	12.88	12.88
2	−14.30	−14.30	13.06	13.06	−13.06	−13.06	14.30	14.30
1	−4.64	−4.64	5.67	5.67	−5.67	−5.67	4.64	4.64

活载作用下的柱端弯矩（kN·m） 表 4-32

层号\柱号	E 上端	E 下端	D 上端	D 下端	C 上端	C 下端	B 上端	B 下端
5	2.98	4.51	−1.26	−1.82	1.26	1.82	−2.98	−4.51
4	5.93	5.48	−2.05	−1.99	−21.36	1.99	−5.93	−5.48
3	5.48	5.42	−1.99	−1.99	1.99	1.99	−5.48	−5.42
2	5.60	6.52	−2.02	−2.27	2.02	2.27	−5.60	−6.52
1	3.29	1.64	−1.35	−0.68	1.35	0.68	−3.29	−1.64

活载作用下的柱端剪力计算（kN） 表 4-33

层号\柱号	E 上端	E 下端	D 上端	D 下端	C 上端	C 下端	B 上端	B 下端
5	−2.27	−2.27	−0.93	−0.93	0.93	0.93	2.27	2.27
4	−3.46	−3.46	−1.23	−1.23	1.23	1.23	3.46	3.46
3	−3.30	−3.30	−1.21	−1.21	1.21	1.21	3.30	3.30
2	−3.67	−3.67	−1.30	−1.30	1.30	1.30	3.67	3.67
1	−1.15	−1.15	−0.47	−0.47	0.47	0.47	1.15	1.15

2）竖向荷载作用下柱轴力计算

由 $\sum F_y = 0$，可得：$N_t = N_{b上} + P + V_l + V_r$；恒载作用下：$N_b = N_t + G$；活载作用下：$N_b = N_t$。其中，$N_t$ 为柱上端轴力；N_b 为柱下端轴力；G 为柱的自重；P 为楼层的集中荷载；V_l 和 V_r 为由弯矩产生的剪力。

（1）恒载作用下柱轴力计算（表4-34、表4-35）

恒载作用下 *E*、*B* 柱轴力计算　　　　表4-34

层号	G(kN)	V_l(kN)	V_r(kN)	P(kN)	N_t(kN)	N_b(kN)
5	20.625	—	48.91	109.82	158.73	179.36
4	20.625	—	61.45	110.14	350.95	371.58
3	20.625	—	61.40	110.14	543.11	563.74
2	20.625	—	61.42	110.14	735.30	755.92
1	26.875	—	61.10	110.14	927.16	954.04

恒载作用下 *D*、*C* 柱轴力计算　　　　表4-35

层号	G(kN)	V_l(kN)	V_r(kN)	P(kN)	N_t(kN)	N_b(kN)
5	20.625	50.45	15.65	126.96	193.05	213.68
4	20.625	61.85	14.52	156.40	446.44	467.07
3	20.625	61.90	14.52	156.40	699.89	720.52
2	20.625	61.88	14.52	156.40	829.56	850.18
1	26.875	62.20	14.52	156.40	1083.30	1110.17

（2）活载作用下柱轴力计算（表4-36、表4-37）

活载作用下 *E*、*B* 柱轴力计算　　　　表4-36

层号	V_l(kN)	V_r(kN)	P(kN)	N_t(kN)	N_b(kN)
5	—	4.46	5.40	9.86	9.86
4	—	17.56	28.08	55.50	55.50
3	—	17.64	28.08	101.22	101.22
2	—	17.65	28.08	146.94	146.94
1	—	17.46	28.08	192.49	192.49

活载作用下 *D*、*C* 柱轴力计算　　　　表4-37

层号	V_l(kN)	V_r(kN)	P(kN)	N_t(kN)	N_b(kN)
5	4.66	1.41	12.42	18.49	18.49
4	19.04	7.04	55.08	99.64	99.64
3	18.96	7.04	55.08	180.72	180.72
2	18.95	7.04	55.08	261.79	261.79
1	19.14	7.04	55.08	343.04	343.04

3）跨中弯矩计算

由于本设计中未考虑活荷载最不利布置，而此时横梁的跨中弯矩比考虑活荷载最不利布置算得的结果略微偏低，所以应乘以 1.2 的增大系数来修正其影响。

即，恒载作用下跨中弯矩最大值：

$$M_{中}=M_0-\frac{-M_A+M_B}{2} \tag{4-30}$$

活载作用下跨中弯矩最大值：

$$M_{\text{中}}=1.2\left(M_0-\frac{-M_A+M_B}{2}\right) \tag{4-31}$$

梁跨中弯矩计算如表 4-38 和表 4-39 所示。

恒载作用下梁跨中弯矩计算（kN·m） 表 4-38

层号	ED、CB 跨弯矩		M_0	$M_{\text{中}}$	DC 跨弯矩		M_0	$M_{\text{中}}$
	左端	右端			左端	右端		
5	−36.79	41.39	74.52	35.43	−18.64	18.64	11.73	−6.91
4	−54.13	55.31	92.48	37.76	−15.17	15.17	10.89	−4.28
3	−53.77	55.30	92.48	37.94	−15.18	15.18	10.89	−4.29
2	−54.01	55.40	92.48	37.77	−15.09	15.09	10.89	−4.20
1	−49.67	52.95	92.48	41.17	−17.71	17.71	10.89	−6.82

活载作用下梁跨中弯矩计算（kN·m） 表 4-39

层号	ED、CB 跨弯矩		M_0	$M_{\text{中}}$	DC 跨弯矩		M_0	$M_{\text{中}}$
	左端	右端			左端	右端		
5	−4.03	4.63	6.84	3.02	−3.36	3.36	1.06	−2.77
4	−14.66	19.09	27.45	12.69	−15.22	15.22	5.28	−11.94
3	−15.17	19.15	27.45	12.34	−15.16	15.16	5.28	−11.86
2	−15.24	19.16	27.45	12.30	−15.16	15.16	5.28	−11.86
1	−14.02	19.05	27.45	13.10	−15.43	15.43	5.28	−12.18

4.6.5 水平荷载作用下的内力计算

1. 风荷载作用下内力计算

框架在风荷载（从左向右吹）下的内力用 D 值法进行计算。

反弯点计算如表 4-40 所示。

E、B柱反弯点计算 表 4-40

层号	h (m)	K	y_0	y_1	y_2	y_3	y	yh (m)
5	3.3	1.14	0.36	0	0	0	0.36	1.19
4	3.3	1.14	0.41	0	0	0	0.41	1.35
3	3.3	1.14	0.46	0	0	0	0.46	1.52
2	3.3	1.14	0.50	0	0	0	0.5	1.65
1	4.3	1.49	0.60	0	0	0	0.6	2.58

表 4-41 中：

h 为计算长度；

K 为框架梁柱的刚度比，$K=\dfrac{i_1+i_2+i_3+i_4}{2i_c}$，$i_1$、$i_2$、$i_3$、$i_4$ 为与柱 AB 相交的四

根横梁的线刚度;

    y_0 为标准反弯点高度系数;

    y_1 为考虑柱上、下层横梁刚度比对反弯点高度影响的修正系数;

    y_2 为考虑柱上层的层高对反弯点高度影响的修正系数;

    y_3 为考虑柱下层的层高对反弯点高度影响的修正系数。

D、C柱反弯点计算 表 4-41

层号	h(m)	K	y_0	y_1	y_2	y_3	y	yh(m)
5	3.3	2.24	0.41	0	0	0	0.41	1.35
4	3.3	2.24	0.46	0	0	0	0.46	1.52
3	3.3	2.24	0.50	0	0	0	0.50	1.65
2	3.3	2.24	0.50	0	0	0	0.50	1.65
1	4.3	2.29	0.55	0	0	0	0.55	2.37

    框架各柱的杆端弯矩、梁端弯矩按下列公式计算,计算过程如表 4-42~表 4-44 所示。

$$\left. \begin{array}{l} M_{c\pm} = V_{im}(1-y)h \\ M_{c\mp} = V_{im}yh \end{array} \right\} \tag{4-32}$$

中柱:

$$\left. \begin{array}{l} M_{b\pm j} = \dfrac{i_b^{\pm}}{i_b^{\pm}+i_b^{\pm}}(M_{c\mp j+1}+M_{c\pm j}) \\[3mm] M_{b\pm j} = \dfrac{i_b^{\pm}}{i_b^{\pm}+i_b^{\pm}}(M_{c\mp j+1}+M_{c\pm j}) \end{array} \right\} \tag{4-33}$$

边柱:

$$M_{b总 j} = M_{c\mp j+1}+M_{c\pm j} \tag{4-34}$$

风荷载作用下 D 和 A 轴框架柱剪力和柱端弯矩计算 表 4-42

层号	V_i(kN)	$\sum D$	D_{im}	$\dfrac{D_{im}}{\sum D}$	V_{im}(kN)	Yh(m)	$M_{上}$ (kN·m)	$M_{下}$ (kN·m)	$M_{b总}$ (kN·m)
5	3.78	97514.40	19722.0	0.202	0.72	1.19	1.61	0.91	1.61
4	9.61	97514.40	19722.0	0.202	1.94	1.35	3.79	2.62	4.70
3	15.65	97514.40	19722.0	0.202	3.17	1.52	5.63	4.81	8.26
2	21.69	97514.40	19722.0	0.202	4.39	1.65	7.24	7.24	12.05
1	27.73	62779.58	14114.3	0.225	6.23	2.58	10.72	16.08	17.96

风荷载作用下 D 轴框架柱剪力和柱端弯矩计算 表 4-43

层号	V_i (kN)	$\sum D$	D_{im}	$\dfrac{D_{im}}{\sum D}$	V_{im} (kN)	Yh (m)	$M_{上}$ (kN·m)	$M_{下}$ (kN·m)	$M_{b总左}$ (kN·m)	$M_{b总右}$ (kN·m)
5	3.78	97514.4	29035.2	0.298	1.06	1.35	2.19	1.52	1.12	1.01
4	9.61	97514.4	29035.2	0.298	2.86	1.52	5.09	4.35	3.37	3.25
3	15.65	97514.4	29035.2	0.298	4.66	1.65	7.69	7.69	6.13	5.91
2	21.69	97514.4	29035.2	0.298	6.46	1.65	10.66	10.66	9.34	9.01
1	27.73	62779.6	17212.6	0.274	7.60	2.37	14.67	18.02	12.89	12.44

风荷载作用下 *C* 轴框架柱剪力和柱端弯矩计算　　　表 4-44

层号	V_i (kN)	$\sum D$	D_{im}	$\dfrac{D_{im}}{\sum D}$	V_{im} (kN)	Yh (m)	$M_{上}$ (kN·m)	$M_{下}$ (kN·m)	$M_{b总左}$ (kN·m)	$M_{b总右}$ (kN·m)
5	3.78	97514.4	29035.2	0.298	1.06	1.35	2.19	1.52	1.01	1.12
4	9.61	97514.4	29035.2	0.298	2.86	1.52	5.09	4.35	3.25	3.37
3	15.65	97514.4	29035.2	0.298	4.66	1.65	7.69	7.69	5.91	6.13
2	21.69	97514.4	29035.2	0.298	6.46	1.65	10.66	10.66	9.01	9.34
1	27.73	62779.6	17212.6	0.274	7.60	2.37	14.67	18.02	12.44	12.89

框架柱轴力与梁端剪力的计算结果见表 4-45。

风荷载作用下框架柱轴力与梁端剪力　　　表 4-45

层号	梁端剪力(kN)			柱轴力(kN)					
	ED 跨	DC 跨	CB 跨	E 轴	D 轴		C 轴		B 轴
	V_{bED}	V_{bDC}	V_{bCB}	N_{CE}	$-(V_{bED}-V_{bDC})$	N_{CD}	$-(V_{bDC}-V_{bCB})$	V_{bED}	V_{bDC}
5	−0.46	−0.68	−0.46	−0.46	−0.22	−0.22	0.22	0.22	0.46
4	−1.34	−2.16	−1.34	−1.80	−0.82	−1.04	0.82	1.04	1.80
3	−2.40	−3.94	−2.40	−4.20	−1.54	−2.58	1.54	2.58	4.20
2	−3.56	−6.00	−3.56	−7.76	−2.44	−5.02	2.44	5.02	7.76
1	−5.14	−8.29	−5.14	−12.90	−3.15	−8.17	3.15	8.17	12.90

注：轴力压力为正，拉力为负。

2. 地震作用下内力计算

地震作用下内力同样采用 *D* 值法计算。

1）反弯点计算（表 4-46、表 4-47）

E、*B* 柱反弯点计算　　　表 4-46

层号	h(m)	K	y_0	y_1	y_2	y_3	y	yh(m)
5	3.3	1.14	0.36	0	0	0	0.36	1.188
4	3.3	1.14	0.45	0	0	0	0.45	1.485
3	3.3	1.14	0.46	0	0	0	0.46	1.518
2	3.3	1.14	0.50	0	0	0	0.50	1.65
1	4.3	1.49	0.56	0	0	0	0.56	2.408

D、*C* 柱反弯点计算　　　表 4-47

层号	h(m)	K	y_0	y_1	y_2	y_3	y	yh(m)
5	3.3	2.24	0.41	0	0	0	0.41	1.353
4	3.3	2.24	0.46	0	0	0	0.46	1.518
3	3.3	2.24	0.50	0	0	0	0.50	1.65
2	3.3	2.24	0.50	0	0	0	0.50	1.65
1	4.3	2.29	0.56	0	0	0	0.56	2.408

2）柱端剪力和梁端弯矩计算（表4-48～表4-50）

地震作用下 *E* 和 *B* 轴框架柱剪力和柱端弯矩计算　　　　表 4-48

层号	V_i(kN)	$\sum D$	D_{im}	$\dfrac{D_{im}}{\sum D}$	V_{im} (kN)	yh (m)	$M_\text{上}$ (kN·m)	$M_\text{下}$ (kN·m)	$M_\text{b总}$ (kN·m)
5	59.23	97514.40	19722.0	0.202	11.98	1.19	25.30	14.23	25.30
4	116.23	97514.40	19722.0	0.202	23.51	1.49	42.66	34.91	56.90
3	159.98	97514.40	19722.0	0.202	32.36	1.52	57.66	49.12	92.56
2	190.48	97514.40	19722.0	0.202	38.52	1.65	63.57	63.57	112.68
1	208.35	62779.58	14114.3	0.225	46.84	2.41	88.63	112.80	152.19

地震作用下 *D* 轴框架柱剪力和柱端弯矩计算　　　　表 4-49

层号	V_i (kN)	$\sum D$	D_{im}	$\dfrac{D_{im}}{\sum D}$	V_{im} (kN)	yh (m)	$M_\text{上}$ (kN·m)	$M_\text{下}$ (kN·m)	$M_\text{b总左}$ (kN·m)	$M_\text{b总右}$ (kN·m)
5	59.23	97514.4	29035.2	0.298	17.64	1.35	34.34	23.86	17.51	16.83
4	116.23	97514.4	29035.2	0.298	34.61	1.52	61.67	52.53	43.62	41.91
3	159.98	97514.4	29035.2	0.298	47.63	1.65	78.60	78.60	66.88	64.25
2	190.48	97514.4	29035.2	0.298	56.72	1.65	93.58	93.58	87.81	84.37
1	208.35	62779.6	17212.6	0.274	57.12	2.41	108.08	137.56	102.85	98.81

地震作用下 *C* 轴框架柱剪力和柱端弯矩计算　　　　表 4-50

层号	V_i (kN)	$\sum D$	D_{im}	$\dfrac{D_{im}}{\sum D}$	V_{im} (kN)	yh (m)	$M_\text{上}$ (kN·m)	$M_\text{下}$ (kN·m)	$M_\text{b总左}$ (kN·m)	$M_\text{b总右}$ (kN·m)
5	59.23	97514.4	29035.2	0.298	17.64	1.35	34.34	23.86	16.83	17.51
4	116.23	97514.4	29035.2	0.298	34.61	1.52	61.67	52.53	41.91	43.62
3	159.98	97514.4	29035.2	0.298	47.63	1.65	78.60	78.60	64.25	66.88
2	190.48	97514.4	29035.2	0.298	56.72	1.65	93.58	93.58	84.37	87.81
1	208.35	62779.6	17212.6	0.274	57.12	2.41	108.08	137.56	98.81	102.85

框架柱轴力与梁端剪力的计算结果见表4-51。

地震作用下框架柱轴力与梁端剪力　　　　表 4-51

层号	梁端剪力(kN)			柱轴力(kN)					
	ED 跨	DC 跨	CB 跨	E 轴	D 轴		C 轴		B 轴
	V_bED	V_bDC	V_bCB	N_CE	$-(V_\text{bED}-V_\text{bDC})$	N_CD	$-(V_\text{bDC}-V_\text{bCB})$	V_bED	V_bDC
5	−7.14	−11.22	−7.14	−7.14	−4.08	−4.08	4.08	4.08	7.14
4	−16.75	−27.94	−16.75	−23.89	−11.19	−15.27	11.19	15.27	23.89
3	−26.57	−42.84	−26.57	−50.46	−16.26	−31.53	16.26	31.53	50.46
2	−33.42	−56.25	−33.42	−83.88	−22.83	−54.36	22.83	54.36	83.88
1	−42.51	−65.88	−42.51	−126.38	−23.37	−77.73	23.37	77.73	126.38

注：轴力压力为正，拉力为负。

4.6.6 弯矩调幅

1. 梁端弯矩调幅

竖向荷载作用下，内力调幅公式如下：

$$\left.\begin{array}{l} M_A = \beta M_{A0} \\ M_B = \beta M_{B0} \end{array}\right\} \tag{4-35}$$

式中，β 为弯矩调幅系数，现浇框架取 $\beta = 0.8 \sim 0.9$，本设计取为 0.85。

1）恒荷载作用下梁端弯矩调幅（表 4-52、表 4-53）

恒载作用下调幅前梁端弯矩（kN·m）   表 4-52

层号	梁 ED		梁 DC		梁 CB	
	左端	右端	左端	右端	左端	右端
5	−36.79	41.39	−18.64	18.64	−41.39	36.79
4	−54.13	55.31	−15.17	15.17	−55.31	54.13
3	−53.77	55.30	−15.18	15.18	−55.30	53.77
2	−54.01	55.40	−15.09	15.09	−55.40	54.01
1	−49.67	52.95	−17.71	17.71	−52.95	49.67

恒载作用下调幅后梁端弯矩（kN·m）   表 4-53

层号	梁 ED		梁 DC		梁 CB	
	左端	右端	左端	右端	左端	右端
5	−31.27	35.18	−15.84	15.84	−35.18	31.27
4	−46.01	47.01	−12.90	12.90	−47.01	46.01
3	−45.71	47.00	−12.91	12.91	−47.00	45.71
2	−45.91	47.09	−12.82	12.82	−47.09	45.91
1	−42.22	45.01	−15.06	15.06	−45.01	42.22

2）活载作用下梁端弯矩调幅（表 4-54、表 4-55）

活载作用下调幅前梁端弯矩（kN·m）   表 4-54

层号	梁 ED		梁 DC		梁 CB	
	左端	右端	左端	右端	左端	右端
5	−4.03	4.63	−3.36	3.36	−4.63	4.03
4	−14.66	19.09	−15.22	15.22	−19.09	14.66
3	−15.17	19.15	−15.16	15.16	−19.15	15.17
2	−15.24	19.16	−15.16	15.16	−19.16	15.24
1	−14.02	19.05	−15.43	15.43	−19.05	14.02

活载作用下调幅后梁端弯矩 (kN·m)　　　　　表 4-55

层号	梁 ED		梁 DC		梁 CB	
	左端	右端	左端	右端	左端	右端
5	−3.42	3.93	−2.86	2.86	−3.93	3.42
4	−12.46	16.23	−12.94	12.94	−16.23	12.46
3	−12.90	16.28	−12.89	12.89	−16.28	12.90
2	−12.95	16.29	−12.88	12.88	−16.29	12.95
1	−11.92	16.19	−13.11	13.11	−16.19	11.92

2. 梁跨中弯矩调幅计算

梁端弯矩调幅后,在相应荷载作用下的梁跨中弯矩必将增加。截面设计时,框架梁跨中截面正负弯矩设计值 $M_中$ 不应小于竖向荷载作用下按简支梁计算的跨中弯矩设计值 M_0 的一半。即:

$$M_中 \geqslant \frac{1}{2}M_0 \tag{4-36}$$

为了保证结构在形成破坏机构前达到设计要求的承载力,故应使经弯矩调幅后的梁在任意一跨两支座的弯矩的一半与跨中弯矩之和不得小于该跨的简支弯矩的 1.02 倍。即:

$$\frac{M_左 + M_右}{2} + M_中 \geqslant 1.02M_0 \tag{4-37}$$

故,竖向荷载作用下的弯矩调幅为:

$$M_中 = \max\left\{1.02M_0 - \frac{|M_左 + M_右|}{2}, \frac{1}{2}M_0\right\} \tag{4-38}$$

考虑活荷载不利布置,故将活荷载作用下算得调幅后的框架梁跨中弯矩再乘以 1.2 的放大系数。

1) 恒载作用下跨中弯矩调幅 (表 4-56～表 4-58)

恒载作用下梁 ED 跨中弯矩调幅计算 (kN·m)　　　　　表 4-56

层号	$M_左$	$M_右$	M_0	$M_{中0}$	$1.02M_0 - \dfrac{\|M_左 + M_右\|}{2}$	$\dfrac{1}{2}M_0$	$M_中$
5	−31.27	35.18	74.52	41.30	42.79	37.26	42.79
4	−46.01	47.01	92.48	45.96	47.81	46.24	47.81
3	−45.71	47.00	92.48	46.12	47.97	46.24	47.97
2	−45.91	47.09	92.48	45.98	47.82	46.24	47.82
1	−42.22	45.01	92.48	48.86	50.71	46.24	50.71

恒载作用下梁 DC 跨中弯矩调幅计算 (kN·m)　　　　　表 4-57

层号	$M_左$	$M_右$	M_0	$M_{中0}$	$1.02M_0 - \dfrac{\|M_左 + M_右\|}{2}$	$\dfrac{1}{2}M_0$	$M_中$
5	−18.64	18.64	11.73	−6.91	−6.68	5.87	6.68
4	−15.17	15.17	10.89	−4.28	−4.06	5.29	5.29
3	−15.18	15.18	10.89	−4.29	−4.08	5.29	5.29
2	−15.09	15.09	10.89	−4.20	−3.98	5.29	5.29
1	−17.71	17.71	10.89	−6.82	−6.61	5.29	6.61

恒载作用下梁 *CB* 跨中弯矩调幅计算（kN·m）　　　表 4-58

层号	$M_左$	$M_右$	M_0	$M_{中0}$	$1.02M_0 - \dfrac{|M_左 + M_右|}{2}$	$\dfrac{1}{2}M_0$	$M_中$
5	-31.27	35.18	74.52	41.30	42.79	37.26	42.79
4	-46.01	47.01	92.48	45.96	47.81	46.24	47.81
3	-45.71	47.00	92.48	46.12	47.97	46.24	47.97
2	-45.91	47.09	92.48	45.98	47.82	46.24	47.82
1	-42.22	45.01	92.48	48.86	50.71	46.24	50.71

2）活载作用下梁跨中弯矩调幅（表 4-59～表 4-61）

活载作用下梁 *ED* 跨中弯矩调幅计算（kN·m）　　　表 4-59

层号	$M_左$	$M_右$	M_0	$M_{中0}$	$1.02M_0 - \dfrac{|M_左 + M_右|}{2}$	$\dfrac{1}{2}M_0$	$M_中$	$1.2M_中$
5	-3.42	3.93	6.84	3.16	3.30	3.42	3.42	4.104
4	-12.46	16.23	27.45	13.11	13.66	13.73	13.73	16.47
3	-12.90	16.28	27.45	12.86	13.41	13.73	13.73	16.47
2	-12.95	16.29	27.45	12.83	13.38	13.73	13.73	16.47
1	-11.92	16.19	27.45	13.40	13.95	13.73	13.95	16.73

活载作用下梁 *DC* 跨中弯矩调幅计算（kN·m）　　　表 4-60

层号	$M_左$	$M_右$	M_0	$M_{中0}$	$1.02M_0 - \dfrac{|M_左 + M_右|}{2}$	$\dfrac{1}{2}M_0$	$M_中$	$1.2M_中$
5	-2.86	2.86	1.06	-1.80	-1.78	0.53	1.78	2.14
4	-12.94	12.94	5.28	-7.66	-7.56	2.64	7.56	9.07
3	-12.89	12.89	5.28	-7.61	-7.51	2.64	7.51	9.01
2	-12.88	12.88	5.28	-7.61	-7.50	2.64	7.50	9.00
1	-13.11	13.11	5.28	-7.84	-7.73	2.64	7.73	9.28

活载作用下梁 *CB* 跨中弯矩调幅计算（kN·m）　　　表 4-61

层号	$M_左$	$M_右$	M_0	$M_{中0}$	$1.02M_0 - \dfrac{|M_左 + M_右|}{2}$	$\dfrac{1}{2}M_0$	$M_中$	$1.2M_中$
5	-3.42	3.93	6.84	3.16	3.30	3.42	3.42	4.104
4	-12.46	16.23	27.45	13.11	13.66	13.73	13.73	16.47
3	-12.90	16.28	27.45	12.86	13.41	13.73	13.73	16.47
2	-12.95	16.29	27.45	12.83	13.38	13.73	13.73	16.47
1	-11.92	16.19	27.45	13.40	13.95	13.73	13.95	16.73

4.6.7　内力转化

1. 控制截面及内力转化方法

截面配筋计算时采用的是构件端部的截面内力，因此要把前面所求内力进行转化，转化方法见图 4-38。

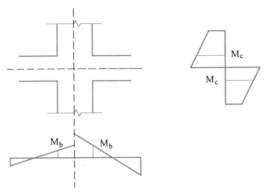

图 4-38　内力转化原理

$$V' = V - q \times \frac{b}{2} \tag{4-39}$$

$$M' = M - V' \times \frac{b}{2} \tag{4-40}$$

式中　M'、V'——构件端部截面的弯矩和剪力；

　　　M、V——构件轴线处的弯矩和剪力；

　　　q——梁上均布荷载值；

　　　b——柱宽。

2. 框架梁内力转化

1) 剪力转化计算

(1) 恒载作用下剪力转化计算（表 4-62、表 4-63）

恒载作用下转化前梁端剪力（kN）　　　　　　　　　　　　　表 4-62

层号	梁 ED		梁 DC		梁 CB	
	左端	右端	左端	右端	左端	右端
5	48.91	50.45	15.65	15.65	50.45	48.91
4	61.45	61.85	14.52	14.52	61.85	61.45
3	61.40	61.90	14.52	14.52	61.90	61.40
2	61.42	61.88	14.52	14.52	61.88	61.42
1	61.10	62.20	14.52	14.52	62.20	61.10

恒载作用下转化后梁端剪力（kN）　　　　　　　　　　　　　表 4-63

层号	梁 ED		梁 DC		梁 CB	
	左端	右端	左端	右端	左端	右端
5	44.77	47.84	13.04	13.04	47.84	44.77
4	56.32	59.43	12.10	12.10	59.43	56.32
3	56.26	59.48	12.10	12.10	59.48	56.26
2	56.28	59.46	12.10	12.10	59.46	56.28
1	55.97	59.78	12.10	12.10	59.78	55.97

（2）活载作用下剪力转化计算（表 4-64、表 4-65）

活载作用下转化前梁端剪力（kN）　　　　　　　　　表 4-64

层号	梁 ED		梁 DC		梁 CB	
	左端	右端	左端	右端	左端	右端
5	4.46	4.66	1.41	1.41	4.66	4.46
4	17.56	19.04	7.04	7.04	19.04	17.56
3	17.64	18.96	7.04	7.04	18.96	17.64
2	17.65	18.95	7.04	7.04	18.95	17.65
1	17.46	19.14	7.04	7.04	19.14	17.46

活载作用下转化后梁端剪力（kN）　　　　　　　　　表 4-65

层号	梁 ED		梁 DC		梁 CB	
	左端	右端	左端	右端	左端	右端
5	4.08	4.42	1.18	1.18	4.42	4.08
4	16.04	17.87	5.86	5.86	17.87	16.04
3	16.11	17.79	5.86	5.86	17.79	16.11
2	16.12	17.78	5.86	5.86	17.78	16.12
1	15.94	17.96	5.86	5.86	17.96	15.94

（3）风荷载作用下内力转化计算

由于框架在节点水平荷载作用下框架的剪力沿梁长不变，故风荷载作下梁端剪力转化前后一致，见表 4-66、表 4-67。

风荷载作用下转化前梁端剪力（kN）　　　　　　　　　表 4-66

层号	梁 ED		梁 DC		梁 CB	
	左端	右端	左端	右端	左端	右端
5	−0.46	−0.46	−0.68	−0.68	−0.46	−0.46
4	−1.34	−1.34	−2.16	−2.16	−1.34	−1.34
3	−2.40	−2.40	−3.94	−3.94	−2.40	−2.40
2	−3.56	−3.56	−6.00	−6.00	−3.56	−3.56
1	−5.14	−5.14	−8.29	−8.29	−5.14	−5.14

风荷载作用下转化后梁端剪力（kN）　　　　　　　　　表 4-67

层号	梁 ED		梁 DC		梁 CB	
	左端	右端	左端	右端	左端	右端
5	−0.46	−0.46	−0.68	−0.68	−0.46	−0.46
4	−1.34	−1.34	−2.16	−2.16	−1.34	−1.34
3	−2.40	−2.40	−3.94	−3.94	−2.40	−2.40
2	−3.56	−3.56	−6.00	−6.00	−3.56	−3.56
1	−5.14	−5.14	−8.29	−8.29	−5.14	−5.14

（4）地震作用下内力转化计算

框架在节点水平荷载作用下框架梁的剪力沿梁长不变，故地震荷载作用下梁端剪力转化前后一致，见表4-68、表4-69。

地震作用下转化前梁端剪力（kN）　　　　　表 4-68

层号	梁 ED		梁 DC		梁 CB	
	左端	右端	左端	右端	左端	右端
5	−7.14	−7.14	−11.22	−11.22	−7.14	−7.14
4	−16.75	−16.75	−27.94	−27.94	−16.75	−16.75
3	−26.57	−26.57	−42.84	−42.84	−26.57	−26.57
2	−33.42	−33.42	−56.25	−56.25	−33.42	−33.42
1	−42.51	−42.51	−65.88	−65.88	−42.51	−42.51

地震作用下转化后梁端剪力（kN）　　　　　表 4-69

层号	梁 ED		梁 DC		梁 CB	
	左端	右端	左端	右端	左端	右端
5	−7.14	−7.14	−11.22	−11.22	−7.14	−7.14
4	−16.75	−16.75	−27.94	−27.94	−16.75	−16.75
3	−26.57	−26.57	−42.84	−42.84	−26.57	−26.57
2	−33.42	−33.42	−56.25	−56.25	−33.42	−33.42
1	−42.51	−42.51	−65.88	−65.88	−42.51	−42.51

2）弯矩转化计算

（1）恒载作用下弯矩转化计算（表4-70、表4-71）

恒载作用下转化前梁端弯矩（kN·m）　　　　　表 4-70

层号	梁 ED		梁 DC		梁 CB	
	左端	右端	左端	右端	左端	右端
5	−31.27	35.18	−15.84	15.84	−35.18	31.27
4	−46.01	47.01	−12.90	12.90	−47.01	46.01
3	−45.71	47.00	−12.91	12.91	−47.00	45.71
2	−45.91	47.09	−12.82	12.82	−47.09	45.91
1	−42.22	45.01	−15.06	15.06	−45.01	42.22

恒载作用下转化后梁端弯矩（kN·m）　　　　　表 4-71

层号	梁 ED		梁 DC		梁 CB	
	左端	右端	左端	右端	左端	右端
5	−20.07	23.22	−12.59	12.59	−23.22	20.07
4	−31.93	32.16	−9.87	9.87	−32.16	31.93
3	−31.64	32.13	−9.88	9.88	−32.13	31.64
2	−31.84	32.22	−9.80	9.80	−32.22	31.84
1	−28.23	30.06	−12.03	12.03	−30.06	28.23

（2）活载作用下弯矩转化计算（表 4-72、表 4-73）

活载作用下转化前梁端弯矩（kN·m） 表 4-72

层号	梁 ED		梁 DC		梁 CB	
	左端	右端	左端	右端	左端	右端
5	−3.42	3.93	−2.86	2.86	−3.93	3.42
4	−12.46	16.23	−12.94	12.94	−16.23	12.46
3	−12.90	16.28	−12.89	12.89	−16.28	12.90
2	−12.95	16.29	−12.88	12.88	−16.29	12.95
1	−11.92	16.19	−13.11	13.11	−16.19	11.92

活载作用下转化后梁端弯矩（kN·m） 表 4-73

层号	梁 ED		梁 DC		梁 CB	
	左端	右端	左端	右端	左端	右端
5	−2.40	2.83	−2.56	2.56	−2.83	2.40
4	−8.45	11.76	−11.47	11.47	−11.76	8.45
3	−8.87	11.83	−11.42	11.42	−11.83	8.87
2	−8.92	11.84	−11.42	11.42	−11.84	8.92
1	−7.93	11.70	−11.65	11.65	−11.70	7.93

（3）风荷载作用下弯矩转化计算（表 4-74、表 4-75）

风荷载作用下转化前梁端弯矩（kN·m） 表 4-74

层号	梁 ED		梁 DC		梁 CB	
	左端	右端	左端	右端	左端	右端
5	1.61	1.12	1.01	1.01	1.12	1.61
4	4.70	3.37	3.21	3.21	3.37	4.70
3	8.26	6.13	5.91	5.91	6.13	8.26
2	12.05	9.34	9.01	9.01	9.34	12.05
1	17.96	12.89	12.44	12.44	12.89	17.96

风荷载作用下转化后梁端弯矩（kN·m） 表 4-75

层号	梁 ED		梁 DC		梁 CB	
	左端	右端	左端	右端	左端	右端
5	1.50	1.00	0.85	0.85	1.00	1.50
4	4.36	3.03	2.71	2.71	3.03	4.36
3	7.66	5.53	4.92	4.92	5.53	7.66
2	11.16	8.45	7.51	7.51	8.45	11.16
1	16.67	11.60	10.37	10.37	11.60	16.67

（4）地震作用下弯矩转化计算（表4-76、表4-77）

地震作用下转化前梁端弯矩（kN·m） 表4-76

层号	梁 ED		梁 DC		梁 CB	
	左端	右端	左端	右端	左端	右端
5	25.03	17.51	16.83	16.83	17.51	25.03
4	56.90	43.62	41.19	41.19	43.62	56.90
3	92.56	66.88	64.25	64.25	66.88	92.56
2	112.68	87.81	84.37	84.37	87.81	112.68
1	152.19	102.85	98.81	98.81	102.85	152.19

地震作用下转化后梁端弯矩（kN·m） 表4-77

层号	梁 ED		梁 DC		梁 CB	
	左端	右端	左端	右端	左端	右端
5	23.25	15.73	14.03	14.03	15.73	23.25
4	52.71	39.43	34.20	34.20	39.43	52.71
3	85.92	60.24	53.54	53.54	60.24	85.92
2	104.33	79.46	70.31	70.31	79.46	104.33
1	141.56	92.22	82.34	82.34	92.22	141.56

3. 框架柱内力转化

1）框架柱剪力转化

框架柱在竖向荷载和水平节点荷载的作用下剪力沿着柱无变化，因此柱的剪力转化前后一致。

（1）恒载作用下剪力转化计算（表4-78）

恒载作用下转化前后柱端剪力（kN） 表4-78

层号	柱 E		柱 D		柱 C		柱 B	
	上端	下端	上端	下端	上端	下端	上端	下端
5	−14.50	−14.50	12.98	12.98	−12.98	−12.98	14.50	14.50
4	−12.85	−12.85	12.15	12.15	−12.15	−12.15	12.85	12.85
3	−12.88	−12.88	12.13	12.13	−12.13	−12.13	12.88	12.88
2	−14.30	−14.30	13.06	13.06	−13.06	−13.06	14.30	14.30
1	−4.64	−4.64	5.67	5.67	−5.67	−5.67	4.64	4.64

（2）活载作用下剪力转化计算（表4-79）

活载作用下转化前后柱端剪力（kN） 表4-79

层号	柱 E		柱 D		柱 C		柱 B	
	上端	下端	上端	下端	上端	下端	上端	下端
5	−2.27	−2.27	−0.93	−0.93	0.93	0.93	2.27	2.27
4	−3.46	−3.46	−1.23	−1.23	1.23	1.23	3.46	3.46
3	−3.30	−3.30	−1.21	−1.21	1.21	1.21	3.30	3.30

续表

层号	柱 E		柱 D		柱 C		柱 B	
	上端	下端	上端	下端	上端	下端	上端	下端
2	−3.67	−3.67	−1.30	−1.30	1.30	1.30	3.67	3.67
1	−1.15	−1.15	−0.47	−0.47	0.47	0.47	1.15	1.15

（3）风荷载作用下剪力转化计算（表 4-80）

风荷载作用下转化前后柱端剪力（kN）　　　　　　表 4-80

层号	柱 E		柱 D		柱 C		柱 B	
	上端	下端	上端	下端	上端	下端	上端	下端
5	0.76	0.76	1.13	1.13	1.13	1.13	0.76	0.76
4	1.94	1.94	2.86	2.86	2.86	2.86	1.94	1.94
3	3.17	3.17	4.66	4.66	4.66	4.66	3.17	3.17
2	4.39	4.39	6.46	6.46	6.46	6.46	4.39	4.39
1	6.23	6.23	7.60	7.60	7.60	7.60	6.23	6.23

（4）地震作用下剪力转化计算（表 4-81）

地震作用下转化前后柱端剪力（kN）　　　　　　表 4-81

层号	柱 E		柱 D		柱 C		柱 B	
	上端	下端	上端	下端	上端	下端	上端	下端
5	11.98	11.98	17.64	17.64	17.64	17.64	11.98	11.98
4	23.51	23.51	34.61	34.61	34.61	34.61	23.51	23.51
3	32.36	32.36	47.63	47.63	47.63	47.63	32.36	32.36
2	38.52	38.52	56.72	56.72	56.72	56.72	38.52	38.52
1	46.84	46.84	57.12	57.12	57.12	57.12	46.84	46.84

2）框架柱弯矩转化
（1）恒载作用下弯矩转化计算（表 4-82、表 4-83）

恒载作用下转化前柱端弯矩（kN·m）　　　　　　表 4-82

层号	柱 E		柱 D		柱 C		柱 B	
	上端	下端	上端	下端	上端	下端	上端	下端
5	25.81	22.03	−22.75	−20.09	22.75	20.09	−25.81	−22.03
4	21.05	21.36	−20.04	−20.06	−20.06	20.06	−21.05	−21.36
3	21.36	21.15	−20.06	−19.97	20.06	19.97	−21.36	−21.15
2	21.81	25.37	−20.35	−22.76	20.35	22.76	−21.81	−25.37
1	13.29	6.64	−12.48	−6.24	12.48	6.24	−13.29	−6.64

恒载作用下转化后柱端弯矩（kN·m）　　　表 4-83

层号	柱E		柱D		柱C		柱B	
	上端	下端	上端	下端	上端	下端	上端	下端
5	21.46	17.68	−18.85	−16.20	18.85	16.20	−21.46	−17.68
4	17.19	17.51	−16.40	−16.41	−23.70	16.41	−17.19	−17.51
3	17.50	17.29	−16.42	−16.33	16.42	16.33	−17.50	−17.29
2	17.52	21.08	−16.43	−18.84	16.43	18.84	−17.52	−21.08
1	11.90	5.25	−10.78	−4.54	10.78	4.54	−11.90	−5.25

（2）活载作用下弯矩转化计算（表 4-84、表 4-85）

活载作用下转化前柱端弯矩（kN·m）　　　表 4-84

层号	柱E		柱D		柱C		柱B	
	上端	下端	上端	下端	上端	下端	上端	下端
5	2.98	4.51	−1.26	−1.82	1.26	1.82	−2.98	−4.51
4	5.93	5.48	−2.05	−1.99	−21.36	1.99	−5.93	−5.48
3	5.48	5.42	−1.99	−1.99	1.99	1.99	−5.48	−5.42
2	5.60	6.52	−2.02	−2.27	2.02	2.27	−5.60	−6.52
1	3.29	1.64	−1.35	−0.68	1.35	0.68	−3.29	−1.64

活载作用下转化后柱端弯矩（kN·m）　　　表 4-85

层号	柱E		柱D		柱C		柱B	
	上端	下端	上端	下端	上端	下端	上端	下端
5	2.30	3.83	−1.54	−2.10	1.54	2.10	−2.30	−3.83
4	4.89	4.44	−2.42	−2.36	−20.99	2.36	−4.89	−4.44
3	4.49	4.43	−2.36	−2.35	2.36	2.35	−4.49	−4.43
2	4.50	5.42	−2.41	−2.66	2.41	2.66	−4.50	−5.42
1	2.94	1.30	−1.49	−0.82	1.49	0.82	−2.94	−1.30

（3）风荷载作用下弯矩转化计算（表 4-86、表 4-87）

风荷载作用下转化前柱端弯矩（kN·m）　　　表 4-86

层号	柱E		柱D		柱C		柱B	
	上端	下端	上端	下端	上端	下端	上端	下端
5	−1.61	−0.91	−2.19	−1.52	−2.19	−1.52	−1.61	−0.91
4	−3.79	−2.62	−5.09	−4.35	−5.09	−4.35	−3.79	−2.62
3	−5.63	−4.81	−7.69	−7.69	−7.69	−7.69	−5.63	−4.81
2	−7.24	−7.24	−10.66	−10.66	−10.66	−10.66	−7.24	−7.24
1	−10.72	−16.08	−14.67	−18.02	−14.67	−18.02	−10.72	−16.08

风荷载作用下转化后柱端弯矩（kN·m）　　　　　　　　　表 4-87

层号	柱 E		柱 D		柱 C		柱 B	
	上端	下端	上端	下端	上端	下端	上端	下端
5	−1.38	−0.68	−1.86	−1.18	−1.86	−1.18	−1.38	−0.68
4	−3.21	−2.04	−4.23	−3.49	−4.23	−3.49	−3.21	−2.04
3	−4.68	−3.86	−6.29	−6.29	−6.29	−6.29	−4.68	−3.86
2	−5.92	−5.92	−8.72	−8.72	−8.72	−8.72	−5.92	−5.92
1	−8.85	−14.21	−12.39	−15.74	−12.39	−15.74	−8.85	−14.21

（4）地震作用下弯矩转化计算（表 4-88、表 4-89）

地震作用下转化前柱端弯矩（kN·m）　　　　　　　　　表 4-88

层号	柱 E		柱 D		柱 C		柱 B	
	上端	下端	上端	下端	上端	下端	上端	下端
5	−25.30	−14.23*	−34.34	−23.86	−34.34	−23.86	−25.30	−14.23
4	−42.66	−34.91	−61.67	−52.53	−61.67	−52.53	−42.66	−34.91
3	−57.66	−49.12	−78.60	−78.60	−78.60	−78.60	−57.66	−49.12
2	−63.57	−63.57	−93.58	−93.58	−93.58	−93.58	−63.57	−63.57
1	−88.63	−112.80	−108.08	−137.56	−108.08	−137.56	−88.63	−112.80

地震作用下转化后柱端弯矩（kN·m）　　　　　　　　　表 4-89

层号	柱 E		柱 D		柱 C		柱 B	
	上端	下端	上端	下端	上端	下端	上端	下端
5	−21.71	−10.64	−29.05	−18.57	−29.05	−18.57	−21.71	−10.64
4	−35.61	−27.86	−51.29	−42.15	−51.29	−42.15	−35.61	−27.86
3	−47.95	−39.41	−64.31	−64.31	−64.31	−64.31	−47.95	−39.41
2	−52.01	−52.01	−76.57	−76.57	−76.57	−76.57	−52.01	−52.01
1	−74.57	−98.74	−90.94	−120.42	−90.94	−120.42	−74.57	−98.74

4.6.8　荷载效应组合

1. 确定荷载效应的组合方式

1）无地震作用时

（1）当只考虑重力荷载时

$$S_d = 1.3 S_{Gk} + 1.5 S_{Qk} \tag{4-41}$$

（2）当考虑重力荷载和风荷载时

$$\left. \begin{aligned} S_d &= 1.3 S_{Gk} + 1.5 S_{Qk} + 1.5 \times 0.6 \times S_{Wk} \\ S_d &= 1.0 S_{Gk} + 1.5 S_{Qk} + 1.5 \times 0.6 \times S_{Wk} \\ S_d &= 1.3 S_{Gk} + 1.5 S_{Wk} + 1.5 \times 0.7 \times S_{Qk} \\ S_d &= 1.0 S_{Gk} + 1.5 S_{Wk} + 1.5 \times 0.7 \times S_{Qk} \end{aligned} \right\} \tag{4-42}$$

2）有地震作用时

本设计中建筑物高度低于 60m，所在地区抗震设防烈度 7 度，因此荷载组合公式如下：

$$S_d=1.3\times(S_{Gk}+0.5S_{Qk})+1.4\times S_{Ehk} \tag{4-43}$$

当重力荷载对结构承载有利时，γ_G 为 1.0，故公式如下：

$$S_d=1.0\times(S_{Gk}+0.5S_{Qk})+1.4\times S_{Ehk} \tag{4-44}$$

式中　S_d——荷载准永久组合的效应设计值；

　　　S_{Gk}——永久荷载标准值计算的荷载效应值；

　　　S_{Qk}——可变荷载标准值计算的荷载效应值；

　　　S_{Wk}——风荷载标准值计算的荷载效应值；

　　　S_{Ehk}——地震荷载标准值计算的荷载效应值；

2. 荷载效应组合的计算

1）梁荷载效应组合计算（表 4-90）

2）柱荷载效应组合计算（表 4-91）

3. 框架梁跨中最大组合弯矩

以一层 BC 跨梁为例，其跨中最大组合弯矩设计值如下。

1）组合 $S_d=1.3S_{Gk}+1.5S_{Qk}+1.5\times0.6\times S_{Wk}$（左风）

$q=1.3\times20.55+1.5\times6.10=35.87\text{kN/m}$

$M_B=-33.59\text{kN}\cdot\text{m}$，$M_C=67.07\text{kN}\cdot\text{m}$，$l_n=6-0.5=5.5\text{m}$

$$R_B=\frac{35.87\times5.5}{2}-\frac{1}{5.5}\times(-33.5+67.07)=92.54\text{kN}$$

$$M_{bmax}=-\frac{92.54^2}{2\times35.87}-(-33.59)=-85.80\text{kN}\cdot\text{m}$$

$$x=\frac{R_B}{q}=\frac{92.54}{35.87}=2.58\text{m}$$

2）组合 $S_d=1.3S_{Gk}+1.5S_{Qk}+1.5\times0.6\times S_{Wk}$（右风）

$q=1.3\times20.55+1.5\times6.10=35.87\text{kN/m}$

$M_B=-63.60\text{kN}\cdot\text{m}$，$M_C=46.19\text{kN}\cdot\text{m}$，$l_n=6-0.5=5.5\text{m}$

$$R_B=\frac{35.87\times5.5}{2}-\frac{1}{5.5}\times(-63.60+46.19)=101.79\text{kN}$$

$$M_{bmax}=-\frac{101.79^2}{2\times35.87}-(-63.60)=-80.86\text{kN}\cdot\text{m}$$

$$x=\frac{R_B}{q}=\frac{101.79}{35.87}=2.84\text{m}$$

3）组合 $S_d=1.0S_{Gk}+1.5S_{Qk}+1.5\times0.6\times S_{Wk}$（左风）

$q=1.0\times20.55+1.5\times6.10=29.70\text{kN/m}$

$M_B=-25.12\text{kN}\cdot\text{m}$，$M_C=58.05\text{kN}\cdot\text{m}$，$l_n=6-0.5=5.5\text{m}$

$$R_B=\frac{29.70\times5.5}{2}-\frac{1}{5.5}\times(-25.12+58.05)=75.69\text{kN}$$

$$M_{bmax}=-\frac{75.69^2}{2\times29.70}-(-25.12)=-71.32\text{kN}\cdot\text{m}$$

$$x=\frac{R_B}{q}=\frac{75.69}{29.70}=2.55\text{m}$$

4) 组合 $S_d = 1.0 S_{Gk} + 1.5 S_{Qk} + 1.5 \times 0.6 \times S_{Wk}$（右风）

$q = 1.0 \times 20.55 + 1.5 \times 6.10 = 29.70 \text{kN/m}$

$M_B = -55.13 \text{kN} \cdot \text{m}$，$M_C = 37.17 \text{kN} \cdot \text{m}$，$l_n = 6 - 0.5 = 5.5 \text{m}$

$R_B = \dfrac{29.70 \times 5.5}{2} - \dfrac{1}{5.5} \times (-55.13 + 37.17) = 84.94 \text{kN}$

$M_{bmax} = -\dfrac{84.94^2}{2 \times 29.70} - (-55.13) = -66.33 \text{kN} \cdot \text{m}$

$x = \dfrac{R_B}{q} = \dfrac{84.94}{29.70} = 2.86 \text{m}$

5) 组合 $S_d = 1.3 S_{Gk} + 1.5 S_{Wk} + 1.5 \times 0.7 \times S_{Qk}$（左风）

$q = 1.3 \times 20.55 + 1.5 \times 0.7 \times 6.10 = 33.12 \text{kN/m}$

$M_B = -20.02 \text{kN} \cdot \text{m}$，$M_C = 68.77 \text{kN} \cdot \text{m}$，$l_n = 6 - 0.5 = 5.5 \text{m}$

$R_B = \dfrac{33.12 \times 5.5}{2} - \dfrac{1}{5.5} \times (-20.02 + 68.77) = 82.22 \text{kN}$

$M_{bmax} = -\dfrac{82.22^2}{2 \times 33.12} - (-20.02) = -82.03 \text{kN} \cdot \text{m}$

$x = \dfrac{R_B}{q} = \dfrac{82.22}{33.12} = 2.48 \text{m}$

6) 组合 $S_d = 1.3 S_{Gk} + 1.5 S_{Wk} + 1.5 \times 0.7 \times S_{Qk}$（右风）

$q = 1.3 \times 20.55 + 1.5 \times 0.7 \times 6.10 = 33.12 \text{kN/m}$

$M_B = -70.03 \text{kN} \cdot \text{m}$，$M_C = 33.97 \text{kN} \cdot \text{m}$，$l_n = 6 - 0.5 = 5.5 \text{m}$

$R_B = \dfrac{33.12 \times 5.5}{2} - \dfrac{1}{5.5} \times (-70.03 + 33.97) = 97.64 \text{kN}$

$M_{bmax} = -\dfrac{97.64^2}{2 \times 33.12} - (-70.03) = -73.89 \text{kN} \cdot \text{m}$

$x = \dfrac{R_B}{q} = \dfrac{97.64}{33.12} = 2.95 \text{m}$

7) 组合 $S_d = 1.0 S_{Gk} + 1.5 S_{Wk} + 1.5 \times 0.7 \times S_{Qk}$（左风）

$q = 1.0 \times 20.55 + 1.5 \times 0.7 \times 6.10 = 26.96 \text{kN/m}$

$M_B = -11.55 \text{kN} \cdot \text{m}$，$M_C = 59.75 \text{kN} \cdot \text{m}$，$l_n = 6 - 0.5 = 5.5 \text{m}$

$R_B = \dfrac{26.96 \times 5.5}{2} - \dfrac{1}{5.5} \times (-11.55 + 59.75) = 65.36 \text{kN}$

$M_{bmax} = -\dfrac{65.36^2}{2 \times 26.51} - (-11.55) = -67.70 \text{kN} \cdot \text{m}$

$x = \dfrac{R_B}{q} = \dfrac{65.36}{26.96} = 2.42 \text{m}$

8) 组合 $S_d = 1.0 S_{Gk} + 1.5 S_{Wk} + 1.5 \times 0.7 \times S_{Qk}$（右风）

$q = 1.0 \times 20.55 + 1.5 \times 0.7 \times 6.10 = 26.96 \text{kN/m}$

$M_B = -61.56 \text{kN} \cdot \text{m}$，$M_C = 24.95 \text{kN} \cdot \text{m}$，$l_n = 6 - 0.5 = 5.5 \text{m}$

$R_B = \dfrac{26.96 \times 5.5}{2} - \dfrac{1}{5.5} \times (-61.56 + 24.95) = 80.78 \text{kN}$

$$M_{bmax} = -\frac{80.78^2}{2 \times 26.96} - (-61.56) = -59.49 \text{kN} \cdot \text{m}$$

$$x = \frac{R_B}{q} = \frac{80.78}{26.96} = 3.00\text{m}$$

9）组合 $S_d = 1.3 \times (S_{Gk} + 0.5S_{Qk}) + 1.4 \times S_{Ehk}$（左震）

$q = 1.3 \times (20.55 + 0.5 \times 6.10) = 28.32 \text{kN/m}$

$M_B = 156.33 \text{kN} \cdot \text{m}$，$M_C = 175.79 \text{kN} \cdot \text{m}$，$l_n = 6 - 0.5 = 5.5\text{m}$

$$R_B = \frac{28.32 \times 5.5}{2} - \frac{1}{5.5} \times (156.33 + 175.79) = 17.49 \text{kN}$$

$$M_{bmax} = -\frac{17.49^2}{2 \times 28.32} - 157.33 = -161.74 \text{kN} \cdot \text{m}$$

$$x = \frac{R_B}{q} = \frac{17.49}{28.32} = 0.62\text{m}$$

10）组合 $S_d = 1.3 \times (S_{Gk} + 0.5S_{Qk}) + 1.4 \times S_{Ehk}$（右震）

$q = 1.3 \times (20.55 + 0.5 \times 6.10) = 28.32 \text{kN/m}$

$M_B = -240.04 \text{kN} \cdot \text{m}$，$M_C = -82.42 \text{kN} \cdot \text{m}$，$l_n = 6 - 0.5 = 5.5\text{m}$

$$R_B = \frac{28.32 \times 5.5}{2} - \frac{1}{5.5} \times (-240.04 - 82.42) = 136.51 \text{kN}$$

$$M_{bmax} = -\frac{136.51^2}{2 \times 28.32} - (-240.04) = -88.96 \text{kN} \cdot \text{m}$$

$$x = \frac{R_B}{q} = \frac{136.51}{28.32} = 4.82\text{m}$$

11）组合 $S_d = 1.0 \times (S_{Gk} + 0.5S_{Qk}) + 1.4 \times S_{Ehk}$（左震）

$q = 1.0 \times (20.55 + 0.5 \times 6.10) = 23.60 \text{kN/m}$

$M_B = 165.99 \text{kN} \cdot \text{m}$，$M_C = 165.02 \text{kN} \cdot \text{m}$，$l_n = 6 - 0.5 = 5.5\text{m}$

$$R_B = \frac{23.60 \times 5.5}{2} - \frac{1}{5.5} \times (165.09 + 165.02) = 4.72 \text{kN}$$

$$M_{bmax} = -\frac{4.72^2}{2 \times 23.15} - 165.99 = -166.46 \text{kN} \cdot \text{m}$$

$$x = \frac{R_B}{q} = \frac{4.72}{23.60} = 0.20\text{m}$$

12）组合 $S_d = 1.0 \times (S_{Gk} + 0.5S_{Qk}) + 1.4 \times S_{Ehk}$（右震）

$q = 1.0 \times (20.55 + 0.5 \times 6.10) = 23.60 \text{kN/m}$

$M_B = -230.38 \text{kN} \cdot \text{m}$，$M_C = -93.19 \text{kN} \cdot \text{m}$，$l_n = 6 - 0.5 = 5.5\text{m}$

$$R_B = \frac{23.60 \times 5.5}{2} - \frac{1}{5.5} \times (-230.38 - 93.19) = 123.73 \text{kN}$$

$$M_{bmax} = -\frac{123.73^2}{2 \times 23.60} - (-230.38) = -93.98 \text{kN} \cdot \text{m}$$

$$x = \frac{R_B}{q} = \frac{123.73}{23.60} = 5.24\text{m}$$

比较以上 10 种组合情况，并与不考虑地震作用的两种情况比较可得出，底层梁 BC 的跨中最大值组合弯矩设计值为 $M_{bmax} = 166.46 \text{kN} \cdot \text{m}$。

梁荷载效应组合计算

表 4-90

层号	梁	截面位置	内力	① 恒载	② 活载	③风荷载 左风	③风荷载 右风	④地震作用 左震	④地震作用 右震	1.3①+1.5②	1.3①+1.5②+1.5×0.6③ 左风	1.3①+1.5②+1.5×0.6③ 右风	1.0①+1.5②+1.5×0.6③ 左风	1.0①+1.5②+1.5×0.6③ 右风	1.3①+1.5③+1.5×0.7② 左风	1.3①+1.5③+1.5×0.7② 右风	1.0①+1.5③+1.5×0.7② 左风	1.0①+1.5③+1.5×0.7② 右风	1.3(①+0.5②)+1.4④ 左震	1.3(①+0.5②)+1.4④ 右震	1.0(①+0.5②)+1.4④ 左震	1.0(①+0.5②)+1.4④ 右震
	梁CD	左端	M(kN·m)	-20.07	-2.40	1.50	-1.50	23.25	-23.25	-29.70	-28.35	-31.05	-22.33	-25.03	-26.37	-30.87	-20.35	-24.85	4.89	-60.21	11.27	-53.83
			V(kN)	44.77	4.08	-0.46	0.46	-7.14	7.14	64.32	63.91	64.73	50.48	51.30	61.81	63.17	48.37	49.74	50.86	70.85	36.82	56.81
		跨中	M(kN·m)	42.79	4.19																	
		右端	M(kN·m)	23.22	2.83	1.12	-1.12	15.73	-15.73	34.43	35.43	33.42	28.47	26.45	34.83	31.48	27.86	24.51	54.05	10.00	46.66	2.61
			V(kN)	-47.84	-4.42	-0.46	0.46	-7.14	7.14	-68.83	-69.24	-68.42	-54.89	-54.07	-67.52	-66.16	-53.17	-51.80	-75.06	-55.07	-60.05	-40.06
5层	梁BC	左端	M(kN·m)	-12.59	-2.56	0.85	-0.85	14.03	-14.03	-20.21	-19.45	-20.97	-15.67	-17.19	-17.79	-20.32	-14.01	-16.55	1.61	-37.67	5.77	-33.51
			V(kN)	13.04	1.18	-0.68	0.68	-11.22	11.22	18.71	18.10	19.32	14.19	15.41	17.17	19.20	13.26	15.29	2.00	33.42	-2.08	29.33
		跨中	M(kN·m)	6.68	2.14																	
		右端	M(kN·m)	12.59	2.56	0.84	-0.84	14.03	-14.03	20.21	20.97	19.45	17.19	15.68	20.32	17.79	16.54	14.02	37.67	-1.61	33.51	-5.77
			V(kN)	-13.04	-1.18	-0.68	0.68	-11.22	11.22	-18.71	-19.32	-18.10	-15.41	-14.19	-19.20	-17.17	-15.29	-13.26	-33.42	-2.01	-29.34	2.08
	梁AB	左端	M(kN·m)	-23.22	-2.83	1.12	-1.12	15.73	-15.73	-34.43	-33.42	-35.43	-26.45	-28.47	-31.48	-34.83	-24.51	-27.86	-10.00	-54.05	-2.61	-46.66
			V(kN)	47.84	4.42	-0.46	0.46	-7.14	7.14	68.83	68.42	69.24	54.07	54.89	66.16	67.52	51.80	53.17	55.07	75.06	40.06	60.05
		跨中	M(kN·m)	42.79	4.10																	
		右端	M(kN·m)	20.07	2.40	1.50	-1.50	23.25	-23.25	29.70	31.05	28.35	25.03	22.33	30.87	26.37	24.85	20.35	60.21	-4.89	53.83	-11.27
			V(kN)	-44.77	-4.08	-0.46	0.46	-7.14	7.14	-64.32	-64.73	-63.91	-51.30	-50.48	-63.17	-61.81	-49.74	-48.37	-70.85	-50.86	-56.81	-36.82
4层	梁CD	左端	M(kN·m)	-31.93	-8.45	4.36	-4.36	52.71	-52.71	-54.19	-50.26	-58.11	-40.68	-48.54	-43.84	-56.93	-34.26	-47.35	26.79	-120.80	37.64	-109.95
			V(kN)	56.32	16.04	-1.34	1.34	-16.75	16.75	97.27	96.06	98.48	79.16	81.58	88.03	92.07	71.14	75.17	60.18	107.08	40.88	87.78
		跨中	M(kN·m)	47.81	16.47																	
		右端	M(kN·m)	32.16	11.76	3.03	-3.03	39.43	-39.43	59.44	62.17	56.72	52.52	47.07	58.70	49.61	49.05	39.96	104.65	-5.75	93.24	-17.17
			V(kN)	-59.43	-17.87	-1.34	1.34	-16.75	16.75	-104.05	-105.26	-102.84	-87.44	-85.02	-98.03	-94.00	-80.20	-76.17	-112.32	-65.42	-91.81	-44.91

续表

层号	梁	截面位置	内力	①恒载	②活载	③风荷载 左风	③风荷载 右风	④地震作用 左震	④地震作用 右震	1.3①+1.5②	1.3①+1.5②+1.5×0.6③ 左风	右风	1.0①+1.5②+1.5×0.6③ 左风	右风	1.3①+1.5③+1.5×0.7② 左风	右风	1.0①+1.5③+1.5×0.7② 左风	右风	1.3(①+0.5②)+1.4④ 左震	右震	1.0(①+0.5②)+1.4④ 左震	右震
4层	梁BC	左端	M(kN·m)	-9.15	-11.47	2.71	-2.71	34.2	-34.2	-29.11	-26.67	-31.54	-23.93	-28.80	-19.88	-28.00	-17.14	-25.26	28.53	-67.23	32.99	-62.77
			V(kN)	11.75	5.86	-2.16	2.16	-27.94	27.94	24.07	22.12	26.02	18.60	22.49	18.18	24.68	14.66	21.15	-20.03	58.20	-24.43	53.80
		跨中	M(kN·m)	5.29	9.07																	
		右端	M(kN·m)	9.15	11.47	2.71	-2.71	34.2	-34.2	29.11	31.54	26.67	28.80	23.93	28.00	19.88	25.26	17.14	67.23	-28.53	62.77	-32.99
			V(kN)	-11.75	-5.86	-2.16	2.16	-27.94	27.94	-24.07	-26.02	-22.12	-22.49	-18.60	-24.68	-18.18	-21.15	-14.66	-58.20	20.03	-53.80	24.43
	梁AB	左端	M(kN·m)	-32.16	-11.76	3.03	-3.03	39.43	-39.43	-59.44	-56.72	-62.17	-47.07	-52.52	-49.61	-58.70	-39.96	-49.05	5.75	-104.65	17.17	-93.24
			V(kN)	59.43	17.87	-1.34	1.34	-16.75	16.75	104.05	102.84	105.26	85.02	87.44	94.00	98.03	76.17	80.20	65.42	112.32	44.91	91.81
		跨中	M(kN·m)	47.81	16.47																	
		右端	M(kN·m)	31.93	8.45	4.36	-4.36	52.71	-52.71	54.19	58.11	50.26	48.54	40.68	56.93	43.84	47.35	34.26	120.80	-26.79	109.95	-37.64
			V(kN)	-56.32	-16.04	1.34	-1.34	-16.75	16.75	-97.27	-96.06	-98.48	-79.16	-81.58	-88.03	-92.07	-71.14	-75.17	-107.08	-60.18	-87.78	-40.88
	梁CD	左端	M(kN·m)	-31.64	-8.87	7.66	-7.66	85.92	-85.92	-54.44	-47.55	-61.33	-38.05	-51.84	-38.96	-61.94	-29.47	-52.45	73.39	-167.19	84.21	-156.37
			V(kN)	56.26	16.11	-2.40	2.40	-26.75	26.75	97.30	95.14	99.46	78.27	82.59	86.45	93.65	69.58	76.78	46.16	121.06	26.86	101.76
		跨中	M(kN·m)	47.97	16.47																	
		右端	M(kN·m)	32.13	11.83	5.53	-5.53	60.24	-60.24	59.52	64.50	54.54	54.86	44.90	62.49	45.90	52.85	36.26	133.80	-34.88	122.38	-46.29
			V(kN)	-59.48	-17.79	-2.40	2.40	-26.75	26.75	-104.01	-106.17	-101.85	-88.33	-84.01	-99.61	-92.41	-81.76	-74.56	-126.34	-51.44	-105.83	-30.93
3层	梁BC	左端	M(kN·m)	-9.88	-11.42	4.92	-4.92	53.54	-53.54	-29.98	-25.55	-34.41	-22.59	-31.44	-17.46	-32.22	-14.50	-29.26	54.69	-95.23	59.36	-90.55
			V(kN)	12.10	5.86	-3.94	3.94	-42.84	42.84	24.52	20.98	28.07	17.35	24.44	15.98	27.80	12.35	24.17	-40.44	79.52	-44.94	75.01
		跨中	M(kN·m)	5.29	9.01																	
		右端	M(kN·m)	9.88	11.42	4.92	-4.92	53.54	-53.54	29.98	34.41	25.55	31.44	22.59	32.22	17.46	29.26	14.50	95.23	-54.69	90.55	-59.36
			V(kN)	-12.10	-5.86	3.94	-3.94	-42.84	42.84	-24.52	-28.07	-20.98	-24.44	-17.35	-27.80	-15.98	-24.17	-12.35	-79.52	40.44	-75.01	44.94

续表

层号	梁	截面位置	内力	① 恒载	② 活载	③风荷载 左风	③风荷载 右风	④地震作用 左震	④地震作用 右震	1.3①+1.5②	1.3①+1.5②+1.5×0.6③ 左风	1.3①+1.5②+1.5×0.6③ 右风	1.0①+1.5②+1.5×0.6③ 左风	1.0①+1.5②+1.5×0.6③ 右风	1.3①+1.5③+1.5×0.7② 左风	1.3①+1.5③+1.5×0.7② 右风	1.0①+1.5③+1.5×0.7② 左风	1.0①+1.5③+1.5×0.7② 右风	1.3(①+0.5②)+1.4④ 左震	1.3(①+0.5②)+1.4④ 右震	1.0(①+0.5②)+1.4④ 左震	1.0(①+0.5②)+1.4④ 右震
3层	梁 AB	左端	M (kN·m)	-32.13	-11.83	5.53	-5.53	60.24	-60.24	-59.52	-54.54	-64.50	-44.90	-54.86	-45.90	-62.49	-36.26	-52.85	34.88	-133.80	46.29	-122.38
			V(kN)	59.48	17.79	-2.40	2.40	-26.75	26.75	104.01	101.85	106.17	84.01	88.33	92.41	99.61	74.56	81.76	51.44	126.34	30.93	105.83
		跨中	M (kN·m)	45.23	16.47																	
		右端	M (kN·m)	31.64	8.87	7.66	-7.66	85.92	-85.92	54.44	61.33	47.55	51.84	38.05	61.94	38.96	52.45	29.47	167.19	-73.39	156.37	-84.21
			V(kN)	-56.26	-16.11	-2.40	2.40	-26.75	26.75	-97.30	-99.46	-95.14	-82.59	-78.27	-93.65	-86.45	-76.78	-69.58	-121.06	-46.16	-101.76	-26.86
	梁 CD	左端	M (kN·m)	-31.84	-8.92	11.16	-11.16	104.33	-104.33	-54.78	-44.73	-64.82	-35.18	-55.27	-34.02	-67.50	-24.47	-57.95	98.87	-193.25	109.76	-182.36
			V(kN)	56.28	16.12	-3.56	3.56	-33.42	33.42	97.35	94.14	100.55	77.26	83.67	84.75	95.43	67.87	78.55	36.86	130.43	17.55	111.13
		跨中	M (kN·m)	47.82	16.47																	
		右端	M (kN·m)	32.22	11.84	8.45	-8.45	79.46	-79.46	59.65	67.26	52.05	57.59	42.38	67.00	41.65	57.33	31.98	160.83	-61.66	149.39	-73.10
			V(kN)	-59.46	-17.78	-3.56	3.56	-33.42	33.42	-103.97	-107.17	-100.77	-89.34	-82.93	-101.31	-90.63	-83.47	-72.79	-135.64	-42.07	-115.14	-21.56
2层	梁 BC	左端	M (kN·m)	-9.80	-11.42	7.51	-7.51	70.31	-70.31	-29.86	-23.10	-36.62	-20.16	-33.68	-13.46	-35.99	-10.52	-33.05	78.28	-118.59	82.93	-113.94
			V(kN)	12.10	5.86	-6.00	6.00	-56.25	56.25	24.52	19.12	29.92	15.49	26.29	12.89	30.89	9.26	27.26	-59.21	98.29	-63.72	93.78
		跨中	M (kN·m)	5.29	9.00																	
		右端	M (kN·m)	9.80	11.42	7.51	-7.51	79.46	-79.46	29.86	36.62	23.10	33.68	20.16	35.99	13.46	33.05	10.52	118.59	-78.28	113.94	-82.93
			V(kN)	-12.10	-5.86	-6.00	6.00	-56.25	56.25	-24.52	-29.92	-19.12	-26.29	-15.49	-30.89	-12.89	-27.26	-9.26	-98.29	59.21	-93.78	63.72
	梁 AB	左端	M (kN·m)	-32.22	-11.84	8.45	-8.45	79.46	-79.46	-59.65	-52.05	-67.26	-42.38	-57.59	-41.65	-67.00	-31.98	-57.33	61.66	-160.83	73.10	-149.39
			V(kN)	59.46	17.78	-3.56	3.56	-33.42	33.42	103.97	100.77	107.17	82.93	89.34	90.63	101.31	72.79	83.47	42.07	135.64	21.56	115.14
		跨中	M (kN·m)	45.23	16.47																	
		右端	M (kN·m)	31.84	8.92	11.16	-11.16	104.33	-104.33	54.78	64.82	44.73	55.27	35.18	67.50	34.02	57.95	24.47	193.25	-98.87	182.36	-109.76
			V(kN)	-56.28	-16.12	-3.56	3.56	-33.42	33.42	-97.35	-100.55	-94.14	-83.67	-77.26	-95.43	-84.75	-78.55	-67.87	-130.43	-36.86	-111.13	-17.55

续表

层号	梁	截面位置	内力	①恒载	②活载	③风荷载 左风	③风荷载 右风	④地震作用 左震	④地震作用 右震	1.3①+1.5②	1.3①+1.5②+1.5×0.6③ 左风	右风	1.0①+1.5②+1.5×0.6③ 左风	右风	1.3①+1.5③+1.5×0.7② 左风	右风	1.0①+1.5③+1.5×0.7② 左风	右风	1.3(①+0.5②)+1.4④ 左震	右震	1.0(①+0.5②)+1.4④ 左震	右震
1层	梁CD	左端	M(kN·m)	-28.23	-7.93	16.67	-16.67	141.56	-141.56	-48.59	-33.59	-63.60	-25.12	-55.13	-20.02	-70.03	-11.55	-61.56	156.33	-240.04	165.99	-230.38
			V(kN)	55.97	15.94	-5.14	5.14	-42.51	42.51	96.66	92.04	101.29	75.25	84.50	81.78	97.20	64.99	80.41	23.60	142.63	4.42	123.45
		跨中	M(kN·m)	50.71	16.73																		
		右端	M(kN·m)	30.06	11.70	11.60	-11.60	92.22	-92.22	56.63	67.07	46.19	58.05	37.17	68.77	33.97	59.75	24.95	175.79	-82.42	165.02	-93.19
			V(kN)	-59.78	-17.96	-5.14	5.14	-42.51	42.51	-104.66	-109.28	-100.03	-91.35	-82.10	-104.28	-88.86	-86.35	-70.93	-148.90	-29.87	-128.27	-9.25
	梁BC	左端	M(kN·m)	-12.03	-11.65	10.37	-10.37	82.34	-82.34	-33.11	-23.78	-42.45	-20.17	-38.84	-12.32	-43.43	-8.71	-39.82	92.06	-138.49	97.42	-133.13
			V(kN)	12.10	5.86	-8.29	8.29	-65.88	65.88	24.52	17.06	31.98	13.43	28.35	9.45	34.32	5.82	30.69	-72.69	111.77	-77.20	107.26
		跨中	M(kN·m)	6.61	9.28																		
		右端	M(kN·m)	12.03	11.65	10.37	-10.37	82.34	-82.34	33.11	42.45	23.78	38.84	20.17	43.43	12.32	39.82	8.71	138.49	-92.06	133.13	-97.42
			V(kN)	-11.75	-5.86	-8.29	8.29	-65.88	65.88	-24.07	-31.53	-16.61	-28.00	-13.08	-33.87	-9.00	-30.34	-5.47	-111.32	73.15	-106.91	77.55
	梁AB	左端	M(kN·m)	-30.06	-11.70	11.60	-11.60	92.22	-92.22	-56.63	-46.19	-67.07	-37.17	-58.05	-33.97	-68.77	-24.95	-59.75	82.42	-175.79	93.19	-165.02
			V(kN)	59.78	17.96	-5.14	5.14	-42.51	42.51	104.66	100.03	109.28	82.10	91.35	88.86	104.28	70.93	86.35	29.87	148.90	9.25	128.27
		跨中	M(kN·m)	45.23	16.73																		
		右端	M(kN·m)	28.23	7.93	16.67	-16.67	141.56	-141.56	48.59	63.60	33.59	55.13	25.12	70.03	20.02	61.56	11.55	240.04	-156.33	230.38	-165.99
			V(kN)	-55.97	-15.94	-5.14	5.14	-42.51	42.51	-96.66	-101.29	-92.04	-84.50	-75.25	-97.20	-81.78	-80.41	-64.99	-142.63	-23.60	-123.45	-4.42

柱内力组合计算

表4-91

层号	柱号	截面位置	内力	①恒载	②活载	③风荷载		④地震作用		1.3①+1.5②	1.3①+1.5②+1.5×0.63③		1.0①+1.5②+1.5×0.63③		1.3①+1.5③+1.5×0.7②		1.0①+1.5③+1.5×0.7②		1.3(①+0.5②)+1.4④		1.0(①+0.5②)+1.4④	
						左风	右风	左震	右震		左风	右风	左风	右风	左风	右风	左风	右风	左震	右震	左震	右震
5层	柱D	上端	M(kN·m)	25.81	2.98	-1.38	1.38	-21.71	21.71	38.01	36.77	39.26	29.02	31.51	34.60	38.75	26.85	31.01	5.09	65.87	-3.10	57.68
			N(kN)	158.73	9.86	-0.46	0.46	-7.14	7.14	221.14	220.73	221.55	173.11	173.93	216.02	217.39	168.40	169.77	202.77	222.75	153.67	173.65
			V(kN)	-14.50	-2.27	0.76	-0.76	11.98	-11.98	-22.25	-21.56	-22.94	-17.21	-18.59	-20.08	-22.37	-15.73	-18.02	-3.55	-37.09	1.14	-32.40
		下端	M(kN·m)	22.03	4.51	-0.68	0.68	-10.64	10.64	35.40	34.79	36.02	28.18	29.41	32.35	34.40	25.75	27.79	16.68	46.47	9.39	39.18
			N(kN)	179.36	9.86	-0.46	0.46	-7.14	7.14	247.95	247.55	248.36	193.74	194.56	242.84	244.20	189.03	190.39	229.58	249.56	174.30	194.28
			V(kN)	-14.50	-2.27	0.76	-0.76	11.98	-11.98	-22.25	-21.56	-22.94	-17.21	-18.59	-20.08	-22.37	-15.73	-18.02	-3.55	-37.09	1.14	-32.40
	柱C	上端	M(kN·m)	-22.75	-1.26	-1.86	1.86	-29.05	29.05	-31.47	-33.14	-29.80	-26.31	-22.97	-33.69	-28.11	-26.86	-21.29	-71.06	10.27	-64.05	17.29
			N(kN)	193.05	18.49	-0.22	0.22	-4.08	4.08	278.70	278.50	278.90	220.59	220.99	270.05	270.71	212.14	212.80	257.27	268.70	196.58	208.01
			V(kN)	12.98	0.93	1.13	-1.13	17.64	-17.64	18.28	19.29	17.27	15.40	13.37	19.55	16.17	15.65	12.27	42.18	-7.21	38.14	-11.24
		下端	M(kN·m)	-20.09	-1.82	-1.18	1.18	-18.57	18.57	-28.85	-29.91	-27.79	-23.89	-21.76	-29.80	-26.26	-23.78	-20.23	-53.30	-1.30	-47.00	5.00
			N(kN)	213.68	18.49	-0.22	0.22	-4.08	4.08	305.52	305.32	305.71	241.21	241.61	296.86	297.53	232.76	233.42	284.08	295.51	217.21	228.64
			V(kN)	12.98	0.93	1.13	-1.13	17.64	-17.64	18.28	19.29	17.27	15.40	13.37	19.55	16.17	15.65	12.27	42.18	-7.21	38.14	-11.24
	柱B	上端	M(kN·m)	22.75	1.26	-1.86	1.86	-29.05	29.05	31.47	29.80	33.14	22.97	26.31	28.11	33.69	21.29	26.86	-10.27	71.06	-17.29	64.05
			N(kN)	193.05	18.49	0.22	-0.22	4.08	-4.08	278.70	278.90	278.50	220.99	220.59	270.71	270.05	212.80	212.14	268.70	257.27	208.01	196.58
			V(kN)	-12.98	-0.93	1.13	-1.13	17.64	-17.64	-18.28	-17.27	-19.29	-13.37	-15.40	-16.17	-19.55	-12.27	-15.65	7.21	-42.18	11.24	-38.14
		下端	M(kN·m)	20.09	1.82	-1.18	1.18	-18.57	18.57	28.85	27.79	29.91	21.76	23.89	26.26	29.80	20.23	23.78	1.30	53.30	-5.00	47.00
			N(kN)	213.68	18.49	0.22	-0.22	4.08	-4.08	305.52	305.71	305.32	241.61	241.21	297.53	296.86	233.42	232.76	295.51	284.08	228.64	217.21
			V(kN)	-12.98	-0.93	1.13	-1.13	17.64	-17.64	-18.28	-17.27	-19.29	-13.37	-15.40	-16.17	-19.55	-12.27	-15.65	7.21	-42.18	11.24	-38.14
	柱A	上端	M(kN·m)	-25.81	-2.98	-1.38	1.38	-21.71	21.71	-38.01	-39.26	-36.77	-31.51	-29.02	-38.75	-34.60	-31.01	-26.85	-65.87	-5.09	-57.68	3.10
			N(kN)	158.73	9.86	0.46	-0.46	7.14	-7.14	221.14	221.55	220.73	173.93	173.11	217.39	216.02	169.77	168.40	222.75	202.77	173.65	153.67
			V(kN)	14.50	2.27	0.76	-0.76	11.98	-11.98	22.25	22.94	21.56	18.59	17.21	22.37	20.08	18.02	15.73	37.09	3.55	32.40	-1.14

续表

层号	柱号	截面位置	内力	①恒载	②活载	③风荷载 左风	③风荷载 右风	④地震作用 左震	④地震作用 右震	1.3①+1.5②	1.3①+1.5②+1.5×0.6③ 左风	1.3①+1.5②+1.5×0.6③ 右风	1.0①+1.5②+1.5×0.6③ 左风	1.0①+1.5②+1.5×0.6③ 右风	1.3①+1.5③+0.7② 左风	1.3①+1.5③+0.7② 右风	1.0①+1.5③+0.7② 左风	1.0①+1.5③+0.7② 右风	1.3①+0.5②+1.4④ 左震	1.3①+0.5②+1.4④ 右震	1.0①+0.5②+1.4④ 左震	1.0①+0.5②+1.4④ 右震
5层	柱A	下端	M(kN·m)	-22.03	-4.51	-0.68	0.68	-10.64	10.64	-35.40	-36.02	-34.79	-29.41	-28.18	-34.40	-32.35	-27.79	-25.75	-46.47	-16.68	-39.18	-9.39
			N(kN)	179.36	9.86	0.46	-0.46	7.14	-7.14	247.95	248.36	247.55	194.56	193.74	244.20	242.84	190.39	189.03	249.56	229.58	194.28	174.30
			V(kN)	14.50	2.27	0.76	-0.76	11.98	-11.98	22.25	22.94	21.56	18.59	17.21	22.37	20.08	18.02	15.73	37.09	3.55	32.40	-1.14
	柱D	上端	M(kN·m)	21.05	5.93	-3.21	3.21	-35.61	35.61	36.26	33.37	39.14	27.05	32.83	28.77	38.40	22.46	32.09	-18.64	81.07	-25.85	73.87
			N(kN)	350.95	55.50	-1.80	1.80	-23.89	23.89	539.49	537.87	541.11	432.58	435.82	511.81	517.21	406.53	411.93	458.87	525.76	345.26	412.15
			V(kN)	-12.85	-3.46	1.94	-1.94	23.51	-23.51	-21.89	-20.14	-23.64	-16.29	-19.78	-17.43	-23.25	-13.57	-19.39	13.96	-51.86	18.33	-47.49
		下端	M(kN·m)	21.36	5.48	-2.04	2.04	-27.86	27.86	35.98	34.15	37.82	27.74	31.41	30.46	36.58	24.05	30.17	-7.67	70.33	-14.90	63.10
			N(kN)	371.58	55.50	-1.80	1.80	-23.89	23.89	566.30	564.68	567.92	453.21	456.45	538.63	544.02	427.15	432.55	485.68	552.57	365.88	432.77
			V(kN)	-12.85	-3.46	1.94	-1.94	23.51	-23.51	-21.89	-20.14	-23.64	-16.29	-19.78	-17.43	-23.25	-13.57	-19.39	13.96	-51.86	18.33	-47.49
4层	柱C	上端	M(kN·m)	-20.04	-2.05	-4.23	4.23	-51.29	51.29	-29.13	-32.94	-25.32	-26.29	-19.31	-34.55	-21.86	-28.54	-15.85	-99.19	44.41	-92.87	50.73
			N(kN)	446.44	99.64	-1.04	1.04	-15.27	15.27	729.84	728.91	730.78	594.97	596.85	683.44	686.56	549.51	552.63	623.77	666.52	474.89	517.64
			V(kN)	12.15	1.23	2.86	-2.86	34.61	-34.61	17.64	20.21	15.06	16.56	11.42	21.37	12.79	17.73	9.15	65.04	-31.86	61.21	-35.69
		下端	M(kN·m)	-20.06	-1.99	-3.49	3.49	-42.15	42.15	-29.06	-32.21	-25.92	-26.19	-19.91	-33.40	-22.93	-27.39	-16.92	-86.38	31.64	-80.07	37.96
			N(kN)	467.07	99.64	-1.04	1.04	-15.27	15.27	756.66	755.72	757.59	615.60	617.47	710.25	713.38	570.13	573.26	650.58	693.33	495.51	538.27
			V(kN)	12.15	1.23	2.86	-2.86	34.61	-34.61	17.64	20.21	15.06	16.56	11.42	21.37	12.79	17.73	9.15	65.04	-31.86	61.21	-35.69
	柱B	上端	M(kN·m)	20.04	2.05	-4.23	4.23	-51.29	51.29	29.13	25.32	32.94	19.31	26.29	21.86	34.55	15.85	28.54	-44.41	99.19	-50.73	92.87
			N(kN)	446.44	99.64	1.04	-1.04	15.27	-15.27	729.84	730.78	728.91	596.85	594.97	686.56	683.44	552.63	549.51	666.52	623.77	517.64	474.89
			V(kN)	-12.15	-1.23	2.86	-2.86	34.61	-34.61	-17.64	-15.06	-20.21	-11.42	-16.56	-12.79	-21.37	-9.15	-17.73	31.86	-65.04	35.69	-61.21
		下端	M(kN·m)	20.06	1.99	-3.49	3.49	-42.15	42.15	29.06	25.92	32.21	19.91	26.19	22.93	33.40	16.92	27.39	-31.64	86.38	-37.96	80.07
			N(kN)	467.07	99.64	1.04	-1.04	15.27	-15.27	756.66	757.59	755.72	617.47	615.60	713.38	710.25	573.26	570.13	693.33	650.58	538.27	495.51
			V(kN)	-12.15	-1.23	2.86	-2.86	34.61	-34.61	-17.64	-15.06	-20.21	-11.42	-16.56	-12.79	-21.37	-9.15	-17.73	31.86	-65.04	35.69	-61.21

续表

层号	柱号	截面位置	内力	①恒载	②活载	③风荷载 左风	③风荷载 右风	④地震作用 左震	④地震作用 右震	1.3①+1.5②	1.3①+1.5②+1.5×0.6③ 左风	右风	1.0①+1.5②+1.5×0.6③ 左风	右风	1.3①+1.5③+1.5×0.7② 左风	右风	1.0①+1.5③+1.5×0.7② 左风	右风	1.3(①+0.5②)+1.4④ 左震	右震	1.0(①+0.5②)+1.4④ 左震	右震
4层	柱A	上端	M(kN·m)	-21.05	-5.93	-3.21	3.21	-35.61	35.61	-36.26	-39.14	-33.37	-32.83	-27.05	-38.40	-28.77	-32.09	-22.46	-81.07	18.64	-73.87	25.85
			N(kN)	350.95	55.50	1.80	-1.80	23.89	-23.89	539.49	541.11	537.87	435.82	432.58	517.21	511.81	411.93	406.53	525.76	458.87	412.15	345.26
			V(kN)	12.85	3.46	1.94	-1.94	23.51	-23.51	21.89	23.64	20.14	19.78	16.29	23.25	17.43	19.39	13.57	51.86	-13.96	47.49	-18.33
		下端	M(kN·m)	-21.36	-5.48	-2.04	2.04	-27.86	27.86	-35.98	-37.82	-34.15	-31.41	-27.74	-36.58	-30.46	-30.17	-24.05	-70.33	7.67	-63.10	14.90
			N(kN)	371.58	55.50	1.80	-1.80	23.89	-23.89	566.30	567.92	564.68	456.45	453.21	544.02	538.63	432.55	427.15	552.57	485.68	432.77	365.88
			V(kN)	12.85	3.46	1.94	-1.94	23.51	-23.51	21.89	23.64	20.14	19.78	16.29	23.25	17.43	19.39	13.57	51.86	-13.96	47.49	-18.33
	柱D	上端	M(kN·m)	21.36	5.48	-4.68	4.68	-47.95	47.95	35.98	31.77	40.20	25.36	33.79	26.50	40.54	20.09	34.13	-35.80	98.46	-43.03	91.23
			N(kN)	543.11	101.22	-4.20	4.20	-50.46	50.46	857.87	854.10	861.65	691.16	698.72	806.03	818.62	643.10	655.69	701.19	842.48	523.07	664.37
			V(kN)	-12.88	-3.30	3.17	-3.17	32.36	-32.36	-21.70	-18.85	-24.55	-14.98	-20.69	-15.46	-24.97	-11.59	-21.10	26.40	-64.19	30.76	-59.83
		下端	M(kN·m)	21.15	5.42	-3.86	3.86	-39.41	39.41	35.62	32.15	39.10	25.81	32.75	27.40	38.98	21.05	32.63	-24.15	86.19	-31.31	79.03
			N(kN)	563.74	101.22	-4.20	4.20	-50.46	50.46	884.69	880.91	888.46	711.79	719.34	832.84	845.43	663.72	676.31	728.00	869.30	543.70	684.99
			V(kN)	-12.88	-3.30	3.17	-3.17	32.36	-32.36	-21.70	-18.85	-24.55	-14.98	-20.69	-15.46	-24.97	-11.59	-21.10	26.40	-64.19	30.76	-59.83
3层	柱C	上端	M(kN·m)	-20.06	-1.99	-6.29	6.29	-64.31	64.31	-29.06	-34.73	-23.40	-28.71	-17.39	-37.60	-18.73	-31.59	-12.72	-117.40	62.66	-111.08	68.98
			N(kN)	699.89	180.72	-2.58	2.58	-31.53	31.53	1180.94	1178.62	1183.27	968.65	973.30	1095.74	1103.49	885.77	893.53	983.19	1071.47	746.11	834.40
			V(kN)	12.13	1.21	4.66	-4.66	47.63	-47.63	17.58	21.77	13.38	18.13	9.74	24.02	10.04	20.39	6.41	83.24	-50.14	79.42	-53.96
		下端	M(kN·m)	-19.97	-1.99	-6.29	6.29	-64.31	64.31	-28.94	-34.60	-23.28	-28.61	-17.29	-37.48	-18.61	-31.49	-12.62	-117.28	62.78	-110.99	69.07
			N(kN)	720.52	180.72	-2.58	2.58	-31.53	31.53	1207.76	1205.43	1210.08	989.27	993.93	1122.56	1130.31	906.40	914.15	1010.00	1098.29	766.73	855.02
			V(kN)	12.13	1.21	4.66	-4.66	47.63	-47.63	17.58	21.77	13.38	18.13	9.74	24.02	10.04	20.39	6.41	83.24	-50.14	79.42	-53.96
	柱B	上端	M(kN·m)	20.06	1.99	-6.29	6.29	-64.31	64.31	29.06	23.40	34.73	17.39	28.71	18.73	37.60	12.72	31.59	-62.66	117.40	-68.98	111.08
			N(kN)	698.89	180.72	2.58	-2.58	31.53	-31.53	1179.64	1181.96	1177.31	972.30	967.65	1102.19	1094.44	892.52	884.77	1070.17	981.88	833.40	745.11
			V(kN)	-12.13	-1.21	4.66	-4.66	47.63	-47.63	-17.58	-13.38	-21.77	-9.74	-18.13	-10.04	-24.02	-6.41	-20.39	50.14	-83.24	53.96	-79.42

续表

层号	柱号	截面位置	内力	① 恒载	② 活载	③风荷载		④地震作用		1.3①+1.5②	1.3①+1.5②+1.5×0.6③		1.0①+1.5②+1.5×0.6③		1.3①+1.5③+1.5×0.7②		1.0①+1.5③+1.5×0.7②		1.3(①+0.5②)+1.4④		1.0(①+0.5②)+1.4④	
						左风	右风	左震	右震		左风	右风	左风	右风	左风	右风	左风	右风	左震	右震	左震	右震
3层	柱B	下端	M(kN·m)	19.97	1.99	-6.29	6.29	-64.31	64.31	28.94	23.28	34.60	17.29	28.61	18.61	37.48	12.62	31.49	-62.78	117.28	-69.07	110.99
			N(kN)	719.51	180.72	2.58	-2.58	31.53	-31.53	1206.45	1208.77	1204.12	992.92	988.27	1129.00	1121.25	913.14	905.39	1096.98	1008.69	854.02	765.73
			V(kN)	-12.13	-1.21	4.66	-4.66	47.63	-47.63	-17.58	-13.38	-21.77	-9.74	-18.13	-10.04	-24.02	-6.41	-20.39	50.14	-83.24	53.96	-79.42
	柱A	上端	M(kN·m)	-21.36	-5.48	-4.68	4.68	-47.95	47.95	-35.98	-40.20	-31.77	-33.79	-25.36	-40.54	-26.50	-34.13	-20.09	-98.46	35.80	-91.23	43.03
			N(kN)	543.11	101.22	4.20	-4.20	50.46	-50.46	857.87	861.65	854.10	698.72	691.16	818.62	806.03	655.69	643.10	842.48	701.19	664.37	523.07
			V(kN)	12.88	3.30	3.17	-3.17	32.36	-32.36	21.70	24.55	18.85	20.69	14.98	24.97	15.46	21.10	11.59	64.19	-26.40	59.83	-30.76
		下端	M(kN·m)	-21.15	-5.42	-3.86	3.86	-39.41	39.41	-35.62	-39.10	-32.15	-32.75	-25.81	-38.98	-27.40	-32.63	-21.05	-86.19	24.15	-79.03	31.31
			N(kN)	563.74	101.22	4.20	-4.20	50.46	-50.46	884.69	888.46	880.91	719.34	711.79	845.43	832.84	676.31	663.72	869.30	728.00	684.99	543.70
			V(kN)	12.88	3.30	3.17	-3.17	32.36	-32.36	21.70	24.55	18.85	20.69	14.98	24.97	15.46	21.10	11.59	64.19	-26.40	59.83	-30.76
2层	柱D	上端	M(kN·m)	21.81	5.60	-5.92	5.92	-52.01	52.01	36.76	31.43	42.08	24.88	35.54	25.35	43.11	18.81	36.57	-40.82	104.81	-48.20	97.42
			N(kN)	735.30	146.94	-7.76	7.76	-83.88	83.88	1176.30	1169.32	1183.29	948.73	962.70	1098.54	1121.82	877.95	901.23	933.97	1168.83	691.34	926.20
			V(kN)	-14.30	-3.67	4.39	-4.39	38.52	-38.52	-24.10	-20.15	-28.05	-15.86	-23.76	-15.86	-29.03	-11.57	-24.74	32.96	-74.91	37.80	-70.07
		下端	M(kN·m)	25.37	6.52	-5.92	5.92	-52.01	52.01	42.76	37.44	48.09	29.83	40.48	30.95	48.71	23.34	41.10	-35.59	110.03	-44.18	101.44
			N(kN)	755.92	146.94	-7.76	7.76	-83.88	83.88	1203.12	1196.13	1210.10	969.35	983.32	1125.35	1148.63	898.57	921.86	960.78	1195.64	711.96	946.82
			V(kN)	-14.30	-3.67	4.39	-4.39	38.52	-38.52	-24.10	-20.15	-28.05	-15.86	-23.76	-15.86	-29.03	-11.57	-24.74	32.96	-74.91	37.80	-70.07
	柱C	上端	M(kN·m)	-20.35	-2.02	-8.72	8.72	-76.57	76.57	-29.48	-37.33	-21.63	-31.22	-15.52	-41.65	-15.49	-35.55	-9.39	-134.96	79.43	-128.55	85.84
			N(kN)	829.56	261.79	-5.02	5.02	-54.36	54.36	1471.11	1466.59	1475.63	1217.72	1226.76	1345.77	1360.84	1096.90	1111.97	1172.48	1324.69	884.35	1036.56
			V(kN)	13.06	1.30	6.46	-6.46	57.12	-57.12	18.93	24.74	13.11	20.82	9.19	28.03	8.65	24.11	4.73	97.80	-62.15	93.68	-66.26
		下端	M(kN·m)	-22.76	-2.27	-8.72	8.72	-76.57	76.57	-32.98	-40.83	-25.13	-34.00	-18.31	-45.04	-18.88	-38.22	-12.06	-138.25	76.14	-131.08	83.31
			N(kN)	850.18	261.79	-5.02	5.02	-54.36	54.36	1497.92	1493.40	1502.44	1238.35	1247.39	1372.58	1387.65	1117.53	1132.60	1199.29	1351.51	904.97	1057.18
			V(kN)	13.06	1.30	6.46	-6.46	57.12	-57.12	18.93	24.74	13.11	20.82	9.19	28.03	8.65	24.11	4.73	97.80	-62.15	93.68	-66.26

续表

层号	柱号	截面位置	内力	①恒载	②活载	③风荷载 左风	③风荷载 右风	④地震作用 左震	④地震作用 右震	1.3①+1.5②	1.3①+1.5②+1.5×0.6③ 左风	1.3①+1.5②+1.5×0.6③ 右风	1.0①+1.5②+1.5×0.6③ 左风	1.0①+1.5②+1.5×0.6③ 右风	1.3①+1.5③+1.5×0.7② 左风	1.3①+1.5③+1.5×0.7② 右风	1.0①+1.5③+1.5×0.7② 左风	1.0①+1.5③+1.5×0.7② 右风	1.3(①+0.5②)+1.4④ 左震	1.3(①+0.5②)+1.4④ 右震	1.0(①+0.5②)+1.4④ 左震	1.0(①+0.5②)+1.4④ 右震
2层	柱B	上端	M (kN·m)	20.35	2.02	-8.72	8.72	-76.57	76.57	29.48	21.63	37.33	15.52	31.22	15.49	41.65	9.39	35.55	-79.43	134.96	-85.84	128.55
			N(kN)	829.56	261.79	5.02	-5.02	54.36	-54.36	1471.11	1475.63	1466.59	1226.76	1217.72	1360.84	1345.77	1111.97	1096.90	1324.69	1172.48	1036.56	884.35
			V(kN)	-13.06	-1.30	6.46	-6.46	57.12	-57.12	-18.93	-13.11	-24.74	-9.19	-20.82	-8.65	-28.03	-4.73	-24.11	62.15	-97.80	66.26	-93.68
		下端	M (kN·m)	22.76	2.27	-8.72	8.72	-76.57	76.57	32.98	25.13	40.83	18.31	34.00	18.88	45.04	12.06	38.22	-76.14	138.25	-83.31	131.08
			N(kN)	850.18	261.79	5.02	-5.02	54.36	-54.36	1497.92	1502.44	1493.40	1247.39	1238.35	1387.65	1372.58	1132.60	1117.53	1351.51	1199.29	1057.18	904.97
			V(kN)	-13.06	-1.30	6.46	-6.46	57.12	-57.12	-18.93	-13.11	-24.74	-9.19	-20.82	-8.65	-28.03	-4.73	-24.11	62.15	-97.80	66.26	-93.68
	柱A	上端	M (kN·m)	-21.81	-5.60	-5.92	5.92	-52.01	52.01	-36.76	-42.08	-31.43	-35.54	-24.88	-43.11	-25.35	-36.57	-18.81	-104.81	40.82	-97.42	48.20
			N(kN)	735.30	146.94	7.76	-7.76	83.88	-83.88	1176.30	1183.29	1169.32	962.70	948.73	1121.82	1098.54	901.23	877.95	1168.83	933.97	926.20	691.34
			V(kN)	14.30	3.67	4.39	-4.39	38.52	-38.52	24.10	28.05	20.15	23.76	15.86	29.03	15.86	24.74	11.57	74.91	-32.96	70.07	-37.80
		下端	M (kN·m)	-25.37	-6.52	-5.92	5.92	-52.01	52.01	-42.76	-48.09	-37.44	-40.48	-29.83	-48.71	-30.95	-41.10	-23.34	-110.03	35.59	-101.44	44.18
			N(kN)	755.92	146.94	7.76	-7.76	83.88	-83.88	1203.12	1210.10	1196.13	983.32	969.35	1148.63	1125.35	921.86	898.57	1195.64	960.78	946.82	711.96
			V(kN)	14.30	3.67	4.39	-4.39	38.52	-38.52	24.10	28.05	20.15	23.76	15.86	29.03	15.86	24.74	11.57	74.91	-32.96	70.07	-37.80
1层	柱D	上端	M (kN·m)	13.29	3.29	-8.85	8.85	-74.57	74.57	22.21	14.24	30.17	10.26	26.19	7.45	34.00	3.47	30.02	-84.99	123.81	-89.47	119.33
			N(kN)	927.16	192.49	-12.90	12.90	-126.38	126.38	1494.04	1482.43	1505.66	1204.28	1227.51	1388.07	1426.78	1109.92	1148.63	1153.49	1507.37	846.47	1200.35
			V(kN)	-4.64	-1.15	6.23	-6.23	46.84	-46.84	-7.75	-2.14	-13.35	-0.75	-11.96	2.11	-16.58	3.51	-15.18	58.81	-72.35	60.37	-70.79
		下端	M (kN·m)	6.64	1.64	-14.21	14.21	-98.74	98.74	11.10	-1.69	23.89	-3.68	21.90	-10.95	31.68	-12.94	29.69	-128.53	147.95	-130.77	145.71
			N(kN)	954.04	192.49	-12.90	12.90	-126.38	126.38	1528.98	1517.37	1540.60	1231.16	1254.38	1423.01	1461.72	1136.79	1175.51	1188.43	1542.31	873.34	1227.22
			V(kN)	-4.64	-1.15	6.23	-6.23	46.84	-46.84	-7.75	-2.14	-13.35	-0.75	-11.96	2.11	-16.58	3.51	-15.18	58.81	-72.35	60.37	-70.79

续表

层号	柱	截面位置	内力	① 恒载	② 活载	③风荷载 左风	③风荷载 右风	④地震作用 左震	④地震作用 右震	1.3①+1.5②	1.3①+1.5②+1.5×0.6③ 左风	1.3①+1.5②+1.5×0.6③ 右风	1.0①+1.5②+1.5×0.6③ 左风	1.0①+1.5②+1.5×0.6③ 右风	1.3①+1.5③+1.5×0.7② 左风	1.3①+1.5③+1.5×0.7② 右风	1.0①+1.5③+1.5×0.7② 左风	1.0①+1.5③+1.5×0.7② 右风	1.3①+0.5②+1.4④ 左震	1.3①+0.5②+1.4④ 右震	1.0①+0.5②+1.4④ 左震	1.0①+0.5②+1.4④ 右震
1层	柱C	上端	M (kN·m)	-12.48	-1.35	-12.39	12.39	-90.94	90.94	-18.25	-29.40	-7.10	-25.66	-3.36	-36.23	0.94	-32.48	4.69	-144.42	110.21	-140.48	114.16
			N(kN)	1083.30	343.04	-8.17	8.17	-77.73	77.73	1922.85	1915.50	1930.21	1590.51	1605.22	1756.23	1780.74	1431.24	1455.75	1522.44	1740.09	1146.00	1363.64
			V(kN)	5.67	0.61	7.60	-7.60	57.12	-57.12	8.30	15.14	1.46	13.43	-0.25	19.42	-3.38	17.72	-5.08	87.75	-72.20	85.95	-73.99
		下端	M (kN·m)	-6.24	-0.68	-15.74	15.74	-120.42	120.42	-9.13	-23.29	5.04	-21.42	6.91	-32.43	14.79	-30.56	16.66	-177.14	160.03	-175.16	162.01
			N(kN)	1110.17	343.04	-8.17	8.17	-77.73	77.73	1957.79	1950.44	1965.14	1617.38	1632.09	1791.16	1815.68	1458.11	1482.63	1557.38	1775.03	1172.87	1390.52
			V(kN)	5.67	0.61	7.60	-7.60	57.12	-57.12	8.30	15.14	1.46	13.43	-0.25	19.42	-3.38	17.72	-5.08	87.75	-72.20	85.95	-73.99
	柱B	上端	M (kN·m)	12.48	1.35	-12.39	12.39	-90.94	90.94	18.25	7.10	29.40	3.36	25.66	-0.94	36.23	-4.69	32.48	-110.21	144.42	-114.16	140.48
			N(kN)	1083.30	343.04	8.17	-8.17	77.73	-77.73	1922.85	1930.21	1915.50	1605.22	1590.51	1780.74	1756.23	1455.75	1431.24	1740.09	1522.44	1363.64	1146.00
			V(kN)	-5.67	-0.61	7.60	-7.60	57.12	-57.12	-8.30	-1.46	-15.14	0.25	-13.43	3.38	-19.42	5.08	-17.72	72.20	-87.75	73.99	-85.95
		下端	M (kN·m)	6.24	0.68	-15.74	15.74	-120.42	120.42	9.13	-5.04	23.29	-6.91	21.42	-14.79	32.43	-16.66	30.56	-160.03	177.14	-162.01	175.16
			N(kN)	1110.17	343.04	8.17	-8.17	77.73	-77.73	1957.79	1965.14	1950.44	1632.09	1617.38	1815.68	1791.16	1482.63	1458.11	1775.03	1557.38	1390.52	1172.87
			V(kN)	-5.67	-0.61	7.60	-7.60	57.12	-57.12	-8.30	-1.46	-15.14	0.25	-13.43	3.38	-19.42	5.08	-17.72	72.20	-87.75	73.99	-85.95
	柱A	上端	M (kN·m)	-13.29	-3.29	-8.85	8.85	-74.57	74.57	-22.21	-30.17	-14.24	-26.19	-10.26	-34.00	-7.45	-30.02	-3.47	-123.81	84.99	-119.33	89.47
			N(kN)	927.16	192.49	12.90	-12.90	126.38	-126.38	1494.04	1505.66	1482.43	1227.51	1204.28	1426.78	1388.07	1148.63	1109.92	1507.37	1153.49	1200.35	846.47
			V(kN)	4.64	1.15	6.23	-6.23	46.84	-46.84	7.75	13.35	2.14	11.96	0.75	16.58	-2.11	15.18	-3.51	72.35	-58.81	70.79	-60.37
		下端	M (kN·m)	-6.64	-1.64	-14.21	14.21	-98.74	98.74	-11.10	-23.89	1.69	-21.90	3.68	-31.68	10.95	-29.69	12.94	-147.95	128.53	-145.71	130.77
			N(kN)	954.04	192.49	12.90	-12.90	126.38	-126.38	1528.98	1540.60	1517.37	1254.38	1231.16	1461.72	1423.01	1175.51	1136.79	1542.31	1188.43	1227.22	873.34
			V(kN)	4.64	1.15	6.23	-6.23	46.84	-46.84	7.75	13.35	2.14	11.96	0.75	16.58	-2.11	15.18	-3.51	72.35	-58.81	70.79	-60.37

4.6.9　内力设计值调整

为达到抗震设计的要求，使框架结构具有足够的承载能力、良好的变形能力以及合理的破坏机制，在进行截面设计之前需要先对内力进行调整。调整的思想包括强柱弱梁、强节点弱杆件和强剪弱弯。

1. 框架梁剪力设计值调整

以底层梁 BC 为例进行内力设计值调整，见表 4-92。

考虑地震作用时梁 BC 内力　　　　　　　　　表 4-92

截面位置	内力	$S_d=1.3\times(S_{Gk}+0.5\times S_{Qk})+1.4S_{Ehk}$		$S_d=1.0\times(S_{Gk}+0.5\times S_{Qk})+1.4S_{Ehk}$	
		左震	右震	左震	右震
左端	$M(\mathrm{kN\cdot m})$	156.33	−240.04	165.99	−230.38
	$V(\mathrm{kN})$	23.60	142.63	4.42	123.45
右端	$M(\mathrm{kN\cdot m})$	175.79	−82.42	165.02	−93.19
	$V(\mathrm{kN})$	−148.90	−29.87	−128.27	−9.25

根据对表 4-92 中数据进行比较发现，梁 BC 的左端在右震情况下所受剪力较大，左震情况下剪力很小；右端在左震情况下剪力设计值较大，右震时很小。

根据规范规定，梁 BC 的左端弯矩在组合时由于重力荷载对结构而言左震时有利，右震时不利，因此选取的弯矩值为右震时 −240.04kN·m，左震时 165.99kN·m；梁 BC 的右端弯矩再组合时由于重力荷载右震时有利，左震时不利，因此选取的弯矩值为右震时 −93.19kN·m，左震时 175.79kN·m。

本设计为三级框架，故梁端剪力增大系数 η_{Vb} 取值为 1.1。

$$V_{Gb}^l=V_{Gb}^r=\frac{1}{2}\times[1.2\times(20.55+0.5\times6.10)]\times(6-0.5)=77.88\mathrm{kN}$$

根据上述左端取右震，右端取左震的原则，确定左右端剪力设计值如下：

$$V_{Gb}^l=V_{Gb}^r=\frac{1}{2}\times[1.2\times(20.55+0.5\times6.10)]\times(6-0.5)=77.88\mathrm{kN}$$

$$V_b^l=1.1\times\frac{240.04+93.19}{5.5}+77.88=144.53\mathrm{kN}$$

$$V_b^r=1.1\times\frac{165.99+175.79}{5.5}+77.88=146.24\mathrm{kN}$$

2. 框架柱弯矩设计值调整

以底层柱 B 为例进行计算，见表 4-93。

本设计为三级框架，故柱端弯矩增大系数取为 1.3，柱下端截面组合的弯矩设计值增大系数取为 1.3。

截面位置	内力	$S_d=1.3\times(S_{Gk}+0.5\times S_{Qk})+1.4S_{Ehk}$		$S_d=1.0\times(S_{Gk}+0.5\times S_{Qk})+1.4S_{Ehk}$	
		左震	右震	左震	右震
二层柱下端	M(kN·m)	−35.59	110.03	−44.18	101.44
	N(kN)	960.78	1195.64	711.96	946.82
	V(kN)	32.96	−74.91	37.80	−70.07
一层柱上端	M(kN·m)	−84.99	123.81	−89.47	119.33
	N(kN)	1153.49	1507.37	846.47	1200.35
	V(kN)	58.81	−72.35	60.37	−70.79
一层柱下端	M(kN·m)	−128.53	147.95	−130.77	145.71
	N(kN)	1188.43	1542.31	873.34	1227.22
	V(kN)	58.81	−72.35	60.37	−70.79

梁端弯矩为 -240.04kN·m，因此 $\sum M_c=\eta_c\sum M_b=1.3\times240.04=312.05$kN·m

上下柱端的弯矩设计按弹性刚度分配，上柱线刚度 49715.9kN·m，下柱线刚度 38154.1kN·m，所以二层柱下端分配的弯矩为 176.55kN·m，一层柱上端分配的弯矩为 135.49kN·m。

框架底层柱下端，柱端弯矩增大系数为 1.3，所以底层柱下端的弯矩设计值调整为 $1.3\times147.95=192.33$kN·m。

3. 框架柱剪力设计值调整

以底层柱 A 为例进行计算。本设计为三级框架结构，柱端剪力增大系数为 1.3。

$$V=1.3\times\frac{135.49+192.33}{4.3-0.3}=106.54\text{kN}$$

4.6.10 框架梁和框架柱截面设计

本设计以底层梁 BC 和柱 B 为例进行截面设计。建筑所在地区抗震设防烈度为 7 度，因此框架梁和柱的设计均为抗震设计。

1. 承载力抗震调整系数 γ_{RE}

承载力抗震调整系数除有关规定之外按表 4-94 取值。

承载力抗震调整系数 γ_{RE} 表 4-94

混凝土受弯梁	混凝土偏压柱		混凝土各类构件
	轴压比小于 0.15	轴压比不小于 0.15	受剪、偏拉
0.75	0.75	0.80	0.85

2. 框架梁截面设计

梁截面设计以底层梁 BC 为例。

1）正截面受弯承载力计算

（1）选取最不利内力

左端：$M=-240.04$kN·m，$V=144.53$kN。

右端：$M=175.79\text{kN}\cdot\text{m}$，$V=146.24\text{kN}$。

跨中：$M=-166.46\text{kN}\cdot\text{m}$。

（2）跨中配筋计算

① 设计参数

混凝土采用 C35 混凝土，$f_c=16.7\text{N/mm}^2$，$f_t=1.57\text{N/mm}^2$。

纵筋为 HRB400，箍筋为 HRB400，$f_y=f_y'=360\text{N/mm}^2$，$\xi_b=0.518$。

梁宽 $b=300\text{mm}$，截面高 $h=600\text{mm}$，板厚 $h_f'=120\text{mm}$。

根据规范规定，一类环境类别下，混凝土等级高于 C25 时，梁内钢筋的混凝土保护层厚度不得小于 20mm。因此可估算梁截面有效高度 $h_0=h-40=600-40=560\text{mm}$。

梁底面受拉，顶面受压，考虑板的作用，梁与楼板形成 T 形梁，T 形梁的受压区有效计算截面宽度 b_f' 为：

$$b_f'=\min\{l_0/3,b+S_n,b+12h_f'\}=\min\{5.4/3,0.3+3,0.3+12\times0.12\}=1.74\text{m}$$

② 判别 T 形截面类型

根据中和轴的位置判别截面类型，令 $x=h_f'$。

$$M_u=\alpha_1 f_c b_f' h_f'\left(h_0-\frac{h_f'}{2}\right)=1.0\times16.7\times10^3\times1.74\times0.12\times(0.56-0.12/2)$$

$$=1743.48\text{kN}\cdot\text{m}>\gamma_{RE}M=0.75\times166.46=124.85\text{kN}\cdot\text{m}$$

因此，属于第一类 T 形截面。

③ 截面配筋计算

不考虑梁顶部钢筋的抗压作用，按单筋截面计算。

跨中弯矩值：$M=166.46\text{kN}\cdot\text{m}$，$\gamma_{RE}M=0.75\times166.46=124.85\text{kN}\cdot\text{m}$。

截面抵抗矩系数：$\alpha_s=\dfrac{\gamma_{RE}M}{\alpha_1 f_c b_f' h_0^2}=\dfrac{0.75\times166.46\times10^6}{1.0\times16.7\times1740\times560^2}=0.0137$。

相对受压区高度：$\xi=1-\sqrt{1-2\alpha_s}=1-\sqrt{1-2\times0.0137}=0.0138<\xi_b=0.518$。

则：

$$A_s=\frac{\alpha_1 f_c b_f'\xi h_0}{f_y}=\frac{1.0\times16.7\times1740\times0.0138\times560}{360}=623.58\text{mm}^2$$

选配钢筋为 4 Φ 16，$A_s=804\text{mm}^2>623.58\text{mm}^2$，通长布置。

④ 配筋率验算

为防止梁出现少筋和超筋破坏，规范规定梁配筋有最大值与最小值。

规范规定，三级框架梁跨中截面最小配筋率 $\rho_{\min}$ 为：

$$\rho_{\min}=\max\{0.20\%,0.45f_t/f_y\}=\max\{0.20\%,0.45\times1.57/360\}=0.20\%$$

梁最大配筋率为界限破坏时的配筋率：

$$\rho_{\max}=\zeta_b\frac{\alpha_1 f_c}{f_y}=0.518\times\frac{1.0\times16.7}{360}=2.4\%$$

梁实际配筋率为：

$$\rho=\frac{A_s}{bh_0}=\frac{804}{300\times560}=0.48\%$$

故 $\rho_{max}=2.4\%>\rho=0.48\%>\rho_{min}=0.20\%$，满足配筋率要求。

（3）支座配筋计算

① 截面配筋计算

梁端支座处梁顶部受拉，底部受压，不考虑混凝土的抗拉作用，因此支座处截面以矩形截面进行计算。

取梁端较大一组内力进行计算：$M=-240.04\text{kN}\cdot\text{m}$，$V=141.23\text{kN}$。

梁底部具有通长布置的钢筋 $4\,\Phi\,16$，因此截面按双筋计算。计算分为两步：

首先，底部钢筋 $4\,\Phi\,16$，$A_{s1}=804\text{mm}^2$ 能承担的弯矩 M_1 为：

$$M_1=A_{s1}f'_y(h_0-a'_s)/\gamma_{RE}=804\times360\times(560-40)/0.75=200.68\text{kN}\cdot\text{m}$$

其次，计算钢筋 A_{s2} 要承担的弯矩 M_2：

$$M_2=M-M_1=240.04-200.68=39.36\text{kN}\cdot\text{m}$$

$$\alpha_s=\frac{\gamma_{RE}M_2}{\alpha_1f_cbh_0^2}=\frac{0.75\times39.36\times10^6}{1.0\times16.7\times300\times560^2}=0.0188$$

相对受压区高度：

$$\xi=1-\sqrt{1-2\alpha_s}=1-\sqrt{1-2\times0.0188}=0.019<\xi_b=0.518$$

受压区高度为：

$$x=\xi h_0=0.0190\times560=10.62\text{mm}<2a'_s=80\text{mm}$$

受压钢筋不能达到其抗压强度，取 $x=2a'_s=80\text{mm}$，即假设混凝土压应力合力点和受压钢筋合力点相重合。

$$A_{s2}=\frac{\gamma_{RE}M_2}{f_y(h_0-a_s)}=\frac{0.75\times39.36\times10^6}{360\times(560-40)}=157.68\text{mm}^2$$

综上，梁支座处配筋面积为：

$$A_s=A_{s1}+A_{s2}=804+157.68=961.68\text{mm}^2$$

选配钢筋为 $4\,\Phi\,18$，$A_s=1017\text{mm}^2>961.68\text{mm}^2$，$2\,\Phi\,18$ 通长布置。

② 配筋率验算

规范规定，三级框架梁支座截面最小配筋率为：

$$\rho_{min}=\max\{0.25\%,0.55f_t/f_y\}=\max\{0.25\%,0.55\times1.57/360\}=0.25\%$$

梁最大配筋率不宜超过 2.5%。

梁实际配筋率为：

$$\rho=\frac{A_s}{bh_0}=\frac{1017}{300\times560}=0.61\%$$

故 $\rho_{max}=2.5\%>\rho=0.61\%>\rho_{min}=0.25\%$，满足配筋率要求。

③ 构造要求

混凝土受压区高度：

$x=2a'_s=80\text{mm}<0.35h_0=0.35\times560=196\text{mm}$，满足要求。

《混凝土结构设计规范》GB 50010—2010（2015年版）第 11.3.6 条规定：抗震等级为三级的框架梁梁端截面的底部和顶部纵向受力钢筋截面面积的比值不应小于 0.3。

$A_s'/A_s = 804/1017 = 0.79 > 0.3$，满足要求。

梁顶部和底部分别有两根钢筋 $2\Phi16$、$2\Phi18$ 通长布置，钢筋直径大于 12mm，满足要求。

2）斜截面受剪承载力计算

（1）验算受剪截面

《混凝土结构设计规范》GB 50010—2010（2015 年版）对梁截面尺寸有如下规定：

当 $\dfrac{h_w}{b} \leqslant 4$ 时，应满足：$V \leqslant 0.25\beta_c f_c b h_0$。

当 $\dfrac{h_w}{b} \geqslant 6$ 时，应满足：$V \leqslant 0.2\beta_c f_c b h_0$。

当 $4 < \dfrac{h_w}{b} < 6$ 时，按直线内插法取用。

h_w 为截面的腹板高度，矩形截面取有效高度，T 形截面取有效高度减去翼缘高度；β_c 为混凝土强度影响系数，当混凝土强度等级不超过 C50 时，取 $\beta_c = 1.0$；当混凝土强度等级为 C80 时，$\beta_c = 0.8$，其间按直线内插法取用。

本设计中：

$$\frac{h_w}{b} = \frac{600-40-120}{300} = 1.47 < 4$$

$V \leqslant 0.25\beta_c f_c b h_0 = 0.25 \times 1.0 \times 16.7 \times 300 \times 560 = 701.4\text{kN} > V_{max} = 144.53\text{kN}$

满足规范要求。

梁跨高比：$\dfrac{l_0}{h} = \dfrac{5500}{600} = 9.17 > 2.5$

规范规定当跨高比大于 2.5 时：

$V \leqslant 0.20\beta_c f_c b h_0/\gamma_{RE} = 0.20 \times 1.0 \times 16.7 \times 300 \times 560/0.85 = 660.14\text{kN} > V_{max} = 144.53\text{kN}$，满足规范要求。

梁截面满足受剪要求。

（2）箍筋计算

考虑地震组合的矩形框架梁，其斜截面受剪承载力应符合下列规定：

$$V_b = \frac{1}{\gamma_{RE}} \left[0.6\alpha_{cv} f_t b h_0 + f_{yv} \frac{A_{sv}}{s} h_0 \right] \tag{4-45}$$

式中　α_{cv}——截面混凝土受剪承载力系数，对于一般受弯构件取 0.7；对集中荷载作用下（包括作用有多种荷载，其中集中荷载对支座截面或节点边缘所产生的剪力值占总剪力值的 75% 以上的情况）的独立梁，取 $\alpha_{cv} = 1.75/(\lambda+1)$；$\lambda$ 为计算截面的剪跨比，可取 $\lambda = a/h_0$，当 $\lambda < 1.5$ 时，取 1.5；当 $\lambda > 3$ 时，取 3；a 取集中荷载作用点至支座截面或节点边缘的距离。

本设计中梁跨中无集中荷载作用，因此 $\alpha_{cv} = 0.7$。

$$\frac{A_{sv}}{s} \geqslant (\gamma_{RE}V - 0.6\alpha_{cv} f_t b h_0)/(f_{yv} h_0) \tag{4-46}$$

式中　f_{yv}——箍筋抗拉强度设计值；

A_{sv}——配置在同一个截面内箍筋各肢的全部截面面积；

　　s——沿构件长度方向箍筋的间距。

$$\frac{\gamma_{RE}V-0.6\alpha_{cv}f_tbh_0}{f_{yv}h_0}=(0.85\times144530-0.6\times0.7\times1.57\times300\times560)/(360\times560)=0.060$$

结合以上结果及构造配箍筋。

据规范要求，梁 BC 箍筋加密区长度为 900mm，加密区箍筋为$\oplus$8@100，非加密区箍筋为$\oplus$8@200。

$$\frac{A_{sv}}{s}=\frac{101}{150}=0.505>0.060，满足配箍要求。$$

（3）配箍率验算

根据规范，梁箍筋配箍率 ρ_{sv} 应满足下式：

$$\rho_{sv}\geqslant0.26f_t/f_{yv} \tag{4-47}$$

$\rho_{sv}=\dfrac{A_{sv}}{bs}=\dfrac{101}{300\times200}=0.168\%\geqslant0.26\times1.57/360=0.113\%$，满足要求。

由于非加密区始端的剪力设计值小于梁端剪力设计值，而梁端剪力设计值计算所得的最大箍筋间距大于 200mm，因此可不验算非加密区始端的受剪承载力。

3. 柱截面设计

以底层柱 E 为例进行计算。

混凝土采用 C35 混凝土，$f_c=16.7N/mm^2$，$f_t=1.57N/mm^2$。

纵筋为 HRB400，箍筋为 HRB400，$f_y=f_y'=360N/mm^2$，$\xi_b=0.518$。

截面：500mm×500mm。

1）选取最不利内力（表 4-95）

柱端截面最不利内力组合　　　　　　　　　　　表 4-95

组合	$\lvert M\rvert_{max}$	N_{max}	N_{min}	$\lvert M\rvert$ 比较大，N 比较大	$\lvert M\rvert$ 比较大，N 比较小
$M(kN\cdot m)$	147.95	23.89	−130.77	145.71	−128.53
$N(kN)$	1542.31	1540.56	873.34	1227.22	1188.43
$V(kN)$	−72.35	−13.35	60.37	−70.79	58.81

框架柱内力按上一节中所述方法进行调整，调整计算结果见表 4-96。

调整后柱最不利内力　　　　　　　　　　　表 4-96

组合	$\lvert M\rvert_{max}$	N_{max}	N_{min}	$\lvert M\rvert$ 比较大，N 比较大	$\lvert M\rvert$ 比较大，N 比较小
$M(kN\cdot m)$	192.33	31.06	−170.01	189.42	−167.09
$N(kN)$	1542.31	1540.56	873.34	1227.22	1188.43
$V(kN)$	−94.06	−17.36	78.48	−92.02	76.45

2）截面验算

（1）剪跨比和轴压比验算

规范规定柱的剪跨比宜大于 2，剪跨比 λ 计算公式如下：

$$\lambda = \frac{M}{V h_0} \tag{4-48}$$

计算如表 4-97 所示。

柱剪跨比验算

表 4-97

组合	$\|M\|_{max}$	N_{max}	N_{min}	$\|M\|$ 比较大，N 比较大	$\|M\|$ 比较大，N 比较小
$M(\text{kN} \cdot \text{m})$	192.33	31.06	−170.01	189.42	−167.09
$V(\text{kN})$	−94.06	−17.36	78.48	−92.02	76.45
$h_0(\text{m})$	0.46	0.46	0.46	0.46	0.46
λ	4.45	3.89	4.71	4.47	4.75
是否满足	是	是	是	是	是

规范规定抗震等级三级的框架柱轴压比限值为 0.85。轴压比 μ_n 是指柱组合的轴向压力设计值与柱的全截面面积和混凝土轴心抗压强度设计值乘积的比值，计算公式如下：

$$\mu_n = \frac{N}{f_c b h} \tag{4-49}$$

计算如表 4-98 所示。

柱轴压比验算

表 4-98

组合	$\|M\|_{max}$	N_{max}	N_{min}	$\|M\|$ 比较大，N 比较大	$\|M\|$ 比较大，N 比较小
$N(\text{kN})$	1542.31	1540.56	873.34	1227.22	1188.43
$f_c(\text{kN/m}^2)$	16.7×10^3	16.7×10^3	16.7×10^3	16.7×10^3	16.7×10^3
$b(\text{m})$	0.5	0.5	0.5	0.5	0.5
$h(\text{m})$	0.5	0.5	0.5	0.5	0.5
μ_n	0.37	0.37	0.21	0.29	0.28
是否满足	是	是	是	是	是

（2）剪压比验算

剪压比 μ_V 是截面上平均剪应力与轴心抗压强度设计值的比值，计算公式如下：

$$\mu_V = \frac{V}{\beta_c f_c b h_0} \tag{4-50}$$

式中 β_c——混凝土强度影响系数；本设计中混凝土取用 C35，β_c 取 1.0。

地震设计状况下，柱受剪截面应符合下列要求：

框架柱剪跨比大于 2 时：

$$V_c \leqslant \frac{1}{\gamma_{RE}} (0.2 \beta_c f_c b h_0) \tag{4-51}$$

框架柱剪跨比不大于 2 时：

$$V_c \leqslant \frac{1}{\gamma_{RE}} (0.15 \beta_c f_c b h_0) \tag{4-52}$$

有以上计算知，柱 E 剪跨比大于 2，轴压比大于 0.15，γ_{RE} 取 0.8。

故：

$$\frac{1}{\gamma_{RE}}(0.2\beta_c f_c bh_0) = \frac{1}{0.8} \times (0.2 \times 1.0 \times 16.7 \times 10^3 \times 0.50 \times 0.46) = 960.25 \text{kN} >$$

$V_{max} = 94.06 \text{kN}$，柱剪压比满足要求。

3）正截面受压承载力计算

柱计算长度的确定：

根据《混凝土结构设计规范》GB 50010—2010（2015 年版）规定，框架结构现浇楼盖底层柱计算长度应为 $l_0 = 1.0H$，H 为底层柱从基础顶面到一层楼盖顶面的高度。

$$l_0 = 1.0H = 4300 \text{mm}$$

附加偏心距的确定：

根据《混凝土结构设计规范》GB 50010—2010（2015 年版）规定，在偏心受压构件的正截面承载力计算中，应计入轴向压力在偏心方向存在的附加偏心距 e_a，其值应取 20mm 和偏心方向截面最大尺寸的 1/30 两者中的较大值。

本设计中 $e_a = \max\{20, 1/30 \times 500\} = 20 \text{mm}$，构件的计算长度 $l_c = 4.3\text{m}$，回转半径 $i = \sqrt{\dfrac{I}{A}} = \sqrt{\dfrac{0.5 \times 0.5^3}{12 \times 0.5^2}} = 0.144\text{m}$。因此，$34 - 12M_1/M_2 \geqslant l_c/i = 4.3/0.144 = 29.86$。

由于构件不按单曲率弯曲，M_1/M_2 取负值，因此上式成立，不考虑附加弯矩的影响。

$$b = 500\text{mm}, h = 500\text{mm}, a = 40\text{mm}, h_0 = 460\text{mm}$$

混凝土轴心抗压强度设计值 $f_c = 16.7\text{N/mm}^2$，钢筋抗拉和抗压强度设计值 $f_y = f'_y = 360\text{N/mm}^2$。

（1）$M = 192.33\text{kN·m}$，$N = 1542.31\text{kN}$

$$e_i = M/N + e_a = 192.33 \times 10^6/1542.31 \times 10^3 + 20 = 144.70\text{mm}$$

$$\xi = \frac{\gamma_{RE}N}{\alpha_1 f_c bh_0} = \frac{0.8 \times 1542.31}{1.0 \times 16.7 \times 10^3 \times 0.5 \times 0.46} = 0.321 < \xi_b = 0.518$$

因此为大偏压构件。

混凝土受压区高度：

$$x = \xi h_0 = 0.321 \times 460 = 147.77\text{mm} \geqslant 2a'_s = 80\text{mm}$$

$$e = e_i + \frac{h}{2} - a = 144.70 + \frac{500}{2} - 40 = 354.70\text{mm}$$

$$A_s = A'_s = \frac{\gamma_{RE}Ne - \alpha_1 f_c bx(h_0 - x/2)}{f'_y(h_0 - a'_s)}$$

$$= \frac{0.8 \times 1542.31 \times 10^3 \times 354.70 - 1.0 \times 16.7 \times 500 \times 144.77 \times (460 - 144.77/2)}{360 \times (460 - 40)} < 0$$

（2）$M = 31.06\text{kN·m}$，$N = 1540.60\text{kN}$

$$e_i = M/N + e_a = 31.06 \times 10^6/1540.56 \times 10^3 + 20 = 40.16\text{mm}$$

$$\xi = \frac{\gamma_{RE}N}{\alpha_1 f_c bh_0} = \frac{0.8 \times 1540.56}{1.0 \times 16.7 \times 10^3 \times 0.5 \times 0.46} = 0.321 < \xi_b = 0.518$$

因此为大偏压构件。

混凝土受压区高度：

$$x = \xi h_0 = 0.326 \times 460 = 149.89\text{mm} \geqslant 2a'_s = 80\text{mm}$$

$$e = e_i + \frac{h}{2} - a = 40.16 + \frac{500}{2} - 40 = 200.16\text{mm}$$

$$A_s = A'_s = \frac{\gamma_{RE} N e - \alpha_1 f_c b x (h_0 - x/2)}{f'_y (h_0 - a'_s)}$$

$$= \frac{0.8 \times 1540.56 \times 10^3 \times 200.16 - 1.0 \times 16.7 \times 500 \times 147.60 \times (460 - 147.60/2)}{360 \times (460 - 40)}$$

（3） $M = -170.01\text{kN} \cdot \text{m}$，$N = 873.34\text{kN}$

$$e_i = M/N + e_a = 170.01 \times 10^6 / 873.34 \times 10^3 + 20 = 214.66\text{mm}$$

$$\xi = \frac{\gamma_{RE} N}{\alpha_1 f_c b h_0} = \frac{0.8 \times 873.34}{1.0 \times 16.7 \times 10^3 \times 0.5 \times 0.46} = 0.182 < \xi_b = 0.518$$

因此为大偏压构件。

混凝土受压区高度：

$$x = \xi h_0 = 0.182 \times 460 = 83.67\text{mm} > 2a'_s = 80\text{mm}$$

$$e = e_i + \frac{h}{2} - a = 214.66 + \frac{500}{2} - 40 = 424.66\text{mm}$$

$$A_s = A'_s = \frac{\gamma_{RE} N e - \alpha_1 f_c b x (h_0 - x/2)}{f'_y (h_0 - a'_s)}$$

$$= \frac{0.8 \times 873.34 \times 10^3 \times 424.66 - 1.0 \times 16.7 \times 500 \times 83.67 \times (460 - 83.67/2)}{360 \times (460 - 40)}$$

$$= 30.02$$

（4） $M = 189.42\text{kN} \cdot \text{m}$，$N = 1227.22\text{kN}$

$$e_i = M/N + e_a = 189.42 \times 10^6 / 1227.22 \times 10^3 + 20 = 174.35\text{mm}$$

$$\xi = \frac{\gamma_{RE} N}{\alpha_1 f_c b h_0} = \frac{0.8 \times 1227.22}{1.0 \times 16.7 \times 10^3 \times 0.5 \times 0.46} = 0.256 < \xi_b = 0.518$$

因此为大偏压构件。

混凝土受压区高度：

$$x = \xi h_0 = 0.256 \times 460 = 117.58\text{mm} \geqslant 2a'_s = 80\text{mm}$$

$$e = e_i + \frac{h}{2} - a = 174.35 + \frac{500}{2} - 40 = 384.35\text{mm}$$

$$A_s = A'_s = \frac{\gamma_{RE} N e - \alpha_1 f_c b x (h_0 - x/2)}{f'_y (h_0 - a'_s)}$$

$$= \frac{0.8 \times 1227.22 \times 10^3 \times 384.35 - 1.0 \times 16.7 \times 500 \times 117.58 \times (460 - 117.58/2)}{360 \times (460 - 40)} < 0$$

（5） $M = -167.09\text{kN} \cdot \text{m}$，$N = 1188.43\text{kN}$

$$e_i = M/N + e_a = 167.09 \times 10^6 / 1188.43 \times 10^3 + 20 = 160.60\text{mm}$$

$$\xi = \frac{\gamma_{RE} N}{\alpha_1 f_c b h_0} = \frac{0.8 \times 1188.43}{1.0 \times 16.7 \times 10^3 \times 0.5 \times 0.46} = 0.248 < \xi_b = 0.518$$

因此为大偏压构件。

混凝土受压区高度：

$$x=\xi h_0=0.248\times460=113.86\text{mm}\geqslant2a'_s=80\text{mm}$$

$$e=e_i+\frac{h}{2}-a=160.60+\frac{500}{2}-40=370.60\text{mm}$$

$$A_s=A'_s=\frac{\gamma_{RE}Ne-\alpha_1f_cbx(h_0-x/2)}{f'_y(h_0-a'_s)}$$

$$=\frac{0.8\times1188.43\times10^3\times370.60-1.0\times16.7\times500\times113.86\times(460-113.86/2)}{360\times(460-40)}<0$$

综上，五组最不利内力计算 $A_{s,\min}=0.002bh=0.002\times500\times500=500\text{mm}^2>A_s$，因此按规范要求的最小配筋率配筋。

单侧配筋率要求：

$$\rho_{\min}=0.2\%，A_s=\rho_{\min}A=0.2\%\times500\times500=500\text{mm}^2$$

纵向全部受力钢筋配筋要求：

$$\rho_{\min}=0.75\%，A_{s总}=0.75\%\times500\times500=1875\text{mm}^2$$

因此，应按规范要求最小配筋率配筋。

$$A_s=A'_s=A_{s总}/3=1875/3=625\text{mm}^2$$

故柱 E 单侧选配钢筋为 4Φ18，全截面纵向配筋为 12Φ18。

单侧配筋面积 $A_s=1017\text{mm}^2>A_{s,\min}=500\text{mm}^2$，满足要求。

全截面纵向受力钢筋配筋率：

$$0.75\%=\rho_{\min}<\rho=\frac{A_{s总}}{bh}=\frac{12\times254.5}{500\times500}=1.22\%<\rho_{\max}=5\%，满足要求。$$

4）斜截面受剪承载力计算

（1）箍筋计算

选择剪力最大的最不利内力组合进行截面设计，即：

$$M=192.33\text{kN}\cdot\text{m}，N=1542.31\text{kN}，V=-94.06\text{kN}$$

根据规范，考虑地震组合的矩形截面框架柱，其斜截面受剪承载力应符合下式规定：

$$V_c\leqslant\frac{1}{\gamma_{RE}}\left(\frac{1.05}{\lambda+1}f_tbh_0+f_{yv}\frac{A_{sv}}{s}h_0+0.056N\right)\tag{4-53}$$

式中　λ——框架柱的计算剪跨比；当 λ 小于 1.0 时，取 1.0，当 λ 大于 3.0 时，取 3.0；

　　　N——考虑地震组合的框架柱轴向压力设计值，当 N 大于 $0.3f_cA$ 时，取 $0.3f_cA$。

框架柱剪跨比为 $\lambda=4.69>3$，取 $\lambda=3$。

$0.3f_cA=0.3\times16.7\times500\times500=1542.31\text{kN}<N=1566.55\text{kN}$，取 $N=1252.5\text{kN}$，故：

$$\frac{A_{sv}}{s}\gg\frac{\gamma_{RE}V_c-\frac{1.05}{\lambda+1}f_tbh_0-0.056N}{f_{yv}h_0}$$

$$=\frac{0.85\times92.38\times10^3-\frac{1.05}{3+1}\times1.57\times500\times460-0.056\times1252.5\times10^3}{360\times460}=-0.52<0$$

因此，按构造要求配筋满足要求。

（2）配箍率验算

《混凝土结构设计规范》GB 50010—2010（2015 年版）规定抗震等级为三级的框架柱

箍筋加密区的体积配箍率应满足式（4-54）要求，且不应小于0.4%。

$$\rho_v \geqslant \lambda_v \frac{f_c}{f_{yv}} \tag{4-54}$$

式中　　ρ_v——柱箍筋加密区的体积配筋率，计算中应扣除重叠部分的箍筋体积；

　　　　λ_v——最小配箍特征值。

柱E轴压比为0.36，查规范可得，$\lambda_v = 0.066$。

$$\lambda_v \frac{f_c}{f_{yv}} = 0.066 \times \frac{16.7}{360} = 0.31\%$$

加密区体积配箍率为：

$$\rho_v = \frac{n_1 A_{s1} l_1 + n_2 A_{s2} l_2}{A_{cor} s} = \frac{4 \times 50.3 \times (500-25) + 4 \times 50.3 \times (500-25)}{(500-35 \times 2) \times (500-35 \times 2) \times 100} = 1.03\% > 0.4\%,$$

且 $\rho_v = 1.03\% \geqslant \lambda_v \frac{f_c}{f_{yv}} = 0.31\%$

故加密区箍筋体积配箍率满足要求。

4.6.11　楼板设计

1. 设计依据

项目采用钢筋混凝土现浇板，板厚为 $h = 120$mm，混凝土的强度等级C35，$f_c = 16.7$N/mm²；钢筋采用HRB400，$f_y = 360$N/mm²；泊松比 $\mu = 0.2$。梁系把楼盖分为B1、B2、B3、B4等九种双向板，如图4-39所示。

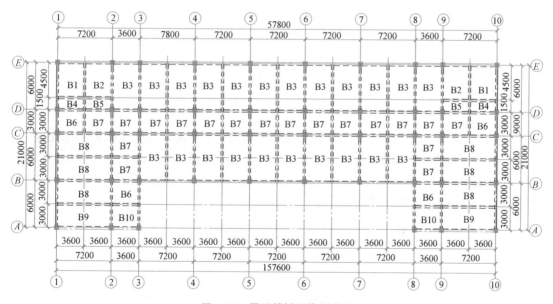

图4-39　屋面楼板区格划分图

根据《混凝土结构设计规范》GB 50010—2010（2015年版）9.1.1要求：对于四边支承的板，当长边与短边长度之比不大于2.0时，应按双向板计算；当板的长边/短边在2~3之间时，宜按双向板计算，本设计分析时采用弹性设计理论。为了方便计算，板跨取轴线到轴线的距离。本设计以标准层编号 B3 板为例。该编号板宽 3.6m，长 6.0m，长宽比小于 2.0。在恒载作用下，每块板上都有自重 g，本板四边均按照固定边界进行计算。

该板厚度为 120mm，永久荷载控制时的标准值为：3.558kN/m²；荷载设计值：$g = 1.3 \times 3.708 = 4.82$kN/m²。

可变荷载控制时的标准值为：2.0kN/m²；活荷载设计值：$q = 1.5 \times 2.0 = 3.0$kN/m²。

折算荷载为：

$$g' = \frac{q}{2} + g = 4.82 + \frac{3.0}{2} = 6.32 \text{kN/m}^2, q' = \frac{q}{2} = \frac{3.0}{2} = 1.5 \text{kN/m}^2$$

活荷载的作用下，隔跨布置 q，布置成棋盘状。本跨中应布置活荷载 q：①每块板均布 $q/2$（四周嵌固支座）；②布置 $\pm q/2$，有活载的板布 $+q/2$，无活载的板布 $-q/2$（四面铰接）。

因此本板计算方式为：①计算支座最大负弯矩，将 $g+q$ 一次作用上去，按四面嵌固支座计算；②计算跨中最大弯矩时，先算 $g+q/2$ 作用下的内力，再算 $q/2$ 作用下的内力，按四面简支。两次所得的弯矩叠加即得到跨中 $M_{\max}$，但值得指出得是①以及②在计算时必须要根据泊松比进行修正。

B3 板短边和长边分别为：$l_{0x} = 3600$mm，$l_{0y} = 6000$mm。

$\dfrac{l_{0x}}{l_{0y}} = \dfrac{3600}{6000} = 0.6$，得出弯矩系数：

$$m_{x1} = 0.0367, m_{x2} = 0.0820, m_{y1} = 0.0076, m_{y2} = 0.0242$$

2. 跨中弯矩的计算：

1) $M_x = (m_{x1} + \mu m_{y1})g' l_0^2 + (m_{y2} + \mu m_{x2})\dfrac{q}{2} l_0^2 = 3.92$kN·m

混凝土保护层的厚度取为 25mm，则板的截面有效高度：

$$h_{0x} = h - c' - \frac{d}{2} = 120 - 25 - 5 = 90 \text{mm}$$

取受压区混凝土等效矩形应力图的应力值与混凝土轴心抗压强度设计值 f_c 的比值 α_1 为 1.0，可以求出受拉钢筋合力点至截面受拉区边缘的距离 a_s 截面内力臂系数 γ_s，最后求出钢筋的截面面积 A_s：

$$a_s = \frac{M_x}{\alpha_1 f_c b h_{0x}^2} = \frac{3.92 \times 10^6}{1.0 \times 16.7 \times 1000 \times 90^2} = 0.0290$$

$$\gamma_s = \frac{1 + \sqrt{1 - 2 \times 0.0290}}{2} = 0.985$$

$$A_s = \frac{M_x}{f_y \gamma_s h_{0x}} = \frac{3.92 \times 10^6}{360 \times 0.985 \times 90} = 122.83 \text{mm}^2$$

因此钢筋配 $\Phi 8@200$，$A_s = 252$mm²，配筋率 $\rho = 252/1000 \times 120 \times 100\% = 0.21\%$，符合构造要求的相关规定，即钢筋直径 $d \geq 8$mm，钢筋间距 $s \leq 200$mm。

$$\rho_{\min} = \max\left(20\%, 0.45\frac{f_t}{f_y}\right) = \max\left(20\%, 0.45 \times \frac{1.57}{360}\right) = 0.2\%, \rho > \rho_{\min}, \text{满足条件。}$$

2）$M_y = (m_{y1} + m_{x1})g'l_0^2 + (m_{x2} + m_{y2})\dfrac{q}{2}l_0^2 = 2.912\text{kN} \cdot \text{m}$

板的有效高度：$h_{0x} = h - c - \dfrac{d}{2} = 120 - 30 - 8 - \dfrac{8}{2} = 78\text{mm}$。

截面抵抗矩系数：$a_s = \dfrac{M_y}{\alpha_1 f_c b h_{0x}^2} = \dfrac{2.912 \times 10^6}{1.0 \times 16.7 \times 1000 \times 78^2} = 0.0287$。

截面内力臂系数：$\gamma_s = \dfrac{1 + \sqrt{1 - 2 \times 0.0287}}{2} = 0.985$。

$$A_s = \dfrac{M_x}{f_y \gamma_s h_{0x}} = \dfrac{2.912 \times 10^6}{360 \times 0.985 \times 90} = 91.25\text{mm}^2$$

因此钢筋配 $\underline{\Phi}\,8@200$，$A_s = 252\text{mm}^2$。

$\rho = 252/1000 \times 120 \times 100\% = 0.21\% > \rho_{min} = 0.2\%$，符合最小配筋率 ρ_{min} 要求。

3. 支座负弯矩的计算

当考虑活荷载在板上满布时，弯矩系数：

$$m_x^0 = -0.0793$$
$$m_y^0 = -0.0571$$
$$g + q = 4.82 + 3.0 = 7.82\text{kN/m}^2$$

支座处的弯矩为：

$$M_x^0 = (m_x^0 + \mu m_y^0)(g + q)l_0^2 = -9.194\text{kN} \cdot \text{m}$$

$$a_s = \dfrac{M_x}{\alpha_1 f_c b h_{0x}^2} = \dfrac{9.194 \times 10^6}{1.0 \times 16.7 \times 1000 \times 90^2} = 0.0680$$

$$\gamma_s = \dfrac{1 + \sqrt{1 - 2 \times 0.0680}}{2} = 0.965$$

$$A_s = \dfrac{M_x}{f_y \gamma_s h_{0x}} = \dfrac{9.194 \times 10^6}{360 \times 0.985 \times 90} = 294.06\text{mm}^2$$

因此钢筋配 $\underline{\Phi}\,8@120$，$A_s = 419\text{mm}^2$。

配筋率 $\rho = 419/1000 \times 120 \times 100\% = 0.35\% > \rho_{min} = 0.2\%$，符合最小配筋率 ρ_{min} 要求。

$$M_y^0 = (m_y^0 + \mu m_x^0)(g + q)l_0^2 = -7.39\text{kN} \cdot \text{m}$$

$$a_s = \dfrac{M_y}{\alpha_1 f_c b h_{0x}^2} = \dfrac{7.39 \times 10^6}{1.0 \times 16.7 \times 1000 \times 78^2} = 0.073$$

$$\gamma_s = \dfrac{1 + \sqrt{1 - 2 \times 0.073}}{2} = 0.962$$

$$A_s = \dfrac{M_x}{f_y \gamma_s h_{0x}} = \dfrac{7.39 \times 10^6}{360 \times 0.962 \times 90} = 237.10\text{mm}^2$$

因此钢筋配 $\underline{\Phi}\,8@150$，$A_s = 335\text{mm}^2$。

$\rho = 335/1000 \times 120 \times 100\% = 0.28\% > \rho_{min} = 0.2\%$，符合最小配筋率 ρ_{min} 要求。

4. 跨中挠度的验算

1）计算参数

荷载准永久组合：
$$M_q = (m_{x1} + m_{y1}) \times (3.708 + 0.5 \times 2) \times 3.6^2 = 2.33 \text{kN} \cdot \text{m}$$

钢筋的弹性模量 $E_s = 200 \times 10^3 \text{N/mm}^2$，混凝土的弹性模量 $E_c = 31.5 \times 10^3 \text{N/mm}^2$，混凝土抗拉强度标准值 $f_{tk} = 2.2 \text{N/mm}^2$，钢筋的抗拉强度设计值 $f_y = 360 \text{N/mm}^2$，板的有效高度 $h_0 = 120 - 25 - 5 = 90 \text{mm}$。

2）受弯构件 B

（1）计算裂缝间纵向受拉钢筋应变不均匀系数 φ

求得受拉钢筋内的应力 σ_{sq}：
$$\sigma_{sq} = \frac{M_q}{\eta h_0 A_s} = \frac{2.33 \times 10^6}{0.87 \times 90 \times 252} = 118.08 \text{N/mm}^2$$

$$A_{te} = 0.5bh = 0.5 \times 1000 \times 120 = 60000 \text{mm}^2$$

$$\rho_{te} = \frac{A_s}{A_{te}} = \frac{252}{60000} \times 100\% = 0.0042$$

$$h_0 = 120 - 25 - 5 = 90 \text{mm}$$

当 $\rho_{te} < 0.01$ 时，取 $\rho_{te} = 0.01$。

$\varphi = 1.1 - 0.65 f_{tk}/(\rho_{te} \cdot \sigma_{sq}) = 1.1 - 065 \times 2.2/(0.01 \times 118.08) = -0.1110 < 0.2$，取 $\varphi = 0.2$。

（2）求 α_E
$$\alpha_E = \frac{E_s}{E_c} = \frac{200 \times 10^3}{31.5 \times 10^3} = 6.35$$

（3）矩形截面的有效面积比
$$\gamma'_f = 0$$

（4）配筋率
$$\rho = \frac{A_s}{bh_0} = \frac{252}{1000 \times 90} \times 100\% = 0.28\%$$

（5）求板的短期刚度 B_s

由《混凝土结构设计规范》GB 50010—2010（2015 年版）7.2.3 可得板的短期刚度 B_s：

$$B_s = \frac{E_s A_s h_0^2}{1.5\varphi + 0.2 + 6\alpha_E/(1 + 3.5\gamma_f)} = \frac{200 \times 10^3 \times 252 \times 90^2 \times 10^{-3} \times 10^{-6}}{1.5 \times 0.2 + 0.2 + 6 \times 6.35 \times 0.0028/(1 + 3.5 \times 0)}$$
$$= 672.91 \text{kN} \cdot \text{m}$$

（6）长期效应组合影响系数 θ

由《混凝土结构设计规范》GB 50010—2010（2015 年版）7.2.5：

$\rho' = 0$ 时，$\theta = 2.0$。$\rho' = A'_s/(bh_0)$

（7）长期刚度 B
$$B = B_s/\theta = 672.91/2 = 336.45 \text{kN} \cdot \text{m}$$

（8）板的挠度 f

由挠度系数 $k = 0.00236$ 可以求出：

$$f=k(g+q)l_0^4/B=0.00236\times7.82\times3.6^4/336.45=9.21\text{mm}$$

$$\frac{f}{l_0}=\frac{9.21}{3600}=0.0026<0.005$$

符合规范规定。

5. 裂缝宽度验算

裂缝间纵向受拉钢筋应变不均匀系数 ψ，按如下公式计算：

$$\psi=1.1-0.65f_{tk}/(\rho_{te}\cdot\sigma_{sq}) \tag{4-55}$$

矩形截面：

$$A_{te}=0.5bh=0.5\times1000\times120=60000\text{mm}^2$$

$$\rho_{te}=\frac{A_s}{A_{te}}=\frac{252}{60000}\times100\%=0.0042$$

$\rho_{te}<0.01$ 时，取 $\rho_{te}=0.01$。

$\psi=1.1-0.65f_{tk}/(\rho_{te}\cdot\sigma_{sq})=1.1-0.65\times2.2/(0.01\times118.19)=-0.1$，取 $\psi=0.2$。

根据《混凝土结构设计规范》GB 50010—2010（2015 年版）7.1.2，可求出按荷载的标准组合或准永久组合并考虑长期作用影响计算的最大裂缝宽度 ω_{max}：

$$\omega_{max}=\alpha_{cr}\psi\frac{\sigma_{sq}}{E_s}(1.9c_s+0.08d_{eq}/\rho_{te}) \tag{4-56}$$

式中 α_{cr}——构件受力特征系数。

$$\omega_{max}=1.9\times0.2\times\frac{118.19}{200\times10^3}\times(1.9\times35+0.08\times8/0.01)=0.029\text{mm}$$

符合规范要求。

4.6.12 楼梯设计

1. 基本资料

本工程采用钢筋混凝土现浇板式楼梯，如图 4-40 所示。建筑标准层层高为 3.30m，两跑楼梯，所以梯段高度为 1.65m。每个梯段 11 级踏步，踏步尺寸高为 150mm，宽为 280mm。楼梯做法：30mm 厚现制水磨石面层，底面为 20mm 厚混合砂浆，采用不锈钢栏杆。

2. 梯段板设计

1) 对梯段板取 1m 宽计算

确定斜板厚度 t。

梯段板的水平投影净长：$l_{n1}=3080\text{mm}$。

由斜梁与水平方向夹角 α 可以求出梯段板斜向长度为：

$$l'_{n1}=\frac{l_{n1}}{\cos\alpha}=\frac{3080}{280/\sqrt{280^2+150^2}}=3494.1\text{mm}$$

$$\cos\alpha=280/\sqrt{280^2+150^2}=0.8815$$

梯段板厚度：$t_1=\left(\frac{1}{25}\sim\frac{1}{30}\right)l'_{n1}=116.47\sim139.7\text{mm}$，取 $t_1=130\text{mm}$。

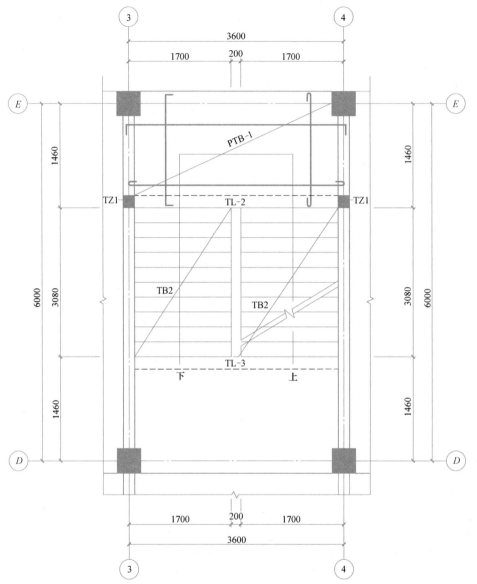

图 4-40　楼梯结构布置示意图

2）荷载计算（表4-99）

梯板荷载计算（kN/m）　　　　　　　　　表 4-99

荷载种类		荷载标准值
恒荷载	栏杆	0.20
	30厚水磨石面层	$(0.15+0.28)\times0.65/0.28=0.998$
	三角形踏步	$0.5\times0.15\times0.28\times25/0.28=1.875$
	混凝土斜板	$0.13\times25\times0.8815=2.8648$
	板底抹灰	$0.02\times17\times0.8815=0.2997$
	恒荷载合计 g	6.24
	活荷载 q	3.50

3）荷载效应组合

$$P = 1.3 \times 6.24 + 1.5 \times 3.50 = 13.36 \text{kN/m}$$

4）内力计算

跨中最大弯矩可取：

$$M = \frac{ql^2}{10} = \frac{13.36 \times 3.08^2}{10} = 12.67 \text{kN} \cdot \text{m}$$

5）配筋计算

$$h_0 = 130 - 20 = 110 \text{mm}$$

$$\alpha_s = \frac{M}{\alpha_1 f_c b h_0^2} = \frac{12.67 \times 10^6}{16.7 \times 1000 \times 110^2} = 0.0627$$

$$\gamma_s = 0.5(1 + \sqrt{1 - 2\alpha_s}) = 0.5 \times (1 + \sqrt{1 - 2 \times 0.0627}) = 0.9676$$

$$A_s = \frac{M}{f_y \gamma_s h_0} = \frac{12.67 \times 10^6}{360 \times 0.9676 \times 110} = 330.66 \text{mm}^2$$

选用钢筋ϕ10@150（$A_s = 523 \text{mm}^2$），分布筋选用ϕ8@200。

3. 平台板设计

1）尺寸取值

长宽比为 3600/(1460−200)=2.86，近似按单向板设计，平台板厚度取 100mm。

2）荷载计算（表 4-100）

平台板荷载计算（kN/m）　　　　　　　　　　　　　　　　表 4-100

	荷载种类	荷载标准值
恒荷载	30 厚水磨石面层	0.65
	平台板自重	25×0.10=2.50
	20 厚混合砂浆	17×0.02=0.34
	恒荷载合计 g	3.49
活荷载 q		3.50

3）内力组合

$$P = 1.3 \times 3.49 + 1.5 \times 3.50 = 9.79 \text{kN/m}$$

4）内力计算

平台板的计算跨度：$l_0 = 1.70 - 0.20 = 1.50 \text{m}$。

弯矩设计值：$M = \frac{1}{10} p l_0^2 = 0.1 \times 9.79 \times 1.5^2 = 2.20 \text{kN} \cdot \text{m}$。

5）配筋计算

$$h_0 = 100 - 20 = 80 \text{mm}$$

$$\alpha_s = \frac{M}{\alpha_1 f_c b h_0^2} = \frac{2.20 \times 10^6}{1.0 \times 16.7 \times 1000 \times 80^2} = 0.0206$$

$$\gamma_s = 0.5(1 + \sqrt{1 - 2\alpha_s}) = 0.5 \times (1 + \sqrt{1 - 2 \times 0.0206}) = 0.9896$$

$$A_s = \frac{M}{\gamma_s f_y h_0} = \frac{2.20 \times 10^6}{0.9896 \times 360 \times 80} = 77.19 \text{mm}^2$$

选配$\phi 8@200$，$A_s = 251.0\mathrm{mm}^2$。

4. 平台梁设计

1) 平台梁计算简图

平台梁的计算跨度取$l = 3600\mathrm{mm}$，平台梁的截面尺寸为$b \times h = 250\mathrm{mm} \times 400\mathrm{mm}$。

2) 荷载计算（表4-101）

平台梁荷载计算（kN/m）　　　　　　　　　　表4-101

荷载种类		荷载标准值
恒荷载	平台梁自重	$25 \times 0.40 \times 0.25 = 2.50$
	15厚底部和侧面抹灰	$17 \times 0.015 \times [0.25 + 2 \times (0.4 - 0.1)] = 0.217$
	斜板传来的荷载	$6.24 \times 3.08/2 = 9.61$
	平台板传来的荷载	$3.49 \times 1.9/2 = 3.32$
	恒荷载合计g	15.65
活荷载q		$3.50 \times (3.08/2 + 1.9/2) = 8.715$

3) 荷载组合

$$P = 1.3 \times 15.65 + 1.5 \times 8.715 = 33.42\mathrm{kN/m}$$

(4) 内力计算

最大弯矩：$M = \dfrac{ql^2}{8} = \dfrac{33.42 \times 3.6^2}{8} = 54.14\mathrm{kN \cdot m}$。

最大剪力：$V = \dfrac{ql}{2} = \dfrac{33.42 \times 3.6}{2} = 61.96\mathrm{kN}$。

5) 配筋计算

(1) 正截面受弯承载力计算

$$h_0 = 400 - 35 = 365\mathrm{mm}$$

$$\alpha_s = \frac{M}{\alpha_1 f_c b h_0^2} = \frac{54.14 \times 10^6}{16.7 \times 250 \times 365^2} = 0.0973$$

$$\gamma_s = 0.5(1 + \sqrt{1 - 2\alpha_s}) = 0.5 \times (1 + \sqrt{1 - 2 \times 0.0973}) = 0.949$$

$$A_s = \frac{M}{\gamma_s f_y h_0} = \frac{54.14 \times 10^6}{0.949 \times 360 \times 365} = 434.17\mathrm{mm}^2$$

纵向受力钢筋选用$3\phi 20$，$A_s = 941\mathrm{mm}^2$。

(2) 斜截面受剪承载能力计算

为了防止发生斜压破坏，其受剪截面应符合下列条件：

验算梁截面尺寸：$h_w = h_0 = 365\mathrm{mm}$。

$$\frac{h_w}{b} = \frac{365}{250} = 1.46 < 4$$

$$0.25\beta_c f_c b h_0 = 0.25 \times 1 \times 16.7 \times 250 \times 365 = 380.97\mathrm{kN} > V$$

$$V_c = 0.7\beta_h f_t b h_0 = 0.7 \times 1 \times 1.57 \times 250 \times 365 = 100.28\mathrm{kN} > V$$

所以不需要计算配置腹筋，按构造配筋，取$\phi 8@200$双肢箍。

4.6.13 基础设计

1. 基本资料

以 E 柱底基础为例进行设计。

本设计选用第②层地基土作为持力层，地基承载力特征值为 $f_{ak}=200\text{kPa}$。综合考虑当地地质状况，本设计基础采用独立基础的形式，中柱处由于柱距过小采用联合基础。

基础设计材料为 C35 混凝土，$f_t=1.57\text{N/mm}^2$；垫层为 C20 混凝土；钢筋选用 HRB400，$f_y=360\text{N/mm}^2$。

2. 荷载计算

1）柱传至基础顶面的各类荷载标准值（表 4-102）

柱传至基础地面的荷载标准值 表 4-102

类别	N(kN)	M(kN·m)	V(kN)
永久荷载	954.04	6.64	−4.64
楼屋面活荷载	192.49	1.64	−1.15
左风荷载	−12.86	−14.21	6.23
右风荷载	12.86	14.21	−6.23

2）基础梁传至基础顶面的荷载效应标准值

（1）纵向基础梁

基础梁尺寸确定：

$$h=\frac{1}{20}\sim\frac{1}{15}=\frac{7200}{20}\sim\frac{7200}{15}=360\sim480\text{mm}，取 h=400\text{mm}。$$

$$b=\frac{1}{35}\sim\frac{1}{25}=\frac{7200}{35}\sim\frac{7200}{25}=205.71\sim288\text{mm}，取 b=250\text{mm}。$$

外基础梁布置时，为了使墙与柱外侧齐平，基础梁靠外侧布置，偏心距为：（0.5−0.25）/2=0.125mm。

基础梁顶的机制砖墙砌到室内底面标高+0.300m 处，基础顶面标高为−1.000m，机制砖墙高为：

$$h_1=1.0+0.3=1.3\text{m}$$

机制砖墙上砌块墙高为：

$$h_2=3.3-0.3-0.6=2.4\text{m}$$

荷载标准值计算：

砌块墙重	$[(7.2-0.5)\times2.4-2.4\times1.8\times2]\times2.39=17.78\text{kN}$
窗户重	$2.4\times1.8\times2\times0.4=3.46\text{kN}$
机制砖墙重	$0.2\times1.3\times(7.2-0.6)\times19=32.60\text{kN}$
基础梁重	$0.25\times0.4\times(7.2-0.5)\times25=16.75\text{kN}$
基础梁传至基础顶面的轴力标准值	70.59kN
基础梁传至基础顶面的弯矩设计值	$70.59\times0.125=8.82\text{kN·m}$

（2）内横向基础梁

基础梁截面尺寸确定：

$$h = \frac{1}{20} \sim \frac{1}{15} = \frac{6000}{20} \sim \frac{6000}{15} = 300 \sim 400\text{mm，取 } h = 400\text{mm}。$$

$$b = \frac{1}{35} \sim \frac{1}{25} = \frac{6000}{35} \sim \frac{6000}{25} = 171.43 \sim 240\text{mm，取 } b = 200\text{mm}。$$

基础梁顶的机制砖墙砌到室内底面标高+0.300m 处，基础顶面标高为−1.000m，机制砖墙高为：

$$h_1 = 1.0 + 0.3 = 1.3\text{m}$$

机制砖墙上砌块墙高为：

$$h_2 = 3.3 - 0.3 - 0.6 = 2.4\text{m}$$

荷载标准值计算：

砌块墙重	$(6-0.5) \times 2.4 \times 1.93 = 25.48\text{kN}$
机制砖墙重	$0.2 \times 1.3 \times (6-0.5) \times 19 = 27.17\text{kN}$
基础梁重	$0.25 \times 0.4 \times (6-0.5) \times 25 = 13.75\text{kN}$
基础梁传至基础顶面的轴力标准值	$66.4/2 = 33.20\text{kN}$

3）基础顶面的荷载效应标准值（表 4-103）

基础顶面处的荷载效应标准值   表 4-103

类别	$N(\text{kN})$	$M(\text{kN} \cdot \text{m})$	$V(\text{kN})$
永久荷载	1057.83	15.46	−3.70
楼屋面活荷载	192.49	1.64	−1.15
左风荷载	−12.86	−14.21	6.23
右风荷载	12.86	14.21	−6.23

3. 荷载效应组合

根据《建筑抗震设计规范》GB 50011—2010（2016 年版）规定：地基主要受力层范围内不存在软弱黏性土层，不超过 8 层且高度不超过 24m 以下的一般民用框架和框架-抗震墙房屋可不进行天然地基及基础的抗震承载力验算。因此本建筑设计只需要进行天然地基及基础的非抗震设计。

1）非抗震设计时的荷载效应标准组合

（1）组合①：$S_k = S_{Gk} + S_{Qk}$

$N_k = 1057.83 + 192.49 = 1250.32\text{kN}$

$M_k = 15.46 + 1.64 = 17.10\text{kN} \cdot \text{m}$

$V_k = -4.64 - 1.15 = -5.79\text{kN}$

（2）组合②：$S_k = S_{Gk} + S_{Qk} + 0.6S_{Wk}$

左风作用情况：

$N_k = 1057.83 + 192.49 - 0.6 \times 12.90 = 1242.58\text{kN}$

$M_k=13.46+1.64-0.6\times14.21=8.58\text{kN}\cdot\text{m}$

$V_k=-4.64-1.15+0.6\times6.23=-2.05\text{kN}$

右风作用情况：

$N_k=1057.83+192.49+0.6\times12.86=1258.04\text{kN}$

$M_k=15.46+1.64+0.6\times14.21=25.63\text{kN}\cdot\text{m}$

$V_k=-4.64-1.15-0.6\times6.23=-9.53\text{kN}$

2）非抗震设计时的荷载效应基本组合

从柱的荷载基本组合表中挑出三组柱传至基础顶面的最不利荷载设计值如表 4-104 所示。

表 4-104

柱传至基础顶面的最不利荷载设计值

组合	$+M_{max}$	$-M_{max}$	$+N_{max}$
$M(\text{kN}\cdot\text{m})$	31.68	-12.94	23.89
$N(\text{kN})$	1461.72	1136.79	1540.60
$V(\text{kN})$	-16.58	∕3.51	-13.35

基础梁传至基础顶面的荷载效应设计值如下：

$+M_{max}$，$-M_{max}$ 的组合：

$M=1.2\times8.82=10.58\text{kN}\cdot\text{m}$

$N=1.2\times103.79=124.55\text{kN}$

$+N_{max}$ 的组合：

$M=1.35\times8.82=11.91\text{kN}\cdot\text{m}$

$N=1.35\times103.79=140.12\text{kN}$

基础顶面处的荷载效应组合设计值如表 4-105 所示。

表 4-105

基础顶面的荷载效应设计值

组合	$+M_{max}$（Ⅰ）	$-M_{max}$（Ⅱ）	$+N_{max}$（Ⅲ）
$M(\text{kN}\cdot\text{m})$	42.26	-2.36	35.80
$N(\text{kN})$	1586.27	1261.34	1680.71
$V(\text{kN})$	-15.25	4.55	-11.98

4. 基础尺寸的确定

根据《建筑地基基础设计规范》GB 50007—2011 要求，当采用独立基础时，基础埋深一般自室外设计地面标高算起。基础埋深至少取建筑物高度的 1/15（17.10/15＝1.14m），基础高度暂按柱截面高度加 200～300mm 设计，则基础高度取 $h=0.8\text{m}$，又因为基础顶面标高为-1.000m，故基础埋深 d：

$$d=1.00+0.8=1.8\text{m}$$

由地质资料，选择第②层地基土作为持力层，地基承载力特征值为 $f_{ak}=200\text{kPa}$。

按《建筑地基基础设计规范》GB 50007—2011 第 5.2.4 条规定，当基础宽度大于 3m，埋深大于 0.5m 时，地基承载力特征值按下式进行修正：

$$f_a=f_{ak}+\eta_b\gamma(b-3)+\eta_d\gamma_m(d-0.5) \tag{4-57}$$

式中　f_a——修正后的地基承载力特征值（kPa）；

　　　f_{ak}——按现场载荷试验确定的地基承载力特征值（kPa）；

　　　γ——基底以下土的天然重度，地下水位以下用浮重度，根据地质资料计算得 $19kN/m^3$；

　　　γ_m——基础地面以上土的加权平均重度，地下水位以上用浮重度，取为 $20kN/m^3$；

　　　b——基础宽度，暂时取为3m；

　　　d——基础埋置深度；

η_b、η_d——相应基础宽度和埋置深度的承载力修正系数，$\eta_b=0.3$，$\eta_d=1.6$。

故：

$$f_a = f_{ak} + \eta_b \gamma (b-3) + \eta_d \gamma_m (d-0.5)$$
$$= 200 + 0.3 \times 19 \times (3-3) + 1.6 \times 20 \times (1.8-0.5) = 241.6kPa$$

基础面积计算，基底面积可以先按照轴心受压时面积的 1.1～1.4 倍估算：

$$A = \frac{N_k}{f_a - \gamma_m d} = \frac{1258.06}{241.6 - 20 \times 1.8} = 6.12m^2$$

考虑到偏心荷载作用下应力分布不均匀，将 A 增大 10%～40%，则：

$$A = (1.1 \sim 1.4) \times 6.12 = 6.73 \sim 9.42m^2$$

取 $A = 2.8 \times 2.8 = 7.84m^2$，基础宽度小于 3m，不用再对地基承载力进行修正。

另外，《建筑地基基础设计规范》GB 50007—2011 第 8.2.2 条规定，锥形基础的边缘高度不宜小于 200mm，所以取该基础的边缘高度为 400mm。

5. 基底压力验算

根据《建筑地基基础设计规范》GB 50007—2011 第 5.2.1 和第 5.2.2 条规定进行计算。

基础底面抵抗矩：$W = \frac{1}{6} bl^2 = \frac{1}{6} \times 2.8^3 = 3.66m^3$。

基础自重及基础以上土自重标准值：$G_k = 1.9 \times 2.8 \times 2.8 \times 20 = 297.9kN$。

1）对荷载组合①：$S_k = S_{Gk} + S_{Qk}$ 进行验算

$N_k = 1250.32kN$，$M_k = 17.10kN \cdot m$，$V_k = -5.79kN$（使用绝对值）

$$P_k = \frac{N_k + G_k}{A} = \frac{1250.32 + 297.9}{7.84} = 197.48kPa < f_a = 241.6kPa（满足要求）$$

在荷载标准值作用下，基础底面处的平均压力值：

$$P_k = \frac{N_k + G_k}{A} + \frac{M_k + V_k h}{W} = \frac{1250.32 + 297.9}{7.84} + \frac{17.10 + 5.79 \times 0.8}{3.66} = 203.42kPa <$$

$1.2 f_a = 289.92kPa$（满足要求）

$$P_k = \frac{N_k + G_k}{A} + \frac{M_k + V_k h}{W} = \frac{1250.32 + 297.9}{7.84} - \frac{17.10 + 5.79 \times 0.8}{3.66} = 191.54kPa > 0$$

（满足要求）

2）对荷载组合②：$S_k = S_{Gk} + S_{Qk} + 0.6 S_{Wk}$（左风）进行验算

$N_k = 1242.58kN$，$M_k = 8.58kN \cdot m$，$V_k = -2.05kN$（使用绝对值）

$$P_k = \frac{N_k + G_k}{A} = \frac{1242.58 + 297.9}{7.84} = 196.49kPa < f_a = 241.6kPa（满足要求）$$

$$P_k = \frac{N_k + G_k}{A} + \frac{M_k + V_k h}{W}$$

$$= \frac{1242.58 + 297.9}{7.84} + \frac{8.58 + 2.05 \times 0.8}{3.66} = 199.28 \text{kPa} < 1.2 f_a$$

$$= 289.92 \text{kPa （满足要求）}$$

$$P_k = \frac{N_k + G_k}{A} - \frac{M_k + V_k h}{W} = \frac{1242.58 + 297.9}{7.84} - \frac{8.58 + 2.05 \times 0.8}{3.66} = 193.70 \text{kPa} > 0$$

（满足要求）

3）对荷载组合②：$S_k = S_{Gk} + S_{Qk} + 0.6 S_{Wk}$（右风）进行验算

$N_k = 1258.06 \text{kN}$，$M_k = 25.63 \text{kN} \cdot \text{m}$，$V_k = -9.53 \text{kN}$（使用绝对值）

$$P_k = \frac{N_k + G_k}{A} = \frac{1258.06 + 297.9}{7.84} = 198.47 \text{kPa} < f_a = 241.6 \text{kPa} （满足要求）$$

$$P_k = \frac{N_k + G_k}{A} + \frac{M_k + V_k h}{W}$$

$$= \frac{1258.06 + 297.9}{7.84} + \frac{25.63 + 9.53 \times 0.8}{3.66} = 207.55 \text{kPa} < 1.2 f_a = 289.92 \text{kPa} （满足要求）$$

$$P_k = \frac{N_k + G_k}{A} - \frac{M_k + V_k h}{W}$$

$$= \frac{1258.06 + 297.9}{7.84} - \frac{25.63 + 9.53 \times 0.8}{3.66} = 189.38 \text{kPa} > 0 （满足要求）$$

6. 基础配筋计算

基础底面地基净反力设计值计算见表 4-106。

基础地面地基净反力值计算

表 4-106

内力	I	II	III
$N_d = N(\text{kN})$	1586.27	1261.34	1680.71
$M_d = M + V h(\text{kN} \cdot \text{m})$	54.46	1.28	45.38
$p_{j,\max} = \dfrac{N_d}{A} + \dfrac{\|M_d\|}{W}(\text{kN/m}^2)$	217.20	161.24	226.77
$p_{j,\min} = \dfrac{N_d}{A} - \dfrac{\|M_d\|}{W}(\text{kN/m}^2)$	187.44	160.54	201.97

注：M_d 作用于基础底面力矩值；$p_{j,\max}$ 基础底面边缘的最大压力值；$p_{j,\min}$ 基础底面边缘的最小压力值。

1）受冲切承载力验算

基础混凝土强度等级根据其所处的环境类别为二（a）类。因此根据《混凝土结构设计规范》GB 50010—2010（2015 年版）第 3.5.3 条表 3.5.3 选用 C35。基础底面以上有 C20 混凝土垫层（厚度为 100mm）。因此基础最外层纵向受力钢筋的混凝土保护层厚度 40mm。基础的受冲切承载力根据《建筑地基基础设计规范》GB 50007—2011 第 8.2.7 及第 8.2.8 条的规定进行计算，基础的计算简图如图 4-41 所示。

柱与基础交接处的受冲切承载力：

基础有效高度：$h_0 = 800 - 40 - 20/2 = 750 \text{mm}$。

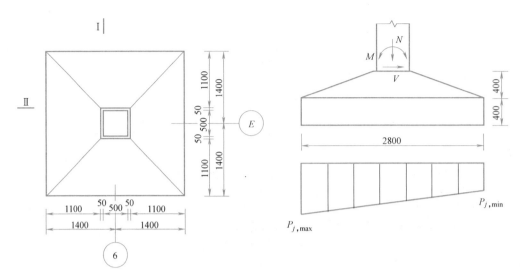

图 4-41　基础计算简图

冲切荷载设计值：$F_l = P_{\max}A = 226.78 \times \dfrac{1}{2} \times (2.8 + 2.8 - 0.3 \times 2) \times 0.3 = 170.08\text{kN}$。

$a_t = 800\text{mm}$，$a_b = 800 + 2 \times 750 = 2300\text{mm} < 3000\text{mm}$

$a_m = \dfrac{a_t + a_b}{2} = \dfrac{800 + 2300}{2} = 1550\text{mm}$

$0.7\beta_{hp}f_t a_m h_0 = 0.7 \times 1.0 \times 1.57 \times 1550 \times 750 = 1277.6\text{kN} > 170.08\text{kN}$，满足要求。

2）基础底板配筋计算

取Ⅲ组的最不利基底反力计算配筋。

（1）柱边截面Ⅰ-Ⅰ处弯矩 M_{I}

$$M_{\mathrm{I}} = \frac{1}{24}\left(\frac{p_{j,\max} + p_{j,\min}}{2}\right)(b - h_c)^2(2l + b_c)$$

$$= \frac{1}{24} \times \left(\frac{226.78 + 217.21}{2}\right) \times (2.8 - 0.6)^2 \times (2 \times 2.8 + 0.6) = 277.57\text{kN} \cdot \text{m}$$

Ⅰ-Ⅰ截面所需钢筋用量：$A_{s\mathrm{I}} = \dfrac{M_{\mathrm{I}}}{0.9f_y h_0} = \dfrac{277.57 \times 10^6}{0.9 \times 360 \times 750} = 1142.22\text{mm}^2$。

《混凝土结构设计规范》GB 50010—2010（2015 年版）第 8.5.2 条规定，基础的最小配筋率不应小于 0.15%，按此规定：

$$A_{s,\min} = 0.15\%A = 0.15\% \times \left(400 \times 2800 + \frac{400 \times (600 + 100 + 2800)}{2}\right) = 2730\text{mm}^2$$

故选配钢筋为 $\Phi16@200$，$A_{s\mathrm{I}} = 3016.5\text{mm}^2 > 2730\text{mm}^2$，满足要求。

（2）柱边截面Ⅱ-Ⅱ处弯矩 M_{II}

$$M_{\mathrm{II}} = \frac{1}{24}\left(\frac{p_{j,\max} + p_{j,\min}}{2}\right)(l - b_c)^2(2b + h_c)$$

$$= \frac{1}{24} \times \left(\frac{226.78 + 201.98}{2}\right) \times (2.8 - 0.6)^2 \times (2 \times 2.8 + 0.6) = 268.04\text{kN} \cdot \text{m}$$

Ⅱ-Ⅱ截面所需钢筋用量：$A_{sⅡ}=\dfrac{M_{Ⅱ}}{0.9f_yh_0}=\dfrac{268.04\times10^6}{0.9\times360\times750}=1103.03mm^2$。

《混凝土结构设计规范》GB 50010—2010（2015 年版）第 8.5.2 条规定，基础的最小配筋率不应小于 0.15%，按此规定：

$$A_{s,min}=0.15\%A=0.15\%\times\left(400\times2800+\dfrac{400\times(600+100+2800)}{2}\right)=2730mm^2$$

故选配钢筋为 Φ 16@200，$A_{sⅡ}=3016.5mm^2>2730mm^2$，满足要求。

根据《建筑地基基础设计规范》GB 50007—2011 第 8.2.1 条规定，柱下钢筋混凝土独立基础的边长和墙下钢筋混凝土条形基础的宽度大于 2.5m，底板受力钢筋的长度可取边长的或宽度的 0.9 倍，并交错布置。

本章小结

（1）框架结构是指由梁、板、柱及基础等承重构件组成的结构体系，具有建筑平面布置灵活、自重较轻等特点，常用于建筑物有较大空间使用要求的多层建筑中。

（2）框架结构的布置要满足生产工艺、建筑功能、结构受力合理和施工方便等因素。承重框架的布置方案有横向框架承重、纵向框架承重，以及纵、横向框架混合承重。

（3）框架结构设计主要包括框架结构布置，初步确定梁、柱截面尺寸，确定结构计算简图，竖向和水平荷载的计算，然后进行内力分析、组合与截面配筋计算。其中竖向荷载作用下框架内力的近似分析多采用分层法和弯矩二次分配法，水平荷载作用下框架内力的近似分析多采用反弯点法和 D 值法。

（4）对一般的多层框架结构，框架结构水平位移是由梁、柱弯曲变形所产生的变形量，而未考虑梁、柱的轴向变形和截面剪切变形所产生的结构侧移。

（5）现浇框架梁柱的纵向钢筋和箍筋，除分别满足受弯构件和受压构件承载力计算要求外，尚应满足钢筋直径、间距、根数、锚固长度、搭接长度以及节点等构造要求。构件连接节点是框架设计的一个重要组成部分。现浇框架的梁柱连接节点都做成刚性节点。

（6）高层框架结构的设计特点：水平荷载成为设计的关键因素、水平荷载作用下的侧移是设计的控制因素、框架柱的轴力需要考虑。

思考与练习题

4-1　钢筋混凝土框架结构按施工方法的不同有哪些形式？各有何优缺点？

4-2　试分析框架结构在水平荷载作用下，框架柱反弯点高度的影响因素有哪些？

4-3　D 值法中 D 值的物理意义是什么？

4-4　试分析单层单跨框架结构承受水平荷载作用，当梁柱的线刚度比由零变到无穷大时，柱反弯点高度是如何变化的？

4-5　框架结构设计一般可对梁段负弯矩进行调幅，现浇框架梁与装配整体式框架梁的负弯矩调幅系数取值是否一致？哪个大？为什么？

4-6　钢筋混凝土框架柱计算长度的取值与框架结构的整体侧向刚度有何联系？

4-7　框架梁、柱纵向钢筋在节点内的锚固有何要求？

4-8　高层框架结构上的主要荷载与多层框架结构上的荷载有何区别？

4-9　一钢筋混凝土单跨三层框架，节点承受的节点水平集中荷载如图所示，用 D 值法求图 4-42 所示框架的 M_{AB} 弯矩，构件上所注明的数字为相对线刚度。

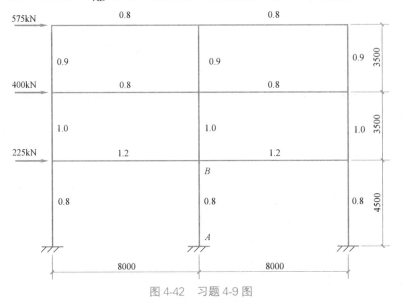

图 4-42　习题 4-9 图

4-10　如图 4-43 所示两层三跨钢筋混凝土框架的计算简图。各柱线刚度均为 $1.5 \times 10^4 \mathrm{kN} \cdot \mathrm{m}$，边柱侧移刚度修正系数为 $\alpha = 0.6$，中柱侧移刚度修正系数为 $\alpha = 0.7$。试用 D 值法计算 AB 柱的 A 端弯矩。

4-11　分别用反弯点法和 D 值法计算图 4-44 所示框架结构的内力（弯矩、剪力、轴力）和水平位移。图中在各杆件旁标出了线刚度，其中 $i = 2600 \mathrm{kN} \cdot \mathrm{m}$。

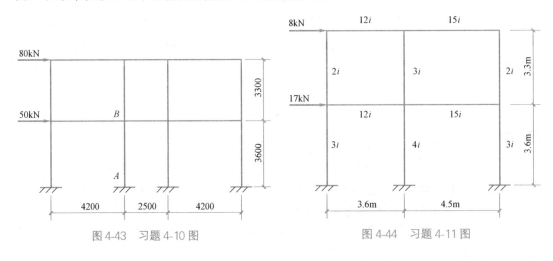

图 4-43　习题 4-10 图　　　　　　　　　图 4-44　习题 4-11 图

第 5 章 砌 体 结 构

本章要点及学习目标

本章要点：
(1) 砌体材料的种类、强度以及砌体的力学性能；
(2) 无筋、配筋砌体构件受压承载力的计算和局部受压承载力验算；
(3) 砌体结构房屋的墙体设计及相应的构造要求；
(4) 过梁、圈梁、挑梁及墙梁的受力特点和设计方法。

学习目标：
(1) 了解砌体房屋所用材料的性能特点及选用原则；
(2) 了解砌体弹性模量的基本概念，理解无筋砌体受压构件的受力特点；
(3) 掌握无筋砌体受压构件、局部受压承载力计算方法；
(4) 理解砌体结构房屋的静力计算方案的划分，掌握墙、柱高厚比验算的方法和构造措施；
(5) 熟练掌握砌体结构刚性方案房屋墙、柱设计计算方法；
(6) 了解过梁、圈梁、挑梁及墙梁的构造要点。

5.1 砌体结构概述

5.1.1 砌体结构的定义和优缺点

万里长城（图 5-1）是古代中国在不同时期为抵御塞北游牧部落联盟侵袭而修筑的规模浩大军事工程。旧长城原为黏土拌合乱石建造，现在河北、山西北部的长城是在明代中叶改用大块精制城砖重建。

图 5-1 万里长城图

图 5-2 无梁殿

南京灵谷寺无梁殿（图5-2）整座建筑全部用砖垒砌，没有木梁、木柱。著名的意大利比萨斜塔（图5-3）、印度泰姬陵（图5-4）均采用石材砌筑。现在很多的多高层住宅（图5-5）常采用混凝土空心砌块建造。

图5-3　意大利比萨斜塔　　　　图5-4　印度泰姬陵　　　　图5-5　砌体高层住宅

在以上的建筑物或构筑物中，主要受力构件均采用砖、石或砌块等块材，用砂浆砌筑而成，这样的结构称之为砌体结构。根据所用的块材不同分为三类：砖砌体、石砌体和砌块砌体。由于过去大量应用的是砖砌体和石砌体，所以砌体结构习惯上又称为砖石结构。砌体结构的受力特点是抗压强度高，抗拉强度低。因此，砌体结构主要用于受压构件（如基础、柱、墙等），较少用作受拉或受弯构件。

砌体结构有悠久的发展历史，目前已成为应用范围较广泛的结构形式之一。其主要优点是来源广泛，可就地取材；运输和施工简便，造价低；耐久性和耐火性好；保温、隔热和隔声性好。砌体结构也有它的缺点，如手工方式砌筑，劳动效率低；自重大，整体性差，不利于抗震；强度低，特别是抗拉、抗剪和抗弯强度很低，抗震性能较差。表5-1列出了砖砌体与混凝土、钢材有关指标的对比情况。可以看出，砖砌体的强度重量比和拉压强度比远小于混凝土和钢材。

砖砌体和混凝土、钢材的对比　　　　　　　　　　　　　　　表5-1

常用建筑材料	砖砌体 （MU10、M5）	混凝土 （C20）	钢材 （Q235）
抗压强度/重量比	$1.50/19 \cong 1/12.7$	$9.6/24 \cong 1/2.5$	$235/78.5 \cong 1/0.33$
抗拉强度/抗压强度	$0.13/1.50 \cong 1/11.5$	$1.1/9.6 \cong 1/8.7$	$235/235 \cong 1/1$

砌体结构主要的应用领域为建筑、交通、水利工程等。目前，住宅、办公楼等部分民用建筑中的基础、内外墙、柱等采用砌体建造；工业厂房建筑及钢筋混凝土框架结构的围护墙往往采用砌体来砌筑。此外，砌体结构还用于建造其他各种构筑物，如拱桥、挡土墙、地沟、小型水池等。

5.1.2　砌体结构的现状及发展趋向

砌体结构所用块体材料最早为砖，是用黏土制成坯子，干燥后经过高温烧制而成的一种建筑材料。在中国殷商时期（公元前 1388 年—前 1122 年），开始采用日光晒干的黏土砖（土坯）来砌筑墙，到了西周时期（公元前 1134 年—前 771 年）已有烧制的瓦，战国时期已有烧制的大尺寸空心砖，秦朝时期砖被广泛用作建筑材料。据陕西省考古研究所在陕西蓝田一处仰韶时代考古遗址中发现了严格意义上的烧制砖块，将中国烧制砖的历史至少被追溯到距今 5000～5300 年前。伴随着建筑工业化而产生的砌块，具有比砖规格更大、品种更多、质量更有保证以及更优的力学性能，此外砌块还是一种节能、节地、节材、环保的建筑材料。近年来，随着科技的发展、社会的进步以及功能要求的改变，我国的砌体结构理论和应用得到了迅速的发展，已经由单一的砖石结构发展到以烧结和非烧结、实心和空心、无筋和配筋、多层和高层等多种块材和多种结构体系并存的格局。

1. 新型砌体材料涌现

随着我国节能减排、墙材革新工作的推进，以及低碳、绿色建筑的发展，已有很多轻质高强、节能利废的新型砌块产品出现。目前，新型蒸压粉煤灰砖、蒸压灰砂砖、混凝土普通砖与混凝土多孔砖等新型墙体材料逐渐取代原有的烧结砖，得到较大范围的推广与应用。它们与其性能相适应的专用砌筑砂浆和专用抹灰砂浆配套使用，极大地提高了砌体结构的受力性能和抗震性能。块体之间的连接也得到新的发展，如有以特殊砂浆为胶凝材料的，也有以块体本身的榫头连接、免砂浆的；块体的用途也有了突破，出现了集保温、装饰与承重为一体的节能复合砌块等。

2. 设计理论发展

砖石是一种古老的建筑材料，早期的设计主要采用弹性理论为基础的许可应力设计法。

20 世纪 30 年代后期，苏联已注意到按弹性理论的计算结果和试验结果不符的问题，1955 年颁布苏联规范（HNTY 120—55），首次提出极限状态设计法，采用三个系数考虑荷载、材料、工作条件对承载力的影响。我国 1973 年颁布的《砖石结构设计规范》GBJ 3—73 采用单一安全系数综合考虑其影响。两者均属半经验半概率的极限状态设计法。

20 世纪 80 年底开始，我国逐步采用了以概率理论为基础的极限状态设计方法，对砌体规范先后进行了三次修订。现行的《砌体结构设计规范》GB 50003—2011 是 2011 年颁布执行的（以下简称《砌体规范》）。随着科学技术的进步，古老的砌体结构将逐步被现代砌体结构所替代，砌体结构的设计方法也将得到不断地创新与发展。

3. 既有砌体结构房屋的加固改造

我国 20 世纪 70 年代前后建造的砌体结构房屋，建造时很少考虑房屋的抗震设防，大都存在不同程度的安全隐患。此外，既有建筑的增层改造、功能改造越来越多，改造前房屋的鉴定与抗震加固必须进行。采用外墙增设钢筋混凝土圈梁、构造柱，内墙设置钢拉杆的抗震加固方法应用最为广泛，此外，粘贴碳纤维布条、喷射剥离纤维聚合物复合材料、粘锚薄钢板条以及方形钢管混凝土柱组合装配式围套加固等具有一定技术创新的砌体加固方法也有深入的研究工程实践。

4. 砌体的工业化技术得到发展

在砌体结构的预制、装配化方面，也有一定的应用与发展。无砂浆砌体体系是一种新型的绿色结构体系，具有工业化程度高、砌筑质量好、施工工艺简单、生产成本低、绿色环保等多项优势。根据块体之间连接方式的不同，有三种类型，即几何连锁无砂浆砌体墙、预应力无砂浆砌体墙、灌孔无砂浆砌体墙。此外，砌体结构的机械化、工业化施工工艺，也是一个重要的发展趋向。

5.2　砌体的材料及物理力学性能

5.2.1　块体的种类和强度等级

块体包括砖、砌块和石材，是砌体的主要组成部分。砖与砌块通常按块体的高度尺寸来划分，块体高度小于 180mm 称为砖，反之称为砌块。

1. 砖

在我国，用于砌体结构的砖主要有烧结砖、蒸压砖和混凝土砖三类，其强度等级和适用范围见表 5-2。烧结普通砖的标准规格尺寸为 240mm×115mm×53mm，烧结多孔砖分为 P 型砖和 M 型砖，P 型砖规格尺寸为 240mm×115mm×90mm，M 型砖规格尺寸为 190mm×190mm×90mm。烧结空心砖的长、宽、高尺寸应符合下列要求：390mm、290mm、240mm、190mm、180mm、175mm、140mm、115mm、90mm（也可由供需双方商定）。混凝土普通砖的外形尺寸与烧结普通砖相同，而混凝土多孔砖外形尺寸与 P 型烧结多孔砖相同。

砖的分类与适用范围   表 5-2

砖的分类		主要原料	强度等级	适用范围
烧结砖	烧结普通砖	煤矸石、页岩、粉煤灰、黏土等	MU30、MU25、MU20、MU15、MU10	主要用于承重墙体和围护结构，现已逐渐禁止或限制使用
	烧结多孔砖			主要用于承重部位的砖
	烧结空心砖		MU10、MU7.5、MU5、MU3.5	主要用于非承重部位的砖
蒸压砖	蒸压灰砂砖	砂、石灰	MU25、MU20、MU15、MU10	主要用于一般建筑的内、外墙，以及房屋的基础
	蒸压粉煤灰砖	粉煤灰、石灰		
混凝土砖	混凝土普通砖	水泥、骨料	MU30、MU25、MU20、MU15	主要用于砌筑墙体
	混凝土多孔砖			

注：MU 表示砌体中的块体，其后的数字表示块体的强度大小，单位为 MPa。

2. 砌块

砌块是利用普通混凝土或轻集料混凝土、工业废料（炉渣、粉煤灰等）或地方材料制成的人造块材，一般包括混凝土空心砌块、硅酸盐实心砌块和加气混凝土砌块。硅酸盐实心砌块以粉煤灰硅酸盐为主，其加工工艺与蒸压粉煤灰砖类似。加气混凝土砌块用加气混凝土和泡沫混凝土制成，其重力密度为 4～6kN/m³，广泛应用于工业与民用建筑的围护结构。砌块的尺寸比砖大，用来砌筑墙体可提高施工速度，减少劳动量；此外，生产砌块多采用工农业废料和地方材料，可节约黏土资源和改善环境。

目前承重墙体材料中应用最为普遍的是单排孔混凝土小型空心砌块，主要规格尺寸为 390mm×190mm×190mm，最小外壁厚不小于 30mm，最小肋厚不小于 25mm，孔洞率一般在 25%～50% 之间，常简称为混凝土砌块，如图 5-6 所示。

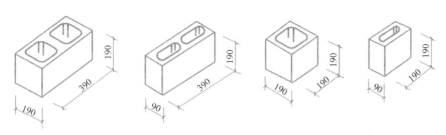

图 5-6 混凝土空心砌块

承重结构的混凝土砌块、轻集料混凝土砌块强度等级为 MU20、MU15、MU10、MU7.5 和 MU5。自承重的轻集料混凝土砌块的强度等级为 MU10、MU7.5、MU5 和 MU3.5。

3. 石材

天然的建筑石材按其重力密度大小分为重质天然石（重力密度大于 $18kN/m^3$）及轻质天然石（重力密度小于 $18kN/m^3$），重质天然石（花岗石、砂岩、石灰石等）具有高强度、高抗冻性和抗气性等，可用于基础砌体或者房屋的贴面层。但是重质石具有高传热性，用作采暖房屋墙壁时，厚度要大，因此一般是不经济的。目前，石材主要在有开采和加工条件的地区使用。应予注意的是新开采的石料，往往散发氡气，会造成室内污染。

石材按其加工后的外形规则程度分为料石和毛石等。料石又分为细料石、半细料石、粗料石和毛料石。毛石的形状不规则，但要求毛石的中部厚度不小于 200mm。

石材的强度等级分为 MU100、MU80、MU60、MU50、MU40、MU30 和 MU20。

5.2.2 砂浆的种类和强度等级

砂浆是由胶凝材料（水泥、石灰等）和细集料（砂）加水搅拌而成的混合料。其主要作用是将块材按一定的砌筑方法粘成整体，并抹平块体表面而使得块体受力均匀；同时，砂浆填满块体间水平和竖直缝隙，减少砌体的透气性，提高砌体的保温性能和抗冻性能。

1. 砂浆的分类

砂浆按其组成可分为水泥砂浆、混合砂浆、非水泥砂浆和专用砂浆四类，砂浆的分类与适用范围见表 5-3。

砂浆的分类与适用范围   表 5-3

砂浆	组成	特性	适用范围
水泥砂浆	水泥＋砂＋水	硬化快、强度高、耐久性好；流动性和保水性差	一般用于强度有较高要求的砌体以及潮湿环境中
混合砂浆	水泥＋砂＋石灰＋水	有一定的强度和耐久性；和易性和保水性好	一般用于地面以上的砌体或非潮湿环境中
非水泥砂浆	石灰＋砂＋水；石膏＋砂＋水；黏土＋砂＋水	和易性好；强度低、耐久性差	一般用于承受荷载不大或临时性的砌体
专用砂浆	水泥＋砂＋掺合料＋外加剂＋水	粘结性能好；和易性好	专用于混凝土砌块、蒸压灰砂普通砖、蒸压粉煤灰普通砖的砌筑

2. 砂浆的强度等级

砂浆的强度等级一般由 70.7mm 的立方体标准试件、在标准养护条件下 28d 的抗压强度确定，按下列规定采用：

（1）烧结普通砖、烧结多孔砖、蒸压灰砂砖、蒸压粉煤灰砖砌体采用的普通砂浆强度等级为：M15、M10、M7.5、M5 和 M2.5；

（2）蒸压灰砂砖、蒸压粉煤灰砖采用的专用砌筑砂浆强度等级为：Ms15、Ms10、Ms7.5 和 Ms5；

（3）混凝土砖和单排孔混凝土砌块砌体采用的砂浆强度等级为：Mb20、Mb15、Mb10、Mb7.5 和 Mb5；双排孔或多排孔轻骨料砌块砌体采用的砂浆强度等级为：Mb10、Mb7.5 和 Mb5；

（4）毛料石和毛石砌体采用的砂浆强度等级为：M7.5、M5 和 M2.5。

3. 砂浆的性能要求

（1）砂浆应具有足够的强度和耐久性；

（2）砂浆应具有一定的流动性，以便于砌筑，保证砌筑质量，提高砌体强度；

（3）砂浆应具有足够的保水性，以保证砂浆正常硬化时所需的水分。

4. 混凝土砌块灌孔混凝土

灌孔混凝土是砌块砌筑中灌注芯柱、填实孔洞的专用混凝土，由水泥、骨料、水及根据需要按一定比例掺入的掺合料和外加剂等，采用机械搅拌而成的高流动性、低收缩性的细石混凝土。其掺合料主要采用粉煤灰。外加剂包括减水剂、早强剂、促凝剂、缓凝剂和膨胀剂等。灌孔混凝土的作用是保证砌体的整体工作性能、抗震性能以及局部受压性能。

混凝土砌块灌孔混凝土的强度等级用 Cb 表示，以区别于普通混凝土，强度等级有 Cb40、Cb35、Cb30、Cb25 和 Cb20 五个，一般采用 Cb20 细石混凝土。

5.2.3 砌体结构材料的选用

砌体结构材料应依据其承载性能、节能环保性能、使用环境条件合理选用。

1. 块体材料

砌体结构中应推广以废弃砖瓦、混凝土块、渣土等废弃物为主要材料制作的块体。选用的块体材料应满足抗压强度等级和变异系数的要求。对应用于承重墙体的多孔砖和蒸压普通砖尚应满足抗折指标的要求。对处于不同环境类别的承重砌体，所用的块体材料尚应满足最低强度等级、抗冻性能以及抗渗、耐酸、耐碱性等性能指标。

填充墙的块材最低强度指标应符合：

（1）内墙空心砖、轻骨料混凝土砌块、混凝土空心砌块应为 MU3.5，外墙应为 MU5；

（2）内墙蒸压加气混凝土砌块应为 A2.5，外墙应为 A3.5。

下列部位或环境中的填充墙不应使用轻骨料混凝土小型空心砌块或蒸压加气混凝土砌块砌体：

（1）建（构）筑物防潮层以下墙体；

（2）长期进水或化学侵蚀环境；

（3）砌体表面温度高于 80℃的部位；

（4）长期处于有振动源环境的墙体。

2. 砂浆

砌筑砂浆的最低强度等级应符合相关规定。混凝土砌块砌体的灌孔混凝土强度等级不应低于 Cb20，且不应低于 1.5 倍的块体强度等级。设计有抗冻要求的砌体，砂浆应进行冻融试验，其抗冻性能不应低于墙体块材。配筋砌块砌体中灌孔混凝土应具有抗收缩性能，当安全等级为一级或设计工作年限大于 50 年，砂浆和灌孔混凝土的最低强度等级应在相关规定基础上至少提高一级。

5.2.4 砌体的种类和力学性能

1. 砌体的种类

砌体按照在结构中的作用分为承重砌体和非承重砌体；如以墙体作为竖向承重构件的多层住宅、宿舍等，承重墙体为承重砌体；框架结构中的围护墙、隔墙等，并不承重，称为非承重砌体。另外，按照块体的不同可分为砖砌体、砌块砌体和石砌体；按照配置钢筋与否又分为无筋砌体和配筋砌体。

2. 砌体的受压性能

1）砌体的受压破坏全过程

砌体是由块材和砂浆粘结而成的，它的受压性能和匀质的整体结构构件有很大的差别。

（1）普通砖砌体

根据国内对 240mm×370mm×1000mm 的砖砌体在轴心压力下的试验表明，按照裂缝的发展，轴心受压的砖砌体从开始加载至破坏，大致经历单个块体开裂、块体间裂缝贯通和砌体破坏三个阶段。

第一阶段：当荷载增大至 50%～70% 的破坏荷载时，砌体内某些单个块体产生细小裂缝，但裂缝一般均不穿过砂浆层，如果外荷载不增加，单个块体内裂缝也不继续发展，如图 5-7（a）所示。

第二阶段：当荷载增大至 80%～90% 的破坏荷载时，单个块体内的裂缝将不断发展，裂缝沿着竖向灰缝通过若干皮砖或砌块，并逐渐在砌体内连接成一段较连续的裂缝。此时荷载即使不增加，裂缝仍会继续发展，砌体已临近破坏。在工程实践中，已视为十分危险状态，如图 5-7（b）所示。

第三阶段：随着荷载的继续增加，砌体内若干条连续的竖向贯通裂缝逐渐加长加宽，把砌体分割成若干个小立柱，砌体明显向外鼓出，最后由于个别块体被压碎或小立柱失稳而破坏，个别砖也可能被压碎，如图 5-7（c）所示。

（2）多孔砖砌体

烧结多孔砖和混凝土多孔砖的轴心受压试验表明，砌体内第一批裂缝产生时的压力较普通砖砌体的压力高，约为破坏压力的 70%；在第二阶段砌体内裂缝竖向贯通速度快，但出现的裂缝相对较少，临近破坏时砖的表面出现大面积的剥落。多孔砖砌体出现上述破坏现象的原因是多孔砖的高度比普通砖大，且存在较薄的孔壁，使得多孔砖砌体具有更为显著的脆性破坏特征。

（3）混凝土小型空心砌块砌体

由于混凝土小型空心砌块砌体空洞率大、壁薄，且灌孔的砌块砌体涉及块体与芯柱共

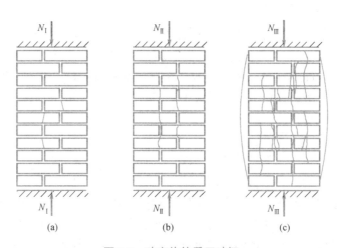

图 5-7 砖砌体的受压破坏

(a) 第一阶段；(b) 第二阶段；(c) 第三阶段

同作用，因此混凝土小型空心砌块砌体的受压破坏特征与普通砖砌体相比有很大差别，具体内容可参考相关研究资料。

2）砌体受压时块体的受力机理

（1）块体在砌体中处于压、弯、剪复杂的受力状态。由于砌体内灰缝厚度不均匀且块体表面不平整，造成了单个块体在砌体中不是均匀受压，而是处于局部受压、弯、剪等复杂应力状态，如图 5-8 所示。由于块体的抗弯强度、抗剪强度远低于抗压强度，因而就较早地使单个块体出现裂缝。这是砌体抗压强度远低于块体抗压强度的主要原因。

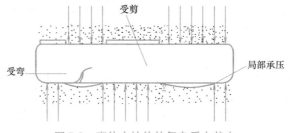

图 5-8 砌体内块体的复杂受力状态

（2）砂浆和块体的交互作用使得块体在横向受拉。通常，低强度等级砂浆的弹性模量比块体低，当砌体受压时，砂浆的横向变形比块体的横向变形大，因此砂浆使得块体在横向受到拉力，从而加剧了块体的过早开裂。

（3）竖向灰缝的不饱满，造成砌体的不连续性和块体的应力集中，使得块体受力更为不利。

3）影响砌体抗压强度的主要因素

（1）块体与砂浆的强度。块体与砂浆的强度等级是确定砌体强度的最主要因素。一般来说，强度等级高的块体其抗弯强度、抗拉强度也较高，因而相应砌体的抗压强度也高，但并不与块体强度等级的提高成正比。砂浆的强度等级越高，砌体的抗压强度也有所提高，但效果并不显著。在可能的条件下，应尽量采用强度等级高的块体。

（2）块体的尺寸与形状。块体的尺寸，如块体长度和高度对砌体抗压强度影响较大。块体长度较大时，块体在砌体中引起的弯、剪应力较大，降低砌体的抗压强度；块体高度增大时，其抗弯、抗剪能力增强，提高砌体的抗压强度。块体的形状越规则，表面越平整，其砌体的抗压强度越高。

（3）砂浆的变形与流动性、保水性。砂浆的弹性模量决定其变形率，弹性模量越大，砂浆的变形越小，越有利于块体的受力和砌体抗压强度的提高。流动性大与保水性好的砂浆，施工时容易铺成厚度和密实性均匀的灰缝，可减少块体的弯剪应力而提高砌体强度。相对于掺入一定比例石灰和塑化剂而形成的混合砂浆，纯水泥砂浆流动性较差，所以同一强度等级的纯水泥砂浆砌筑的砌体强度比混合砂浆低。

（4）砌筑质量与灰缝厚度。砌筑质量是指砌体的砌筑方式、灰缝的均匀性、密实度和饱满度。砌筑质量与工人的技术水平有关，砌筑质量不同，则砌体的强度不同。灰缝的厚度应适当，可减轻铺砌面不平的不利影响。灰缝的适宜厚度与块体的种类和形状有关。对于砖砌体，水平灰缝厚度以 10～12mm 为宜。为增加砖和砂浆的粘结强度，砖在砌筑前要提前浇水湿润，避免砂浆"脱水"，影响砌筑质量。

3. 砌体的受拉、受弯、受剪性能

（1）在实际工程中，砖砌的圆形水池池壁为常遇到的轴心受拉构件。砌体构件在轴向拉力的作用下，主要破坏形式为沿齿缝截面破坏，如图 5-9 所示。砌体的抗拉强度主要取决于块材与砂浆粘结面

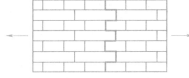

图 5-9 砖砌体轴心受拉破坏形态

的粘结强度，而块材和砂浆的粘结强度又主要与砂浆的强度有关，所以砌体的轴心抗拉强度可由砂浆的强度等级来确定。

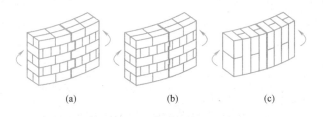

图 5-10 砖砌体弯曲破坏形态

（a）沿齿缝截面破坏；（b）沿块体与竖向灰缝截面破坏；（c）沿通缝截面破坏

（2）带壁柱的挡土墙、地下室的墙体等为工程结构中常遇到受弯及大偏心受压构件，其受力特征主要发生沿齿缝截面、沿块体与竖向灰缝截面及沿通缝截面三种破坏形式，如图 5-10 所示。其中沿齿缝和沿通缝截面的受弯破坏主要与砂浆强度有关。

（3）砌体的受纯剪构件常发生沿通缝截面破坏和沿阶梯形截面破坏。砌体的抗剪强度主要取决于水平灰缝中砂浆与块体的粘结强度。但砌体中受纯剪作用较为少见，通常遇到的是压剪共同作用的情况，如砖砌拱在支座处的受力。

4. 砌体的强度计算指标

工程中各类砌体的抗压强度设计值见附表 8-1～附表 8-7，抗拉、抗弯和抗剪强度设计值见附表 8-8。一般情况下，砌体的强度与砌体的施工质量有关。《砌体规范》按施工

质量控制和质量保证若干要素,将砌体施工质量分 A、B、C 三级。A 级最好,B 级次之,C 级较差。附表 8-1～附表 8-8 中砌体强度设计值是按施工质量控制等级 B 级确定的。

特殊情况下各类砌体强度设计值尚应乘以调整系数 γ_a:

(1) 对无筋砌体构件,其截面面积 A 小于 $0.3m^2$ 时,$\gamma_a = A + 0.7$;对配筋砌体构件,当其中砌体截面面积 A 小于 $0.2m^2$,$\gamma_a = A + 0.8$;构件截面面积以"m^2"计;

(2) 当砌体用强度等级小于 M5 的水泥砂浆砌筑时,由于水泥砂浆和易性差,对附表 8-1～附表 8-7 中各表中的数值,γ_a 为 0.9;对附表 8-8 中数值,γ_a 为 0.8;

(3) 当验算施工中房屋的构件时,γ_a 为 1.1。

(4) 施工质量控制等级为 A 级、C 级时,γ_a 为 1.07、0.89。

施工阶段砂浆尚未硬化的新砌砌体的强度和稳定性,可按砂浆强度为零进行验算。

5. 砌体的变形性能

砌体的弹性模量是用于计算砌体构件在荷载作用下变形的一个物理量,其大小主要通过实测砌体的应力-应变曲线求得。为了使用上的简便,对砌体弹性模量采用了较为简化的结果,按砂浆的不同强度等级,取弹性模量与砌体的抗压强度设计值成正比。由于石材的抗压强度设计值与弹性模量均远高于砂浆的相应值,砌体的受压变形主要取决于水平灰缝内砂浆的变形,因此石砌体的弹性模量可仅由砂浆的强度等级确定。各类砌体的弹性模量按表 5-4 采用。

砌体的弹性模量(MPa) 表 5-4

砌体种类	砂浆强度等级			
	≥M10	M7.5	M5	M2.5
烧结普通砖、烧结多孔砖砌体	1600f	1600f	1600f	1390f
混凝土普通砖、混凝土多孔砖砌体	1600f	1600f	1600f	—
蒸压灰砂普通砖、蒸压粉煤灰普通砖砌体	1060f	1060f	1060f	—
非灌孔混凝土砌块砌体	1700f	1600f	1500f	—
粗料石、毛料石、毛石砌体	—	5650	4000	2250
细料石砌体	—	17000	12000	6750

注:1. 轻集料混凝土砌块的弹性模量,可按表中混凝土砌块砌体的弹性模量采用;
2. 表中砌体抗压强度设计值不进行调整;
3. 表中砂浆为普通砂浆,采用专用砂浆砌筑的砌体的弹性模量也按此表取值;
4. 对混凝土普通砖、混凝土多孔砖、混凝土和轻集料混凝土砌块砌体,表中的砂浆强度等级分别为:≥Mb10、Mb7.5 和 Mb5;
5. 对蒸压灰砂普通砖和蒸压粉煤灰普通砖砌体,当采用专用砂浆砌筑时,此强度设计值按表中数值采用。

单排孔且对孔砌筑的混凝土砌块灌孔砌体的弹性模量,应按下式计算:

$$E = 2000 f_g \tag{5-1}$$

式中 f_g——灌孔砌体的抗压强度设计值。

5.3 砌体结构构件的承载力

5.3.1 砌体结构的设计理论

与混凝土结构一样,砌体结构应满足安全性、适用性和耐久性功能要求,采用以近似概率理论为基础的极限状态设计方法。因此，砌体结构或构件设计应按承载能力极限状态设计，并满足正常使用极限状态的要求。根据砌体结构的特点，砌体结构正常使用极限状态可由相应的构造措施保证，因而不必像混凝土结构那样按正常使用极限状态验算。

根据《建筑结构可靠性设计统一标准》GB 50068—2018《工程结构通用规范》GB 55001—2021，砌体结构按承载能力极限状态设计时，应按下列公式进行计算：

$$\gamma_0(\gamma_G S_{GK} + \gamma_L \gamma_{Q1} S_{Q1k} + \gamma_L \sum_{i=2}^n \gamma_{Qi} \Psi_{ci} S_{Qik}) \leqslant R(f, a_k, \cdots\cdots) \tag{5-2}$$

式中 γ_0——结构重要性系数；对安全等级为一级或设计工作年限为 50 年以上的结构构件，不应小于 1.1；对安全等级为二级或设计工作年限为 50 年的结构构件，不应小于 1.0；对安全等级为三级或设计工作年限为 1~5 年的结构构件，不应小于 0.9；

         γ_L——结构构件的抗力模型不定性系数；对静力设计，考虑结构设计工作年限的荷载调整系数，设计工作年限为 50 年，取 1.0；设计工作年限为 100 年，取 1.1；

         γ_G——永久荷载的分项系数；根据《建筑结构可靠性设计统一标准》GB 50068—2018，γ_G 取 1.3；

    γ_{Q1}、γ_{Qi}——第 1、i 个可变荷载的分项系数；根据《建筑结构可靠性设计统一标准》GB 50068—2018，一般情况下可取 1.5；

         S_{Gk}——永久荷载的标准值的效应；

        S_{Q1k}——在标准组合中起控制作用的一个可变荷载标准值的效应；

        S_{Qik}——第 i 个可变荷载标准值的效应；

$R(f, a_k, \cdots\cdots)$——结构构件的抗力函数；

         Ψ_{ci}——第 i 个可变荷载的组合值系数，一般情况下应取 0.7；对书库、档案库、储藏室或通风机房、电梯机房应取 0.9；

          f——砌体的强度设计值；

         a_k——几何参数标准值。

当砌体结构作为一个刚体，需验算整体稳定性时，如倾覆、滑移、漂浮等，应按下列公式进行验算：

$$\gamma_0\left(\gamma_G S_{G2k} + \gamma_L \gamma_{Q1} S_{Q1k} + \gamma_L \sum_{i=2}^n S_{Qik}\right) \leqslant 0.8 S_{G1k} \tag{5-3}$$

式中 S_{G1k}——起有利作用的永久荷载标准值的效应；

       S_{G2k}——起不利作用的永久荷载标准值的效应。

5.3.2 无筋砌体受压构件的承载力

砌体结构房屋中承重的墙和柱，均为受压构件。在进行此类构件的承载力计算时，除了考虑上部荷载作用位置，即偏心距的影响，还要考虑受压构件长细比（在砌体结构中，构件的长细比是用高厚比 β 表示）的影响。《砌体规范》采用系数 φ 来综合考虑轴向力偏心距和构件的高厚比对受压构件承载力的影响。

对无筋砌体受压构件，受压承载力均按下式计算：

$$N \leqslant \varphi f A \tag{5-4}$$

式中　N——受压构件轴向力设计值；

　　　f——砌体的抗压强度设计值；

　　　A——截面面积，对各类砌体均应按毛截面面积计算；

　　　φ——轴向力的偏心距 e 和高厚比 β 对受压构件承载力的影响系数，可按附表 8-9 查取；

　　　e——轴向力的偏心距，按内力设计值计算，即 $e = M/N$；实践表明，当偏心距较大时，构件截面的受拉边将出现水平裂缝，从而导致截面面积 A 减小、构件刚度和承载力显著降低，因此《砌体规范》规定，偏心距 e 应不超过 $0.6y$（y 为截面重心到轴向力所在偏心方向截面边缘的距离，见图 5-11）。

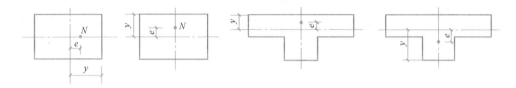

图 5-11　受压构件截面的 y 值

若不满足时，应增大截面尺寸，或在梁（屋架）端部支承处设置带中心装置或带缺口垫块，以减小轴向力偏心距（图 5-12）。

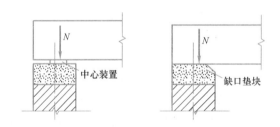

图 5-12　减小偏心距的构造

β 为构件的高厚比，应按下式计算：

对矩形截面：
$$\beta = \gamma_\beta \frac{H_0}{h} \tag{5-5}$$

对 T 形截面：
$$\beta = \gamma_\beta \frac{H_0}{h_T} \tag{5-6}$$

式中　γ_β——不同砌体材料构件的高厚比修正系数，按表 5-5 查取；

　　　H_0——受压构件的计算高度，按表 5-12 查取；

　　　h——矩形截面轴向力偏心方向的边长，当轴心受压时为截面较小边长；

　　　h_T——T 形截面的折算厚度，可近似 $h_T = 3.5i$ 计算，i 为截面回转半径。

受压构件承载力的影响系数 φ 也可按下式计算：

对矩形截面：
$$\varphi = \frac{1}{1 + 12\left[\dfrac{e}{h} + \sqrt{\dfrac{1}{12}\left(\dfrac{1}{\varphi_0} - 1\right)}\right]^2} \tag{5-7}$$

高厚比修正系数 γ_β 表 5-5

砌体材料类别	γ_β
烧结普通砖、烧结多孔砖	1.0
混凝土普通砖、混凝土多孔砖、混凝土及轻骨料混凝土砌块	1.1
蒸压灰砂普通砖、蒸压粉煤灰普通砖、细料石	1.2
粗料石、毛石	1.5

注：对灌孔混凝土砌块砌体，γ_β 取 1.0。

对 T 形截面：

$$\varphi = \frac{1}{1+12\left[\dfrac{e}{h_{\mathrm{T}}}+\sqrt{\dfrac{1}{12}\left(\dfrac{1}{\varphi_0}-1\right)}\right]^2} \tag{5-8}$$

$$\varphi_0 = \frac{1}{1+\alpha\beta^2} \tag{5-9}$$

式中　φ_0——轴心受压构件的稳定系数；

　　　α——与砂浆强度等级有关系数；当砂浆强度等级大于或等于 M5 时，$\alpha=0.0015$；当砂浆强度等级等于 M2.5 时，$\alpha=0.002$；当砂浆强度等级等于 0 时，$\alpha=0.009$。

对矩形截面构件，当轴向力偏心方向的截面边长大于另一方向的边长时，除按偏心受压计算外，还应对较小边长方向，按轴心受压承载力进行验算。

【例 5-1】　截面尺寸为 370mm×490mm 的受压砖柱，采用强度等级为 MU15 蒸压粉煤灰砖及 M5 砂浆砌筑，施工质量等级为 B 级，柱高为 3.2m，两端为不动铰支座。柱底承受轴向压力设计值 210kN。试验算其受压承载力。

解：1）求 φ 值

由于柱两端为不动铰支座，因此其计算高度 $H_0=H=3.2$m。由表 5-5 知，高厚比修正系数 $\gamma_\beta=1.2$。

高厚比：

$$\beta=\gamma_\beta\frac{H_0}{h}=1.2\times\frac{3.2}{0.37}=10.38$$

由附表 8-9-1 中 $\dfrac{e}{h}=0$ 的项，得 $\varphi=0.86$。

2）求 f 值

MU15 蒸压粉煤灰砖及 M5 砂浆砌筑，查附表 8-3 得抗压强度设计值 $f=1.83$MPa。

3）验算

柱截面面积 $A=0.37\times0.49=0.18\mathrm{m}^2<0.3\mathrm{m}^2$，因此需要对砌体强度进行修正，修正系数 $\gamma_a=0.7+0.18=0.88$，故此柱的轴心受压承载力为：

$$\varphi\gamma_a fA=0.86\times0.88\times1.83\times0.18\times10^6=251.1\times10^3\mathrm{N}=251.1\mathrm{kN}>N=210\mathrm{kN}$$

（安全）

【例 5-2】　截面尺寸为 500mm×600mm 的单排孔混凝土砌块柱，采用强度等级为 MU15 砌块及 Mb7.5 砂浆砌筑，施工质量等级为 B 级，设在截面两个方向的柱计算高度相同，即 $H_0=5.4$m。该柱承受轴向压力标准值 $N_k=360$kN（其中永久荷载 300kN，可变荷载 60kN），在柱长边方向的偏心距 $e=105$mm。试验算其受压承载力。

解： 1) 求轴向压力设计值

$N = 1.3 \times 300 + 1.5 \times 60 = 480 \text{kN}$

2) 求 f 值

采用强度等级 MU15 混凝土砌块及 Mb7.5 砂浆砌筑，查附表 8-4，可得 $f = 3.61\text{MPa}$。柱截面面积 $A = 0.5 \times 0.6 = 0.3 \text{m}^2$，不需要对砌体强度进行修正。

3) 求 φ 值

因块材采用的是混凝土砌块，由表 5-5 知 $\gamma_\beta = 1.1$，故高厚比 $\beta = \gamma_\beta \dfrac{H_0}{h} = 1.1 \times \dfrac{5.4}{0.6} = 9.9$。$e = 105\text{mm} < 0.3h = 180\text{mm}$，满足要求，且 $\dfrac{e}{h} = \dfrac{105}{600} = 0.175$，查附表 8-9-1，得 $\varphi = 0.502$。

4) 偏心方向受压承载力验算

$\varphi f A = 0.502 \times 3.61 \times 0.3 \times 10^6 = 543.7 \times 10^3 \text{N} = 543.7\text{kN} > N = 480\text{kN}$（安全）

5) 垂直于偏心方向轴心受压承载力验算

高厚比：$\beta = \gamma_\beta \dfrac{H_0}{h} = 1.1 \times \dfrac{5.4}{0.5} = 11.88$，查附表 8-9-1，得 $\varphi = 0.823$。

$\varphi f A = 0.823 \times 3.61 \times 0.3 \times 10^6 = 891.3 \times 10^3 \text{N} = 891.3\text{kN} > N = 480\text{kN}$（安全）

【例 5-3】 已知：某砌体窗间墙，截面尺寸如图 5-13 所示，计算高度 $H_0 = 6.6\text{m}$，墙用 MU15 蒸压粉煤灰砖及 M5 水泥砂浆砌筑，承受轴向力设计值 $N = 650\text{kN}$，荷载设计值产生的偏心距 $e = 115\text{mm}$ 且偏向翼缘。试验算其受压承载力。

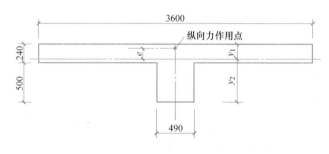

图 5-13　例 5-3 图

解： 1) 计算折算厚度 h_T

$A = 3600 \times 240 + 500 \times 490 = 1109000 \text{mm}^2 = 1.109 \text{m}^2$

$y_1 = \dfrac{3600 \times 240 \times 120 + 490 \times 500 \times 490}{1109000} = 202\text{mm}$

$y_2 = 500 + 240 - 202 = 538\text{mm}$

$I = \dfrac{3600 \times 240^3}{12} + 3600 \times 240 \times (202 - 120)^2 + \dfrac{490 \times 500^3}{12} + 490 \times 500 \times (538 - 250)^2 = 352 \times 10^8 \text{mm}^4$

$i = \sqrt{\dfrac{I}{A}} = \sqrt{\dfrac{352 \times 10^8}{1109000}} = 178.2\text{mm}$

$h_T = 3.5i = 3.5 \times 178.2 = 623.7\text{mm}$

2）求 φ 值

轴向力的偏心距：$e = 115\text{mm} < 0.6y_1 = 0.6 \times 202 = 121\text{mm}$。

因墙体采用蒸压粉煤灰砖砌筑，由表 5-5 知，$\gamma_\beta = 1.2$。

$$\beta = \gamma_\beta \frac{H_0}{h_T} = 1.2 \times \frac{6600}{623.7} = 12.7；\quad \frac{e}{h_T} = \frac{115}{623.7} = 0.184$$

查附表 8-9-1，得 $\varphi = 0.437$。

3）求 f 值

MU15 蒸压粉煤灰砖及 M5 水泥砂浆砌筑，查附表 8-3，得 $f = 1.83\text{MPa}$。

4）验算

$\varphi f A = 0.437 \times 1.83 \times 1.109 \times 10^6 = 886.9 \times 10^3\text{N} = 886.9\text{kN} > N = 650\ \text{kN}$（安全）

5.3.3　无筋砌体构件的局部受压承载力

当轴向压力仅作用在砌体的部分截面上时，称为局部受压。局部受压是砌体结构中常见的一种受力状态。根据局部受压面积上的压应力分布情况，局部受压可分为局部均匀受压（如承受上部柱或墙传来压力的基础顶面）和局部非均匀受压（如梁或屋架端部支承处的截面上）两种情况，如图 5-14 所示。

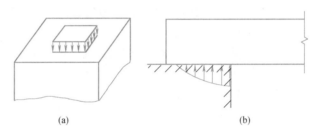

(a)　　　　　　　　　　　　　(b)

图 5-14　局部受压情形

(a) 局部均匀受压；(b) 均布非均匀受压

1. 砌体的局部受压性能

通过大量的试验研究表明，砌体的局部受压有三种破坏形态。

1）纵向裂缝发展而破坏

当砌体的截面面积与局部受压面积的比值较小时，在局部压力作用下，受压面 1～2 皮砖以下的砌体内产生第一批纵向裂缝；随着压力增大，纵向裂缝逐渐向上和向下发展，并出现其他纵向裂缝和斜向裂缝，裂缝数量不断增加。最后部分纵向裂缝延伸形成一条主要裂缝而破坏，这是一种较为常见的破坏形态，即"先裂后坏"，如图 5-15（a）所示。

2）劈裂破坏

当砌体的截面面积与局部受压面积的比值较大时，在局部压力作用下，砌体内产生的纵向裂缝少而集中，且纵向裂缝一出现，砌体很快就发生犹如劈开一样的破坏，砌体的初裂荷载与破坏荷载很接近，即"一裂即坏"，如图 5-15（b）所示。

3）受压面处砌体局部破坏

在实际工程中，当砌体的强度较低、所支承的梁高跨比又比较大时，有可能发生梁端支承附近砌体局部被压碎的现象，即"未裂而坏"，如图 5-15（c）所示。

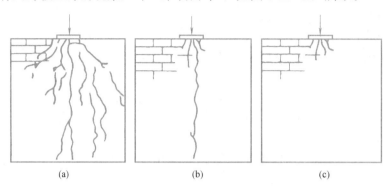

图 5-15　砌体局部受压破坏形态

（a）纵向裂缝发展而破坏；（b）劈裂破坏；（c）受压面处砌体局部破坏

2. 砌体局部均匀受压承载力

试验表明，局部受压范围内砌体的抗压强度会有较大程度的提高，甚至高于块体强度。这是由于直接受压的砌体不仅产生竖向压缩变形，而且产生横向受拉变形，周围未直接承受压力的砌体像套箍一样约束其变形，直接局部受压砌体处于双向受压或三向受压状态，使得砌体抗压强度有较大程度的提高，这是"套箍强化"作用的结果。此外，对于边缘及端部局部受压情况，"套箍强化"作用不明显，局部受压砌体的应力迅速向未直接受压的砌体扩散，从而使应力很快变小，这在一定程度上提高了砌体的抗压强度，这是"应力扩散"作用的结果。《砌体规范》中引入局部抗压强度提高系数 γ 考虑这一有利的作用。

砌体局部抗压强度提高系数按式（5-10）计算：

$$\gamma = 1 + 0.35\sqrt{\frac{A_0}{A_l} - 1} \tag{5-10}$$

式中　γ——砌体局部抗压强度提高系数；

A_l——局部受压面积；

A_0——影响砌体局部抗压强度设计值的计算面积，按表 5-6 确定。

计算面积 A_0 与 γ 的最大值　　　　　　　　　　　表 5-6

示意图	A_0	γ 最大值	
		普通砌体	灌孔的混凝土砌块砌体
	$h(a+c+h)$	≤2.5	≤1.5
	$h(b+2h)$	≤2.0	≤1.5

续表

示意图	A_0	γ 最大值	
		普通砌体	灌孔的混凝土砌块砌体
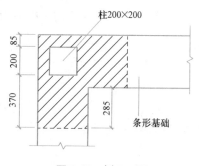	$h(a+h)+h_1(b+h_1-h)$	≤1.5	—
	$h(a+h)$	≤1.25	—

注：1. a、b 为矩形局部受压面积 A_l 的边长；

　　2. h、h_1 为墙厚或柱的较小边长、墙厚；

　　3. c 为矩形局部受压面积的外边缘至构件边缘的较小距离，当大于 h 时，应取为 h；

　　4. 未灌孔混凝土砌块砌体，$\gamma=1.0$，对多孔砖砌体孔洞难以灌实时，应取 $\gamma=1.0$。

需要注意的是，局部受压砌体周围的计算面积 A_0 与局部受压面积 A_l 的比值越大，周围砌体的约束作用就越强，砌体的局部抗压强度就越高。但是，当 A_0/A_l 较大时就会出现危险的劈裂破坏，因此，按式（5-10）计算的局部抗压强度提高系数 γ 还应符合表 5-6 规定。

《砌体规范》对局部均匀受压时的承载力建议按式（5-11）计算：

$$N_l \leqslant \gamma f A_l \tag{5-11}$$

式中　N_l——局部受压面积上的轴心力设计值；

　　　γ——砌体局部抗压强度提高系数；

　　　f——砌体的抗压强度设计值，局部受压面积小于 0.3m^2，可不考虑强度调整系数 γ_a 的影响；

　　　A_l——局部受压面积。

【例 5-4】　某钢筋混凝土柱截面为 200mm×200mm，支承在宽度为 370mm 的砖砌条形基础转角处，如图 5-16 所示。该基础采用 MU20 混凝土普通砖，Mb10 砂浆砌筑，柱底轴力设计值为 150kN。试验算基础顶面局部受压承载力。

解：由 MU20 混凝土普通砖，Mb10 砂浆，查附表 8-2，得砌体抗压强度设计值 $f=2.67\text{MPa}$。

由题可得柱截面面积：

　　$A_l=200×200=40000\text{mm}^2$

影响砌体局部抗压强度的计算面积：

　　$A_0=370×285×2+370×370=347800\text{mm}^2$

图 5-16　例 5-4 图

$$\gamma = 1 + 0.35\sqrt{\frac{A_0}{A_l} - 1} = 1 + 0.35\sqrt{\frac{347800}{40000} - 1} = 1.971 > 1.5, \ \text{取} \ \gamma = 1.5。$$

$$\gamma f A_l = 1.5 \times 2.67 \times 40000 = 160.2 \times 10^3 = 160.2\text{kN} > 150 \ \text{kN（承载力满足要求）}$$

3. 梁端支承处局部受压承载力

工程实际中，梁端往往支承在砌体墙或柱上。由于梁的弯曲变形，会使梁端有脱离砌体翘起的趋势，造成梁端下局部受压砌体的压应力不均匀分布，如图 5-17 所示。因此梁端下面传递压力的长度可能小于梁端搭入砌体的长度 a。一般将梁端底面没有离开砌体的长度称为梁的有效支承长度 a_0。理论研究证明，梁的刚度和砌体的强度是影响有效支承长度 a_0 的主要因素，经过简化后的计算式为：

$$a_0 = 10\sqrt{\frac{h_c}{f}} \tag{5-12}$$

式中　h_c——梁的截面高度；

　　　f——砌体的抗压强度设计值。

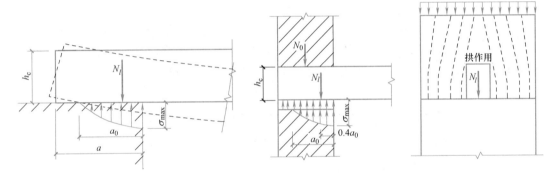

图 5-17　梁端砌体局部受压　　　　　　图 5-18　梁端下砌体的应力分布与拱作用

当梁端上部作用荷载时，梁端下部砌体既承受上部砌体传来的均匀压应力 σ_0，又要承受本层梁传来的梁端非均匀压应力，如图 5-18 所示。但由于梁端底部砌体的局部变形而产生"拱作用"，使传至梁端下面砌体的平均压力减少为 ψN_0（ψ 称为上部荷载折减系数）。故梁端下砌体的平均压应力为 $\dfrac{N_l}{A_l} + \dfrac{\psi N_0}{A_l}$，而局部受压的最大压应力为 σ_{max}，引入梁端底面应力图形完整系数 η，则有：

$$\frac{N_l}{A_l} + \frac{\psi N_0}{A_l} = \eta \sigma_{max} \tag{5-13}$$

当 $\sigma_{max} \leqslant \gamma f$ 时，梁端支承处砌体的局部受压承载力满足要求。代入后整理得梁端支承处砌体局部受压承载力公式：

$$\psi N_0 + N_l \leqslant \eta \gamma f A_l \tag{5-14}$$

式中　ψ——上部荷载的折减系数，$\psi = 1.5 - 0.5 A_0/A_l$，当 $A_0/A_l \geqslant 3$ 时，取 $\psi = 0$；

　　　N_0——局部受压面积内上部轴向力设计值，$N_0 = \sigma_0 A_l$；

　　　σ_0——上部平均压应力设计值；

η——梁端底面应力图形的完整系数，一般取 0.7，对于过梁和墙梁取 1.0；

A_l——局部受压面积，$A_l = a_0 b$，b 为梁宽；

其余符号意义同前。

【例 5-5】 某房屋窗间墙上梁的支承情况如图 5-19 所示。梁的截面尺寸为 $b \times h = 250\text{mm} \times 500\text{mm}$，窗间墙截面尺寸为 $1200\text{mm} \times 370\text{mm}$，支承长度 $a = 240\text{mm}$，梁端荷载产生的支承反力设计值 $N_l = 150\text{kN}$，上部荷载产生的轴向压力设计值为 165kN。墙体采用 MU15 混凝土多孔砖，Mb7.5 砂浆砌筑。试验算梁端支承处砌体局部受压承载力。

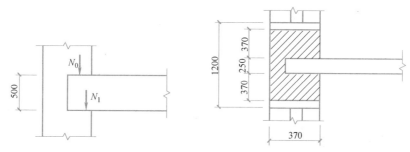

图 5-19 例 5-5 图

解： 1）砌体抗压强度承载力设计值

查附表 8-2，得 $f = 2.07\text{MPa}$。

2）梁端有效支承长度

$$a_0 = 10\sqrt{\frac{h_c}{f}} = 10 \times \sqrt{\frac{500}{2.07}} = 155.4 \ (\text{mm}) < a = 240\text{mm}，取 a_0 = 155.4\text{mm}。$$

3）局部受压面积、影响面积

$$A_l = a_0 b = 155.4 \times 250 = 38855\text{mm}^2$$

$$A_0 = h(b + 2h) = 370 \times (250 + 2 \times 370) = 366300\text{mm}^2$$

$$\frac{A_0}{A_l} = \frac{366300}{38855} = 9.43 > 3，不考虑上部荷载 N_0 的影响。$$

4）砌体局部抗压强度提高系数

$$\gamma = 1 + 0.35\sqrt{\frac{A_0}{A_l} - 1} = 1 + 0.35 \times \sqrt{9.43 - 1} = 2.02 > 2，取 \gamma = 2。$$

5）大梁下砌体局部受压承载力

$$\eta \gamma f A_l = 0.7 \times 2 \times 2.07 \times 38855 = 112.6 \times 10^3 = 112.6\text{kN} <$$
$$\psi N_0 + N_l = 0 + 150 = 150\text{kN} （不满足要求）$$

4. 梁端刚性垫块下局部受压承载力

当梁端局部受压承载力不满足要求时，常通过在梁端下设置混凝土或钢筋混凝土刚性垫块的方法以扩大局部受压面积，防止局部受压破坏。刚性垫块的高度 t_b 不宜小于 180mm，自梁边缘起向梁两侧挑出的长度不宜大于垫块的高度，如图 5-20 所示。刚性垫块不但可以增大局部受压面积，而且能使梁端压力较均匀地传至砌体表面。

《砌体规范》规定刚性垫块下砌体局部受压承载力计算式为：

$$N_0 + N_l \leqslant \varphi \gamma_1 f A_b \tag{5-15}$$

式中　N_0——垫块面积 A_b 内上部轴向力设计值，$N_0 = \sigma_0 A_b$；

　　　A_b——垫块面积，$A_b = a_b b_b$，a_b 为垫块长度，b_b 为垫块宽度；

　　　γ_1——垫块外砌体面积的有利影响系数，$\gamma_1 = 0.8\gamma \geqslant 1.0$，$\gamma$ 为砌体局部抗压强度提高系数，按式（5-10）计算，但以 A_b 代替式中的 A_l；

　　　φ——垫块上 N_0 及 N_l 合力的影响系数，但不考虑纵向弯曲的影响，查表时，取 $\beta \leqslant 3$ 时的相应值。

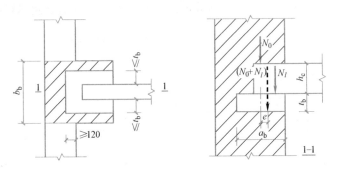

图 5-20　刚性垫块下局部受压计算简图

　　在求垫块上 N_0 及 N_l 合力的影响系数 φ 时，需要知道 N_0 及 N_l 合力对垫块中心的偏心距 e 的值。取 N_l 的作用位置距离墙边缘 $0.4a_0$，这里 a_0 为刚性垫块上表面梁端有效支承长度，按式（5-16）计算：

$$a_0 = \delta_1 \sqrt{\frac{h_c}{f}} \tag{5-16}$$

式中　h_c、f——与式（5-12）中的含义相同；

　　　δ_1——刚性垫块影响系数，依据上部平均应力设计值 σ_0 与砌体抗压强度设计值 f 的比值按表 5-7 取用。

系数 δ_1 值表　　　　　　　　表 5-7

σ_0/f	0	0.2	0.4	0.6	0.8
δ_1	5.4	5.7	6.0	6.9	7.8

　　注：表中其间的数值可采用插入法求得。

　　根据图 5-20 所示，（$N_0 + N_l$）对垫块中心的偏心距 e 可按式（5-17）计算：

$$e = \frac{N_l(0.5a_b - 0.4a_0)}{N_0 + N_l} \tag{5-17}$$

　　此外，在壁柱内设置刚性垫块时，计算面积 A_0 应取壁柱面积，不计算翼缘部分。垫块伸入翼墙内的长度不应小于 120mm。

　　【例 5-6】　条件同【例 5-5】，如设置刚性垫块，试确定垫块的尺寸，并进行验算。

　　解：设预制刚性垫块尺寸为：厚度 $t_b = 200$mm，宽度为 $b_b = 650$mm，深入墙内长度 $a_b = 250$mm。支承情况如图 5-21 所示。垫块面积：$A_b = a_b b_b = 250 \times 650 = 162500 \text{mm}^2$。

　　1）计算 γ_1 值

　　$b_0 = b + 2h = 650 + 2 \times 370 = 1390$mm > 1200mm（窗间墙宽度），按 $b_0 = 1200$mm 计算。

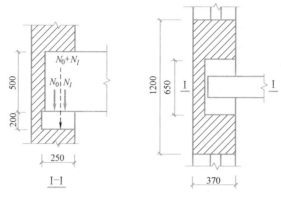

图 5-21   例 5-6 图

梁端局部抗压影响面积：$A_0 = 370 \times 1200 = 468000 \text{mm}^2$。

砌体局部抗压强度影响系数：$\gamma = 1 + 0.35\sqrt{\dfrac{A_0}{A_b} - 1} = 1 + 0.35 \times \sqrt{\dfrac{468000}{162500} - 1} =$

$1.48 < 2.0$。

垫块外砌体面积的有利影响系数：$\gamma_1 = 0.8\gamma = 0.8 \times 1.48 = 1.18 > 1.0$。

2）计算 φ 值

上部荷载产生的平均压应力：$\sigma_0 = \dfrac{165000}{1200 \times 370} = 0.372 \text{MPa}$。

则 $\dfrac{\sigma_0}{f} = \dfrac{0.372}{2.07} = 0.180$，由表 5-6 查得 $\delta_1 = 5.67$。

梁端有效支承长度：$a_0 = \delta_1 \sqrt{\dfrac{h_c}{f}} \, a_0 = \delta_1 \sqrt{\dfrac{h}{f}} = 5.67 \times \sqrt{\dfrac{500}{2.07}} = 88.12 \text{mm} <$

$a = 250 \text{mm}$。

上部荷载作用在垫块上的轴向力：$N_0 = \sigma_0 A_b = 0.372 \times 162500 = 60.45 \text{kN}$。

取 $a_0 = 88.12 \text{mm}$ 计算，N_l 作用点至墙内边缘的距离为 $0.4a_0 = 0.4 \times 88.12 = 35.25 \text{mm}$，则（$N_0 + N_l$）对垫块形心的偏心距 e 为：

$$e = \frac{N_l(0.5a_b - 0.4a_0)}{N_0 + N_l} = \frac{150 \times (0.5 \times 250 - 35.25)}{60.45 + 150} = 63.97 \text{mm}$$

$\dfrac{e}{h} = \dfrac{63.97}{250} = 0.256$ 由附表 8-9-1，查得 $\varphi = 0.558$。

3）验算垫块下局部受压承载力

$$\varphi\gamma_1 f A_b = 0.558 \times 1.18 \times 2.07 \times 162500 = 221.5 \times 10^3 \text{N} = 221.5 \text{kN} >$$
$$(N_0 + N_l) = 60.45 + 150 = 210.45 \text{kN （满足要求）}$$

5. 梁下设有长度大于 πh_0 的垫梁时砌体局部受压承载力

如图 5-22 所示，当梁端支承处的墙体上设有连续的钢筋混凝土梁（圈梁）时，该梁可起垫梁的作用。《砌体规范》规定垫梁下砌体可提供压应力的范围为 πh_0，其下的压应力分布按三角形考虑。

垫梁下砌体的局部受压承载力按式（5-18）计算：

$$N_0 + N_l \leqslant 2.4\delta_2 f b_{\mathrm{b}} h \qquad (5\text{-}18)$$

$$N_0 = \pi b_{\mathrm{b}} h_0 \sigma_0 / 2 \qquad (5\text{-}19)$$

$$h_0 = 2\sqrt[3]{E_{\mathrm{c}} I_{\mathrm{c}} / Eh} \qquad (5\text{-}20)$$

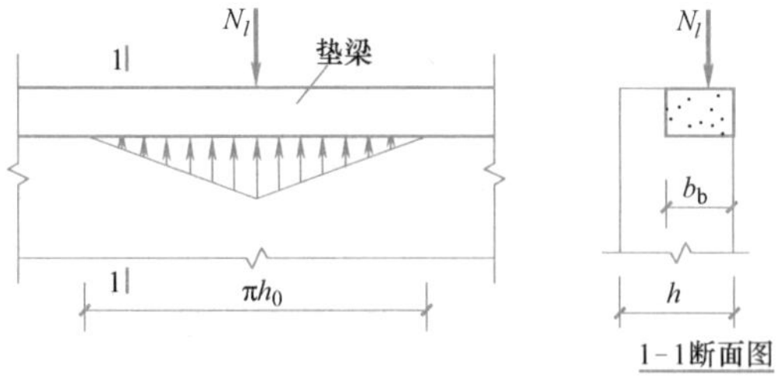

图 5-22　垫梁局部受压

式中　　N_0——垫梁 $\pi b_{\mathrm{b}} h_0 / 2$ 范围内上
　　　　　　部轴向力设计值（N）；

　　　　N_l——梁端支承压力（N）；

　　　　b_{b}——垫梁宽度（mm）；

　　　　h_0——垫梁折算高度（mm）；

　　　　δ_2——折算系数，当荷载沿墙厚方向均匀分布时，取 $\delta_2 = 1.0$；不均匀分布时，
　　　　　　取 $\delta_2 = 0.8$；

　E_{c}、I_{c}——分别为垫梁的混凝土弹性模量和惯性矩；

　　　　E——砌体的弹性模量；

　　　　h——墙厚（mm）。

垫梁上梁端有效支承长度 a_0 可按式（5-16）计算。

【例 5-7】　条件同【例 5-5】，如梁下设置钢筋混凝土垫梁，混凝土 C20，垫梁尺寸为
$250\text{mm} \times 200\text{mm}$，试验算垫梁下砌体局部受压承载力。（已知砌体的弹性模量 $E = 1600f$）。

　解：砌体的弹性模量为：$E = 1600f = 1600 \times 2.07 = 3312\text{MPa}$。

圈梁截面尺寸为 $250\text{mm} \times 200\text{mm}$，采用 C20 混凝土，$E_{\mathrm{c}} = 25500\text{MPa}$。

柔性垫梁折算高度：$h_0 = 2\sqrt[3]{\dfrac{E_{\mathrm{c}} I_{\mathrm{c}}}{Eh}} = 2 \times \sqrt[3]{\dfrac{25500 \times 250 \times 200^3 / 12}{3312 \times 370}} = 302.7\text{mm}$

上部荷载产生的平均压应力：$\sigma_0 = \dfrac{165000}{1200 \times 370} = 0.372\text{MPa}$。

垫梁的轴向力设计值：$N_0 = \pi b_{\mathrm{b}} h_0 \sigma_0 / 2 = 3.14 \times 250 \times 302.7 \times 0.372 / 2 = 44197.2\text{N} \approx 44.2\text{kN}$

$$N_0 + N_l = 44.2 + 150 = 194.2\text{kN}$$

$2.4\delta_2 f b_{\mathrm{b}} h_0 = 2.4 \times 0.8 \times 2.07 \times 250 \times 302.7 = 300762.7\text{N} \approx 300.8\text{kN} > 194.2\text{kN}$（满足要求）

5.3.4　无筋砌体轴心受拉、受弯及受剪构件的承载力

1. 轴心受拉构件承载力计算

砌体轴心受拉承载力是很低的，目前工程上仅在容积不大的圆形水池或筒仓中，将池
壁或筒壁设计成轴心受拉构件。砌体轴心受拉构件的承载力按式（5-21）计算：

$$N_{\mathrm{t}} \leqslant f_{\mathrm{t}} A \qquad (5\text{-}21)$$

式中　N_{t}——轴心拉力设计值；

　　　f_{t}——砌体轴心抗拉强度设计值，按附表 8-8 取用。

2. 受弯构件承载力计算

砌体挡土墙，在水平荷载作用下，属受弯构件，应进行受弯承载力和受剪承载力
验算。

1）受弯承载力

$$M \leqslant f_{tm}W \qquad (5-22)$$

式中 M——弯矩设计值；

f_{tm}——砌体的弯曲抗拉强度设计值，按附表 8-8 取用；

W——截面抵抗矩。

2）受剪承载力

$$V \leqslant f_v bz \qquad (5-23)$$

式中 V——荷载设计值产生的剪力；

f_v——砌体的抗剪强度设计值，按附表 8-8 取用；

b——截面宽度；

z——内力臂，$z = I/S$；当截面为矩形时，$z = 2h/3$；其中，I 为截面惯性矩，S 为截面面积矩，h 为截面高度。

3. 受剪承载力计算

在竖向荷载和水平荷载作用下，砌体构件可能产生沿通缝或沿阶梯形截面的受剪破坏。对于此类构件，《砌体规范》规定其受剪承载力按式（5-24）计算：

$$V \leqslant (f_v + \alpha\mu\sigma_0)A \qquad (5-24)$$
$$\mu = 0.26 - 0.082\sigma_0/f$$

式中 V——截面剪力设计值；

A——水平截面面积，当有孔洞时，取净截面面积；

f_v——砌体的抗剪强度设计值，按附表 8-8 采用；

α——修正系数，砖（含多孔砖）砌体取 0.6，混凝土砌块砌体取 0.64；

μ——剪压复合受力影响系数；

f——砌体抗压强度设计值；

σ_0——永久荷载设计值产生的水平截面平均压应力。

当砌体的受拉、受弯及受剪构件的承载力验算不满足要求时，可采取提高砂浆等级、加大截面尺寸等措施提高承载力。

5.3.5 配筋砌体结构受压承载力

由于砌体材料的脆性性质，其抗剪、抗拉、抗弯强度都很低，因此砌体房屋的抗震能力比较差。在历次的地震中，无筋砌体均产生了严重的震害，如图 5-23 所示。针对砌体

图 5-23 无筋砌体的震害（汶川地震）

结构的震害情形，采用配筋砌体可以较好地提高墙体的抗震受剪承载力，加强构件的相互连接。目前用配筋小砌块兴建于地震区的建筑已达 28 层。

在砌体内不同部位以不同方式配置钢筋或浇筑钢筋混凝土，可以提高砌体的强度、减少其截面尺寸、增加砌体结构（或构件）的整体性。配筋砌体主要包括：

1. 配筋砖砌体构件

1）网状配筋砖砌体

网状配筋砖砌体构件中的钢筋形式有两种：一种是方格网，有焊接方格网和绑扎钢筋网，如图 5-24（a）所示；另一种是连弯网，网的钢筋方向互相垂直，沿砌体高度交错设置，如图 5-24（b）所示。在砖砌体水平灰缝中设置横向钢筋网片能约束砂浆和砖的横向变形，延缓砖块的开裂及其裂缝的发展，阻止竖向裂缝的上下贯通，从而避免砖砌体被分裂成半砖小柱导致的失稳破坏。网片间的小段无筋砌体在一定程度上处于三向受力状态，因而能较大程度提高承载力，且可使砖的抗压强度得到充分的发挥。

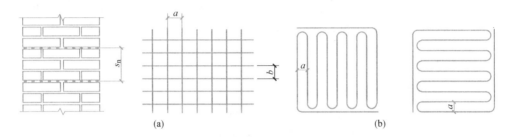

图 5-24　网状配筋砖砌体
（a）焊接或绑扎的钢筋网；（b）连弯钢筋网

实验表明，当荷载偏心作用时，截面中的压应力分布很不均匀，在压应力较小的区域钢筋作用很难发挥。同时，对于高厚比较大的构件，整个构件失稳破坏的可能性越来越大，此时横向钢筋的作用也很难施展。所以，《砌体规范》规定：①网状配筋砌体只适用于高厚比 $\beta<16$ 的轴心受压构件和偏心荷载作用在截面核心范围内的偏心受压构件，对于矩形截面，要求 $e/h\leqslant0.17$；②对于矩形截面构件，当轴向力偏心方向的截面边长大于另一边的边长时，除按偏心受压计算外，还应对较小边长方向按轴心受压进行验算；③当网状配筋砖砌体构件下端与无筋砌体交接时，应当验算交接处无筋砌体的局部受压承载力。

（1）网状配筋砖砌体承载力复核

《砌体规范》规定网状配筋砖砌体受压构件的承载力按下列公式进行复核：

$$N\leqslant\varphi_{n}f_{n}A \tag{5-25}$$

$$\varphi_{n}=\frac{1}{1+12\times\left[\dfrac{e}{h}+\sqrt{\dfrac{1}{12}\times\left(\dfrac{1}{\varphi_{on}}-1\right)}\,\right]^{2}} \tag{5-26}$$

$$\varphi_{on}=\frac{1}{1+(0.0015+0.45\rho)\beta^{2}} \tag{5-27}$$

$$f_{n}=f+2\left(1-\frac{2e}{y}\right)\frac{\rho}{100}f_{y} \tag{5-28}$$

$$\rho = \frac{(a+b)A_{\mathrm{s}}}{abs_{\mathrm{n}}} \times 100 \qquad\qquad (5\text{-}29)$$

式中　　N——轴向力设计值；

　　　　φ_{n}——高厚比和配筋率以及轴向力的偏心距对网状配筋砖砌体受压构件承载力的影响系数，可按附表 8-10 采用或按式（5-26）计算；

　　　　φ_{on}——网状配筋砖砌体受压构件的稳定性系数；

　　　　A——截面面积；

　　　　f_{n}——网状配筋砖砌体的抗压强度设计值；

　　　　e——轴向力的偏心距，按荷载设计值计算；

　　　　ρ——体积配筋率；

　　a、b——钢筋网的网格尺寸；

　　　　A_{s}——钢筋的截面尺寸；

　　　　s_{n}——钢筋网的竖向间距；

　　　　f_{y}——钢筋抗拉强度设计值；当 $f_{\mathrm{y}} > 320\mathrm{N/mm}^2$ 时，按 $320\mathrm{N/mm}^2$ 采用。

（2）网状配筋砖砌体构造要求

① 网状配筋砖砌体中的体积配筋率，不应小于 0.1%，并应不大于 1%。

② 采用钢筋网时，钢筋的直径宜采用 3～4mm。

③ 钢筋网中的网格间距离不应大于 120mm，并不应小于 30mm。

④ 钢筋网的竖向间距 s_{n} 不应大于 5 皮砖，并不应大于 400mm。

为了避免钢筋的锈蚀和提高钢筋与砖砌体的粘结力，所用砂浆强度等级应不低于 M7.5。钢筋网应设置在砌体的水平灰缝中，灰缝厚度应保证钢筋上下至少有 2mm 厚的砂浆层。

【例 5-8】　某轴心受压柱，截面尺寸为 490mm×490mm，计算高度 $H_0 = 3900\mathrm{mm}$，承受轴向力设计值为 $N = 600\mathrm{kN}$，采用 MU15 混凝土多孔砖，Mb7.5 砂浆砌筑。试验算其受压承载力是否满足要求。若承载力不满足，确定采用网状配筋砌体的配筋量。

　解：1）按无筋受压构件计算

查附表 8-2，得 $f = 2.07\mathrm{MPa}$。

砖柱截面面积：$A = 490 \times 490 = 240100\mathrm{mm}^2 \approx 0.24\mathrm{m}^2 < 0.3\mathrm{m}^2$。

则 $\gamma_{\mathrm{a}} = 0.7 + A = 0.7 + 0.24 = 0.94$。

高厚比：$\beta = \dfrac{H_0}{h} = \dfrac{3900}{490} = 7.96 < 16$。

由附表 8-9-1 中的 $\dfrac{e}{h} = 0$ 的项，得 $\varphi = 0.91$。

则此柱的轴心受压承载力为：

$\varphi\gamma_{\mathrm{a}}fA = 0.91 \times 0.94 \times 2.07 \times 240100 = 425.1 \times 10^3 = 425.1\mathrm{kN} < N = 600\mathrm{kN}$

故无筋砖柱受压承载力不足，需采用网状配筋砌体。

2）采用网状配筋砌体

网状钢筋选用 $\phi^{\mathrm{b}}4$ 冷拔低碳钢丝（乙级）焊接网片，$A_{\mathrm{s}} = 12.6\mathrm{mm}^2$，$f_{\mathrm{y}} = 430\mathrm{MPa}$，钢丝网规格尺寸 $a = b = 50\mathrm{mm}$，钢丝网间距 $s_{\mathrm{n}} = 300\mathrm{mm}$（三皮砖）。

因砖柱截面面积 $A=0.24\text{m}^2>0.2\text{m}^2$，取 $\gamma_\text{a}=1.0$，则取 $f=2.07\text{MPa}$。

由于 $f_\text{y}=430\text{MPa}>320\text{MPa}$，取 $f_\text{y}=320\text{MPa}$。

体积配筋率为：$\rho=\dfrac{(a+b)A_\text{s}}{abs_\text{n}}\times100=\dfrac{(50+50)\times12.6}{50\times50\times300}\times100=0.19\%>0.1\%$ 且 $<1\%$

网状配筋砖砌体的抗压强度设计值为：

$$f_\text{n}=f+2\left(1-2\,\frac{e}{y}\right)\rho f_\text{y}=2.07+2\times\left(1-2\times\frac{0}{490/2}\right)\times0.19\times10^{-2}\times320=3.29\text{MPa}$$

高厚比：$\beta=\dfrac{H_0}{h}=\dfrac{3900}{490}=7.96<16$。

$$\varphi_\text{n}=\varphi_{0\text{n}}=\frac{1}{1+(0.0015+0.45\rho)\beta^2}=\frac{1}{1+(0.0015+0.45\times0.19\times10^{-2})\times7.96^2}=0.868$$

$$N_\text{u}=\varphi_\text{n}f_\text{n}A=0.868\times3.29\times240100=685658\text{N}\approx685.7\text{kN}>N=600\text{kN}$$

（受压承载力满足要求）

2）组合砖砌体构件

组合砖砌体构件有两类：一类是砖砌体和钢筋混凝土面层或钢筋砂浆面层的组合砌体构件，如图 5-25 所示，简称组合砌体构件；另一类是砖砌体和钢筋混凝土构造柱的组合墙，如图 5-26 所示，简称组合墙。当荷载偏心距较大，即 $e>0.6y$，无筋砖砌体承载力不足而截面尺寸又受到限制时，宜采用组合砖砌体构件。当先砌墙后浇混凝土的构造柱不大于 4m，且能与满足一定要求的圈梁形成"弱框架"时，可按组合墙设计，考虑构造柱分担部分墙体荷载。

研究表明，两类组合砖砌体构件都是采用在砖砌体内部配置钢筋混凝土（或钢筋砂浆）部件，通过共同工作来提高承载力和变形性能，在计算方法上均可采用相同的叠加模式，详见《砌体规范》8.2 节。

（1）组合砖砌体的构造要求

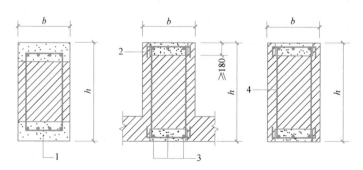

图 5-25　组合砖砌体的几种形式

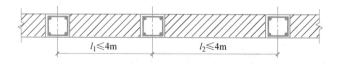

图 5-26　砖砌体与钢筋混凝土构造柱组合墙

① 面层混凝土强度等级宜采用 C20；面层水泥砂浆强度等级不宜低于 M10，砌筑砂浆强度等级不低于 M7.5。

② 设计工作年限为 50a 时，砌体中钢筋的保护层面厚度应符合附表 8-11 的要求。

③ 砂浆面层的厚度，可采用 30～45mm。当面层厚度大于 45mm 时，其面层宜采用混凝土。

④ 竖向受力钢筋宜采用 HPB300 级钢筋。受压钢筋一侧的配筋率（钢筋截面面积与组合砖砌体计算截面面积之比），对砂浆面层，不宜小于 0.1%，对混凝土面层，不宜小于 0.2%。受拉钢筋的配筋率，不应小于 0.1%。竖向受力钢筋的直径，不应小于 8mm，钢筋净间距，不应小于 30mm。

⑤ 箍筋的直径，不小于 4mm 及 $d/5$（d 为受压钢筋的直径），并不宜大于 6mm。箍筋的间距，不应大于 20 倍受压钢筋的直径及 500mm，并不应小于 120mm。

⑥ 当组合砖砌体构件一侧的受力钢筋多于 4 根时，应设置附加箍筋或拉结钢筋。

⑦ 对于截面长短边尺寸相差较大的构件，如墙体等，应采用穿通墙体的拉结钢筋作为箍筋，同时设置水平分布钢筋。水平分布钢筋的竖向间距及拉结钢筋的水平间距，均不应大于 500mm，见图 5-27。

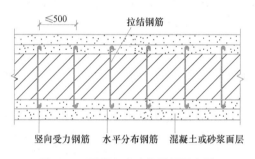

图 5-27 混凝土或砂浆面层组合墙

⑧ 组合砖砌体构件的顶部及底部，以及牛腿部位，必须设置钢筋混凝土垫块，受力钢筋伸入垫块的长度必须满足锚固要求。

（2）组合墙的构造要求

① 砂浆强度等级不应低于 M5，构造柱的混凝土强度等级不宜低于 C20。

② 构造柱的截面尺寸不宜小于 240mm×240mm，其厚度不应小于墙厚，边柱、角柱的截面宽度宜适当加大。柱内竖向受力钢筋、箍筋应满足图 5-28 要求。构造柱的竖向受力钢筋应在基础梁和楼层圈梁中锚固，并应符合受拉钢筋的锚固要求。

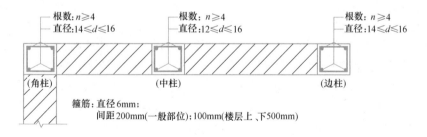

图 5-28 组合墙中构造柱钢筋要求

③ 构造柱应设置在纵横墙交接处、墙端部和较大洞口的洞边设置，间距不宜大于 4m。圈梁应设置在基础顶面、有组合墙的楼层处。圈梁的截面高度不宜小于 240mm；纵向钢筋数量不宜少于 4 根，直径不宜小于 12mm，纵向钢筋应深入构造柱内，并应符合受拉钢筋的锚固要求；圈梁的箍筋直径宜采用 6mm、间距 200mm。

④ 砖砌体与构造柱的连接处应砌成马牙槎，并应沿墙高每隔 500mm 设 2 根直径 6mm 的拉结钢筋，且每边深入墙内不宜小于 600mm。

⑤ 组合砖墙的施工顺序应为先砌墙后浇混凝土构造柱。

⑥ 构造柱可不单独设置基础，但应伸入室外地坪下 500mm，或与埋深小于 500mm 的基础梁相连。

2. 配筋砌块砌体简介

配筋砌块砌体结构是将混凝土小型空心砌块（采用专用生产线经干挤压蒸养工艺生产）用砂浆先砌筑成墙体，同时设置好水平钢筋和预留水平条带凹槽，再在竖向孔洞内配置竖向钢筋，最后以砌块为模板，采用灌孔混凝土将竖向孔洞和水平凹槽内全部灌实，形成装配整体式钢筋混凝土墙、柱，如图 5-29 所示。配筋砌块砌体既保留了传统材料砖结构取材广泛、施工方便、造价低廉的特点，具有砌体的特征，同时又将砌体作为浇注混凝土的模板使用，墙体内由水平和竖向钢筋组成单排钢筋网片，具有强度高、延性好的钢筋混凝土结构特

图 5-29　配筋混凝土空心砌块砌体

性，它是唯一集砌体和混凝土性能于一体的一种新型材料。国内外的实践已经证明，砌块已成为一种最具竞争力的建筑材料之一。

配筋砌体的砌块强度等级不应低于 MU10，砌筑砂浆强度等级不低于 Mb7.5，灌孔混凝土不应低于 Cb20。对安全等级为一级或设计工作年限大于 50 年的配筋砌块砌体房屋，所用的材料的最低强度等级应至少提高一级。

5.4　砌体结构房屋墙体设计

5.4.1　砌体结构房屋的结构布置方案

砌体结构房屋的主要承重构件为屋盖、楼盖、墙体（柱）和基础，其中屋盖、楼盖等水平承重结构采用混凝土材料或木材，而墙体、柱、基础等竖向承重构件采用砌体材料（如砖、石、砌块等）。这种由不同结构材料所组成的承重结构房屋常称为混合结构房屋。房屋中的墙体一般要承受屋盖、楼盖等传来的荷载以及围护的双重作用，称为承重墙；但也有部分墙体仅承受自重而主要作围护和分隔房间的作用，这种墙体称为非承重墙或自承重墙。此外，沿房屋长向布置的墙体称为纵墙，沿房屋短向布置的墙体称为横墙；沿房屋四周布置，且与外界隔离的墙体称为外墙，其余的墙体称为内墙；内墙中仅起隔断作用而不承受屋盖、楼盖传来荷载的墙体称为隔墙。

砌体结构房屋设计中，承重墙体的布置直接影响房屋平面的划分和空间的大小，同时还影响到荷载传递及房屋的整体刚度。根据承重墙体的布置和荷载传递路线的不同，砌体结构房屋可分为三种布置方案：横墙承重方案、纵墙承重方案和纵横墙承重方案，如

图 5-30 所示。三种结构布置方案的特点与荷载传递路径见表 5-8。由于纵墙承重房屋的侧向刚度较差，故在多层砌体房屋中大多采用横墙承重、纵横墙承重的结构布置方案。

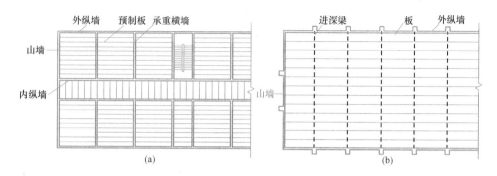

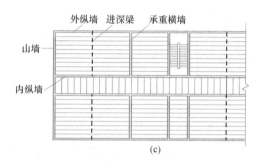

图 5-30　砌体结构房屋的结构布置方案

（a）横墙承重方案；（b）纵墙承重方案；（c）纵横墙承重方案

混合结构房屋三种结构布置方案特点与荷载传递路径　　　　　　　表 5-8

结构布置方案	特点	荷载传递路径	适用范围
横墙承重方案	（1）房屋空间刚度大，整体性好； （2）房屋纵向外立面易处理，门窗布置灵活； （3）建筑平面布局不灵活	楼（屋）面→横墙→基础→地基	适用于房间空间大小固定、横墙间距较小的房屋，如宿舍、住宅等
纵墙承重方案	（1）房屋空间刚度小，整体性差； （2）设在纵墙上的门窗洞口大小、位置受到一定限制； （3）房屋空间较大，使用时灵活布置	楼（屋）面→梁（或屋架）→纵墙→基础→地基	适用于有较大空间的房屋，如食堂、仓库和单厂等
纵横墙承重方案	（1）房屋空间刚度大，有利于结构抗震； （2）房屋平面布置灵活，更好满足建筑功能要求	楼（屋）面→纵墙和横墙→基础→地基	适用于建筑物的功能要求房间大小变化较多时，如办公楼、医院等

5.4.2　砌体结构房屋的静力计算方案

1. 砌体结构房屋的空间工作性能

砌体结构房屋是由屋盖、楼盖、纵墙、横墙和基础等构件组成的空间受力体系。屋盖和楼盖除了要承受竖向荷载外，还与纵墙、横墙一起形成空间结构，共同承受作用在房屋上的水平荷载。这种各承载构件协同工作的性能称为房屋的空间工作性能。现以单层房屋为例来分析其受力特点。

图 5-31 为一两端没有设置山墙的单层房屋，外纵墙承重，屋盖为预制钢筋混凝土屋面板和屋面大梁。这类房屋中，竖向荷载的传递路线是：屋面板→屋架→纵墙→基础→地基；水平荷载的传递路线是：纵墙→基础→地基。

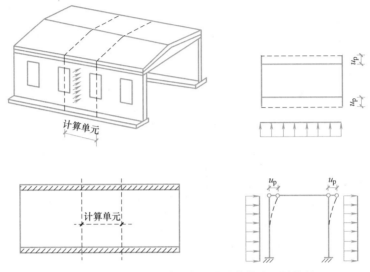

图 5-31   两端无山墙的单层房屋的受力状态及计算简图

假定作用于房屋的荷载是均匀分布的，外纵墙的窗口也是有规律均匀排列的，因此在水平荷载作用下整个房屋墙顶的水平位移是相同的。如果从其中任意两个窗口中线截取一个单元，这个单元的受力状态就和整个房屋的受力状态是一样的。因此，可以用这个单元的受力状态来代表整个房屋的受力状态，这个单元称为计算单元。

在这类房屋中，荷载作用下的墙顶水平位移 u_p 主要取决于纵墙刚度。假定房屋的横梁是绝对刚性的，如果把计算单元的纵墙比拟为排架柱、屋盖结构比拟为横梁，把基础看作柱的固定端支座，屋盖结构和墙的连接点看作铰接点，则计算单元的受力状态就如同一个单跨平面排架，属于平面受力体系。其受力分析和结构力学中平面排架的分析方法相同。

如果在单层房屋的两端设有山墙，如图 5-32 所示。在均匀的水平荷载作用下，整个房屋墙顶的水平位移不再相同，距山墙较远的墙顶水平位移较大，距山墙较近的墙顶水平位移较小。其原因是：水平风荷载通过外墙分别传给外墙基础和屋盖。屋盖可看作水平方向的梁，两端与山墙相连。由于两端山墙的约束，屋盖水平梁承受水平荷载后，在水平方向发生弯曲，将部分荷载传给山墙，最后通过山墙在其本身平面内变形，将这部分荷载传给山墙基础。由以上分析可见，在这类房屋中，风荷载的传力体系已不是平面受力体系。用 u_s 来表示中间排架的水平位移，即最大的位移（空间位移）。这时，u_s 不仅与纵墙本身刚度有关，而且与屋盖结构水平刚度、山墙的刚度和山墙的水平距离有很大关系。

房屋空间作用的大小可以用空间性能影响系数 η 表示。假定屋盖为在水平面内支承于横墙上的剪切型弹性地基梁，纵墙（柱）为弹性地基，由理论分析可以得到空间性能影响系数为：

$$\eta = \frac{u_s}{u_p} \leqslant 1 \tag{5-30}$$

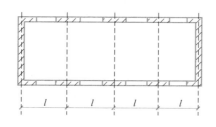

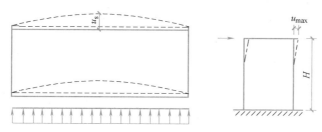

图 5-32 两端有山墙的单层房屋的受力状态

式中 u_s——考虑空间工作时，荷载作用下房屋排架水平位移的最大值；

u_p——在外荷载作用下，平面排架的水平位移。

η 值越大，表示考虑空间工作后的排架柱顶最大水平位移与平面排架的柱顶位移越接近，房屋的空间作用越小；η 值越小，则表示房屋的空间作用越大。因此 η 又称为考虑空间工作后的侧移折减系数。

工程实践中，通常根据楼盖（或屋盖）水平纵向体系的刚度把楼盖（或屋盖）分为 3 类：第 1 类为刚性楼盖（或屋盖）；第 2 类为中等刚性楼盖（或屋盖）；第 3 类为柔性楼盖（或屋盖）。在楼盖（或屋盖）确定前提下，横墙间距 s 是影响房屋刚度或侧移大小的重要因素，不同横墙间距的各类单层房屋的空间性能影响系数 η 见表 5-9。

不同横墙间距的各类单层房屋的空间性能影响系数 η 表 5-9

楼盖或屋盖类别	横墙间距 s(m)														
	16	20	24	28	32	36	40	44	48	52	56	60	64	68	72
1	—	—	—	0.33	0.39	0.45	0.50	0.55	0.60	0.64	0.68	0.71	0.74	0.77	
2	—	0.35	0.45	0.54	0.61	0.68	0.73	0.78	0.82						
3	0.37	0.49	0.60	0.68	0.75	0.81	—	—	—	—	—	—	—	—	—

2. 砌体结构房屋的静力计算方案分类

墙体与柱的计算是砌体结构房屋结构设计的主要内容。在进行房屋的静力分析时，应先根据房屋空间性能不同，确定其静力计算方案（即静力计算简图）。静力计算简图既要符合结构的实际受力情况，又要使结构计算尽可能简单。《砌体规范》将砌体结构房屋的静力计算方案分为刚性方案、弹性方案和刚弹性方案三种。

1）刚性方案

当房屋的横墙间距较小、楼盖（屋盖）的水平刚度较大时，房屋的空间刚度较大，在荷载作用下，房屋的水平位移 $u_s \approx 0$。在确定墙、柱的计算简图时，可将楼盖或屋盖视为墙、柱的水平不动铰支座，墙、柱内力按不动铰支承的竖向构件计算，见图 5-33（a）。这类房屋称为刚性方案房屋，如一般多层住宅、办公楼、医院等。

2）弹性方案

当房屋横墙间距较大、楼盖（屋盖）水平刚度较小时，房屋的空间刚度较小，在荷载作用下房屋的水平位移 $u_s \approx u_p$（u_p 为平面排架的水平位移）。在确定墙、柱的计算简图时，可按不考虑空间作用的平面排架或框架计算，见图 5-33（b）。这类房屋称为弹性方案房屋，如一般的单层厂房、仓库、礼堂等。

3）刚弹性方案

房屋空间刚度介于上述两种方案之间，在荷载作用下房屋的水平位移 $0 < u_s < u_p$。墙柱的内力可按考虑空间作用的平面排架或框架计算，见图 5-33（c）。这类房屋称为刚弹性方案房屋。

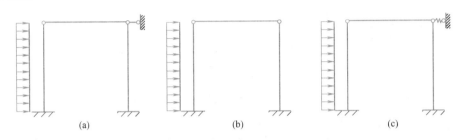

图 5-33　砌体结构房屋三类静力计算方案的计算简图
（a）刚性方案；（b）弹性方案；（c）刚弹性方案

为了便于设计，《砌体规范》中根据房屋楼盖（或屋盖）的刚度，并按房屋横墙的间距来确定静力计算方案，见表 5-10。

房屋的静力计算方案　　　　　　　　　　　　　　　表 5-10

	屋盖或楼盖类别	刚性方案	刚弹性方案	弹性方案
1	整体式、装配整体式和装配式无檩体系钢筋混凝土屋盖或楼盖	$s < 32$	$32 \leqslant s \leqslant 72$	$s > 72$
2	装配式有檩体系钢筋混凝土屋盖、轻钢屋盖和有密铺型板的木屋盖或木楼盖	$s < 20$	$20 \leqslant s \leqslant 48$	$s > 48$
3	瓦材屋面的木屋盖和轻钢屋盖	$s < 16$	$16 \leqslant s \leqslant 36$	$s > 36$

注：1. 表中 s 为房屋横墙间距，长度单位为米；
2. 当多层房屋的屋盖、楼盖类别不同或横墙间距不同时，可按本表规定分别确定各层（底层或顶部各层）房屋的静力计算方案；
3. 对无山墙或伸缩缝无横墙的房屋，应按弹性方案考虑。

5.4.3　砌体结构房屋的墙、柱高厚比验算

砌体结构房屋中，作为承重构件的墙、柱除了应满足承载力要求之外，还必须保证其稳定性。《砌体规范》中规定用验算高厚比的方法进行墙、柱稳定性的验算，这是保证砌体结构在施工阶段和使用阶段稳定性的一项重要构造措施。

墙、柱高厚比系指墙、柱计算高度 H_0 与墙厚或柱截面边长 h 的比值。高厚比越大，则构件越细长，其稳定性就越差。为保证构件稳定性，要求构件实际高厚比不能超过允许

高厚比。

　　墙、柱允许高厚比是在考虑了以往的实践经验和现阶段的材料质量及施工水平的基础上确定的。影响允许高厚比的因素很多，如砂浆的强度等级、横墙的间距、砌体的类型及截面形式、支撑条件和承重情况等，这些因素在计算中通过修正允许高厚比或对计算高度进行修正来体现。砌体墙柱的允许高厚比见表 5-11。

墙、柱的允许高厚比 [β] 的值　　　　　　　　　　　　　　表 5-11

砌体类型	砂浆强度等级	墙	柱
无筋砌体	M2.5	22	15
	M5.0 或 Mb5.0、Ms5.0	24	16
	≥M7.5 或 Mb7.5、Ms7.5	26	17
配筋砌块砌体	—	30	21

　　注：1. 毛石墙、柱的允许高厚比应按表中数值降低 20%；
　　　　2. 组合砖砌体构件的允许高厚比，可按表中数值提高 20%，但不得大于 28；
　　　　3. 验算施工阶段砂浆尚未硬化的新砌砌体构件高厚比时，允许高厚比对墙取 14，对柱取 11。

　　1. 一般墙柱高厚比验算

　　墙、柱的高厚比应按下式验算：

$$\beta = H_0/h \leqslant \mu_1 \mu_2 [\beta] \tag{5-31}$$

$$\mu_2 = 1 - 0.4 b_s/s \tag{5-32}$$

式中　　$[\beta]$——墙、柱的允许高厚比，应按表 5-11 采用；

　　　　H_0——墙、柱的计算高度，应按表 5-12 采用；

　　　　h——墙厚或矩形柱与 H_0 相对应的边长；

　　　　μ_1——自承重墙允许高厚比的修正系数；当 $h = 240mm$ 时，$\mu_1 = 1.2$；当 $h = 90mm$ 时，$\mu_1 = 1.5$；当 $90mm < h < 240mm$ 时，μ_1 按插入法取值；

　　　　μ_2——有门窗洞口允许高厚比的修正系数，应按式（5-32）计算；

　　　　b_s——在宽度 s 范围内的门窗洞口总宽度，见图 5-34；

　　　　s——相邻窗间墙或壁柱之间的距离。

　　确定墙、柱计算高度及高厚比验算时，应注意以下几点：

　　（1）验算墙、柱高厚比时，不考虑高厚比修正系数 γ_β 的影响；

　　（2）验算上端为自由端墙的允许高厚比，除按上述规定提高外，尚可提高 30%；对厚度小于 90mm 的墙，当双面用不低于 M10 的水泥砂浆抹面，包括抹面层的墙厚不小于 90mm 时，可按墙厚等于 90mm 验算高厚比；

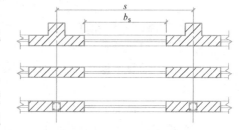

图 5-34　门窗洞口示意图

　　（3）当按式（5-32）计算的 μ_2 值小于 0.7 时，应采用 0.7；

　　（4）当洞口高度等于或小于墙高的 1/5 时，可取 μ_2 等于 1.0；当洞口高度大于或等于墙高的 4/5 时，可按独立墙段验算高厚比。

受压构件的计算高度 H_0 表 5-12

房屋类别			柱		带壁柱墙或周边拉结的墙		
			排架方向	垂直排架方向	$s \leqslant H$	$H < s \leqslant 2H$	$s > 2H$
无吊车的单层和多层房屋	单跨	弹性方案	1.5H	1.0H	1.5H		
		刚弹性方案	1.2H	1.0H	1.2H		
	多跨	弹性方案	1.25H	1.0H	1.25H		
		刚弹性方案	1.10H	1.0H	1.1H		
	刚性方案		1.0H	1.0H	0.6s	0.4s+0.2H	1.0H

注：1. 表中 H 为变截面柱柱高度；s 为房屋横墙间距；

　　2. 对于上段为自由端的构件，$H_0 = 2H$；

　　3. 独立砖柱，当无柱间支撑时，柱在垂直排架方向的 H_0 应按表中数值乘以 1.25 后采用；

　　4. 自承重墙的计算高度应根据周边支承或拉接的条件确定。

2. 带壁柱墙高厚比验算

对于带壁柱墙，既要保证墙和壁柱作为一个整体的稳定性，又要保证壁柱之间墙体本身的稳定性，其高厚比验算，应按下列步骤进行。

1）整片墙高厚比验算

$$\beta = H_0 / h_T \leqslant \mu_1 \mu_2 [\beta] \tag{5-33}$$

式中　H_0——带壁柱墙的计算高度，计算时，s 应取与之相交相邻墙之间的距离，如图 5-35 所示；

　　　h_T——带壁柱墙截面的折算厚度，取 $h_T = 3.5i$；

　　　i——带壁柱墙截面的回转半径，$i = \sqrt{I/A}$；

　　I、A——分别为带壁柱墙截面的惯性矩和截面面积。

图 5-35　带壁柱墙高厚比验算取用 s 示意图

2）壁柱间墙高厚比验算

壁柱间墙高厚比验算可按式（5-31）进行验算。计算 H_0 时，s 取如图 5-35 所示的相邻壁柱间距离，而且不论房屋静力计算采用哪一种计算方案，H_0 均按表 5-12 中刚性方案考虑。

此外，确定墙截面的翼缘宽度 b_f（图 5-36），可按以下规定采用：

（1）多层房屋，当有门窗洞口时，可取窗间墙宽度；当无门窗洞口时，每侧翼墙宽度可取壁柱高度（层高）的 1/3，但不应大于相邻壁柱间的距离；

（2）单层房屋，可取壁柱宽加 2/3 墙高，但不应大于窗间墙宽度和相邻壁柱间的距离。

3. 带构造柱墙高厚比验算

在砌体结构房屋中设有钢筋混凝土构造柱，并采用拉结筋、马牙槎等措施与墙形成整

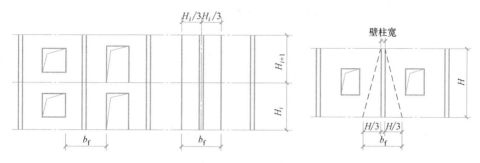

图 5-36 带壁柱墙截面翼缘宽度

体，墙体的刚度和稳定性增加，承载力提高。按照弹性稳定理论分析的结果，当临界荷载相等时，设有钢筋混凝土构造柱墙的允许高厚比要比不设构造柱墙的允许高厚比大，故引入允许高厚比提高系数 μ_c 考虑这一有利影响。

1）整片墙高厚比验算

$$\beta = H_0/h \leqslant \mu_1\mu_2\mu_c[\beta] \tag{5-34}$$

$$\mu_c = 1 + \gamma\frac{b_c}{l} \tag{5-35}$$

式中　μ_c——带构造柱墙允许高厚比提高系数，按式（5-35）计算；

　　　γ——系数；对细料石砌体，$\gamma=0$；对混凝土砌块、混凝土多孔砖、粗料石、毛料石及毛石砌体，$\gamma=1.0$；其他砌体，$\gamma=1.5$；

　　　b_c——构造柱沿墙长方向的宽度；

　　　l——构造柱的间距。

当 $b_c/l>0.25$ 时，取 $b_c/l=0.25$；当 $b_c/l<0.05$ 时，取 $b_c/l=0$。

注：考虑构造柱有利作用的高厚比验算不适用于施工阶段。

2）带构造柱间墙高厚比验算

构造柱间墙高厚比验算可按式（5-31）进行验算。计算 H_0 时，s 取相邻构造柱间距离，而且不论房屋静力计算采用哪一种计算方案，H_0 均按表 5-12 中刚性方案考虑。

【例 5-9】　某三层办公楼底层平面布置如图 5-37 所示，采用现浇钢筋混凝土楼盖。底层采用 MU15 单排孔混凝土小型空心砌块、Mb7.5 砂浆砌筑；二至三层采用 MU10 单排孔混凝土小型空心砌块、Mb5 砂浆砌筑；纵横向承重墙厚度均为 190mm。底层墙体从基础顶面到二层楼板顶面的距离为 4.1m、二、三层墙高为 3.3m；窗洞 2100mm×1800mm，门洞宽均为 1000mm。在纵横墙相交处和楼面大梁支承处，均设有截面为 190mm×250mm 的钢筋混凝土构造柱（构造柱沿墙长方向的宽度为 250mm）。试验算各层纵横墙的高厚比。

解：1. 确定静力计算方案

最大横墙间距 $s=3.9\times3=11.7$m<32m，查表 5-10，属刚性方案。

二、三层墙墙高 $H=3.3$m，Mb5 砂浆砌筑，查表 5-11，$[\beta]=24$。

一层墙墙高 $H=4.1$m，Mb7.5 砂浆砌筑，查表 5-11，$[\beta]=26$。

2. 纵墙高厚比验算

1）二、三层墙高厚比验算

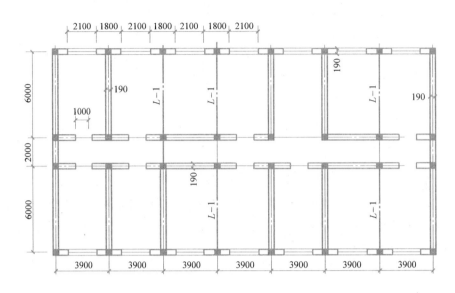

图 5-37　例 5-9 图

由于外纵墙窗洞口的宽度大于内纵墙门洞口的宽度，只需要验算外纵墙的高厚比。

（1）整片墙高厚比验算

$s=3.9\times3=11.7\text{m}>2H=6.6\text{m}$，查表 5-12，$H_0=1.0H=3.3\text{m}$。

承重墙，$\mu_1=1.0$。

$$\mu_2=1-0.4\frac{b_s}{s}=1-0.4\times\frac{2.1\times3}{3.9\times3}=0.785>0.7$$

因为 $0.05<\dfrac{b_c}{l}=\dfrac{250}{3900}=0.064<0.25$，$\mu_c=1+\gamma\dfrac{b_c}{l}=1+1.0\times\dfrac{250}{3900}=1.064$

所以 $\beta=\dfrac{H_0}{h}=\dfrac{3300}{190}=17.37<\mu_1\mu_2\mu_c[\beta]=1.0\times0.785\times1.064\times24=20.05$（满足

要求）

（2）构造柱间墙高厚比验算

构造柱间距 $s=3.9\text{m}$，$H=3.3\text{m}<s<2H=6.6\text{m}$。

$H_0=0.4s+0.2H=0.4\times3.9+0.2\times3.3=2.22\text{m}$

承重墙，$\mu_1=1.0$。

$$\mu_2=1-0.4\frac{b_s}{s}=1-0.4\times\frac{2.1}{3.9}=0.785>0.7$$

$\beta=\dfrac{H_0}{h}=\dfrac{2220}{190}=11.68<\mu_1\mu_2[\beta]=1.0\times0.785\times24=18.84$（满足要求）

2）一层墙高厚比验算

（1）整片墙高厚比验算

$s=3.9\times3=11.7\text{m}>2H=8.2\text{m}$，查表 5-12，$H_0=1.0H=4.1\text{m}$。

承重墙，$\mu_1=1.0$。

$$\mu_2=1-0.4\frac{b_s}{s}=1-0.4\times\frac{2.1\times3}{3.9\times3}=0.785>0.7$$

因为 $0.05<\dfrac{b_c}{l}=\dfrac{250}{3900}=0.064<0.25$，$\mu_c=1+\gamma\dfrac{b_c}{l}=1+1.0\times\dfrac{250}{3900}=1.064$

所以 $\beta=\dfrac{H_0}{h}=\dfrac{4100}{190}=21.58<\mu_1\mu_2\mu_c[\beta]=1.0\times0.785\times1.064\times26=21.72$（满足要求）

（2）构造柱间墙高厚比验算

构造柱间距 $s=3.9\text{m}<4.1\text{m}$，$H_0=0.6s=0.6\times3.9=2.34\text{m}$。

承重墙，$\mu_1=1.0$。

$$\mu_2=1-0.4\frac{b_s}{s}=1-0.4\times\frac{2.1}{3.9}=0.785>0.7$$

$$\beta=\frac{H_0}{h}=\frac{2340}{190}=12.32<\mu_1\mu_2[\beta]=1.0\times0.785\times26=20.41$$（满足要求）

3. 横墙高厚比验算

1）确定静力计算方案

最大纵墙间距 $s=6.0\text{m}<32\text{m}$，查表 5-10，属刚性方案。

二、三层墙墙高 $H=3.3\text{m}$，Mb5 砂浆砌筑，查表 5-11，$[\beta]=24$。

一层墙墙高 $H=4.1\text{m}$，Mb7.5 砂浆砌筑，查表 5-11，$[\beta]=26$。

2）二、三层墙高厚比验算

因为 $H=3.3\text{m}<s=6.0\text{m}<2H=6.6\text{m}$，查表 5-12，$H_0=0.4s+0.2H=0.4\times6.0+0.2\times3.3=3.06\text{m}$。

承重墙，$\mu_1=1.0$；无门窗洞口，$\mu_2=1.0$。

因为 $\dfrac{b_c}{l}=\dfrac{190}{6000}=0.032<0.05$，不考虑 μ_c 的影响，即 $\mu_c=1.0$。

所以 $\beta=\dfrac{H_0}{h}=\dfrac{3060}{190}=16.74<\mu_1\mu_2[\beta]=1.0\times1.0\times24=24$（满足要求）

3）一层墙高厚比验算

因为 $H=4.1\text{m}<s=6.0\text{m}<2H=8.2\text{m}$，查表 5-12，$H_0=0.4s+0.2H=0.4\times6.0+0.2\times4.1=3.22\text{m}$。

承重墙，$\mu_1=1.0$；无门窗洞口，$\mu_2=1.0$。

因为 $\dfrac{b_c}{l}=\dfrac{190}{6000}=0.032<0.05$，不考虑 μ_c 的影响，即 $\mu_c=1.0$。

所以 $\beta=\dfrac{H_0}{h}=\dfrac{3220}{190}=16.95<\mu_1\mu_2[\beta]=1.0\times1.0\times26=26$（满足要求）

5.4.4　砌体结构房屋的墙体设计

1. 刚性方案多层房屋的承重墙设计

1）承重纵墙

对多层民用房屋，如住宅、办公楼等结构的纵墙通常比较长，门窗的设置也比较规则，设计时可仅取其中有代表性的一段进行计算。一般取一个开间的窗洞中线间距内的竖向墙带作为计算单元，如图5-38（a）所示。

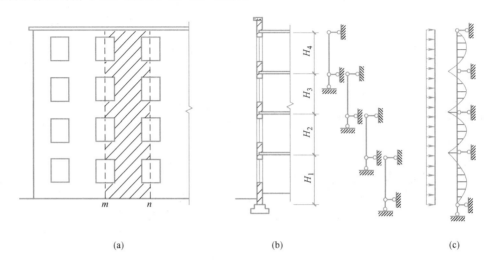

(a)   (b)   (c)

图5-38 承重纵墙的计算简图

（a）计算单元；（b）竖向荷载作用下的计算简图；（c）水平荷载作用下的计算简图

（1）计算简图

在竖向荷载作用下，竖向墙带支承于与楼盖及屋盖相交的支座上。由于楼盖的梁、板嵌于墙内，墙体截面被削弱，而偏于安全地将楼盖处视为铰接。在基础顶面，墙体虽未减弱，但轴向压力较大，弯矩相对较小，因此底端也可认为是铰接支承。这样，每层墙体、柱可近似视作两端铰支的竖向构件，如图5-38（b）所示。实践证明，这种假定既偏于安全，又基本符合实际。中间层的计算高度取层高（楼板底至上层楼板底）；底层墙柱的计算高度取至基础顶面高度，如基础埋深较大时，一般可取室内地坪以下300～500mm。

在水平荷载作用下，竖向墙带按竖向连续梁计算墙体的承载力，如图5-38（c）所示。

（2）控制截面

对每层墙体一般有四个截面起控制作用，即计算楼层墙上端楼盖大梁底面、窗口上端、窗台及墙下端楼盖大梁底稍上的截面，如图5-39所示。为偏于安全，当上述几处的截面面积均以窗间墙计算时，把图5-39中的截面Ⅰ-Ⅰ、Ⅳ-Ⅳ作为控制截面。

（3）竖向荷载作用下内力计算

以图5-39为例来说明竖向荷载作用下墙带内力分析方法，假定上下层墙体厚度相同。

截面Ⅰ-Ⅰ：

$$N_{\text{Ⅰ}} = N_{\text{u}} + N_{l} \tag{5-36}$$

$$M_{\text{Ⅰ}} = N_{l} e_{l} \tag{5-37}$$

截面Ⅳ-Ⅳ：

$$N_{\text{Ⅳ}} = N_{\text{u}} + N_{l} + G \tag{5-38}$$

$$M_{\text{Ⅳ}} = 0 \tag{5-39}$$

式中 N_{u}——由上层墙传来的荷载，作用于上层墙的截面重心；

N_l——本层楼盖梁或板传给墙体的荷载，作用于距墙体内边缘 $0.4a_0$ 处；

a_0——梁或板在墙体上的有效支承长度，按式（5-16）计算；

e_l——对本层墙体截面形心线的偏心距，对矩形截面墙体 $e_l=0.5h-0.4a_0$，h 为墙厚；

G——本层墙体自重（包括内外粉刷、门窗自重等）。

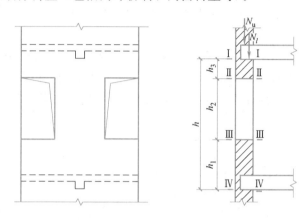

图 5-39　外墙最不利计算截面位置及内力图

当本层墙体在一侧加厚时，应考虑上下层形心不重合对 Ⅰ-Ⅰ 截面弯矩的影响。

（4）水平荷载作用下内力计算

外纵墙承受的水平荷载有风荷载，《砌体规范》规定，由风荷载产生的跨中及支座弯矩 M 可按下式计算：

$$M=\frac{1}{12}wH_i^2 \tag{5-40}$$

式中　w——沿楼层高均布风荷载设计值；

H_i——楼层高度。

对刚性方案的房屋，风荷载所引起的内力一般不足全部内力的 5%。因此《砌体规范》规定，当刚性方案房屋的外墙符合下列要求时，可不考虑风荷载的影响：

① 洞口水平截面面积不超过全截面面积的 2/3。

② 屋面自重不小于 $0.8kN/m^2$。

③ 层高和总高不超过表 5-13 的规定。

刚性方案多层房屋外墙不考虑风荷载影响时的最大高度　　　　　　表 5-13

基本风压值（kN/m²）	层高（m）	总高（m）	基本风压值（kN/m²）	层高（m）	总高（m）
0.4	4.0	28	0.6	4.0	18
0.5	4.0	24	0.7	3.5	18

注：对于多层砌块 190mm 厚的外墙，当层高不大于 2.8m、总高不大于 19.6m、基本风压不大于 0.7 kN/m² 时，可不考虑风荷载的影响。

（5）截面承载力验算

在确定截面 Ⅰ-Ⅰ 和截面 Ⅳ-Ⅳ 的轴向力和弯矩之后，就可按受压构件承载力计算公式进行验算。截面 Ⅰ-Ⅰ 处应按偏心受压验算承载力，并验算梁下砌体的局部受压承载力。

截面Ⅳ-Ⅳ处一般按轴心受压进行承载力验算。对多层房屋，若每层墙体的截面和砂浆强度等级相同，只需验算内力最大的底层即可，否则应取截面或材料强度等级变化层进行验算。

2）承重横墙

刚性方案房屋由于横墙间距不大，在水平风荷载作用下，纵墙传给横墙的水平力对横墙的承载力计算影响很小。因此，横墙只需计算竖向荷载作用下的承载力。

（1）计算简图

横墙一般承受楼盖和屋盖传来的均布荷载，通常取 1m 宽的墙体作为计算单元，每层横墙视为两端不动铰接的竖向构件，如图 5-40 所示。当横墙上设有门窗洞口时，则应取洞口中心线之间的墙体作为计算单元。每层墙体的计算高度取值和纵墙相同。

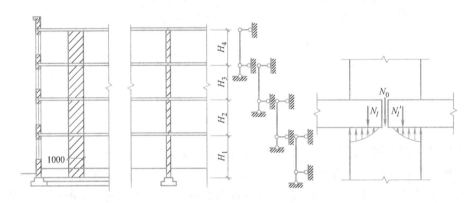

图 5-40　承重横墙的计算简图

横墙承受的荷载有：所计算截面以上各层传来的荷载 N_u，作用于墙截面重心处；本层两边楼盖传来的竖向荷载（包括永久荷载及可变荷载）N_l、N_l'，均作用于距墙边 $0.4a_0$ 处。当横墙两侧开间不同（梁板跨度不同）或者仅在一侧的楼面上有活荷载时，N_l 及 N_l' 的数值并不相等，墙体处于偏心受压状态。但由于偏心荷载产生的弯矩通常都较小，轴向压力较大，故在实际计算中，各层均可按轴心受压构件进行验算。

（2）截面承载力验算

承重横墙一般按轴心受压构件进行验算，又因每层墙体的下端截面的轴向力最大，可取墙体的下端截面作为控制截面验算承载力。

当有楼面大梁支承于横墙时，应取大梁间距作为计算单元，此外，尚应进行梁端砌体局部受压验算。对于支承楼板的墙体，则不需进行局部受压验算。

2. 刚性方案单层房屋的墙、柱设计

单层房屋纵墙底端处的轴力与多层房屋相比要小得多，而弯矩比较大，因此在竖向荷载与水平荷载作用下，单层房屋的墙、柱可视为上端不动铰支于屋盖，下端嵌固于基础的竖向构件。在水平风荷载及竖向偏心力作用下分别计算内力，两者叠加就是墙、柱最终的内力图。

3. 弹性、刚弹性房屋的墙体设计计算简介

1）单层弹性方案房屋墙体的设计计算

单层工业厂房以及民用建筑的仓库、食堂等，由于建筑要求通常为大空间，横墙设置

较少，间距很大，多属于弹性方案房屋。与钢筋混凝土及钢结构排架一样，单层弹性方案房屋计算简图的确定考虑下列两条假定：

（1）屋架或屋面梁与墙（柱）顶端的连接，视为铰接，墙或柱下端则嵌固于基础顶面；

（2）屋架或屋面大梁视作一刚度无限大的水平杆件，在荷载作用下无轴向变形，即这时墙柱顶端的水平位移相等。

根据上述假定，单层弹性方案房屋的计算简图为铰接平面排架，计算单元取一个开间，按不考虑空间工作的平面排架或框架计算内力。

2）单层刚弹性方案房屋墙体的设计计算

属于刚弹性方案的房屋，在水平荷载作用下，墙顶的水平位移较弹性方案房屋小，但又不能忽略。因此计算时应考虑房屋的空间作用，其计算简图和弹性方案计算简图相似，不同点是在排架的柱顶上加上一个弹性支座，其刚度与房屋空间性能影响系数 η 有关，如图 5-41（a）所示。

刚弹性方案房屋墙柱内力分析可按下列步骤进行：

（1）在各层横梁与柱连接处加水平铰支杆，计算在水平荷载（风荷载）下无侧移时的支杆反力 R_i，并求相应的内力图，见图 5-41（b）。

（2）把已求出的支杆反力 R_i 乘以由表 5-10 查得的相应空间性能影响系数 η_i，并反向作用在节点上，求出这种情况的内力图，见图 5-41（c）。

（3）将上述两种情况下的内力图叠加即得最后内力。

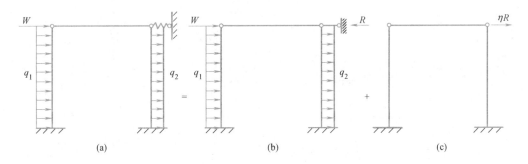

图 5-41　刚弹性方案的静力计算
（a）计算简图；（b）设置不动铰支座；（c）反向施加水平力 ηR

多层房屋与单层房屋的空间作用是有区别的。单层房屋由于屋盖和纵、横墙的联系，在纵向各开间之间存在相互制约的空间作用。而多层房屋除了在纵向各空间存在空间作用外，各层之间也存在互相联系、互相制约的空间作用。多层刚弹性方案房屋墙、柱内力分析可以仿照单层弹性方案房屋，空间性能影响系数统一按单层房屋空间性能影响系数采用，这是偏于安全的。

5.4.5　砌体结构房屋的墙体设计实例

【例 5-10】　某三层办公楼结构平面、剖面如图 5-42 所示，屋盖和楼盖均为现浇钢筋混凝土梁板，板厚均为 100mm。底层采用 MU15 单排孔混凝土小型空心砌块、Mb5 砂浆砌筑；二至三层采用 MU7.5 单排孔混凝土小型空心砌块、Mb5 砂浆砌筑；墙厚 190mm；

梁截面为 250mm×500mm，梁端伸入墙内 190mm；窗 2100mm×1800mm；层高为 3.3m，一层墙从楼板顶面至基础顶面距离为 4.1m，门洞宽均为 1000mm；施工质量控制等级为 B 级。试验算各承重墙的承载力。

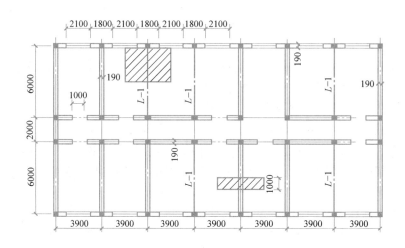

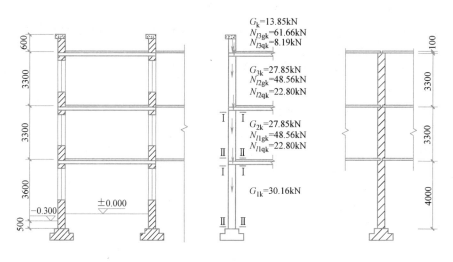

图 5-42　例 5-10 图

解：1. 荷载计算

由《建筑结构荷载规范》GB 50009—2012、《工程结构通用规范》GB 55001—2021 和屋面、楼面及墙面的构造做法可求出各类荷载值如下：

1）屋面荷载

屋面恒荷载标准值：4.36kN/m²。

屋面活荷载标准值：0.7kN/m²（不上人屋面），组合值系数 $\psi_c = 0.7$。

2）楼面荷载

楼面恒荷载标准值：3.24kN/m²。

楼面活荷载标准值：2.0kN/m²，组合值系数 $\psi_c = 0.7$。

3）墙体荷载

190mm 厚混凝土小型空心砌块墙体，双面 20mm 厚水泥砂浆粉刷：$2.96kN/m^2$。

铝合金窗：$0.25kN/m^2$。

4）L-1 自重

$[0.25 \times 0.5 \times 25 + 0.02 \times (2 \times 0.5 + 0.25) \times 17] \times 6.0 = 21.3kN$

2. 静力计算方案

采用装配式钢筋混凝土楼盖，最大横墙间距 $s = 3.9 \times 3 = 11.7m < 32m$，查表 5-10，属于刚性方案房屋；且洞口水平截面面积不超过全截面面积的 2/3，风荷载较小，屋面自重较大，本例外墙可不考虑风荷载的影响。

3. 高厚比验算（例【5-9】）

4. 纵墙内力计算和截面承载力验算

1）计算单元

内纵墙由于开设洞口面积较小，所以纵墙承载力由外纵墙（A、D 轴线）控制。外纵墙取一个开间为计算单元，图 5-42 中斜虚线部分为纵墙计算单元的受荷面积，窗间墙为计算截面。

2）控制截面

由于一层和二、三层砌块、砂浆强度等级不同，需验算一层及二层墙体承载力，每层墙取两个控制截面。一层砌体抗压强度设计值 $f = 3.20MPa$，二、三层砌体抗压强度设计值 $f = 1.71MPa$。每层墙计算截面的面积为：

$A_1 = A_2 = A_3 = 190 \times 1800 = 342000mm^2$

3）各层墙体内力标准值计算

（1）各层墙重

女儿墙高度为 600mm，屋面板厚度 100mm，梁高度 500mm，则：

$G_k = (0.6 + 0.1 + 0.5) \times 3.9 \times 2.96 = 13.85kN$

② 二至三层墙重（从上一层梁底面到下一层梁底面）

$G_{2k} = G_{3k} = (3.9 \times 3.3 - 2.1 \times 1.8) \times 2.96 + 2.1 \times 1.8 \times 0.25 = 27.85kN$

③ 底层墙重（大梁底面到基础顶面）

$G_{1k} = (3.9 \times 3.50 - 2.1 \times 1.8) \times 2.96 + 2.1 \times 1.8 \times 0.25 = 30.16kN$

（2）屋面梁支座反力

由恒载标准值传来：$N_{l3gk} = (4.36 \times 3.9 \times 6.0 + 21.3)/2 = 61.66kN$。

由活载标准值传来：$N_{l3qk} = 0.7 \times 3.9 \times 6.0/2 = 8.19kN$。

有效支承长度：$a_{03} = 10\sqrt{\dfrac{h_c}{f}} = 10 \times \sqrt{\dfrac{500}{2.22}} = 150.08mm < 190mm$，取 $a_{03} = 150.08mm$。

（3）楼面梁支座反力

由恒载标准值传来：$N_{l2gk} = N_{l1gk} = (3.24 \times 3.9 \times 6.0 + 21.3)/2 = 48.56kN$。

由活载标准值传来：$N_{l2qk} = N_{l1qk} = 2.0 \times 3.8 \times 6.0/2 = 22.8kN$。

有效支承长度：$a_{02} = a_{03} = 150.08mm$。

$$a_{01}=10\sqrt{\frac{h_c}{f}}=10\times\sqrt{\frac{500}{3.61}}=117.69\text{mm}<190\text{mm}，取 a_{03}=117.69\text{mm}。$$

各层墙体承受的轴向力标准值如图 5-42 所示。

（4）内力组合（表 5-14）

纵墙内力组合　　　　　　　　　　　　　　　　表 5-14

截面类型		$(N=1.3\sum(G_{ik}+N_{ligk})+1.5\sum N_{liqk})$
二层墙	I-I 截面	$N_{2\text{I}}=1.3\times(13.85+27.85+61.66+48.56)+1.5\times(8.19+22.80)=243.99\text{kN}$ $N_{l2}=1.3\times48.56+1.5\times22.80=97.33\text{kN}$ $e_{l2}=h/2-0.4a_{02}=190/2-0.4\times150.08=34.97\text{mm}$ $e_{2\text{I}}=N_{l2}e_{l2}/N_{2\text{I}}=97.33\times34.97/243.99=13.95\text{mm}$
	II-II 截面	$N_{2\text{II}}=1.3G_{2k}+N_{2\text{I}}=1.3\times27.85+243.99=280.20\text{kN}$
一层墙	I-I 截面	$N_{1\text{I}}=1.3\times(13.85+27.85\times2+61.66+48.56\times2)+1.5\times(8.19+0.85\times22.80\times2)$ 　　$=367.26\text{kN}$ $N_{1l}=N_{l2}=97.33\text{kN}$ $e_{1\text{I}}=h/2-0.4a_{01}=190/2-0.4\times117.69=47.92\text{mm}$ $e_{1\text{I}}=N_{1l}e_{1l}/N_{1\text{I}}=97.33\times47.92/367.26=12.70\text{mm}$
	II-II 截面	$N_{1\text{II}}=1.3G_{1k}+N_{1\text{I}}=1.3\times30.16+367.26=406.47\text{kN}$

注：计算一层墙截面竖向力考虑了二至三层楼面活荷载折减系数 0.85。

（5）截面承载力验算（表 5-15）

纵墙截面承载力验算　　　　　　　　　　　　表 5-15

截面类型		高厚比 $(\beta=\gamma_\beta H_0/h)$	相对偏心距 (e/h)	影响系数 (φ)	承载力(kN) $(N_u=\varphi f A)$	截面内力 (kN)	校核
二层墙	I-I 截面	19.1	0.073	0.502	293.57	243.99	满足
	II-II 截面	19.1	0	0.643	376.04	280.20	满足
一层墙	I-I 截面	23.74	0.067	0.428	468.40	367.26	满足
	II-II 截面	23.74	0	0.545	596.45	406.47	满足

注：1. 二层墙体：$s=10.8\text{m}$，$H=3.3\text{m}$，$s>2H$，查表 5-12，$H_0=1.0H=3.3\text{m}$；一层墙体：$s=10.8\text{m}$，$H=4.1\text{m}$，$H<s<2H$，查表 5-12，$H_0=1.0H=4.1\text{m}$；

2. 二层墙体：$A=342000\text{mm}^2$，$f=1.71\text{MPa}$；一层墙体：$A=342000\text{mm}^2$，$f=3.20\text{MPa}$；

3. 查表 5-5，$\gamma_\beta=1.1$。

（6）梁下局部承压验算

本例中梁下设有钢筋混凝土构造柱，由于构造柱混凝土抗压强度远大于砌体抗压强度，因而可不进行梁下局部承压验算。但若大梁直接支承在砌体墙上，则应进行梁下局部承压验算。

5. 横墙内力计算和承载力验算

取 1m 宽墙体作为计算单元，沿房屋纵向取 3.6m 为受荷宽度，计算截面面积 $A=1000\times190=190000\text{mm}^2$。由于房屋开间及两侧所承受荷载均相同，因而可按轴心受压计算。

1）内力组合（表 5-16）

| 横墙内力组合 | 表 5-16 |

截面类型		$(N=1.3\sum(G_{ik}+N_{ligk})+1.5\sum N_{liqk})$
二层墙	Ⅱ-Ⅱ截面	$N_{2Ⅱ}=1.3\times(1\times3.3\times2.96\times2+1\times3.9\times4.36+1\times3.9\times3.24)+$ $1.5\times(1\times0.7+1\times2.0)\times3.9=79.73kN$
一层墙	Ⅱ-Ⅱ截面	$N_{1Ⅱ}=79.73+1.3\times(1\times3.98\times2.96+1\times3.9\times3.19)+$ $1.5\times1\times3.9\times2=122.92kN$

2）截面承载力验算（表 5-17）

| 横墙截面承载力验算 | | | | | | 表 5-17 |

截面类型		高厚比 $(\beta=\gamma_\beta H_0/h)$	相对偏心距 (e/h)	影响系数 (φ)	承载力(kN) $(N_u=\varphi f A)$	截面内力 (kN)	校核
二层墙	Ⅱ-Ⅱ截面	17.7	0	0.678	220.28	79.73	满足
一层墙	Ⅱ-Ⅱ截面	18.5	0	0.658	400.06	122.92	满足

注：1. 二层墙体：$s=6.0m$，$H=3.3m$，$H<s<2H$，查表 5-12，$H_0=0.4s+0.2H=3.06m$；

2. 一层墙体：$s=6.0m$，$H=4.0m$（基础顶到一层楼面板底高度），$H<s<2H$，查表 5-12，$H_0=0.4s+0.2H=3.2m$。

5.5 砌体结构房屋的构造要求

5.5.1 砌体结构耐久性设计要求

砌体结构在使用过程中，会因风化、冻融等造成块体材料表面开裂、剥蚀，情况严重者会直接影响到建筑物的强度和稳定性。因此，在砌体结构设计时，应按建筑物对耐久性的要求、房屋的工作年限、服役环境和施工条件等因素，本着因地制宜、就地取材、充分利用工业废料的原则选用砌筑材料。

1. 砌体结构的环境类别

砌体结构耐久性的环境类别应根据表 5-18 确定。

| 砌体结构的环境类别 | 表 5-18 |

环境类别	条件
1	正常居住及办公建筑的内部干燥环境
2	潮湿的室内或室外环境,包括与无侵蚀性土和水接触的环境
3	严寒和使用化冰盐的潮湿环境(室内或室外)
4	海水直接接触的环境,或处于滨海地区的盐饱和的气体环境
5	有化学侵蚀的气体、液体或固态形式的环境,包括有侵蚀性土壤的环境

2. 砌体材料的最低强度等级

《砌体规范》规定，设计工作年限为 50 年时，砌体材料应符合下列规定：

1）地面以下或防潮层以下的砌体、潮湿房间的墙或环境类别二类的砌体，所用材料的最低强度等级应符合表 5-19 的规定。

地面以下或防潮层以下砌体、潮湿房间的墙所用材料最低强度等级　　表 5-19

潮湿程度	烧结普通砖	混凝土普通砖、蒸压普通砖	混凝土砌块	石材	水泥砂浆
稍潮湿的	MU15	MU20	MU7.5	MU30	M5
很潮湿的	MU20	MU20	MU10	MU30	M7.5
含水饱和的	MU20	MU25	MU15	MU40	M10

注：1. 在冻胀地区，地面以下或防潮层以下的砌体，不宜采用多孔砖，如采用时，其孔洞应用不低于 M10 的水泥砂浆预先灌实；当采用混凝土空心砌块时，其孔洞应采用强度等级不低于 Cb20 的混凝土预先灌实；

　　2. 对安全等级为一级或设计工作年限大于 50 年的房屋，表中材料强度等级至少提高一级。

2）处于环境类别 3～5 类，有侵蚀性介质的砌体材料应符合下列规定：

（1）不应采用蒸压灰砂普通砖、蒸压粉煤灰普通砖；

（2）应采用实心砖，砖的强度等级不应低于 MU20，水泥砂浆的强度等级不应低于 M10；

（3）混凝土砌块的强度等级不应低于 MU15，灌孔混凝土的强度等级不应低于 Cb30，砂浆的强度等级不应低于 Mb10；

（4）应根据环境条件对砌体材料的抗冻指标、耐酸、碱性能提出要求，或符合有关规范规定。

5.5.2　砌体墙、柱的构造要求

砌体结构房屋的墙、柱除了满足稳定性以及对最低材料强度等级等要求外，还应满足下列构造要求：

1）预制钢筋混凝土板在混凝土圈梁上的支承长度不应小于 80mm，板端伸出的钢筋应与圈梁可靠连接，且同时浇筑；预制钢筋混凝土板在墙上的支承长度不应小于 100mm，并应按下列方法进行连接：

（1）板支承于内墙时，板端钢筋伸出的长度不应小于 70mm，且与支座处沿墙配置的纵筋绑扎，用强度等级不应低于 C25 的混凝土浇筑成板带；

（2）板支承于外墙时，板端钢筋伸出长度不应小于 100mm，且与支座处沿墙配置的纵筋绑扎，并用强度等级不应低于 C25 的混凝土浇筑成板带；

（3）预制钢筋混凝土板与现浇板对接时，预制板端钢筋应深入现浇板中进行连接后，再浇筑现浇板。

2）墙体转角处和纵横墙交接处应沿竖向每隔 400～500mm 设拉结钢筋，其数量为每 120mm 墙厚不少于 1 根直径 6mm 的钢筋；或采用焊接钢筋网片，埋入长度从墙的转角或交接处算起，对实心砖墙每边不小于 500mm，对多孔砖墙和砌块墙不小于 700mm。

3）填充墙、隔墙应分别采取措施与周边主体结构构件可靠连接。连接构造和嵌缝材料应能满足传力、变形、耐久和防护要求。

4）在砌体中留槽洞及埋设管道时，应遵守下列规定：

（1）不应在截面长度小于 500mm 的承重墙体、独立柱内埋设管线；

（2）不宜在墙体中穿行暗线或预留、开凿沟槽，当无法避免时应采取必要的措施或按削弱后的截面验算墙体的承载力。对受力较小或未灌孔的砌块砌体，允许在墙体的竖向孔

洞中设置管线。

5）承重的独立砖柱截面尺寸不应小于 240mm×370mm。毛石墙的厚度不宜小于 350mm，毛料石柱较小边长不宜小于 400mm。当有振动荷载时，墙、柱不宜采用毛石砌体。

6）跨度大于 6m 的屋架和跨度大于 l_{dk}（对砖砌体为 $l_{dk}=4.8m$；对砌体和料石砌体为 $l_{dk}=4.2m$；对毛石砌体为 $l_{dk}=3.9m$）的梁，应在支承处砌体上设置混凝土或钢筋混凝土垫块；当墙中设有圈梁时，垫块与圈梁宜浇成整体。

7）当跨度大于或等于下列数值时，其支承处宜加设壁柱，或采取其他加强措施：（1）对 240mm 厚的砖墙为 6m；（2）对 18mm 厚的砖墙为 4.8m；（3）对砌体、料石墙为 4.8m。

8）山墙处的壁柱或构造柱宜砌至山墙顶部，且屋面构件应与山墙可靠拉结。

9）砌块砌体应分皮错缝搭砌，上下皮搭砌长度不应小于 90mm。当搭砌长度不满足上述要求时，应在水平灰缝内设置不少于 2 根直径不小于 4mm 的焊接钢筋网片（横向钢筋的间距不应大于 200mm，网片每端应伸出该垂直缝不小于 300mm）。

10）砌块墙与后砌墙隔墙交接处，应沿墙高每 400mm 在水平灰缝内设置不少于 2 根直径不小于 4mm、横筋间距不应大于 200mm 的焊接钢筋网片（图 5-43）。

11）混凝土砌块房屋，宜将纵横墙交接处，距墙中心线不小于 300mm 范围内的孔洞，采用不低于 Cb20 混凝土沿全墙高灌实。

12）混凝土砌块墙体的下列部位，如未设圈梁或混凝土垫块，应采用不低于 Cb20 混凝土沿全墙高灌实：①搁栅、檩条和钢筋混凝土楼板的支承面下，高度不应小于 200mm 的砌体；②屋架、梁等构件的支承面下，长度不应小于 600mm，高度不应小于 600mm 的砌体；③挑梁支承面下，距墙中心线每边不应小于 300mm，高度不应小于 600mm 的砌体。

图 5-43　砌块墙与后砌墙交接处钢筋网片

5.5.3　过梁、圈梁和构造柱

1. 过梁

过梁是设置在门窗洞口上的构件。它用以支承门窗上面部分墙体的自重，以及梁、板传来的荷载，并将这些荷载传递到两边的窗间墙上。过梁的形式有砖砌平拱、砖砌弧拱、钢筋砖过梁和钢筋混凝土过梁四种，如图 5-44 所示。对有较大振动荷载或可能产生不均匀沉降的房屋，应采用混凝土过梁。当过梁的跨度不大于 1.5m 时，可采用钢筋砖过梁；当不大于 1.2m 时，可采用砖砌平拱过梁。目前砌体结构已大量采用钢筋混凝土过梁，前三种砖过梁在工程中较少采用。

2. 圈梁

在砌体结构房屋中，把在墙体内沿水平方向连续设置并成封闭的钢筋混凝土梁称为圈

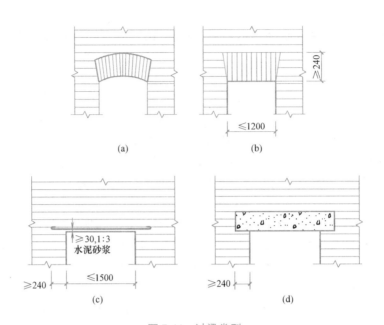

图 5-44　过梁类型

(a) 砖砌弧拱；(b) 砖砌平拱过梁；(c) 钢筋砖过梁；(d) 钢筋混凝土过梁

梁。设置了圈梁的房屋，其整体性和空间刚度都大为增强，能有效地防止和减轻由于地基不均匀沉降或较大振动荷载等对房屋引起的不利影响。位于房屋檐口处的圈梁又称为檐口圈梁；位于±0.000 以下、基础顶面处设置的圈梁称为地圈梁。

《砌体规范》对在墙体中设置钢筋混凝土圈梁进行如下规定：

1) 对厂房、仓库、食堂等空旷的单层房屋：檐口标高为 5～8m 的砖砌体房屋，应在檐口设置一道圈梁；檐口标高大于 8m 时，应增加设置数量。檐口标高为 4～5m 的砌块及料石砌体房屋，应在檐口标高处设置圈梁一道；檐口标高大于 5m 时，应增加设置数量。

2) 住宅、办公楼等多层砌体民用房屋，层数为 3～4 层时，应在底层和檐口标高处设置一道圈梁；当层数超过 4 层时，除应在底层和檐口标高处各设置一道圈梁外，至少应在所有纵、横墙上隔层设置。多层砌体工业房屋，应每层设置现浇钢筋混凝土圈梁。

3) 采用现浇钢筋混凝土楼（屋）盖的多层砌体结构房屋，当层数超过 5 层时，除在檐口标高处设置一道圈梁外，可隔层设置圈梁，并与楼盖、屋面板一起现浇。未设置圈梁的楼面板嵌入墙内的长度不应小于 120mm，应沿墙配置不小于 2 根 10mm 的纵向钢筋。

4) 圈梁的构造要求

(1) 圈梁宜连续地设在同一水平面上，并形成封闭状。圈梁宜与预制板同一标高，或紧靠板底（图 5-45）。当圈梁被门窗洞口截断时，应在洞口上部增设相同截面的附加圈梁。附加圈梁与圈梁的搭接长度不应小于其中心线到圈梁中心线垂直间距的两倍，且不得小于 1m，如图 5-45 所示。

(2) 纵、横墙交接处的圈梁应有可靠的连接。刚弹性和弹性方案房屋、圈梁应与屋架、大梁等构件可靠连接。

(3) 钢筋混凝土圈梁的宽度宜与墙厚相同，当墙厚 $h \geqslant 240mm$ 时，其宽度不宜小于

$2h/3$。圈梁高度不应小于 120mm。纵向钢筋的数量不宜少于 4 根，直径不宜小于 10mm，绑扎接头的搭接长度按受拉钢筋考虑，箍筋间距不应大于 300mm。

（4）有抗震要求的多层砖砌体房屋圈梁的配筋要求应符合表 5-20 的规定。

3. 构造柱

由于砌体结构房屋的整体性和抗震性较差，震害分析表明，在多层砌体房屋中的适

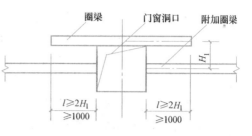

图 5-45　附加圈梁与圈梁的搭接

当部位设置的钢筋混凝土构造柱，能与圈梁共同工作，可以有效地增加房屋结构的延性，防止发生突然倒塌，减轻房屋的损坏程度。

有抗震要求的多层砖砌体房屋圈梁的配筋要求　　　表 5-20

配筋	配筋		
	6、7度	8度	9度
最小纵筋	4Φ10	4Φ12	4Φ14
箍筋最大间距(mm)	250	200	150

钢筋混凝土构造柱的一般做法如图 5-43 所示。构造柱必须先砌墙，后浇柱。构造柱与墙的连接处宜砌成马牙槎，并应沿墙高每隔 500mm 设 2Φ6 水平钢筋和由 Φ4 分布短筋平面内定位焊组成的拉结网片或 Φ4 定位焊钢筋网片，每边伸入墙内不宜小于 1m。抗震设防烈度为 6、7 度时底部 1/3 楼层，8 度时底部 1/2 楼层，9 度时全部楼层，上述拉结钢筋网片应沿墙体水平通长设置。构造柱应与圈梁连接，以增加构造柱的中间支点。构造柱与圈梁的连接处，构造柱的纵筋应穿过圈梁，保证构造柱的纵筋上下贯通。

构造柱的最小截面可采用 240mm×180mm（墙厚 190mm 时，为 180mm×190mm），纵向钢筋宜采用 4Φ12，箍筋间距不宜大于 250mm，且在柱的上、下端处宜适当加密；抗震设防烈度为 6、7 度时不超过 6 层，8 度时不超过 5 层和 9 度时，构造柱的纵向钢筋宜采用 4Φ14。

5.5.4　防止或减轻墙体开裂的主要措施

1）在正常使用条件下，应在墙体中设置伸缩缝。伸缩缝应设在因温度和收缩变形可能引起应力集中、砌体产生裂缝可能性最大的地方。伸缩缝的间距可按《砌体规范》表 6.5.1 采用。

2）房屋顶层墙体，宜根据情况采取下列措施：

（1）屋面应设置保温、隔热层。

（2）屋面保温（隔热）层或屋面刚性面层及砂浆找平层应设置分隔缝，分隔缝间距不宜大于 6m，其缝宽不小于 30mm，并与女儿墙隔开。

（3）采用装配式有檩体系钢筋混凝土屋盖和瓦材屋盖。

（4）顶层屋面板下设置现浇钢筋混凝土圈梁，并沿内外墙拉通，房屋两端圈梁下的墙体内宜设置水平钢筋。

（5）顶层墙体有门窗等洞口时，在过梁上的水平灰缝内设置2～3道焊接钢筋网片或2根直径6mm的钢筋，焊接钢筋网片或钢筋应伸入过梁两端墙内不小于600mm。

（6）顶层及女儿墙砂浆强度等级不低于M7.5（Mb7.5、Ms7.5）。

（7）女儿墙应设置构造柱，构造柱间距不宜大于4m，构造柱应伸至女儿墙顶并与现浇钢筋混凝土压顶整浇在一起。

（8）对顶层墙体施加竖向预应力。

3）房屋底层墙体裂缝，宜根据情况采取下列措施：

（1）增大基础圈梁的刚度。

（2）在底层的窗台下墙体灰缝内设置3道焊接钢筋网片或2根直径6mm的钢筋，应伸入两边窗间墙内不小于600mm。

（3）采用钢筋混凝土窗台板，窗台板嵌入窗间墙内不小于600mm。

4）为防止或减轻房屋两端和底层第一、第二开间门窗洞处的裂缝，可采取下列措施：

（1）在门窗洞口两边的墙体水平灰缝中，设置长度不小于900mm、竖向间距为400mm的2根直径4mm的焊接钢筋网片。

（2）在顶层和底层设置通长钢筋混凝土窗台梁，窗台梁高宜为块高的模数，纵筋不少于4根，直径不宜小于10mm，箍筋直径不宜小于6mm，间距不大于200mm，混凝土强度等级不低于C20混凝土。

（3）在混凝土砌块房屋门窗洞口两侧不少于一个孔洞中设置直径不小于12mm的竖向钢筋，竖向钢筋应在楼层圈梁或基础内锚固，孔洞用不低于Cb20混凝土灌实。

5）填充墙砌体与梁、柱或混凝土墙体结合的界面处（包括内、外墙），宜在粉刷前设置钢丝网片，网片宽度可取400mm，并沿界面缝两侧各延伸200mm，或采取其他有效的防裂、盖缝措施。

6）当房屋刚度较大时，可在窗台下或窗台角处墙体内、在墙体高度或厚度突然变化处设置竖向控制缝，竖向控制缝宽度不宜小于25mm。竖向控制缝的构造和嵌缝材料应能满足墙体平面外传力和防护的要求。

本章小结

（1）砌体结构是由块体和砂浆砌筑组合而成的墙、柱作为建筑物的主要受力构件的结构。砌体的受力特点是轴心抗拉、弯曲抗拉和抗剪强度远小于其抗压强度。因此，砌体主要用于受压的墙、柱。

（2）砌体的材料主要包括块体和砂浆。块体与砂浆的强度、块体的形状与尺寸、砂浆的变形与流动性、砌筑质量与灰缝厚度是影响砌体抗压强度的主要因素。由于受力后块体在砌体中处于压、弯、剪和横向受拉的复杂应力状态，降低了砌体的抗压强度。

（3）轴向力偏心距和构件的高厚比是影响构件全截面受压承载力的主要影响因素，《砌体规范》采用系数 φ 来综合考虑这一影响。

（4）砌体局部受压包括局部均匀受压和局部非均匀受压，砌体局部抗压强度高于其全截面抗压强度，《砌体规范》通过局部抗压强度提高系数 γ 来体现。当梁端下砌体局部受压承载力不满足要求时，可在梁端设置刚性垫块或垫梁来提高砌体局部受压承载力。

（5）配筋砖砌体是在砌体内不同部位以不同方式配置钢筋或浇筑钢筋混凝土，可以提高砖砌体的强度、减少其截面尺寸、增加砌体结构（或构件）的整体性。配筋砌块砌体结构既具有传统砌体的特征，又具有强度高、延性好的钢筋混凝土结构特性，是今后重点发展的结构形式之一。

（6）砌体结构房屋墙体设计的内容和步骤是：进行墙体布置、确定静力计算方案、验算高厚比、计算墙体内力并验算其承载力。砌体结构房屋根据空间作用大小不同，分为三种静力计算方案：刚性方案、弹性方案和刚弹性方案。其划分的主要根据是刚性横墙的间距及楼盖、屋盖的类型。

（7）为了保证墙、柱在施工和使用阶段稳定性和刚度，要求墙（柱）的实际高厚比 β 应不超过《砌体规范》规定的允许高厚比 $[\beta]$。

（8）对多层刚性方案房屋的承重纵墙计算时，一般取一个开间作为计算单元。在竖向荷载作用下，墙柱在每层层高的范围内按两端铰支的竖向构件进行计算；在水平风荷载作用下，外墙按竖向连续梁计算。当符合一定条件时，可不考虑风荷载的影响。对承重横墙计算时，通常取1m宽的墙体作为计算单元，每层横墙视为两端不动铰接的竖向构件。

（9）砌体结构房屋的墙体除了进行承载力和高厚比验算外，还应按建筑物对耐久性的要求、房屋的工作年限、服役环境和施工条件等因素，满足有关材料的选用、墙柱的构造要求，从而保证房屋的耐久性、整体性。

思考与练习题

5-1　什么是砌体结构？砌体结构有哪些主要优缺点？

5-2　块体分为哪些类型？为什么实心黏土砖被禁止使用？

5-3　块体材料和砂浆的选用应注意哪些问题，潮湿环境下应选用何种砂浆？

5-4　为什么砖砌体的抗压强度远小于单块砖的抗压强度？

5-5　影响砌体抗压强度的因素有哪些？

5-6　砌体受压构件的偏心距是如何计算的？在承载力计算中，偏心距 e_0 有何限制？若设计中超过该规定的限值，应采取何种方法或措施？

5-7　影响受压构件承载力的主要因素有哪些？

5-8　轴心受压和偏心受压构件承载力计算公式有何差别？偏心受压时，为什么要按轴心受压验算另一方向的承载力？

5-9　稳定系数 φ 影响因素是什么？与钢筋混凝土轴心受压构件是否相同？

5-10　梁端局部受压分哪几种情况？试比较其异同点。

5-11　为什么砌体局部受压强度高于砌体全截面受压时的强度？设计时如何考虑这一因素？

5-12　当梁端支承处局部受压承载力不满足时，可采取哪些措施？

5-13　梁端有效支承长度 a_0 如何计算？

5-14　混凝土刚性垫块有哪些构造要求？

5-15　什么是配筋砌体？配筋砌体有哪几类？其受力特征与无筋砌体有何异同。

5-16　为什么钢筋混凝土构造柱组合墙可以提高墙体承载力？

5-17　混合结构房屋的结构布置方案有哪几种？其特点是什么？

5-18　根据什么来区分房屋的静力计算方案？有哪几类静力计算方案？设计时怎样判别？

5-19　为什么要验算墙、柱高厚比？如何进行验算？不满足时怎样处理？

5-20　刚性方案房屋的静力计算简图和控制截面是如何确定的？

5-21　伸缩缝和沉降缝有何区别？

5-22　常用过梁的种类有哪些？怎样计算过梁上的荷载？

5-23　简述圈梁和构造柱的作用。设置上有哪些要求？

5-24　引起砌体结构墙体开裂的主要因素有哪些？如何采取相应的预防措施？

5-25　柱截面为 $490mm \times 620mm$，采用 MU15 混凝土普通砖及 Mb5 砂浆砌筑，施工质量控制等级为 B 级，柱两个方向的计算高度均为 $H_0 = 5.8m$。试验算图 5-46 所示两种受力情况下砖柱的承载力。

（1）$N_1 = 300kN$，$N_2 = 0kN$；

（2）$N_1 = 80kN$，$N_2 = 220kN$。

5-26　一厚 190mm 的承重内横墙。采用 MU5 单排孔且孔对孔砌筑的混凝土小型空心砌块和 Mb5 水泥砂浆。作用在底层墙顶的荷载设计值为 120kN/m，纵墙间距为 6.0m，横墙间距 3.3m，$H = 3.5m$。试验算该层墙底截面承载力（墙自重为 $3.36kN/m^2$）。

5-27　某单层单跨无吊车仓库窗间墙截面，如图 5-47 所示。采用 MU15 级蒸压粉煤灰砖、Ms5.0 砂浆强度砌筑，砌体施工质量等级为 B 级。砖墙计算高度为 6.0m。

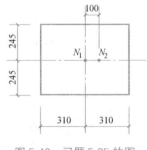

图 5-46　习题 5-25 的图

图 5-47 中 x 轴通过窗间墙体的截面中心，$y_1 = 179mm$，截面惯性矩 $I_x = 0.0061m^4$，$A = 0.381m^2$。承受的轴向压力设计值 $N = 300kN$，$M = 24kN \cdot m$。荷载偏向翼缘。试验算截面的承载力。

5-28　一网状配筋砖柱，截面尺寸为 $b \times h = 370mm \times 490mm$，计算高度 $H_0 = 3.9m$，承受轴向力设计值 $N = 150kN$，沿长边方向弯矩设计值 $M = 15.0kN \cdot m$。采用 MU15 烧结多孔砖和 M10 水泥砂浆砌筑，网状配筋采用 $\phi^b 4$ 冷拔低碳钢丝焊接钢筋网，钢丝间距 $a = 50mm$，钢丝网竖向间距 $s_n = 250mm$，$f_y = 430N/mm^2$。试验算该柱承载力。

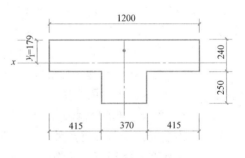

图 5-47　习题 5-27 的图

5-29　某单层单跨无吊车仓库窗间墙上有一跨度达 6.0m 的大梁，梁截面尺寸为 $b \times h = 200mm \times 500mm$，支承长度 $a = 240mm$，支座反力 $N_l = 100kN$，梁底墙体截面处的上部荷载设计值为 $N_0 = 280kN$。窗间墙截面为 $1200mm \times 370mm$（图 5-48），采用 MU15 级蒸压粉煤灰砖、Ms5.0 砂浆强度砌筑，砌体施工质量等级为 B 级。

（1）试验算局部受压承载力。

（2）如不满足，设置混凝土刚性垫块直至满足为止。

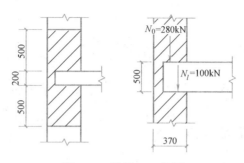

图 5-48　习题 5-29 的图

5-30　某多层刚性方案砖砌体教学楼，窗间墙截面如图 5-49 所示，墙体厚度为 240mm，横墙间距 10.8m。底层层高为 3.6m，室内外高差为 0.3m，基础埋置较深且有刚性地坪。墙体采用 MU15 蒸压粉煤灰砖、Ms10 砂浆砌筑；楼盖为现浇钢筋混凝土板。砌体施工质量控制等级为 B 级。截面形心到翼缘边距离为 150mm。试验算该底层纵墙的高厚比是否满足要求。

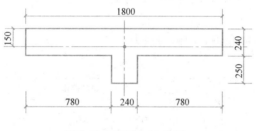

图 5-49　习题 5-30 的图

附录 1　等截面等跨连续梁在常用荷载作用下的内力系数表

1. 在均布及三角形荷载作用下

$M=$ 表中系数 $\times ql_0^2$

$V=$ 表中系数 $\times ql_0$

2. 在集中荷载作用下

$M=$ 表中系数 $\times Pl_0$

$V=$ 表中系数 $\times P$

3. 内力正负号规定

M——使截面上部受压、下部受拉为正；

V——对临近截面所产生的力矩沿顺时针方向者为正。

4. 符号说明

V^l、V^r——支座截面左侧、右侧的剪力。

两跨梁

荷载图	跨内最大弯矩		支座弯矩	剪力		
	M_1	M_2	M_B	V_A	V_B^l / V_B^r	V_D
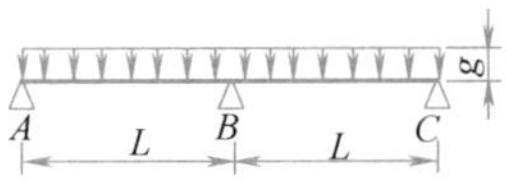	0.07	0.0703	−0.125	0.375	−0.625 / 0.625	−0.375
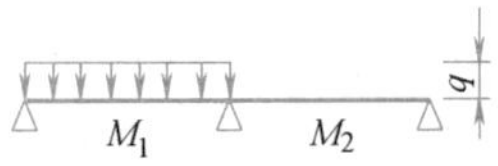	0.096	/	−0.063	0.437	−0.563 / 0.063	0.063
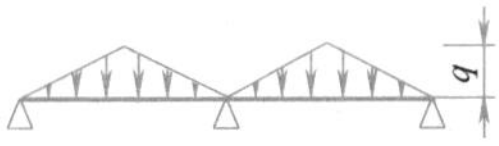	0.048	0.048	−0.078	0.172	−0.328 / 0.328	−0.172
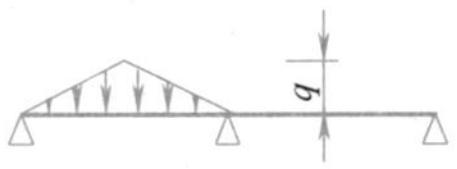	0.064	/	−0.039	0.211	−0.289 / 0.039	0.039
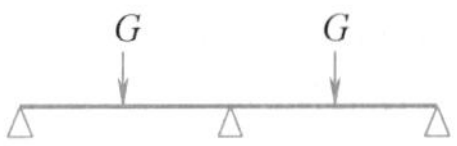	0.156	0.156	−0.188	0.312	−0.688 / 0.688	−0.312
	0.203	/	−0.094	0.406	−0.594 / 0.094	0.094

续表

荷载图	跨内最大弯矩		支座弯矩	剪力		
	M_1	M_2	M_B	V_A	V_B^l / V_B^r	V_D
Q Q Q Q	0.222	0.222	−0.333	0.667	−1.333 / 1.333	−0.667
Q Q	0.278	/	−0.167	0.833	−1.167 / 0.167	0.167

三跨梁　　　　　　　　　　　附表 1-2

荷载图	跨内最大弯矩		支座弯矩		剪力			
	M_1	M_2	M_B	M_C	V_A	V_B^l / V_B^r	V_C^l / V_C^r	V_D
g（满布 A L B L C L D）	0.080	0.025	−0.100	−0.100	0.400	−0.600 / 0.500	−0.500 / 0.600	−0.400
b（M_1、M_3 跨）	0.101	/	−0.050	−0.050	0.450	−0.550 / 0.000	0.000 / 0.550	−0.450
b（M_2 跨）	/	0.075	−0.050	−0.050	0.050	−0.050 / 0.500	−0.500 / 0.050	0.050
b（M_1、M_2 跨）	0.073	0.054	−0.117	−0.033	0.383	−0.617 / 0.583	−0.417 / −0.033	0.033
b（M_1 跨）	0.094	/	−0.067	0.017	0.433	−0.567 / 0.083	0.083 / −0.017	−0.017
G G G	0.175	0.100	−0.150	−0.150	0.350	−0.650 / 0.500	−0.500 / 0.650	−0.350
Q　Q	0.213	/	−0.075	−0.075	0.425	−0.575 / 0.000	0.000 / 0.575	−0.425
Q（中跨）	/	0.175	−0.075	−0.075	−0.075	−0.075 / 0.500	−0.500 / 0.075	0.075
Q Q	0.162	0.137	−0.175	−0.050	0.325	−0.675 / 0.625	−0.375 / 0.050	0.050

续表

荷载图	跨内最大弯矩		支座弯矩		剪力			
	M_1	M_2	M_B	M_C	V_A	V_B^l / V_B^r	V_C^l / V_C^r	V_D
	0.200	/	−0.100	0.025	0.400	−0.600 / 0.125	−0.125 / −0.025	−0.025
	0.244	0.067	−0.267	0.267	0.733	−1.267 / 1.000	−1.000 / 1.267	−0.733
	0.289	/	0.133	−0.133	0.866	−1.134 / 0.000	0.000 / 1.134	−0.866
	/	0.200	−0.133	0.133	0.133	−0.133 / 1.000	−1.000 / 0.133	0.133
	0.229	0.170	−0.311	−0.089	0.689	−1.311 / 1.222	−0.778 / 0.089	0.089
	0.274	/	0.178	0.044	0.822	−1.178 / 0.222	0.222 / −0.044	−0.044

四跨梁　　　　　　　　　　　　　　　　　　　　　附表 1-3

荷载图	跨内最大弯矩				支座弯矩		
	M_1	M_2	M_3	M_4	M_B	M_C	M_D
	0.077	0.036	0.036	0.077	−0.107	−0.071	−0.107
	0.100	/	0.081	/	−0.054	−0.036	−0.054
	0.072	0.061	/	0.098	−0.121	−0.018	−0.058
	/	0.056	0.056	/	−0.036	−0.107	−0.036
	0.094	/	/	/	−0.067	0.018	−0.004

续表

荷载图	跨内最大弯矩				支座弯矩		
	M_1	M_2	M_3	M_4	M_B	M_C	M_D
(均布荷载 q)	/	0.074	/	/	−0.049	−0.054	0.013
(G G G G)	0.169	0.116	0.116	0.169	−0.161	−0.107	−0.161
(Q Q)	0.210	/	0.183	/	−0.080	−0.054	−0.080
(Q Q Q)	0.159	0.146	/	0.206	−0.181	−0.027	−0.087
(Q Q)	/	0.142	0.142	/	−0.054	−0.161	−0.054
(Q)	0.200	/	/	/	−0.100	0.027	−0.007
(Q)	/	0.173	/	/	−0.074	−0.080	0.020
(GG GG GG GG)	0.238	0.111	0.111	0.238	−0.286	−0.191	−0.286
(QQ QQ)	0.286	/	0.222	/	−0.143	−0.095	−0.143
(QQ QQ QQ)	0.226	0.194	/	0.282	−0.321	−0.048	−0.155
(QQ QQ)	/	0.175	0.175	/	−0.095	−0.286	−0.095

荷载图	跨内最大弯矩				支座弯矩		
	M_1	M_2	M_3	M_4	M_B	M_C	M_D
$Q\ Q$ 图	0.274	/	/	/	−0.178	0.048	−0.012
$Q\ Q$ 图	/	0.198	/	/	−0.131	−0.143	0.036

荷载图	剪力			
	V_A	V_B^l / V_B^r	V_C^l / V_C^r	V_D^l / V_D^r	V_E

荷载图	V_A	V_B^l	V_C^l	V_D^l	V_E
		V_B^r	V_C^r	V_D^r	
图	0.393	−0.607 / 0.536	−0.464 / 0.464	−0.536 / 0.607	0.393
图	0.446	−0.554 / 0.018	0.018 / 0.482	−0.518 / 0.054	0.054
图	0.38	−0.620 / 0.603	−0.397 / −0.040	−0.040 / 0.558	−0.442
图	−0.036	−0.036 / 0.429	−0.571 / 0.571	−0.429 / 0.036	0.036
图	0.433	−0.567 / 0.085	0.085 / −0.022	0.022 / 0.004	0.004
图	−0.049	−0.049 / 0.496	−0.504 / 0.067	0.067 / −0.013	−0.013
$G\ G\ G\ G$ 图	0.339	−0.661 / 0.554	−0.446 / 0.446	−0.554 / 0.661	−0.339
$Q\quad Q$ 图	0.42	−0.580 / 0.027	0.027 / 0.473	−0.527 / 0.080	−0.080

续表

荷载图	剪力				
	V_A	V_B^l	V_C^l	V_D^l	V_E
		V_B^r	V_C^r	V_D^r	
Q Q Q	0.319	−0.681	−0.346	−0.060	−0.413
		0.654	−0.060	0.587	
Q Q	0.054	−0.054	−0.607	−0.393	0.054
		0.393	0.607	0.054	
Q	0.400	−0.600	0.127	−0.033	0.007
		0.127	−0.033	0.007	
Q	−0.074	−0.074	−0.507	0.100	−0.020
		0.493	0.100	−0.020	
G G G G G G G G	0.714	1.286	−0.905	−1.095	−0.714
		1.095	0.905	1.286	
Q Q Q Q	0.857	−1.143	0.048	−1.048	0.143
		0.048	0.952	0.143	
Q Q Q Q Q Q	0.679	−1.321	−0.726	−0.107	−0.845
		1.274	−0.107	1.155	
Q Q Q Q	−0.095	0.095	−1.190	−0.810	0.095
		0.810	1.190	0.095	
Q Q	0.822	−1.178	0.226	−0.060	0.012
		0.226	−0.060	0.012	
Q Q	−0.131	−0.131	−1.012	0.178	−0.036
		0.988	0.178	−0.036	

附表 1-4

五跨梁

荷载图	跨内最大弯矩 M_1	M_2	M_3	支座弯矩 M_B	M_C	M_D	M_E	剪力 V_A	V_B^l / V_B^r	V_C^l / V_C^r	V_D^l / V_D^r	V_E^l / V_E^r	V_F
(荷载图)	0.078	0.033	0.046	−0.105	−0.079	−0.079	−0.105	0.394	−0.606 / 0.526	−0.474 / 0.500	−0.500 / 0.474	−0.526 / 0.606	−0.394
(荷载图)	0.100	/	0.085	−0.053	−0.040	−0.04	−0.053	0.447	−0.553 / 0.013	0.013 / 0.500	−0.500 / −0.013	−0.013 / 0.553	−0.447
(荷载图)	/	0.079	/	−0.053	−0.040	−0.04	−0.053	−0.053	−0.053 / 0.513	−0.487 / 0.000	0.000 / 0.487	−0.513 / 0.053	0.053
(荷载图)	0.073	(2)0.059	/	−0.119	−0.022	−0.044	−0.051	0.380	−0.620 / 0.598	−0.402 / −0.023	−0.023 / 0.493	−0.507 / 0.052	0.052
(荷载图)	(1)— / 0.098	0.078 / 0.055	0.064	−0.035	−0.111	−0.02	−0.057	0.035	0.035 / 0.424	0.576 / 0.591	−0.409 / −0.037	−0.037 / 0.557	−0.443
(荷载图)	0.094	0.074	/	−0.067	0.018	−0.005	0.001	0.433	0.567 / 0.085	0.085 / 0.023	0.023 / 0.006	0.006 / −0.001	0.001
(荷载图)	/	/	0.072	−0.049	−0.054	0.014	−0.004	0.019	−0.049 / 0.495	−0.505 / 0.068	0.068 / −0.018	−0.018 / 0.004	0.004
(荷载图)	/	0.112	0.132	0.013	0.053	0.053	0.013	0.013	0.013 / −0.066	−0.066 / 0.500	−0.500 / 0.066	0.066 / −0.013	0.013
(荷载图)	0.171	/	0.191	−0.158	−0.118	−0.118	−0.158	0.342	−0.658 / 0.540	−0.460 / 0.500	−0.500 / 0.460	−0.540 / 0.658	−0.342
(荷载图)	0.211	0.181	/	−0.079	−0.059	−0.059	−0.079	0.421	−0.579 / 0.020	0.020 / 0.500	−0.500 / −0.020	−0.020 / 0.579	−0.421
(荷载图)	/	/	/	−0.079	−0.059	−0.059	−0.079	−0.079	−0.079 / 0.520	−0.480 / 0.000	0.000 / 0.480	−0.520 / 0.079	0.079
(荷载图)	0.160	0.141 / 0.178	/	−0.179	−0.032	−0.066	−0.077	0.321	−0.679 / 0.647	−0.353 / −0.034	−0.034 / 0.489	−0.511 / 0.077	0.077

续表

荷载图	跨内最大弯矩			支座弯矩				剪力					
	M_1	M_2	M_3	M_B	M_C	M_D	M_E	V_A	V_B^l / V_B^r	V_C^l / V_C^r	V_D^l / V_D^r	V_E^l / V_E^r	V_F
	(1)— 0.207	0.140	0.151	−0.052	−0.167	−0.031	−0.086	−0.052	−0.052 / 0.385	−0.615 / 0.637	−0.363 / −0.056	−0.056 / 0.586	−0.414
	0.200	/	/	−0.100	0.027	−0.007	0.002	0.400	−0.600 / 0.127	0.127 / −0.031	−0.034 / 0.009	0.009 / −0.002	−0.002
	/	0.173	/	−0.073	−0.081	0.022	−0.005	−0.073	−0.073 / 0.493	−0.507 / 0.102	0.102 / −0.027	−0.027 / 0.005	0.005
	/	/	0.171	0.020	−0.079	−0.079	0.02	0.020	0.020 / −0.099	−0.099 / 0.500	−0.500 / 0.099	0.099 / −0.020	−0.020
	0.240	0.100	0.122	−0.281	−0.211	0.211	−0.281	0.719	−1.281 / 1.070	−0.930 / 1.000	−1.000 / 0.930	1.070 / 1.281	−0.719
	0.287	0.216	0.228	−0.140	−0.105	−0.105	−0.14	0.860	−1.140 / 0.035	0.035 / 1.000	1.000 / −0.035	−0.035 / 1.140	−0.860
	/	0.189 0.209	/	−0.140	−0.105	−0.105	−0.14	−0.140	−0.140 / 1.035	−0.965 / 0.000	0.000 / 0.965	−1.035 / 0.140	0.140
	0.227	0.172	/	−0.319	−0.057	−0.118	−0.137	0.681	−0.319 / 1.262	−0.738 / −0.061	−0.061 / 0.981	−1.019 / 0.137	0.137
	(1)— 0.282	/	0.198	−0.093	−0.297	−0.054	−0.153	−0.093	−0.093 / 0.796	−1.204 / 1.243	−0.757 / −0.099	−0.099 / 1.153	−0.847
	0.274	0.198	/	−0.179	0.048	−0.013	0.003	0.821	−1.179 / 0.227	0.227 / −0.061	−0.061 / 0.016	0.016 / −0.003	−0.003
	/	/	/	−0.131	−0.144	0.038	−0.01	−0.131	−0.131 / 0.987	−1.013 / 0.182	0.182 / −0.048	−0.048 / 0.010	0.010
	/	/	0.193	0.035	−0.140	−0.14	0.035	0.035	0.035 / −0.175	−0.175 / 1.000	−1.000 / 0.175	0.175 / −0.035	−0.035

附录 2　双向板按弹性分析的计算系数表

符号说明

$$B_c = \frac{Eh^3}{12(1-\nu^2)} \quad （刚度）$$

式中　　　E——弹性模量；

h——板厚；

ν——泊松比；

f、f_{max}——分别为板中心点的挠度和最大挠度；

m_x、$m_{x,max}$——分别为平行于 l_{0x} 方向板中心点单位板宽内的弯矩和板跨内最大弯矩；

m_y、$m_{y,max}$——分别为平行于 l_{0y} 方向板中心点单位板宽内的弯矩和板跨内最大弯矩；

m'_x——固定边中点沿 l_{0x} 方向单位板宽内的弯矩；

m'_y——固定边中点沿 l_{0y} 方向单位板宽内的弯矩。

————代表自由边；========代表简支边；⊔⊔⊔⊔代表固定边。

正负号的规定：

弯矩——使板的受荷面受压者为正；

挠度——变位方向与荷载方向相同者为正。

四边简支双向板计算系数　　　　　　　　　　　　　　　　　　　　附表 2-1

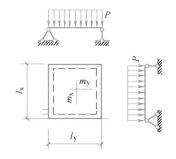

挠度＝表中系数×ql_0^4；

$\nu=0$，弯矩＝表中系数×ql_0^2。

式中，l_0 取用 l_{0x} 和 l_{0y} 中之较小者。

l_x/l_y	f	m_x	m_y	l_x/l_y	f	m_x	m_y
0.50	0.01013	0.0965	0.0174	0.80	0.00603	0.0561	0.0334
0.55	0.00940	0.0892	0.0210	0.85	0.00547	0.0506	0.0348
0.60	0.00867	0.0820	0.0242	0.90	0.00496	0.0456	0.0353
0.65	0.00796	0.0750	0.0271	0.95	0.00449	0.0410	0.0364
0.70	0.00727	0.0683	0.0296	1.00	0.00406	0.0368	0.0368
0.75	0.00663	0.0620	0.0317				

三边简支一边固定双向板计算系数　　　　　　　　　　附表 2-2

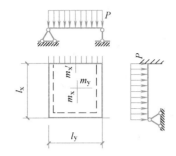

挠度＝表中系数$\times ql_0^4$；

$v=0$，弯矩＝表中系数$\times ql_0^2$。

式中，l_0 取用 l_{0x} 和 l_{0y} 中之较小者。

l_x/l_y	l_y/l_x	f	f_{max}	m_x	$m_{x,max}$	m_y	$m_{y,max}$	m_x'
0.50		0.00488	0.00504	0.0588	0.0646	0.0060	0.0063	−0.1212
0.55		0.00471	0.00492	0.0563	0.0618	0.0081	0.0087	−0.1187
0.60		0.00453	0.00472	0.0539	0.0589	0.0104	0.0111	−0.1158
0.65		0.00432	0.00448	0.0513	0.0559	0.0126	0.0133	−0.1124
0.70		0.00410	0.00422	0.0485	0.0529	0.0148	0.0154	−0.1087
0.75		0.00388	0.00399	0.0457	0.0496	0.0168	0.0174	−0.1048
0.80		0.00365	0.00376	0.0428	0.0463	0.0187	0.0193	−0.1007
0.85		0.00343	0.00352	0.0400	0.0431	0.0204	0.0211	−0.0965
0.90		0.00321	0.00329	0.0372	0.0400	0.0219	0.0226	−0.0922
0.95		0.00299	0.00306	0.0345	0.0369	0.0232	0.0239	−0.0880
1.00	1.00	0.00279	0.00285	0.0319	0.0340	0.0243	0.0249	−0.0839
	0.95	0.00316	0.00324	0.024	0.0345	0.0280	0.0287	−0.0882
	0.90	0.00360	0.00368	0.0328	0.0347	0.0322	0.0330	−0.0926
	0.85	0.00409	0.00417	0.0329	0.0347	0.0370	0.0378	−0.0970
	0.80	0.00464	0.00473	0.0326	0.0343	0.0424	0.0433	−0.1014
	0.75	0.00526	0.00536	0.0319	0.0335	0.0485	0.0494	−0.1056
	0.70	0.00595	0.00605	0.0308	0.0323	0.0553	0.0562	−0.1096
	0.65	0.00670	0.00680	0.0291	0.0306	0.0627	0.0637	−0.1133
	0.60	0.00752	0.00762	0.0268	0.0289	0.0707	0.0717	−0.1166
	0.55	0.00838	0.00848	0.0239	0.0271	0.0792	0.0801	−0.1193
	0.50	0.00927	0.00935	0.0205	0.0249	0.0880	0.0888	−0.1215

两对边简支两对边固定双向板计算系数　　　　　　　　附表 2-3

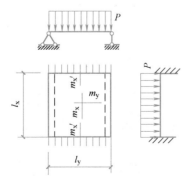

挠度＝表中系数$\times ql_0^4$；

$v=0$，弯矩＝表中系数$\times ql_0^2$。

式中，l_0 取用 l_{0x} 和 l_{0y} 中之较小者。

l_x/l_y	l_y/l_x	f	m_x	m_y	m_x'
0.50		0.00261	0.0416	0.0017	−0.0843
0.55		0.00259	0.0410	0.0028	−0.0840
0.60		0.00255	0.0402	0.0042	−0.0843
0.65		0.00250	0.0392	0.0057	−0.0826
0.70		0.00243	0.0379	0.0072	−0.0814
0.75		0.00236	0.0366	0.0088	−0.0799
0.80		0.00228	0.0351	0.0103	−0.0782
0.85		0.00220	0.0335	0.0118	−0.0763
0.90		0.00211	0.0319	0.0133	−0.0743
0.95		0.00201	0.0302	0.0146	−0.0721
1.00	1.00	0.00192	0.0285	0.0158	−0.0698
	0.95	0.00223	0.0296	0.0189	−0.0746
	0.90	0.00260	0.0306	0.0224	−0.0797
	0.85	0.00303	0.0314	0.0266	−0.0850
	0.80	0.00354	0.0319	0.0316	−0.0904
	0.75	0.00413	0.0321	0.0374	−0.0959
	0.70	0.00482	0.0318	0.0441	−0.1013
	0.65	0.00560	0.0308	0.0518	−0.1066
	0.60	0.00647	0.0292	0.0604	−0.1114
	0.55	0.00743	0.0267	0.0698	−0.1156
	0.50	0.00844	0.0234	0.0798	−0.1191

两邻边简支两邻边固定双向板计算系数 附表 2-4

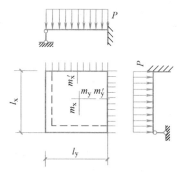

挠度＝表中系数×ql_0^4；

$v=0$，弯矩＝表中系数×ql_0^2。

式中，l_0取用l_{0x}和l_{0y}中之较小者。

l_x/l_y	f	f_{max}	m_x	$m_{x,max}$	m_y	$m_{y,max}$	m_x'	m_y'
0.50	0.00468	0.00471	0.0559	0.0562	0.0079	0.0135	−0.1179	−0.0786
0.55	0.00445	0.00454	0.0529	0.0530	0.0104	0.0153	−0.1140	−0.0785
0.60	0.00419	0.00429	0.0496	0.0498	0.0129	0.0169	−0.1095	−0.0782
0.65	0.00391	0.00399	0.0461	0.0465	0.0151	0.0183	−0.1045	−0.0777
0.70	0.00363	0.00368	0.0426	0.0432	0.0172	0.0195	−0.0992	−0.0770
0.75	0.00335	0.00340	0.0390	0.0396	0.0189	0.0206	−0.0938	−0.0760
0.80	0.00308	0.00313	0.0356	0.0361	0.0204	0.0218	−0.0883	−0.0748
0.85	0.00281	0.00286	0.0322	0.0328	0.0215	0.0229	−0.0829	−0.0733
0.90	0.00256	0.00261	0.0291	0.0297	0.0224	0.0238	−0.0776	−0.0716
0.95	0.00232	0.00237	0.0261	0.0267	0.0230	0.0244	−0.0726	−0.0698
1.00	0.00210	0.00215	0.0234	0.0240	0.0234	0.0249	−0.0667	−0.0677

三边固定一边简支双向板计算系数　　　　　附表 2-5

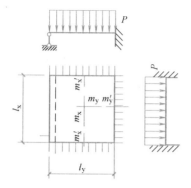

挠度＝表中系数×ql_0^4；

$v=0$，弯矩＝表中系数×ql_0^2。

式中，l_0 取用 l_{0x} 和 l_{0y} 中之较小者。

l_x/l_y	l_y/l_x	f	f_{max}	m_x	$m_{x,max}$	m_y	$m_{y,max}$	m_x'	m_y'
0.50		0.00257	0.00258	0.0408	0.0409	0.0028	0.0089	−0.0836	−0.0569
0.55		0.00252	0.00255	0.0398	0.0399	0.0042	0.0093	−0.0827	−0.0570
0.60		0.00245	0.00249	0.0384	0.0386	0.0059	0.0105	−0.0814	−0.0571
0.65		0.00237	0.00240	0.0368	0.0371	0.0076	0.0116	−0.0796	−0.0572
0.70		0.00227	0.00229	0.0350	0.0354	0.0093	0.0127	−0.0774	−0.0572
0.75		0.00216	0.00219	0.0331	0.0335	0.0109	0.0137	−0.0750	−0.0572
0.80		0.00205	0.00208	0.0310	0.0314	0.0124	0.0147	−0.0722	−0.0570
0.85		0.00193	0.00196	0.0289	0.0293	0.0138	0.0155	−0.0693	−0.0567
0.90		0.00181	0.00184	0.0268	0.0273	0.0159	0.0163	−0.0663	−0.0563
0.95		0.00169	0.00172	0.0247	0.0252	0.0160	0.0172	−0.0631	−0.0558
1.00	1.00	0.00157	0.00160	0.0227	0.0231	0.0168	0.0180	−0.0600	−0.0550
	0.95	0.00178	0.00182	0.0229	0.0234	0.0194	0.0207	−0.0629	−0.0599
	0.90	0.00201	0.00206	0.0228	0.0234	0.0223	0.0238	−0.0656	−0.0653
	0.85	0.00227	0.00233	0.0225	0.0231	0.0255	0.0273	−0.0683	−0.0711
	0.80	0.00256	0.00262	0.0219	0.0224	0.0290	0.0311	−0.0707	−0.0772
	0.75	0.00286	0.00294	0.0208	0.0214	0.0329	0.0354	−0.0729	−0.0837
	0.70	0.00319	0.00327	0.0194	0.0200	0.0370	0.0400	−0.0748	−0.0903
	0.65	0.00352	0.00365	0.0175	0.0182	0.0412	0.0446	−0.0762	−0.0970
	0.60	0.00386	0.00403	0.0153	0.0160	0.0454	0.0493	−0.0773	−0.1033
	0.55	0.00419	0.00437	0.0127	0.0133	0.0496	0.0541	−0.0780	−0.1093
	0.50	0.00449	0.00463	0.0099	0.0103	0.0534	0.0588	−0.0784	−0.1146

四边固定双向板计算系数　　　　　附表 2-6

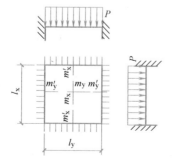

挠度＝表中系数×ql_0^4；

$v=0$，弯矩＝表中系数×ql_0^2。

式中，l_0 取用 l_{0x} 和 l_{0y} 中之较小者。

l_x/l_y	l_y/l_x	f	m_x	m_y	m'_x
0.50	0.00253	0.0400	0.0038	−0.0829	−0.0570
0.55	0.00246	0.0385	0.0056	−0.0814	−0.0571
0.60	0.00236	0.0367	0.0076	−0.0793	−0.0571
0.65	0.00224	0.0345	0.0095	−0.0766	−0.0571
0.70	0.00211	0.0321	0.0113	−0.0735	−0.0569
0.75	0.00197	0.0296	0.0130	−0.0701	−0.0565
0.80	0.00182	0.0271	0.0144	−0.0664	−0.0559
0.85	0.00168	0.0246	0.0156	−0.0626	−0.0551
0.90	0.00153	0.0221	0.0165	−0.0588	−0.0541
0.95	0.00140	0.0198	0.0172	−0.0550	−0.0528
1.00	0.00127	0.0176	0.0176	−0.0513	−0.0513

附录3 风荷载特征值

1. 风荷载体型系数

房屋和构筑物的风荷载体型系数，可按下列规定采用：

（1）房屋和构筑物与附表3-1中的体型类同时，可按附表3-1的规定采用；

（2）房屋和构筑物与附表3-1中的体型不同时，可按有关资料采用；当无资料时，宜由风洞试验确定；

（3）对于重要且体型复杂的房屋和构筑物，应由风洞试验确定。

风荷载体型系数表 附表3-1

项次	类别	体型及体型系数 μ_s	备 注
1	封闭式落地双坡屋面	$\mu_s \quad -0.5$ α $\begin{array}{cc} \alpha & \mu_s \\ 0° & 0 \\ 30° & +0.2 \\ \geqslant 60° & +0.8 \end{array}$	中间值按线性插入法计算
2	封闭式双坡屋面	$\mu_s \quad -0.5$ $+0.8 \quad -0.5$ -0.7 $+0.8 \quad -0.5$ -0.7 $\begin{array}{cc} \alpha & \mu_s \\ \leqslant 15° & -0.6 \\ 30° & 0 \\ \geqslant 60° & +0.8 \end{array}$	（1）中间值按线性插入法计算。 （2）μ_s的绝对值不小于0.1
3	封闭式双跨双坡屋面	$\mu_s \quad -0.5 \quad -0.4 \quad -0.4$ $+0.8 \quad \alpha \quad -0.4$	迎风坡面的μ_s按第2项采用

2. 风压高度变化系数

对于平坦或稍有起伏的地形，风压高度变化系数应根据地面粗糙度按附表3-2确定。地面粗糙度可分为A、B、C、D四类：A类指近海海面和海岛、海岸、湖岸及沙漠地区；B类指田野、乡村、丛林、丘陵以及房屋比较稀疏的乡镇；C类指有密集建筑群的城市市区；D类指有密集建筑群且房屋较高的城市市区。

风压高度变化系数 μ_z 附表3-2

离地面或海平面高度（m）	地面粗糙度类别			
	A	B	C	D
5	1.09	1.00	0.65	0.51
10	1.28	1.00	0.65	0.51

续表

离地面或海平面高度(m)	地面粗糙度类别			
	A	B	C	D
15	1.42	1.13	0.65	0.51
20	1.52	1.23	0.74	0.51
30	1.67	1.39	0.88	0.51
40	1.79	1.52	1.00	0.60
50	1.89	1.62	1.10	0.69
60	1.97	1.71	1.20	0.77
70	2.05	1.79	1.28	0.84
80	2.12	1.87	1.36	0.91
90	2.18	1.93	1.43	0.98
100	2.23	2.00	1.50	1.04
150	2.46	2.25	1.79	1.33
200	2.64	2.46	2.03	1.58
250	2.78	2.63	2.24	1.81
300	2.91	2.77	2.43	2.02
350	2.91	2.91	2.60	2.22
400	2.91	2.91	2.76	2.40
450	2.91	2.91	2.91	2.58
500	2.91	2.91	2.91	2.74
≥550	2.91	2.91	2.91	2.91

附录 4　起重机的工作级别

1. 起重机构筑级别的划分

起重机通过起升和移动所吊运的物品完成搬运作业，为适应起重机不同的使用情况和工作要求，在设计和选用起重机及其零部件时，应对起重机及其组成部分进行工作级别划分，包括：

（1）起重机整机的分级；

（2）机构的分级；

（3）结构件或机械零件的分级。

2. 起重机整机的分级

1）起重机的使用等级

起重机的设计预期寿命，是指设计预设的该起重机从开始使用起到最终报废时止能完成的总工作循环数。起重机的一个工作循环是指从起吊一个物品起，到能开始起吊下一个物品时止，包括起重机运行及正常的停歇在内的一个完整的过程。

起重机的使用等级是将起重机可能完成的中工作循环数划分成 10 个等级，用 U_0、U_1、U_2、……、U_9 表示，见附表 4-1。

起重机的使用等级 附表 4-1

使 用 等 级	起重机总工作循环数 C_T	起重机使用频繁程度
U_0	$C_T \leqslant 1.60 \times 10^4$	很少使用
U_1	$1.60 \times 10^4 < C_T \leqslant 3.20 \times 10^4$	
U_2	$3.20 \times 10^4 < C_T \leqslant 6.30 \times 10^4$	
U_3	$6.30 \times 10^4 < C_T \leqslant 1.25 \times 10^5$	
U_4	$1.25 \times 10^5 < C_T \leqslant 2.50 \times 10^5$	不频繁使用
U_5	$2.50 \times 10^5 < C_T \leqslant 5.00 \times 10^5$	中等频繁使用
U_6	$5.00 \times 10^5 < C_T \leqslant 1.00 \times 10^6$	较频繁使用
U_7	$1.00 \times 10^6 < C_T \leqslant 2.00 \times 10^6$	频繁使用
U_8	$2.00 \times 10^6 < C_T \leqslant 4.00 \times 10^6$	特别频繁使用
U_9	$C_T > 4.00 \times 10^6$	

2）起重机的起升载荷状态级别

起重机的起升荷载，是指起重机在实际的起吊作业中每一次吊运的物品质量（有效起重量）与吊具及属具质量的总和（即起升质量）的重力；起重机的额定起升荷载，是指起重机起吊额定起重量时能够吊运的物品最大质量与吊具及属具质量的总和（即总起升质量）的重力。其单位为牛顿（N）或千牛（kN）

起重机的起升载荷状态级别是指在该起重机的设计预期寿命期限内，它的各个有代表性的起升载荷值的大小及各相对应的起吊次数，与起重机的额定起升载荷值的大小及总的起吊次数的比值情况。

在附表 4-2 中，列出了起重机载荷谱系数 K_p 的 4 个范围值，它们各代表了起重机一个相对应的载荷状态级别。

起重机的载荷状态级别及载荷谱系数　　　　　　附表 4-2

载荷状态级别	起重机的载荷谱系数 K_p	说　明
Q1	$K_p \leqslant 0.125$	很少吊运额定载荷，经常吊运较轻载荷
Q2	$0.125 < K_p \leqslant 0.250$	较少吊运额定载荷，经常吊运中等载荷
Q3	$0.250 < K_p \leqslant 0.500$	有时吊运额定载荷，较多吊运较重载荷
Q4	$0.500 < K_p \leqslant 1.000$	经常吊运额定载荷

3）起重机整机的工作级别

根据起重机的 10 个使用等级和 4 个载荷状态级别，起重机的工作级别划分为 A1～A8 共 8 个级别，见附表 4-3。

起重机整机的工作级别　　　　　　附表 4-3

载荷状态级别	起重机的载荷谱系数 K_p	起重机的使用等级									
		U_0	U_1	U_2	U_3	U_4	U_5	U_6	U_7	U_8	U_9
Q1	$K_p \leqslant 0.125$	A1	A1	A1	A2	A3	A4	A5	A6	A7	A8
Q2	$0.125 < K_p \leqslant 0.250$	A1	A1	A2	A3	A4	A5	A6	A7	A8	A8
Q3	$0.250 < K_p \leqslant 0.500$	A1	A2	A3	A4	A5	A6	A7	A8	A8	A8
Q4	$0.500 < K_p \leqslant 1.000$	A2	A3	A4	A5	A6	A7	A8	A8	A8	A8

附录5 一般用途电动桥式起重机基本参数和尺寸系列

50～500/50kN 一般用途电动桥式起重机基本参数和尺寸系列（ZQ1-62）　　附表 5-1

起重量 Q(kN)	跨度 L_k(m)	尺　寸				吊车工作级别 A4 和 A5			
		宽度 B(mm)	轮距 K(mm)	轨顶以上高度 H(mm)	轨道中心至端部距离 B_1(mm)	最大轮压 $F_{p,max}$(kN)	最小轮压 $F_{p,min}$(kN)	起重机总质量 G(kN)	小车总质量 g(kN)
50	16.5	4650	3500	1870	230	76	31	164	20(单闸) 21(双闸)
	19.5	5150	4000			85	35	190	
	22.5					90	42	214	
	25.5	6400	5250			100	47	244	
	28.5					105	63	285	
100	16.5	5550	4400	2140	230	115	25	180	38(单闸) 39(双闸)
	19.5	5550	4400			120	32	203	
	22.5					125	47	224	
	25.5	6400	5250	2190		135	50	270	
	28.5					140	66	315	
150	16.5	5650		2050	230	165	34	241	53(单闸) 55(双闸)
	19.5	5550	4400			170	48	255	
	22.5			2140	260	185	58	316	
	25.5	6400	5250			195	60	380	
	28.5					210	68	400	
150/30	16.5	5650		2050	230	165	35	250	69(单闸) 74(双闸)
	19.5	5550	4400			175	43	285	
	22.5			2150	260	185	50	321	
	25.5	6400	5250			195	60	360	
	28.5					210	68	405	
200/50	16.5	5650		2200	230	195	30	250	75(单闸) 78(双闸)
	19.5	5550	4400			205	35	280	
	22.5			2300	260	215	45	320	
	25.5	6400	5250			230	53	305	
	28.5					240	65	410	

续表

| 起重量 Q(kN) | 跨度 L_k(m) | 尺　寸 | | | | 吊车工作级别 A4 和 A5 | | | |
		宽度 B(mm)	轮距 K(mm)	轨顶以上高度 H(mm)	轨道中心至端部距离 B_1(mm)	最大轮压 $F_{p,max}$(kN)	最小轮压 $F_{p,min}$(kN)	起重机总质量 G(kN)	小车总质量 g(kN)
300/50	16.5	6050	4600	2600	260	270	50	340	117(单闸) 118(双闸)
	19.5	6150	4800		300	280	65	365	
	22.5					290	70	420	
	25.5	6650	5250			310	78	475	
	28.5					320	88	515	
500/50	16.5	6350	4800	2700	300	395	75	440	140(单闸) 145(双闸)
	19.5			2750		415	75	480	
	22.5					425	85	520	
	25.5	6800	5250			445	85	560	
	28.5					460	95	610	

附录6 单阶变截面柱的柱顶位移系数和反力系数

单阶变截面柱的柱顶位移系数 C_0 和在各种荷载下的柱顶反力系数（$C_1 \sim C_9$），见附表 6-1。表中，$\lambda = H_u/H$，$n = I_u/I_l$，$1-\lambda = H_l/H$。

单阶变截面柱的柱顶位移系数 C_0 和反力系数（$C_1 \sim C_9$）　　　　附表 6-1

序号	简图	R	$C_0 \sim C_4$	序号	简图	R	$C_5 \sim C_9$
0		—	$\Delta u = \dfrac{H^3}{C_0 E_c I_l}$　$C_0 = \dfrac{3}{1+\lambda^3\left(\dfrac{1}{n}-1\right)}$	5		TC_5	$C_5 = \dfrac{2-3a\lambda+\lambda^3\left[\dfrac{(2+\alpha)(1-\alpha)^2}{n}-(2-3\alpha)\right]}{2\left[1+\lambda^3\left(\dfrac{1}{n}-1\right)\right]}$
1		$\dfrac{M}{H}C_1$	$C_1 = 1.5 \times \dfrac{1-\lambda^2\left(1-\dfrac{1}{n}\right)}{1+\lambda^3\left(\dfrac{1}{n}-1\right)}$	6		TC_6	$C_6 = \dfrac{b^2(1-\lambda)^2[3-b(1-\lambda)]}{2\left[1+\lambda^3\left(\dfrac{1}{n}-1\right)\right]}$
2		$\dfrac{M}{H}C_2$	$C_2 = 1.5 \times \dfrac{1+\lambda^2\left(\dfrac{1-\alpha^2}{n}-1\right)}{1+\lambda^3\left(\dfrac{1}{n}-1\right)}$	7		qHC_7	$C_7 = \dfrac{\left\{\dfrac{a^4}{n}\lambda^4-\left(\dfrac{1}{n}-1\right)\times(6a-8)a\lambda^4-a\lambda(6a\lambda-8)\right\}}{\div 8\left[1+\lambda^3\left(\dfrac{1}{n}-1\right)\right]}$
3		$\dfrac{M}{H}C_3$	$C_3 = 1.5 \times \dfrac{1-\lambda^2}{1+\lambda^3\left(\dfrac{1}{n}-1\right)}$	8		qHC_8	$C_8 = \dfrac{\left\{3-b^3(1-\lambda)^3\times[4-b(1-\lambda)]+3\lambda^4\left(\dfrac{1}{n}-1\right)\right\}}{\div 8\left[1+\lambda^3\left(\dfrac{1}{n}-1\right)\right]}$
4		$\dfrac{M}{H}C_4$	$C_4 = 1.5 \times \dfrac{2b(1-\lambda)-b^2(1-\lambda)^2}{1+\lambda^3\left(\dfrac{1}{n}-1\right)}$	9		qHC_9	$C_9 = \dfrac{3\left[1+\lambda^4\left(\dfrac{1}{n}-1\right)\right]}{8\left[1+\lambda^3\left(\dfrac{1}{n}-1\right)\right]}$

附录 7　规则框架承受均布及倒三角形分布水平力作用时反弯点高度比

规则框架承受均布水平力作用时标准反弯点的高度比 y_0 值　　　附表 7-1

n	j	K 0.1	0.2	0.3	0.4	0.5	0.6	0.7	0.8	0.9	1.0	2.0	3.0	4.0	5.0
1	1	0.80	0.75	0.70	0.65	0.65	0.60	0.60	0.60	0.60	0.55	0.55	0.55	0.55	0.55
2	2	0.45	0.40	0.35	0.35	0.35	0.35	0.40	0.40	0.40	0.40	0.45	0.45	0.45	0.45
	1	0.95	0.80	0.75	0.70	0.65	0.65	0.65	0.60	0.60	0.60	0.55	0.55	0.55	0.50
3	3	0.15	0.20	0.20	0.25	0.30	0.30	0.30	0.35	0.35	0.35	0.40	0.45	0.45	0.45
	2	0.55	0.50	0.45	0.45	0.45	0.45	0.45	0.45	0.45	0.45	0.50	0.50	0.50	0.50
	1	1.00	0.85	0.80	0.75	0.70	0.70	0.65	0.65	0.65	0.60	0.55	0.55	0.55	0.55
4	4	−0.05	0.05	0.15	0.20	0.25	0.30	0.30	0.35	0.35	0.35	0.40	0.45	0.45	0.45
	3	0.25	0.30	0.30	0.35	0.35	0.40	0.40	0.40	0.40	0.45	0.45	0.50	0.50	0.50
	2	0.65	0.55	0.50	0.50	0.45	0.45	0.45	0.45	0.45	0.45	0.50	0.50	0.50	0.50
	1	1.10	0.90	0.80	0.75	0.70	0.70	0.65	0.65	0.65	0.60	0.55	0.55	0.55	0.55
5	5	−0.20	0.00	0.15	0.20	0.25	0.30	0.30	0.30	0.35	0.35	0.40	0.45	0.45	0.45
	4	0.10	0.20	0.25	0.30	0.35	0.35	0.40	0.40	0.40	0.40	0.45	0.50	0.50	0.50
	3	0.40	0.40	0.40	0.40	0.40	0.45	0.45	0.45	0.45	0.45	0.50	0.50	0.50	0.50
	2	0.65	0.55	0.50	0.50	0.50	0.50	0.50	0.50	0.50	0.50	0.50	0.50	0.50	0.50
	1	1.20	0.95	0.80	0.75	0.75	0.70	0.70	0.65	0.65	0.65	0.55	0.55	0.55	0.55
6	6	−0.30	0.00	0.10	0.20	0.25	0.25	0.30	0.30	0.35	0.35	0.40	0.45	0.45	0.45
	5	0.00	0.20	0.25	0.30	0.35	0.35	0.40	0.40	0.40	0.40	0.45	0.45	0.50	0.50
	4	0.20	0.30	0.35	0.35	0.40	0.40	0.40	0.45	0.45	0.45	0.45	0.50	0.50	0.50
	3	0.40	0.40	0.40	0.45	0.45	0.45	0.45	0.45	0.45	0.45	0.50	0.50	0.50	0.50
	2	0.70	0.60	0.55	0.50	0.50	0.50	0.50	0.50	0.50	0.50	0.50	0.50	0.50	0.50
	1	1.20	0.95	0.85	0.80	0.75	0.70	0.70	0.65	0.65	0.65	0.55	0.55	0.55	0.55
7	7	−0.35	−0.05	0.10	0.20	0.20	0.25	0.30	0.30	0.35	0.35	0.40	0.45	0.45	0.45
	6	−0.10	0.15	0.25	0.30	0.35	0.35	0.35	0.40	0.40	0.40	0.45	0.45	0.50	0.50
	5	0.10	0.25	0.30	0.35	0.40	0.40	0.40	0.45	0.45	0.45	0.45	0.50	0.50	0.50
	4	0.30	0.35	0.40	0.40	0.40	0.45	0.45	0.45	0.45	0.45	0.50	0.50	0.50	0.50
	3	0.50	0.45	0.45	0.45	0.45	0.45	0.45	0.45	0.45	0.50	0.50	0.50	0.50	0.50
	2	0.75	0.60	0.55	0.50	0.50	0.50	0.50	0.50	0.50	0.50	0.50	0.50	0.50	0.50
	1	1.20	0.95	0.85	0.80	0.75	0.70	0.70	0.65	0.65	0.65	0.55	0.55	0.55	0.55
8	8	−0.35	−0.15	0.10	0.15	0.25	0.25	0.30	0.30	0.35	0.35	0.40	0.45	0.45	0.45
	7	−0.10	0.15	0.25	0.30	0.35	0.35	0.40	0.40	0.40	0.40	0.45	0.50	0.50	0.50
	6	0.05	0.25	0.30	0.35	0.40	0.40	0.40	0.45	0.45	0.45	0.50	0.50	0.50	0.50
	5	0.20	0.30	0.35	0.40	0.40	0.45	0.45	0.45	0.45	0.45	0.50	0.50	0.50	0.50
	4	0.35	0.40	0.40	0.45	0.45	0.45	0.45	0.45	0.45	0.45	0.50	0.50	0.50	0.50
	3	0.50	0.45	0.45	0.45	0.45	0.45	0.45	0.45	0.50	0.50	0.50	0.50	0.50	0.50
	2	0.75	0.60	0.55	0.55	0.50	0.50	0.50	0.50	0.50	0.50	0.50	0.50	0.50	0.50
	1	1.20	1.00	0.85	0.80	0.75	0.70	0.70	0.65	0.65	0.65	0.55	0.55	0.55	0.55

续表

n	j \ K	0.1	0.2	0.3	0.4	0.5	0.6	0.7	0.8	0.9	1.0	2.0	3.0	4.0	5.0
9	9	−0.40	−0.05	0.10	0.20	0.25	0.25	0.30	0.30	0.35	0.35	0.45	0.45	0.45	0.45
	8	−0.15	0.15	0.25	0.30	0.35	0.35	0.35	0.40	0.40	0.40	0.45	0.45	0.50	0.50
	7	0.05	0.25	0.30	0.35	0.40	0.40	0.40	0.45	0.45	0.45	0.45	0.50	0.50	0.50
	6	0.15	0.30	0.35	0.40	0.40	0.45	0.45	0.45	0.45	0.45	0.50	0.50	0.50	0.50
	5	0.25	0.35	0.40	0.40	0.45	0.45	0.45	0.45	0.45	0.45	0.50	0.50	0.50	0.50
	4	0.40	0.40	0.40	0.45	0.45	0.45	0.45	0.45	0.45	0.45	0.50	0.50	0.50	0.50
	3	0.55	0.45	0.45	0.45	0.45	0.45	0.45	0.45	0.50	0.50	0.50	0.50	0.50	0.50
	2	0.80	0.65	0.55	0.55	0.50	0.50	0.50	0.50	0.50	0.50	0.50	0.50	0.50	0.50
	1	1.20	1.00	0.85	0.80	0.75	0.70	0.70	0.65	0.65	0.65	0.55	0.55	0.55	0.55
10	10	−1.40	−0.05	0.10	0.20	0.25	0.30	0.30	0.30	0.35	0.35	0.40	0.45	0.45	0.45
	9	−0.15	0.15	0.25	0.30	0.35	0.35	0.40	0.40	0.40	0.40	0.45	0.45	0.50	0.50
	8	0.00	0.25	0.30	0.35	0.40	0.40	0.40	0.45	0.45	0.45	0.50	0.50	0.50	0.50
	7	0.10	0.30	0.35	0.40	0.40	0.45	0.45	0.45	0.45	0.45	050	0.50	0.50	0.50
	6	0.20	0.35	0.40	0.40	0.45	0.45	0.45	0.45	0.45	0.45	0.50	0.50	0.50	0.50
	5	0.30	0.40	0.40	0.45	0.45	0.45	0.45	0.45	0.45	0.50	0.50	0.50	0.50	0.50
	4	0.40	0.40	0.45	0.45	0.45	0.45	0.45	0.45	0.50	0.50	0.50	0.50	0.50	0.50
	3	0.55	0.50	0.45	0.45	0.45	0.50	0.50	0.50	0.50	0.50	0.50	0.50	0.50	0.50
	2	0.80	0.65	0.55	0.55	0.55	0.50	0.50	0.50	0.50	0.50	0.50	0.50	0.50	0.50
	1	1.30	1.00	0.85	0.80	0.75	0.70	0.70	0.65	0.65	0.65	0.60	0.55	0.55	0.55
11	11	−0.40	0.05	0.10	0.20	0.25	0.30	0.30	0.30	0.35	0.35	0.40	0.45	0.45	0.45
	10	−0.15	0.15	0.25	0.30	0.35	0.35	0.40	0.40	0.40	0.40	0.45	0.45	0.50	0.50
	9	0.00	0.25	0.30	0.35	0.40	0.40	0.40	0.45	0.45	0.45	0.50	0.50	0.50	0.50
	8	0.10	0.30	0.35	0.40	0.40	0.45	0.45	0.45	0.45	0.45	0.50	0.50	0.50	0.50
	7	0.20	0.35	0.40	0.45	0.45	0.45	0.45	0.45	0.45	0.45	0.50	0.50	0.50	0.50
	6	0.25	0.35	0.40	0.45	0.45	0.45	0.45	0.45	0.45	0.45	0.50	0.50	0.50	0.50
	5	0.35	0.40	0.40	0.45	0.45	0.45	0.45	0.45	0.45	0.50	0.50	0.50	0.50	0.50
	4	0.40	0.45	0.45	0.45	0.45	0.45	0.45	0.50	0.50	0.50	0.50	0.50	0.50	0.50
	3	0.55	0.50	0.50	0.50	0.50	0.50	0.50	0.50	0.50	0.50	0.50	0.50	0.50	0.50
	2	0.80	0.65	0.60	0.55	0.55	0.50	0.50	0.50	0.50	0.50	0.50	0.50	0.50	0.50
	1	1.30	1.00	0.85	0.80	0.75	0.70	0.70	0.65	0.65	0.65	0.60	0.55	0.55	0.55
12 以上	↓1	−0.40	−0.05	0.10	0.20	0.25	0.30	0.30	0.30	0.35	0.35	0.40	0.45	0.45	0.45
	2	−0.15	0.15	0.25	0.30	0.35	0.35	0.40	0.40	0.40	0.40	0.45	0.45	0.50	0.50
	3	0.00	0.25	0.30	0.35	0.40	0.40	0.40	0.45	0.45	0.45	0.50	0.50	0.50	0.50
	4	0.10	0.30	0.35	0.40	0.40	0.45	0.45	0.45	0.45	0.45	0.50	0.50	0.50	0.50
	5	0.20	0.35	0.40	0.40	0.45	0.45	0.45	0.45	0.45	0.45	0.50	0.50	0.50	0.50
	6	0.25	0.35	0.40	0.45	0.45	0.45	0.45	0.45	0.45	0.45	0.50	0.50	0.50	0.50
	7	0.30	0.40	0.40	0.45	0.45	0.45	0.45	0.45	0.50	0.50	0.50	0.50	0.50	0.50
	8	0.35	0.40	0.45	0.45	0.45	0.45	0.45	0.50	0.50	0.50	0.50	0.50	0.50	0.50
	中间	0.40	0.40	0.45	0.45	0.45	0.45	0.50	0.50	0.50	0.50	0.50	0.50	0.50	0.50
	4	0.45	0.45	0.45	0.45	0.50	0.50	0.50	0.50	0.50	0.50	0.50	0.50	0.50	0.50
	3	0.60	0.50	0.50	0.50	0.50	0.50	0.50	0.50	0.50	0.50	0.50	0.50	0.50	0.50
	2	0.80	0.65	0.60	0.55	0.55	0.50	0.50	0.50	0.50	0.50	0.50	0.50	0.50	0.50
	↑1	1.30	1.00	0.85	0.80	0.75	0.70	0.70	0.65	0.65	0.65	0.55	0.55	0.55	0.55

注：$\begin{array}{c|c} i_1 & i_2 \\ \hline & i \\ \hline i_3 & i_4 \end{array}$　$K=\dfrac{i_1+i_2+i_3+i_4}{2i}$。

规则框架承受倒三角形分布作用时标准反弯点的高度比 y_0 值　　　附表 7-2

n	j	K													
		0.1	0.2	0.3	0.4	0.5	0.6	0.7	0.8	0.9	1.0	2.0	3.0	4.0	5.0
1	1	0.80	0.75	0.70	0.65	0.65	0.60	0.60	0.60	0.60	0.55	0.55	0.55	0.55	0.55
2	2	0.50	0.45	0.40	0.40	0.40	0.40	0.40	0.40	0.40	0.45	0.45	0.45	0.45	0.50
	1	1.00	0.85	0.75	0.70	0.70	0.65	0.65	0.65	0.60	0.60	0.55	0.55	0.55	0.55
3	3	0.25	0.25	0.25	0.30	0.30	0.35	0.35	0.35	0.40	0.40	0.45	0.45	0.45	0.50
	2	0.60	0.50	0.50	0.50	0.50	0.45	0.45	0.45	0.45	0.45	0.50	0.50	0.50	0.50
	1	1.15	0.90	0.80	0.75	0.75	0.70	0.70	0.65	0.65	0.65	0.60	0.55	0.55	0.55
4	4	0.10	0.15	0.20	0.25	0.30	0.30	0.35	0.35	0.35	0.40	0.45	0.45	0.45	0.45
	3	0.35	0.35	0.35	0.40	0.40	0.40	0.40	0.45	0.45	0.45	0.45	0.50	0.50	0.50
	2	0.70	0.60	0.55	0.50	0.50	0.50	0.50	0.50	0.50	0.50	0.50	0.50	0.50	0.50
	1	1.20	0.95	0.85	0.80	0.75	0.70	0.70	0.70	0.65	0.65	0.55	0.55	0.55	0.55
5	5	−0.05	0.10	0.20	0.25	0.30	0.30	0.35	0.35	0.35	0.35	0.40	0.45	0.45	0.45
	4	0.20	0.25	0.35	0.35	0.40	0.40	0.40	0.40	0.40	0.45	0.45	0.50	0.50	0.50
	3	0.45	0.40	0.45	0.45	0.45	0.45	0.45	0.45	0.45	0.45	0.50	0.50	0.50	0.50
	2	0.75	0.60	0.55	0.55	0.50	0.50	0.50	0.50	0.50	0.50	0.50	0.50	0.50	0.50
	1	1.30	1.00	0.85	0.80	0.75	0.70	0.70	0.65	0.65	0.65	0.55	0.55	0.55	0.55
6	6	−0.15	0.05	0.15	0.20	0.25	0.30	0.30	0.35	0.35	0.35	0.40	0.45	0.45	0.45
	5	0.10	0.25	0.30	0.35	0.35	0.40	0.40	0.40	0.45	0.45	0.45	0.50	0.50	0.50
	4	0.30	0.35	0.40	0.40	0.45	0.45	0.45	0.45	0.45	0.45	0.50	0.50	0.50	0.50
	3	0.50	0.45	0.45	0.45	0.45	0.45	0.45	0.45	0.45	0.50	0.50	0.50	0.50	0.50
	2	0.80	0.65	0.55	0.55	0.55	0.55	0.50	0.50	0.50	0.50	0.50	0.50	0.50	0.50
	1	1.30	1.00	0.85	0.80	0.75	0.70	0.70	0.65	0.65	0.65	0.60	0.55	0.55	0.55
7	7	−0.20	0.05	0.15	0.20	0.25	0.30	0.30	0.35	0.35	0.35	0.45	0.45	0.45	0.45
	6	0.05	0.20	0.30	0.35	0.35	0.40	0.40	0.40	0.40	0.45	0.45	0.50	0.50	0.50
	5	0.20	0.30	0.35	0.40	0.40	0.45	0.45	0.45	0.45	0.45	0.50	0.50	0.50	0.50
	4	0.35	0.40	0.40	0.45	0.45	0.45	0.45	0.45	0.45	0.45	0.50	0.50	0.50	0.50
	3	0.55	0.50	0.50	0.50	0.50	0.50	0.50	0.50	0.50	0.50	0.50	0.50	0.50	0.50
	2	0.80	0.65	0.60	0.55	0.55	0.55	0.50	0.50	0.50	0.50	0.50	0.50	0.50	0.50
	1	1.30	1.00	0.90	0.80	0.75	0.70	0.70	0.70	0.65	0.65	0.60	0.55	0.55	0.55
8	8	−0.20	0.05	0.15	0.20	0.25	0.30	0.30	0.35	0.35	0.35	0.45	0.45	0.45	0.45
	7	0.00	0.20	0.30	0.35	0.35	0.40	0.40	0.40	0.40	0.45	0.45	0.50	0.50	0.50
	6	0.15	0.30	0.35	0.40	0.40	0.45	0.45	0.45	0.45	0.45	0.50	0.50	0.50	0.50
	5	0.30	0.45	0.40	0.45	0.45	0.45	0.45	0.45	0.45	0.45	0.50	0.50	0.50	0.50
	4	0.40	0.45	0.45	0.45	0.45	0.45	0.45	0.50	0.50	0.50	0.50	0.50	0.50	0.50
	3	0.60	0.50	0.50	0.50	0.50	0.50	0.50	0.50	0.50	0.50	0.50	0.50	0.50	0.50
	2	0.85	0.65	0.60	0.55	0.55	0.55	0.50	0.50	0.50	0.50	0.50	0.50	0.50	0.50
	1	1.30	1.00	0.90	0.80	0.75	0.70	0.70	0.70	0.65	0.65	0.60	0.55	0.55	0.55
9	9	−0.25	0.00	0.15	0.20	0.25	0.30	0.30	0.35	0.35	0.40	0.45	0.45	0.45	0.45
	8	0.00	0.20	0.30	0.35	0.35	0.40	0.40	0.40	0.40	0.45	0.45	0.50	0.50	0.50
	7	0.15	0.30	0.35	0.40	0.40	0.45	0.45	0.45	0.45	0.45	0.50	0.50	0.50	0.50
	6	0.25	0.35	0.40	0.40	0.45	0.45	0.45	0.45	0.45	0.50	0.50	0.50	0.50	0.50
	5	0.35	0.40	0.45	0.45	0.45	0.45	0.45	0.45	0.50	0.50	0.50	0.50	0.50	0.50
	4	0.45	0.45	0.45	0.45	0.45	0.50	0.50	0.50	0.50	0.50	0.50	0.50	0.50	0.50
	3	0.60	0.50	0.50	0.50	0.50	0.50	0.50	0.50	0.50	0.50	0.50	0.50	0.50	0.50
	2	0.85	0.65	0.60	0.55	0.55	0.55	0.55	0.50	0.50	0.50	0.50	0.50	0.50	0.50
	1	1.35	1.00	0.90	0.80	0.75	0.75	0.70	0.70	0.65	0.65	0.60	0.55	0.55	0.55

续表

n	j \ K	0.1	0.2	0.3	0.4	0.5	0.6	0.7	0.8	0.9	1.0	2.0	3.0	4.0	5.0
10	10	−0.25	0.00	0.15	0.20	0.25	0.30	0.30	0.35	0.35	0.40	0.45	0.45	0.45	0.45
	9	−0.05	0.20	0.30	0.35	0.35	0.40	0.40	0.40	0.40	0.45	0.45	0.50	0.50	0.50
	8	0.10	0.30	0.35	0.40	0.40	0.40	0.45	0.45	0.45	0.45	0.50	0.50	0.50	0.50
	7	0.20	0.35	0.40	0.40	0.45	0.45	0.45	0.45	0.45	0.50	0.50	0.50	0.45	0.50
	6	0.30	0.40	0.40	0.45	0.45	0.45	0.45	0.45	0.45	0.50	0.50	0.50	0.50	0.50
	5	0.40	0.45	0.45	0.45	0.45	0.45	0.45	0.50	0.50	0.50	0.50	0.50	0.50	0.50
	4	0.50	0.45	0.45	0.45	0.50	0.50	0.50	0.50	0.50	0.50	0.50	0.50	0.50	0.50
	3	0.60	0.55	0.50	0.50	0.50	0.50	0.50	0.50	0.50	0.50	0.50	0.50	0.50	0.50
	2	0.85	0.65	0.60	0.55	0.55	0.55	0.55	0.50	0.50	0.50	0.50	0.50	0.50	0.50
	1	1.35	1.00	0.90	0.80	0.75	0.75	0.70	0.70	0.65	0.65	0.60	0.55	0.55	0.55
11	11	−0.25	0.00	0.15	0.20	0.25	0.30	0.30	0.30	0.35	0.35	0.45	0.45	0.45	0.45
	10	−0.05	0.20	0.25	0.30	0.35	0.40	0.40	0.40	0.40	0.45	0.45	0.50	0.50	0.50
	9	0.10	0.30	0.35	0.40	0.40	0.40	0.45	0.45	0.45	0.45	0.50	0.50	0.50	0.50
	8	0.20	0.35	0.40	0.45	0.45	0.45	0.45	0.45	0.45	0.45	0.50	0.50	0.50	0.50
	7	0.25	0.40	0.40	0.45	0.45	0.45	0.45	0.45	0.45	0.50	0.50	0.50	0.50	0.50
	6	0.35	0.40	0.45	0.45	0.45	0.45	0.50	0.50	0.50	0.50	0.50	0.50	0.50	0.50
	5	0.40	0.45	0.45	0.45	0.45	0.50	0.50	0.50	0.50	0.50	0.50	0.50	0.50	0.50
	4	0.50	0.50	0.50	0.50	0.50	0.45	0.50	0.50	0.50	0.50	0.50	0.50	0.50	0.50
	3	0.65	0.55	0.50	0.50	0.50	0.50	0.50	0.50	0.50	0.50	0.50	0.50	0.50	0.50
	2	0.85	0.65	0.60	0.55	0.55	0.55	0.55	0.50	0.50	0.50	0.50	0.50	0.50	0.50
	1	1.35	1.05	0.90	0.80	0.75	0.75	0.70	0.70	0.65	0.65	0.60	0.55	0.55	0.55
12 以上	↓1	−0.30	0.00	0.15	0.20	0.25	0.30	0.30	0.30	0.35	0.35	0.40	0.45	0.45	0.45
	2	−0.10	0.20	0.25	0.30	0.35	0.40	0.40	0.40	0.40	0.40	0.45	0.45	0.45	0.50
	3	0.05	0.25	0.35	0.40	0.40	0.40	0.45	0.45	0.45	0.45	0.45	0.50	0.50	0.50
	4	0.15	0.30	0.40	0.40	0.45	0.45	0.45	0.45	0.45	0.45	0.50	0.50	0.50	0.50
	5	0.25	0.35	0.50	0.45	0.45	0.45	0.45	0.45	0.45	0.45	0.50	0.50	0.50	0.50
	6	0.30	0.40	0.50	0.45	0.45	0.45	0.50	0.45	0.50	0.50	0.50	0.50	0.50	0.50
	7	0.35	0.40	0.55	0.45	0.45	0.45	0.50	0.50	0.50	0.50	0.50	0.50	0.50	0.50
	8	0.35	0.45	0.55	0.50	0.50	0.50	0.50	0.50	0.50	0.50	0.50	0.50	0.50	0.50
	中间	0.45	0.45	0.55	0.45	0.50	0.50	0.50	0.50	0.50	0.50	0.50	0.50	0.50	0.50
	4	0.55	0.50	0.50	0.50	0.50	0.50	0.50	0.50	0.50	0.50	0.50	0.50	0.50	0.50
	3	0.65	0.55	0.50	0.50	0.50	0.50	0.50	0.50	0.50	0.50	0.50	0.50	0.50	0.50
	2	0.70	0.70	0.60	0.55	0.55	0.55	0.55	0.50	0.50	0.50	0.50	0.50	0.50	0.50
	↑1	1.35	1.05	0.90	0.80	0.75	0.70	0.70	0.70	0.65	0.65	0.60	0.55	0.55	0.55

上下层横梁线刚度比对 y_0 的修正值 y_1　　附表7-3

I \ K	0.1	0.2	0.3	0.4	0.5	0.6	0.7	0.8	0.9	1.0	2.0	3.0	4.0	5.0
0.4	0.55	0.40	0.30	0.25	0.20	0.20	0.20	0.15	0.15	0.15	0.05	0.05	0.05	0.05
0.5	0.45	0.30	0.20	0.20	0.15	0.15	0.15	0.10	0.10	0.10	0.05	0.05	0.05	0.05
0.6	0.30	0.20	0.15	0.15	0.10	0.10	0.10	0.10	0.05	0.05	0.05	0.05	0	0
0.7	0.20	0.15	0.10	0.10	0.10	0.10	0.05	0.05	0.05	0.05	0	0	0	0
0.8	0.15	0.10	0.05	0.05	0.05	0.05	0.05	0.05	0.05	0	0	0	0	0
0.9	0.05	0.05	0.05	0.05	0	0	0	0	0	0	0	0	0	0

注：$\begin{array}{c|c} i_1 & i_2 \\ \hline & i \\ \hline i_3 & i_4 \end{array}$　$K = \dfrac{i_1 + i_2 + i_3 + i_4}{2i}$，$I = \dfrac{i_1 + i_2}{i_3 + i_4}$，当 $i_1 + i_2 > i_3 + i_4$ 时，取 $I = \dfrac{i_3 + i_4}{i_1 + i_2}$，同时在查得的值前加负加"−"。

上下层高度变化对 y_0 的修正值 y_2 和 y_3　　　　　　　　　　附表 7-4

α_2	K / α_3	0.1	0.2	0.3	0.4	0.5	0.6	0.7
2.0		0.25	0.15	0.15	0.10	0.10	0.10	0.10
1.8		0.20	0.15	0.10	0.10	0.10	0.05	0.05
1.6	0.4	0.15	0.10	0.10	0.05	0.05	0.05	0.05
1.4	0.6	0.10	0.05	0.05	0.05	0.05	0.05	0.05
1.2	0.8	0.05	0.05	0.05	0.00	0.00	0.00	0.00
1.0	1.0	0.00	0.00	0.00	0.00	0.00	0.00	0.00
0.8	1.2	−0.05	−0.05	−0.05	0.00	0.00	0.00	0.00
0.6	1.4	−0.10	−0.10	−0.05	−0.05	−0.05	−0.05	−0.05
0.4	1.6	−0.15	−0.15	−0.10	−0.05	−0.05	−0.05	−0.05
	1.8	−0.20	−0.15	−0.10	−0.10	−0.10	−0.05	−0.05
	2.0	−0.25	−0.15	−0.15	−0.10	−0.10	−0.10	−0.10

α_2	K / α_3	0.8	0.9	1.0	2.0	3.0	4.0	5.0
2.0		0.10	0.05	0.05	0.05	0.05	0.00	0.00
1.8		0.05	0.05	0.05	0.05	0.00	0.00	0.00
1.6	0.4	0.05	0.05	0.05	0.00	0.00	0.00	0.00
1.4	0.6	0.05	0.05	0.00	0.00	0.00	0.00	0.00
1.2	0.8	0.00	0.00	0.00	0.00	0.00	0.00	0.00
1.0	1.0	0.00	0.00	0.00	0.00	0.00	0.00	0.00
0.8	1.2	0.00	0.00	0.00	0.00	0.00	0.00	0.00
0.6	1.4	−0.05	−0.05	0.00	0.00	0.00	0.00	0.00
0.4	1.6	−0.05	−0.05	−0.05	0.00	0.00	0.00	0.00
	1.8	−0.05	−0.05	−0.05	−0.05	0.00	0.00	0.00
	2.0	−0.10	−0.05	−0.05	−0.05	−0.05	0.00	0.00

注：y_2—按照 K 及 α_2 求得，上层较高时为正值；y_3—按照 K 及 α_3 求得。

附录 8 《砌体结构设计规范》 GB 50003—2011 的有关规定

烧结普通砖和烧结多孔砖砌体的抗压强度设计值（MPa）　　　　附表 8-1

砖强度等级	砂浆强度等级					砂浆强度
	M15	M10	M7.5	M5	M2.5	0
MU30	3.94	3.27	2.93	2.59	2.26	1.15
MU25	3.60	2.98	2.68	2.37	2.06	1.05
MU20	3.22	2.67	2.39	2.12	1.84	0.94
MU15	2.79	2.31	2.07	1.83	1.60	0.82
MU10	—	1.89	1.69	1.50	1.30	0.67

注：当烧结多孔砖的孔洞率大于 30％时，表中数值应乘以 0.9。

混凝土普通砖和多孔砖砌体的抗压强度设计值（MPa）　　　　附表 8-2

砖强度等级	砂浆强度等级					砂浆强度
	Mb20	Mb15	Mb10	Mb7.5	Mb5	0
MU30	4.61	3.94	3.27	2.93	2.59	1.15
MU25	4.21	3.60	2.98	2.68	2.37	1.05
MU20	3.77	3.22	2.67	2.39	2.12	0.94
MU15	—	2.79	2.31	2.07	1.83	0.82

蒸压灰砂普通砖和蒸压粉煤灰普通砖砌体的抗压强度设计值（MPa）　　　　附表 8-3

砖强度等级	砂浆强度等级				砂浆强度
	M15	M10	M7.5	M5	0
MU25	3.60	2.98	2.68	2.37	1.05
MU20	3.22	2.67	2.39	2.12	0.94
MU15	2.79	2.31	2.07	1.83	0.82

注：当采用专用砂浆砌筑时，其抗压强度设计值按表中数值采用。

单排孔混凝土砌块和轻集料混凝土砌块对孔砌筑砌体的抗压强度设计值（MPa）

附表 8-4

砖强度等级	砂浆强度等级					砂浆强度
	Mb20	Mb15	Mb10	Mb7.5	Mb5	0
MU20	6.30	5.68	4.95	4.44	3.94	2.33
MU15	—	4.61	4.02	3.61	3.20	1.89

续表

砖强度等级	砂浆强度等级					砂浆强度
	Mb20	Mb15	Mb10	Mb7.5	Mb5	0
MU10	—	—	2.79	2.50	2.22	1.31
MU7.5	—	—	—	1.93	1.71	1.01
MU5	—	—	—	—	1.19	0.70

注：1. 对独立柱或厚度为双排组砌的砌块砌体，应按表中数值乘以 0.7；

2. 对 T 形截面墙体、柱，应按表中数值乘以 0.85。

双排孔或多排孔轻集料混凝土砌块砌体的抗压强度设计值（MPa）   附表 8-5

砌块强度等级	砂浆强度等级			砂浆强度
	Mb10	Mb7.5	Mb5	0
MU10	3.08	2.76	2.45	1.44
MU7.5	—	2.13	1.88	1.12
MU5	—	—	1.31	0.78
MU3.5	—	—	0.95	0.56

注：1. 表中的砌块为火山渣、浮石和陶粒轻集料混凝土砌块；

2. 对厚度方向为双排组砌的轻集料混凝土砌块砌体的抗压强度设计值，应按表中数值乘以 0.8。

砌体高度为 180～350mm 毛料石砌体的抗压强度设计值（MPa）   附表 8-6

毛料石强度等级	砂浆强度等级			砂浆强度
	M7.5	M5	M2.5	0
MU100	5.42	4.80	4.18	2.13
MU80	4.85	4.29	3.73	1.91
MU60	4.20	3.71	3.23	1.65
MU50	3.83	3.39	2.95	1.51
MU40	3.43	3.04	2.64	1.35
MU30	2.97	2.63	2.29	1.17
MU20	2.42	2.15	1.87	0.95

注：对细料石砌体、粗料石砌体和干砌勾缝石砌体，表中数值应分别乘以调整系数 1.4、1.2 和 0.8。

毛石砌体的抗压强度设计值（MPa）   附表 8-7

毛石强度等级	砂浆强度等级			砂浆强度
	M7.5	M5	M2.5	0
MU100	1.27	1.12	0.98	0.34
MU80	1.13	1.00	0.87	0.30
MU60	0.98	0.87	0.76	0.26
MU50	0.90	0.80	0.69	0.23
MU40	0.80	0.71	0.62	0.21
MU30	0.69	0.61	0.53	0.18
MU20	0.56	0.51	0.44	0.15

沿砌体灰缝截面破坏时砌体的轴心抗拉强度设计值、弯曲抗拉强度设计值和抗剪强度设计值（MPa）　　　　　附表 8-8

强度类别	破坏特征及砌体种类		砂浆强度等级			
			≥M10	M7.5	M5	M2.5
轴心抗拉	沿齿缝	烧结普通砖、烧结多孔砖	0.19	0.16	0.13	0.09
		混凝土普通砖、混凝土多孔砖	0.19	0.16	0.13	—
		蒸压灰砂普通砖、蒸压粉煤灰普通砖	0.12	0.10	0.08	—
		混凝土和轻集料混凝土砌块	0.09	0.08	0.07	—
		毛石	—	0.11	0.09	0.07
弯曲抗拉	沿齿缝	烧结普通砖、烧结多孔砖	0.33	0.29	0.23	0.17
		混凝土普通砖、混凝土多孔砖	0.33	0.29	0.23	—
		蒸压灰砂普通砖、蒸压粉煤灰普通砖	0.24	0.20	0.16	—
		混凝土和轻集料混凝土砌块	0.11	0.09	0.08	—
		毛石	—	0.11	0.09	0.07
	沿通缝	烧结普通砖、烧结多孔砖	0.17	0.14	0.11	0.08
		混凝土普通砖、混凝土多孔砖	0.17	0.14	0.11	—
		蒸压灰砂普通砖、蒸压粉煤灰普通砖	0.12	0.10	0.08	—
		混凝土和轻集料混凝土砌块	0.08	0.06	0.05	—
抗剪	烧结普通砖、烧结多孔砖		0.17	0.14	0.11	0.08
	混凝土普通砖、混凝土多孔砖		0.17	0.14	0.11	—
	蒸压灰砂普通砖、蒸压粉煤灰普通砖		0.12	0.10	0.08	—
	混凝土和轻集料混凝土砌块		0.09	0.08	0.06	—
	毛石		—	0.19	0.16	0.11

注：1. 对于用形状规则的块体砌筑的砌体，当搭接长度与块体高度的比值小于1时，其轴心抗拉强度设计值 f_t 和弯曲抗拉强度设计值 f_{tm} 应按表中数值乘以搭接长度与块体高度比值后采用；

2. 表中数值是依据普通砂浆砌筑的砌体确定，采用经研究性试验且通过技术鉴定的专用砂浆砌筑的蒸压灰砂普通砖、蒸压粉煤灰普通砖砌体，其抗剪强度设计值按相应普通砂浆强度等级砌筑的烧结普通砖砌体采用；

3. 对混凝土普通砖、混凝土多孔砖、混凝土和轻集料混凝土砌块砌体，表中的砂浆强度等级分别为：≥ Mb10、Mb7.5 及 Mb5。

影响系数 φ（砂浆强度等级≥M5）　　　　　附表 8-9-1

β	$\dfrac{e}{h}$ 或 $\dfrac{e}{h_T}$												
	0	0.025	0.05	0.075	0.1	0.125	0.15	0.175	0.2	0.225	0.25	0.275	0.3
≤3	1	0.99	0.97	0.94	0.89	0.84	0.79	0.73	0.68	0.62	0.57	0.52	0.48
4	0.98	0.95	0.90	0.85	0.80	0.74	0.69	0.64	0.58	0.53	0.49	0.45	0.41
6	0.95	0.91	0.86	0.81	0.75	0.69	0.64	0.59	0.54	0.49	0.45	0.42	0.38
8	0.91	0.86	0.81	0.76	0.70	0.64	0.59	0.54	0.50	0.46	0.42	0.39	0.36
10	0.87	0.82	0.76	0.71	0.65	0.60	0.55	0.50	0.46	0.42	0.39	0.36	0.33
12	0.82	0.77	0.71	0.66	0.60	0.55	0.51	0.47	0.43	0.39	0.36	0.33	0.31
14	0.77	0.72	0.66	0.61	0.56	0.51	0.47	0.43	0.40	0.36	0.34	0.31	0.29
16	0.72	0.67	0.61	0.56	0.52	0.47	0.44	0.40	0.37	0.34	0.31	0.29	0.27
18	0.67	0.62	0.57	0.52	0.48	0.44	0.40	0.37	0.34	0.31	0.29	0.27	0.25
20	0.62	0.57	0.53	0.48	0.44	0.40	0.37	0.34	0.32	0.29	0.27	0.25	0.23

续表

β	$\dfrac{e}{h}$ 或 $\dfrac{e}{h_T}$												
	0	0.025	0.05	0.075	0.1	0.125	0.15	0.175	0.2	0.225	0.25	0.275	0.3
22	0.58	0.53	0.49	0.45	0.41	0.38	0.35	0.32	0.30	0.27	0.25	0.24	0.22
24	0.54	0.49	0.45	0.41	0.38	0.35	0.32	0.30	0.28	0.26	0.24	0.22	0.21
26	0.50	0.46	0.42	0.38	0.35	0.33	0.30	0.28	0.26	0.24	0.22	0.21	0.19
28	0.46	0.42	0.39	0.36	0.33	0.30	0.28	0.26	0.24	0.22	0.21	0.19	0.18
30	0.42	0.39	0.36	0.33	0.31	0.28	0.26	0.24	0.22	0.21	0.20	0.18	0.17

影响系数 φ（砂浆强度等级 M2.5）　　　　　　　　　附表 8-9-2

β	$\dfrac{e}{h}$ 或 $\dfrac{e}{h_T}$												
	0	0.025	0.05	0.075	0.1	0.125	0.15	0.175	0.2	0.225	0.25	0.275	0.3
≤3	1	0.99	0.97	0.94	0.89	0.84	0.79	0.73	0.68	0.62	0.57	0.52	0.48
4	0.97	0.94	0.89	0.84	0.78	0.73	0.67	0.62	0.57	0.52	0.48	0.44	0.40
6	0.93	0.89	0.84	0.78	0.73	0.67	0.62	0.57	0.52	0.48	0.44	0.40	0.37
8	0.89	0.84	0.78	0.72	0.67	0.62	0.57	0.52	0.48	0.44	0.40	0.37	0.34
10	0.83	0.78	0.72	0.67	0.61	0.56	0.52	0.47	0.43	0.40	0.37	0.34	0.31
12	0.78	0.72	0.67	0.61	0.56	0.52	0.47	0.43	0.40	0.37	0.34	0.31	0.29
14	0.72	0.66	0.61	0.56	0.51	0.47	0.43	0.40	0.36	0.34	0.31	0.29	0.27
16	0.66	0.61	0.56	0.51	0.47	0.43	0.40	0.36	0.34	0.31	0.29	0.26	0.25
18	0.61	0.56	0.51	0.47	0.43	0.40	0.36	0.33	0.31	0.29	0.26	0.24	0.23
20	0.56	0.51	0.47	0.43	0.39	0.36	0.33	0.31	0.28	0.26	0.24	0.23	0.21
22	0.51	0.47	0.43	0.39	0.36	0.33	0.31	0.28	0.26	0.24	0.23	0.21	0.20
24	0.46	0.43	0.39	0.36	0.33	0.31	0.28	0.26	0.24	0.23	0.21	0.20	0.18
26	0.42	0.39	0.36	0.33	0.31	0.28	0.26	0.24	0.22	0.21	0.20	0.18	0.17
28	0.39	0.36	0.33	0.30	0.28	0.26	0.24	0.22	0.21	0.20	0.18	0.17	0.16
30	0.36	0.33	0.30	0.28	0.26	0.24	0.22	0.21	0.20	0.18	0.17	0.16	0.15

影响系数 φ（砂浆强度 0）　　　　　　　　　附表 8-9-3

β	$\dfrac{e}{h}$ 或 $\dfrac{e}{h_T}$												
	0	0.025	0.05	0.075	0.1	0.125	0.15	0.175	0.2	0.225	0.25	0.275	0.3
≤3	1	0.99	0.97	0.94	0.89	0.84	0.79	0.73	0.68	0.62	0.57	0.52	0.48
4	0.87	0.82	0.77	0.71	0.66	0.60	0.55	0.51	0.46	0.43	0.39	0.36	0.33
6	0.76	0.70	0.65	0.59	0.54	0.50	0.46	0.42	0.39	0.36	0.33	0.30	0.28
8	0.63	0.58	0.54	0.49	0.45	0.41	0.38	0.35	0.32	0.30	0.28	0.25	0.24
10	0.53	0.48	0.44	0.41	0.37	0.34	0.32	0.29	0.27	0.25	0.23	0.22	0.20
12	0.44	0.40	0.37	0.34	0.31	0.29	0.27	0.25	0.23	0.21	0.20	0.19	0.11
14	0.36	0.33	0.31	0.28	0.26	0.24	0.23	0.21	0.20	0.18	0.17	0.16	0.15
16	0.30	0.28	0.26	0.24	0.22	0.21	0.19	0.18	0.17	0.16	0.15	0.14	0.13
18	0.26	0.24	0.22	0.21	0.19	0.18	0.17	0.16	0.15	0.14	0.13	0.12	0.12
20	0.22	0.20	0.19	0.18	0.17	0.16	0.15	0.14	0.13	0.12	0.12	0.11	0.10

续表

β	$\dfrac{e}{h}$ 或 $\dfrac{e}{h_T}$												
	0	0.025	0.05	0.075	0.1	0.125	0.15	0.175	0.2	0.225	0.25	0.275	0.3
22	0.19	0.18	0.16	0.15	0.14	0.14	0.13	0.12	0.12	0.11	0.10	0.10	0.09
24	0.16	0.15	0.14	0.13	0.13	0.12	0.11	0.11	0.10	0.10	0.09	0.09	0.08
26	0.14	0.13	0.13	0.12	0.11	0.11	0.10	0.10	0.09	0.09	0.08	0.08	0.07
28	0.12	0.12	0.11	0.11	0.10	0.10	0.09	0.09	0.08	0.08	0.08	0.07	0.07
30	0.11	0.10	0.10	0.09	0.09	0.09	0.08	0.08	0.07	0.07	0.07	0.07	0.06

网状配筋砖砌体轴向力影响系数 φ_h 附表 8-10

ρ	β \ e/h	0	0.05	0.10	0.15	0.17
0.1	4	0.97	0.89	0.78	0.67	0.63
	6	0.93	0.84	0.73	0.62	0.58
	8	0.89	0.78	0.67	0.57	0.53
	10	0.84	0.72	0.62	0.52	0.48
	12	0.78	0.67	0.56	0.48	0.44
	14	0.72	0.61	0.52	0.44	0.41
	16	0.67	0.56	0.47	0.40	0.37
0.3	4	0.96	0.87	0.76	0.64	0.61
	6	0.91	0.80	0.69	0.59	0.55
	8	0.84	0.74	0.62	0.53	0.49
	10	0.78	0.67	0.56	0.47	0.44
	12	0.71	0.60	0.51	0.43	0.40
	14	0.64	0.54	0.46	0.38	0.36
	16	0.58	0.49	0.41	0.35	0.32
0.5	4	0.94	0.85	0.74	0.63	0.59
	6	0.88	0.77	0.66	0.56	0.52
	8	0.81	0.69	0.59	0.50	0.46
	10	0.73	0.62	0.52	0.44	0.41
	12	0.65	0.55	0.46	0.39	0.36
	14	0.58	0.49	0.41	0.35	0.32
	16	0.51	0.43	0.36	0.31	0.29
0.7	4	0.93	0.83	0.72	0.61	0.57
	6	0.86	0.75	0.63	0.53	0.50
	8	0.77	0.66	0.56	0.47	0.43
	10	0.68	0.58	0.49	0.41	0.38
	12	0.60	0.50	0.42	0.36	0.33
	14	0.52	0.44	0.37	0.31	0.30
	16	0.46	0.38	0.33	0.28	0.26
0.9	4	0.92	0.82	0.71	0.60	0.56
	6	0.83	0.72	0.61	0.52	0.48
	8	0.73	0.63	0.53	0.45	0.42
	10	0.64	0.54	0.46	0.38	0.36
	12	0.55	0.47	0.39	0.33	0.31
	14	0.48	0.40	0.34	0.29	0.27
	16	0.41	0.35	0.30	0.25	0.24

续表

ρ	β	e/h	0	0.05	0.10	0.15	0.17
1.0	4		0.91	0.81	0.70	0.59	0.55
	6		0.82	0.71	0.60	0.51	0.47
	8		0.72	0.61	0.52	0.43	0.41
	10		0.62	0.53	0.44	0.37	0.35
	12		0.54	0.45	0.38	0.32	0.30
	14		0.46	0.39	0.33	0.28	0.26
	16		0.39	0.34	0.28	0.24	0.23

砌体结构中钢筋的最小保护层厚度   附表 8-11

环境类别	混凝土强度等级			
	C20	C25	C30	C35
	最低水泥含量(kg/m³)			
	260	280	300	320
1	20	20	20	20
2	—	25	25	25
3	—	40	40	30
4	—	—	40	40
5	—	—	—	40

注：1. 材料中最大氯离子含量和最大碱含量应符合现行国家标准《混凝土结构设计规范》GB 50010—2010（2015年版）的规定；

2. 当采用防渗砌体块体和防渗砂浆时，可以考虑部分砌体（含抹灰层）的厚度作为保护层，但对环境类别1、2、3，其混凝土保护层的厚度相应不小于 10mm、15mm 和 20mm；

3. 钢筋砂浆面层的组合砌体构件的钢筋保护层厚度宜比表中规定的混凝土保护层的厚度数值增加 5～10mm；

4. 对安全等级为一级或设计工作年限为 50a 以上的砌体结构，钢筋保护层的厚度应至少增加 10mm。

参 考 文 献

[1] 中华人民共和国住房和城乡建设部. 工程结构通用规范：GB 55001—2021 [S]. 北京：中国建筑工业出版社.

[2] 中华人民共和国住房和城乡建设部. 混凝土结构设计规范：GB 50010—2010（2015 年版）[S]. 北京：中国建筑工业出版社，2016.

[3] 中华人民共和国住房和城乡建设部. 建筑结构荷载规范：GB 50009—2012 [S]. 北京：中国建筑工业出版社，2012.

[4] 中华人民共和国住房和城乡建设部. 建筑结构制图标准：GB/T 50105—2010 [S]. 北京：中国计划出版社，2010.

[5] 中华人民共和国住房和城乡建设部. 建筑地基基础设计规范：GB 50007—2011 [S]. 北京：中国建筑工业出版社，2011.

[6] 中华人民共和国住房和城乡建设部. 建筑抗震设计规范：GB 50011—2010（2016 年版）[S]. 北京：中国建筑工业出版社，2016.

[7] 中华人民共和国住房和城乡建设部. 砌体结构设计规范：GB 50003—2011 [S]. 北京：中国建筑工业出版社，2011.

[8] 东南大学，同济大学，天津大学. 混凝土结构（中册）——混凝土结构与砌体结构设计 [M]. 7 版. 北京：中国建筑工业出版社，2020.

[9] 沈蒲生，梁兴文. 混凝土结构设计 [M]. 5 版. 北京：高等教育出版社，2020.

[10] 沈蒲生，梁兴文. 混凝土结构设计原理 [M]. 5 版. 北京：高等教育出版社，2020.

[11] 顾祥林. 建筑混凝土结构设计 [M]. 上海：同济大学出版社，2014.

[12] 白国良，王毅红. 混凝土结构设计 [M]. 武汉：武汉理工大学出版社，2011.

[13] 宗兰，张三柱. 混凝土与砌体结构设计 [M]. 2 版. 北京：知识产权出版社，2012.

[14] 杨伟军，司马玉洲，陈晓霞. 砌体结构 [M]. 6 版. 北京：高等教育出版社，2015.

[15] 施楚贤. 砌体结构 [M]. 4 版. 北京：中国建筑工业出版社，2017.

[16] 熊丹安. 砌体结构原理与设计 [M]. 2 版. 武汉：武汉理工大学出版社，2014.